# Lineare Modelle

Helge Toutenburg

# Lineare Modelle

## Theorie und Anwendungen

Mit Beiträgen von
Christian Heumann, Thomas Nittner
und Sandro Scheid

Zweite, neu bearbeitete
und erweiterte Auflage

Mit 161 Abbildungen

Physica-Verlag
Ein Unternehmen des Springer-Verlags

Prof. Dr. Dr. Helge Toutenburg
Ludwigstraße 33/III
80539 München
toutenb@stat.uni-muenchen.de

ISBN 3-7908-1519-5 Physica-Verlag Heidelberg
ISBN 3-7908-0641-2 1. Auflage Physica-Verlag Heidelberg

Die Deutsche Bibliothek – CIP-Einheitsaufnahme
Toutenburg, Helge: Lineare Modelle / Helge Toutenburg. – 2., neu bearb. und erw. Aufl. – Heidelberg: Physica-Verl., 2003
ISBN 3-7908-1519-5



Physica-Verlag Heidelberg
ein Unternehmen der BertelsmannSpringer Science+Business Media GmbH

http://www.springer.de



Umschlaggestaltung: Erich Kirchner, Heidelberg

SPIN 10886864 88/2202-5 4 3 2 1 0 – Gedruckt auf säurefreiem Papier

# Vorwort zur zweiten Auflage

Die vorliegende zweite Auflage ist gegenüber der ersten Auflage grundlegend neu konzipiert worden. Dieses Buch enthält eine Reihe neuer Forschungsergebnisse zu fehlenden Daten und zur Analyse von Modellen mit kategorialen Daten, die insbesondere aus der Arbeit meiner Forschungsgruppe im Teilprojekt C3 *"Fehlende Daten"* im SFB 386 *"Statistische Analyse Diskreter Strukturen"* resultieren. Darüberhinaus wurden die übernommenen Kapitel z. T. völlig neu überarbeitet. Insbesondere wurde dem Anwendungsaspekt durch Aufnahme der Modelle der Varianzanalyse sowie weiterer deskriptiver und induktiver Verfahren der Modellprüfung sowie durch Bereitstellung von Datensätzen, Tests und Grafiken auf einer Website stärker Rechnung getragen, so dass sich das Buch noch besser als begleitendes Lehr- und Übungsmaterial eignet. Die Website wird von uns auch nach Erscheinen des Buches weiter ausgebaut und ergänzt. Sie ist unter der Adresse `http://www.stat.uni-muenchen.de/institut/ag/toutenb/limo/` abzurufen.

Im Anhang zur Matrixtheorie wurden alle Beweise (bis auf wenige Zitate) ausführlich durchgeführt.

Alleinautor des Kapitels 11 ist Christian Heumann, das Kapitel 10 wurde von Thomas Nittner ergänzt. Sandro Scheid hat in den Kapiteln 2 und 4 zahlreiche grafische Darstellungen bereitgestellt und Tests programmiert. Frau Angela Dörfler gebührt Dank für die sorgfältige Herstellung des Manuskripts, an der auch andere Mitarbeiter (Frau Anneke Neuhaus, Frau Andrea Fiedler und Frau Ingrid Kreuzmair) beteiligt waren.

Herrn Prof. Dr. Götz Trenkler danke ich für Hinweise zum Matrix–Anhang. Unser leider so früh verstorbener Freund und Kollege Prof. Dr. V.K. Srivastava (1943–2001) hat wertvolle Beiträge zu Imputationsverfahren geliefert.

Herrn Dr. Werner A. Müller vom Springer Verlag danke ich für die gute Zusammenarbeit und das Vertrauen in unser Autorenkollektiv.

Alle Leser des Buches bitte ich, mich über Fehler und mögliche Anregungen zu informieren.

München, im Mai 2002 *Helge Toutenburg*

# Vorwort zur ersten Auflage

Das vorliegende Buch entstand aufgrund meiner Lehrveranstaltungen an den Universitäten Dortmund (1988–1990) und München (ab 1991). Es beinhaltet neben dem Standard der linearen Modelle eine Reihe neuer Methoden, Kriterien und Resultate, die insbesondere auf die intensive Zusammenarbeit mit meinem Kollegen Professor Dr. Götz Trenkler (Universität Dortmund, Fachbereich Statistik) zurückgehen.

Die Matrixtheorie der letzten zehn Jahre hat eine Reihe fundamentaler Ergebnisse über die Definitheit von Matrizen, speziell für Differenzen von Matrizen, hervorgebracht, die erstmals Superioritätsvergleiche zweier verzerrter Schätzungen entscheiden können. Die Einarbeitung dieser Resultate einerseits und die Berücksichtigung von Modellverfahren (mit SPSS), von Imputationsmethoden für fehlende Daten, von Sensitivitätsbetrachtungen und der kategorialen Regression andererseits bedeuten eine wesentliche Erweiterung meiner früheren Monographien (u.a. Vorhersage in linearen Modellen (1975) und Prior information in linear models (1982)).

Ein eigenes, relativ umfangreiches Kapitel zur Matrixtheorie (Anhang A) stellt die notwendigen methodischen Hilfsmittel für die Beweise der Sätze im Text bereit und vermittelt eine Auswahl klassischer und moderner algebraischer Resultate.

Durch die Einarbeitung von Beispielen wird die Anwendung der Schätz- und Modellwahlverfahren demonstriert, wobei es jedoch nicht mein Hauptanliegen war, mit anderen Büchern in Konkurrenz zu treten, deren Autoren sich stärker auf die eigentliche Ökonometrie und ihre Anwendungen orientieren. Das Buch ist vor allem als begleitendes Lehrmaterial für die Studenten des Diplomstudiengangs Statistik und für die Forschung auf dem Gebiet der optimalen Schätzung angelegt.

An dieser Stelle möchte ich mich bei Herrn Professor Dr. Götz Trenkler für zahlreiche kritische Hinweise bedanken. Meinen Studenten gebührt Dank: Herrn Meinert Jacobsen für die sorgfältige Herstellung des druckfertigen Manuskripts, Frau Andrea Schöpp, Frau Maria Lanzerath, Frau Sabina Illi und Frau Carola Klemme für die Hilfe beim Korrekturlesen und Herrn Christian Heumann für die Durchführung der Berechnungen. Herrn Dr. Werner

A. Müller vom Springer Verlag danke ich für die gute Zusammenarbeit bei der Konzipierung und Realisierung dieses Buches.

Alle Leser dieses Buches bitte ich, mich über Fehler oder andere Unzulänglichkeiten zu informieren.

München, im Mai 1992 *Helge Toutenburg*

# Inhaltsverzeichnis

# 1. Einleitung

Lineare Modelle nehmen einen zentralen Platz in den modernen statistischen Methoden ein. Dies ist zum einen in ihrer Fähigkeit begründet, viele metrische Datenstrukturen im gesamten Definitionsbereich bzw. stückweise zu approximieren. Zum anderen haben Ansätze wie in der Varianzanalyse, die Effekte als lineare Abweichungen von einem totalen Mittel modellieren, ihre Flexibilität bewiesen. Mit der Theorie der generalisierten Modelle können von der Normalverteilung abweichende Fehlerstrukturen über geeignete Linkfunktionen so erfasst werden, dass ein lineares Modell als Kern erhalten bleibt. Zahlreiche iterative Verfahren wurden zur Lösung der Normalgleichungen entwickelt und zwar für die Fälle, die keine explizite Lösung erlauben. Für lineare Modelle mit Rangabfall steht—neben den klassischen Verfahren wie Ridge– oder Hauptkomponentenregression—die Methodik der verallgemeinerten Inversen für die Ableitung von expliziten Lösungen zur Verfügung. Datenverluste in den Variablen können durch geeignete Imputationsverfahren bereinigt werden, wobei hier und in äquivalenten Fällen verzerrter linearer Vorinformation mit der Theorie der matrixwertigen Mean–Square–Error–Superiorität der notwendige methodische Hintergrund—neben den Klassifizierungs- und Prüfverfahren für Missing–Completely–at–Random—zur Verfügung steht.

Kapitel 2 beschreibt die Beziehungen zwischen zwei Variablen anhand von Beispielen und zeigt die Möglichkeiten, Abhängigkeiten messbar bzw. grafisch darstellbar zu machen und zwar für jedes Datenniveau.

Kapitel 3 entwickelt die deskriptive univariate Regression und ihre Beziehung zu Zeitreihen und Wachstumskurven. Die Problematik kategorialer Kovariablen, die Behandlung von Ausreißern und der Einfluss von Transformationen werden diskutiert.

Kapitel 4 enthält den Standard der Schätz– und Testverfahren im Regressionsmodell mit vollem bzw. reduziertem Rang der Designmatrix, algebraische und geometrische Eigenschaften des KQ–Schätzers sowie eine Einführung in die Minimax–Schätzung bei Zusatzinformation in Form von Ungleichungsrestriktionen. An einem komplexen Beispiel wird die Modellwahl nach den klassischen Kriterien mit SPSS demonstriert. Spezielle Tests aus der Ökonometrie auf Parameterkonstanz sowie Methoden zur Behandlung von Multikollinearität schließen das Kapitel ab. Die Website enthält insbesondere Tests und Test–Grafiken zur Parameterkonstanz und zu Strukturbrüchen, die nicht in SPSS oder anderer Standardsoftware implementiert sind.

Kapitel 5 ist den ein– und mehrfaktoriellen Modellen der Varianzanalyse als Spezialfall eines Regressionsmodells gewidmet. Neben den Teststrategien in Haupteffekt– und Wechselwirkungsmodellen werden auch multiple Tests, die Spezialfälle der $2^k$-Versuchspläne und die Rangvarianzanalyse behandelt.

Kapitel 6 beschreibt die Schätzung unter exakten bzw. stochastischen linearen Restriktionen. Der Gütevergleich von zwei verzerrten Schätzern nach dem matrixwertigen MSE–Kriterium basiert auf neueren Sätzen der Matrixtheorie. Die Resultate sind das Ergebnis intensiver internationaler Forschung der letzten zehn Jahre und erscheinen in zusammenhängender Darstellung. Dies betrifft auch das Konzept der schwachen $r$–Erwartungstreue.

In Kapitel 7 werden die Theorie optimaler linearer Schätzungen im verallgemeinerten Regressionsmodell, Auswirkungen fehlspezifizierter Kovarianzmatrizen sowie die speziellen Kovarianzstrukturen der Heteroskedastizität und Autoregression erster Ordnung behandelt.

Kapitel 8 enthält die Theorie der optimalen linearen Vorhersage und gibt neben bekannten Ergebnissen einen Einblick in neuere Untersuchungen zum MSE–Matrix–Vergleich optimaler und klassischer Vorhersagen nach alternativen Superioritätskriterien.

Kapitel 9 behandelt Ideen und Verfahren zur Untersuchung des Einflusses von einzelnen Datenzeilen auf die Schätzung von $\beta$, wobei verschiedene Maße zum Aufdecken von Ausreißern bzw. einflussreichen Punkten einschließlich grafischer Methoden zum Einsatz kommen. Beispiele unterstützen die Abhandlungen.

Kapitel 10 beschreibt Modellerweiterungen für kategoriale Response– und Einflussvariablen, wobei insbesondere der binäre Response und das loglineare Modell von Interesse sind. Die Modellwahl wird an Beispielen demonstriert. Die Einordnung in die Theorie der generalisierten Modelle und die kategoriale Regression runden dieses Kapitel ab.

Kapitel 11 beschäftigt sich mit Datenverlust in der Designmatrix $X$. Nach einer Einführung in die generelle Problematik und die Definition der verschiedenen Fehlend–Mechanismen nach Rubin werden Fehlendmuster demonstriert. Für das Regressionsmodell wird—neben der Untersuchung des Effizienzverlusts bei Reduktion auf das vollständig beobachtete Submodell—insbesondere die Imputation behandelt. Der Vergleich reduziertes/vervollständigtes Modell entspricht dem Vergleich KQ–Schätzung verzerrte mixed Schätzung, so dass die Resultate aus Kapitel 6 Anwendung finden. Die Methode der gewichteten mixed Schätzung wird ausführlich präsentiert.

In einem selbständigen Kapitel (Anhang A) zur Matrixalgebra werden Standardsätze (mit Beweisen) zusammengefasst, die für das Buch selbst, aber auch für die lineare Statistik insgesamt von Interesse sind. Dazu zählen Sätze zur Zerlegung von Matrizen (A.30–A.34), zu definiten Matrizen (A.35–A.59), zu verallgemeinerten Inversen und insbesondere zur Definitheit von Differenzen (Satz A.71 als Kernsatz; vgl. auch A.74–A.78).

Tabellen zur Normal–, $\chi^2$–, $t$– und zur $F$–Verteilung sind im Anhang B enthalten. Das Literaturverzeichnis und ein detailliertes Sachverzeichnis runden den Inhalt ab.

# 2. Beziehungen zwischen zwei Variablen

## 2.1 Einleitung—Beispiele

In der ökonometrischen Praxis werden in der Regel mehrere Merkmale gleichzeitig erhoben. Neben der Verteilung der einzelnen Merkmale interessieren wir uns daher besonders für die gemeinsame Verteilung zweier (oder mehrerer) Merkmale und den Zusammenhang zwischen den Merkmalen.

*Beispiel 2.1.1.* Die Kursentwicklungen der Aktien von Unternehmen in der selben Branche sind nicht unabhängig voneinander. Die Abbildung 2.1 zeigt den logarithmierten Kursverlauf von BMW über die Zeit. Es ist ein relativ kontinuierlicher Anstieg des Aktienwerts zu erkennen. Auch der Wert der Daimler, später DaimlerChrysler Aktie (Abbildung 2.2) steigt über die Zeit an, allerdings sind im Verlauf stärkere Schwankungen zu erkennen. Trägt man die logarithmierten Kurspaare beider Werte zu den Zeitpunkten in einem Streudiagramm auf (Abbildung 2.3), geht die zeitliche Ordnung verloren. Zu erkennen ist, dass

- für Zeitpunkte, in denen der Aktienkurs der BMW–Aktie hoch ist, auch der Kurs der Daimler/DaimlerChrysler–Aktie hoch ausfällt,
- das Niveau der logarithmierten Kurse nicht übereinstimmt und
- die Kurse der beiden Aktien in einem bestimmten Verhältnis stehen.

Anstatt die absoluten Wertpapierkurse zu analysieren, werden in den Wirtschaftswissenschaften meist Kursänderungen betrachtet. Dies soll ein weiter unten folgendes Beispiel motivieren.

Die Abbildungen 2.1 und 2.2 sind typische Zeitreihenplots. Die Zeit wird auf der horizontalen Achse und die Variable auf der vertikalen Achse abgetragen. Abbildung 2.3 ist ein Scatterplot oder Streudiagramm, das zwei Zeitreihen gegeneinander plottet. Eine Punktwolke wie in Abbildung 2.3 zeigt einen positiven Zusammenhang—mit steigendem $x$ wächst auch $y$. Die zur deskriptiven Darstellung verwendeten Scatterplots haben drei wesentliche Charakteristiken —die Richtung, die Stärke und die Linearität der Beziehung zwischen beiden Merkmalen.

Der Zusammenhang zwischen zwei Variablen muss natürlich sachlogisch begründet sein, d.h. man muss sogenannte Nonsense–Beziehungen ausschließen, die allein aus der Tatsache herrühren, dass zwei Variablen einen Trend über die Zeit zeigen.

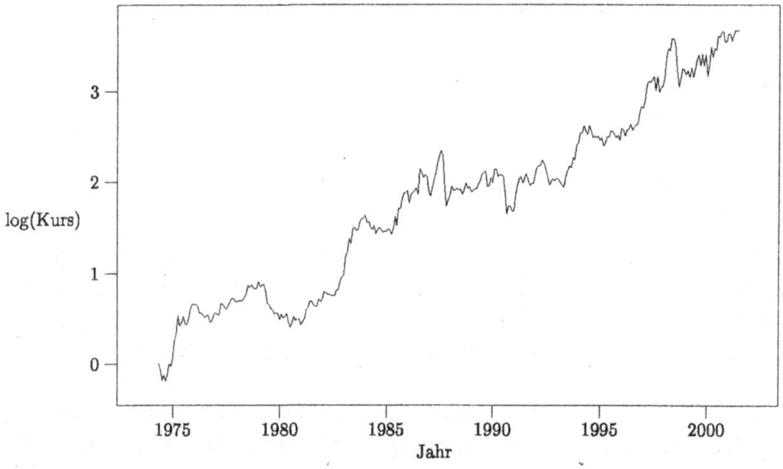


**Abb. 2.1.** Kursverlauf der BMW–Aktie

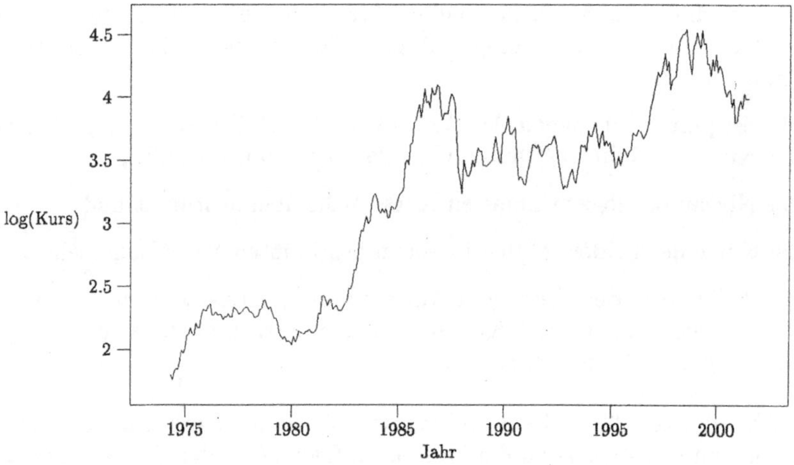


**Abb. 2.2.** Kursverlauf der Daimler/DaimlerChrysler–Aktie

In diesem Abschnitt behandeln wir Maßzahlen, die die Stärke und—falls dies sinnvoll interpretierbar ist—die Richtung des Zusammenhangs zweier Variablen (Merkmale) angeben. Diese Maßzahlen hängen zum einen vom Ska-

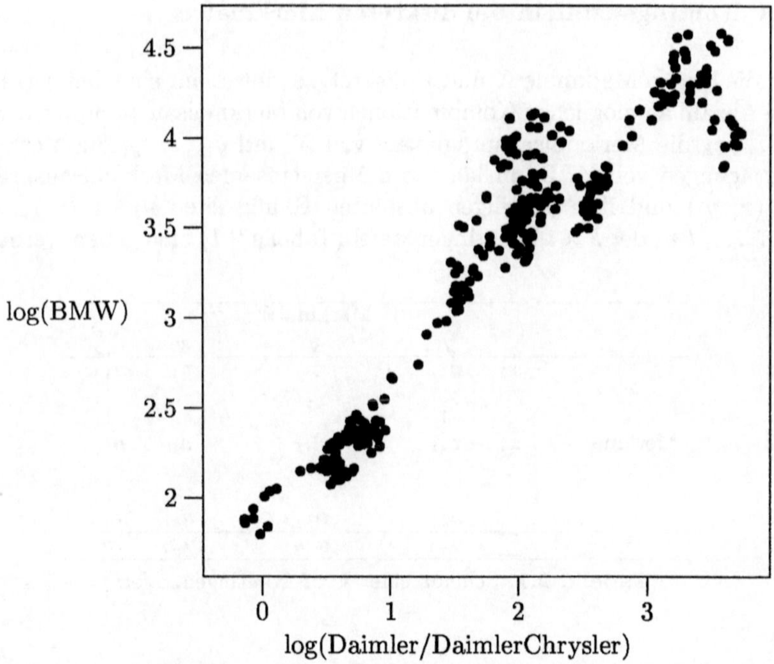


**Abb. 2.3.** Streudiagramm: logarithmierter Kurs von BMW gegen logarithmierten Kurs von Daimler/DaimlerChrysler

lenniveau der beiden Merkmale ab. Zum anderen haben die verschiedenen Maßzahlen, die bei einem Skalenniveau Anwendung finden, in bestimmten Situationen unterschiedliche Eigenschaften, was bei ihrer Anwendung und Interpretation zu berücksichtigen ist. Liegt ein Zusammenhang vor, so kann dieser Zusammenhang auch durch ein Modell, d.h. durch eine im statistischen Mittel geltende funktionale Beziehung zwischen den beiden Merkmalen ausgedrückt werden. Im Kapitel 3 „Deskriptive univariate lineare Regression“ wird diese Modellbildung ausführlich behandelt.

## 2.2 Darstellung der Verteilung zweidimensionaler Merkmale

Bevor wir die einzelnen Zusammenhangsmaße und deren Eigenschaften behandeln, beschäftigen wir uns zunächst mit den verschiedenen Darstellungsformen für die Verteilungen eines zweidimensionalen Merkmals. Die Darstellung hängt dabei—ebenso wie die Maßzahlen—vom Skalenniveau der einzelnen Merkmale ab.

### 2.2.1 Kontingenztafeln bei diskreten Merkmalen

Sind die beiden Merkmale $X$ und $Y$ diskret, so gibt es nur eine definierte endliche Anzahl an möglichen Kombinationen von Merkmalsausprägungen. Seien $x_1, \ldots, x_k$ die Merkmalsausprägungen von $X$ und $y_1, \ldots, y_l$ die Merkmalsausprägungen von $Y$. Dann können die gemeinsamen Merkmalsausprägungen $(x_i, y_j)$ und ihre jeweiligen absoluten Häufigkeiten $n_{ij}$, $i = 1, \ldots, k$; $j = 1, \ldots, l$ in der $k \times l$–Kontingenztafel (Tabelle 2.1) angegeben werden.

| | | Merkmal $Y$ | | | | | |
|---|---|---|---|---|---|---|---|
| | | $y_1$ | | $y_j$ | | $y_l$ | $\sum$ |
| | $x_1$ | $n_{11}$ | $\cdots$ | $n_{1j}$ | $\cdots$ | $n_{1l}$ | $n_{1+}$ |
| | $\vdots$ | $\vdots$ | | $\vdots$ | | $\vdots$ | $\vdots$ |
| Merkmal $X$ | $x_i$ | $n_{i1}$ | $\cdots$ | $n_{ij}$ | $\cdots$ | $n_{il}$ | $n_{i+}$ |
| | $\vdots$ | $\vdots$ | | $\vdots$ | | $\vdots$ | $\vdots$ |
| | $x_k$ | $n_{k1}$ | $\cdots$ | $n_{kj}$ | $\cdots$ | $n_{kl}$ | $n_{k+}$ |
| | $\sum$ | $n_{+1}$ | $\cdots$ | $n_{+j}$ | $\cdots$ | $n_{+l}$ | $n$ |

**Tabelle 2.1.** Schema einer $k \times l$–Kontingenztafel.

Die Notation $n_{i+}$ bezeichnet die $i$–te Zeilensumme, d.h. Summation über den Index $j$ gemäß $n_{i+} = \sum_{j=1}^{l} n_{ij}$. Analog erhält man die $j$–te Spaltensumme $n_{+j}$ durch Summation über den Index $i$ als $n_{+j} = \sum_{i=1}^{k} n_{ij}$. Der Gesamtumfang aller Beobachtungen ist dann

$$n = \sum_{i=1}^{k} n_{i+} = \sum_{j=1}^{l} n_{+j} = \sum_{i=1}^{k} \sum_{j=1}^{l} n_{ij} .$$

**Vier-Felder-Tafeln.** Ein Spezialfall ist die sogenannte Vier–Felder–Tafel bzw. $2 \times 2$–Kontingenztafel. Die beiden Merkmale sind in diesem Fall binär oder dichotom. Hierfür gibt es spezielle Maßzahlen, wie wir im folgenden sehen werden. Man verwendet hier die spezielle Notation (Tabelle 2.2).

| | | Merkmal $Y$ | | |
|---|---|---|---|---|
| | | $y_1$ | $y_2$ | $\sum$ |
| Merkmal $X$ | $x_1$ | $a$ | $b$ | $a+b$ |
| | $x_2$ | $c$ | $d$ | $c+d$ |
| | $\sum$ | $a+c$ | $b+d$ | $n$ |

**Tabelle 2.2.** Schema einer $2 \times 2$–Kontingenztafel.

*Beispiel 2.2.1.* Wir wollen 20 Fragebögen einer Studentenbefragung exemplarisch in eine Kontingenztafel eintragen. Hierzu betrachten wir das Merkmal

'Geschlecht' ($X$) und das Merkmal 'Studienfach' ($Y$), die in zwei (männlich, weiblich) bzw. drei Kategorien (BWL, VWL und Sonstige) vorliegen. Die Datenmatrix in Abbildung 2.4 zeigt die Ausgangsdaten.

| ID | Geschlecht | Studienfach |
|---|---|---|
| 1 | männlich | BWL |
| 2 | weiblich | VWL |
| 3 | männlich | Sonstige |
| 4 | weiblich | BWL |
| 5 | männlich | VWL |
| 6 | weiblich | Sonstige |
| 7 | weiblich | BWL |
| 8 | männlich | VWL |
| 9 | männlich | VWL |
| 10 | weiblich | Sonstige |
| 11 | weiblich | Sonstige |
| 12 | weiblich | BWL |
| 13 | männlich | VWL |
| 14 | männlich | Sonstige |
| 15 | weiblich | BWL |
| 16 | männlich | BWL |
| 17 | männlich | VWL |
| 18 | weiblich | Sonstige |
| 19 | weiblich | VWL |
| 20 | weiblich | Sonstige |

**Abb. 2.4.** Beobachtete Werte der 20 Fragebögen.

Student 1 ist männlich und studiert BWL, er liefert also einen Eintrag/Strich in der Zelle (männlich, BWL) der 2 × 3–Kontingenztafel:

| | BWL | VWL | Sonstige |
|---|---|---|---|
| männlich | $\vert$ | | |
| weiblich | | | |

Student 2 ist weiblich und studiert VWL. Es kommt also ein Eintrag in die Zelle (weiblich, VWL) hinzu:

| | BWL | VWL | Sonstige |
|---|---|---|---|
| männlich | $\vert$ | | |
| weiblich | | $\vert$ | |

Nach Eintrag aller Studenten in die Kontingenztafel erhalten wir:

| | BWL | VWL | Sonstige |
|---|---|---|---|
| männlich | $\vert\vert$ | $\bcancel{\vert\vert\vert\vert}$ | $\vert\vert$ |
| weiblich | $\vert\vert\vert\vert$ | $\vert\vert$ | $\bcancel{\vert\vert\vert\vert}$ |

bzw.

| | BWL | VWL | Sonstige | $\sum$ |
|---|---|---|---|---|
| männlich | 2 | 5 | 2 | 9 |
| weiblich | 4 | 2 | 5 | 11 |
| $\sum$ | 6 | 7 | 7 | 20 |

Alternativ hätten wir auch eine dazu gleichwertige $3 \times 2$–Tafel durch Vertauschen von $X$ und $Y$ erzeugen können:

| | männlich | weiblich | $\sum$ |
|---|---|---|---|
| BWL | 2 | 4 | 6 |
| VWL | 5 | 2 | 7 |
| Sonstige | 2 | 5 | 7 |
| $\sum$ | 9 | 11 | 20 |

Mit Hilfe der Kontingenztafel ist es uns also gelungen, die bereits bei 20 Beobachtungen unübersichtliche Datenmenge aus Abbildung 2.4 in kompakter Form darzustellen.

**Gemeinsame Verteilung, Randverteilung und bedingte Verteilung.** In der Kontingenztafel in Tabelle 2.1 sind die absoluten Häufigkeiten angegeben. Alternativ können auch die relativen Häufigkeiten $f_{ij} = \frac{n_{ij}}{n}$ verwendet werden. Die Häufigkeiten $n_{ij}$ bzw. $f_{ij}$, $i = i, \ldots, k$; $j = 1, \ldots, l$ stellen die **gemeinsame Verteilung** des zweidimensionalen Merkmals dar. Die Häufigkeiten $n_{i+}$ bzw. $f_{i+}$ sind die Häufigkeiten der **Randverteilung** von $X$, die Häufigkeiten $n_{+j}$ bzw. $f_{+j}$ sind die Häufigkeiten der Randverteilung von $Y$. Die Randverteilungen sind dabei nichts anderes als die jeweiligen Verteilungen der Einzelmerkmale.

Daneben ist man häufig an der Verteilung eines Merkmals bei Vorliegen einer bestimmten Ausprägung des anderen Merkmals interessiert. So könnte beispielsweise die Geschlechtsverteilung bei den BWL–Studenten von Interesse sein. Damit sind die relativen Häufigkeiten nicht durch Adjustierung auf den Gesamtstichprobenumfang $n$, sondern auf den Teilstichprobenumfang $n_{\text{BWL}}$ gegeben. Allgemein ist die **bedingte Verteilung** von $X$ gegeben $Y = y_j$ definiert durch

$$f_{i|j} = \frac{n_{ij}}{n_{+j}}. \tag{2.1}$$

*Beispiel 2.2.2.* Nehmen wir die in Beispiel 2.2.1 erzeugte $2 \times 3$–Kontingenztafel. Ihre gemeinsame Verteilung mit den relativen Häufigkeiten ist gegeben durch

| | BWL | VWL | Sonstige |
|---|---|---|---|
| männlich | 0.1 | 0.25 | 0.1 |
| weiblich | 0.2 | 0.1 | 0.25 |

Die Randverteilungen von $X$ und $Y$ sind gegeben durch

| | männlich | weiblich |
|---|---|---|
| $f_i$ | 0.45 | 0.55 |

| | BWL | VWL | Sonstige |
|---|---|---|---|
| $f_j$ | 0.3 | 0.35 | 0.35 |

Die bedingten Verteilungen von $X$ gegeben $Y$ sind

| | männlich | weiblich |
|---|---|---|
| $f_{i\|\text{BWL}}$ | 0.33 | 0.67 |

| | männlich | weiblich |
|---|---|---|
| $f_{i\|\text{VWL}}$ | 0.71 | 0.29 |

| | männlich | weiblich |
|---|---|---|
| $f_{i\|\text{Sonstige}}$ | 0.29 | 0.71 |

und die bedingten Verteilungen von $Y$ gegeben $X$ sind

| | BWL | VWL | Sonstige |
|---|---|---|---|
| $f_{j\|\text{männlich}}$ | 0.22 | 0.56 | 0.22 |

| | BWL | VWL | Sonstige |
|---|---|---|---|
| $f_{j\|\text{weiblich}}$ | 0.36 | 0.18 | 0.46 |

In Abbildung 2.5 ist die gemeinsame Verteilung als SPSS–Kontingenztafel sowohl mit den absoluten als auch mit den relativen Häufigkeiten dargestellt. Zusätzlich sind die beiden Randverteilungen angegeben. In Abbildung 2.6 sind die bedingten Verteilungen des Geschlechts gegeben das Studienfach und die bedingten Verteilungen des Studienfachs gegeben das Geschlecht als Kontingenztafel dargestellt.

| | | | Studienfach | | | Total |
|---|---|---|---|---|---|---|
| | | | BWL | VWL | Sonstige | |
| Geschlecht | männlich | Count | 2 | 5 | 2 | 9 |
| | | % of Total | 10.0% | 25.0% | 10.0% | 45.0% |
| | weiblich | Count | 4 | 2 | 5 | 11 |
| | | % of Total | 20.0% | 10.0% | 25.0% | 55.0% |
| Total | | Count | 6 | 7 | 7 | 20 |
| | | % of Total | 30.0% | 35.0% | 35.0% | 100.0% |

**Abb. 2.5.** Kontingenztafel Geschlecht × Studienfach in SPSS.

% within Studienfach

| | | Studienfach | | | |
|---|---|---|---|---|---|
| | | BWL | VWL | Sonstige | Total |
| Geschlecht | männlich | 33.3% | 71.4% | 28.6% | 45.0% |
| | weiblich | 66.7% | 28.6% | 71.4% | 55.0% |
| Total | | 100.0% | 100.0% | 100.0% | 100.0% |

% within Geschlecht

| | | Studienfach | | | |
|---|---|---|---|---|---|
| | | BWL | VWL | Sonstige | Total |
| Geschlecht | männlich | 22.2% | 55.6% | 22.2% | 100.0% |
| | weiblich | 36.4% | 18.2% | 45.5% | 100.0% |
| Total | | 30.0% | 35.0% | 35.0% | 100.0% |

**Abb. 2.6.** Bedingte Verteilungen in SPSS-Darstellung.

## 2.2.2 Grafische Darstellung bei diskreten Merkmalen

In Anlehnung an die Darstellung in der Kontingenztafel könnte man die gemeinsame Verteilung zweier diskreter Merkmale in einer dreidimensionalen Grafik darstellen. Die Merkmalsausprägungen der beiden Merkmale würden dann eine Ebene aufspannen und die absoluten bzw. relativen Häufigkeiten stellen analog zum Balkendiagramm die Balkenhöhe in der dritten Dimension dar. Bei der Visualisierung dreidimensionaler Grafiken besteht jedoch das Problem, dass diese Grafik in den zweidimensionalen Raum (Bildschirm, Papier) projiziert wird. Damit hängt die Darstellung stark vom Betrachtungspunkt ab. Dies birgt die Gefahr von Fehlinterpretationen, falls der Betrachtungspunkt ungünstig gewählt wurde. Daher ist es sinnvoller, die notwendige Projektion bereits von vornherein durchzuführen, indem man in einem zweidimensionalen Balkendiagramm innerhalb jeder Ausprägung des ersten Merkmals die verschiedenen Ausprägungen des anderen Merkmals angibt (Abbildung 2.7). Alternativ zu dieser genesteten Darstellung kann man auch die gestapelte Form wählen, bei der die Balken innerhalb des ersten Merkmals nicht nebeneinander sondern übereinander angeordnet sind (Abbildung 2.8).

Die Darstellung der Randverteilungen entspricht einem eindimensionalen Balkendiagramm. Bei der grafischen Darstellung der bedingten Verteilungen können wir entweder die genestete Form wählen, wobei jeweils die gleichfarbigen Balken eine bedingte Verteilung darstellen (Abbildung 2.9), oder wir verwenden die gestapelte Darstellung (Abbildung 2.10), bei der die verschieden schraffierten Anteile eines Balkens die bedingte Verteilung charakterisieren.

*Beispiel 2.2.3.* Wir stellen nun die Verteilungen aus Beispiel 2.2.2 grafisch dar. Abbildung 2.7 zeigt die gemeinsame Verteilung der beiden Merkmale in genesteter Form. Die Balkenhöhen entsprechen den absoluten Häufigkeiten. Die gestapelte Darstellung der gemeinsamen Verteilung findet man in Abbildung 2.8. Die gesamte Balkenhöhe entspricht dabei der kumulierten absoluten Häufigkeit der Männer bzw. Frauen. Damit ist zugleich die Randverteilung des Merkmals 'Geschlecht' dargestellt. Die verschiedenfarbigen Abschnitte eines Balkens charakterisieren die absoluten Häufigkeiten der gemeinsamen Verteilung. In SPSS kann die gemeinsame Verteilung nur mit den absoluten Häufigkeiten dargestellt werden. Da der Übergang zu den relativen Häufigkeiten nur die Achsenbeschriftung, nicht aber die Verteilungsgestalt beeinflusst, ist dies kein entscheidender Nachteil.

Die grafische Darstellung der bedingten Verteilung ist sowohl mit Hilfe der genesteten als auch mit der gestapelten Form möglich. Abbildung 2.9 zeigt die verschachtelte Darstellung der bedingten Verteilungen des Geschlechts gegeben die verschiedenen Studienfächer. Die Balken gleicher Farbe stellen jeweils eine bedingte Verteilung dar. Abbildung 2.10 stellt die bedingten Verteilungen des Studienfachs gegeben das Geschlecht in gestapelter Form dar, wobei jeder Balken eine bedingte Verteilung mit den kumulierten relativen Häufigkeiten charakterisiert.

Die gemeinsame Verteilung der 20 Fragebögen in Abbildung 2.7 zeigt, dass die Kombinationen (männlich, VWL) und (weiblich, Sonstiges) am häufigsten vorkommen. In der gestapelten Darstellung können wir zusätzlich ablesen, dass bei Männern und Frauen die absolute Häufigkeit der Wirtschaftswissenschaftler (BWL und VWL) fast gleich ist. Bei den bedingten Verteilungen erkennt man, dass die meisten Männer VWL studieren, während bei BWL und Sonstigen die Frauen überwiegen.

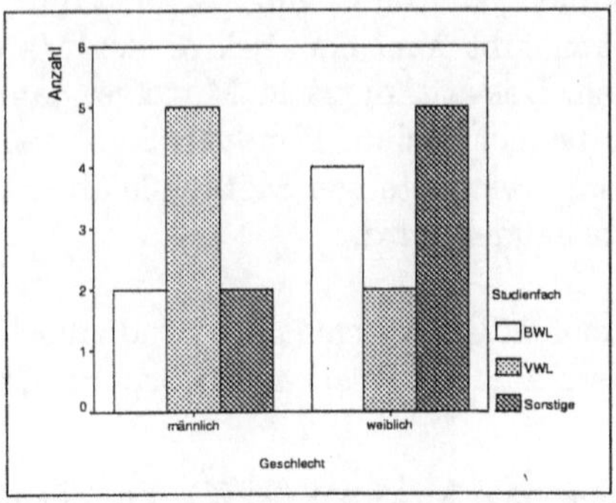


**Abb. 2.7.** Gemeinsame Verteilung mit den absoluten Häufigkeiten.

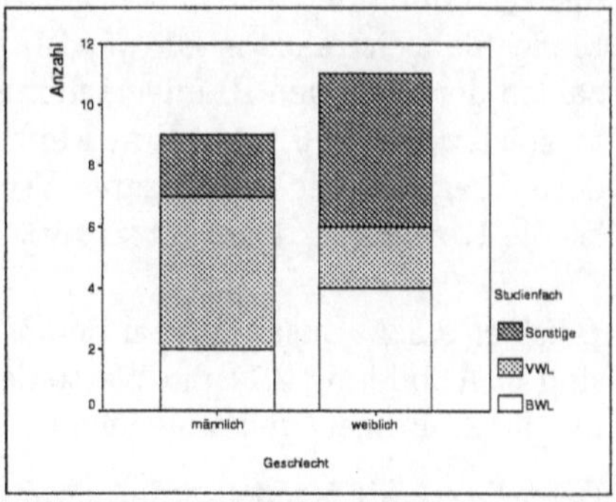


**Abb. 2.8.** Gemeinsame Verteilung in 'gestapelter' Darstellung.

### 2.2.3 Maßzahlen zur Beschreibung der Verteilung bei stetigen und gemischt stetig–diskreten Merkmalen

Ist eines der beiden Merkmale stetig, so gibt es in der Regel sehr viele verschiedene Kombinationen von Merkmalsausprägungen. Die Auflistung der vorkommenden Merkmalsausprägungen bietet damit keinen Informationsgewinn im Vergleich zu den einzelnen Beobachtungen. Ist das eine Merkmal diskret und das andere Merkmal stetig, so ist in der Regel die Darstellung der bedingten Verteilungen des stetigen Merkmals gegeben die Ausprägungen des diskreten Merkmals die gebräuchliche Darstellung.

Sind beide Merkmale stetig, so liegen in jeder bedingten Verteilung nur eine oder wenige Beobachtungen. Ihre Darstellung ist daher weder praktikabel

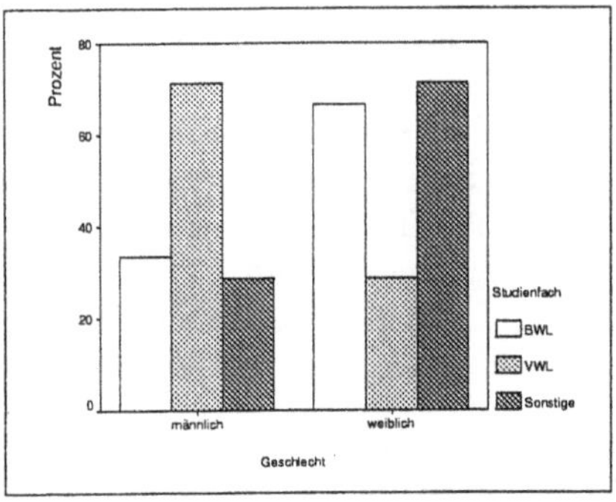


**Abb. 2.9.** Bedingte Verteilungen des Geschlechts gegeben das Studienfach.

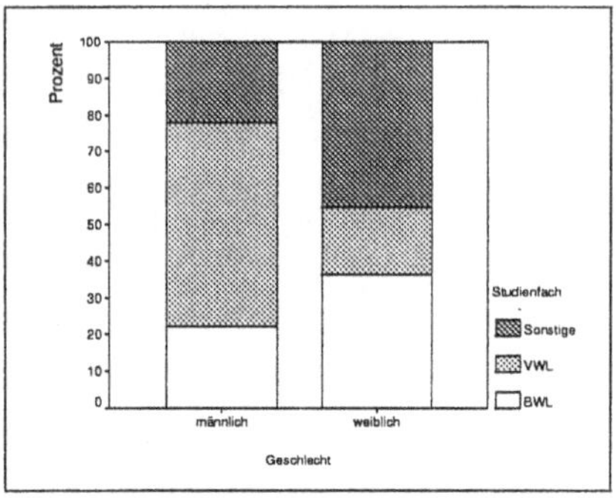


**Abb. 2.10.** Bedingte Verteilungen des Studienfachs gegeben das Geschlecht.

noch sinnvoll, da beispielsweise die Frage nach der Verteilung des Gewichts gegeben eine Körpergröße von exakt 173 cm nicht interessiert. Die gemeinsame Verteilung der beiden stetigen Merkmale kann im Gegensatz dazu durch Maßzahlen charakterisiert werden. Hierzu gibt man den Vektor der Maßzahlen der einzelnen Randverteilungen an. Das arithmetische Mittel ist dann beispielsweise $(\bar{x}, \bar{y})$ usw. Eine Maßzahl, die nicht auf die Randverteilung sondern direkt auf die gemeinsame Verteilung zweier stetiger Merkmale abzielt, ist die Kovarianz, die in Abschnitt 2.7 behandelt wird.

*Beispiel 2.2.4.* Zusätzlich zu den Merkmalen 'Geschlecht' und 'Studienfach' sind in Abbildung 2.11 die Werte der Merkmale 'Gewicht' und 'Körpergröße' für die 20 Fragebögen angegeben.

Betrachten wir zunächst das zweidimensionale Merkmal $(Y, X)$, bestehend aus der 'Körpergröße' $(Y)$ und dem 'Geschlecht' $(X)$. Da es sich um ein gemischt stetig–diskretes Merkmal handelt, ist die Darstellung der bedingten Verteilungen der Körpergröße für die Männer bzw. Frauen von Interesse. Die entsprechenden Lage– und Streuungsmaßzahlen sind im SPSS–Output in Abbildung 2.12 angegeben. Interessieren wir uns für das stetige zweidimensionale Merkmal 'Körpergröße' $(X)$ und 'Körpergewicht' $(Y)$, so können wir nur die Maßzahlen der beiden Randverteilungen heranziehen (Abbildung 2.13).

Während die bedingten Verteilungen das zweidimensionale Merkmal Körpergröße–Geschlecht gut charakterisieren, können die Randverteilungen von Körpergröße und Körpergewicht keinen Aufschluss über den Zusammenhang der beiden Merkmale geben. Hier benötigt man die im nächsten Abschnitt beschriebene grafische Darstellung.

| ID | Geschlecht | Studienfach | Körpergröße | Gewicht |
|---|---|---|---|---|
| 1 | männlich | BWL | 183 | 90 |
| 2 | weiblich | VWL | 179 | 54 |
| 3 | männlich | Sonstige | 164 | 50 |
| 4 | weiblich | BWL | 176 | 61 |
| 5 | männlich | VWL | 180 | 80 |
| 6 | weiblich | Sonstige | 171 | 64 |
| 7 | weiblich | BWL | 177 | 80 |
| 8 | männlich | VWL | 192 | 72 |
| 9 | männlich | VWL | 180 | 65 |
| 10 | weiblich | Sonstige | 171 | 61 |
| 11 | weiblich | Sonstige | 174 | 54 |
| 12 | weiblich | BWL | 178 | 73 |
| 13 | männlich | VWL | 186 | 85 |
| 14 | männlich | Sonstige | 179 | 70 |
| 15 | weiblich | BWL | 168 | 62 |
| 16 | männlich | BWL | 180 | 80 |
| 17 | männlich | VWL | 178 | 67 |
| 18 | weiblich | Sonstige | 175 | 57 |
| 19 | weiblich | VWL | 169 | 60 |
| 20 | weiblich | Sonstige | 150 | 50 |

**Abb. 2.11.** Werte der ersten 20 Fragebögen.

| Geschlecht | | Valid N | Mean | Median | Mode | Std. Deviation | Variance |
|---|---|---|---|---|---|---|---|
| männlich | Körpergröße in cm | 9 | 180.22 | 180.00 | 180 | 7.50 | 56.19 |
| weiblich | Körpergröße in cm | 11 | 171.64 | 174.00 | 171 | 8.05 | 64.85 |

**Abb. 2.12.** Lage– und Streuungsmaßzahlen der bedingten Verteilungen der Körpergröße gegeben das Geschlecht

| | Valid N | Mean | Median | Mode | Std. Deviation | Variance |
|---|---|---|---|---|---|---|
| Körpergröße in cm | 20 | 175.50 | 177.50 | 180 | 8.77 | 77.00 |
| Körpergewicht in kg | 20 | 66.75 | 64.50 | 80 | 11.71 | 137.04 |

**Abb. 2.13.** Lage– und Streuungsmaßzahlen der Randverteilungen der Körpergröße und des Körpergewichts.

### 2.2.4 Grafische Darstellung der Verteilung stetiger bzw. gemischt stetig–diskreter Merkmale

Neben der Darstellung der Verteilungen durch Maßzahlen können wir auch grafische Darstellungsformen wählen, die insbesondere bei stetigen Merkmalen die gemeinsame Verteilung besser charakterisieren. Zur Darstellung der gemeinsamen Verteilung verwendet man den sogenannten Scatterplot. Hier werden die Wertepaare $(x_i, y_i)$ in ein $X$–$Y$–Koordinatensystem eingezeichnet. Abbildung 2.14 zeigt den Scatterplot zweier stetiger Merkmale. Im Scatterplot in Abbildung 2.15 ist das eine Merkmal diskret. In diesem Fall ist die Darstellung der bedingten Verteilung der Darstellung der gemeinsamen Verteilung vorzuziehen. Hierzu verwenden wir die Histogramme (Abbildung 2.17) bzw. Box–Plots (Abbildung 2.18). Die bedingten Verteilungen können aber auch als empirische Verteilungsfunktion (Abbildung 2.16) dargestellt werden.

*Beispiel.* Betrachten wir die Ergebnisse aller 253 Fragebögen einer Umfrage „Statistik für Wirtschaftswissenschaftler"(Toutenburg, 2000a). Die gemeinsame Verteilung der beiden stetigen Merkmale 'Körpergröße' und 'Körpergewicht' ist als Scatterplot (Abbildung 2.14) dargestellt. Es ist ein Zusammenhang zwischen den beiden Merkmalen erkennbar, da große Personen auch hohe Gewichtswerte haben und kleine Personen niedrige Gewichtswerte.

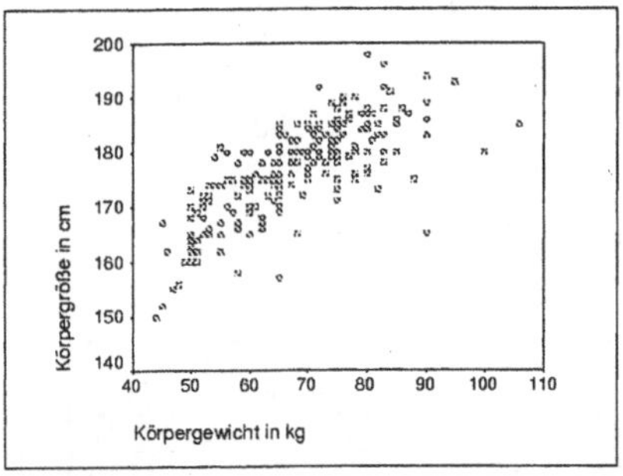


**Abb. 2.14.** Scatterplot der Merkmale 'Körpergröße' und 'Körpergewicht'.

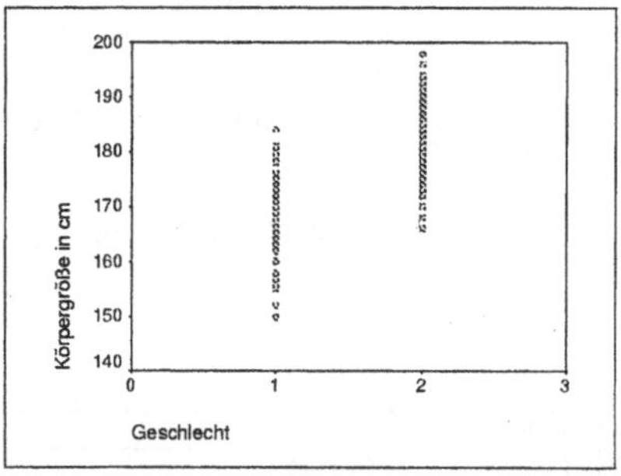


**Abb. 2.15.** Scatterplot der Merkmale 'Geschlecht' und 'Körpergröße'.

Der Scatterplot des stetig–diskreten Merkmals 'Körpergröße' und 'Geschlecht' (Abbildung 2.15) zeigt, dass die verschiedenen Körpergrößen bei den Männern bzw. Frauen jeweils auf einer Linie liegen. Der Abstand zwischen diesen beiden Punktlinien ist rein willkürlich durch die Kodierung 1 = Frauen und 2 = Männer. Er hat aber keine interpretierbare Bedeutung, da bei diskreten Merkmalen keine Abstände definiert sind. Deshalb ist die Darstellung der bedingten Verteilung wesentlich sinnvoller. Zur Darstellung der bedingten empirischen Verteilungsfunktion berechnen wir zunächst die Punkte $(e_j, F(e_j))$ der beiden bedingten Verteilungen und zeichnen dann beide Kurven in ein Diagramm ein (Abbildung 2.16).

Alternativ können wir die bedingten Verteilungen auch durch Histogramme (Abbildung 2.17) bzw. Box-Plots (Abbildung 2.18) darstellen. In SPSS ist beim Histogramm im Gegensatz zu den Box–Plots die Anordnung in einer einzigen Grafik nicht möglich.

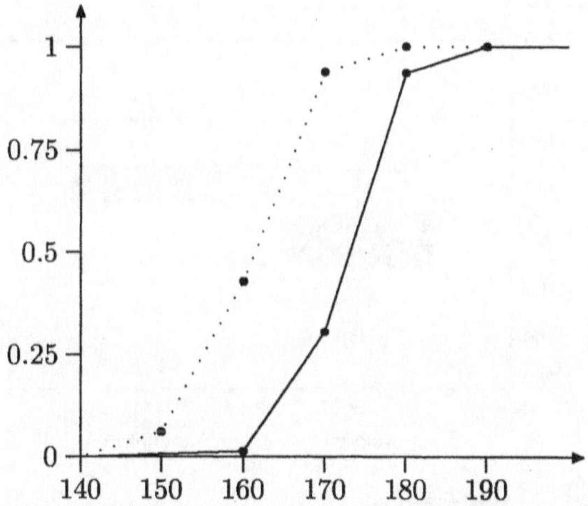


**Abb. 2.16.** Verteilungsfunktion des Merkmals Körpergröße, gruppiert nach dem Merkmal Geschlecht; gepunktete Linie: Verteilungsfunktion der Körpergröße bei den Frauen; durchgezogene Linie: Verteilungsfunktion bei den Männern.

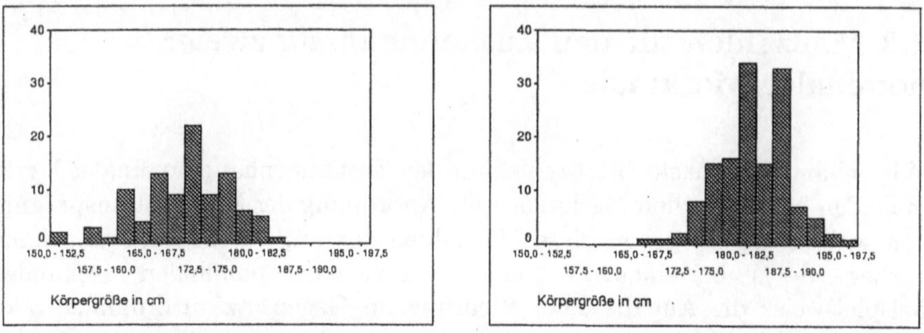


**Abb. 2.17.** Bedingte Verteilung der Körpergröße bei Frauen (links) bzw. Männern (rechts) als Histogramm.

Die Verteilungsfunktionen zeigen, dass bei jedem Wert der Körpergrößenskala der kumulierte Frauenanteil stets größer oder gleich dem kumulierten Männeranteil ist. Die Verteilung der Körpergröße bei den Frauen ist also gegenüber der der Männer nach links verschoben, was auch durch den Vergleich der Histogramme deutlich wird. Das heißt, Frauen scheinen kleiner als Männer zu sein. Der Box–Plot zeigt darüber hinaus, dass die Streuung bei den Männern geringer ist als bei den Frauen.

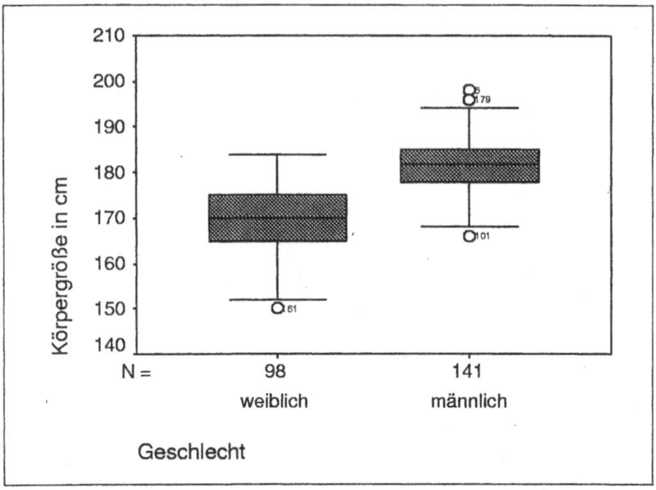


**Abb. 2.18.** Box-Plot der bedingten Verteilungen der Körpergröße gegeben Geschlecht.

## 2.3 Maßzahlen für den Zusammenhang zweier nominaler Merkmale

Wir behandeln zunächst Maßzahlen für den Zusammenhang nominaler Merkmale. Da bei nominalen Merkmalen die Anordnung der Merkmalsausprägungen willkürlich ist, geben diese Maßzahlen nur an, ob ein Zusammenhang vorliegt. So ist bei einem Zusammenhang zwischen nominalen Merkmalen beispielsweise die Angabe einer Richtung im Gegensatz zu ordinalen oder metrischen Merkmalen nicht möglich. Man spricht daher allgemein von Assoziation. Eine Ausnahme stellt die Vier–Felder–Tafel dar. Da es nur jeweils zwei Ausprägungen gibt, kann die Art des Zusammenhangs in diesem Fall durch eine Richtungsangabe beschrieben werden.

**Unabhängigkeit.** Wir beschäftigen uns im folgenden mit Maßzahlen, die den Zusammenhang zwischen zwei Merkmalen messen. Vorher müssen wir aber erst festlegen, was wir unter der Unabhängigkeit der Merkmale—d.h. zwischen ihnen besteht kein Zusammenhang—verstehen. Intuitiv würden wir zwei Merkmale als voneinander unabhängig betrachten, wenn die Ausprägung eines Merkmals keinen Einfluss auf die Ausprägung des anderen Merkmals hat. Formal entspricht dies der Tatsache, dass alle bedingten Verteilungen eines Merkmals gegeben das andere Merkmal gleich sind. Sie sind dann auch gleich der Randverteilung:

$$f_{i|j} = f_{i+} \quad \text{und} \quad f_{j|i} = f_{+j}, \quad i = 1, \ldots, k; j = 1, \ldots, l \tag{2.2}$$

Die gemeinsame Verteilung zweier Merkmale lässt sich allgemein darstellen als $f_{ij} = f_{i|j} f_{+j}$ bzw. als $f_{ij} = f_{j|i} f_{i+}$. Damit gilt im Fall der Unabhängigkeit, dass die gemeinsame Verteilung gleich dem Produkt der Randverteilungen ist

$$f_{ij} = f_{i+} f_{+j} \,. \tag{2.3}$$

Die mit Hilfe von (2.3) berechneten relativen Häufigkeiten bezeichnet man auch als (unter der Annahme der Unabhängigkeit) **erwartete relative Häufigkeiten**. Die erwarteten absoluten Häufigkeiten berechnen sich daraus als

$$n_{ij} = n\, f_{ij} = n \frac{n_{i+}}{n} \frac{n_{+j}}{n} = \frac{n_{i+} n_{+j}}{n} \,.$$

Ein **exakter Zusammenhang** liegt vor, falls durch die Kenntnis der Merkmalsausprägung des einen Merkmals auch die Merkmalsausprägung des anderen Merkmals bekannt ist. Im Fall der quadratischen $k \times k$–Tafel ist diese Beziehung symmetrisch. In diesem Fall ist in jeder Zeile und jeder Spalte nur eine Zelle besetzt, wobei die gemeinsame Häufigkeit gleich den Randhäufigkeiten ist. Diese Situation ist in Tabelle 2.3 dargestellt. Im Fall einer $k \times l$–Kontingenztafel, bei der $k < l$ ist, sprechen wir von einem exakten Zusammenhang, falls bei Kenntnis der Merkmalsausprägung von $Y$ (des Merkmals mit der größeren Anzahl an Ausprägungen) die Merkmalsausprägung von $X$ bekannt ist. In diesem Fall ist also in jeder Spalte nur eine Zelle besetzt, die gemeinsame Häufgkeit ist gleich der Randhäufigkeit des Merkmals $Y$. Diese Situation ist in Tabelle 2.4 dargestellt.

| | $y_1$ | $y_2$ | $y_3$ |
|---|---|---|---|
| $x_1$ | $n_{+1} = n_{1+}$ | 0 | 0 |
| $x_2$ | 0 | 0 | $n_{+3} = n_{2+}$ |
| $x_3$ | 0 | $n_{+2} = n_{3+}$ | 0 |

**Tabelle 2.3.** Exakter Zusammenhang in einer $3 \times 3$–Kontingenztafel.

| | $y_1$ | $y_2$ | $y_3$ |
|---|---|---|---|
| $x_1$ | $n_{+1}$ | $n_{+2}$ | 0 |
| $x_2$ | 0 | 0 | $n_{+3}$ |

**Tabelle 2.4.** Exakter Zusammenhang in einer $2 \times 3$–Kontingenztafel.

### 2.3.1 Pearsons $\chi^2$–Statistik

Die Grundlage einer Reihe von Maßzahlen ist die $\chi^2$–Statistik von Pearson, die die beobachteten Zellhäufigkeiten der $k \times l$–Kontingenztafel mit den unter der Annahme der Unabhängigkeit zu erwartenden Zellhäufigkeiten in Beziehung setzt. Dabei wird der quadratische Abstand zwischen beobachteten und erwarteten Zellhäufigkeiten in Relation zu den erwarteten Häufigkeiten berechnet:

$$\chi^2 = \sum_{i=1}^{k} \sum_{j=1}^{l} \frac{\left(n_{ij} - \frac{n_{i+}n_{+j}}{n}\right)^2}{\frac{n_{i+}n_{+j}}{n}} . \tag{2.4}$$

In der speziellen Notation der Vier–Felder–Tafel (vgl. Tabelle 2.2) erhalten wir für die $\chi^2$–Statistik (2.4)

$$\chi^2 = \frac{n(ad - bc)^2}{(a+b)(c+d)(a+c)(b+d)} . \tag{2.5}$$

Nach Auflösung der quadratischen Gleichung (2.4) ergibt sich die alternative Berechnungsformel

$$\chi^2 = n \left( \sum_{i=1}^{k} \sum_{j=1}^{l} \frac{n_{ij}^2}{n_{i+}n_{+j}} - 1 \right) . \tag{2.6}$$

Sind die beiden Merkmale unabhängig, so sind die beobachteten Häufigkeiten gleich den erwarteten Häufigkeiten. Die $\chi^2$–Statistik nimmt damit den Wert Null an. Je mehr die beobachteten Häufigkeiten von den unter der Annahme der Unabhängigkeit zu erwartenden Häufigkeiten abweichen, desto größer wird der Wert der $\chi^2$–Statistik. Im Fall des exakten Zusammenhangs nimmt die $\chi^2$–Statistik den Maximalwert $n\,(\min(k,l) - 1)$ an. Dies lässt sich leicht anhand von (2.6) zeigen: Sei ohne Beschränkung der Allgemeinheit $k \leq l$, dann ist $n_{ij} = n_{+j}$ , wie wir in Tabelle 2.4 sehen. Damit wird

$$\begin{aligned}\chi^2 &= n \left( \sum_{i=1}^{k} \sum_{j=1}^{l} \frac{n_{ij}^2}{n_{i+}n_{+j}} - 1 \right) = n \left( \sum_{i=1}^{k} \sum_{j=1}^{l} \frac{n_{ij}n_{+j}}{n_{i+}n_{+j}} - 1 \right) \\ &= n \left( \sum_{i=1}^{k} \frac{1}{n_{i+}} \sum_{j=1}^{l} n_{ij} - 1 \right) = n\,(k-1) .\end{aligned}$$

Weiterhin ist die $\chi^2$–Statistik ein symmetrisches Maß, d.h. der $\chi^2$–Wert ist invariant gegen eine Vertauschung von $X$ und $Y$.

*Beispiel 2.3.1.* Wir wollen nun den Zusammenhang zwischen dem Studienfach und dem Geschlecht bei unserer Studentenbefragung untersuchen. Hierzu verwenden wir wiederum exemplarisch die 20 Fragebögen aus Beispiel 2.2.1, die in der Kontingenztafel (Abb. 2.5) dargestellt sind. Berechnen wir den $\chi^2$–Wert mit Hilfe von (2.4), so müssen wir zunächst die unter der Annahme der Unabhängigkeit zu erwartenden Zellhäufigkeiten berechnen. Für die Zelle (männlich, BWL) berechnet sich die erwartete Zellhäufigkeit beispielsweise als

$$\frac{n_{\text{männlich}} n_{\text{BWL}}}{n} = \frac{9 \cdot 6}{20} = 2.7 \, .$$

Wir erhalten schließlich die folgende Kontingenztafel mit den unter der Annahme der Unabhängigkeit zu erwartenden Zellhäufigkeiten, die man auch als Unabhängigkeitstafel bezeichnet:

| | BWL | VWL | Sonstige |
|---|---|---|---|
| männlich | 2.7 | 3.15 | 3.15 |
| weiblich | 3.3 | 3.85 | 3.85 |

Damit berechnet sich die $\chi^2$–Statistik gemäß (2.4) als

$$\begin{aligned}\chi^2 &= \frac{(2-2.7)^2}{2.7} + \frac{(5-3.15)^2}{3.15} + \frac{(2-3.15)^2}{3.15} \\ &\quad + \frac{(4-3.3)^2}{3.3} + \frac{(2-3.85)^2}{3.85} + \frac{(5-3.85)^2}{3.85} \\ &= 0.18158 + 1.08651 + 0.41984 + 0.14848 + 0.88896 + 0.34351 \\ &= 3.06878 \, .\end{aligned}$$

Alternativ können wir den $\chi^2$–Wert auch gemäß (2.6) berechnen:

$$\begin{aligned}\chi^2 &= 20\left(\frac{2^2}{9 \cdot 6} + \frac{5^2}{9 \cdot 7} + \frac{2^2}{9 \cdot 7} + \frac{4^2}{11 \cdot 6} + \frac{2^2}{11 \cdot 7} + \frac{5^2}{11 \cdot 7} - 1\right) \\ &= 20\,(0.07407 + 0.39683 + 0.06349 + 0.24242 + 0.05195 + 0.32468 - 1) \\ &= 3.06878 \, .\end{aligned}$$

Es besteht also ein Zusammenhang zwischen dem Geschlecht und dem Studienfach. Da der Maximalwert der $\chi^2$–Statistik hier bei $20(2-1) = 20$ liegt, ist der Zusammenhang als schwach einzustufen.

In Abbildung 2.19 ist das entsprechende SPSS–Listing zu sehen. Hier sind in der Kontingenztafel neben den beobachteten Häufigkeiten auch die erwarteten Häufigkeiten angegeben. Die $\chi^2$–Statistik ist mit 'Pearson Chi-Square' bezeichnet. Die beiden anderen Maßzahlen spielen bei speziellen Problemen der induktiven Statistik eine Rolle.

Die $\chi^2$–Statistik hängt—wie wir gezeigt haben—sowohl vom Erhebungsumfang $n$ als auch von der Dimension der Kontingenztafel ab. Bei großen absoluten Häufigkeiten in einer Kontingenztafel wird aus Gründen der Übersichtlichkeit meist die Einheit verändert. Die dargestellten absoluten Häufigkeiten der Kontingenztafel sind mit dem gewählten einheitlichen Faktor $A > 0$ (Maßeinheit) zu multiplizieren.

| | | | Studienfach | | | |
|---|---|---|---|---|---|---|
| | | | BWL | VWL | Sonstige | Total |
| Geschlecht | männlich | Count | 2 | 5 | 2 | 9 |
| | | Expected Count | 2.7 | 3.2 | 3.2 | 9.0 |
| | weiblich | Count | 4 | 2 | 5 | 11 |
| | | Expected Count | 3.3 | 3.9 | 3.9 | 11.0 |
| Total | | Count | 6 | 7 | 7 | 20 |
| | | Expected Count | 6.0 | 7.0 | 7.0 | 20.0 |

| | Value | df | Asymp. Sig. (2-sided) |
|---|---|---|---|
| Pearson Chi-Square | 3.069[a] | 2 | .216 |
| Likelihood Ratio | 3.136 | 2 | .208 |
| Linear-by-Linear Association | .060 | 1 | .806 |
| N of Valid Cases | 20 | | |

a. 6 cells (100.0%) have expected count less than 5. The minimum expected count is 2.70.

**Abb. 2.19.** SPSS-Listing zu Beispiel 2.3.1.

*Beispiel 2.3.2.* Es soll untersucht werden, ob ein Zusammenhang zwischen dem Geschlecht und der Stellung im Beruf besteht. Die folgende Kontingenztafel gibt die Erwerbstätigen nach Geschlecht und Stellung im Beruf, BRD 1992, in Mio., an.

| | männlich | weiblich |
|---|---|---|
| Selbstständige | 2.3 | 0.8 |
| mithelfende Familienang. | 0.1 | 0.4 |
| Angestellte | 19.2 | 14.1 |

Die Angabe in der Kontingenztafel erfolgt in Mio., d.h. die dargestellten absoluten Häufigkeiten sind mit dem Faktor $A = 1\,000\,000$ zu multiplizieren.

Für die transformierten absoluten Häufigkeiten (Symbol „$\tilde{}$“ ) gelten folgende Beziehungen: $\tilde{n}_{ij} = A n_{ij}$, $\tilde{n}_{i+} = A n_{i+}$ , $\tilde{n}_{+j} = A n_{+j}$ und $\tilde{n} \to A n$. Damit gilt folgender Zusammenhang für die Berechnung der $\chi^2$–Statistik gemäß (2.4)

$$\chi^2_{\text{neu}} = \sum\sum \frac{(A n_{ij} - \frac{A^2 n_{i+} n_{+j}}{A n})^2}{\frac{A^2 n_{i+} n_{+j}}{A n}} = \sum\sum \frac{A^2 (n_{ij} - \frac{n_{i+} n_{+j}}{n})^2}{A \frac{n_{i+} n_{+j}}{n}} = A \chi^2_{\text{alt}} . \tag{2.7}$$

Die Berechnung des $\chi^2$–Wertes mit den angegebenen Werten der Kontingenztafel (ohne Faktor $A$) liefert also einen falschen $\chi^2$–Wert. Die Beziehung (2.7) kann jedoch zur vereinfachten Berechnung der $\chi^2$–Statistik verwendet werden.

*Beispiel 2.3.3.* Wir berechnen nun den $\chi^2$–Wert in Beispiel 2.3.2 unter Verwendung von (2.7). Aus der Kontingenztafel auf S. 22 berechnen wir mit (2.6) den (inkorrekten) Wert

$$\chi^2_{alt} = 36.9 \left( \frac{2.3^2}{3.1 \cdot 21.6} + \frac{0.8^2}{3.1 \cdot 15.3} + \frac{0.1^2}{0.5 \cdot 21.6} + \frac{0.4^2}{0.5 \cdot 15.3} \right.$$
$$\left. + \frac{19.2^2}{33.3 \cdot 21.6} + \frac{14.1^2}{33.3 \cdot 15.3} - 1 \right) = 0.630$$

und erhalten damit nach Multiplikation mit $A = 1\,000\,000$ den korrekten Wert (gerundet)

$$\chi^2_{neu} = 1\,000\,000 \cdot 0.630 = 629\,631.09\,.$$

### 2.3.2 Der Odds–Ratio

Der Odds–Ratio ist eine Maßzahl, die nur für Vier–Felder–Tafeln definiert ist. Das zugrundeliegende Konstruktionsprinzip lässt sich am leichtesten im medizinischen Kontext erklären. Betrachten wir das Merkmal $X$ als Schichtungsmerkmal, d.h. $X$ definiert die Gruppen $x_1$ und $x_2$. Dann kann für diese beide Gruppen das Verhältnis der relativen Häufigkeiten der Merkmalsausprägungen von $Y$—das sogenannte **relative Risiko**—

$$\frac{f_{1|1}}{f_{1|2}} \quad \text{bzw.} \quad \frac{f_{2|1}}{f_{2|2}} \tag{2.8}$$

angegeben werden. Der Odds–Ratio ist dann das Verhältnis dieser beiden relativen Risiken

$$OR = \frac{f_{1|1}/f_{1|2}}{f_{2|1}/f_{2|2}} = \frac{f_{1|1} f_{2|2}}{f_{2|1} f_{1|2}}\,. \tag{2.9}$$

Mit der allgemeinen Beziehung $f_{i|j} = \frac{f_{ij}}{f_{+j}}$ lässt sich (2.9) umformen in

$$OR = \frac{f_{11} f_{22}}{f_{21} f_{12}}$$

bzw. in der Notation der Vier–Felder–Tafel

$$OR = \frac{a\,d}{b\,c}\,. \tag{2.10}$$

Im Fall der Unabhängigkeit sind die beiden relativen Risiken (2.8) gleich. Damit nimmt der Odds–Ratio im Fall der Unabhängigkeit den Wert 1 an. Falls eine hohe Übereinstimmung zwischen $X$ und $Y$ dahingehend vorliegt, dass die gleichgerichteten Paare $(x_1, y_1)$ und $(x_2, y_2)$ häufiger als die gegenläufigen

Paare $(x_1, y_2)$ und $(x_2, y_1)$ beobachtet werden, so liegt ein positiver Zusammenhang zwischen $X$ und $Y$ vor. Der Odds–Ratio ist dann größer 1. Liegt ein negativer Zusammenhang vor, d.h. die gegenläufigen Paare $(x_1, y_2)$ und $(x_2, y_1)$ werden häufiger beobachtet als die gleichgerichteten Paare $(x_1, y_1)$ und $(x_2, y_2)$, so ist der Odds-Ratio kleiner 1. Der Odds-Ratio ist stets größer Null, wie man an (2.10) leicht erkennen kann.

*Beispiel 2.3.4.* Wir wollen untersuchen, ob Studenten, die kein Bafög erhalten, eher einer Nebentätigkeit nachgehen als Bafög–Empfänger. Hierzu verwenden wir wiederum unsere Studentenbefragung. Die Kontingenztafel ist in Abbildung 2.20 angegeben.

| | | Nebenbei jobben | | |
|---|---|---|---|---|
| | | ja | nein | Total |
| Bafög-Empfänger | ja | 13 | 89 | 102 |
| | nein | 144 | 7 | 151 |
| Total | | 157 | 96 | 253 |

**Symmetric Measures**

| | | Value | Asymp. Std. Error[a] | Approx. T[b] | Approx. Sig. |
|---|---|---|---|---|---|
| Ordinal by Ordinal | Gamma | -.986 | .007 | -19.454 | .000 |
| N of Valid Cases | | 253 | | | |

a. Not assuming the null hypothesis.

b. Using the asymptotic standard error assuming the null hypothesis.

**Abb. 2.20.** SPSS-Listing zum Zusammenhang zwischen 'Empfang von Bafög' und 'nebenbei Jobben'.

Wir wollen für den Zusammenhang zwischen 'Empfang von Bafög' und 'nebenbei Jobben' aus Beispiel 2.3.4 den Odds–Ratio bestimmen. Wir erhalten mit (2.10)

$$OR = \frac{13 \cdot 7}{89 \cdot 144} = 0.007 .$$

Der starke negative Zusammenhang wird auch hier sichtbar. Im SPSS–Listing in Abbildung 2.21 sind neben dem Odds–Ratio die relativen Risiken für 'nebenbei Jobben' bei den Bafög–Empfängern und bei den Studenten ohne Bafög angegeben. Das relative Risiko bei den Bafög–Empfängern beträgt rund 9:100, bei den Studenten ohne Bafög rund 13:1.

In Abbildung 2.22 sind die bedingten relativen Häufigkeiten des Bafög–Empfangs gegeben das Studienfach grafisch dargestellt. Die Kreisfläche ist

**Risk Estimate**

| | Value | 95% Confidence Interval Lower | Upper |
|---|---|---|---|
| Odds Ratio for Nebenbei jobben (ja / nein) | .007 | .003 | .018 |
| For cohort Bafög-Empfänger = ja | .089 | .053 | .151 |
| For cohort Bafög-Empfänger = nein | 12.579 | 6.154 | 25.709 |
| N of Valid Cases | 253 | | |

**Abb. 2.21.** SPSS–Listing für den Odds-Ratio und das relative Risiko.

dabei proportional zur bedingten relativen Häufigkeit. Da die Kreisflächen der Nebendiagonalen deutlich größer als die Kreisflächen der Hauptdagonalen sind, ist auch hier der starke negative Zusammenhang erkennbar.

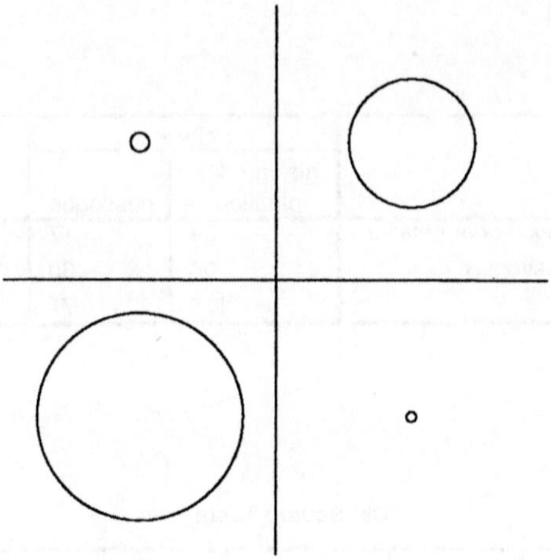

**Abb. 2.22.** Häufigkeitsplot der Vier–Felder–Tafel in Beispiel 2.3.4.

*Beispiel 2.3.5.* Aktienpreisindizes liegen als Zeitreihendaten vor. Zur Beurteilung des korrelativen Zusammenhangs werden standardmäßig Zeitreihenmodelle eingesetzt. Eine alternative Idee ist es, die Zeitreihendaten in diskrete Daten umzuwandeln und korrelative Zusammenhänge über Kontingenztafeln abzuleiten.

Es werden sogenannte Returns ($\Delta\log$ = erste Differenz der logarithmierten Aktienpreisindizes) aus den Zeitreihendaten berechnet und durch eine Transformation auf US–Niveau als dem führenden Markt adjustiert. Sei folgende Responsevariable definiert:

$$\text{UP\_} < \text{Ländercode} >= \begin{cases} 1 \text{ falls } \Delta\log > 0 \\ 0 \text{ sonst.} \end{cases}$$

Diese Variable zeigt also, ob ein Aufstieg der Returns stattfindet oder nicht. Durch Vergleich zweier Länder wird deren korrelatives Verhalten aufgedeckt.

Analyse anhand des Beispiels US gegen CH:

Count

| | | Schweiz | | |
|---|---|---|---|---|
| | | gleich oder gefallen | gestiegen | Total |
| USA | gleich oder gefallen | 84 | 17 | 101 |
| | gestiegen | 94 | 60 | 154 |
| Total | | 178 | 77 | 255 |

**Chi-Square Tests**

| | Value | df | Asymp. Sig. (2-sided) | Exact Sig. (2-sided) | Exact Sig. (1-sided) |
|---|---|---|---|---|---|
| Pearson Chi-Square | 14,171[b] | 1 | ,000 | | |
| Continuity Correction[a] | 13,141 | 1 | ,000 | | |
| Likelihood Ratio | 14,915 | 1 | ,000 | | |
| Fisher's Exact Test | | | | ,000 | ,000 |
| Linear-by-Linear Association | 14,116 | 1 | ,000 | | |
| N of Valid Cases | 255 | | | | |

a. Computed only for a 2x2 table

b. 0 cells (,0%) have expected count less than 5. The minimum expected count is 30,50.

Interpretation: Die Vierfeldertafel besagt

**Risk Estimate**

| | Value | 95% Confidence Interval | |
|---|---|---|---|
| | | Lower | Upper |
| Odds Ratio for USA (gleich oder gefallen / gestiegen) | 3,154 | 1,707 | 5,826 |
| For cohort Schweiz = gleich oder gefallen | 1,363 | 1,168 | 1,589 |
| For cohort Schweiz = gestiegen | ,432 | ,268 | ,696 |
| N of Valid Cases | 255 | | |

**Abb. 2.23.** SPSS–Output der Analyse US gegen CH.

- bei UP_US=0 reagiert UP_CH mit 0 in 84 von 101 Fällen
- bei UP_US=1 reagiert UP_CH mit 1 in nur 60 von 154 Fällen

Eine Kausalität USA $\Rightarrow$ CH unterstellt heißt das, negative Returns der USA werden in der Schweiz beachtet, positive Returns dagegen eher weniger.

Der Odds–Ratio als gerichtetes Abhängigkeitsmaß beträgt

$$\mathrm{OR} = \frac{84 \cdot 60}{17 \cdot 94} = 3.15$$

und zeigt den eben beschriebenen positiven Zusammenhang. Praktisch gesprochen heißt das, bei schlechter Geschäftslage in den USA reagiert die Schweiz ebenso, bei guter Geschäftslage eher zögernd.

Wir haben in diesem Abschnitt Zusammenhangsmaße für den Fall zweier nominaler Merkmale behandelt. Ist eines der Merkmale nominalskaliert und das andere ordinalskaliert, so sind die Maßzahlen für nominalskalierte Merkmale zu verwenden. Die Ordnungsinformation des ordinalen Merkmals kann dabei jedoch nicht genutzt werden. Ist eines der beiden Merkmale metrisch skaliert und das andere nominal, so kann die Maßzahl **eta** (Guttman, 1988) verwendet werden, auf die wir hier nicht eingehen wollen. Alternativ kann man das metrische Merkmal klassieren. Dies ist jedoch mit erheblichem Informationsverlust verbunden und besitzt darüber hinaus den Nachteil, dass der Zusammenhang sehr stark von der gewählten Klasseneinteilung abhängt.

Hinweis: Weitere Maßzahlen für den Zusammenhang zweier ordinaler Merkmale sind der Phi–Koeffizient, der Kontingenzkoeffizient und Lambda–Maße (vgl. z.B. Toutenburg (2000a)).

## 2.4 Rangkorrelationskoeffizient von Spearman

Im Gegensatz zu den nominalen Merkmalen besitzen ordinale Merkmale eine Ordnungsstruktur, die bei der Berechnung und Interpretation der Maßzahlen genutzt werden kann. Aussagen wie „ … je größer der Wert von $X$, desto größer der Wert von $Y$ … “ machen hier also Sinn.

Nebem dem hier vorgestellten Rangkorrelationskoeffizienten dienen auch Gamma und Kendalls tau–b oder Stuarts tau–c (Toutenburg, 2000a) als Maßzahlen für den Zusammenhang. Ist die Kontingenztafel dünn besetzt, d.h. in jede Zelle fallen nur wenige oder gar keine Beobachtungen, so ist die Darstellung in einer Kontingenztafel wenig aussagekräftig. Dies ist beispielsweise der Fall, wenn die Merkmale $X$ und $Y$ die Platzierung der Formel–1–Rennfahrer bei den Rennen in Monaco und Hockenheim sind. Die Merkmalsausprägung $(x_i, y_i)$ ist dann in der Regel für jeden Fahrer verschieden. Da die Platzierungen jedoch nur ordinalskaliert sind, kann die Maßzahl für den Zusammenhang nur die Information der Rangordnung nutzen.

Für die Beobachtungen des Merkmals $(X, Y)$ sind zunächst für jede Komponente die Ränge zu vergeben. Dabei bezeichne $R_i^X = R(x_i)$ den Rang der $X$–Komponente der $i$–ten Beobachtung und $R_i^Y = R(y_i)$ den Rang der $Y$–Komponente. Haben zwei oder mehr Beobachtungen die gleiche Ausprägung des Merkmals $X$ oder $Y$, so liegt eine sogenannte Bindung vor. Als Rang der einzelnen Beobachtungen wird dann der Mittelwert der zu vergebenden Ränge genommen.

*Beispiel.* Bei 5 BWL–Studenten wurden folgende Noten in der Mathematikklausur und in der Statistikklausur notiert:

| Student | Note in Mathematik | Note in Statistik |
|---|---|---|
| 1 | 1 | 1 |
| 2 | 2 | 4 |
| 3 | 2 | 3 |
| 4 | 4 | 4 |
| 5 | 2 | 2 |

Der erste Student bekommt die Ränge $(1, 1)$ zugewiesen. Die Note ‘2’ kommt in Mathematik dreimal vor. Hierfür sind also die Ränge 2, 3 und 4 zu vergeben. Alle Studenten mit der Note ‘2’ erhalten damit den Rang $\frac{1}{3}(2+3+4) = 3$. Die Note ‘4’ kommt in der Statisikklausur zweimal vor. Hierfür sind die Ränge 4 und 5 zu vergeben, d.h. für die entsprechenden Beobachtungen ergibt sich ein mittlerer Rang von 4.5. Student 2 bekommt somit das Rangpaar $(3; 4.5)$ zugewiesen. Insgesamt erhalten wir schließlich folgende Ränge

| Student | Rang in Mathematik | Rang in Statistik |
|---|---|---|
| 1 | 1 | 1 |
| 2 | 3 | 4.5 |
| 3 | 3 | 3 |
| 4 | 5 | 4.5 |
| 5 | 3 | 2 |

Die Maßzahl für den Zusammenhang vergleicht nun die jeweiligen $X$– und $Y$–Ränge. Da aufgrund des ordinalen Skalenniveaus keine Abstände definiert sind, basiert der **Rangkorrelationskoeffizient von Spearman** nur auf der Differenz $d_i = R(x_i) - R(y_i)$ der $X$– bzw. $Y$–Rangordnung. Liegen keine Bindungen vor, so ist der Rangkorrelationskoeffizient gegeben als (vgl. Abschnitt 2.5)

$$R = 1 - \frac{6 \sum_{i=1}^{n} d_i^2}{n(n^2 - 1)} \tag{2.11}$$

Der Wertebereich von $R$ liegt in den Grenzen von $-1$ bis $+1$, wobei bei $R = +1$ zwei identische Rangreihen vorliegen. Ist $R = -1$, so liegen zwei gegenläufige Rangreihen vor. Aus dem Vorzeichen von $R$ lassen sich also Aussagen über die Richtung des Zusammenhangs ableiten.

*Anmerkung.* Während der Begriff 'Assoziation' für einen beliebigen Zusammenhang steht, legt der Begriff 'Korrelation' die Struktur des Zusammenhangs—eine lineare Beziehung—fest. Da diese lineare Beziehung bei ordinalen Daten nur auf den Rängen basiert, sprechen wir vom Rangkorrelationskoeffizienten.

*Beispiel 2.4.1.* An einem Hallenfußballturnier und einem Freiluftfußballturnier nahmen jeweils die gleichen 5 Mannschaften teil. In der folgenden Tabelle sind die Platzierungen der Mannschaften $A$ bis $E$ bei den beiden Turnieren angegeben. Wir wollen untersuchen, ob es einen Zusammenhang zwischen den Platzierungen bei den beiden Turnieren gibt oder nicht.

| Mannschaft | Platzierung | |
|---|---|---|
| | Hallenfußballturnier | Freiluftfußballturnier |
| $A$ | 1 | 2 |
| $B$ | 2 | 3 |
| $C$ | 3 | 1 |
| $D$ | 4 | 5 |
| $E$ | 5 | 4 |

Da hier die Platzierungen bereits die Ränge darstellen, können wir gleich die Rangdifferenzen $d_i$ berechnen. Wir erhalten

| Mannschaft | $d_i$ | $d_i^2$ |
|---|---|---|
| $A$ | $-1$ | 1 |
| $B$ | $-1$ | 1 |
| $C$ | 2 | 4 |
| $D$ | $-1$ | 1 |
| $E$ | 1 | 1 |

Damit ist $\sum_{i=1}^{n} d_i^2 = 8$ und mit (2.11) ergibt sich

$$R = 1 - \frac{6 \cdot 8}{5(25-1)} = 0.6\,.$$

Es besteht also ein positiver Zusammenhang zwischen den Platzierungen bei den beiden Turnieren, d.h. je besser eine Mannschaft beim Hallenfußballturnier abgeschnitten hat, desto besser hat sie auch beim Freiluftturnier abgeschnitten.

Tritt eine Merkmalsausprägung mehrfach auf, so liegt—wie bereits oben erwähnt—eine Bindung vor. Diese Bindungen sind bei der Berechnung des Rangkorrelationskoeffizienten zu berücksichtigen. Der sogenannte korrigierte Rangkorrelationskoeffizient lautet:

$$R_{\text{korr}} = \frac{n(n^2-1) - \frac{1}{2}\sum\limits_j b_j(b_j^2-1) - \frac{1}{2}\sum\limits_k c_k(c_k^2-1) - 6\sum\limits_i d_i^2}{\sqrt{n(n^2-1) - \sum\limits_j b_j(b_j^2-1)}\sqrt{n(n^2-1) - \sum\limits_k c_k(c_k^2-1)}}\,. \tag{2.12}$$

wobei $j = 1, \ldots, J$ die Gruppen mit den verschiedenen Merkmalsausprägungen von $X$ bezeichnet. $b_j$ ist die Anzahl der Beobachtungen mit der gleichen Merkmalsausprägung in der $j$–ten Gruppe. Analog bezeichnet $k = 1, \ldots, K$ die Gruppen mit den verschiedenen Merkmalsausprägungen von $Y$. $c_k$ ist die Anzahl der Beobachtungen mit der gleichen Merkmalsausprägung in der $k$–ten Gruppe. Die Gruppen mit nur einer Beobachtung—d.h. es liegt hier keine Bindung vor—können bei der Berechnung der Summen $\sum_{j=1}^{J} b_j(b_j^2-1)$ bzw. $\sum_{k=1}^{K} c_k(c_k^2-1)$ auch weggelassen werden, da $1(1^2-1) = 0$ keinen Beitrag liefert.

*Beispiel 2.4.2.* Bei einer Unternehmensbefragung wurde die derzeitige Auftragslage und die Konjunkturprognose für das nächste Jahr erhoben. Beide Fragen konnten mit 'sehr schlecht', 'schlecht', 'normal', 'gut' oder 'sehr gut' beantwortet werden. 10 Unternehmen haben wie folgt geantwortet:

$$
\begin{array}{lcc}
\text{Unternehmen} & \text{derzeitige Auftragslage} & \text{Konjunkturprognose} \\
\begin{array}{l}1\\2\\3\\4\\5\\6\\7\\8\\9\\10\end{array} &
\multicolumn{2}{c}{\left(\begin{array}{cc}
\text{gut} & \text{sehr gut} \\
\text{normal} & \text{schlecht} \\
\text{normal} & \text{normal} \\
\text{schlecht} & \text{schlecht} \\
\text{gut} & \text{gut} \\
\text{schlecht} & \text{schlecht} \\
\text{sehr gut} & \text{gut} \\
\text{schlecht} & \text{schlecht} \\
\text{gut} & \text{gut} \\
\text{gut} & \text{schlecht}
\end{array}\right)}
\end{array}
$$

Um $R_{\text{korr}}$ zu ermitteln, müssen zunächst die Ränge vergeben werden. Dabei gehen wir so vor, dass dem Unternehmen mit der besten Auftragslage der kleinste $X$–Rang und dem Unternehmen mit der besten Prognose der kleinste $Y$–Rang zugewiesen wird. Da hier bei beiden Merkmalen Bindungen auftreten, müssen mittlere Ränge vergeben werden. So erhalten wir folgende Tabelle:

| Unternehmen | $R(x_i)$ | $R(y_i)$ | $d_i$ | $d_i^2$ |
|---|---|---|---|---|
| 1 | $\frac{2+3+4+5}{4} = 3.5$ | 1 | 2.5 | 6.25 |
| 2 | $\frac{6+7}{2} = 6.5$ | $\frac{6+7+8+9+10}{5} = 8$ | −1.5 | 2.25 |
| 3 | $\frac{6+7}{2} = 6.5$ | 5 | 1.5 | 2.25 |
| 4 | $\frac{8+9+10}{3} = 9$ | $\frac{6+7+8+9+10}{5} = 8$ | 1 | 1 |
| 5 | $\frac{2+3+4+5}{4} = 3.5$ | $\frac{2+3+4}{3} = 3$ | 0.5 | 0.25 |
| 6 | $\frac{8+9+10}{3} = 9$ | $\frac{6+7+8+9+10}{5} = 8$ | 1 | 1 |
| 7 | 1 | $\frac{2+3+4}{3} = 3$ | −2 | 4 |
| 8 | $\frac{8+9+10}{3} = 9$ | $\frac{6+7+8+9+10}{5} = 8$ | 1 | 1 |
| 9 | $\frac{2+3+4+5}{4} = 3.5$ | $\frac{2+3+4}{3} = 3$ | 0.5 | 0.25 |
| 10 | $\frac{2+3+4+5}{4} = 3.5$ | $\frac{6+7+8+9+10}{5} = 8$ | −4.5 | 20.25 |

Es ist $\sum_{i=1}^{n} d_i^2 = 38.5$. In der $X$–Rangreihe liegen Bindungen bei 'gut', 'normal' und 'schlecht' vor. Damit ist

$$\sum_{j=1}^{J} b_j(b_j^2 - 1) = 4(4^2 - 1) + 2(2^2 - 1) + 3(3^2 - 1) = 90\,.$$

In der $Y$–Rangreihe liegen Bindungen bei 'gut' und 'schlecht' vor, damit ist

$$\sum_{k=1}^{K} c_k(c_k^2 - 1) = 3(3^2 - 1) + 5(5^2 - 1) = 144\,.$$

Wir setzen die Werte in (2.12) ein und erhalten

$$R_{\text{korr}} = \frac{10(10^2-1) - \frac{1}{2}90 - \frac{1}{2}144 - 6 \cdot 38.5}{\sqrt{10(10^2-1) - 90}\sqrt{10(10^2-1) - 144}} = \frac{990 - 45 - 72 - 231}{\sqrt{990-90}\sqrt{990-144}} = 0.736\,.$$

Es liegt also ein starker positiver Zusammenhang zwischen der aktuellen Auftragslage und der Konjunkturprognose vor. D.h. je besser es einem dieser Unternehmen geht, desto optimistischer fällt die Prognose aus. Abbildung 2.24 enthält das entsprechende SPSS–Listing. Der Rangkorrelationskoeffizient 'Spearmans rho' ist in einer sogenannten Matrixdarstellung angegeben. Würden wir drei oder mehr Merkmale gleichzeitig betrachten, so werden alle bivariaten Korrelationen gleichzeitig in dieser Matrix dargestellt.

| | | | Auftragslage | Konjunkturprognose |
|---|---|---|---|---|
| Spearman's rho | Correlation Coefficient | Auftragslage | 1.000 | .736 |
| | | Konjunkturprognose | .736 | 1.000 |
| | Sig. (2-tailed) | Auftragslage | . | .015 |
| | | Konjunkturprognose | .015 | . |
| | N | Auftragslage | 10 | 10 |
| | | Konjunkturprognose | 10 | 10 |

**Abb. 2.24.** SPSS–Listing des Rangkorrelationskoeffizienten nach Spearman.

Hätten wir die Bindungen nicht berücksichtigt und zur Berechnung (2.11) verwendet, so hätten wir $R = 1 - \frac{6 \cdot 38.5}{10 \cdot 99} = 0.767$ eine (fälschlicherweise) höhere Korrelation erhalten.

## 2.5 Zusammenhang zwischen zwei stetigen Merkmalen

Die Kursverläufe aus Beispiel 2.1.1 weisen beide einen Trend über die Zeit auf. Werden die Kurse wie im Beispiel gegeneinander angetragen, so suggeriert die Grafik einen Zusammenhang zwischen den beiden Aktien. Hier ist jedoch Vorsicht geboten. Mit der selben Argumentation könnte man behaupten, es bestünde ein Zusammenhang zwischen der Kursentwicklung der BMW–Aktie und einer anderen über die Zeit ansteigenden Größe, beispielsweise der Bevölkerung in einem Entwicklungsland. Um herauszufinden ob ein kausaler Zusammenhang besteht, können statt der absoluten Werte deren Veränderungen betrachtet werden. Der Übergang zu den ersten Differenzen, den Differenzen zu den unmittelbar vorherigen Werten, eliminiert einen linearen Trend. Weisen die Differenzen zweier Zeitreihen einen Zusammenhang auf, so impliziert dies, dass die Veränderungen innerhalb zweier Zeitpunkte parallel verlaufen, also der Anstieg der einen Zeitreihe in einem Zeitintervall den Anstieg bzw. das Fallen der anderen Zeitreihe im selben Zeitintervall bedingt.

*Beispiel 2.5.1 (Fortsetzung von Beispiel 2.1.1).* In Abbildung 2.25 sind die Veränderungen der logarithmierten Kurse zum Vormonat der Aktien BMW und DaimlerChrysler dargestellt. Es ist ein schwächerer positiver Zusammenhang als in Abbildung 2.3 erkennbar.

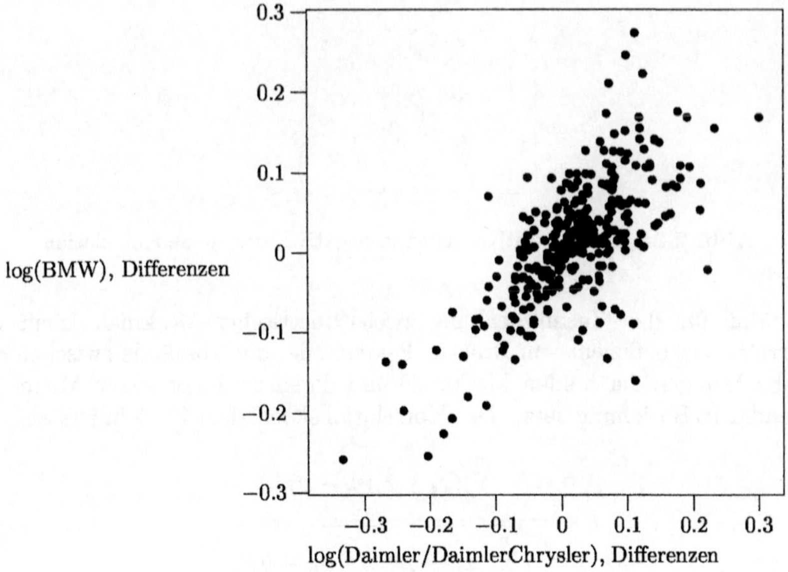


**Abb. 2.25.** Veränderungen zum Vormonat.

Um die Stärke des Zusammenhangs quantitativ zu erfassen, wird in diesem Abschnitt eine geeignete Maßzahl eingeführt. Sind die beiden Merkmale $X$ und $Y$ metrisch skaliert, so sind die Abstände zwischen den Merkmalsausprägungen interpretierbar und können bei der Konstruktion eines Zusammenhangsmaßes berücksichtigt werden. Liegt ein exakter positiver Zusammenhang vor, so erwartet man, dass bei Erhöhung des einen Merkmals um eine Einheit sich auch das andere Merkmal um das Vielfache einer Einheit erhöht. Liegt ein exakter negativer Zusammenhang vor, so erniedrigt sich der Wert des einen Merkmals um das Vielfache einer Einheit, wenn das andere Merkmal um eine Einheit erhöht wird. Der Zusammenhang lässt sich also durch eine lineare Funktion der Form $y = a + b\,x$ beschreiben. Wir sprechen daher auch von Korrelation und wollen damit ausdrücken, dass es sich um einen linearen Zusammenhang handelt. Ein exakter Zusammenhang dürfte in der Praxis nur selten vorkommen. Abbildung 2.26 zeigt die drei typischen Situationen.

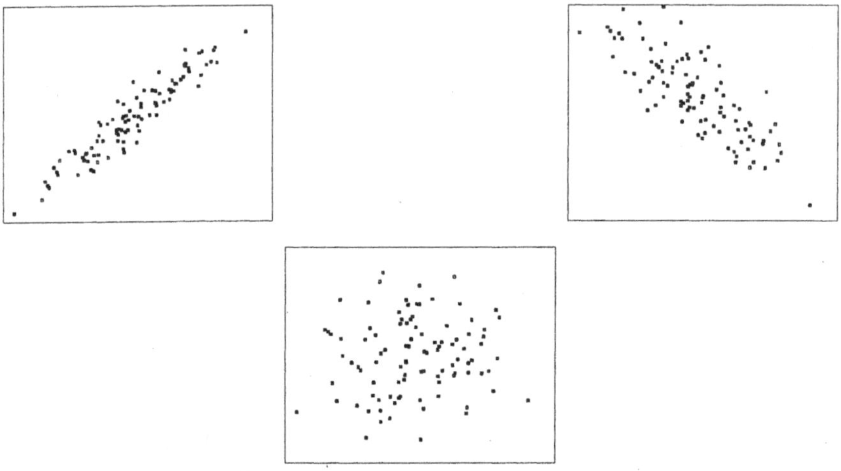

**Abb. 2.26.** Stark positive, schwach negative bzw. keine Korrelation.

Als Maß für den Zusammenhang zweier metrischer Merkmale dient der *K*orrelationskoeffizient von Bravais–Pearson, der die Abstände zwischen den Beobachtungen der beiden Merkmale und deren arithmetischem Mittel zueinander in Beziehung setzt. Der Korrelationskoeffizient ist definiert als:

$$r = \frac{\sum_{i=1}^{n}(x_i - \bar{x})(y_i - \bar{y})}{\sqrt{\sum_{i=1}^{n}(x_i - \bar{x})^2 \cdot \sum_{i=1}^{n}(y_i - \bar{y})^2}}$$

$$= \frac{S_{xy}}{\sqrt{S_{xx}S_{yy}}} \qquad (2.13)$$

$$= \frac{\sum_{i=1}^{n} x_i y_i - n\bar{x}\bar{y}}{\sqrt{(\sum_{i=1}^{n} x_i^2 - n\bar{x}^2)(\sum_{i=1}^{n} y_i^2 - n\bar{y}^2)}}\,. \qquad (2.14)$$

Dabei sind

$$S_{xx} = \sum_{i=1}^{n}(x_i - \bar{x})^2 \quad \text{bzw.} \quad S_{yy} = \sum_{i=1}^{n}(y_i - \bar{y})^2 \qquad (2.15)$$

die Quadratsummen und

$$S_{xy} = \sum_{i=1}^{n}(x_i - \bar{x})(y_i - \bar{y}) \qquad (2.16)$$

die Summe der gemischten Produkte. Es gilt

$$S_{xy} = \sum_{i=1}^{n} x_i y_i - n\bar{x}\bar{y}\,. \tag{2.17}$$

Der Korrelationskoeffizient ist ein dimensionsloses Maß, in das beide Merkmale $X$ und $Y$ symmetrisch eingehen, d.h. es gilt $r(X,Y) = r(Y,X)$.

*Anmerkung.* Mit den Varianzen $s_x^2 = \frac{1}{n}S_{xx}$ und $s_y^2 = \frac{1}{n}S_{yy}$ und dem mittleren gemischten Produkt—der deskriptiven Kovarianz—$s_{xy} = \frac{1}{n}S_{xy}$ lässt sich der Korrelationskoeffizient auch darstellen als

$$r = \frac{s_{xy}}{\sqrt{s_x^2}\sqrt{s_y^2}} = \frac{s_{xy}}{s_x s_y}$$

Der Korrelationskoeffizient $r$ liegt zwischen den Grenzen $-1$ und $+1$. Dies folgt mit

$$x = \begin{pmatrix} x_1 \\ \vdots \\ x_n \end{pmatrix} - \begin{pmatrix} \bar{x} \\ \vdots \\ \bar{x} \end{pmatrix} \quad \text{und} \quad y = \begin{pmatrix} y_1 \\ \vdots \\ y_n \end{pmatrix} - \begin{pmatrix} \bar{y} \\ \vdots \\ \bar{y} \end{pmatrix} \tag{2.18}$$

aus der Cauchy–Schwarzschen Ungleichung (A.54),

$$(x'y)^2 \le (x'x)(y'y). \tag{2.19}$$

Ist $r = +1$ oder $r = -1$, so liegt ein exakter linearer Zusammenhang zwischen $X$ und $Y$ vor, d.h. es gilt $Y = a + bX$. Es lässt sich zeigen, dass die Anwendung des Korrelationskoeffizienten von Bravais–Pearson auf Rangdaten gleich dem Wert des Rangkorrelationskoeffizienten von Spearman ist. Wir geben diesen Beweis hier an.

*Beweis.* : Sei das Merkmal (X,Y) gegeben, das in das rangskalierte Merkmal $(R_i^x, i)$ umgewandelt wird. Dabei ist i (i=1, ... ,n) der Rang innerhalb der Y–Komponente und $R_i^x = x_i$ der zugehörige Rang der X–Komponente. Wir setzen voraus, dass keine Bindungen vorliegen. Die $x_i$ stellen eine Permutation der $i$ dar. Der Mittelwert der $i$ bzw. der $x_i$ ist $\frac{1}{2}(n+1)$ und ihre Varianz ist $\frac{1}{12}(n^2-1)$. Damit wird der Korrelationskoeffizient von Bravais–Pearson für die Rangdaten $(x_i, i)$ mit Formel (2.13) zu:

$$r = \frac{\sum_{i=1}^{n} i x_i - n\frac{1}{4}(n+1)^2}{\frac{n}{12}(n^2-1)}\,. \tag{2.20}$$

Mit den Beziehungen:

$$\sum_{i=1}^{n}(x_i - i)^2 = \sum_{i=1}^{n} x_i^2 + \sum_{i=1}^{n} i^2 - 2\sum_{i=1}^{n} i x_i \text{ und} \tag{2.21}$$

$$\sum_{i=1}^{n} x_i^2 = \sum_{i=1}^{n} i^2 = \frac{1}{6} n(n+1)(2n+1) \tag{2.22}$$

folgt

$$\sum_{i=1}^{n} i x_i = \frac{1}{6} n(n+1)(2n+1) - \frac{1}{2}\sum_{i=1}^{n}(x_i - i)^2. \tag{2.23}$$

Damit wird der Zähler von (2.20) zu:

$$12\sum_{i=1}^{n} i x_i - 12n\frac{1}{4}(n+1)^2 = n(n^2-1) - 6\sum_{i=1}^{n}(x_i - i)^2 . \tag{2.24}$$

Damit gilt (vgl. (2.11)),

$$r = 1 - \frac{6\sum_{i=1}^{n} d_i^2}{n(n^2-1)} = R . \tag{2.25}$$

*Beispiel 2.5.2.* In einem Unternehmen wurde folgende Umsatz– und Gewinnentwicklung in den Jahren 1990 bis 1994 verzeichnet:

| Jahr | Umsatz | Gewinn |
|---|---|---|
| 1990 | 60 | 2 |
| 1991 | 70 | 3 |
| 1992 | 70 | 5 |
| 1993 | 80 | 3 |
| 1994 | 90 | 5 |

Wir interessieren uns für den Zusammenhang zwischen Umsatz und Gewinn. Zur Berechnung des Korrelationskoeffizienten stellen wir die folgende Arbeitstabelle auf:

| Jahr | Umsatz ($X$) | Gewinn ($Y$) | $x_i^2$ | $y_i^2$ | $x_i y_i$ |
|---|---|---|---|---|---|
| 1990 | 60 | 2 | 3 600 | 4 | 120 |
| 1991 | 70 | 3 | 4 900 | 9 | 210 |
| 1992 | 70 | 5 | 4 900 | 25 | 350 |
| 1993 | 80 | 3 | 6 400 | 9 | 240 |
| 1994 | 90 | 5 | 8 100 | 25 | 450 |
| $\sum$ | 370 | 18 | 27 900 | 72 | 1 370 |

Daraus berechnen wir $\bar{x} = 74$ und $\bar{y} = 3.6$ und mit (2.14) erhalten wir

$$r = \frac{1\,370 - 5 \cdot 74 \cdot 3.6}{\sqrt{27\,900 - 5 \cdot 74^2}\sqrt{72 - 5 \cdot 3.6^2}} = \frac{38}{\sqrt{520 \cdot 7.2}} = 0.6210 .$$

Es liegt also eine positive Korrelation zwischen $X$ : Umsatz und $Y$ : Gewinn vor: Je höher der Umsatz, desto höher der Gewinn.

*Beispiel 2.5.3.* Bei $n = 10$ Filialen in 10 Städten eines Kaufhauskonzerns wird der Zusammenhang zwischen dem Umsatz ($Y$) und der Entfernung ($X$) (in km) von der zentralen Fußgängerzone beurteilt.

| Stadt | Entfernung | Umsatz |
|---|---|---|
| 1 | 0 | 450 |
| 2 | 10 | 130 |
| 3 | 30 | 100 |
| 4 | 15 | 150 |
| 5 | 4 | 300 |
| 6 | 1 | 400 |
| 7 | 2 | 320 |
| 8 | 5 | 310 |
| 9 | 7 | 250 |
| 10 | 9 | 270 |

Da beide Merkmale stetig sind, beurteilen wir den Zusammenhang zwischen $X$ und $Y$ anhand des Korrelationskoeffizienten nach Bravais–Pearson. Wir berechnen $\bar{x} = 8.3$, $\bar{y} = 268$, $S_{xy} = -7724$, $S_{xx} = 712.1$, $S_{yy} = 117\,560$ und erhalten mit (2.13)

$$r = \frac{S_{xy}}{\sqrt{S_{xx}S_{yy}}} = \frac{-7\,724}{\sqrt{712.1 \cdot 117\,560}} = -0.84\,.$$

Es besteht also ein starker negativer Zusammenhang zwischen der Entfernung und dem Umsatz, d.h. je größer die Entfernung vom Zentrum ist, desto geringer ist der Umsatz. Die grafische Darstellung des Zusammenhangs ist in Abbildung 2.27 gegeben.

Wir verwenden nun nur noch die ordinale Struktur der Beobachtungen und berechnen den Rangkorrelationskoeffizienten von Spearman. Hierzu vergeben wir zunächst die Ränge für die beiden Merkmale und wenden den Korrelationskoeffizienten von Bravais–Pearson auf die Rangdaten an, wobei $\overline{R^X} = \overline{R^Y} = 5.5$ ist:

Wir erhalten die Quadratsummen $\sum_{i=1}^n (R_i^X - \overline{R^X})^2 = 82.5$, $\sum_{i=1}^n (R_i^Y - \overline{R^Y})^2 = 82.5$ und $\sum_{i=1}^n (R_i^X - \overline{R^X})(R_i^Y - \overline{R^Y}) = -79.5$. Die Anwendung von (2.13) auf die Rangdaten liefert

$$r = \frac{-79.5}{\sqrt{82.5 \cdot 82.5}} = -0.96\,.$$

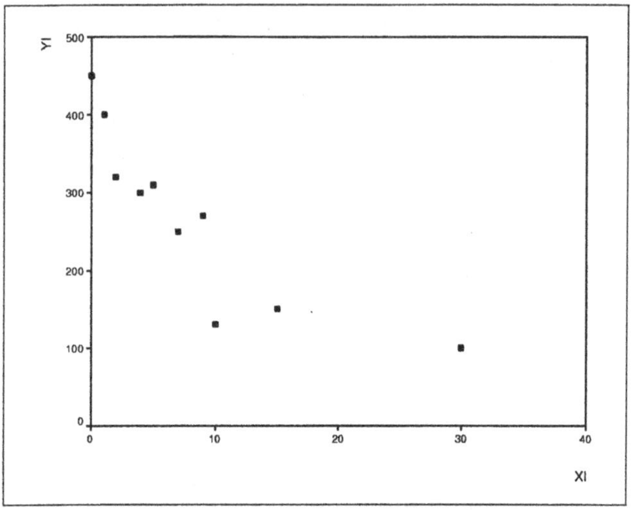


**Abb. 2.27.** Zusammenhang zwischen Umsatz $Y$ und Entfernung $X$.

| $i$ | $R_i^X$ | $R_i^X - \overline{R^X}$ | $R_i^Y$ | $R_i^Y - \overline{R^Y}$ | $\left(R_i^X - \overline{R^X}\right)\left(R_i^Y - \overline{R^Y}\right)$ |
|---|---|---|---|---|---|
| 1 | 10 | 4.5 | 1 | -4.5 | - 20.25 |
| 2 | 3 | -2.5 | 9 | 3.5 | -8.75 |
| 3 | 1 | -4.5 | 10 | 4.5 | -20.25 |
| 4 | 2 | -3.5 | 8 | 2.5 | -8.75 |
| 5 | 7 | 1.5 | 5 | -0.5 | -0.75 |
| 6 | 9 | 3.5 | 2 | -3.5 | -12.25 |
| 7 | 8 | 2.5 | 3 | -2.5 | -6.25 |
| 8 | 6 | 0.5 | 4 | -1.5 | -0.75 |
| 9 | 5 | -0.5 | 7 | 1.5 | -0.75 |
| 10 | 4 | -1.5 | 6 | 0.5 | -0.75 |

Die starke negative Korrelation wird also auch bei Verwendung des Rangkorrelationskoeffizienten deutlich. Der schwächere Zusammenhang (ausgedrückt durch den betragsmäßig kleineren Koeffizienten $r = -0.84$) bei den Originaldaten kann durch eine gewisse „Glättung" beim Übergang von Originaldaten zu Rangdaten erklärt werden (vgl. hierzu die Abbildungen 2.27 und 2.28).

**Transformation des Korrelationskoeffizienten.** Wir wollen nun untersuchen, ob und wie sich der Korrelationskoeffizient ändert, wenn $X$ oder $Y$ (oder beide) linear transformiert werden. Sei $\tilde{X} = u + vX$ und $\tilde{Y} = w + zY$, so erhalten wir $\bar{\tilde{x}} = u + v\bar{X}$ und $\bar{\tilde{y}} = w + z\bar{y}$ und damit

$$\tilde{x}_i - \bar{\tilde{x}} = (u + vx_i) - (u + v\bar{x}) = v(x_i - \bar{x})$$

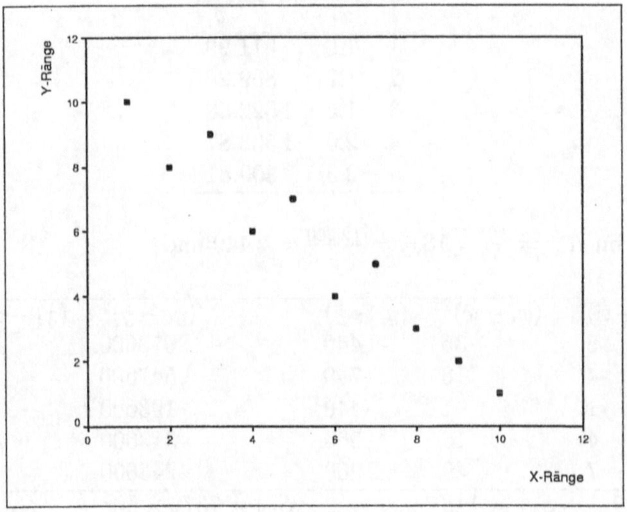


**Abb. 2.28.** Zusammenhang zwischen Umsatz $Y$ und Entfernung $X$ (Rangdaten).

und

$$\tilde{y}_i - \bar{\tilde{y}} = z(y_i - \bar{y}).$$

Somit gilt für den Korrelationskoeffizienten der beiden transformierten Merkmale $\tilde{X}$ und $\tilde{Y}$

$$r(\tilde{X}, \tilde{Y}) = \frac{vz \sum (x_i - \bar{x})(y_i - \bar{y})}{\sqrt{v^2 \sum (x_i - \bar{x})^2 z^2 \sum (y_i - \bar{y})^2}} = r(X, Y)$$

Damit ist der Korrelationskoeffizient ein translationsäquivariantes Maß.

*Beispiel.* Wir betrachten die beiden Merkmale $X$: Betriebszugehörigkeit in Jahren und $Y$: Höhe der Weihnachtsgratifikation in DM bei $n = 5$ Mitarbeitern.

| $i$ | $x_i$ | $y_i$ |
|---|---|---|
| 1 | 10 | 1 000 |
| 2 | 12 | 1 700 |
| 3 | 15 | 2 000 |
| 4 | 20 | 3 000 |
| 5 | 23 | 4 500 |

Die Firma wird nun im Jahre 2002 von einem neuen Eigentümer übernommen. Er führt die obige Analyse erneut durch, mißt jedoch die Betriebszugehörigkeit in der Einheit 10 Jahre und die Gratifikation in EURO (1 DM = 0.51129 EUR). Es gilt also $\tilde{X} = 0.1X$ und $\tilde{Y} = 0.51129Y$. Der transformierte Datensatz lautet:

| $i$ | $\tilde{x}_i$ | $\tilde{y}_i$ |
|---|---|---|
| 1 | 1.0 | 511.29 |
| 2 | 1.2 | 869.20 |
| 3 | 1.5 | 1022.58 |
| 4 | 2.0 | 1533.87 |
| 5 | 2.3 | 2300.81 |

Wir berechnen $\bar{x} = \frac{80}{5} = 16, \bar{y} = \frac{12\,200}{5} = 2\,440$ und

| $i$ | $(x_i - \bar{x})$ | $(x_i - \bar{x})^2$ | $(y_i - \bar{y})$ | $(y_i - \bar{y})^2$ | $(x_i - \bar{x})(y_i - \bar{y})$ |
|---|---|---|---|---|---|
| 1 | -6 | 36 | -1 440 | 2073600 | 8 640 |
| 2 | -4 | 16 | -740 | 547600 | 2 960 |
| 3 | -1 | 1 | -440 | 193600 | 440 |
| 4 | 4 | 16 | 560 | 313600 | 2 240 |
| 5 | 7 | 49 | 2 060 | 4243600 | 14 420 |
| | | $S_{xx} = 118$ | | $S_{yy} = 7372 \times 10^3$ | $S_{xy} = 28\,700$ |

Damit ist

$$r = \frac{28\,700}{\sqrt{118 \cdot 7372 \times 10^3}} = \frac{287}{294.9} = 0.973\,.$$

Wir berechnen weiter $\bar{\tilde{x}} = 0.1\bar{x} = 1.6, \bar{\tilde{y}} = 0.51129\bar{y} = 1\,247.55$ und

$$\begin{aligned} S_{\tilde{x}\tilde{x}} &= 0.1^2 S_{xx} = 1.18 \\ S_{\tilde{y}\tilde{y}} &= 0.51129^2 S_{yy} = 192.72 \times 10^4 \\ S_{\tilde{x}\tilde{y}} &= 0.1 \cdot 0.51129 S_{xy} = 1\,467.40 \end{aligned}$$

und erhalten damit

$$r = \frac{1\,467.40}{\sqrt{1.18 \cdot 192.72 \times 10^4}} = 0.973\,.$$

# 3. Deskriptive univariate lineare Regression

## 3.1 Einleitung

In Kapitel 2 haben wir den Begriff des zweidimensionalen Merkmals behandelt, wobei Maße für den Zusammenhang zweier Merkmale $X$ und $Y$ für die verschiedenen Skalenniveaus hergeleitet wurden. In diesem Kapitel diskutieren wir Methoden zur Analyse und Modellierung des Einflusses eines quantitativen Merkmals $X$ auf ein anderes quantitatives Merkmal $Y$. Die Erweiterung auf den Fall der Modellbildung bei qualitativem $X$ wird in Abschnitt 3.9 behandelt.

Wir setzen voraus, dass an einem Untersuchungsobjekt (Person, Firma, Geldinstitut usw.) zwei Merkmale $X$ und $Y$ gleichzeitig beobachtet werden. Diese Merkmale seien quantitativ (Intervall– oder Ratioskala). Es werden also $n$ Beobachtungen $(x_i, y_i)$, $i = 1, \ldots, nn$ des zweidimensionalen Merkmals $(X, Y)$ erfasst. Diese Daten werden in einer Datenmatrix zusammengefasst.

$$\begin{array}{c} i \\ 1 \\ 2 \\ \vdots \\ n \end{array} \begin{array}{c} \begin{array}{cc} X & Y \end{array} \\ \begin{pmatrix} x_1 & y_1 \\ x_2 & y_2 \\ \vdots & \vdots \\ x_n & y_n \end{pmatrix} \end{array}$$

*Beispiele.*

- Einkommen ($X$) und Kreditwunsch ($Y$) eines Bankkunden
- Geschwindigkeit ($X$) und Bremsweg ($Y$) eines Pkw
- Einsatz von Werbung in DM ($X$) und Umsatz in DM ($Y$) in einer Filiale
- Investition ($X$) und Exporterlös ($Y$) eines Betriebs
- Flussmittelmenge ($X$) und Schmelzpunkt ($Y$) von Glasuren

*Beispiel 3.1.1.* In einem Versuch lässt man ein Testauto mit unterschiedlichen Geschwindigkeiten an einen Messpunkt fahren und dort bremsen. Man mißt jeweils die Geschwindigkeit $X$ in km/h und den Bremsweg $Y$ in m. Mit diesen Daten erhalten wir den Scatterplot in Abbildung 3.1.

$$\begin{matrix} X & Y \end{matrix}$$
$$\begin{pmatrix} 20 & 25 \\ 30 & 57 \\ 35 & 62 \\ 41 & 65 \\ 60 & 90 \end{pmatrix}$$

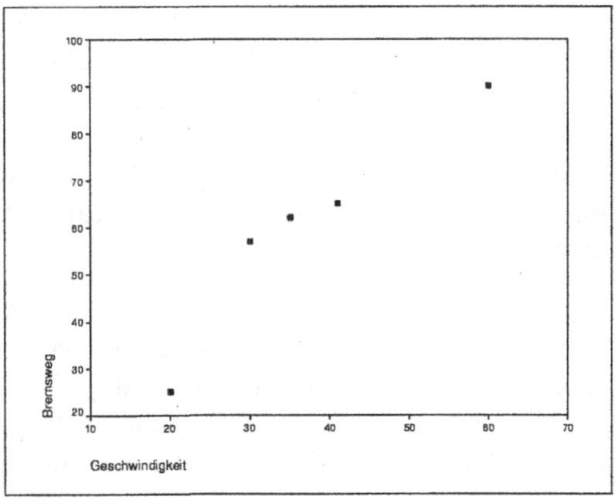


**Abb. 3.1.** Scatterplot Geschwindigkeit/Bremsweg eines Pkw.

Um überhaupt einen Zusammenhang zwischen $X$ und $Y$ darstellen und aufdecken zu können, müssen $X$ und $Y$ an verschiedenen Stellen beobachtet werden. Würde man $X$ konstant halten ($X = c$), so ergäbe sich Abbildung 3.2, aus der kein Zusammenhang zwischen $X$ und $Y$ erkannt werden kann. Man erkennt aber die natürliche Streuung von $Y$ bei gegebenem $X$–Wert $x = c$.

Neben der grafischen Darstellung eines zweidimensionalen quantitativen Merkmals $(X, Y)$ kann man die Stärke und die Richtung des linearen Zusammenhangs zwischen den beiden Merkmalskomponenten $X$ und $Y$ durch ein Maß erfassen. Für zwei quantitative Merkmale $X$ und $Y$ auf metrischem Skalenniveau ist dies der Korrelationskoeffizient von Bravais–Pearson (vgl. (2.13)),

$$r(X,Y) = r = \frac{S_{xy}}{\sqrt{S_{xx}S_{yy}}}.$$

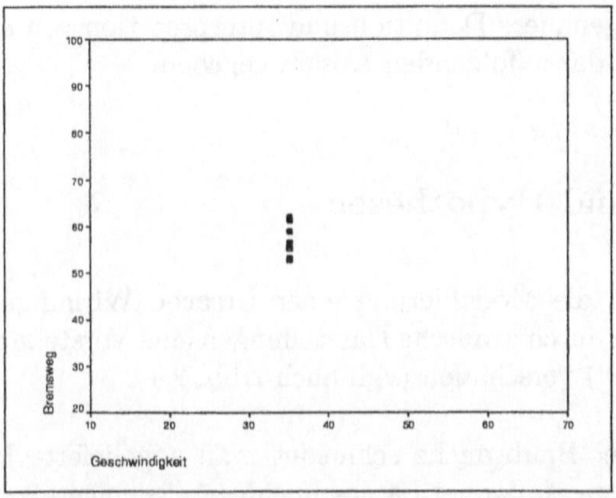


**Abb. 3.2.** Zusammenhang zwischen konstanter Geschwindigkeit $X$ und Bremsweg $Y$.

Er ist ein dimensionsloses Maß, das die Stärke und die Richtung des linearen Zusammenhangs zwischen $X$ und $Y$ angibt, wobei beide Merkmale $X$ und $Y$ gleichberechtigt (symmetrisch) in dieses Maß eingehen. Es gilt also $r(X,Y) = r(Y,X)$.

Wir gehen nun einen Schritt weiter und versuchen, den linearen Zusammenhang zwischen $X$ und $Y$ durch ein Modell zu erfassen. Dazu setzen wir voraus, dass ein Merkmal ($X$) als gegeben oder beeinflussbar angesetzt werden kann, während das andere Merkmal ($Y$) als Reaktion auf $X$ beobachtet wird. Dies ist die allgemeine Struktur einer Ursache–Wirkungs–Beziehung zwischen $X$ und $Y$. Das einfachste Modell für einen Zusammenhang $Y = f(X)$ ist die lineare Gleichung

$$Y = a + bX\,. \tag{3.1}$$

Eine lineare Funktion liefert einen einfach zu handhabenden mathematischen Ansatz und ist auch insofern gerechtfertigt, als sich viele andere Funktionstypen gut durch lineare Funktionen approximieren lassen. Stehen $X$ und $Y$ in diesem Zusammenhang (3.1), so spricht man von **linearer Regression** von $Y$ auf $X$. Das Merkmal $Y$ heißt der Regressand oder Response, $X$ heißt der Regressor oder die Einflussgröße.

Das Merkmal $X$ ist— wie oben beschrieben—fest gegeben. Das Merkmal $Y$ wird zu vorgegebenem $X$ beobachtet und weist im allgemeinen eine natürliche Streuung auf. Aus diesem Grund werden die Werte von $Y$ nicht exakt auf der Geraden (3.1) liegen. Deshalb bezieht man ein Fehlerglied oder Residuum $e$ in den linearen Zusammenhang gemäß

$$Y = a + bX + e \tag{3.2}$$

mit ein. Eine genauere Definition und Interpretation von $e$ wird mit Formel (3.3) und dem darauffolgenden Absatz gegeben.

## 3.2 Plots und Hypothesen

Bevor man an die Modellierung einer Ursache–Wirkungs–Beziehung geht, sollte man sich durch grafische Darstellungen eine Vorstellung vom möglichen Verlauf (Modell) verschaffen (vgl. auch Abb. 2.1).

*Beispiel.* In der Baubranche schneidet man angelieferte Baustähle auf die geforderte Länge zu, wobei Laserschneidegeräte eingesetzt werden. Werden in einem Versuch nur Baustähle mit gleicher Materialstärke eingesetzt und mit variierender Laserleistung bearbeitet, so lässt sich der Zusammenhang zwischen Leistung $X$ und Arbeitsgeschwindigkeit $Y$ als Scatterplot darstellen, wie er in Abb. 3.3 abgebildet ist.

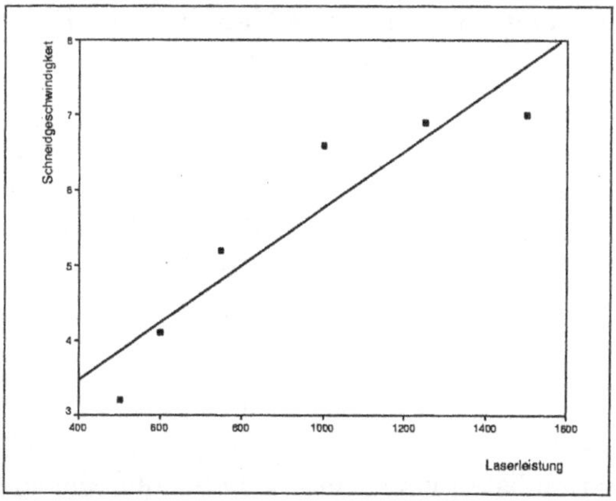


**Abb. 3.3.** Positive Korrelation, monoton wachsender nichtlinearer Zusammenhang.

Die Geschwindigkeit nimmt mit zunehmender Leistung zunächst linear zu und erreicht dann eine Sättigungsgrenze, so dass insgesamt ein nichtlinearer Zusammenhang gegeben scheint (Abbildung 3.3). Ein lineares Regressionsmodell für den gesamten Wertebereich ist also nicht passend.

Falls zwei Merkmale $X$ und $Y$ keinen Zusammenhang aufweisen, so ergibt sich als typisches Bild der Punktwolke $(x_i, y_i)$ eine Darstellung wie in Abbildung 3.4. Die Punktwolke weist kein erkennbares Muster auf, die Anordnung der Punkte wirkt rein zufällig. Man nennt ein solches Bild auch Chaos– oder Null–Plot.

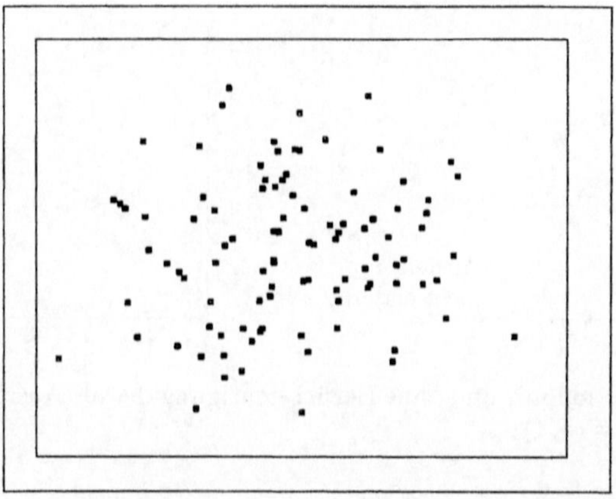

**Abb. 3.4.** Keine Korrelation, kein linearer Zusammenhang.

Häufig wird ein erkennbarer Zusammenhang durch einzelne, von der großen Masse der Daten wesentlich entfernt liegende Werte gestört. Diese sogenannten Ausreißer müssen gesondert eingeschätzt und gegebenenfalls—bei sachlicher oder statistischer Rechtfertigung—aus dem Datensatz entfernt werden.

*Beispiel 3.2.1.* Wir demonstrieren den Einfluss von 'Ausreißern' auf die Regression. Mit den in der folgenden Tabelle angegebenen Werten erhalten wir die zwei Grafiken in Abbildung 3.5. Sie geben die geschätzte Regressionsgerade an, die mit bzw. ohne den Punkt $(x_5, y_5) = (5, 1)$ bestimmt wurde. Wie man an den Grafiken sieht, kann ein Punkt den Verlauf der Regressionsgeraden entscheidend beeinflussen. Wir gehen auf diese Problematik im Verlauf des Kapitels noch detailliert ein.

| $x_i$ | 1 | 2 | 3 | 4 | 5 |
|---|---|---|---|---|---|
| $y_i$ | 2.1 | 3.2 | 4.5 | 4.9 | 1.0 |

## 3.3 Prinzip der kleinsten Quadrate

Die $n$ Beobachtungen $P_i = (x_i, y_i)$, $i = 1, \ldots, n$, des zweidimensionalen Merkmals $P = (X, Y)$, werden als Punktwolke (bivariater Scatterplot) in das $x$–$y$–Koordinatensystem eingetragen. Durch die Punktwolke $P_i$ wird die Ausgleichsgerade $\hat{y} = a + bx$ gelegt (vgl. Abbildung 3.6). Dabei sind der Achsenabschnitt $a$ und der Anstieg $b$ frei wählbare Parameter, die nach dem auf Gauß zurückgehenden Prinzip der kleinsten Quadrate bestimmt werden.

Wir greifen einen beliebigen Beobachtungspunkt $P_i = (x_i, y_i)$ heraus. Ihm entspricht der Punkt $\hat{P}_i = (x_i, \hat{y}_i)$ auf der Geraden, d.h. es gilt

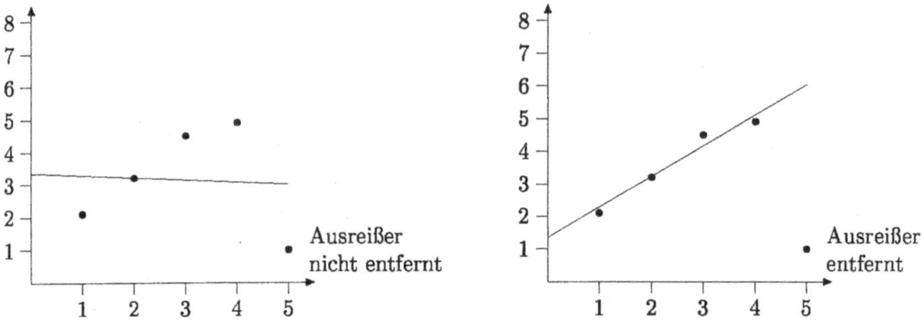


**Abb. 3.5.** Regression mit und ohne Berücksichtigung des als Ausreißer eingestuften Punktes $(x_5, y_5) = (5, 1)$.

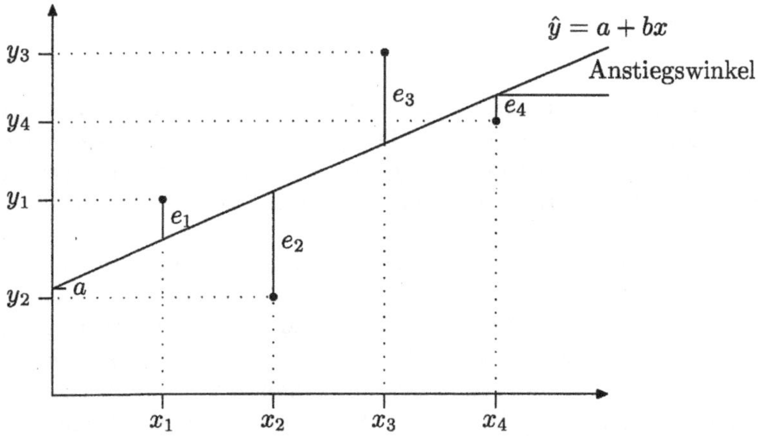


**Abb. 3.6.** Regressionsgerade, Beobachtungen $y_i$ und Residuen $e_i$.

$$\hat{y}_i = a + bx_i \,.$$

Vergleicht man den beobachteten Punkt $(x_i, y_i)$ mit dem durch die Gerade angepassten Punkt $(x_i, \hat{y}_i)$, so erhält man als Differenz (in y–Richtung) das sogenannte Residuum oder Fehlerglied

$$e_i = y_i - \hat{y}_i = y_i - a - bx_i \,. \tag{3.3}$$

Die Residuen $e_i$ $(i = 1, \ldots, n)$ messen die Abstände der beobachteten Punktwolke $P_i = (x_i, y_i)$ von den angepassten Punkten $(x_i, \hat{y}_i)$ längs der $y$–Achse. Je größer die Residuen $e_i$ insgesamt sind, um so schlechter ist die Anpassung der Regressionsgeraden an die Punktwolke. Als globales Maß für die Güte der Anpassung muss man eine Funktion wählen, die dafür sorgt, dass die absoluten Fehler erhalten bleiben. Ein Maß wie z.B. $\sum e_i$ wäre wenig sinnvoll, da sich positive und negative $e_i$ gegeneinander aufheben könnten. Dieses Maß $\sum e_i$ wäre dann durch Veränderung des Geradenverlaufs nicht sinnvoll zu beeinflussen und damit nicht zu minimieren. Um zu verhindern, dass sich positive und negative $e_i$'s gegenseitig aufheben, nimmt man statt der $e_i$ selbst ihren Absolutbetrag $|e_i|$ oder ihr Quadrat $e_i^2$ und definiert dann z.B. die Maße

$$\sum_{i=1}^{n} |e_i|, \quad \max_i |e_i|, \quad \sum_{i=1}^{n} e_i^2. \tag{3.4}$$

Der Absolutbetrag ist eine bei Minimierungen recht unhandliche mathematische Funktion. Dagegen lassen sich quadratische Funktionen leichter minimieren. Üblicherweise wird daher das Maß $\sum e_i^2$ gewählt. Auf der Minimierung dieses Maßes basiert das Prinzip der kleinsten Quadrate.

Die durch das Optimierungsproblem

$$\min_{a,b} \sum_{i=1}^{n} e_i^2 = \min_{a,b} \sum_{i=1}^{n} (y_i - a - bx_i)^2 \tag{3.5}$$

gewonnenen Lösungen $\hat{a}$ und $\hat{b}$ heißen empirische **Kleinste–Quadrate–Schätzungen** von $a$ und $b$, auch KQ–Schätzungen. Die damit gebildete Gerade $\hat{y} = \hat{a} + \hat{b}x$ heißt (empirische) **Regressionsgerade** von $Y$ nach $X$.

### 3.3.1 Bestimmung der Schätzungen

Notwendige Bedingung für die Existenz eines Minimums der quadratischen Funktion

$$S(a,b) = \sum_{i=1}^{n} e_i^2 = \sum_{i=1}^{n} (y_i - a - bx_i)^2 \tag{3.6}$$

ist das Vorliegen einer Nullstelle der partiellen Ableitungen erster Ordnung nach $a$ bzw. $b$. Hinreichend dafür, dass bei der Nullstelle tatsächlich ein Minimum der Zielfunktion vorliegt, ist, dass die Matrix der partiellen Ableitungen zweiter Ordnung—die Hesse–Matrix—- an dieser Stelle positiv definit ist.

### 3.3.2 Herleitung der Kleinste–Quadrate–Schätzungen

Wir wollen nun die Herleitung der Kleinste–Quadrate–Schätzungen ausführlich demonstrieren. Wir bestimmen zunächst die partiellen Ableitungen erster Ordnung von $S(a,b)$ nach $a$ bzw. $b$. Mit Hilfe der bekannten Regeln für die Differentiation einer quadratischen Funktion erhalten wir

$$\frac{\partial}{\partial a} S(a,b) = \sum_{i=1}^{n} \frac{\partial}{\partial a}(y_i - a - bx_i)^2 = -2\sum_{i=1}^{n}(y_i - a - bx_i)\,, \tag{3.7}$$

$$\frac{\partial}{\partial b} S(a,b) = \sum_{i=1}^{n} \frac{\partial}{\partial b}(y_i - a - bx_i)^2 = -2\sum_{i=1}^{n}(y_i - a - bx_i)x_i\,. \tag{3.8}$$

Durch Nullsetzen von (3.7) und (3.8) erhalten wir die sogenannten Normalgleichungen zur Bestimmung der Werte von $a$ und $b$ an der Stelle des möglichen Minimums:

$$\begin{array}{ll} \text{(I)} & \sum_{i=1}^{n}(y_i - \hat{a} - \hat{b}x_i) = 0 \\ \text{(II)} & \sum_{i=1}^{n}(y_i - \hat{a} - \hat{b}x_i)x_i = 0\,. \end{array}$$

Auflösen der Klammern liefert die Gleichungen

$$\begin{array}{lrl} \text{(I}'\text{)} & n\hat{a} + \hat{b}\sum_{i=1}^{n} x_i & = \sum_{i=1}^{n} y_i \\ \text{(II}'\text{)} & \hat{a}\sum_{i=1}^{n} x_i + \hat{b}\sum_{i=1}^{n} x_i^2 & = \sum_{i=1}^{n} x_i y_i \end{array}$$

Multiplikation von Gleichung (I′) mit $\frac{1}{n}$ liefert

$$\hat{a} + \hat{b}\bar{x} = \bar{y}\,.$$

Damit lautet die Lösung für $a$

$$\hat{a} = \bar{y} - \hat{b}\bar{x}\,.$$

Setzen wir diesen Wert für $a$ in die Gleichung (II′) ein, so ergibt sich

$$(\bar{y} - \hat{b}\bar{x})\sum_{i=1}^{n} x_i + \hat{b}\sum_{i=1}^{n} x_i^2 = \sum_{i=1}^{n} x_i y_i\,.$$

Daraus folgt mit $\sum_{i=1}^{n} x_i = n\bar{x}$

$$\hat{b}\,(\sum_{i=1}^{n} x_i^2 - n\bar{x}^2) = \sum_{i=1}^{n} x_i y_i - n\bar{x}\bar{y}\,.$$

Nutzen wir die Beziehungen

$$\sum_{i=1}^{n} x_i^2 - n\bar{x}^2 = \sum_{i=1}^{n}(x_i - \bar{x})^2 = S_{xx}$$

und

$$\sum_{i=1}^{n} x_i y_i - n\bar{x}\bar{y} = \sum_{i=1}^{n}(x_i - \bar{x})(y_i - \bar{y}) = S_{xy}\,,$$

so erhalten wir schließlich

$$\hat{b}\, S_{xx} = S_{xy}$$

$$\hat{b} = \frac{S_{xy}}{S_{xx}} = \frac{\sum_{i=1}^{n}(x_i - \bar{x})(y_i - \bar{y})}{\sum_{i=1}^{n}(x_i - \bar{x})^2}\,.$$

Die Kleinste–Quadrate–Schätzungen von $a$ und $b$ lauten also

$$\left.\begin{aligned} \hat{b} &= \frac{S_{xy}}{S_{xx}} \\ \hat{a} &= \bar{y} - \hat{b}\bar{x} \end{aligned}\right\} \tag{3.9}$$

*Anmerkung.* Der Vollständigkeit wegen weisen wir jetzt nach, dass die hinreichenden Bedingungen für ein Minimum erfüllt sind. Diese Ausführungen setzen Ergebnisse der Matrixtheorie voraus. Einen Überblick über Sätze der Matrixtheorie findet man im Anhang A.

Wir berechnen die folgenden partiellen Ableitungen zweiter Ordnung:

$$\frac{\partial^2}{\partial a^2} S(a,b) = -2\sum_{i=1}^{n}(-1) = 2n\,,$$

$$\frac{\partial^2}{\partial b^2} S(a,b) = 2\sum_{i=1}^{n} x_i^2\,,$$

$$\frac{\partial^2}{\partial a \partial b} S(a,b) = 2\sum_{i=1}^{n} x_i = 2n\bar{x}\,.$$

Damit erhalten wir die Matrix der partiellen Ableitungen zweiter Ordnung (Hesse–Matrix)

$$\begin{aligned} \mathbf{H} &= \begin{pmatrix} \frac{\partial^2}{\partial a^2} S(a,b) & \frac{\partial^2}{\partial a \partial b} S(a,b) \\ \frac{\partial^2}{\partial a \partial b} S(a,b) & \frac{\partial^2}{\partial b^2} S(a,b) \end{pmatrix} \\ &= 2 \begin{pmatrix} n & n\bar{x} \\ n\bar{x} & \sum_{i=1}^{n} x_i^2 \end{pmatrix} \\ &= 2 \begin{pmatrix} \mathbf{1}'_n \\ \mathbf{x}' \end{pmatrix} (\mathbf{1}_n, \mathbf{x})\,, \end{aligned} \tag{3.10}$$

wobei $\mathbf{1}'_n = (1, \ldots, 1)$ (vgl. A.6) der Einsvektor und $\mathbf{x}' = (x_1, \ldots, x_n)$ der Vektor aus den Beobachtungswerten von $X$ ist. Eine Matrix der Gestalt (3.10) ist mindestens nichtnegativ definit (A.41 (v)). Sie ist positiv definit (vgl. A.74 (b)) genau dann, wenn

$$(i)\ \sum x_i^2 > 0$$

und

$$(ii)\ n > (n\bar{x})^2 \left(\sum x_i^2\right)^{-1}$$

gilt. Bedingung (i) besagt, dass $x \neq 0$ (Nullvektor) sein muss. Bedingung (ii) lautet umgeschrieben

$$n\left(\sum x_i^2 - n\bar{x}^2\right) = n\sum (x_i - \bar{x})^2 > 0\,, \tag{3.11}$$

so dass der Fall $\sum(x_i - \bar{x})^2 = 0$, d.h. identische Beobachtungen $x_i = c$ für alle $i$ auszuschließen ist. Dies bedeutet, dass für beliebige nicht konstante Vektoren $x$ die Lösungen (3.9) das eindeutig bestimmte Minimum des quadratischen Optimierungsproblems (3.7) und (3.8) liefern.

Der zweite Fall ist der Fall identischer Beobachtungen $x_i = c$. Wir haben bereits in der Einleitung erläutert, dass in diesem Fall ein Zusammenhang zwischen $X$ und $Y$ nicht definiert ist.

### 3.3.3 Eigenschaften der Regressionsgeraden

Wir wollen nun einige interessante Eigenschaften der linearen Regression diskutieren. Generell ist vorab festzuhalten, dass die Regressionsgerade $\hat{y}_i = \hat{a} + \hat{b}x_i$ nur sinnvoll im Wertebereich $[x_{(1)}, x_{(n)}]$ der $x$-Werte zu interpretieren ist. Vergleiche dazu auch Beispiel 3.4.2 auf Seite 57.

Für die Beobachtungen $x_1, \ldots, x_n$ und $y_1, \ldots, y_n$ können wir als Lageparameter das jeweilige arithmetische Mittel $\bar{x}$ bzw. $\bar{y}$ berechnen. Damit erhalten wir mit $(\bar{x}, \bar{y})$ den Lageparameter „arithmetisches Mittel" des zweidimensionalen Merkmals $(X, Y)$. Physikalisch stellt $(\bar{x}, \bar{y})$ den Schwerpunkt der bivariaten Daten $(x_i, y_i)$ dar. Es gilt, dass der Schwerpunkt $(\bar{x}, \bar{y})$ auf der Geraden liegt. Aus (3.9) folgt für die Werte $\hat{P}_i = (x_i, \hat{y}_i)$ die Beziehung

$$\hat{y}_i = \hat{a} + \hat{b}x_i = \bar{y} + \hat{b}(x_i - \bar{x})\,. \tag{3.12}$$

Setzt man $x_i = \bar{x}$, so wird $\hat{y}_i = \bar{y}$, d.h. der Punkt $(\bar{x}, \bar{y})$ liegt auf der Geraden.

Die Summe der geschätzten Residuen ist Null. Die geschätzten Residuen sind

$$\begin{aligned} \hat{e}_i &= y_i - \hat{y}_i \\ &= y_i - (\hat{a} + \hat{b}x_i) \\ &= y_i - (\bar{y} + \hat{b}(x_i - \bar{x}))\,. \end{aligned} \tag{3.13}$$

Damit erhalten wir für ihre Summe

$$\begin{aligned} \sum_{i=1}^{n} \hat{e}_i &= \sum_{i=1}^{n} y_i - \sum_{i=1}^{n} \bar{y} - \hat{b}\sum_{i=1}^{n}(x_i - \bar{x}) \\ &= n\bar{y} - n\bar{y} - \hat{b}(n\bar{x} - n\bar{x}) = 0\,. \end{aligned} \tag{3.14}$$

Die Regressionsgerade ist also fehlerausgleichend in dem Sinne, dass die Summe der negativen Residuen (absolut genommen) gleich der Summe der positiven Residuen ist.

Die durch die Regression angepassten Werte $\hat{y}_i$ haben das gleiche arithmetische Mittel wie die Originaldaten $y_i$:

$$\bar{\hat{y}} = \frac{1}{n}\sum_{i=1}^{n}\hat{y}_i = \frac{1}{n}(n\bar{y} + \hat{b}(n\bar{x} - n\bar{x})) = \bar{y}\,. \tag{3.15}$$

Im folgenden wollen wir den Zusammenhang zwischen der KQ–Schätzung $\hat{b}$ und dem Korrelationskoeffizienten $r$ betrachten. Der Korrelationskoeffizient der beiden Messreihen $(x_i, y_i)$, $i = 1, \dots, n$, ist (vgl. (2.13))

$$r = \frac{S_{xy}}{\sqrt{S_{xx}S_{yy}}}\,.$$

Damit gilt (vgl. (3.9)) folgende Relation zwischen $\hat{b}$ und $r$

$$\hat{b} = \frac{S_{xy}}{S_{xx}} = \frac{S_{xy}}{\sqrt{S_{xx}}\sqrt{S_{yy}}} \cdot \sqrt{\frac{S_{yy}}{S_{xx}}} = r\sqrt{\frac{S_{yy}}{S_{xx}}}\,. \tag{3.16}$$

Die Richtung des Anstiegs, d.h. der steigende bzw. fallende Verlauf der Regressionsgeraden, wird durch das positive bzw. negative Vorzeichen des Korrelationskoeffizienten $r$ bestimmt. Der Anstieg $\hat{b}$ der Regressionsgeraden ist also direkt proportional zum Korrelationskoeffizienten $r$. Der Anstieg $\hat{b}$ ist andererseits proportional zur Größe des Anstiegswinkels selbst. Sei der Korrelationskoeffizient $r$ positiv, so dass die Gerade steigt. Der Einfluss von $X$ auf $Y$ ist dann um so stärker je größer $\hat{b}$ ist. Die Größe von $\hat{b}$ wird gemäß (3.16) aber nicht nur vom Korrelationskoeffizienten $r$ sondern auch vom Faktor $\sqrt{S_{yy}/S_{xx}}$ bestimmt, so dass eine höhere Korrelation nicht automatisch einen steileren Anstieg $\hat{b}$ bedeutet. Andererseits bedeutet eine identische Korrelation nicht den gleichen Anstieg $\hat{b}$. Wir verdeutlichen den zweiten Sachverhalt in einem Beispiel.

*Beispiel 3.3.1.* In zwei landwirtschaftlichen Betrieben A und B werden Kartoffeln angebaut. Gemessen wird der Response $Y$, der Ertrag in Tonnen (t) je Hektar (ha) Anbaufläche. Als Einflussgröße $X$ wird eine gewisse Sorte Dünger in fünf verschiedenen Mengen $x_i$ auf fünf verschiedenen Feldern des Betriebs A und auf fünf verschiedenen Feldern des Betriebs B eingesetzt. Wir erhalten als Versuchsergebnis die beiden folgenden Datensätze für Betrieb A und Betrieb B.

| Betrieb A | | | Betrieb B | | |
|---|---|---|---|---|---|
| $i$ | $x_i$ | $y_i$ | $i$ | $x_i$ | $y_i$ |
| 1 | 1 | 5 | 1 | 1 | 7 |
| 2 | 2 | 7 | 2 | 2 | 11 |
| 3 | 3 | 9 | 3 | 3 | 15 |
| 4 | 4 | 11 | 4 | 4 | 19 |
| 5 | 5 | 13 | 5 | 5 | 23 |

Wir berechnen für den ersten Betrieb $\bar{x} = 3$ und $\bar{y} = 9$. Für den zweiten Betrieb erhalten wir ebenfalls $\bar{x} = 3$ sowie $\bar{y} = 15$. Mit den Werten aus der folgenden Arbeitstabelle berechnen wir mit (2.15) und (2.16) die Quadratsummen $S_{xx}$, $S_{yy}$ sowie $S_{xy}$ für die beiden Betriebe A und B.

| | Betrieb A | | Betrieb B | |
|---|---|---|---|---|
| $(x_i - \bar{x})^2$ | $(y_i - \bar{y})^2$ | $(x_i - \bar{x})(y_i - \bar{y})$ | $(y_i - \bar{y})^2$ | $(x_i - \bar{x})(y_i - \bar{y})$ |
| $(-2)^2$ | $(-4)^2$ | 8 | $(-8)^2$ | 16 |
| $(-1)^2$ | $(-2)^2$ | 2 | $(-4)^2$ | 4 |
| $0^2$ | $0^2$ | 0 | $0^2$ | 0 |
| $1^2$ | $2^2$ | 2 | $4^2$ | 4 |
| $2^2$ | $4^2$ | 8 | $8^2$ | 16 |

Wir erhalten $S_{xx} = 10$ für Betrieb A und Betrieb B, da wir jeweils die gleichen Düngermengen, also die gleichen Kovariablen vorliegen haben. Weiterhin erhalten wir $S_{yy} = 40$, $S_{xy} = 20$ für Betrieb A und $S_{yy} = 160$, $S_{xy} = 40$ für Betrieb B. Für $r$ und $\hat{b}$ erhalten wir damit jeweils:

Betrieb A

$$r = \frac{S_{xy}}{\sqrt{S_{xx}S_{yy}}} = \frac{20}{\sqrt{10 \cdot 40}} = \frac{20}{20} = 1$$

$$\hat{b} = \frac{S_{xy}}{S_{xx}} = \frac{20}{10} = 2$$

Betrieb B

$$r = \frac{S_{xy}}{\sqrt{S_{xx}S_{yy}}} = \frac{40}{\sqrt{10 \cdot 160}} = \frac{40}{40} = 1$$

$$\hat{b} = \frac{S_{xy}}{S_{xx}} = \frac{40}{10} = 4$$

In beiden Fällen A und B ist der Korrelationskoeffizient gleich 1. Im Fall B ist der Anstieg $\hat{b}$ jedoch doppelt so groß wie im Fall A. Vergleiche dazu Abbildung 3.7. Die Ursache liegt in der größeren Variabilität $S_{yy} = 160$ für Betrieb B gegenüber $S_{yy} = 40$ für Betrieb A.

Wir fassen die bisherigen Ergebnisse zusammen: Zu einem gegebenen zweidimensionalen Datensatz $P_i = (x_i, y_i)$, $i = 1, \ldots, n$, haben wir eine Ausgleichsgerade—die lineare Regression $\hat{y}_i = a + bx_i$—berechnet. Dabei wurden die zunächst frei wählbaren Parameter $a$ und $b$ nach dem Prinzip der kleinsten Quadrate so bestimmt, dass die Funktion $S(a, b) = \sum e_i^2$ minimal wird. Das Ergebnis ist die lineare Regression $\hat{y} = \hat{a} + \hat{b}x$ mit $\hat{a}$ und $\hat{b}$ aus (3.9). Die Regressionsgerade erklärt im Sinne des Prinzips der kleinsten Quadrate in optimaler Weise die Ursache–Wirkungs–Beziehung zwischen $X$ und $Y$. Dennoch stimmen natürlich—von Ausnahmefällen abgesehen—die beobachteten Punkte $P_i = (x_i, y_i)$ nicht völlig mit den angepassten Punkten $\hat{P}_i = (x_i, \hat{y}_i)$ überein. Es bleiben Abstände $\hat{e}_i = y_i - \hat{y}_i$, die man als geschätzte Residuen bezeichnet. Diese Abstände hängen von den Beobachtungen ab. Wir müssen nun einschätzen, wie groß diese Abstände in ihrer Gesamtheit sind und insbesondere untersuchen, wie gut die Regressionsgerade den Zusammenhang zwischen $X$ und $Y$ beschreibt (Güte der Anpassung). Diese Betrachtungen

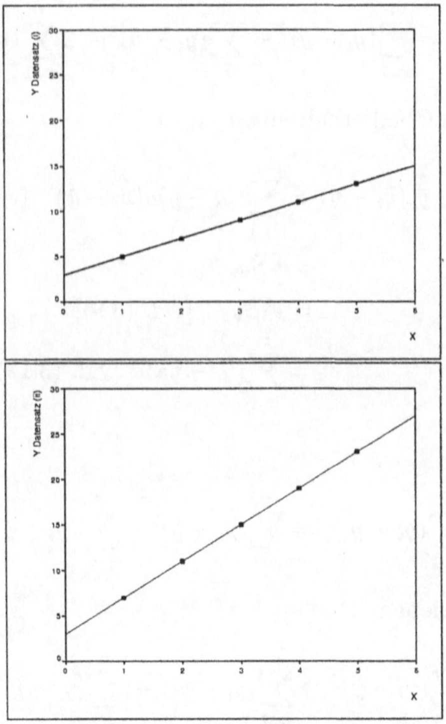


**Abb. 3.7.** Geschätzte Regressionsgeraden für die Betriebe A und B aus Beispiel 3.3.1.

können mit zwei verschiedenen Vorgehensweisen durchgeführt werden, die wir in den folgenden Abschnitten demonstrieren.

## 3.4 Güte der Anpassung

### 3.4.1 Varianzanalyse

Wir wollen nun ein erstes Maß für die Güte der Anpassung der Regressionsgeraden an die Punktwolke $(x_i, y_i)$, $i = 1, \dots, n$, herleiten und analysieren deshalb die geschätzten Residuen $\hat{e}_i = y_i - \hat{y}_i$. Dazu verwenden wir folgende Identität

$$y_i - \hat{y}_i = (y_i - \bar{y}) - (\hat{y}_i - \bar{y}) . \tag{3.17}$$

Wir quadrieren beide Seiten und summieren:

$$\sum_{i=1}^{n}(y_i - \hat{y}_i)^2 = \sum_{i=1}^{n}(y_i - \bar{y})^2 + \sum_{i=1}^{n}(\hat{y}_i - \bar{y})^2 - 2\sum_{i=1}^{n}(y_i - \bar{y})(\hat{y}_i - \bar{y})\,.$$

Für das gemischte Glied erhalten wir

$$\begin{aligned}\sum_{i=1}^{n}(y_i - \bar{y})(\hat{y}_i - \bar{y}) &= \sum_{i=1}^{n}(y_i - \bar{y})\hat{b}(x_i - \bar{x}) \quad \text{[vgl. (3.12)]}\\ &= \hat{b}\,S_{xy}\\ &= \hat{b}^2 S_{xx} \quad \text{[vgl. (3.9)]}\\ &= \sum_{i=1}^{n}(\hat{y}_i - \bar{y})^2 \quad \text{[vgl. (3.12)]}\,.\end{aligned}$$

Damit gilt

$$\sum_{i=1}^{n}(y_i - \hat{y}_i)^2 = \sum_{i=1}^{n}(y_i - \bar{y})^2 - \sum_{i=1}^{n}(\hat{y}_i - \bar{y})^2\,,$$

oder anders geschrieben

$$\sum_{i=1}^{n}(y_i - \bar{y})^2 = \sum_{i=1}^{n}(\hat{y}_i - \bar{y})^2 + \sum_{i=1}^{n}(y_i - \hat{y}_i)^2\,. \tag{3.18}$$

Die Quadratsumme $S_{yy}$ auf der linken Seite von Gleichung (3.18) mißt die totale Variabilität der $y$–Messreihe bezogen auf das arithmetische Mittel $\bar{y}$. Sie wird auch mit $SQ_{\text{Total}}$ bezeichnet. Die beiden Quadratsummen auf der rechten Seite haben folgende Bedeutung:

$$SQ_{\text{Residual}} = \sum_{i=1}^{n}(y_i - \hat{y}_i)^2 \tag{3.19}$$

mißt die Abweichung (längs der $y$–Achse) zwischen der Originalpunktwolke und den durch die Regression angepassten, also durch die Gerade vorhergesagten Werten. (3.19) heißt deshalb $SQ_{\text{Residual}}$, da $\hat{e}_i = (y_i - \hat{y}_i)$ die geschätzten Residuen sind, so dass wir $SQ_{\text{Residual}}$ auch mit $S(\hat{a}, \hat{b})$ (vgl. (3.6)) bezeichnen können.

Die andere Quadratsumme aus (3.18)

$$SQ_{\text{Regression}} = \sum_{i=1}^{n}(\hat{y}_i - \bar{y})^2 \tag{3.20}$$

mißt den durch die Regression erklärten Anteil an der Gesamtvariabilität. Damit lautet die fundamentale Formel der Streuungszerlegung

$$SQ_{\text{Total}} = SQ_{\text{Regression}} + SQ_{\text{Residual}} . \tag{3.21}$$

Ausgehend von dieser Gleichung definiert man folgendes Maß für die Güte der Anpassung

$$R^2 = \frac{SQ_{\text{Regression}}}{SQ_{\text{Total}}} = 1 - \frac{SQ_{\text{Residual}}}{SQ_{\text{Total}}} . \tag{3.22}$$

$R^2$ heißt Bestimmtheitsmaß. Es gilt $0 \leq R^2 \leq 1$.

*Interpretation.* Mit den Werten $(x_i, y_i)$ ist auch die Variabilität der $y$–Werte, gemessen mit der Varianz $s^2 = \frac{1}{n}\sum_{i=1}^{n}(y_i - \bar{y})^2 = \frac{1}{n}SQ_{\text{Total}}$ gegeben. Die Formel der Streuungszerlegung (3.21) besagt, dass sich diese Variabilität in zwei Komponenten zerlegen lässt. Das Bestimmtheitsmaß $R^2$ setzt beide Komponenten in Relation zu $SQ_{\text{Total}}$. Würde man $R^2$ mit 100 multiplizieren, so bedeutet

$$R^2 \cdot 100 = \frac{SQ_{\text{Regression}}}{SQ_{\text{Total}}} \cdot 100$$

den prozentualen Anteil der durch die Regression erklärten Variabilität. Analog wäre

$$\frac{SQ_{\text{Residual}}}{SQ_{\text{Total}}} \cdot 100$$

der prozentuale Anteil der nicht durch die Regression erklärbaren Variabilität. Nach Gleichung (3.22) gilt

$$\begin{aligned} R^2 &= \text{Anteil der erklärten Variabilität} \\ &= 1 - \text{Anteil der nicht erklärten Variabilität} . \end{aligned}$$

Je kleiner $SQ_{\text{Residual}}$ ist, d.h. je näher $R^2$ an 1 liegt, desto besser ist die mit der Regression erzielte Anpassung an die Punktwolke. Wir betrachten die beiden möglichen Grenzfälle.

Falls alle Punkte $(x_i, y_i)$ auf der Regressionsgeraden liegen würden, wäre $y_i = \hat{y}_i$, $(i = 1, \ldots, n)$ und damit $SQ_{\text{Residual}} = 0$ und

$$R^2 = \frac{SQ_{\text{Regression}}}{SQ_{\text{Total}}} = 1 .$$

Diesen Grenzfall bezeichnet man als perfekte Anpassung (vgl. Abbildung 3.8).

*Beispiel.* Eine Firma zahlt Gehälter nach dem Schlüssel „Grundbetrag $a$ plus Steigerung in Abhängigkeit von der Dauer der Betriebszugehörigkeit“, d.h. nach dem linearen Modell

$$\text{Gehalt} = a + b \cdot \text{Dauer der Betriebszugehörigkeit} .$$

Die Gehälter $y_i$ in Abhängigkeit von der Dauer der Betriebszugehörigkeit $x_i$ liegen damit exakt auf einer Geraden (Abbildung 3.8).

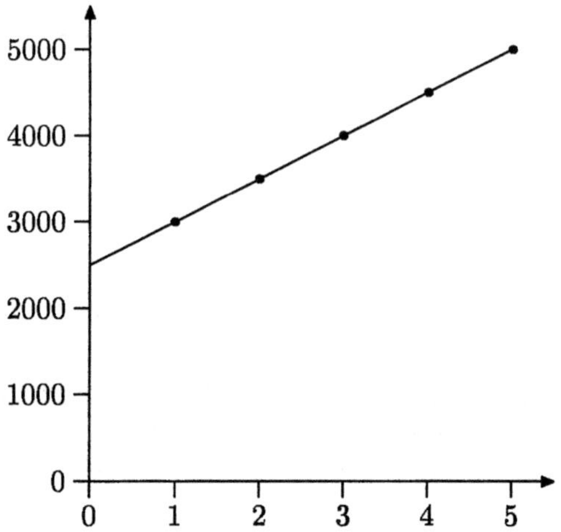


**Abb. 3.8.** Perfekte Anpassung, alle Punkte liegen auf der Regressionsgeraden.

Der andere Grenzfall $R^2 = 0$ (Null–Anpassung) tritt ein, falls $SQ_{\text{Regression}} = 0$, bzw. äquivalent $SQ_{\text{Residual}} = SQ_{\text{Total}}$ ist. Dies bedeutet $\hat{y}_i = \bar{y}$ für alle $i$ und $\hat{b} = 0$. Die Regressionsgerade verläuft dann parallel zur $x$–Achse, so dass zu jedem $x$–Wert derselbe $\hat{y}$–Wert, nämlich $\bar{y}$, gehört. Damit hat $X$ überhaupt keinen Einfluss auf $Y$, es existiert also keine Ursache–Wirkungs–Beziehung.

*Beispiel 3.4.1.* Wir erheben die Merkmale $X$ 'Punktezahl in der Mathematikklausur' und $Y$ 'Punktezahl in der Deutschklausur' bei $n = 4$ Schülern. Mit den beobachteten Wertepaaren (10, 20), (40, 10), (50, 40) und (20, 50) erhalten wir $\bar{x} = 30$, $\bar{y} = 30$, $S_{xy} = 0$ und $\hat{b} = 0$ und damit $R^2 = 0$. Es besteht also kein Zusammenhang zwischen beiden Merkmalen (Abbildung 3.9).

### 3.4.2 Korrelation

Die Güte der Anpassung der Regression an die Daten wird durch $R^2$ gemessen. Je größer $R^2$, desto stärker ist eine lineare Ursache–Wirkungs–Beziehung zwischen $X$ und $Y$ ausgeprägt. Andererseits gibt auch der Korrelationskoeffizient $r$ Auskunft über die Stärke des linearen Zusammenhangs zwischen $X$ und $Y$.

Das Bestimmtheitsmaß $R^2$ und der Korrelationskoeffizient $r$ stehen in folgendem direkten Zusammenhang:

$$R^2 = r^2 . \tag{3.23}$$

Diese Beziehung lässt sich leicht herleiten. Es gilt:

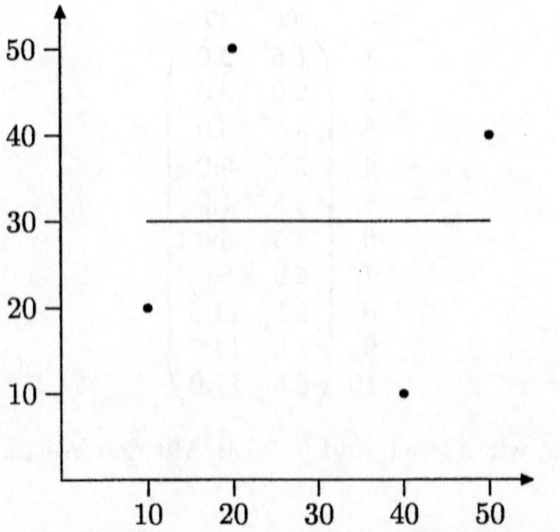


**Abb. 3.9.** Kein Zusammenhang zwischen $X$ und $Y$ (Beispiel 3.4.1).

$$\begin{aligned} SQ_{\text{Residual}} &= \sum_{i=1}^{n} (y_i - (\hat{a} + \hat{b}x_i))^2 \\ &= \sum_{i=1}^{n} [(y_i - \bar{y}) - \hat{b}(x_i - \bar{x})]^2 \\ &= S_{yy} + \hat{b}^2 S_{xx} - 2\hat{b}S_{xy} \\ &= S_{yy} - \hat{b}^2 S_{xx} \\ &= S_{yy} - \frac{(S_{xy})^2}{S_{xx}}, \qquad (3.24) \\ SQ_{\text{Regression}} &= S_{yy} - SQ_{\text{Residual}} \qquad (3.25) \\ &= \frac{(S_{xy})^2}{S_{xx}} \qquad (3.26) \end{aligned}$$

und damit

$$R^2 = \frac{SQ_{\text{Regression}}}{S_{yy}} = \frac{(S_{xy})^2}{S_{xx}S_{yy}} = r^2.$$

In der einfachen linearen Regression wird die Güte der Anpassung durch das Quadrat des Korrelationskoeffizienten von $X$ und $Y$ bestimmt. Wir wollen nun anhand eines Beispiels die Berechnung der linearen Regression und des Bestimmtheitsmaßes ausführlich demonstrieren.

*Beispiel 3.4.2.* In einem Kaufhauskonzern mit $n = 10$ Filialen sollen die Auswirkungen von Werbeausgaben auf die Umsatzsteigerung untersucht werden. Wir betrachten die Merkmale $X$ 'Werbung', mit 1 000 EUR als Einheit und $Y$ 'Umsatzsteigerung' mit 10 000 EUR als Einheit.

$$
\begin{array}{c}
i \\ 1 \\ 2 \\ 3 \\ 4 \\ 5 \\ 6 \\ 7 \\ 8 \\ 9 \\ 10
\end{array}
\begin{array}{cc}
x_i & y_i \\
\end{array}
$$

$$
\begin{pmatrix}
1.5 & 2.0 \\
2.0 & 3.0 \\
3.5 & 6.0 \\
2.5 & 5.0 \\
0.5 & 1.0 \\
4.5 & 6.0 \\
4.0 & 5.0 \\
5.5 & 11.0 \\
7.5 & 14.0 \\
8.5 & 17.0
\end{pmatrix}
$$

Daraus berechnen wir $\bar{x} = 4.0$ und $\bar{y} = 7.0$. Mit den Werten in der folgenden Arbeitstabelle

| $i$ | Umsatzsteigerung $y_i$ | Werbung $x_i$ | $x_i - \bar{x}$ | $y_i - \bar{y}$ | $(x_i - \bar{x})(y_i - \bar{y})$ |
|---|---|---|---|---|---|
| 1 | 2.0 | 1.5 | −2.5 | −5.0 | 12.5 |
| 2 | 3.0 | 2.0 | −2.0 | −4.0 | 8.0 |
| 3 | 6.0 | 3.5 | −0.5 | −1.0 | 0.5 |
| 4 | 5.0 | 2.5 | −1.5 | −2.0 | 3.0 |
| 5 | 1.0 | 0.5 | −3.5 | −6.0 | 21.0 |
| 6 | 6.0 | 4.5 | 0.5 | −1.0 | −0.5 |
| 7 | 5.0 | 4.0 | 0.0 | −2.0 | 0.0 |
| 8 | 11.0 | 5.5 | 1.5 | 4.0 | 6.0 |
| 9 | 14.0 | 7.5 | 3.5 | 7.0 | 24.5 |
| 10 | 17.0 | 8.5 | 4.5 | 10.0 | 45.0 |

erhalten wir $S_{xx} = 60.0$, $S_{yy} = 252.0$ und $S_{xy} = 120.0$. Mit (3.9) erhalten wir damit die KQ–Schätzungen

$$
\begin{aligned}
\hat{b} &= \frac{S_{xy}}{S_{xx}} = \frac{120}{60} = 2 \\
\hat{a} &= \bar{y} - \hat{b}\bar{x} = 7 - 2 \cdot 4 = -1 \,,
\end{aligned}
$$

also die Regressionsgerade

$$
\hat{y}_i = -1 + 2x_i \,.
$$

Die Schätzwerte $\hat{y}_i$ und die daraus resultierenden Residuen $\hat{e}_i = y_i - \hat{y}_i$ sind in der folgenden Tabelle angegeben.

| $i$ | $y_i$ | $\hat{y}_i$ | $\hat{e}_i = y_i - \hat{y}_i$ | $\hat{y}_i - \bar{y}$ |
|---|---|---|---|---|
| 1 | 2.0 | 2.0 | 0.0 | −5.0 |
| 2 | 3.0 | 3.0 | 0.0 | −4.0 |
| 3 | 6.0 | 6.0 | 0.0 | −1.0 |
| 4 | 5.0 | 4.0 | 1.0 | −3.0 |
| 5 | 1.0 | 0.0 | 1.0 | −7.0 |
| 6 | 6.0 | 8.0 | −2.0 | 1.0 |
| 7 | 5.0 | 7.0 | −2.0 | 0.0 |
| 8 | 11.0 | 10.0 | 1.0 | 3.0 |
| 9 | 14.0 | 14.0 | 0.0 | 7.0 |
| 10 | 17.0 | 16.0 | 1.0 | 9.0 |

Wir erhalten damit $SQ_{\text{Residual}} = \sum_{i=1}^{n}(y_i - \hat{y}_i)^2 = 12.0$ und $SQ_{\text{Regression}} = \sum_{i=1}^{n}(\hat{y}_i - \bar{y})^2 = 240.0$, d.h. (vgl. Relation (3.21), beachte $SQ_{\text{Total}} = S_{yy}$).

$$\begin{aligned} SQ_{\text{Total}} &= SQ_{\text{Regression}} + SQ_{\text{Residual}} \\ 252 &= 240 + 12\,. \end{aligned}$$

Der Korrelationskoeffizient ist

$$r = \frac{S_{xy}}{\sqrt{S_{xx}S_{yy}}} = \frac{120}{\sqrt{60 \cdot 252}} = 0.9759\,,$$

das Bestimmtheitsmaß ist

$$R^2 = \frac{SQ_{\text{Regression}}}{S_{yy}} = \frac{240}{252} = 0.9523 = (0.9759)^2\,.$$

In diesem Beispiel werden 95.23 % der Variabilität der Umsatzsteigerungen $y_i$ durch das lineare Regressionsmodell erklärt. Die Regressionsgleichung $\hat{y}_i = -1 + 2 \cdot x_i$ besagt, dass bei Erhöhung der Werbeausgaben um eine Einheit (d.h. um 10 000 EUR) eine Umsatzsteigerung um zwei Einheiten (d.h. um 20 000 EUR) zu erwarten ist.

Die Regressionsgleichung gilt nur im Wertebereich der $x_i$, d.h. in dem Intervall $[x_{(1)}, x_{(n)}] = [0.5, 8.5]$. Damit ist beispielsweise die Regression an der Stelle $x = 0$ nicht sinnvoll zu extrapolieren, es gilt also nicht: keine Werbung = Umsatzrückgang ($\hat{y} = \hat{a} = -1$).

Abbildung 3.10 enthält die Ergebnisse obiger Berechnungen mit SPSS. Es sind hier sowohl Maße der deskriptiven Statistik wie der induktiven Statistik (die wir hier nicht kommentieren) angegeben. Wir erkennen folgende deskriptive Maßzahlen: den Korrelationskoeffizienten $r = 0.976$ ('R'), das Bestimmtheitsmaß $R^2 = 0.952 = r^2$ ('R Square'), sowie in der Tabelle 'ANOVA' die Größen $SQ_{\text{Regression}} = 240.000$ ('Regression'), $SQ_{\text{Residual}} = 12.000$ ('Residual'), und $SQ_{\text{Total}} = 252.000$ ('Total'). Die geschätzten Regressionskoeffizienten sind in der Tabelle 'Coefficients' durch die Werte $\hat{a} = -1.000$ ('Constant', Spalte 'B') und $\hat{b} = 2.000$ ('Werbung', Spalte 'B') angegeben.

In Abbildung 3.11 sind die berechneten Residuen und die Schätzwerte $\hat{y}_i$ als von SPSS berechnete neue Variablen dargestellt. In Abbildung 3.12 ist die geschätzte Regressionsgerade abgebildet.

**Variables Entered/Removed[b]**

| Model | Variables Entered | Variables Removed | Method |
|---|---|---|---|
| 1 | Werbung[a] | . | Enter |

a. All requested variables entered.

b. Dependent Variable: Umsatzsteigerung

**Model Summary**

| Model | R | R Square | Adjusted R Square | Std. Error of the Estimate |
|---|---|---|---|---|
| 1 | .976[a] | .952 | .946 | 1.2247 |

a. Predictors: (Constant), Werbung

**ANOVA[b]**

| Model | | Sum of Squares | df | Mean Square | F | Sig. |
|---|---|---|---|---|---|---|
| 1 | Regression | 240.000 | 1 | 240.000 | 160.000 | .000[a] |
| | Residual | 12.000 | 8 | 1.500 | | |
| | Total | 252.000 | 9 | | | |

a. Predictors: (Constant), Werbung

b. Dependent Variable: Umsatzsteigerung

**Coefficients[a]**

| Model | | Unstandardized Coefficients | | Standardized Coefficients | t | Sig. |
|---|---|---|---|---|---|---|
| | | B | Std. Error | Beta | | |
| 1 | (Constant) | -1.000 | .742 | | -1.348 | .214 |
| | Werbung | 2.000 | .158 | .976 | 12.649 | .000 |

a. Dependent Variable: Umsatzsteigerung

**Abb. 3.10.** Berechnungen zum Beispiel 3.4.2 mit SPSS.

*Beispiel 3.4.3.* Wir wollen den Einfluss von Ausreißern auf die Güte der Anpassung untersuchen und demonstrieren dies anhand der Daten aus Beispiel 3.2.1. Ermitteln wir die Schätzungen der Regressionskoeffizienten und das Bestimmtheitsmaß unter Verwendung aller Werte, so erhalten wir

$$\hat{a} = 3.148\,,$$
$$\hat{b} = -0.047\,,$$
$$R^2 = 0.002\,.$$

| Predicted | Residual |
|---|---|
| 2.00000 | .00000 |
| 3.00000 | .00000 |
| 6.00000 | .00000 |
| 4.00000 | 1.00000 |
| .00000 | 1.00000 |
| 8.00000 | -2.00000 |
| 7.00000 | -2.00000 |
| 10.00000 | 1.00000 |
| 14.00000 | .00000 |
| 16.00000 | 1.00000 |

**Abb. 3.11.** Von SPSS berechnete Schätzwerte und Residuen zum Beispiel 3.4.2.

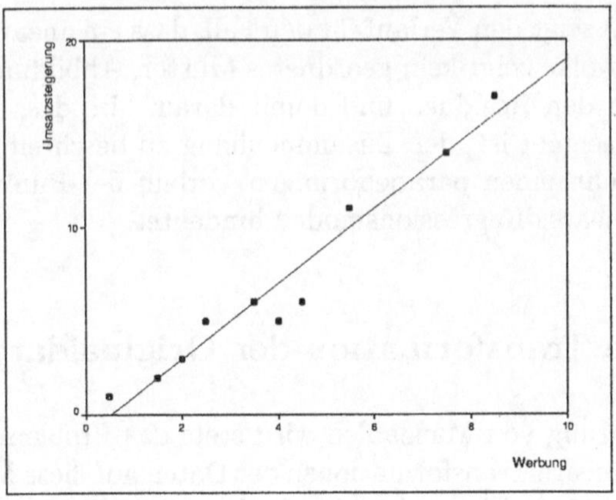


**Abb. 3.12.** Regressionsgerade und Originalwerte aus Beispiel 3.4.2.

Schließen wir die von den anderen vier Punkten entfernt liegende Beobachtung $(x_5, y_5)$ aus den Berechnungen aus, so erhalten wir

$$\hat{a} = -1.147\,,$$
$$\hat{b} = 0.992\,,$$
$$R^2 = 0.963\,.$$

Wie wir aus den Ergebnissen und aus Abbildung 3.5 ersehen, hat die Entfernung der Beobachtung $(x_5, y_5)$ weitreichende Konsequenzen. Die Parameterschätzungen ändern sich grundlegend und das Bestimmtheitsmaß wächst von fast Null auf fast Eins (vgl. auch Kapitel 9: Sensitivitätsanalyse).

## 3.5 Residualanalyse

Im Beispiel 3.4.2 haben wir mit SPSS die vorhergesagten Werte $\hat{y}_i$ und die geschätzten Residuen $\hat{e}_i = y_i - \hat{y}_i$ berechnet. Die grafische Analyse der Residuen gibt häufig Auskunft darüber, ob die Annahme eines linearen Modells gerechtfertigt ist. Dazu plottet man entweder die $\hat{e}_i$ gegen die $\hat{y}_i$ im $(\hat{y},\hat{e})$–Koordinatensystem oder man berechnet die sogenannten **standardisierten Residuen**

$$\hat{d}_i = \frac{y_i - \hat{y}_i}{\sqrt{SQ_{\text{Residual}}}} = \frac{\hat{e}_i}{\sqrt{SQ_{\text{Residual}}}} \tag{3.27}$$

und plottet die $\hat{d}_i$ gegen die $\hat{y}_i$ im $(\hat{y},\hat{d})$–Koordinatensystem. Die folgenden Abbildungen zeigen typische Verläufe derartiger Plots.

Abbildung 3.13 zeigt den Verlauf für den Fall, dass ein lineares Modell korrekt ist. Die Punktwolke zeigt kein geordnetes Muster. Abbildung 3.14 deutet auf einen Trend in den Residuen und damit darauf hin, dass eine Regressionsgerade nicht geeignet ist, den Zusammenhang zu beschreiben. In Abbildung 3.15 erkennt man einen parabelförmigen Verlauf der Punkte, was ebenfalls auf ein nichtlineares Regressionsmodell hindeutet.

## 3.6 Lineare Transformation der Originaldaten

Bei der Einführung von Maßzahlen wird stets das Problem untersucht, welchen Einfluss lineare Transformationen der Daten auf diese Maßzahlen haben. Eine wünschenswerte Eigenschaft ist die Unempfindlichkeit der Maßzahl gegenüber solchen Transformationen (Translationsäquivarianz). Seien folgende lineare Transformationen von $X$ und $Y$ vorzunehmen:

$$\tilde{X} = u + vX\,, \quad \tilde{Y} = w + zY\,. \tag{3.28}$$

Dann gilt für die arithmetischen Mittel und die Quadratsummen:

$$\bar{x}_{\text{neu}} = u + v\bar{x}_{\text{alt}}\,, \quad \bar{y}_{\text{neu}} = w + z\bar{y}_{\text{alt}}$$
$$S_{xx(\text{neu})} = v^2 S_{xx(\text{alt})}\,, \quad S_{xy(\text{neu})} = vzS_{xy(\text{alt})}.$$

Damit erhalten wir für die Regressionsparameter $\hat{a}$ und $\hat{b}$ (vgl. (3.9))

$$\hat{b}_{\text{neu}} = \frac{S_{xy(\text{neu})}}{S_{xx(\text{neu})}} = \frac{vzS_{xy(\text{alt})}}{v^2 S_{xx(\text{alt})}} \tag{3.29}$$

$$\hat{a}_{\text{neu}} = \bar{y}_{\text{neu}} - \hat{b}_{\text{neu}}\bar{x}_{\text{neu}} = (w + z\bar{y}_{\text{alt}}) - \frac{vzS_{xy(\text{alt})}}{v^2 S_{xx(\text{alt})}}(u + v\bar{x}_{\text{alt}}). \tag{3.30}$$

Für den allgemeinen Fall ist kein direkter Zusammenhang bei diesen Transformationen zwischen $\hat{a}_{\text{neu}}$ und $\hat{a}_{\text{alt}}$ festzustellen. Falls $v^2 = vz$, also $v = z$ gilt, so erhält man stets $\hat{b}_{\text{neu}} = \hat{b}_{\text{alt}}$, der Anstieg bleibt also unverändert.

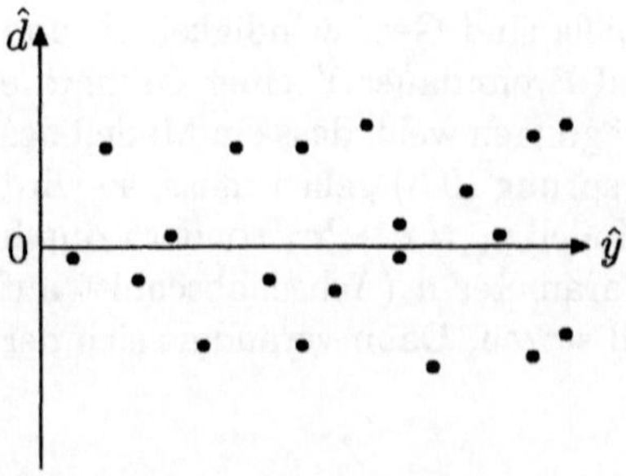


Abb. 3.13. Korrekt spezifiziertes lineares Modell.

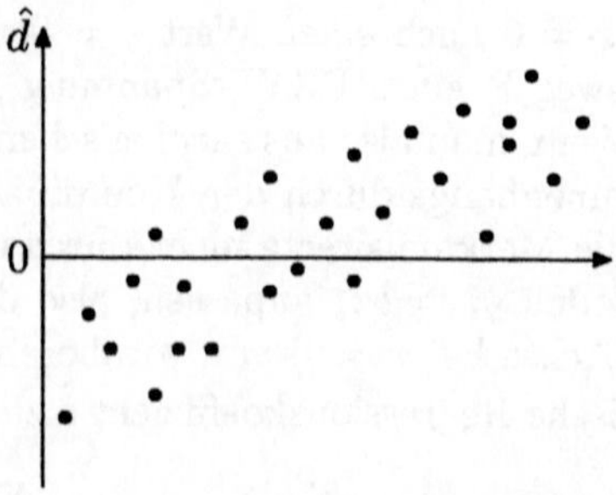


Abb. 3.14. Trend in den Residuen.

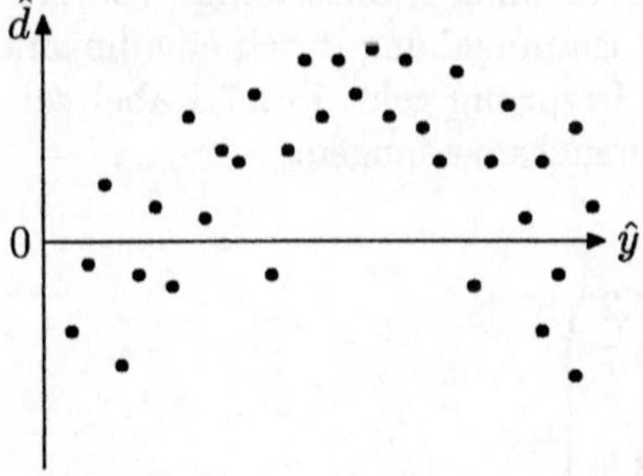


Abb. 3.15. Parabelförmger Verlauf, Hinweis auf ein nichtlineares Regressionsmodell.

**Zentrierungstransformation.** Wir betrachten folgende spezielle lineare Transformation

$$\tilde{X} = -\bar{x} + X\,, \quad \tilde{Y} = -\bar{y} + Y\,, \tag{3.31}$$

die ein Spezialfall der Transformation (3.28) mit der Wahl $u = -\bar{x}$, $v = 1$, $w = -\bar{y}$ und $z = 1$ ist. Diese Transformation führt die Originalwerte $(x_i, y_i)$ in ihre Abweichungen vom jeweiligen Mittelwert über, die Werte werden zentriert: $(x_i - \bar{x}, y_i - \bar{y})$. Damit wird $\bar{x}_{\text{neu}} = 0$, $\bar{y}_{\text{neu}} = 0$ und $\hat{b}_{\text{neu}} = \frac{S_{xy(\text{alt})}}{S_{xx(\text{alt})}} = \hat{b}_{\text{alt}}$ (vgl. (3.29)) und $\hat{a}_{\text{neu}} = 0$ (vgl. (3.30)).

Der Anstieg $\hat{b}$ bleibt also unverändert, die Regressionsgerade wird mit Hilfe einer Parallelverschiebung durch den Ursprung gelegt. Die zentrierte Regression wird verwendet, wenn man am Vergleich von relativen Entwicklungen (bezogen auf die Mittelwerte) und nicht an den Originaldaten interessiert ist. Verglichen wird dann der Anstieg von zwei oder mehr Regressionsbeziehungen im selben Koordinatensystem.

**Regression durch den Ursprung.** In vielen Zusammenhängen in den Naturwissenschaften, der Technik oder den Sozialwissenschaften bewirkt ein

Wert $x = 0$ auch einen Wert $y = 0$. Beispiele sind Geschwindigkeit $X$ und Bremsweg $Y$ eines PKW, Spannung $X$ und Brenndauer $Y$ einer Glühbirne usw. Wenn man also aus sachlogischen Erwägungen weiß, dass ein Modell des Zusammenhangs durch den Koordinatenursprung (0,0) gehen muss, so wird man die Merkmalswerte nicht durch ein Modell $y_i = a + bx_i$ sondern durch ein Modell $y_i = bx_i$ anpassen, also den Parameter $a$ (Achsenabschnitt auf der $y$-Achse bei $x = 0$) von vornherein Null setzen. Dann verändert sich der empirische Regressionskoeffizient $\hat{b}$ zu

$$\hat{b} = \frac{\sum x_i y_i}{\sum x_i^2} .$$

*Beispiel 3.6.1.* Der elektrische Widerstand $Y$ eines Kabels hängt von seiner Länge $X$ ab. Wir beschreiben diesen Zusammenhang durch eine lineare Regression, die natürlicherweise durch den Ursprung geht. Für 7 Kabel verschiedener Längen erhalten wir folgende Versuchsmessungen.

| $i$ | $x_i$ | $y_i$ |
|---|---|---|
| 1 | 1.0 | 17.2 |
| 2 | 1.1 | 19.7 |
| 3 | 1.5 | 26.4 |
| 4 | 1.9 | 32.9 |
| 5 | 2.0 | 35.6 |
| 6 | 2.2 | 40.0 |
| 7 | 3.0 | 52.1 |

Da die Regression natürlicherweise durch den Ursprung verläuft, passen wir eine Gerade $y_i = bx_i$ an und berechnen

$$\hat{b} = \frac{\sum_{i=1}^{n} x_i y_i}{\sum_{i=1}^{n} x_i^2} = 17.62.$$

Mit jedem Meter Länge erhöht sich der Widerstand um 17.62 m$\Omega$.

## 3.7 Multiple lineare Regression und nichtlineare Regression

Wir haben bereits in einem einführenden Beispiel in Abbildung 3.3—Schneidegeschwindigkeit eines Laserschneidegeräts in Abhängigkeit von der Laserleistung in Watt—gezeigt, dass das Problem auftreten kann, dass der Zusammenhang zwischen $X$ und $Y$ nichtlinear ist. Wir unterscheiden dabei zwei grundsätzliche Fälle: Die funktionale Abhängigkeit von $X$ und $Y$ wird durch eine

(i) in $X$ nichtlineare Funktion, die jedoch in den Parametern linear ist

(ii) in $X$ und in den Parametern nichtlineare Funktion

beschrieben.

*Beispiele.*

| | | Typ |
|---|---|---|
| $y = b_0 + b_1 e^x + \frac{b_2}{x}$ | | (i) |
| $y = b_0 + b_1 x + b_2 x^2 + \cdots + b_p x^p$ | (Polynom $p$-ter Ordnung) | (i) |
| $y = b_0 e^{b_1 x}$ | | (ii) |
| $y = b_1 \sin x + b_2 \cos x$ | | (i) |

Die Funktionen vom Typ (i) sind linear in den Parametern und lassen sich durch Umkodierung als lineares Regressionsmodell darstellen, wobei sich allerdings die Dimension (d.h. die Anzahl der Variablen bzw. Einflussgrößen) erhöhen kann, so dass ein multiples Regressionsmodell

$$y = b_0 + b_1 x_1 + \cdots + b_p x_p + e \tag{3.32}$$

entsteht, das die Abhängigkeit zwischen der Variablen $y$ und den $p$ Einflussgrößen $x_1, \ldots, x_p$ simultan modelliert.

*Beispiel 3.7.1.* Wir betrachten als Regressionsmodell ein Polynom $p$–ter Ordnung in $x$

$$y = b_0 + b_1 x + b_2 x^2 + \ldots + b_p x^p + e$$

und führen eine Umkodierung durch, indem wir neue Einflussgrößen $\tilde{x}_1, \ldots, \tilde{x}_p$ wie folgt definieren:

$$\begin{aligned} x &\mapsto \tilde{x}_1 \\ x^2 &\mapsto \tilde{x}_2 \\ &\vdots \\ x^p &\mapsto \tilde{x}_p \end{aligned}$$

Das Ergebnis der Umkodierung ist ein multiples lineares Regressionsmodell $y = b_0 + b_1 \tilde{x}_1 + \cdots + b_p \tilde{x}_p + e$ mit einer Konstanten und $p$ Regressoren $\tilde{x}_1, \ldots, \tilde{x}_p$.

*Beispiel 3.7.2.* Gegeben sei die Funktion $y = a + be^x + \frac{c}{x} + e$. Durch folgende Umkodierung erhalten wir ein multiples lineares Regressionsmodell $y = a + b\tilde{x}_1 + c\tilde{x}_2 + e$ mit zwei Regressoren $\tilde{x}_1$ und $\tilde{x}_2$.

$$\begin{aligned} e^x &\mapsto \tilde{x}_1 \\ \frac{1}{x} &\mapsto \tilde{x}_2 . \end{aligned}$$

Bei den in $X$ und in den Parametern nichtlinearen Funktionen des Typs (ii) kann man häufig durch geschickte Transformationen wieder ein lineares Modell erhalten.

*Beispiel 3.7.3.* Gegeben sei eine nichtlineare Ursache–Wirkungs–Beziehung zwischen $x$ und $y$ der Gestalt $y = ae^{bx}$. Logarithmieren liefert eine lineare Funktion

$$\ln y = \ln a + bx\,.$$

Wählen wir die Umkodierung:

$$\begin{aligned}\ln y &\mapsto \tilde{y}\\ \ln a &\mapsto \tilde{a}\,,\end{aligned}$$

so können wir nach Datenerhebung eine lineare Regression $\tilde{y} = \tilde{a} + bx + e$ in der neuen Variablen $\tilde{y} = \ln y$ und in $x$ durchführen.

*Anmerkung.* Liegt eine nicht linearisierbare Funktion vor, so muss die Parameterschätzung mittels alternativer, z.B. iterativer Verfahren durchgeführt werden. Auf diese Problematik gehen wir hier nicht ein.

## 3.8 Polynomiale Regression

Mit einem Polynom $p$–ter Ordnung in $x$

$$y = f(x) = b_0 + b_1 x + b_2 x^2 + \ldots + b_p x^p + e$$

lässt sich eine recht weite Klasse von nichtlinearen Funktionen approximieren. Ist der Funktionstyp unbekannt und liegen Beobachtungen der Funktion in Gestalt von Wertepaaren $(x_i, y_i)$, $i = 1, \ldots, n$, vor, so kann man den tatsächlichen Kurvenverlauf durch eine polynomiale Regression mit Hilfe der empirischen Methode der kleinsten Quadrate schätzen. Dazu wird die in Beispiel 3.7.1 angegebene Transformation durchgeführt. Dies ergibt das multiple lineare Regressionsmodell (3.32), das sich in Matrixschreibweise als

$$\mathbf{y} = \mathbf{X}\mathbf{b} + \mathbf{e}$$

darstellen lässt, mit

$$\mathbf{y} = \begin{pmatrix} y_1 \\ \vdots \\ y_n \end{pmatrix}, \quad \mathbf{X} = \begin{pmatrix} 1 & x_{11} & x_{12} & \cdots & x_{1p} \\ 1 & x_{21} & x_{22} & \cdots & x_{2p} \\ \vdots & & & & \\ 1 & x_{n1} & x_{n2} & \cdots & x_{np} \end{pmatrix},$$

$$\mathbf{b} = \begin{pmatrix} b_0 \\ b_1 \\ \vdots \\ b_p \end{pmatrix}, \quad \mathbf{e} = \begin{pmatrix} e_1 \\ e_2 \\ \vdots \\ e_n \end{pmatrix}.$$

Der empirische Kleinste–Quadrate–Schätzer des gesamten Parametervektors **b** hat die Gestalt

$$\hat{\mathbf{b}} = (\mathbf{X}'\mathbf{X})^{-1}\mathbf{X}'\mathbf{y}.$$

Die Berechnung dieses Schätzers setzt die Lösung eines linearen Gleichungssystems voraus (vgl. Kapitel 4), so dass wir im Rahmen dieses Abschnitts nur die Anwendung demonstrieren können.

Das Ziel der polynomialen Regression ist es, den unbekannten Funktionsverlauf durch ein Polynom möglichst niedriger Ordnung $p$ zu modellieren. Dazu werden folgende Schritte durchgeführt:

a) Start mit $p = 1$. Wir erhalten ein lineares Modell $y = b_0 + b_1 x$. Durch Beurteilung der Plots verschaffen wir uns einen Eindruck über die Güte der Anpassung. Falls der Eindruck einer schlechten Anpassung entsteht, gehen wir zum nächsten Schritt über.

b) Durch Erhöhung des Grades um 1 erhalten wir ein quadratisches Modell $y = b_0 + b_1 x + b_2 x^2$, das wir wiederum durch die Beurteilung der Plots einschätzen.

c) Falls die Diskrepanz zwischen dem Modell und den Daten noch „groß" ist, wird die Ordnung des Polynoms erneut um 1 erhöht usw. Dies geschieht solange, bis eine weitere Erhöhung nur noch zu unbedeutenden Veränderungen führt. Da „klein" nicht definiert werden kann, sollte man dieses Vorgehen durch Vergleich der jeweiligen Plots zu jeder Polynomordnung begleiten, um durch dieses empirische Vorgehen eine Vorstellung von der Güte der Anpassung in Abhängigkeit von der Ordnung des Polynoms zu gewinnen.

In SPSS wird diese Modellwahl über $p$–values der sogenannten $F_{\text{Change}}$–Statistik gesteuert. Dieses Vorgehen wird in Kapitel 4 erläutert. Wir wollen das oben beschriebene deskriptive Vorgehen hier an einem Beispiel erklären.

*Beispiel 3.8.1.* Betrachten wir wieder die Situation, die in Abbildung 3.3 dargestellt wurde (Schneidegeschwindigkeit eines Laserschneidegeräts in

Abhängigkeit von der Laserleistung in Watt). Zunehmende Schneidegeschwindigkeit eines Laserschneidegerätes bei zunehmender Leistung: zunächst linear und nach Erreichen einer Sättigungsgrenze flacher, insgesamt also ein nichtlinearer Verlauf. In Abbildung 3.16 sind die angepassten Polynome der oben beschriebenen einzelnen Schritte der Modellwahl gezeigt.

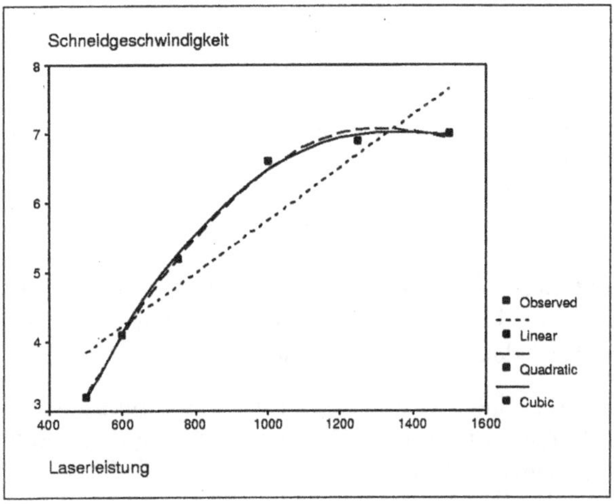


**Abb. 3.16.** SPSS Grafik (Curve Fitting) lineare, quadratische und kubische Polynome.

Wie wir aus Abbildung 3.16 erkennen, liegt ein nichtlinearer Zusammenhang zwischen Laserleistung und Schneidgeschwindigkeit vor. Der Übergang vom quadratischen zum kubischen Polynom bringt keine wesentliche Verbesserung.

Wir wollen eine polynomiale Regression verwenden, um eine glatte Kurve an die Kursentwicklung des DAX anzupassen. Dazu stellen wir die folgende Designmatrix

$$X = \begin{pmatrix} 1 & 1 & 1 & \dots & 1^p \\ 1 & 2 & 4 & & 2^p \\ 1 & 3 & 9 & & 3^p \\ \dots & \dots & \dots & & \dots \end{pmatrix}$$

auf, mit deren Hilfe wir das Modell

$$Y = X\beta + e$$

bestimmen. $Y$ enthält dabei die Notierungen des DAX in chronologischer Reihenfolge. Die durch das Modell vorhergesagten Werte

$$\hat{y}_i = (i^0, i^1, \dots, i^p)\beta,\ i = 1, \dots, n\,,$$

bilden nun eine glatte Kurve, die an den Verlauf des Index angepaßt ist. Abbildung 3.17 zeigt ein solches Polynom vom Grade 12 (glatte Kurve) sowie den Verlauf des Index selbst.

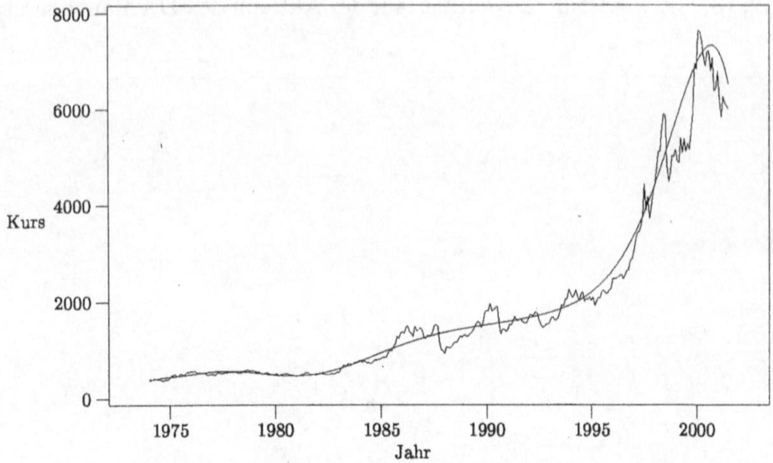


**Abb. 3.17.** DAX, angepasstes Polynom vom Grad 12.

*Beispiel 3.8.2.* Eine weitere Möglichkeit eine glatte Kurve durch eine Funktion zu legen, stellt die Anpassung eines kubischen Splines dar. Um einen kubischen Spline mit den Stützstellen $0, k, 2k, 3k, \dots$ zu bestimmen, stellen wir das folgende lineare Modell

$$Y = X\beta + e\,,$$

mit

$$X = \begin{pmatrix} 1 & 1 & 1^2 & 0 & 0 \dots \\ 1 & 2 & 2^2 & 0 & 0 \dots \\ 1 & 3 & 3^2 & 0 & 0 \dots \\ \dots & \dots & \dots & \dots & \dots\dots \\ 1 & k & k^2 & 0 & 0 \dots \\ 1 & k+1 & (k+1)^2 & 1^2 & 0 \dots \\ 1 & k+2 & (k+2)^2 & 2^2 & 0 \dots \\ \dots & \dots & \dots & \dots & \dots\dots \\ 1 & 2k & (2k)^2 & k^2 & 0 \dots \\ 1 & 2k+1 & (2k+1)^2 & (k+1)^2 & 1^2 \dots \\ 1 & 2k+2 & (2k+2)^2 & (k+2)^2 & 2^2 \dots \\ \dots & \dots & \dots & \dots & \dots\dots \end{pmatrix}$$

auf. Der Vektor $Y$ enthält die chronologisch angeordneten Kurse des DAX. Die durch das Modell vorhergesagten Werte

$$\hat{y}_i = (1, i, I_{i \geq k} \cdot (i-k)^2, I_{i \geq 2k} \cdot (i-2k)^2, \dots)\beta, \; i = 1, \dots, n,$$

bilden eine glatte Kurve. Abbildung 3.18 zeigt einen Spline, mit den Stützstellen $0, 6, 12, 18, \dots$, wiederum an den Verlauf des Aktienindex DAX angepasst.

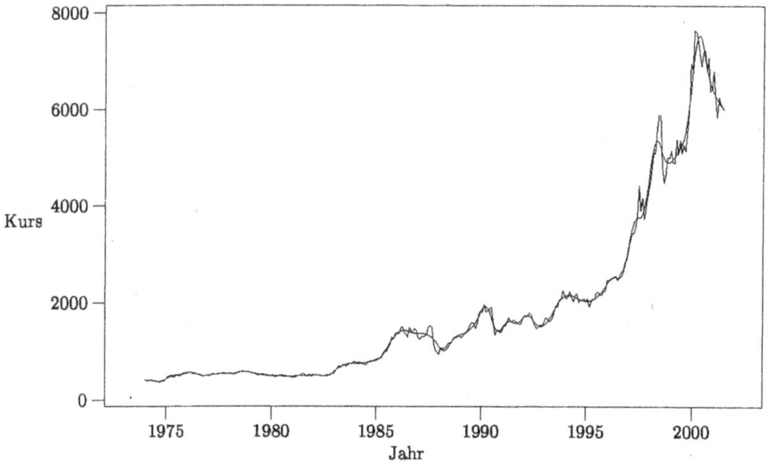


**Abb. 3.18.** DAX, angepasster Spline.

## 3.9 Lineare Regression mit kategorialen Regressoren

In den bisherigen Ausführungen haben wir $Y$ und $X$ stets als quantitativ stetig vorausgesetzt. Wir wollen nun den in Anwendungen ebenfalls wichtigen Fall behandeln, dass der Regressor $X$ kategoriales Skalenniveau besitzt. Wir betrachten zunächst einige Beispiele für kategoriale Regressoren:

*Beispiele.*

- Geschlecht: männlich, weiblich
- Familienstand: ledig, verheiratet, geschieden, verwitwet
- Prädikat des Diplomzeugnisses: sehr gut, gut, befriedigend, ausreichend
- Standort der Börse: New York, Tokio, Frankfurt
- Aktientyp: Standard, New Economy

Regressoren mit kategorialem Skalenniveau erfordern eine spezifische Behandlung. Die kodierten Merkmalsausprägungen wie z.B. 'ledig'=1, 'verheiratet'=2, 'geschieden'=3, 'verwitwet'=4 können wir nicht wie reelle Zahlen in die Berechnung der Parameterschätzungen $\hat{a}$ und $\hat{b}$ einbeziehen, da den Kodierungen wie z.B. beim nominalen Merkmal 'Familienstand' nicht notwendig eine Ordnung zugrundeliegt und Abstände bei ordinalen Merkmalen nicht definiert sind. Um diesem Problem zu begegnen, müssen kategoriale Regressoren umkodiert werden. Hierfür gibt es zwei Möglichkeiten: Dummy– und Effektkodierung. Dabei wird ein kategorialer Regressor mit $k$ möglichen Merkmalsausprägungen in $k-1$ neue Regressoren (Dummys) umgewandelt. Eine der Originalkategorien (Merkmalsausprägungen) wird dabei als sogenannte Referenzkategorie ausgewählt.

*Dummykodierung.* Ein kategoriales Merkmal $X$ mit $k$ möglichen Merkmalsausprägungen wird durch $k-1$ Dummys $X_i$, kodiert. Nach Wahl einer Referenzkategorie $j \in \{1, \ldots, k\}$ ergeben sich die Dummys $X_i$, $i = 1, \ldots, k$, $i \neq j$ wie folgt:

$$x_i = \begin{cases} 1 \text{ falls Kategorie } i \text{ vorliegt,} \\ 0 \text{ sonst.} \end{cases} \tag{3.33}$$

*Effektkodierung.* Ein kategoriales Merkmal $X$ mit $k$ möglichen Merkmalsausprägungen wird durch $k-1$ Dummys $X_i$ kodiert. Nach Wahl einer Referenzkategorie $j \in \{1, \ldots, k\}$ ergeben sich die Dummys $X_i$, $i = 1, \ldots, k$, $i \neq j$ wie folgt:

$$x_i = \begin{cases} 1 \text{ falls Kategorie } i \text{ vorliegt,} \\ -1 \text{ falls Kategorie } j \text{ vorliegt,} \\ 0 \text{ sonst.} \end{cases} \tag{3.34}$$

*Beispiel.* Betrachten wir das Merkmal $X$ 'mathematische Vorkenntnisse' der Studentenbefragung. Es besitzt vier mögliche Merkmalsausprägungen ('keine', 'Mathe-Grundkurs', 'Mathe-Leistungskurs' und 'Vorlesung Mathematik'), die mit 1, 2, 3 und 4 kodiert sind. Wir verwenden die letzte Kategorie, d.h. die Kategorie 4 'Vorlesung Mathematik', als Referenzkategorie. Damit erhalten wir die Dummys $X_1$, $X_2$ und $X_3$ wie in folgender Tabelle angegeben.

| Merkmalsausprägung | Wert von | | |
|---|---|---|---|
| von $X$ | $X_1$ | $X_2$ | $X_3$ |
| 1 'keine' | 1 | 0 | 0 |
| 2 'Mathe-Grundkurs' | 0 | 1 | 0 |
| 3 'Mathe-Leistungskurs' | 0 | 0 | 1 |
| 4 'Vorlesung Mathematik' | 0 | 0 | 0 |

Für die Effektkodierung erhalten wir

| Merkmalsausprägung | Wert von | | |
|---|---|---|---|
| von $X$ | $X_1$ | $X_2$ | $X_3$ |
| 1 'keine' | 1 | 0 | 0 |
| 2 'Mathe-Grundkurs' | 0 | 1 | 0 |
| 3 'Mathe-Leistungskurs' | 0 | 0 | 1 |
| 4 'Vorlesung Mathematik' | −1 | −1 | −1 |

*Beispiel 3.9.1.* Wir wollen die Berechnung der Parameterschätzungen an einem Rechenbeispiel demonstrieren. Dazu betrachten wir die bei der Statistikklausur erreichten Punktezahlen (Merkmal $Y$) abhängig vom Studienfach (Merkmal $X$). Ein Ausschnitt der Daten ist in der folgenden Datenmatrix angegeben.

$$\begin{array}{c} \\ 1 \\ 2 \\ 3 \\ 4 \\ 5 \\ \vdots \end{array} \begin{array}{c} \text{Punkte} \quad \text{Studienfach} \\ \begin{pmatrix} 34 & \text{BWL} \\ 78 & \text{BWL} \\ 30 & \text{Sonstige} \\ 64 & \text{VWL} \\ 71 & \text{VWL} \\ \vdots & \vdots \end{pmatrix} \end{array}$$

Mit der Kodierung BWL=1, VWL=2, Sonstige=3 erhalten wir mit Wahl der Referenzkategorie 3 (Sonstige) zwei Dummys $X_1$ (für BWL) und $X_2$ (für VWL) gemäß folgendem Schema:

| Merkmalsausprägung | Wert von | |
|---|---|---|
| von $X$ | $X_1$ | $X_2$ |
| 1 'BWL' | 1 | 0 |
| 2 'VWL' | 0 | 1 |
| 3 'Sonstige' | 0 | 0 |

Die Datenmatrix wird damit zu

$$\begin{array}{c} \\ 1 \\ 2 \\ 3 \\ 4 \\ 5 \\ \vdots \end{array} \begin{array}{c} \;\; y \quad\; x_1 \quad x_2 \\ \begin{pmatrix} 34 & 1 & 0 \\ 78 & 1 & 0 \\ 30 & 0 & 0 \\ 64 & 0 & 1 \\ 71 & 0 & 1 \\ \vdots & \vdots & \vdots \end{pmatrix} \end{array}$$

Wir berechnen die Schätzungen $\hat{a}$, $\hat{b}_1$ und $\hat{b}_2$ mit SPSS und erhalten die Ausgabe in Abbildung 3.19. Aus den Parameterschätzungen erhalten wir die angepassten Werte $\hat{y}$ gemäß

$$\hat{y} = \hat{a} + \hat{b}_1 X_1 + \hat{b}_2 X_2 .$$

Diese entsprechen gerade den durchschnittlichen Punktezahlen der Studenten der verschiedenen Fachrichtungen. Wir erhalten für

$$\begin{aligned} \text{BWL} \quad \hat{y} &= \hat{a} + \hat{b}_1 \cdot 1 + \hat{b}_2 \cdot 0 = 62.800 + 1.083 = 63.883\,, \\ \text{VWL} \quad \hat{y} &= \hat{a} + \hat{b}_1 \cdot 0 + \hat{b}_2 \cdot 1 = 62.800 + (-6.229) = 56.571\,, \\ \text{Sonstige} \quad \hat{y} &= \hat{a} + \hat{b}_1 \cdot 0 + \hat{b}_2 \cdot 0 = 62.800\,. \end{aligned}$$

**Coefficients**[a]

| Model | | Unstandardized Coefficients | | Standardized Coefficients | | |
|---|---|---|---|---|---|---|
| | | B | Std. Error | Beta | t | Sig. |
| 1 | (Constant) | 62.800 | 7.432 | | 8.450 | .000 |
| | x_1 | 1.083 | 7.501 | .013 | .144 | .885 |
| | x_2 | -6.229 | 9.731 | -.058 | -.640 | .523 |

a. Dependent Variable: PUNKTE

**Abb. 3.19.** Berechnungen der Parameterschätzungen bei Dummykodierung in Beispiel 3.9.1 mit SPSS.

Verwenden wir nun die Effektkodierung zur Berechnung der Parameterschätzungen, wobei wir wieder als Referenzkategorie die Kategorie 3, 'Sonstige', verwenden, so erhalten wir die Datenmatrix

$$\begin{array}{c} \\ 1 \\ 2 \\ 3 \\ 4 \\ 5 \\ \vdots \end{array} \begin{array}{c} \begin{array}{ccc} y & x_1 & x_2 \end{array} \\ \left( \begin{array}{ccc} 34 & 1 & 0 \\ 78 & 1 & 0 \\ 30 & -1 & -1 \\ 64 & 0 & 1 \\ 71 & 0 & 1 \\ \vdots & \vdots & \vdots \end{array} \right) \end{array} .$$

Wir berechnen ebenfalls die Schätzungen $\hat{a}$, $\hat{b}_1$ und $\hat{b}_2$ mit SPSS und erhalten die Ausgabe in Abbildung 3.20. Aus den Parameterschätzungen erhalten wir die angepassten Werte $\hat{y}$ wiederum gemäß

$$\hat{y} = \hat{a} + \hat{b}_1 X_1 + \hat{b}_2 X_2 ,$$

nun aber mit anderen Parameterschätzungen. Die angepassten Werte $\hat{y}$ entsprechen auch bei Effektkodierung den durchschnittlichen Punktezahlen der verschiedenen Fachrichtungen. Wir erhalten:

$$\begin{aligned}
\text{BWL} \quad & \hat{y} = \hat{a} + \hat{b}_1 \cdot 1 + \hat{b}_2 \cdot 0 = 61.085 + 2.798 = 63.883\,, \\
\text{VWL} \quad & \hat{y} = \hat{a} + \hat{b}_1 \cdot 0 + \hat{b}_2 \cdot 1 = 61.085 + (-4.513) = 56.571\,, \\
\text{Sonstige} \quad & \hat{y} = \hat{a} + \hat{b}_1 \cdot (-1) + \hat{b}_2 \cdot (-1) = 61.085 - 2.798 + 4.513 = 62.799\,.
\end{aligned}$$

Wie wir sehen liefern Dummy– und Effektkodierung die gleichen Ergebnisse für die mittleren erreichten Punktezahlen der verschiedenen Fachrichtungen. Die Interpretation der Parameter ist jedoch verschieden. Bei der Dummykodierung sind die Parameter als Abweichung zur Referenzkategorie zu verstehen. Hier bedeutet $\hat{b}_1 = 1.083$, dass die BWL–Studenten um 1.083 Punkte besser abgeschnitten haben als die Studenten sonstiger Fachrichtungen, die die Referenzkategorie bilden. Bei der Effektkodierung sind die Parameter als Abweichung zu einer mittleren Kategorie zu verstehen. Hier bedeutet $\hat{b}_1 = 2.798$, dass die BWL–Studenten um 2.798 Punkte besser abgeschnitten haben als Studenten einer 'mittleren' Fachrichtung, also 'durchschnittliche' Studenten, bei denen der Effekt des Studienfachs herausgerechnet ist.

**Coefficients**[a]

| Model | | Unstandardized Coefficients | | Standardized Coefficients | | |
|---|---|---|---|---|---|---|
| | | B | Std. Error | Beta | t | Sig. |
| 1 | (Constant) | 61.085 | 3.261 | | 18.731 | .000 |
| | x_1 | 2.798 | 3.313 | .051 | .845 | .399 |
| | x_2 | -4.513 | 4.877 | -.056 | -.925 | .356 |

a. Dependent Variable: PUNKTE

**Abb. 3.20.** Berechnungen der Parameterschätzungen bei Effektkodierung in Beispiel 3.9.1 mit SPSS.

## 3.10 Spezielle nichtlineare Modelle

### 3.10.1 Wachstumskurven

Wachstumskurven liefern eine flexible Klasse von nichtlinearen Modellen zur Beschreibung zahlreicher Vorgänge in den Wirtschaftswissenschaften sowie in biologischen und technischen Systemen. Häufig benutzte und in der Praxis erprobte Typen sind

- die Exponentialfunktion $y_t = \alpha e^{\beta t}$
- die modifizierte Exponentialfunktion $y_t = \delta + \alpha e^{\beta t}$

- die Gompertz–Kurve $y_t = \alpha e^{(\beta e^{\gamma t})}$
- die logistische Funktion $y_t = \dfrac{\alpha}{1+\beta e^{\gamma t}}$
- die logarithmische Parabel $y_t = \alpha e^{\beta t + \gamma t^2}$

Als Einflussgröße haben wir hier die Zeit $t$, $t = 1, \ldots, T$.

Diese Wachstumskurven werden durch maximal drei Parameter beschrieben. Der Behandlung nichtlinearer Modelle mit deskriptiven Methoden sind Grenzen gesetzt. Wir wollen uns deshalb darauf beschränken, den Verlauf einiger Wachstumskurven grafisch darzustellen (vgl. Abbildungen 3.21 bis 3.24). Abbildung 3.23 zeigt z.B. einen Wachstumsprozess mit Sättigungsverhalten, wie wir ihn bei der Markteinführung neuer Produkte beobachten können. Nach einem Anstieg des Umsatzes über die Zeit tritt eine Sättigung ein.

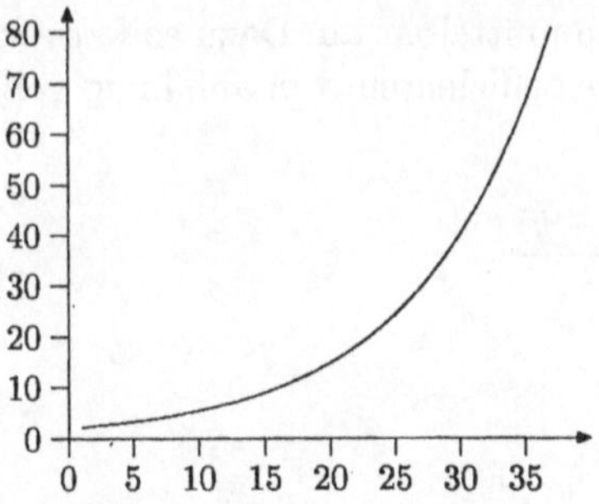


**Abb. 3.21.** Exponentialfunktion mit $\alpha = 2.0$ und $\beta = 0.1$.

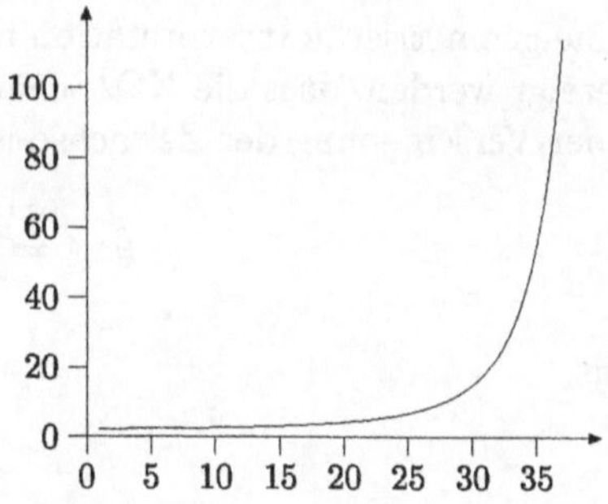


**Abb. 3.22.** Gompertz–Funktion mit $\alpha = 2.0$, $\beta = 0.1$ und $\gamma = 0.1$.

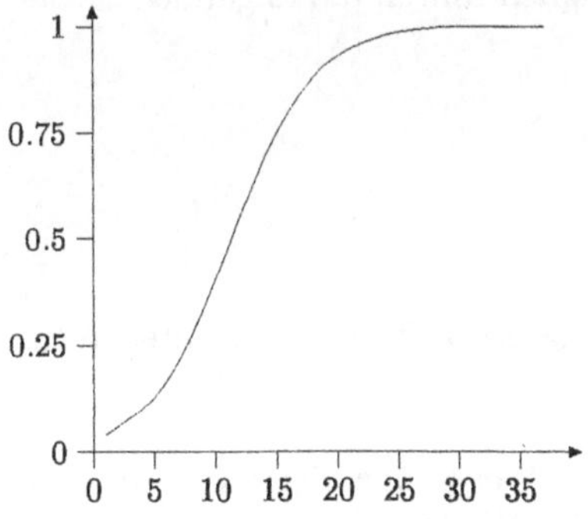


**Abb. 3.23.** Logistische Funktion mit $\alpha = 1.0$, $\beta = 30$ und $\gamma = -0.3$.

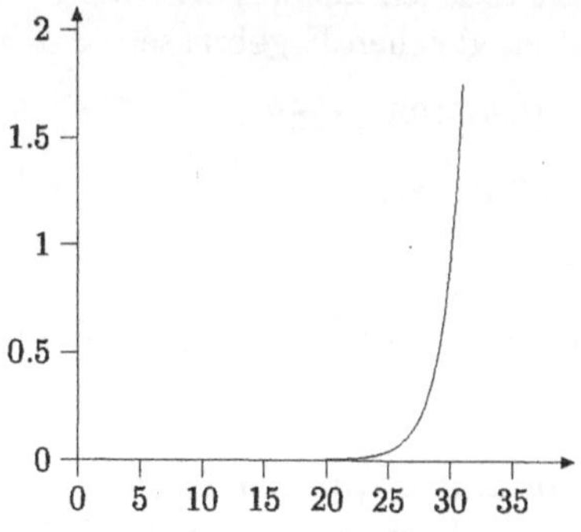


**Abb. 3.24.** Logarithmische Parabel mit $\alpha = 2.0$, $\beta = 0.05$ und $\gamma = 0.01$.

### 3.10.2 Zeit als Regressor

In diesem Abschnitt wird beschrieben, wie Trends in Zeitreihen mit statistischen Mitteln untersucht werden können. Dazu ist die Zeit als unabhängige Variable einzuführen.

**Lineares Trendmodell.** Im einfachsten Fall liegt eine konstante Veränderung über die Zeit vor. In diesem Fall kann einfach ein lineares Regressionsmodell aufgestellt werden:

$$Y_t = \alpha + \beta t + e_t\,.$$

Soll das Modell statistisch untersucht werden, so ist zuerst zu prüfen, ob die Residuen $e_t$ den Modellannahmen entsprechen. Insbesondere darf keine Abhängigkeit über die Zeit vorliegen.

Eine geometrische Interpretation bietet sich unmittelbar an. Dazu soll zuvor gezeigt werden, dass die KQ–Schätzung des Koeffizienten $\beta$ unabhängig von einer Verschiebung der Zeitachse ist. Es gilt

$$\hat{\beta} = \frac{\sum_t (t-\bar{t})(y_t - \bar{y})}{\sum_t (t-\bar{t})^2}$$

mit

$$\bar{t} = \frac{\sum t}{N}$$

bei $N$ vorliegenden Zeitpunkten.

Die $t$ tauchen nur in Form von $t - \bar{t}$ auf. Folglich führen die folgenden Skalen zu den gleichen Ergebnissen

$t = 1980, 1981, 1982, \ldots$

$t = 80, 81, 82, \ldots$

$t = 1, 2, 3, \ldots$

Die Schätzung $\hat{\beta}$ ist dann als die Veränderung pro Zeiteinheit zu interpretieren.

**Konstantes proportionales Wachstum.** Weist eine Zeitreihe ein konstantes Wachstum über die Zeit auf, ist die Wertentwicklung nicht mehr linear. lässt man die Residuen $e_t$ außer acht, so kann die Entwicklung der Reihe mit

$$Y_t = Y_0(1+g)^t$$

beschrieben werden. $1 + g$ ist dabei der Wachstumsfaktor, wobei $g$ durch

$$g = (Y_t - Y_{t-1})/Y_{t-1}$$

gegeben ist. Logarithmiert man beide Seiten so ergibt sich mit $\alpha = \ln Y_0$ und $\beta = \ln(1+g)$,

$$\ln(Y_t) = \alpha + \beta t\,.$$

*Beispiel 3.10.1.* In den folgenden beiden Grafiken sind der Kurs des Deutschen Aktien Index (DAX) sowie die entsprechenden logarithmierten Kurse über die Zeit abgebildet. In der Zeitreihe, in der die absoluten Kurse aufgetragen sind, kann offensichtlich kein linearer Trend angepasst werden (Abbildung 3.25). Dagegen könnte in der Zeitreihe der logarithmierten Kurse (Abbildung 3.26) zumindest approximativ ein längerfristiger linearer Trend unterstellt werden. In einem entsprechenden Regressionsmodell mit Monatsdaten ist dann mit

$$\hat{g} = \exp(\hat{\beta}) - 1$$

die durchschnittliche monatliche Wachstumsrate gegeben. Die jährliche Wachstumsrate ergibt sich dann aus $(\hat{g}+1)^{12} - 1$.

Wir erhalten im Beispiel mit $\hat{\beta} = 0.00843$ eine durchschnittliche monatliche Wachstumsrate von 0.85% sowie eine jährliche Wachstumsrate von 10.60% über die letzten 27 Jahre.

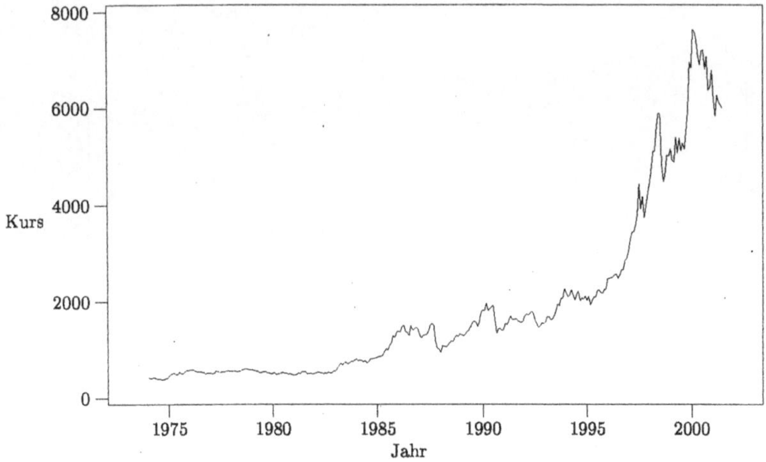


**Abb. 3.25.** Kursverlauf des DAX.

## 3.11 Zeitreihen

### 3.11.1 Einleitung

In den bisherigen Kapiteln haben wir im wesentlichen Bestandsmassen und ihre statistische Beschreibung betrachtet. Im folgenden wollen wir Merkmale betrachten, die im Laufe der Zeit wiederholt erfasst werden (Bestandsmassen zu verschiedenen Zeitpunkten, nicht zu verwechseln mit Bewegungsmassen).

### 3.11.2 Kurvendiagramme

Hat man ein Merkmal wiederholt über die Zeit beobachtet, so kann die zeitliche Entwicklung durch ein Kurvendiagramm dargestellt werden. Bei einem einfachen Kurvendiagramm unterstellt man einen linearen Verlauf zwischen zwei Beobachtungen. Die horizontale Achse des Kurvendiagramms (Abbildung 3.27) ist die Zeitachse, auf der vertikalen werden die Merkmalsausprägungen zum jeweiligen Zeitpunkt abgetragen.

*Beispiele.*

- Bei Patienten in einem Krankenhaus ist es üblich, wiederholt die Körpertemperatur zu messen und dann aus der Fieberkurve Informationen über den Verlauf der Genesung zu erhalten.

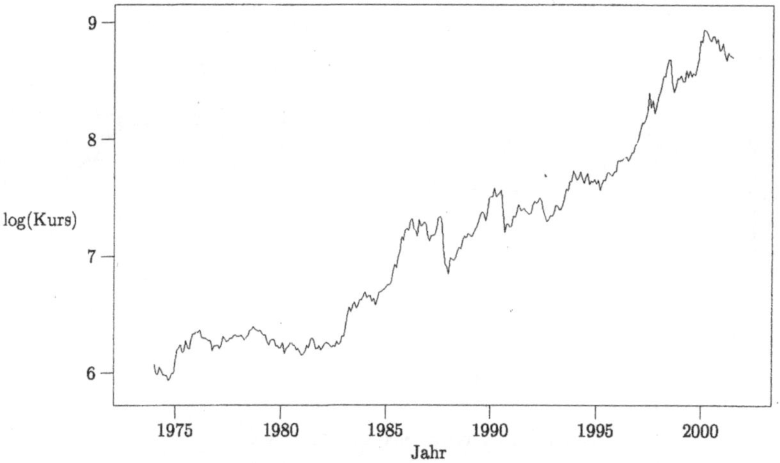


**Abb. 3.26.** Kursverlauf der logarithmierten DAX Notierungen.

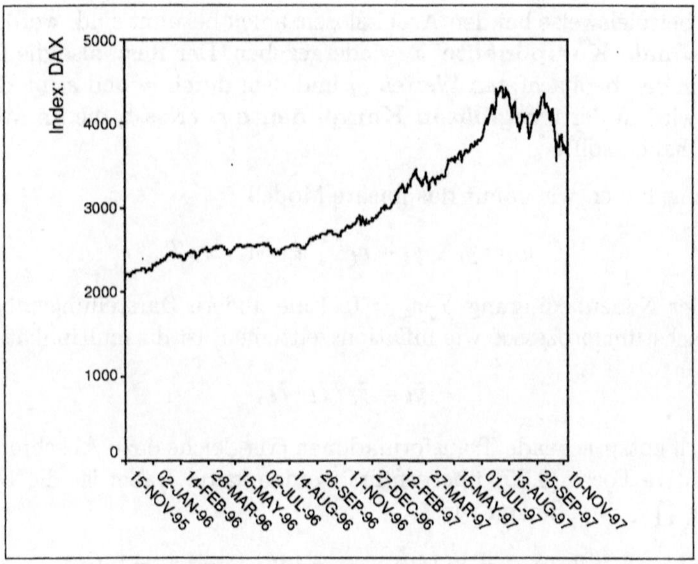


**Abb. 3.27.** Kurvendiagramm einer Zeitreihe.

- In meteorologischen Instituten werden Niederschlagsmengen, Temperaturen, Windstärke und andere Werte täglich erfasst und im zeitlichen Verlauf ausgewertet.
- Die Werte eines Aktienindex werden täglich festgehalten und über die Zeit abgetragen.
- Umsätze eines Unternehmens werden erfasst und ihre zeitliche Entwicklung (Umsatzentwicklung) wird dargestellt und ausgewertet.

Bei allen diesen Beispielen ist nicht nur die Beschreibung der Vergangenheit von Interesse sondern auch die Prognose von zukünftigen Werten oder die Möglichkeit, Veränderungen im Verlauf zu erkennen (wie z.B. bei der Fieberkurve) um dadurch entsprechende Gegenmaßnahmen treffen zu können.

All dies ist Gegenstand der Zeitreihenanalyse. Die Folge der Beobachtungswerte wird als Zeitreihe bezeichnet. Gemessen wird jeweils die Ausprägung eines zweidimensionalen Merkmals $(t, y_t)$ mit der Zeit $t$ als Einflussgröße und der Messung $y_t$ als Response.

### 3.11.3 Zerlegung von Zeitreihen

Die Beobachtungen $y_t$ werden als Summe verschiedener Einzelkomponenten aufgefasst. Den Grundbestandteil bildet die **glatte Komponente** $g_t$, die die langfristige Entwicklung modelliert. Eventuelle saisonale Schwankungen, wie sie beispielsweise bei den Arbeitslosenzahlen bekannt sind, werden durch die **saisonale Komponente** $s_t$ wiedergegeben. Der Rest, also die Differenz zwischen den beobachteten Werten $y_t$ und dem durch $g_t$ und $s_t$ modellierten Anteil wird in der **irregulären Komponente** $r_t$ erfasst, die im Mittel den Wert 0 haben soll.

Insgesamt haben wir damit das lineare Modell

$$y_t = g_t + s_t + r_t\,, \quad t = 1, \ldots, T\,, \tag{3.35}$$

unter der Nebenbedingung $\sum r_t = 0$. Eine andere Darstellungsmöglichkeit (bei Wachstumsprozessen wie Inflationszeitreihen) ist die multiplikative Form

$$\tilde{y}_t = \tilde{g}_t \cdot \tilde{s}_t \cdot \tilde{r}_t\,,$$

die durch entsprechende Transformationen (vergleiche dazu Abschnitt 3.7) in die additive Form (3.35) übergeführt werden kann. Dabei ist die Nebenbedingung $\prod \tilde{r}_t = 1$. Setzen wir

$$y_t = \ln(\tilde{y}_t),\ g_t = \ln(\tilde{g}_t),\ s_t = \ln(\tilde{s}_t) \text{ und } r_t = \ln(\tilde{r}_t)\,,$$

so sind beide Modelle äquivalent, so dass wir uns auf das additive Modell (3.35) beschränken können.

### 3.11.4 Fehlende Werte, äquidistante Zeitpunkte

Viele Verfahren, die in der Zeitreihenanalyse verwendet werden, setzen voraus, dass die Werte $y_t$ aller Beobachtungszeitpunkte vorhanden sind. Ebenso wichtig ist es, dass die Abstände zwischen den Beobachtungszeitpunkten über den gesamten Untersuchungszeitraum gleich sind. Dies ist insbesondere der Fall, wenn wir Zeitreihen mit saisonaler Komponente betrachten. Besonders problematisch sind hierbei fehlende Werte, die nicht am Anfang oder am Ende der Zeitreihe stehen.

*Beispiel.* Bei monatlicher Erhebung von Umsätzen fehlt der Wert $y$ für Mai 1999. Eine Auflistung und Indizierung in der Form

| $\cdots$ | März 1999 | April 1999 | Mai 1999 | Juni 1999 | Juli 1999 | $\cdots$ |
|---|---|---|---|---|---|---|
| $\cdots$ | $y_i$ | $y_{i+1}$ | | $y_{i+2}$ | $y_{i+3}$ | $\cdots$ |

hätte zwar zur Folge, dass keine fehlenden Werte $y_i$ vorliegen, die Forderung der einheitlichen Abstände ist jedoch verletzt, was einen weitaus gravierenderen Mangel für die Analyse darstellt. Als Lösung des Problems würde sich hier z.B. die Angabe eines „Ersatzwertes" für Mai 1999 anbieten, wobei der fehlende Wert mit geeigneten Methoden durch eine Schätzung ersetzt wird. Wir hätten dann

| ... | März 1999 | April 1999 | Mai 1999 | Juni 1999 | Juli 1999 | ... |
|---|---|---|---|---|---|---|
| ... | $y_i$ | $y_{i+1}$ | $\hat{y}_{i+2}$ | $y_{i+3}$ | $y_{i+4}$ | ... |

Der Begriff „gleiche Abstände" ist jedoch nicht immer auf die Kalenderzeit zu beziehen. Betrachten wir z.B. die Entwicklung eines Aktienindex, so werden die Werte montags bis freitags erfasst. Da samstags und sonntags kein Börsenhandel stattfindet, stellen diese zwei Tage keine Zeitpunkte in unserem Sinne dar. Der Abstand von Montag bis Dienstag ist der gleiche wie der von Freitag bis zum darauffolgenden Montag, jeweils ein *Börsen*tag.

### 3.11.5 Gleitende Durchschnitte

Zeitreihen weisen häufig starke Zufallseinflüsse auf. Um diese auszuschalten und glattere Reihen zu erhalten, führt man Glättungen der Zeitreihenwerte durch.

Unter einem gleitenden Durchschnitt der (ungeraden) Ordnung $2k + 1$ für den Zeitreihenwert $y_t$ verstehen wir das arithmetische Mittel

$$y_t^* = \frac{1}{2k+1} \sum_{j=-k}^{k} y_{t+j} \,. \tag{3.36}$$

Wir mitteln über die $k$ vor dem Zeitpunkt $t$ liegenden Werte, den Wert $y_t$ selbst und über die $k$ nach dem Zeitpunkt $t$ liegenden Werte. Damit ist klar, dass $y_t^*$ für die Zeitpunkte $1, 2, \ldots, k$ sowie $T-k+1, \ldots, T$ nicht definiert ist, da hier die für die Berechnung benötigten Werte nicht vollständig vorliegen. Der Übergang von der Reihe $y_t$ zur Reihe $y_t^*$ vermindert also die Anzahl der Beobachtungen um $2k$.

Unter einem gleitenden Durchschnitt der (geraden) Ordnung $2k$ für den Zeitreihenwert $y_t$ verstehen wir dann das arithmetische Mittel

$$y_t^* = \frac{1}{2k} \left( \frac{1}{2} y_{t-k} + \sum_{j=-k+1}^{k-1} y_{t+j} + \frac{1}{2} y_{t+k} \right) . \tag{3.37}$$

Hier werden die gleichen Beobachtungswerte wie in (3.36) berücksichtigt, jedoch gehen die Randwerte nur mit halbem Gewicht ein.

*Beispiel 3.11.1.* Bereits in Beispiel 3.8.1 wurde an die Kursentwicklung des DAX eine glatte Kurve angepasst. Wir wollen nun einen gleitenden Durchschnitt für die Kurse berechnen. Die folgende Tabelle zeigt die sich ergebenden Werte für die ersten 22 Monate der Zeitreihe. Zum einen wurde ein gleitender Durchschnitt von der Ordnung 10, zum anderen von der Ordnung 20 bestimmt. An den zugehörigen Grafiken (Abbildungen 3.28 bzw. 3.29) erkennt man insbesondere beim Durchschnitt über 20 Monate, dass für die ersten und letzten 10 Monate keine Werte ermittelt werden.

| Jahr | DAX-Wert | Ordnung 10 | Ordnung 20 |
|---|---|---|---|
| Jan 1974 | 433.54 | | |
| | 400.87 | | |
| | 399.56 | | |
| | 425.13 | | |
| | 412.82 | | |
| | 396.96 | 402.120 | |
| | 395.67 | 399.269 | |
| | 395.67 | 403.414 | |
| | 376.76 | 411.417 | |
| | 385.47 | 418.121 | |
| | 400.87 | 427.449 | 402.120 |
| | 402.18 | 434.972 | 399.269 |
| Jan 1975 | 446.46 | 443.041 | 403.414 |
| | 487.60 | 455.483 | 411.417 |
| | 498.87 | 467.030 | 418.121 |
| | 515.43 | 476.751 | 427.449 |
| | 479.71 | 488.878 | 434.972 |
| | 484.43 | 503.324 | 443.041 |
| | 532.53 | 513.911 | 455.483 |
| | 503.78 | 521.600 | 467.030 |
| | 492.40 | 527.926 | 476.751 |
| | 534.27 | 534.115 | 488.878 |

**Tabelle 3.1.** DAX–Werte, gleitende Durchschnitte der Ordnung 10 bzw. 20.

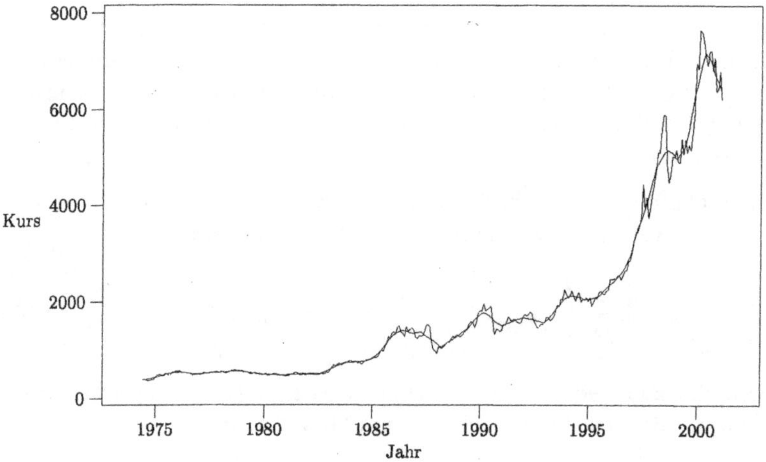


**Abb. 3.28.** DAX, gleitender Durchschnitt über 11 Monate.

### 3.11.6 Saisonale Komponente, konstante Saisonfigur

Wir betrachten nun wieder das Modell (3.35)

$$y_t = g_t + s_t + r_t \,,$$

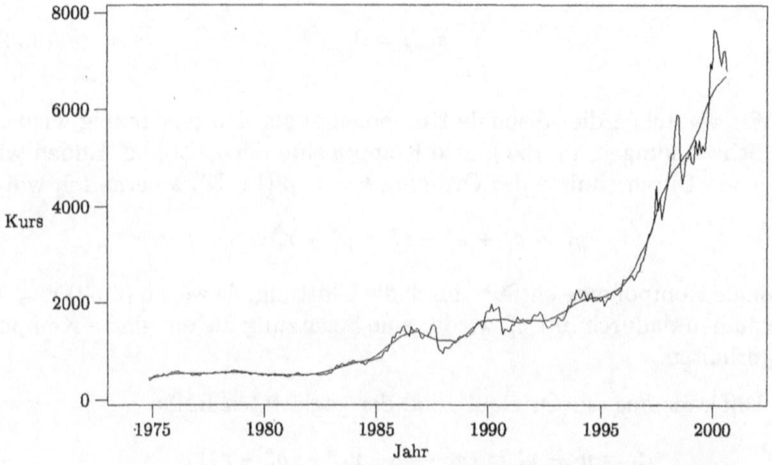


**Abb. 3.29.** DAX, gleitender Durchschnitt über 21 Monate.

das zusätzlich zu dem oben betrachteten Modell eine saisonale Komponente beinhaltet. Diese saisonale Komponente ist eine Folge von Einflüssen, die sich nach einem bestimmten Muster wiederholen. Ist die Saisonfigur konstant, d.h. gilt

$$s_t = s_{t+p} \tag{3.38}$$

(vgl. Abbildung 3.30), so bezeichnen wir die natürliche Zahl $p$ als Periode der Saisonfigur. Der Wert der saisonalen Komponente zum Zeitpunkt $t$ ist dann identisch mit dem Wert der saisonalen Komponente zum Zeitpunkt $t+p$ (eine Periode später).

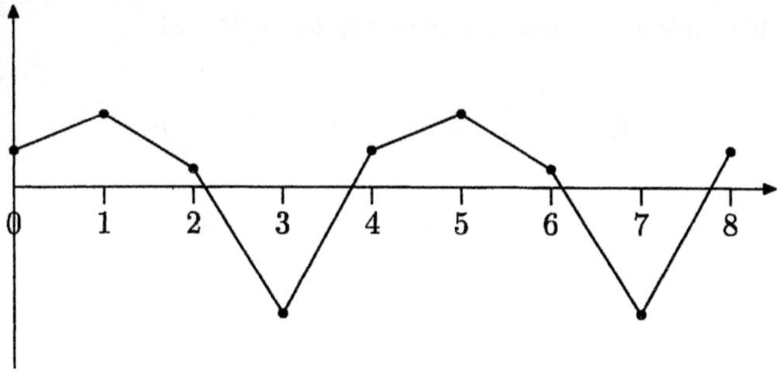


**Abb. 3.30.** Schematische Darstellung einer saisonalen Komponente $s_t$ der Periode $p = 4$ für die Punkte $t = 0, \ldots, 2p$.

Betrachten wir eine Zeitreihe mit konstanter Saisonfigur der Periode $p$, so soll stets

$$\sum_{j=0}^{p-1} s_{t+j} = 0 \qquad (3.39)$$

gelten. Wir verstehen die saisonale Komponente als sich regelmäßig wiederholende Schwankungen um die glatte Komponente der Zeitreihe. Bilden wir nun gleitende Durchschnitte der Ordnung $k = l \cdot p$ ($l \in \mathbb{N}$), so erhalten wir

$$y_t^* = g_t^* + s_t^* + r_t^* = g_t^* + r_t^* \,.$$

Die saisonale Komponente entfällt durch die Glättung, da wegen (3.39) $s_t^* = 0$ gilt. Wir haben dadurch mit $y_t^*$ wieder eine Schätzung für die glatte Komponente $g_t$ erhalten.

Mit der Differenz aus der Original– und der geglätteten Reihe

$$d_t = y_t - y_t^* = (g_t + s_t + r_t) - (g_t^* + r_t^*)$$

erhalten wir einen Schätzer für $s_t + r_t$, da

$$g_t^* \approx g_t \quad \text{und} \quad r_t^* \approx 0$$

gilt. Bei konstanter Saisonfigur der Periode $p$ folgt, dass $d_j$ und $d_{j+p}$ und $d_{j+2p}$ bis auf die Restkomponente $r$ gleich sind. Es gilt

$$d_j \approx d_{j+lp} \quad j = 1, \dots, p \text{ und } l = 0, \dots, n_j \,, \qquad (3.40)$$

wobei wir $n_j$ so wählen, dass

$$j + n_j p \leq T < j + (n_j + 1)p$$

erfüllt ist. $n_j$ ist also die Maximalzahl von vollständig beobachteten Perioden ab dem Zeitpunkt $j$ bis zum Ende der Zeitreihe $T$.

Wegen (3.40) bilden wir nun die arithmetischen Mittel

$$\bar{d}_j = \frac{1}{n_j} \sum_{l=0}^{n_j} d_{j+lp} \quad \text{für } j = 1, \dots, p \,.$$

Als Schätzer für die Saisonkomponente $s_{j+lp}$ verwenden wir schließlich

$$\hat{s}_{j+lp} = \bar{d}_j - \frac{1}{p} \sum_{m=1}^{p} \bar{d}_m \quad \text{für } j = 1, \dots, p \text{ und } l = 0, \dots, n_j \,. \qquad (3.41)$$

Es gilt dann $\sum_{j=1}^{p} \hat{s}_{j+lp} = 0$, womit die Forderung (3.39) erfüllt ist.

Eine saisonbereinigte Reihe erhalten wir aus der ursprünglichen Zeitreihe schließlich durch Differenzenbildung gemäß

$$y_t - \hat{s}_t \,.$$

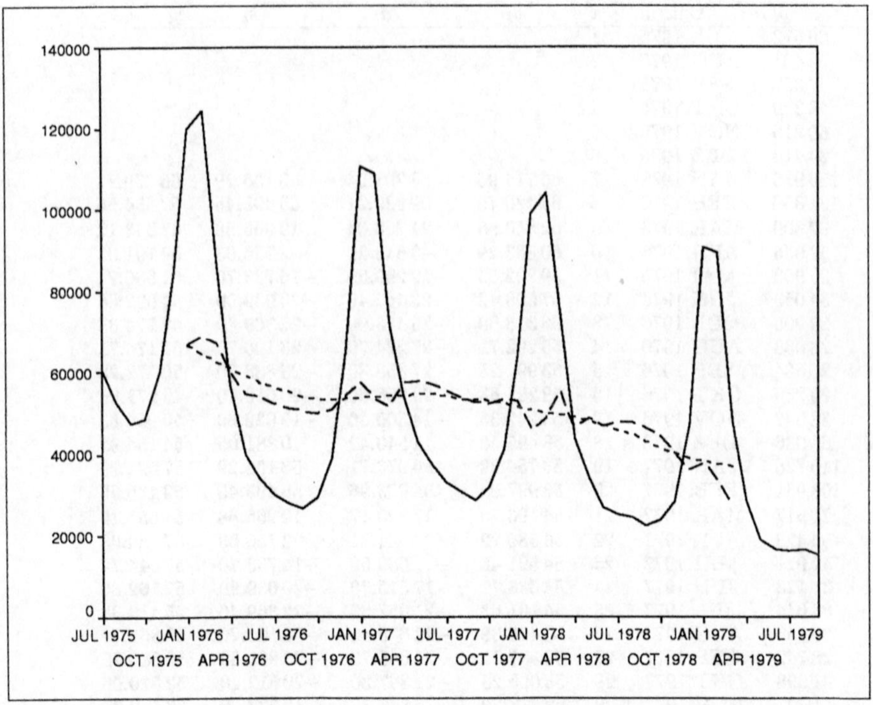


**Abb. 3.31.** Plot der Reihen $y_t$ (durchgezogene Linie), $y_t^*$ (gepunktete Linie) und der saisonbereinigten Reihe $y_t - \hat{s}_t$ (gestrichelte Linie).

*Beispiel 3.11.2.* In Tabelle 3.2 sind die Arbeitslosenzahlen des Baugewerbes angegeben (vgl. Hartung, Elpelt und Klösener, 1982). Wir berechnen zunächst $y_t^*$ als einen gleitenden Durchschnitt der Länge 12 (Monate). Mit den Differenzen $d_t = y_t - y_t^*$ erhalten wir eine Schätzung für die Saisonkomponente $s_t$ gemäß (3.41) und damit schließlich die saisonbereinigte Reihe $y_t - \hat{s}_t$ (vgl. Abbildung 3.31). Wie man sieht, zeigen die Arbeitslosenzahlen eine starke saisonale Komponente. Nach Bereinigung um die saisonale Komponente und Glättung verzeichnen die Arbeistlosenzahlen einen Rückgang über die Zeit. Diese Entwicklung kann aus den Originaldaten nicht in dieser Deutlichkeit abgelesen werden.

| $y_t$ | Datum | $t$ | $y_t^*$ | $d_t$ | $\hat{s}_t$ | $y_t - \hat{s}_t$ |
|---|---|---|---|---|---|---|
| 60 572 | JUL 1975 | 1 | . | . | . | . |
| 52 461 | AUG 1975 | 2 | . | . | . | . |
| 47 357 | SEP 1975 | 3 | . | . | . | . |
| 48 320 | OKT 1975 | 4 | . | . | . | . |
| 60 219 | NOV 1975 | 5 | . | . | . | . |
| 84 418 | DEZ 1975 | 6 | . | . | . | . |
| 119 916 | JAN 1976 | 7 | 66 714.96 | 53 201.04 | 53 136.29 | 66 779.71 |
| 124 350 | FEB 1976 | 8 | 64 420.79 | 59 929.21 | 55 495.45 | 68 854.55 |
| 87 309 | MÄR 1976 | 9 | 62 540.96 | 24 768.04 | 19 965.88 | 67 343.12 |
| 57 035 | APR 1976 | 10 | 60 883.29 | −3 848.29 | −2 756.03 | 59 791.03 |
| 39 903 | MAI 1976 | 11 | 59 202.54 | −19 299.50 | −14 733.70 | 54 636.74 |
| 34 053 | JUN 1976 | 12 | 57 508.42 | −23 455.40 | −20 039.90 | 54 092.86 |
| 29 905 | JUL 1976 | 13 | 56 318.00 | −26 413.00 | −22 369.40 | 52 274.35 |
| 28 068 | AUG 1976 | 14 | 55 292.71 | −27 224.70 | −23 106.70 | 51 174.71 |
| 26 634 | SEP 1976 | 15 | 53 992.25 | −27 358.30 | −23 838.30 | 50 472.28 |
| 29 259 | OKT 1976 | 16 | 53 225.63 | −23 966.60 | −20 612.10 | 49 871.06 |
| 38 942 | NOV 1976 | 17 | 53 242.33 | −14 300.30 | −12 022.60 | 50 964.63 |
| 65 036 | DEZ 1976 | 18 | 53 495.58 | 11 540.42 | 10 881.05 | 54 154.95 |
| 110 728 | JAN 1977 | 19 | 53 754.29 | 56 973.71 | 53 136.29 | 57 591.71 |
| 108 931 | FEB 1977 | 20 | 53 997.04 | 54 933.96 | 55 495.45 | 53 435.55 |
| 71 517 | MÄR 1977 | 21 | 54 196.83 | 17 320.17 | 19 965.88 | 51 551.12 |
| 54 428 | APR 1977 | 22 | 54 386.29 | 41.71 | −2 756.03 | 57 184.03 |
| 42 911 | MAI 1977 | 23 | 54 591.46 | −11 680.50 | −14 733.70 | 57 644.74 |
| 37 123 | JUN 1977 | 24 | 54 638.71 | −17 515.70 | −20 039.90 | 57 162.86 |
| 33 044 | JUL 1977 | 25 | 54 101.63 | −21 057.60 | −22 369.40 | 55 413.35 |
| 30 755 | AUG 1977 | 26 | 53 425.38 | −22 670.40 | −23 106.70 | 53 861.71 |
| 28 742 | SEP 1977 | 27 | 53 387.71 | −24 645.70 | −23 838.30 | 52 580.28 |
| 31 698 | OKT 1977 | 28 | 53 095.25 | −21 397.30 | −20 612.10 | 52 310.06 |
| 41 427 | NOV 1977 | 29 | 52 273.29 | −10 846.30 | −12 022.60 | 53 449.63 |
| 63 685 | DEZ 1977 | 30 | 51 472.25 | 12 212.75 | 10 881.05 | 52 803.95 |
| 99 189 | JAN 1978 | 31 | 50 719.88 | 48 469.13 | 53 136.29 | 46 052.71 |
| 104 240 | FEB 1978 | 32 | 50 137.79 | 54 102.21 | 55 495.45 | 48 744.55 |
| 75 304 | MÄR 1978 | 33 | 49 626.38 | 25 677.63 | 19 965.88 | 55 338.12 |
| 43 622 | APR 1978 | 34 | 49 050.96 | −5 428.96 | −2 756.03 | 46 378.03 |
| 33 990 | MAI 1978 | 35 | 48 178.67 | −14 188.70 | −14 733.70 | 48 723.74 |
| 26 819 | JUN 1978 | 36 | 46 934.92 | −20 115.90 | −20 039.90 | 46 858.86 |
| 25 291 | JUL 1978 | 37 | 45 895.88 | −20 604.90 | −22 369.40 | 47 660.35 |
| 24 538 | AUG 1978 | 38 | 44 930.50 | −20 392.50 | −23 106.70 | 47 644.71 |
| 22 685 | SEP 1978 | 39 | 43 163.33 | −20 478.30 | −23 838.30 | 46 523.28 |
| 23 945 | OKT 1978 | 40 | 41 384.75 | −17 439.80 | −20 612.10 | 44 557.06 |
| 28 245 | NOV 1978 | 41 | 40 133.71 | −11 888.70 | −12 022.60 | 40 267.63 |
| 47 017 | DEZ 1978 | 42 | 39 094.46 | 7 922.54 | 10 881.05 | 36 135.95 |
| 90 920 | JAN 1979 | 43 | 38 308.67 | 52 611.33 | 53 136.29 | 37 783.71 |
| 89 340 | FEB 1979 | 44 | 37 613.50 | 51 726.50 | 55 495.45 | 33 844.55 |
| 47 792 | MÄR 1979 | 45 | 36 984.25 | 10 807.75 | 19 965.88 | 27 826.12 |
| 28 448 | APR 1979 | 46 | . | . | . | . |
| 19 139 | MAI 1979 | 47 | . | . | . | . |
| 16 728 | JUN 1979 | 48 | . | . | . | . |
| 16 523 | JUL 1979 | 49 | . | . | . | . |
| 16 622 | AUG 1979 | 50 | . | . | . | . |
| 15 499 | SEP 1979 | 51 | . | . | . | . |

**Tabelle 3.2.** Arbeitslose des Baugewerbes zwischen Juli 1975 und September 1979.

### 3.11.7 Modell für den linearen Trend

Neben den eben beschriebenen Glättungsverfahren kann man Zeitreihen auch als lineares Regressionsmodell auffassen und den Zeiteffekt schätzen. Wir behandeln nun den speziellen Fall einer linearen Regression, bei der die Einflussgröße $X$ die Zeit ist. Beispiele hierfür sind die täglichen Aktienpreise, der DAX und der Dow Jones, das monatliche Einkommen eines Studenten oder auch andere Prozesse über die Zeit wie die Fieberkurve eines Patienten usw. Diese zweidimensionalen Merkmale stellen die Entwicklung von $Y$ dar, wobei nur die Zeit als Ursache der Entwicklung einbezogen wird. Eine weitere Einflussgröße wird zunächst nicht berücksichtigt. Es liegen also Daten der Struktur

$$\begin{matrix} t & y_t \end{matrix}$$
$$\begin{pmatrix} 1 & y_1 \\ 2 & y_2 \\ \vdots & \vdots \\ n & y_n \end{pmatrix}$$

vor. Hier beschränken wir uns auf den Spezialfall des linearen Regressionsmodells

$$y_t = a + bt + e_t\,, \quad t = 1, \ldots, n\,, \tag{3.42}$$

das auch als lineares Trendmodell bezeichnet wird.

Die Zeitvariable $t$ wird ganzzahlig und in gleichen Abständen gemessen. Der Startpunkt $t = 1$ kennzeichnet den Zeitpunkt der ersten Beobachtung. Die Kleinste–Quadrate–Schätzungen $\hat{b}$ und $\hat{a}$ (3.9) haben mit $x_t = t$ und damit $\bar{t} = \frac{n+1}{2}$ folgende spezielle Gestalt

$$\hat{b} = \frac{\sum_{t=1}^{n}(t - \frac{n+1}{2})(y_t - \bar{y})}{\sum_{t=1}^{n}(t - \frac{n+1}{2})^2}\,, \tag{3.43}$$

$$\hat{a} = \bar{y} - \hat{b}\frac{n+1}{2}\,. \tag{3.44}$$

*Beispiel 3.11.3.* Der Durchschnittspreis $Y$ einer Aktie wird über mehrere Jahre notiert. Die entsprechenden Werte sind in der folgenden Tabelle angegeben.

| Jahr | 1985 | 1986 | 1987 | 1988 | 1989 | 1990 | 1991 | 1992 | 1993 |
|---|---|---|---|---|---|---|---|---|---|
| $t$ | 1 | 2 | 3 | 4 | 5 | 6 | 7 | 8 | 9 |
| $y_t$ | 30 | 35 | 33 | 38 | 40 | 44 | 40 | 44 | 47 |

Wir berechnen $\bar{y} = \frac{351}{9} = 39$, $\bar{t} = \frac{9+1}{2} = 5$ und damit

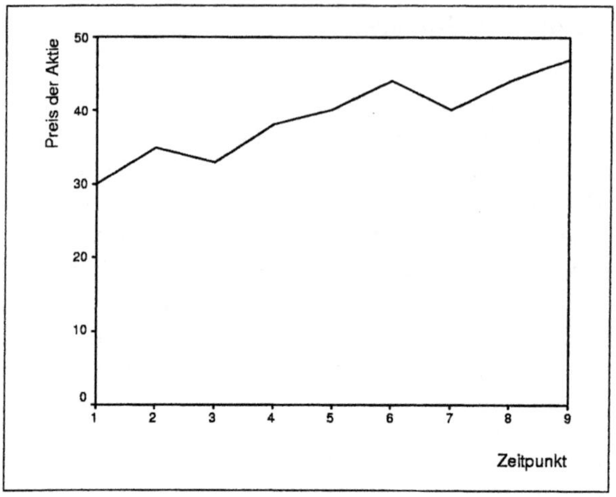


**Abb. 3.32.** Zeitreihen-Plot des Aktienpreises $Y$ aus Beispiel 3.11.3.

$$\hat{b} = \frac{\sum_{t=1}^{9}(t-\bar{t})(y_t-\bar{y})}{\sum_{t=1}^{9}(t-\bar{t})^2} = \frac{\sum_{t=1}^{9}(t-5)(y_t-39)}{\sum_{t=1}^{9}(t-5)^2} = 1.917$$

$$\hat{a} = \bar{y} - \hat{b}\frac{n+1}{2} = 39 - 1.917 \cdot 5 = 29.417\,.$$

# 4. Das klassische multiple lineare Regressionsmodell

## 4.1 Deskriptive multiple lineare Regression

Bevor wir zur Behandlung der verschiedenen Modelle übergehen, soll zunächst das empirische multiple Regressionsproblem in Verbindung mit dem fundamentalen Prinzip der kleinsten Quadrate erörtert werden. Dieses Vorgehen gestattet gleichzeitig einen Zugang zu den algebraischen Eigenschaften der Methode der kleinsten Quadrate und eine geometrische Interpretation der damit gewonnenen Schätzungen. Bei der Untersuchung von ökonomischen oder naturwissenschaftlichen Zusammenhängen entsteht häufig die Aufgabe, die statistische Abhängigkeit zwischen gewissen $K+1$ quantitativen Variablen $Y, X_1, \dots, X_K$ durch eine geeignet gewählte Funktion $Y = f(X_1, \dots, X_K)$ zu erfassen. Wir setzen in der Schreibweise der Ökonometrie voraus, dass alle Variablen $T$–mal (statt $n$–mal wie in Kapitel 3) beobachtet bzw. vorgegeben wurden und fassen die Realisierungen in der Matrix

$$(y, X) = \begin{pmatrix} y_1 & x_{11} & \cdots & x_{1K} \\ \vdots & \vdots & & \vdots \\ y_T & x_{T1} & \cdots & x_{TK} \end{pmatrix} = (y\, x_1 \dots x_K) = \begin{pmatrix} y_1 \; x_1' \\ \vdots \\ y_T \; x_T' \end{pmatrix} \tag{4.1}$$

zusammen. Bei der Wahl des Funktionstyps $f(.)$ lässt man sich davon leiten, dass sowohl eine gute Annäherung an den tatsächlichen Verlauf des Punkteschwarms $(y_t, x_{1t}, \dots, x_{Kt}), t = 1, \dots, T$, erreicht, als auch eine vertretbare mathematische Handlichkeit garantiert wird. Da wir im allgemeinen annehmen müssen, dass einerseits die Variablen mit einem Beobachtungsfehler behaftet gemessen werden und dass andererseits durch Vernachlässigung wesentlicher Variablen oder durch echte Zufallseinflüsse (z.B. Naturerscheinungen) jede funktionale Relation zwischen den Variablen $Y, X_1, \dots, X_K$ zerstört wird, entspricht die Approximation des tatsächlichen Zusammenhangs den realen Möglichkeiten des Statistikers. Wir setzen voraus, dass auf Grund sachlogischer Überlegungen die Variable $Y$ als von den $X_1, \dots, X_K$ abhängig ausgezeichnet ist und wählen die Funktion $f(.)$ linear mit

$$Y = X_1\beta_1 + \cdots + X_K\beta_K\,. \tag{4.2}$$

Eine lineare Anpassung liefert einen einfach zu handhabenden mathematischen Ansatz und ist auch insofern gerechtfertigt, als sich viele Funktionstypen gut durch lineare Funktionen approximieren lassen. Die Koeffizienten $\beta_k$ widerspiegeln die Stärke und die Richtung des Einflusses der unabhängigen Variablen $X_k$ auf $Y$. Die empirische Regressionsanalyse strebt eine Wahl der Koeffizienten $\beta' = (\beta_1, \ldots, \beta_K)$ in der Weise an, dass die Differenzen (Residuen) $e_t = y_t - x_t'\beta \quad (t = 1, \ldots, T)$, oder in Matrizenschreibweise $e = y - X\beta$ mit $e' = (e_1, \ldots, e_T)$, in ihrer Gesamtheit klein sind. Die Anzahl $T$ der Beobachtungen ist im allgemeinen wesentlich größer als die Anzahl $K$ der Koeffizienten. Aus diesem und den oben angeführten Gründen kann nicht erwartet werden, dass für alle $T$ Beobachtungen exakt die lineare Beziehung $y_t = x_t'\beta$, d.h. $e_t = 0$ erfüllt ist, wie auch immer die $\beta_k$ gewählt werden. Aus diesem Grunde nehmen wir in unseren linearen Ansatz die Residuen $e_t$ mit auf, also

$$y_t = x_t'\beta + e_t \qquad (t = 1, \ldots, T) \tag{4.3}$$

oder in Matrizenschreibweise zusammengefasst als

$$y = X\beta + e. \tag{4.4}$$

Je weniger die $e_t$ in ihrer Gesamtheit von Null abweichen, desto besser ist für das in $(y, X)$ gegebene Beobachtungsmaterial die durch die konkrete Wahl von $\beta$ mit dem linearen Ansatz erzielte Anpassung. Als Maße für die Güte der Anpassung sind z.B. denkbar

$$\sum_{t=1}^{T} |e_t|, \quad \max_t |e_t|, \quad \sum_{t=1}^{T} e_t^2 = e'e. \tag{4.5}$$

Auf der Minimierung des dritten Maßes basiert das Prinzip der kleinsten Quadrate.

## 4.2 Prinzip der kleinsten Quadrate

Es sei $B$ die Menge aller möglichen Koeffizientenvektoren $\beta$. Liegen keine Restriktionen vor, so ist $B = E^K$ ($K$–dimensionaler Euklidischer Raum). Wir bestimmen aus $B$ einen Vektor $b' = (b_1, \ldots, b_K)$ so, dass die Quadratsumme der Residuen

$$S(\beta) = \sum_{t=1}^{T} e_t^2 = e'e = (y - X\beta)'(y - X\beta) \tag{4.6}$$

bei fester Beobachtungsmatrix $(y, X)$ ein Minimum wird. Die Existenz eines endlichen absoluten Minimums ist gesichert, da $S(\beta)$ eine reellwertige konvexe differenzierbare Funktion ist. Wir formen $S(\beta)$ um:

$$S(\beta) = y'y + \beta'X'X\beta - 2\beta'X'y \tag{4.7}$$

und differenzieren nach $\beta$ (Sätze A.91 bis A.95)

$$\frac{\partial S(\beta)}{\partial \beta} = 2X'X\beta - 2X'y, \tag{4.8}$$

$$\frac{\partial^2 S(\beta)}{\partial \beta^2} = 2X'X \quad \text{(nichtnegativ definit)}. \tag{4.9}$$

Aus der notwendigen Bedingung für ein Minimum (Verschwinden der ersten Ableitung) erhalten wir die sogenannten Normalgleichungen, denen der gesuchte Koeffizientenvektor $\beta = b$ genügen muss,

$$X'Xb = X'y. \tag{4.10}$$

Die Bestimmung des Vektors $b$ aus (4.10) ist einzuordnen in das generelle Problem der Lösbarkeit und Lösung von linearen Gleichungen der Gestalt

$$Ax = a, \tag{4.11}$$

wobei $A$ eine $(n \times m)$–Matrix, $a$ ein $(n \times 1)$–Vektor und $x$ der $(m \times 1)$–Lösungsvektor sind. Sei $A^-$ eine g–Inverse von $A$ (vgl. A.62). Dann gilt folgender

**Satz 4.1** *Das Gleichungssystem $Ax = a$ ist genau dann lösbar, wenn*

$$AA^-a = a \tag{4.12}$$

*gilt. Falls (4.12) gilt, lauten sämtliche Lösungen*

$$x = A^-a + (I - A^-A)w, \tag{4.13}$$

*wobei $w$ ein beliebiger $(m \times 1)$–Vektor ist.*

Vereinbarung: $x = A^-a$ (also (4.13) mit $w = 0$) heißt partikuläre Lösung von $Ax = a$.

*Beweis.* Sei $Ax = a$ lösbar. Dann existiert mindestens ein Vektor $x_0$ mit $Ax_0 = a$. Mit der Definitionsgleichung $AA^-A = A$ einer g–Inversen (A.62) erhalten wir

$$a = Ax_0 = AA^-Ax_0 = AA^-(Ax_0) = AA^-a,$$

also die Beziehung (4.12).

Setzen wir umgekehrt (4.12) voraus: $AA^-a = a$, so ist mit $A^-a$ eine Lösung von (4.11) gefunden, die Lösbarkeit also gezeigt. Damit ist aber der erste Teil des Satzes bewiesen.

Wir setzen die Lösbarkeit voraus. Zum Beweis von (4.13) müssen wir dann zeigen, dass

(i) $A^- a + (I - A^- A)w$ stets eine Lösung von (4.11) ist ($w$ beliebig), und dass

(ii) jede Lösung $x$ von $Ax = a$ in der Gestalt (4.13) darstellbar ist.

Der erste Teil folgt durch Einsetzen unter Beachtung von $A(I - A^- A) = 0$:

$$A[A^- a + (I - A^- A)w] = AA^- a = a$$

(wegen der vorausgesetzten Lösbarkeit).

Zum Nachweis von (ii) wählen wir $w = x_0$, wobei $x_0$ eine Lösung des Gleichungssystems ist, d.h. $Ax_0 = a$. Dann gilt

$$\begin{aligned} A^- a + (I - A^- A)x_0 &= A^- a + x_0 - A^- A x_0 \\ &= A^- a + x_0 - A^- a \\ &= x_0 . \end{aligned}$$

Damit ist Satz 4.1 bewiesen.

Wir wenden diesen Satz auf unser Problem, d.h. auf Gleichung (4.10) an und prüfen zunächst die Lösbarkeit dieser linearen Gleichung.

$X$ ist eine $(T \times K)$–Matrix, also ist $X'X$ eine symmetrische $(K \times K)$–Matrix mit Rang $(X'X) = p \leq K$. Die Lösbarkeit von (4.10) ist äquivalent mit dem Bestehen der Gleichung (vgl. (4.12))

$$(X'X)(X'X)^- X'y = X'y. \tag{4.14}$$

Aus der Definitionsgleichung der g–Inversen

$$(X'X)(X'X)^-(X'X) = (X'X)$$

folgt nach Satz A.73 (Kürzungsregel)

$$X'X(X'X)^- X' = X',$$

so dass (4.14) erfüllt ist.

Sämtliche Lösungen von (4.10) haben nach (4.13) die Gestalt

$$b = (X'X)^- X'y + (I - (X'X)^- X'X) \tag{4.15}$$

mit $w$ als einem beliebigen $(K \times 1)$–Vektor.

**Korollar zu Satz 4.1:** Das Gleichungssystem

$$AXB = C \tag{4.16}$$

mit $A : m \times n$, $B : p \times q$, $C : m \times q$ und $X : n \times p$ ist nach $X$ lösbar genau dann, wenn

$$AA^-CB^-B = C \tag{4.17}$$

gilt, wobei $A^-$ bzw. $B^-$ beliebige g–Inversen von $A$ bzw. $B$ sind. Wir wollen nun sowohl einen alternativen algebraischen als auch einen geometrischen Lösungsweg zur expliziten Bestimmung der Lösungen $b$ unter Umgehung der verallgemeinerten Inversen $(X'X)^-$ angeben.

**Algebraischer Lösungsweg.** Voraussetzung: Es sei Rang $\underset{T\times K}{(X)} = p \quad (0 < p \leq K)$.

O.B.d.A. seien die ersten $p$ Spalten $x_1, \ldots, x_p$ linear unabhängig, so dass wir folgende Aufspaltung vornehmen können:

$$\begin{aligned} X &= (X_1, X_2) \qquad \text{und} & b' &= (b_1', b_2') \quad \text{mit} \\ \underset{T\times p}{X_1} &= (x_1, \ldots, x_p), & \underset{T\times(K-p)}{X_2} &= (x_{p+1}, \ldots, x_K), \\ b_1' &= (b_1, \ldots, b_p), & b_2' &= (b_{p+1}, \ldots, b_K). \end{aligned}$$

Wegen Rang $(X) =$ Rang $(X_1) = p$ sind die Spalten in $X_2$ als Linearkombination der Spalten von $X_1$ darstellbar, d.h. es gilt $X_2 = X_1 L$, wobei $L$ eine $p\times(K-p)$–Matrix ist. Wir nehmen die Aufspaltung in die Normalgleichungen (4.10) herein und erhalten

$$\begin{pmatrix} X_1'X_1 & X_1'X_2 \\ X_2'X_1 & X_2'X_2 \end{pmatrix} \begin{pmatrix} b_1 \\ b_2 \end{pmatrix} = \begin{pmatrix} X_1'y \\ X_2'y \end{pmatrix} \tag{4.18}$$

und weiter bei Berücksichtigung von $X_2 = X_1 L$

$$\begin{pmatrix} X_1'X_1 & X_1'X_1L \\ L'X_1'X_1 & L'X_1'X_1L \end{pmatrix} \begin{pmatrix} b_1 \\ b_2 \end{pmatrix} = \begin{pmatrix} X_1'y \\ L'X_1'y \end{pmatrix}. \tag{4.19}$$

Die $p$ ersten Zeilen dieses Gleichungssystems sind

$$X_1'X_1b_1 + X_1'X_1Lb_2 = X_1'y. \tag{4.20}$$

Die $(K-p)$ letzten Zeilen gehen hieraus durch Linksmultiplikation mit $L'$ hervor, so dass jede Lösung $b$ der ersten Gleichungen auch eine Lösung der letzten Gleichungen ist. Wegen Rang $(X_1) = p$ ist $X_1'X_1$ regulär; durch Linksmultiplikation von (4.20) mit $(X_1'X_1)^{-1}$ erhalten wir

$$b_1 = (X_1'X_1)^{-1}X_1'y - Lb_2. \tag{4.21}$$

Wegen Rang $(X) = p$ lassen sich die $(K-p)$ Komponenten des Teilvektors $b_2$ von $b$ willkürlich wählen. Es ergibt sich also eine $(K-p)$–dimensionale Mannigfaltigkeit (d.h. eine $(K-p)$–fach unendliche Schar) von Lösungen $b$ der Normalgleichungen. Für jede Wahl von $b_2$ sind die $p$ Komponenten von $b_1$ gemäß (4.21) eindeutig bestimmt.

Hat die Matrix $X$ vollen Rang, d.h. gilt Rang $(X) = p = K$, so wird $X_1 = X; X_2$ und $Lb_2$ verschwinden. Nur in diesem Fall erhalten wir eine eindeutige Lösung der Normalgleichungen:

$$b = (X'X)^{-1}X'y. \tag{4.22}$$

Für den allgemeineren Fall Rang $(X) = p$ spannen die Lösungen der Normalgleichungen dieselbe Hyperebene $Xb$ auf, d.h. für je zwei Lösungen $b$ und $b^*$ der Normalgleichungen gilt

$$Xb = Xb^*. \tag{4.23}$$

Der Beweis ist einfach: Sind $b$ und $b^*$ Lösungen der Normalgleichungen, so gilt

$$X'Xb = X'y \quad \text{und} \quad X'Xb^* = X'y.$$

Wir bilden die Differenz der Gleichungen

$$X'X(b - b^*) = 0,$$

woraus nach Satz A.72

$$X(b - b^*) = 0 \quad \text{oder} \quad Xb = Xb^*$$

folgt. Mit (4.23) erhalten wir für die beiden Fehlerquadratsummen

$$S(b) = (y - Xb)'(y - Xb) = (y - Xb^*)'(y - Xb^*) = S(b^*).$$

Damit haben wir folgenden Satz bewiesen.

**Satz 4.2** *Der Koeffizientenvektor $\beta = b$ minimiert die Fehlerquadratsumme genau dann, wenn er Lösung der Normalgleichungen $X'Xb = X'y$ ist. Alle Lösungen der Normalgleichungen liegen auf derselben Hyperebene $Xb$.*

Die Lösungen $b$ der Normalgleichungen werden als empirische Regressionskoeffizienten oder als empirische Kleinste–Quadrat–Schätzung von $\beta$ und $\hat{y} = Xb$ wird als die empirische Regressionshyperebene bezeichnet. Folgende Zerlegung der Fehlerquadratsumme $S(b)$ ist von Interesse. Die Residuen $y - Xb$ bezeichnen wir mit $\hat{e}$. Dann gilt

$$y'y = \hat{y}'\hat{y} + \hat{e}'\hat{e}. \tag{4.24}$$

Die Quadratsumme der Beobachtungswerte $y'y$ der abhängigen Variablen setzt sich also additiv zusammen aus der durch die empirische Regression erklärten Quadratsumme $\hat{y}'\hat{y}$ und der durch die Regression nicht erklärten Quadratsumme $\hat{e}'\hat{e}$ der Residuen. Die Beziehung (4.24) folgt aus

$$b'X'Xb = b'X'y \quad \text{(Linksmultiplikation von (4.10) mit } b'\text{)}$$

und

$$\hat{y}'\hat{y} = (Xb)'(Xb) = b'X'Xb = b'X'y \tag{4.25}$$

gemäß

$$\begin{aligned} S(b) = \hat{e}'\hat{e} = (y - Xb)'(y - Xb) &= y'y - 2b'X'y + b'X'Xb \\ &= y'y - b'X'y = y'y - \hat{y}'\hat{y}. \end{aligned} \tag{4.26}$$

## 4.3 Geometrische Eigenschaften der Kleinste–Quadrat–Schätzung (KQ–Schätzung)

Einleitend erläutern wir einige Grundbegriffe aus der Theorie linearer Vektorräume.

Wenn $x' = (x_1, \ldots, x_n)$ ein $n$–dimensionaler Vektor ist, so wird seine Länge (Norm) mit $\|x\|$ bezeichnet und definiert als

$$\|x\| = (x'x)^{1/2} = (x_1^2 + \cdots + x_n^2)^{1/2}. \tag{4.27}$$

Zwei Vektoren $x, y$ heißen orthogonal (Schreibweise: $x \perp y$), wenn $x'y = 0$ gilt. Eine Menge von Vektoren $\{x_1, \ldots, x_p\}$ heißt orthonormiertes System, wenn

$$x_i'x_j = 0 \qquad (i \neq j; i, j = 1, \ldots p) \tag{4.28}$$

und

$$x_i'x_i = 1 \tag{4.29}$$

gilt.

Führen wir das KRONECKER–Symbol $\delta_{ij}$ ein, das definiert ist gemäß

$$\delta_{ij} = \begin{cases} 1, \text{ für } & i = j, \\ 0 & \text{sonst}, \end{cases} \tag{4.30}$$

so lässt sich die Bedingung der Orthonormiertheit auch schreiben als

$$x_i'x_j = \delta_{ij} \qquad (i, j = 1, \ldots, p).$$

Definieren wir die Matrix

$$\underset{n \times p}{X} = (x_1, \ldots, x_p),$$

so gilt folglich für ein orthonormiertes System

$$X'X = I_p\,. \tag{4.31}$$

Eine Menge von Vektoren $\{x, y, z, \dots\}$ heißt ein linearer Vektorraum V, wenn mit $x, y \in V$ auch für jede Linearkombination

$$ax + by \in V$$

($a, b$ beliebige reelle Zahlen) gilt und wenn für diese Grundoperation gewisse Axiome erfüllt sind, auf die wir hier nicht einzugehen brauchen.

Sind die Vektoren $x, y, \dots$ $n$–dimensional, der Grundraum der Skalare reell und ist eine Norm $\|.\|$ gegeben, so heißt der entsprechende Vektorraum der Euklidische Raum $E^n$.

Ist $V$ ein Vektorraum, dann ist die Menge $V^\perp$ aller Vektoren des $E^n$, die orthogonal zu $V$ sind, ebenfalls ein Vektorraum, den wir als orthogonales Komplement von $V$ bezeichen.

*Beweis.* Es sei $v \in V$ und $x, y \in V^\perp$, d.h. $v'x = v'y = 0$. Dann wird

$$v'(ax + by) = av'x + bv'y = 0$$

und damit

$$ax + by \in V^\perp.$$

Ist $X$ eine $n \times p$–Matrix, so lassen sich zwei fundamentale, zu $X$ gehörende Vektorräume definieren, der Spaltenraum $\mathcal{R}(X)$ und der Nullraum $\mathcal{N}(X)$. $\mathcal{R}(X)$ ist die Menge aller Vektoren $\Theta$ derart, dass $\Theta = X\beta$ für Vektoren $\beta$ aus dem Raum $E^p$ gilt. $\mathcal{R}(X) = \{\Theta : \Theta = X\beta\}$ ist ein Vektorraum. Ebenso ist $\mathcal{N}(X) = \{\Phi : X\Phi = 0\}$ ein Vektorraum. Es gilt

$$\mathcal{N}(X) = \{\mathcal{R}(X')\}^\perp. \tag{4.32}$$

*Beweis.* (vgl. z.B. Seber (1966), p. 2) Sei $\Phi \in \mathcal{N}(X)$, so ist wegen $X\Phi = 0$ der Vektor $\Phi$ orthogonal zu jeder Zeile von $X$ und orthogonal zu jeder Linearkombination von Zeilen von $X$ oder—äquivalent ausgedrückt—orthogonal zu allen Linearkombinationen von Spalten von $X'$. Dies bedeutet aber $\Phi \perp \mathcal{R}(X')$. Gilt umgekehrt $\Phi \perp \mathcal{R}(X')$, so folgt $X\Phi = 0$ und $\Phi \in \mathcal{N}(X)$. Eine Menge von linear unabhängigen Vektoren $v_1, \dots, v_p$ heißt *Basis* eines Vektorraumes $V$, falls jeder Vektor $v \in V$ als Linearkombination dieser Vektoren darstellbar ist, d.h. falls reelle Konstanten $a_1, \dots, a_p$ derart existieren, dass

$$v = a_1 v_1 + \dots + a_p v_p$$

gilt.

Es sei $X = (v_1, \dots, v_p)$ eine Basis. Dann heißt $(v_1, \dots v_p)$ eine Orthonormalbasis von $V$ genau dann, wenn $X'X = I$ gilt. Die Vektoren $v_i$ sind also orthogonal: $v_i'v_j = 0, i \neq j$, und haben die Länge Eins: $v_i'v_i = 1$.

Die Vektoren $v_1, \dots, v_p$ heißen linear unabhängig, wenn aus

$$a_1 v_1 + \dots + a_p v_p = 0 \tag{4.33}$$

folgt, dass $a_1 = \dots = a_p = 0$ gilt.

Bilden die Vektoren $v_1, \dots, v_p$ eine Basis von $V$, so heißt $p$ die Dimension von $V$. Wir schreiben $p = \dim(V)$.

Sind zwei Vektorräume $V_1, V_2$ gegeben, so heißt die Menge aller Vektoren $v$, die sowohl $\in V_1$ als auch $\in V_2$ sind, der Durchschnitt von $V_1$ und $V_2$:

$$V_1 \cap V_2 = \{v : v \in V_1 \text{ und } v \in V_2\}. \tag{4.34}$$

$V_1 \cap V_2$ ist ebenfalls ein linearer Vektorraum. Gilt $V_1 \perp V_2$, so enthält der Durchschnittsraum nur den Nullvektor $0 = (0, \dots, 0)$. Es gilt also $V_1 \cap V_2 = \{0\}$.

Nach diesen Vorbemerkungen kommen wir zur Ableitung der geometrischen Eigenschaften der $KQ$–Schätzung. Wir gehen wieder aus von dem linearen Ansatz (4.4)

$$y = X\beta + e,$$

wobei $X\beta \in \mathcal{R}(X) = \{\Theta : \Theta = X\tilde{\beta}\}$ ist. Wenn wir Rang $(X) = p$ voraussetzen, so ist $\mathcal{R}(X)$ ein $p$–dimensionaler Vektorraum. Mit $\mathcal{R}(X)^\perp$ bezeichnen wir das orthogonale Komplement von $\mathcal{R}(X)$. Den Vektor $Xb$ bezeichnen wir mit $\Theta_0$ ($b$ die $KQ$–Schätzung). Dann gilt (vgl. A.79–A.80)

**Satz 4.3** *Die KQ–Schätzung $\Theta_0$ von $X\beta$, die*

$$S(\beta) = (y - X\beta)'(y - X\beta) = (y - \Theta)'(y - \Theta) = \tilde{S}(\Theta) \tag{4.35}$$

*für $\Theta \in \mathcal{R}(X)$ minimiert, ist die orthogonale Projektion von $y$ auf den Raum $\mathcal{R}(X)$.*

*Beweis.* Da $\mathcal{R}(X)$ ein $p$–dimensionaler Vektorraum ist, existiert eine Orthonormalbasis $v_1, \dots, v_p$. Der $(T \times 1)$–Vektor $y$ hat dann die Darstellung

$$y = \sum_{i=1}^{p} a_i v_i + (y - \sum_{i=1}^{p} a_i v_i) = c + d \tag{4.36}$$

mit $a_i = y' v_i$. Wegen

$$v_j' d = v_j' y - \sum_i a_i v_j' v_i = a_j - \sum_i a_i \delta_{ij} = 0 \tag{4.37}$$

($\delta_{ij}$ das KRONECKER–Symbol) ist $c \perp d$. D.h. es gilt $c \in \mathcal{R}(X)$ und $d \in \mathcal{R}(X)^\perp$, so dass wir $y$ in zwei orthogonale Komponenten zerlegt haben.

Die Zerlegung ist eindeutig: Angenommen wir hätten eine zweite Zerlegung $y = c_1 + d_1$ mit $c_1 \in \mathcal{R}(X), d_1 \in \mathcal{R}(X)^\perp$. Dann gilt $c_1 - c \in \mathcal{R}(X)$ und $d_1 - d \in \mathcal{R}(X)^\perp$. Wegen $c_1 + d_1 = c + d$ gilt $c_1 - c = d - d_1$, so dass $c_1 - c = d - d_1 \in \mathcal{R}(X)$ und $\in \mathcal{R}(X)^\perp$ sind. Wegen $\mathcal{R}(X) \perp \mathcal{R}(X)^\perp$ enthält der Durchschnittsraum $\mathcal{R}(X) \cap \mathcal{R}(X)^\perp$ nur den Nullvektor: Es folgt $c_1 = c$ und $d_1 = d$. Der eindeutig bestimmte Vektor $c$ ist also die orthogonale Projektion von $y$ auf $\mathcal{R}(X)$.

Wir müssen nun zeigen, dass $c = Xb = \Theta_0$ gilt. Aus $c - \Theta \in \mathcal{R}(X)$ folgt

$$(y - c)'(c - \Theta) = d'(c - \Theta) = 0. \tag{4.38}$$

Mit $y - \Theta = (y - c) + (c - \Theta)$ erhalten wir

$$\begin{aligned}\tilde{S}(\Theta) = (y - \Theta)'(y - \Theta) &= (y - c)'(y - c) + (c - \Theta)'(c - \Theta) \\ &\quad + 2(y - c)'(c - \Theta) \\ &= (y - c)'(y - c) + (c - \Theta)'(c - \Theta). \end{aligned} \tag{4.39}$$

$\tilde{S}(\Theta)$ wird also über $\mathcal{R}(X)$ minimal für $\Theta = c$. Wegen $\tilde{S}(\Theta) = S(\beta)$ und der Minimumeigenschaft von $b$ ist das optimale $c = \Theta_0 = X\beta$. Wir wollen nun zeigen, dass sich die $KQ$–Schätzung $Xb$ von $X\beta$ direkt mit Hilfe von idempotenten Projektionsmatrizen gewinnen lässt.

**Satz 4.4** *Es sei $P$ eine symmetrische idempotente Matrix vom Rang $p$, die die orthogonale Projektion des $E^T$ auf $\mathcal{R}(X)$ repräsentiert. Dann gilt $Xb = \Theta_0 = Py$.*

*Beweis.* Nach Satz 4.3 ist

$$\begin{aligned}\Theta_0 = c = \sum a_i v_i &= \sum v_i(y'v_i) \\ &= \sum v_i(v_i'y) \\ &= (v_1, \cdots, v_p)(v_1, \cdots, v_p)'y \\ &= BB'y \qquad [B = (v_1, \cdots, v_p)] \\ &= Py. \end{aligned} \tag{4.40}$$

$P$ ist offenbar symmetrisch und idempotent. Wir geben ohne Beweis folgenden Hilfssatz an (vgl. A.81):

**Hilfssatz**: *Eine symmetrische $(T \times T)$–Matrix $P$, sofern sie idempotent vom Rang $p \leq T$ ist, stellt die orthogonale Projektionsmatrix des $E^T$ auf einen $p$–dimensionalen Vektorraum $V = \mathcal{R}(P)$ dar.*

*Der Fall Rang* $(X) = K$. Wir bestimmen $P$ für unseren linearen Ansatz zunächst unter der Voraussetzung Rang $(X) = K$. Die Spalten von $B$ bilden eine Orthonormalbasis für $\mathcal{R}(X) = \{\Theta : \Theta = X\beta\}$. Da die Spalten von $X$

ebenfalls eine Basis für $\mathcal{R}(X)$ bilden, gilt $X = BC$ ($C$ eine reguläre Matrix). Damit wird

$$\begin{aligned} P = BB' &= XC^{-1}C'^{-1}X' = X(C'C)^{-1}X' \\ &= X(C'B'BC)^{-1}X' \qquad [\text{da } B'B = I] \\ &= X(X'X)^{-1}X', \end{aligned} \tag{4.41}$$

und wir erhalten die bereits abgeleitete $KQ$–Schätzung von $X\beta$ als

$$\Theta_0 = Py = X(X'X)^{-1}X'y = Xb. \tag{4.42}$$

*Der Fall Rang* $(X) = p < K$. Wie wir im Abschnitt 4.2 gesehen haben, sind die Normalgleichungen nur eindeutig lösbar, wenn $X$ von vollem Rang $K$ ist. Eine Methode zur Ableitung eindeutiger Lösungen für den Fall Rang $(X) = p < K$ basiert auf der Verwendung von linearen Restriktionen, die eine Identifizierung des Parameters $\beta$ ermöglichen. Ohne auf die allgemeine Problematik näher einzugehen (vgl. hierzu Abschnitt 4.5), geben wir unter Verwendung von Satz 4.4 eine algebraische Lösung des Problems an.

Es sei $R$ eine $((K-p) \times K)$–Matrix mit Rang $(R) = K - p$. Wir definieren die Matrix $D = \begin{pmatrix} X \\ R \end{pmatrix}$. $r$ sei ein bekannter $((K-p) \times 1)$–Vektor. Gilt Rang $(D) = K$, so heißen $X$ und $R$ komplementäre Matrizen. Wir führen über $R$ zusätzlich $(K-p)$ lineare Restriktionen an $\beta$ in den linearen Ansatz ein, d.h. wir fordern

$$R\beta = r. \tag{4.43}$$

Die Minimierung von $S(\beta)$ unter den exakten linearen Restriktionen $R\beta = r$ erfordert die Minimierung der Zielfunktion

$$Q(\beta, \lambda) = S(\beta) + 2\lambda'(R\beta - r) \tag{4.44}$$

($\lambda$ ein $(K-p) \times 1$–Vektor aus LAGRANGE–Multiplikatoren) , also die Lösung der Normalgleichungen (A.91–A.95)

$$\left.\begin{aligned} \tfrac{1}{2}\frac{\partial Q(\beta,\lambda)}{\partial \beta} &= X'X\beta - X'y + R'\lambda = 0, \\ \tfrac{1}{2}\frac{\partial Q(\beta,\lambda)}{\partial \lambda} &= R\beta - r = 0. \end{aligned}\right\} \tag{4.45}$$

Wir beweisen dazu den folgenden Satz (vgl. auch Seber (1966), p. 16):

**Satz 4.5** *Unter den exakten linearen Restriktionen* $R\beta = r$ *mit Rang* $(R) = K - p$ *und Rang* $(D) = K$ *gilt:*

*a) Die orthogonale Projektionsmatrix des* $E^T$ *auf* $\mathcal{R}(X)$ *hat die Gestalt*

$$P = X(X'X + R'R)^{-1}X'. \tag{4.46}$$

*b) Die bedingte KQ–Schätzung von $\beta$ ist*

$$b(R,r) = (X'X + R'R)^{-1}(X'y + R'r). \tag{4.47}$$

*Beweis von a)* Aus den Voraussetzungen folgt, dass für jedes $\Theta \in \mathcal{R}(X)$ ein $\beta$ so existiert, dass $\Theta = X\beta$ und $R\beta = r$ erfüllt sind. Wegen Rang $(D) = K$ ist $\beta$ eindeutig. D.h. für jedes $\Theta \in \mathcal{R}(X)$ ist der $((T+K-p) \times 1)$–Vektor

$$\begin{pmatrix} \Theta \\ r \end{pmatrix} \in \mathcal{R}(D), \text{ es gilt also } \begin{pmatrix} \Theta \\ r \end{pmatrix} = D\beta \quad (\beta \text{ eindeutig bestimmt}).$$

Übertragen wir Satz 4.4 auf unser restriktives Modell, so erhalten wir die Projektionsmatrix des $E^{T+K-p}$ auf $\mathcal{R}(D)$ als

$$P^* = D(D'D)^{-1}D'. \tag{4.48}$$

Da die Projektion $P^*$ jedes Element von $\mathcal{R}(D)$ auf sich selbst abbildet, gilt für jedes $\Theta \in \mathcal{R}(X)$

$$\begin{aligned} \begin{pmatrix} \Theta \\ r \end{pmatrix} &= D(D'D)^{-1}D' \begin{pmatrix} \Theta \\ r \end{pmatrix} \\ &= \begin{pmatrix} X(D'D)^{-1}X' & X(D'D)^{-1}R' \\ R(D'D)^{-1}X' & R(D'D)^{-1}R' \end{pmatrix} \begin{pmatrix} \Theta \\ r \end{pmatrix}, \end{aligned} \tag{4.49}$$

also komponentenweise

$$\Theta = X(D'D)^{-1}X'\Theta + X(D'D)^{-1}R'r, \tag{4.50}$$

$$r = R(D'D)^{-1}X'\Theta + R(D'D)^{-1}R'r. \tag{4.51}$$

Die Gleichungen (4.50) und (4.51) gelten für jedes $\Theta \in \mathcal{R}(X)$ und für alle $r = R\beta \in \mathcal{R}(R)$. Wählen wir in der Restriktion (4.43) speziell $r = 0$, so werden (4.50) und (4.51) zu

$$\Theta = X(D'D)^{-1}X'\Theta, \tag{4.52}$$

$$0 = R(D'D)^{-1}X'\Theta. \tag{4.53}$$

Aus (4.53) folgt

$$\mathcal{R}(X(D'D)^{-1}R') \perp \mathcal{R}(X) \tag{4.54}$$

und wegen $\mathcal{R}(X(D'D)^{-1}R') = \{\Theta : \Theta = X\tilde{\beta} \text{ mit } \tilde{\beta} = (D'D)^{-1}R'\beta\}$ gilt

$$\mathcal{R}(X(D'D)^{-1}R') \subset \mathcal{R}(X), \tag{4.55}$$

so dass wir insgesamt

$$X(D'D)^{-1}R' = 0 \tag{4.56}$$

erhalten (vgl. auch Tan, 1971). Die Matrizen $X(D'D)^{-1}X'$ und $R(D'D)^{-1}R'$ sind idempotent (die Symmetrie ist evident),

$$\begin{aligned}
&X(D'D)^{-1}X'X(D'D)^{-1}X' \\
&= X(D'D)^{-1}(X'X + R'R - R'R)(D'D)^{-1}X' \\
&= X(D'D)^{-1}(X'X + R'R)(D'D)^{-1}X' - X(D'D)^{-1}R'R(D'D)^{-1}X' \\
&= X(D'D)^{-1}X',
\end{aligned}$$

da $D'D = X'X + R'R$ und (4.56) gelten. Der Beweis der Idempotenz von $R(D'D)^{-1}R'$ verläuft entsprechend. Nach A.40 ist $D'D$ positiv definit, nach Satz A.39 ist $(D'D)^{-1}$ ebenfalls positiv definit. Wegen Rang $(R) = K - p$ ist dann auch $R(D'D)^{-1}R'$ positiv definit (Satz A.39 (vi)) und damit regulär. Eine idempotente reguläre Matrix ist aber gleich der Einheitsmatrix (Satz A.61 (iii)):

$$R(D'D)^{-1}R' = I, \tag{4.57}$$

so dass (4.51) die Identität $r = r$ beschreibt. Wegen ihrer Idempotenz ist die Matrix $P = X(D'D)^{-1}X'$ die orthogonale Projektionsmatrix des $E^T$ auf einen gewissen Vektorraum $V \subset E^T$ (siehe Hilfssatz zu Satz 4.4). Nach (4.52) gilt zunächst $\mathcal{R}(X) \subset V$. Aus Satz A.25 (iv),(v) folgt jedoch auch die Umkehrung

$$V = \mathcal{R}(X(D'D)^{-1}X') \subset \mathcal{R}(X), \tag{4.58}$$

so dass $V = \mathcal{R}(X)$ ist, womit wir a) bewiesen haben.

*Beweis von b).* Wir lösen nun die Normalgleichungen (4.45). Mit $R\beta = r$ gilt auch $R'R\beta = R'r$. Eingesetzt in die erste Gleichung von (4.45) ergibt

$$(X'X + R'R)\beta = X'y + R'r - R'\lambda.$$

Wir multiplizieren von links zunächst mit $(D'D)^{-1}$, also

$$\beta = (D'D)^{-1}(X'y + R'r) - (D'D)^{-1}R'\lambda$$

und jetzt mit $R$ (unter Beachtung der zweiten Gleichung von (4.45) und von (4.56) und (4.57)):

$$\begin{aligned}
R\beta &= R(D'D)^{-1}(X'y + R'r) - R(D'D)^{-1}R'\lambda \\
&= r - \lambda,
\end{aligned} \tag{4.59}$$

woraus $\hat{\lambda} = 0$ folgt. Damit hat die Lösung der Normalgleichungen die Gestalt

$$\hat{\beta} = b(R, r) = (X'X + R'R)^{-1}(X'y + R'r) \tag{4.60}$$

und b) ist bewiesen.

Wir werden die bedingte $KQ$–Schätzung $b(R, r)$ (bedingt: unter der Bedingung $R\beta = r$ abgeleitet) von $\beta$ in Abschnitt 4.5 zur statistischen Behandlung der Multikollinearität einsetzen.

## 4.4 Beste lineare erwartungstreue Schätzung

Im Unterschied zur deskriptiven Regression, bei der die Regressionskoeffizienten $\beta$ als frei wählbar interpretiert und nach dem Prinzip der kleinsten Quadrate algebraisch bzw. unter Einsatz von Projektionsmatrizen geometrisch bestimmt wurden, setzt das klassische lineare Regressionsmodell die Koeffizienten $\beta$ als feste (unbekannte) Modellparameter voraus. Ihre Schätzung wird über die Minimierung von Risikofunktionen durchgeführt, wobei sich zeigen wird, dass die empirische $KQ$–Schätzung $b$ eine zentrale Rolle spielt.

Wir betrachten das klassische lineare Regressionsmodell, das einen Spezialfall des verallgemeinerten linearen Regressionsmodells darstellt (vgl. Kapitel 7). Die Annahmen über die Parameter und die Modellvariablen lauten:

$$\left.\begin{array}{l} y = X\beta + \epsilon, \\ \mathrm{E}(\epsilon) = 0, \quad \mathrm{E}(\epsilon\epsilon') = \sigma^2 I, \\ X \text{ nichtstochastisch, Rang}\,(X) = K. \end{array}\right\} \tag{4.61}$$

Da $X$ als eine nichtstochastische Matrix vorausgesetzt wird, sind insbesondere $X$ und $\epsilon$ unabhängig, d.h. es gilt

$$\mathrm{E}(\epsilon|X) = \mathrm{E}(\epsilon) = 0, \tag{4.62}$$

$$\mathrm{E}(X'\epsilon|X) = X'\,\mathrm{E}(\epsilon) = 0 \tag{4.63}$$

und

$$\mathrm{E}(\epsilon\epsilon'|X) = \mathrm{E}(\epsilon\epsilon') = \sigma^2 I \tag{4.64}$$

Die Rangbedingung an $X$ besagt, dass zwischen den $K$ Regressoren $X_1, \ldots, X_K$ keine exakten linearen Beziehungen auftreten; insbesondere existiert die Inverse $(X'X)^{-1}$ (eine $K \times K$–Matrix). Mit (4.61) und (4.62) erhalten wir den bedingten Erwartungswert

$$\mathrm{E}(y|X) = X\beta + \mathrm{E}(\epsilon|X) = X\beta, \tag{4.65}$$

und mit (4.64) gilt für die Kovarianzmatrix von $y$

$$\mathrm{E}[(y - E(y))(y - E(y))'|X] = \mathrm{E}(\epsilon\epsilon'|X) = \sigma^2 I. \tag{4.66}$$

Bei der weiteren Behandlung verzichten wir auf die gesonderte Betonung der Bedingung „$X$ fest“; die auftretenden Erwartungswerte sind sämtlich bedingte Erwartungswerte.

### 4.4.1 Lineare Schätzer

Die Aufgabe des Statistikers ist es, den wahren aber unbekannten Wert des Vektors $\beta$ der Regressionsparameter auf Grund der vorliegenden, im Modell (4.61) zusammengefassten Beobachtungen und Modellannahmen durch eine Stichprobenfunktion $\hat{\beta}$ geeignet zu schätzen. Daraus erhält man eine Schätzung des bedingten Erwartungswertes $E(y|X) = X\beta$ und eine Schätzung für die Fehlervarianz $\sigma^2$. Wir wählen eine in $y$ lineare Schätzfunktion $\hat{\beta}$, verwenden also den Ansatz

$$\hat{\beta} = \underset{K\times T}{C}\, y + \underset{K\times 1}{d}\,. \tag{4.67}$$

$C$ und $d$ sind nichtstochastische Matrizen, die durch Minimierung geeignet gewählter Risikofunktionen optimal zu bestimmen sind.

**Definition 4.1** *$\hat{\beta}$ heißt homogener Schätzer von $\beta$, falls $d = 0$; anderenfalls heißt $\hat{\beta}$ inhomogen.*

In der deskriptiven Regressionsanalyse haben wir die Güte der Anpassung des Modells an die Datenmatrix $(y, X)$ durch die Fehlerquadratsumme $S(\beta)$ gemessen. In Analogie dazu definieren wir für die Zufallsvariable $\hat{\beta}$ die quadratische Verlustfunktion

$$L(\hat{\beta}, \beta, A) = (\hat{\beta} - \beta)' A (\hat{\beta} - \beta), \tag{4.68}$$

wobei $A$ eine symmetrische $(K \times K)$–Matrix ist, die wir als (mindestens) nichtnegativ definit voraussetzen.

*Vereinbarung:* Wir benutzen gemäß A.36–A.38 die Schreibweise $A \geq 0$ ($A$ nichtnegativ definit) bzw. $A > 0$ ($A$ positiv definit).

Der Verlust (4.68) ist stichprobenabhängig. Für Optimalitätsaussagen von Schätzern ist es deshalb sinnvoll, den erwarteten Verlust zu betrachten, den wir als Risiko bezeichnen.

**Definition 4.2** *Die quadratische Risikofunktion einer Schätzung $\hat{\beta}$ von $\beta$ ist definiert als*

$$R(\hat{\beta}, \beta, A) = \mathrm{E}(\hat{\beta} - \beta)' A (\hat{\beta} - \beta). \tag{4.69}$$

Unser Ziel ist die Ableitung von Schätzungen $\hat{\beta}$, die die quadratische Risikofunktion über einer Klasse zugelassener Schätzfunktionen minimieren. Dazu benötigen wir folgendes Vergleichskriterium:

**Definition 4.3** *($R(A)$–Superiorität) Ein Schätzer $\hat{\beta}_2$ von $\beta$ heißt $R(A)$–superior oder $R(A)$–besser als ein anderer Schätzer $\hat{\beta}_1$ von $\beta$, falls*

$$R(\hat{\beta}_1, \beta, A) - R(\hat{\beta}_2, \beta, A) \geq 0. \tag{4.70}$$

### 4.4.2 Mean–Square–Error

Das quadratische Risiko steht in einem engen Zusammenhang zu einem matrixwertigen Gütemaß, dem mittleren quadratischen Fehler (Mean–Square–Error, abgekürzt MSE) einer Schätzung. Der MSE ist definiert als

$$\mathrm{M}(\hat{\beta},\beta) = \mathrm{E}(\hat{\beta}-\beta)(\hat{\beta}-\beta)'. \tag{4.71}$$

Wir bezeichnen die Kovarianzmatrix einer Schätzung $\hat{\beta}$ mit $\mathrm{V}(\hat{\beta})$:

$$\mathrm{V}(\hat{\beta}) = \mathrm{E}(\hat{\beta}-\mathrm{E}(\hat{\beta}))(\hat{\beta}-\mathrm{E}(\hat{\beta}))'. \tag{4.72}$$

Falls $\mathrm{E}(\hat{\beta}) = \beta$ gilt, heißt die Schätzung $\hat{\beta}$ erwartungstreu (für $\beta$). Im Fall $\mathrm{E}(\hat{\beta}) \neq \beta$ heißt $\hat{\beta}$ nichterwartungstreu oder verzerrt (biased). Die Differenz aus $\mathrm{E}(\hat{\beta})$ und dem zu schätzenden Parameter bezeichnen wir mit

$$\mathrm{Bias}(\hat{\beta},\beta) = \mathrm{E}(\hat{\beta}) - \beta. \tag{4.73}$$

Für erwartungstreue Schätzungen gilt also $\mathrm{Bias}(\hat{\beta},\beta) = 0$ . Damit gilt die bekannte Zerlegung

$$\begin{aligned}\mathrm{M}(\hat{\beta},\beta) &= \mathrm{E}[(\hat{\beta}-\mathrm{E}(\hat{\beta}))+(\mathrm{E}(\hat{\beta})-\beta)][(\hat{\beta}-\mathrm{E}(\hat{\beta}))+(\mathrm{E}(\hat{\beta})-\beta)]' \\ &= \mathrm{V}(\hat{\beta}) + (\mathrm{Bias}(\hat{\beta},\beta))(\mathrm{Bias}(\hat{\beta},\beta))', \end{aligned} \tag{4.74}$$

d.h. der Mean–Square–Error einer Schätzung ist die Summe aus Varianz und $(\mathrm{Bias})^2$ (hier in Matrixform).

**MSE–Superiorität** Analog zu (4.70) können wir den Gütevergleich zweier Schätzungen über ihre MSE–Matrizen definieren.

**Definition 4.4** *(MSE–I–Kriterium) Seien zwei Schätzungen $\hat{\beta}_1$ und $\hat{\beta}_2$ von $\beta$ gegeben. Dann heißt $\hat{\beta}_2$ MSE–superior gegenüber $\hat{\beta}_1$ (oder $\hat{\beta}_2$ heißt MSE–besser als $\hat{\beta}_1$), falls die Differenz der MSE-Matrizen nichtnegativ definit ist, d.h. falls*

$$\Delta(\hat{\beta}_1,\hat{\beta}_2) = \mathrm{M}(\hat{\beta}_1,\beta) - \mathrm{M}(\hat{\beta}_2,\beta) \geq 0 \tag{4.75}$$

*gilt.*

Die MSE–Superiorität ist eine lokale Eigenschaft in dem Sinne, dass sie von lokalen Parametern—wie von $\beta$ selbst—abhängen kann. Unter Verwendung der Mean–Square–Error–Matrix (4.74) lässt sich die skalare Risikofunktion (4.69) wie folgt darstellen:

$$R(\hat{\beta},\beta,A) = \mathrm{sp}\{A\,\mathrm{M}(\hat{\beta},\beta)\}. \tag{4.76}$$

Damit können wir folgende Verknüpfung zwischen $R(A)$– und MSE–Superiorität herstellen.

**Satz 4.6** *(Theobald, 1974)*

*Es seien zwei Schätzungen $\hat{\beta}_1$ und $\hat{\beta}_2$ von $\beta$ gegeben. Dann sind die beiden folgenden Relationen zwischen $\hat{\beta}_1$ und $\hat{\beta}_2$ äquivalent:*

$$\Delta(\hat{\beta}_1,\hat{\beta}_2) \geq 0, \tag{4.77}$$

$$R(\hat{\beta}_1,\beta,A) - R(\hat{\beta}_2,\beta,A) = sp\{A\Delta(\hat{\beta}_1,\hat{\beta}_2)\} \geq 0 \tag{4.78}$$

*für alle symmetrischen Matrizen $A = aa'$ vom Rang 1 .*

*Beweis.* Mit (4.75) und (4.76) erhalten wir

$$R(\hat{\beta}_1, \beta, A) - R(\hat{\beta}_2, \beta, A) = \text{sp}\{A\Delta(\hat{\beta}_1, \hat{\beta}_2)\}. \tag{4.79}$$

Nach A.43 gilt $\text{sp}\{A\Delta(\hat{\beta}_1, \hat{\beta}_2)\} \geq 0$ für alle Matrizen $A = aa' \geq 0$ genau dann, wenn $\Delta(\hat{\beta}_1, \hat{\beta}_2) \geq 0$.

### 4.4.3 Beste lineare erwartungstreue Schätzung

Wir wollen nun gemäß unserem linearen Ansatz (4.67) des Schätzers $\hat{\beta} = Cy + d$ die Matrix $C$ und den Vektor $d$ durch Minimierung des Erwartungswertes der Fehlerquadratsumme $S(\hat{\beta})$, also der Risikofunktion

$$R(\hat{\beta}, \beta, I) = r(\hat{\beta}, \beta) = \text{E}(y - X\hat{\beta})'(y - X\hat{\beta}) \tag{4.80}$$

optimal bestimmen. Direkte Berechnung führt zu folgendem Ergebnis:

$$\begin{aligned} y - X\hat{\beta} &= X\beta + \epsilon - X\hat{\beta} \\ &= \epsilon - X(\hat{\beta} - \beta), \end{aligned} \tag{4.81}$$

$$\begin{aligned} r(\hat{\beta}, \beta) &= \text{sp}\,\text{E}(\epsilon - X(\hat{\beta} - \beta))(\epsilon - X(\hat{\beta} - \beta))' \\ &= \text{sp}\{\sigma^2 I_T + XM(\hat{\beta}, \beta)X' - 2X\,\text{E}[(\hat{\beta} - \beta)\epsilon']\} \\ &= \sigma^2 T + \text{sp}\{X'XM(\hat{\beta}, \beta)\} - 2\text{sp}\{XE[(\hat{\beta} - \beta)\epsilon']\}. \end{aligned} \tag{4.82}$$

Wir werden die Risikofunktion $r(\hat{\beta}, \beta)$ nun für lineare Schätzer spezifizieren. Dabei beschränken wir uns zunächst auf lineare erwartungstreue Schätzer. Wir fordern die Erwartungstreue von $\hat{\beta}$, d.h. $E(\hat{\beta}|\beta) = \beta$ soll immer erfüllt sein, wie auch das wahre $\beta$ im Modell (4.61) sein möge. Da $\beta$ unbekannt ist, muss $\hat{\beta}$ dieser Forderung für alle im Modell möglichen $\beta$ (im allgemeinen gilt $-\infty < \beta_k < \infty$ für $k = 1, \ldots, K$) genügen. Die Erwartungstreue fordert also

$$\begin{aligned} E(\hat{\beta}|\beta) &= CE(y) + d \\ &= CX\beta + d = \beta \quad \text{für alle } \beta. \end{aligned} \tag{4.83}$$

Wählt man speziell $\beta = 0$, so folgt sofort

$$d = 0 \tag{4.84}$$

und die zu (4.83) äquivalente Bedingung lautet

$$CX = I. \tag{4.85}$$

Eingesetzt in (4.81) ergibt sich

$$\begin{aligned} y - X\hat{\beta} &= X\beta + \epsilon - XCX\beta - XC\epsilon \\ &= \epsilon - XC\epsilon, \end{aligned} \tag{4.86}$$

und (vgl. (4.82))

$$\begin{aligned}\mathrm{sp}\{XE[(\hat\beta-\beta)\epsilon']\} &= \mathrm{sp}\{XE(C\epsilon\epsilon')\}\\ &= \sigma^2\mathrm{sp}\{XC\}\\ &= \sigma^2\mathrm{sp}\{CX\} = \sigma^2\mathrm{sp}\{I_K\} = \sigma^2 K.\end{aligned}\tag{4.87}$$

Daraus folgt sofort

**Satz 4.7** *Für lineare erwartungstreue Schätzungen $\hat\beta = Cy$ mit $CX = I$ gilt $M(\hat\beta,\beta) = V(\hat\beta) = \sigma^2 CC'$ und*

$$r(\hat\beta,\beta) = sp\{(X'X)\,\mathrm{V}(\hat\beta)\} + \sigma^2(T-2K).\tag{4.88}$$

Für die Risikofunktionen $r(\hat\beta,\beta)$ und $R(\hat\beta,\beta,X'X)$ gilt folgende Beziehung.

**Satz 4.8** *Es seien zwei lineare erwartungstreue Schätzer $\hat\beta_1$ und $\hat\beta_2$ gegeben. Dann gilt*

$$\begin{aligned}r(\hat\beta_1,\beta) - r(\hat\beta_2,\beta) &= sp\{(X'X)\Delta(\hat\beta_1,\hat\beta_2)\}\\ &= R(\hat\beta_1,\beta,X'X) - R(\hat\beta_2,\beta,X'X),\end{aligned}\tag{4.89}$$

*wobei sich $\Delta(\hat\beta_1,\hat\beta_2) = V(\hat\beta_1) - V(\hat\beta_2)$ auf die Differenz der Kovarianzmatrizen reduziert.*

Unter Verwendung von Satz 4.7 erhalten wir also mit $CX = I$

$$\begin{aligned}r(\hat\beta,\beta) &= \sigma^2(T-2K) + \mathrm{sp}\{X'X\,\mathrm{V}(\hat\beta)\}\\ &= \sigma^2(T-2K) + \sigma^2\mathrm{sp}\{X'XCC'\}.\end{aligned}$$

Diese Funktion ist unter der Nebenbedingung

$$CX = \begin{pmatrix} c_1' \\ \vdots \\ c_K' \end{pmatrix} X = \begin{pmatrix} e_1' \\ \vdots \\ e_K' \end{pmatrix} = I_K$$

bezüglich der Matrix $C$ zu minimieren:

$$\min_C [\{\mathrm{sp}\{XCC'X'\} \mid CX - I = 0].$$

Unter Verwendung von Lagrange–Multiplikatoren lässt sich dieses Problem äquivalent darstellen als

$$\min_{C;\lambda_i}[\mathrm{sp}\{XCC'X'\} - 2\sum_{i=1}^{K}\lambda_i'(c_i'X - e_i')'].\tag{4.90}$$

Dabei sind die $\lambda_i$ $K \times 1$–Vektoren aus Lagrange–Multiplikatoren, die man zu einer Matrix zusammenfassen kann:

$$\underset{K\times K}{\Lambda} = \begin{pmatrix} \lambda_1' \\ \vdots \\ \lambda_K' \end{pmatrix}. \tag{4.91}$$

Differentiation von (4.90) nach $C$ und $\Lambda$ ergibt (Sätze A.91 bis A.95) die Normalgleichungen

$$X'XC - \Lambda X' = 0, \tag{4.92}$$

$$CX - I = 0. \tag{4.93}$$

Die Matrix $X'X$ ist wegen Rang $(X) = K$ regulär. Linksmultiplikation von (4.92) mit $(X'X)^{-1}$ führt zu

$$C = (X'X)^{-1}\Lambda X',$$

woraus mit (4.93)

$$CX = (X'X)^{-1}\Lambda(X'X) = I,$$

also

$$\hat{\Lambda} = I$$

und damit die optimale Matrix

$$\hat{C} = (X'X)^{-1}X'$$

folgt. Daraus erhalten wir entsprechend unserem Ansatz die Schätzung

$$\hat{\beta}_{\text{opt}} = \hat{C}y = (X'X)^{-1}X'y, \tag{4.94}$$

die mit der empirischen $KQ$–Schätzung $b$ übereinstimmt. Die Schätzung $b$ ist erwartungstreu (Bedingung (4.85))

$$\hat{C}X = (X'X)^{-1}X'X = I \tag{4.95}$$

und besitzt die $(K \times K)$–Kovarianzmatrix

$$\begin{aligned} \mathrm{V}(b) = \mathrm{V}_b &= E(b-\beta)(b-\beta)' \\ &= \mathrm{E}\{(X'X)^{-1}X'\epsilon\epsilon'X(X'X)^{-1}\} \\ &= \sigma^2(X'X)^{-1}. \end{aligned} \tag{4.96}$$

*Anmerkung.* Für viele Probleme der Praxis ist die Erwartungstreue eine zu scharfe und schwer zu realisierende Forderung. Aus diesem Grunde wird der Verwendung nichterwartungstreuer Schätzungen und Vorhersagen ein breiter Raum gewidmet. Wir werden diese Problematik in den folgenden Kapiteln ausführlich behandeln.

Der wesentliche Grund für die Bevorzugung der $KQ$-Schätzung $b$ gegenüber allen anderen linearen erwartungstreuen Schätzungen liegt in einer Minimumeigenschaft der Kovarianzmatrix $V_b$, nach der $b$ unter allen linearen erwartungstreuen Schätzungen $\tilde{\beta}$ die kleinste Varianz in folgendem Sinne besitzt.

**Satz 4.9** *Es sei $\tilde{\beta}$ eine beliebige lineare erwartungstreue Schätzung von $\beta$ mit der Kovarianzmatrix $V_{\tilde{\beta}}$ und $a$ ein beliebiger $K \times 1$-Vektor. Mit* $\mathrm{Var}(b_k)$ *bzw.* $\mathrm{Var}(\tilde{\beta}_k)$ *bezeichnen wir die Hauptdiagonalelemente von $V_b$ bzw. $V_{\tilde{\beta}}$. Dann gelten folgende äquivalente Beziehungen:*

*a) Die Differenz $V_{\tilde{\beta}} - V_b$ ist stets eine nichtnegativ definite Matrix.*

*b) Die Varianz der Linearform $a'b$ ist niemals größer als die Varianz der Linearform $a'\tilde{\beta}$:*

$$a'V_b a \leq a'V_{\tilde{\beta}} a \quad \textit{oder} \quad a'(V_{\tilde{\beta}} - V_b)a \geq 0. \tag{4.97}$$

*Beweis.* Die Äquivalenz der beiden Formulierungen folgt aus der Definition der Definitheit. Wir beweisen hier a). Es sei $\tilde{\beta} = \tilde{C}y$ eine beliebige erwartungstreue Schätzung. O.B.d.A. setzen wir

$$\tilde{C} = \hat{C} + D = (X'X)^{-1}X' + D.$$

Die Erwartungstreue von $\tilde{\beta}$ erfordert die Erfüllung von (4.85):

$$\tilde{C}X = \hat{C}X + DX = I,$$

woraus wegen (4.95) notwendig

$$DX = 0$$

folgt. Damit wird die Kovarianzmatrix von $\tilde{\beta}$

$$\begin{aligned} V_{\tilde{\beta}} &= \mathrm{E}(\tilde{C}y - \beta)(\tilde{C}y - \beta)' \\ &= \mathrm{E}(\tilde{C}\epsilon)(\epsilon'\tilde{C}') \\ &= \sigma^2[(X'X)^{-1}X' + D][X(X'X)^{-1} + D'] \\ &= \sigma^2[(X'X)^{-1} + DD'] \\ &= V_b + \sigma^2 DD'. \end{aligned}$$

Die Matrix $\sigma^2 DD'$ ist nach Satz A.41 (v) nichtnegativ definit, also ist a) bewiesen. **Korollar zu Satz 4.9:** Sei $V_{\tilde{\beta}} - V_b \geq 0$. Dann gilt für die Komponenten der beiden Vektoren $\tilde{\beta}$ und $b$

$$\mathrm{Var}(\tilde{\beta}_i) - \mathrm{Var}(b_i) \geq 0 \quad (i = 1, \ldots K) \tag{4.98}$$

*Beweis.* Aus $V_{\tilde{\beta}} - V_b \geq 0$ folgt $a'(V_{\tilde{\beta}} - V_b)a \geq 0$ für beliebige Vektoren $a$, also speziell für die Vektoren $e_i' = (0\ldots010\ldots)$ mit 1 an der i–ten Stelle. Sei $A$ eine beliebige symmetrische Matrix, so ist $e_i'Ae_i = a_{ii}$. Das i–te Diagonalelement von $V_{\tilde{\beta}} - V_b$ ist aber gerade der Ausdruck (4.98).

Diese Minimumeigenschaft von $b$ wird in der Literatur auch häufig in Gestalt des fundamentalen GAUSS–MARKOV–Theorems formuliert.

**Satz 4.10 (GAUSS–MARKOV–Theorem.)** *Im klassischen linearen Regressionsmodell (4.61) ist die KQ–Schätzung*

$$b = (X'X)^{-1}X'y \tag{4.99}$$

*mit der Kovarianzmatrix*

$$V_b = \sigma^2(X'X)^{-1} \tag{4.100}$$

*die im Sinne von Satz 4.9 beste (homogene) lineare erwartungstreue Schätzung von $\beta$. (Man bezeichnet $b$ auch mit GAUSS–MARKOV–(GM)–Schätzung.)*

**Schätzung einer linearen Funktion von $\boldsymbol{\beta}$.** Als Ausgangspunkt für spätere Untersuchungen zur Vorhersage in linearen Modellen betrachten wir zunächst die Schätzung einer linearen Funktion

$$d = a'\beta, \tag{4.101}$$

wobei $a$ ein fester $K \times 1$–Vektor sei. Beschränken wir uns auf lineare homogene Schätzungen $\tilde{d} = c'y$, so gilt

**Satz 4.11** *Im klassischen linearen Regressionsmodell (4.61) ist*

$$\hat{d} = a'b \tag{4.102}$$

*mit der Varianz*

$$\text{Var}(\hat{d}) = \sigma^2 a'(X'X)^{-1}a = a'V_b a \tag{4.103}$$

*die beste lineare erwartungstreue Schätzung der Linearform $d = a'\beta$.*

*Beweis.* Es sei $\tilde{d} = c'y$ eine beliebige erwartungstreue Schätzung von $d$, wobei $c$ ein $(T \times 1)$-Vektor ist. O.B.d.A. setzen wir

$$c' = a'(X'X)^{-1}X' + \tilde{c}'.$$

Die Erwartungstreue von $\tilde{d}$ erfordert

$$c'X = a',$$

also

$$a'(X'X)^{-1}X'X + \tilde{c}'X = a'$$

und damit

$$\tilde{c}'X = 0. \tag{4.104}$$

Wir erhalten dann unter Beachtung von (4.104)

$$\begin{aligned}\tilde{d} - d &= a'\beta + a'(X'X)^{-1}X'\epsilon + \tilde{c}'\epsilon - a'\beta \\ &= a'(X'X)^{-1}X'\epsilon + \tilde{c}'\epsilon = c'\epsilon\end{aligned}$$

und damit die Varianz von $\tilde{d}$ als

$$\begin{aligned}\mathrm{Var}(\tilde{d}) &= \mathrm{E}(\tilde{d} - d)^2 = c'\,\mathrm{E}\,\epsilon\epsilon' c = \sigma^2 c'c \\ &= \sigma^2[a'(X'X)^{-1}X' + \tilde{c}'][X(X'X)^{-1}a + \tilde{c}] \\ &= a'V_b a + \sigma^2\tilde{c}'\tilde{c}.\end{aligned}$$

Da $\tilde{c}'\tilde{c} \geq 0$ ist, wird die Varianz von $\tilde{d}$ für $\tilde{c} = 0$ minimiert. Die Schätzung $c'y = a'(X'X)^{-1}X'y = a'b$ ist also die beste Schätzung unter allen linearen erwartungstreuen Schätzungen im Sinne einer minimalen Varianz.

Auf der Grundlage dieses Satzes können wir sofort die beste lineare erwartungstreue Schätzung des bedingten Erwartungswertes des Regressanden $X$ für einen festen $(K \times 1)$–Vektor $x_*$ der Regressoren angeben, sofern Rang $(X) = K$ ist.

Es gelte für einen Index $T^*$ (z.B. $T^* \in (1, \ldots, T)$)

$$y = x_*'\beta + \epsilon_* \quad \text{mit} \quad E(\epsilon_*) = 0, \quad \mathrm{E}(\epsilon_*^2) = \sigma^2. \tag{4.105}$$

Dann ist der bedingte Erwartungswert

$$E(y|x_*) = x_*'\beta \tag{4.106}$$

eine lineare Funktion in $\beta$.

**Satz 4.12** *Im klassischen linearen Regressionsmodell (4.61) hat die beste lineare (homogene) erwartungstreue Schätzung des bedingten Erwartungswertes* $\mathrm{E}(y|x_*)$ *die Gestalt*

$$\hat{y}_* = x_*'b \tag{4.107}$$

*und die Varianz*

$$\mathrm{Var}(\hat{y}_*) = x_*'V_b x_*. \tag{4.108}$$

### 4.4.4 Schätzung von $\sigma^2$

Die Quadratsumme $\hat{\epsilon}'\hat{\epsilon}$ der geschätzten Fehler $\hat{\epsilon} = y - \hat{y}$ bietet sich als Grundlage für eine Schätzung von $\sigma^2$ in natürlicher Weise an. Ausführlich geschrieben erhalten wir

$$\begin{aligned}
\hat{\epsilon} &= y - \hat{y} = X\beta + \epsilon - Xb \\
&= \epsilon - X(X'X)^{-1}X'\epsilon \\
&= (I - X(X'X)^{-1}X')\epsilon \\
&= M\epsilon. \qquad (4.109)
\end{aligned}$$

Die Matrix $M$ ist nach Satz A.61 idempotent. Damit besitzt die Fehlerquadratsumme

$$\hat{\epsilon}'\hat{\epsilon} = \epsilon'MM\epsilon = \epsilon'M\epsilon$$

den Erwartungswert

$$\begin{aligned}
\mathrm{E}(\hat{\epsilon}'\hat{\epsilon}) &= \mathrm{E}(\epsilon'M\epsilon) \\
&= \mathrm{E}(\mathrm{sp}\{\epsilon M\epsilon'\}) \\
&= \mathrm{E}(\mathrm{sp}\{\mathrm{M}\,\epsilon\epsilon'\}) \qquad \text{[Satz A.13 (vi)]} \\
&= \mathrm{sp}\{M\,\mathrm{E}(\epsilon\epsilon')\} \\
&= \sigma^2\mathrm{sp}\{M\} \\
&= \sigma^2\mathrm{sp}\{I\} - \sigma^2\mathrm{sp}\{X(X'X)^{-1}X'\} \qquad \text{[Satz A.13 (i)]} \\
&= \sigma^2\mathrm{sp}\{I\} - \sigma^2\mathrm{sp}\{(X'X)^{-1}X'X\} \\
&= \sigma^2\mathrm{sp}\{I_T\} - \sigma^2\mathrm{sp}\{I_K\} \\
&= \sigma^2(T-K). \qquad (4.110)
\end{aligned}$$

Hieraus erhalten wir die erwartungstreue Schätzung für $\sigma^2$

$$s^2 = \hat{\epsilon}'\hat{\epsilon}(T-K)^{-1} = (y - Xb)'(y - Xb)(T-K)^{-1} \qquad (4.111)$$

und damit als erwartungstreue Schätzung für $V_b$

$$\hat{V}_b = s^2(X'X)^{-1}. \qquad (4.112)$$

**Der Fall K = 2 (univariate Regression).** Wir haben bisher im multiplen Modell ganz allgemein von $K$ Regressoren $X_1, \ldots, X_K$ gesprochen, ohne gesondert zu erwähnen, dass in den meisten Modellen der Praxis ein Regressor, etwa $X_1$, eine konstante Scheinvariable $X_{t1} \equiv 1 \quad (t = 1, \ldots, T)$ sein wird, die ein Absolutglied $\beta_1$ in das Modell einführt. Die bisherigen Ausführungen schließen diesen Fall mit ein; wir wollen ihn hier nicht gesondert abhandeln. Wird $Y$ nur von einem echten Regressor $X$ beeinflusst, so hat das Modell die Gestalt

$$y_t = \alpha + \beta x_t + \epsilon_t \quad (t = 1, \ldots, T). \tag{4.113}$$

Wir transformieren die Beobachtungswerte $(x_t, y_t)$ so, dass die transformierten Werte $(\tilde{x}_t, \tilde{y}_t)$ die Abweichungen von den Beobachtungsmittelwerten $(\bar{y}_t, \bar{x}_t)$ darstellen:

$$\tilde{y}_t = y_t - \bar{y}, \qquad \tilde{x}_t = x_t - \bar{x}. \tag{4.114}$$

Wegen

$$\mathrm{E}(\tilde{y}_t | x_1, \ldots, x_T) = \alpha + \beta x_t - (\alpha + \beta \bar{x}) = \beta \tilde{x}_t$$

ergibt sich dann für die transformierten Variablen $(\tilde{y}, \tilde{x})$ das homogene Regressionsmodell mit demselben Parameter $\beta$ wie im inhomogenen Modell (4.113)

$$\tilde{y}_t = \beta \tilde{x}_t + \tilde{\epsilon}_t \quad (t = 1, \ldots, T). \tag{4.115}$$

Unter der Annahme $\bar{\epsilon} = 1/T \sum \epsilon_t = 0$ gilt $\tilde{\epsilon}_t = \epsilon_t$ für alle $t$. Die *KQ*–Schätzung von $\beta$ bzw. die erwartungstreue Schätzung von $\sigma^2$ erhält man aus (4.94) bzw. (4.111) als

$$b = \frac{\sum \tilde{x}_t \tilde{y}_t}{\sum \tilde{x}_t^2} \quad \text{mit } \mathrm{Var}(b) = \frac{\sigma^2}{\sum \tilde{x}_t^2}, \tag{4.116}$$

$$s^2 = (T-2)^{-1} \sum (\tilde{y}_t - \tilde{x}_t b)^2. \tag{4.117}$$

Durch Rücktransformation erhält man die *KQ*–Schätzung für $\alpha$ als

$$\hat{\alpha} = \bar{y} - b\bar{x}. \tag{4.118}$$

## 4.5 Multikollinearität

Zunächst sei erwähnt, dass die Begriffe Multikollinearität, Kollinearität und Konditionierung in der Literatur eng miteinander hergehen.

Es ist zu betonen, dass die Kollinearität ein Problem der Daten und nicht der Statistik darstellt. Im übertragenen Sinne bedeutet Multikollinearität, dass kollineare Variablen über Information verfügen, die sich von der in anderen Variablen bereits vorhandenen nur unwesentlich unterscheidet.

### 4.5.1 Extreme Multikollinearität und Schätzbarkeit

In der Praxis steht man häufig vor dem Problem einer hohen Korrelation zwischen den exogenen Variablen $X_k$, die zu einer Degenerierung der Regressorenmatrix $X$ führen kann. Die Skala der Komplikationen reicht von der exakten linearen Abhängigkeit zwischen zwei oder mehr Spalten $x_k$ von $X$ (extreme Multikollinearität) bis zur stochastischen Abhängigkeit eines Regressors von den anderen Regressoren. Extreme Multikollinerität zweier Variablen $x_k$ und $x_l$ bedeutet geometrisch, dass die zu $x_k$ und $x_l$ gehörenden Datenvektoren auf der gleichen Geraden liegen, also einen Raum der Dimension 1 bilden. Da dieser Fall in der Praxis eher selten ist, drängt sich der in Abschnitt 4.5.2 behandelte Fall der schwachen Multikollinerität in den Vordergrund. Im ersten Fall ist wegen Rang $(X) < K$ der Modellansatz (4.61) verletzt. Dies hat zur Folge, dass keine erwartungstreuen linearen Schätzungen $\hat{\beta} = Cy + d$ für den Parameter $\beta$ existieren. Die Bedingung der Erwartungstreue war äquivalent mit $d = 0$ und $CX = I$ [vgl. (4.85)]. Wenn die Matrix $X$ einen Rang $p < K$ besitzt, kann das Produkt $CX$ nach Satz A.23 (iv) höchstens vom Rang $p$ sein, während die Einheitsmatrix $I_K$ vom Rang $K$ ist. Somit ist die Bedingung (4.85) nicht erfüllbar.

Diesen Sachverhalt können wir auch alternativ unter Verwendung des Korollars zu Satz 4.1 beweisen. Die Bedingung der Erwartungstreue ist eine Bedingung an die Matrix $C$. Nach dem Korollar zu Satz 4.1 ist

$$CX = I$$

nach $C$ lösbar genau dann, wenn (4.17) gilt, also $X^-X = I_K$. Nun gilt (Satz A.65 (ii)) Rang $(X^-X) =$ Rang $(X) = p < K$. Andererseits ist Rang $(I_K) = K$. Damit ist $X^-X = I_K$ nicht erfüllbar, die Gleichung $CX = I$ also nicht lösbar. Wegen der aus Rang $(X) < K$ folgenden Singularität von $(X'X)$ sind die Lösungen der Normalgleichung (4.10) gemäß (4.21) nicht mehr eindeutig bestimmt. Die $KQ$–Schätzungen $b$ sind zwar nach wie vor lineare Funktionen von $y$, jedoch aus den oben dargelegten Gründen nicht erwartungstreu. Man sagt, der Parametervektor $\beta$ sei nicht schätzbar in dem Sinne, dass für ihn keine lineare erwartungstreue Schätzung existiert.

Die extreme Multikollinearität hat noch einen zweiten Aspekt. Es sei o.B.d.A. $x_1$ eine Linearkombination aller übrigen Spalten:

$$x_1 = \sum_{k=2}^{K} \alpha_k x_k .$$

Dann gilt für einen beliebigen Skalar $\lambda \neq 0$ die Zerlegung

$$\begin{aligned} X\beta = \sum_{k=1}^{K} x_k \beta_k &= (1-\lambda)\beta_1 x_1 + \sum_{K=2}^{K} (\beta_k + \lambda \alpha_k \beta_1) x_k \\ &= \tilde{\beta}_1 x_1 + \sum_{k=2}^{K} \tilde{\beta}_k x_k = X\tilde{\beta} \end{aligned} \tag{4.119}$$

mit $\tilde{\beta}_1 = (1-\lambda)\beta_1, \tilde{\beta}_k = (\beta_k + \lambda\alpha_k\beta_1)(k = 2, \ldots, K)$. Dies bedeutet, dass die Parametervektoren $\beta$ und $\tilde{\beta}$ mit $\beta \neq \tilde{\beta}$ dieselbe systematische Komponente

$X\beta = X\tilde{\beta}$ liefern. Da die Beobachtungen $y$ nicht direkt, sondern über $X\beta$ von $\beta$ abhängen, lässt sich durch die in den Beobachtungen $y$ enthaltene Information allein nicht zwischen den Parametern $\beta$ und $\tilde{\beta}$ unterscheiden. Die Regressionskoeffizienten heißen in diesem Fall nicht identifizierbar, die Modelle heißen beobachtungsäquivalent.

*Beispiel 4.5.1.* Wir betrachten das Modell

$$y_t = \alpha + \beta x_t + \epsilon_t \quad (t = 1, \ldots, T). \tag{4.120}$$

Exakte lineare Abhängigkeit der beiden Regressoren $X_1 \equiv 1$ und $X_2 \equiv X$ bedeutet hier, dass $x_1 = \ldots = x_t = a$ (eine reelle Konstante) gilt, so dass wegen $\bar{x} = a$ und $\sum(x_t - \bar{x})^2 = 0$ die Schätzung von $b$ (4.116) nicht gebildet werden kann. Es sei $\begin{pmatrix} \hat{\alpha} \\ \hat{\beta} \end{pmatrix} = Cy$ eine lineare homogene Schätzung von $(\alpha, \beta)'$. Die Erwartungstreue fordert die Erfüllung von (4.85), also

$$\begin{pmatrix} \sum c_{1t} & a \sum c_{1t} \\ \sum c_{2t} & a \sum c_{2t} \end{pmatrix} = \begin{pmatrix} 1 & 0 \\ 0 & 1 \end{pmatrix}. \tag{4.121}$$

Diese Bedingung ist durch keine Matrix $C$ und kein reellwertiges $a \neq 0$ zu realisieren; $(\alpha, \beta)'$ ist nicht schätzbar. Wegen $x_t = a \quad \forall t$ wird $y_t = (\alpha + \beta a) + \epsilon_t$, so dass $\alpha$ und $\beta$ nicht separat sondern nur gemeinsam als $\widehat{(\alpha + \beta a)} = \bar{y}$ zu schätzen und damit nicht separat identifizierbar sind.

### 4.5.2 Schwache Multikollinearität

Betrachten wir nun den zweiten Fall von Multikollinearität, bei dem zwar keine exakte, aber doch eine näherungsweise lineare Abhängigkeit zwischen einzelnen Spalten $x_k$ von $X$ vorliegt, so dass $X$ von vollem Rang ist. Geometrisch betrachtet würden die zu $x_k$ und $x_l$ gehörenden Vektoren nahezu auf einer Geraden liegen bzw. der Winkel zwischen ihnen würde klein sein. Die Matrix $X'X$ ist dann regulär, und unsere Ergebnisse behalten ihre Gültigkeit, insbesondere ist $b$ nach wie vor die beste lineare erwartungstreue Schätzung. Da einige Spalten nahezu linear abhängig sind, nimmt die Determinante $|X'X|$ einen Wert nahe Null an, so dass insbesondere die Diagonalelemente $\text{Var}(b_k)$ der Kovarianzmatrix $\sigma^2(X'X)^{-1}$ von $b$ sehr groß und damit die Schätzungen selbst unzuverlässig werden. Die Wahrscheinlichkeit, extreme oder zumindest unplausible Schätzwerte zu erhalten, ist relativ hoch. Mögliche Lösungswege zur Überwindung von schwacher Multikollinearität liegen in einer Umorganisation des Beobachtungsmaterials oder in einer Neumodellierung. Möglich sind

a) Erhebung zusätzlicher Beobachtungen bei festem Modell derart, dass dadurch eine Verringerung der Korrelation zwischen einzelnen Variablen erzielt wird (Versuchsplanung),

b) lineare Variablentransformation etwa in Gestalt von Differenzenbildungen oder Normierungen,

c) Verfahren der Trendbereinigung (Schneeweiß (1990), Toutenburg und Trenkler (1998)),

d) Verwendung von Zusatzinformationen (a–priori–Schätzungen der Gestalt $r = R\beta + d$, $d$ ein zufälliger Fehler),

e) Neumodellierung, Unterdrückung von Variablen usw. (vgl. hierzu die Methoden in Draper und Smith, (1966; 1998) und in Abschnitt 4.9),

f) Berücksichtigung exakter linearer Restriktionen.

Für unser Anliegen ist vorrangig die Verwendung von a–priori–Restriktionen und externer Information von Interesse. Durch Berücksichtigung von exakten linearen Restriktionen der Form (4.43) mit $r = 0$, d.h.

$$0 = R\beta, \tag{4.122}$$

werden dem Parametervektor $\beta$ a–priori–Beschränkungen im Wertevorrat seiner Komponenten derart auferlegt, dass ein Auftreten verschiedener beobachtungsäquivalenter Parameterwerte $\beta \neq \tilde{\beta}$ ausgeschlossen wird. Erfüllt $R$ die Voraussetzung des Satzes 4.5, so garantieren die Restriktionen $0 = R\beta$ die Identifizierbarkeit von $\beta$. Nach Satz 4.5 hat die $KQ$–Schätzung von $\beta$ im Fall $r = 0$ die Gestalt

$$b(R, 0) = b(R) = (X'X + R'R)^{-1}X'y. \tag{4.123}$$

Im klassischen linearen restriktiven Regressionsmodell

$$\left.\begin{array}{l} y = X\beta + \epsilon, \\ \mathrm{E}(\epsilon) = 0, \mathrm{E}(\epsilon\epsilon') = \sigma^2 I, \\ X \text{ nichtstochastisch, Rang}\,(X) = p < K, \\ 0 = R\beta, \text{ Rang}\,(R) = K - p, \text{ Rang}\,(D) = K \end{array}\right\} \tag{4.124}$$

gilt der folgende

**Satz 4.13** *Im Modell (4.124) ist die bedingte KQ–Schätzung*

$$b(R) = (X'X + R'R)^{-1}X'y = (D'D)^{-1}X'y \tag{4.125}$$

*mit der Kovarianzmatrix*

$$V_{b(R)} = \sigma^2(D'D)^{-1}X'X(D'D)^{-1} \tag{4.126}$$

*die beste lineare erwartungstreue Schätzung von $\beta$.*

**Definition 4.5** *Eine lineare Schätzung $\hat{\beta}$ heißt erwartungstreu unter der Bedingung*
*$R\beta - r = 0$ oder kurz bedingt erwartungstreu, wenn*

$$\mathrm{E}(\hat{\beta} - \beta | R\beta - r = 0) = 0 \tag{4.127}$$

*gilt.*

*Beweis von Satz 4.13.*

a) $b(R)$ ist erwartungstreu:

Mit $R\beta = 0$ gilt auch $R'R\beta = 0$ [Sätze A.72, A.73], so dass

$$\begin{aligned} \mathrm{E}(b(R)) &= (X'X + R'R)^{-1}X'X\beta \\ &= (X'X + R'R)^{-1}(X'X + R'R)\beta = \beta \end{aligned}$$

wird.

$b(R)$ erfüllt die Restriktion:

$$Rb(R) = R(X'X + R'R)^{-1}X'y = 0 \qquad \text{[vgl. (4.56)]}.$$

b) Wir erhalten sofort

$$b(R) - \beta = (D'D)^{-1}X'\epsilon$$

und daraus

$$\begin{aligned} V_{b(R)} &= \mathrm{E}\{(D'D)^{-1}X'\epsilon\epsilon'X(D'D)^{-1}\} \\ &= \sigma^2(D'D)^{-1}X'X(D'D)^{-1}. \end{aligned}$$

c) Wir beweisen jetzt, dass $b(R)$ die beste lineare bedingt erwartungstreue Schätzung von $\beta$ unter der Bedingung $0 = R\beta$, d.h. die beste lineare erwartungstreue Schätzung im Modell (4.124) ist.

(Einen anderen Weg des Beweises liefert Tan (1971) für multivariate Modelle durch Einbeziehung verallgemeinerter Inversen.) Dazu schreiben wir das Modell (4.124) in der Gestalt

$$\begin{pmatrix} y \\ 0 \end{pmatrix} = \begin{pmatrix} X \\ R \end{pmatrix} \beta + \begin{pmatrix} \epsilon \\ 0 \end{pmatrix} \tag{4.128}$$

oder in neuen Symbolen ($\tilde{T} = T + K - p$) als

$$\underset{\tilde{T}\times 1}{\tilde{y}} = \underset{\tilde{T}\times K}{D} \underset{K\times 1}{\beta} + \underset{\tilde{T}\times 1}{\tilde{\epsilon}} \tag{4.129}$$

Hierbei ist $\mathrm{E}(\tilde{\epsilon}) = 0$, $\mathrm{E}(\tilde{\epsilon}\tilde{\epsilon}') = \mathrm{V} = \begin{pmatrix} \sigma^2 I & 0 \\ 0 & 0 \end{pmatrix}$ und Rang $(D) = K$, so dass wir ein singuläres Regressionsmodell vorzuliegen haben. Die Schätzung $b(R)$ ist linear in $\tilde{y}$:

$$\begin{aligned} b(R) &= (D'D)^{-1}X'y = (D'D)^{-1}(X'y + R'0) \\ &= (D'D)^{-1}D'\tilde{y} = C\tilde{y} \quad (C \text{ eine } K \times \tilde{T}\text{–Matrix}). \end{aligned} \tag{4.130}$$

Da $b(R)$ bedingt erwartungstreu ist, gilt

$$CD = I. \tag{4.131}$$

Es sei $\tilde{\beta} = \tilde{C}\tilde{y} + d$ eine beliebige erwartungstreue Schätzung von $\beta$ im Modell (4.128). O.B.d.A. schreiben wir

$$\tilde{C} = C + F \quad \text{mit} \quad F = (F_1, F_2), \tag{4.132}$$

wobei $C = (D'D)^{-1}D'$ die Matrix aus (4.130), $F_1$ eine $(K \times T)$– und $F_2$ eine $(K \times (K-p))$–Matrix sind. Die Erwartungstreue von $\tilde{\beta}$ im Modell (4.128) erfordert

$$\mathrm{E}\,\tilde{\beta} = \tilde{C}D\beta + d = \beta \quad \text{für alle } \beta,$$

woraus sofort durch die Wahl $\beta = 0$ ($R\beta = 0$ durch $\beta = 0$ erfüllt) $d = 0$ folgt. Damit erhalten wir aus $R\beta = 0$ und (4.131) die notwendige Bedingung für die Erwartungstreue

$$\begin{aligned}\tilde{C}D\beta &= CD\beta + FD\beta \\ &= CD\beta + F_1X\beta + F_2R\beta \\ &= \beta + F_1X\beta = \beta,\end{aligned}$$

also

$$F_1X = 0. \tag{4.133}$$

Folglich wird

$$\begin{aligned}\tilde{\beta} - \beta &= (C+F)D\beta + (C+F)\tilde{\epsilon} - \beta \\ &= (C+F)\tilde{\epsilon} = \tilde{C}\tilde{\epsilon}\end{aligned}$$

und wir können die Kovarianzmatrix von $\tilde{\beta}$ wie folgt darstellen:

$$\begin{aligned}V_{\tilde{\beta}} &= \mathrm{E}(\tilde{\beta}-\beta)(\tilde{\beta}-\beta)' \\ &= \tilde{C}V\tilde{C}' = (C+F)V(C'+F') \\ &= CVC' + FVF' + FVC' + CVF'.\end{aligned}$$

Es gilt (mit $\mathrm{E}(\tilde{\epsilon}\tilde{\epsilon}') = V$, vgl. (4.129))

$$\begin{aligned}CVC' &= V_{b(R)}, \\ FVF' &= (F_1, F_2)\begin{pmatrix}\sigma^2 I & 0 \\ 0 & 0\end{pmatrix}\begin{pmatrix}F_1' \\ F_2'\end{pmatrix} = \sigma^2 F_1F_1'\end{aligned}$$

und $\sigma^2 F_1 F_1'$ nichtnegativ definit [Satz A.41 (v)]. Für die gemischten Produkte gilt wegen (4.133)

$$FVC' = (F_1, F_2) \begin{pmatrix} \sigma^2 I & 0 \\ 0 & 0 \end{pmatrix} \begin{pmatrix} X \\ R \end{pmatrix} (D'D)^{-1}$$
$$= F_1 X (D'D)^{-1} = 0 \tag{4.134}$$

Damit erhalten wir

$$V_{\tilde{\beta}} - V_{b(R)} = \sigma^2 F_1' F_1 \geq 0, \tag{4.135}$$

womit die behauptete Optimalität von $b(R)$ bewiesen ist. $b(R)$ ist also eine GM–Schätzung von $\beta$ im Modell (4.128).

### 4.5.3 Identifikation und Quantifizierung von Multikollinearität

Ziel dieses Abschnitts ist die Darstellung von Größen aus der Regressionsdiagnostik zur Beurteilung von Existenz und Grad von Multikollinearität. Dabei folgen wir der Darstellung in Belsley, Kuh und Welsch (1980) und illustrieren die Bedeutung der erarbeiteten Maßzahlen anhand eines Beispiels mit statistischer Software.

Wie der Titel dieses Abschnitts bereits vermuten lässt, besteht die Diagnose von Multikollinearität aus zwei eng miteinander in Verbindung stehenden, jedoch dennoch verschiedenen Komponenten. Zunächst sollte die Tatsache kollinearer Zusammenhänge in der Datenstruktur identifiziert werden, um dann das Ausmaß abschätzen zu können, mit dem Parameterschätzungen beeinträchtigt werden oder wurden. Die Identifizierung hat über numerische Maßzahlen zu geschehen, deren Größe die Existenz von Abhängigkeiten indiziert. Erst dann sollte eine weitere Maßzahl Aufschluss über das Ausmaß geben.

Bereits seit einigen Jahrzehnten wurde das Problem studiert und eine Vielzahl an Ideen und Ansätzen entwickelt. Deren wesentliche Erkenntnisse werden in der Folge dargestellt.

**Der Variance Inflation Factor (VIF).** Die Korrelationsmatrix $R$ bzw. ihre Inverse $R^{-1}$ wird mit der Diagnose von Multikollinearität häufig in Verbindung gebracht. Jedoch ist zu beachten, dass starke Korrelation lediglich ein Kollinearitätsproblem andeuten kann, also kein hinreichendes Kriterium bildet. Ebenso lässt schwache Korrelation nicht den Schluss zu, es existiere keine Multikollinearität. Man betrachte etwa den Fall dreier oder mehrerer kollinearer Variablen, wo keine Teilmenge zweier Variablen stark korreliert. Folglich ist die Korrelationsmatrix ein möglicher Indikator, jedoch zur Diagnose ungeeignet.

Unter der Voraussetzung zentrierter und einheitlich skalierter Daten gilt

$$R = X'X \text{ bzw. } R^{-1} = (X'X)^{-1}. \tag{4.136}$$

Die Diagonalelemente $r_{jj}$ signalisieren eine mögliche „Variance Inflation" (Chatterjee und Hadi (1988)). Der Variance Inflation Factor $\text{VIF}_j$ einer Variablen $x_j$ ist definiert gemäß

$$\text{VIF}_j = \frac{1}{1 - R_j^2}, \tag{4.137}$$

wobei $R_j^2$ den multiplen Korrelationskoeffizienten der Regression von $x_j$ auf die anderen Variablen darstellt.

(4.137) impliziert, dass ein hoher Variance Inflation Factor eine näherungsweise Äquivalenz von $R_j^2$ und Eins bedeutet. Ein hoher Variance Inflation Factor deutet also auf ein Multikollinearitätsproblem. Seine Problematik besteht in der mangelnden Fähigkeit, Abhängigkeiten zu differenzieren. Das heißt, es kann keine Aussage über den Grad der Multikollinearität getätigt werden.

**Der Condition Index (CI).** Im wesentlichen basieren geeignete Maßzahlen auf den Eigenwerten und den Eigenvektoren der Matrix $R$. Essenzielle Zusammenhänge stellten etwa Kendall (1957) oder Silvey (1969) dar. Wie bereits angedeutet, werden die Eigenwerte der Matrix $X'X$—unter der Voraussetzung $R = X'X$—zur Diagnose genutzt. 'Kleine' Eigenwerte indizieren ein Multikollinearitätsproblem. Das Problem der Kategorisierung von Eigenwerten in 'kleine' oder 'große' wird durch die Relation kleiner zu großer Eigenwert und nicht etwa durch die Annäherung an Null angegangen.

Grundlage der Überlegungen bildet die numerische Lösung linearer Gleichungen der Form $Ax = a$. Dabei gilt das Interesse der Beschaffenheit der Matrix $A$, die wesentlichen Einfluss auf eine numerisch stabile Lösung für den Vektor $x$ hat. Übertragen auf das lineare Regressionsmodell interessiert die Lösung von $(X'X)b = X'y$. Silvey (1969) schlug vor, die Eigenwerte der Matrix $X'X$ zu beachten und eine Lösung des Problems, was nun ein "kleiner" Eigenwert sei, anzugehen.

Den theoretischen Hintergrund bildet die sogenannte *singular value decomposition* (SVD), die Singulärwertdarstellung einer Rechtecksmatrix (vgl. A.32)

$$X = UDV'. \tag{4.138}$$

Dabei ist $X$ eine $(T \times K)$–Matrix, $D$ eine Diagonalmatrix mit nichtnegativen Diagonalelementen $\sqrt{\mu_k}, k = 1, \ldots, K$. Weiterhin gilt $U'U = V'V = I_K$. (4.138) gilt unabhängig von der Zentrierung bzw. Skalierung von $X$. Die

Singulärwertdarstellung ist eng verbunden mit der Theorie der Eigenwerte. Aus (4.138) und den Eigenschaften von $U$ und $V$ folgt

$$X'X = VD^2V' \tag{4.139}$$

mit der Orthogonalmatrix $V$. Folglich müssen die Elemente $\mu_k$ von $D^2$ die Eigenwerte von $X'X$ bzw. die Quadrate der Singulärwerte und die orthogonalen Spalten von $V$ die Eigenvektoren von $X'X$ sein (vgl. Beweis zu A.32).

Die Singulärwertdarstellung hat den Vorteil, dass sie sich direkt auf die Matrix $X$ bezieht und nicht auf $X'X$. Zudem existieren numerisch stabilere Algorithmen zur Berechnung der Singulärwerte als zur Berechnung der Eigenwerte von $X'X$.

Basierend auf (4.138) und den daraus resultierenden Singulärwerten wird die Konditionszahl (condition number) der Matrix $X$ definiert als

$$\kappa(X) = \left(\frac{\mu_{\max}}{\mu_{\min}}\right)^{1/2}, \tag{4.140}$$

mit der Eigenschaft $\kappa(X) \geq 1$. Folglich gilt $\kappa(A) = 1$ für alle orthogonalen Matrizen $A$, da aus $A'A = I$ sofort $\mu_{\max}(A'A) = \mu_{\min}(A'A) = 1$ folgt.

Die Konditionszahl kann weiterhin interpretiert werden über das Analogon zur Euklidischen Norm eines Vektors, der sogenannten Spektralnorm (Rao und Rao (1998, p.371)) einer $(n \times n)$–Matrix $A$

$$\|A\| = \sup_{x, \|x\|=1} \|Ax\|.$$

Nach Rao und Rao (1998, p.371) gilt

$$\|A\| = \sqrt{\mu_{\max}}\,,$$

also entspricht die Spektralnorm der Matrix $A$ dem maximalen Singulärwert. Weiterhin gilt für ihre Inverse

$$\|A^{-1}\| = \frac{1}{\sqrt{\mu_{\min}}}$$

und daraus folgend

$$\|A\| \cdot \|A^{-1}\| = \sqrt{\mu_{\max}} \cdot \frac{1}{\sqrt{\mu_{\min}}} = \kappa(A). \tag{4.141}$$

Die Konditionszahl stellt damit eine Maßzahl zur Beurteilung der Sensitivität der Lösung eines linearen Gleichungssystems gegenüber Änderungen in den Elementen von $c$ und $A$ im linearen Gleichungssystem $Ax = c$ dar. (4.141) bedeutet, dass die Konditionszahl dem Produkt aus maximalem und minimalem Singulärwert von $A$ bzw. maximalem von $A$ und maximalem von $A^{-1}$ entspricht.

*Beispiel 4.5.2.* 1. Sei (mit $a > 0$)

$$A = \begin{pmatrix} a_{11} & a_{12} \\ a_{21} & a_{22} \end{pmatrix} = \begin{pmatrix} 1 & a \\ a & 1 \end{pmatrix}.$$

Für $a \to 1$ tendiert die Matrix $A$ zu starker Multikollinearität, denn es gilt $\|A\| \cdot \|A^{-1}\| = \sqrt{(1+a)}/\sqrt{(1-a)}$, was zur 'Explosion' von $\kappa(A)$ führt.

2. Hingegen ist die Matrix (mit$b > 0$)

$$B = \begin{pmatrix} b & 0 \\ 0 & b \end{pmatrix}$$

für alle $b$ nicht 'schlecht konditioniert', denn $\kappa(B) = \|B\| \cdot \|B^{-1}\| = \sqrt{b}/\sqrt{b} = 1$.

Weiterhin stellt sich die Frage, wie klein ein Singulärwert sein muss, um von einer schlecht konditionierten Matrix sprechen zu können. Die Antwort auf diese Frage ergibt sich aus der Betrachtung des kleinsten Singulärwerts in Relation zum größten Singulärwert und mündet in der Definition des sogenannten $k$-ten Konditionsindexes (***condition index***, CI)

$$\eta_k = \left(\frac{\mu_{\max}}{\mu_k}\right)^{1/2} \quad \text{für } k = 1, \dots, K. \tag{4.142}$$

Das Maximum über alle $K$ Konditionsindizes entspricht der Konditionszahl. Ein hoher Konditionsindex bedeutet einen im Vergleich zum Referenzwert $\mu_{\max}$ kleinen Singulärwert. Empirische Studien ergaben nach Belsley et al. (1980) Hinweise auf Multikollinearität durch Konditionsindizes im Intervall [30;100] für starke Abhängigkeiten ($\rho \geq 0.9$). Man beachte, dass diese Kategorisierung der Konditionsindizes keine eindeutige Aussage zulässt und demzufolge deskriptive und induktive Analysen weitere Resultate liefern können.

Eine Alternative zum Konditionsindex folgt aus der Zerlegung

$$V(b) = \sigma^2 V D^{-2} V', \tag{4.143}$$

der sogenannten Regression–Coefficient Variance Decomposition, bei der die geschätzte Varianz jedes Regressionsparameters in eine Summe von Termen zerlegt wird. Wir beschränken uns hier auf den ausführlich dargestellten CI und verweisen auf Belsley et al. (1980, pp.105).

Schließlich sei bemerkt, dass zur Beurteilung der Konditionierung einer Datenmatrix oftmals die Größe ihrer Determinante erwähnt wird. Dabei ist zu beachten, dass eine kleine Determinante die Invertierbarkeit einer Matrix nicht beeinflusst. Betrachtet man etwa $|\alpha \cdot I_n| = \alpha^n$, so ist $A = \alpha \cdot I_n$ für alle beliebig kleinen $\alpha \neq 0$ invertierbar.

*Beispiel 4.5.3.* Basierend auf einer Stichprobe von 122 Ländern interessieren wir uns für die Vorhersage der Lebenserwartung von Frauen ('lifexpf'). Die vorhandenen Variablen spezifizieren wirtschaftliche und für die medizinische Versorgung relevante Größen, die in Tabelle 4.1 dargestellt sind.

| **Variablenname** | **Beschreibung** |
|---|---|
| urban | Anteil der in städtischen Gegenden lebenden Bevölkerung |
| lndocs | ln(Anzahl von Ärzten je 10000 Einwohner) |
| lnbeds | ln(Anzahl von Krankenhausbetten je 10000 Einwohner) |
| lngdp | ln(Bruttoinlandsprodukt pro Kopf in $) |
| lnradios | ln(Radiogeräte je 100 Einwohner) |

**Tabelle 4.1.** Variablenbeschreibung.

Bei Betrachtung der paarweisen Korrelationskoeffizienten sollten die unabhängigen Variablen mit dem Response korrelieren; Korrelationen zwischen unabhängigen Variablen sind zu untersuchen.

| | lifeexpf | urban | lndocs | lnbeds | lngdp | lnradio |
|---|---|---|---|---|---|---|
| lifeexpf | 1.000 | .704** | .879** | .730** | .832** | .695** |
| urban | .704** | 1.000 | .765** | .576** | .751** | .583** |
| lndocs | .879** | .765** | 1.000 | .711** | .824** | .621** |
| lnbeds | .730** | .576** | .711** | 1.000 | .741** | .616** |
| lngdp | .832** | .751** | .824** | .741** | 1.000 | .709** |
| lnradios | .695** | .583** | .621** | .616** | .709** | 1.000 |

**Tabelle 4.2.** Korrelationstabelle—Korrelation nach Pearson ist signifikant auf dem 1%–Niveau (zweiseitig).

Aufgrund der Signifikanz aller Tests $H_0 : \rho = 0$ verzichten wir auf die Betrachtung der $p$–values. Der ersten Zeile entnehmen wir die Korrelation zwischen dem Response 'lifeexpf' und der entsprechenden Kovariablen. Relativ hohe Werte scheinen ein lineares Modell zu rechtfertigen. Jedoch existieren teils starke Korrelationen zwischen den unabhängigen Variablen, etwa zwischen 'lngdp' und 'lndocs'. Ob nun dies zu einem Multikollinearitätsproblem führt, ist in weiteren Untersuchungen zu verifizieren. Zunächst betrachten wir das Resultat eines Regressionsmodells mit allen Variablen, resultierend aus der entsprechenden SPSS–Prozedur in Tabelle 4.4.

Offensichtlich beeinflussen 'lndocs', 'lnradios' und 'lndgp' die weibliche Lebenserwartung im Modell mit allen $X_i$. Die beiden letzten Spalten 'Tolerance' und 'VIF' geben Aufschluss über die Existenz von Multikollinearität. Große Werte des VIF deuten auf Multikollinearität hin, hier 'lndocs' und 'lngdp'.

| R Square | Adjusted R Square | Std. Error of the Estimate | Change Statistics | | |
|---|---|---|---|---|---|
| | | | R Square Ch. | F Ch. | Sig. F Ch. |
| .827 | .819 | 4.74 | .827 | 105.336 | .000 |

**Tabelle 4.3.** Model Summary.

| | Unstand. Coefficients | | t | Sig. | Collinearity Statistics | |
|---|---|---|---|---|---|---|
| Model | $\beta$ | Std. Error | | | Tolerance | VIF |
| (Constant) | 40.767 | 3.174 | 12.845 | .000 | | |
| lndocs | 4.069 | .563 | 7.228 | .000 | .253 | 3.950 |
| lnradios | 1.542 | .686 | 2.247 | .027 | .467 | 2.140 |
| lngdp | 1.709 | .616 | 2.776 | .006 | .217 | 4.614 |
| urban | -2.002E-02 | .029 | -.686 | .494 | .371 | 2.699 |
| lnbeds | 1.147 | .749 | 1.532 | .128 | .406 | 2.461 |

**Tabelle 4.4.** Coefficients (Dependent Variable: Female life expectancy 1992) .

Aufgrund der im Theorieteil erklärten Zusammenhänge stützen wir unser weiteres Vorgehen auf den Konditionsindex.

| | Eigenvalue | Condition |
|---|---|---|
| 1 | 5.510 | 1.000 |
| 2 | .360 | 3.911 |
| 3 | 6.608E-02 | 9.132 |
| 4 | 3.356E-02 | 12.813 |
| 5 | 2.360E-02 | 15.281 |
| 6 | 6.798E-03 | 28.469 |

**Tabelle 4.5.** Collinearity Diagnostics.

Aus den theoretischen Ausführungen ist zu folgern, dass aufgrund eines Konditionsindexes von 28.5 ein Multikollinearitätsproblem vorliegen könnte. Da aus Tabelle 4.5 die verursachenden Variablen nicht identifiziert werden können, machen wir uns unsere bisherigen Beobachtungen zunutze und vermuten die das Bruttoinlandsprodukt charakterisierende Variable als Ursache. Ein erster Weg zur Überprüfung dieser Vermutung besteht in der Berechnung des Modells ohne 'lngdp' (siehe Tabellen 4.6, 4.7 und 4.8).

Ein Vergleich mit dem Ausgangsmodell rechtfertigt unsere Vermutung und die gewählte Vorgehensweise. Die eher marginale Abnahme des Bestimmtheitsmaßes bzw. des adjustierten Bestimmtheitsmaßes stützt unser Vorgehen. Bei Betrachtung der Standardfehler der Koeffizienten fällt deren Reduzierung auf. Die Eliminierung von 'lngdp' hatte also zur Folge, dass die Schätzungen

| R Square | Adjusted R Square | Std. Error of the Estimate | Change Statistics | | |
|---|---|---|---|---|---|
| | | | R Square Ch. | F Ch. | Sig. F Ch. |
| .815 | .808 | 4.88 | .815 | 122.352 | .000 |

**Tabelle 4.6.** Model Summary .

| | Unstand. Coefficients | | t | Sig. | Collinearity Statistics | |
|---|---|---|---|---|---|---|
| Model | $\beta$ | Std. Error | | | Tolerance | VIF |
| (Constant) | 47.222 | 2.224 | 21.229 | .000 | | |
| lndocs | 4.670 | .535 | 8.728 | .000 | .297 | 3.365 |
| lnradios | 2.177 | .666 | 3.268 | .001 | .526 | 1.902 |
| urban | 2.798E-03 | .006 | .097 | .923 | .402 | 2.485 |
| lnbeds | 1.786 | .148 | 2.434 | .017 | .449 | 2.229 |

**Tabelle 4.7.** Coefficients (Dependent Variable: Female life expectancy 1992).

| | Eigenvalue | Condition |
|---|---|---|
| 1 | 4.532 | 1.000 |
| 2 | .347 | 3.615 |
| 3 | 6.579E-02 | 8.300 |
| 4 | 3.312E-02 | 11.697 |
| 5 | 2.232E-02 | 14.251 |

**Tabelle 4.8.** Collinearity Diagnostics .

stabiler wurden. Die Werte der Parameterschätzungen änderten sich in relativ geringem Maße—mit Ausnahme von 'urban', dessen Einfluss sich quasi umkehrte und bei Betrachtung der relativen Abweichungen (hier nicht aufgeführt) betraglich den maximalen Wert zeigte. Dieses Phänomen kann durchaus den Verdacht auf Multikollinearität erhöhen, insbesondere wenn ein erwarteter Effekt sich gegensätzlich zeigt. Zu den beiden zuvor signifikanten Variablen 'lndocs' und 'lnradios' zeigt sich nun auch 'lnbeds' als relevante Einflussgröße.

Der maximale Konditionsindex verringerte sich von 28.5 auf etwa 14.3, und auch die restlichen Indikatorindizes verringerten sich.

Es bleibt zu bemerken, dass die Identifikation und Qualifizierung von Multikollinearität praktisch relativ bequem anzugehen ist. Obiges Beispiel illustriert, dass etwa SPSS über die geeigneten Maßzahlen verfügt. Was das weitere Vorgehen anbelangt, kann jedoch keine allgemeine Vorgehensweise proklamiert werden. Das Beispiel ist folglich auf seine Illustrationsfähigkeit identifizierender und qualifizierender Maße beschränkt zu betrachten und ist fern jeglicher Rezeptur bei Multikollinearitätsproblemen.

## 4.6 Ökonometrische Gleichungen vom Regressionstyp

### 4.6.1 Stochastische Regressoren

Im folgenden betrachten wir einige Resultate bezüglich Regressionsgleichungen in ökonometrischen Modellen. Sei die Beziehung

$$y = X\beta + \epsilon \tag{4.144}$$

mit $y : T \times 1$, $X : T \times K$, $\beta : K \times 1$ und $\epsilon : T \times 1$ gegeben.

Im Gegensatz zu den bisherigen Modellen nehmen wir nun an, dass $X$ stochastisch ist. In ökonometrischen Modellen wird üblicherweise angenommen, dass $X$ und $\epsilon$ korreliert sind gemäß

$$p\lim(T^{-1}X'\epsilon) \neq 0 \tag{4.145}$$

und dass für $X$

$$p\lim(T^{-1}X'X) = \Sigma_{XX} \tag{4.146}$$

existiert und regulär ist. Wenn wir die klassische KQ–Schätzung auf das Modell (4.144) anwenden, folgt für $b = (X'X)^{-1}X'y$

$$p\lim(b) = \beta + \Sigma_{XX}^{-1}\, p\lim(T^{-1}X'\epsilon)\,, \tag{4.147}$$

so dass die KQ–Schätzung nicht konsistent ist (vgl. A.99).

Damit müssen andere Methoden entwickelt werden um Konsistenz zu sichern.

### 4.6.2 Instrumental–Variablen Schätzer (IVS)

Die Methode der Instrumental–Variablen ist eine der Techniken um einen konsistenten Schätzer von $\beta$ zu erhalten. Die Idee ist folgende: Wir nehmen an, dass wir neben den Beobachtungen in $y$ und $X$ zusätzlich $T$ Beobachtungen von $K$ Instrumental–Variablen in der $(T \times K)$–Matrix $Z$ verfügbar haben, die unkorreliert mit $\epsilon$ im Sinne von

$$\text{plim}(T^{-1}Z'\epsilon) = 0\,, \tag{4.148}$$

jedoch korreliert mit $X$ sind, so dass $\text{plim}(T^{-1}Z'X) = \Sigma_{ZX}$ existiert und regulär ist. Dann ist der Instrumental–Variablen Schätzer von $\beta$ definiert als

$$b^* = (Z'X)^{-1}Z'y\,. \tag{4.149}$$

Dieser Schätzer ist konsistent:

$$\begin{aligned} b^* &= (Z'X)^{-1}Z'(X\beta + \epsilon) \\ &= \beta + (Z'X)^{-1}Z'\epsilon \\ &= \beta + (T^{-1}Z'X)^{-1}(T^{-1}Z'\epsilon), \end{aligned}$$

da mit den obigen Voraussetzungen $\text{plim}(b^*) = \beta + \Sigma_{ZX}^{-1} * 0 = \beta$ folgt.

Mit der Beziehung $(b^* - \beta)(b^* - \beta)' = (Z'X)^{-1}Z'\epsilon\epsilon'Z(X'Z)^{-1}$ erhalten wir für die asymptotische Kovarianzmatrix von $b^*$

$$\bar{\Sigma}_{b^*b^*} = \bar{\mathrm{E}}(b^* - \beta)(b^* - \beta)' = T^{-1}\sigma^2\Sigma_{ZX}^{-1}\Sigma_{ZZ}\Sigma_{ZX}^{-1\prime} \tag{4.150}$$

wobei $\text{plim}T(T^{-1}Z'\epsilon)(T^{-1}\epsilon Z) = \sigma^2\Sigma_{ZZ}$ vorausgesetzt wird. Bedingt auf $Z$ und $X$ gilt für jedes $T$ $\mathrm{E}(b^*) = \beta$ und $\text{cov}(b^*) = \sigma^2(Z'X)^{-1}(Z'Z)(X'Z)^{-1}$.

*Interpretation:.* Der KQ–Schätzer $b$ ist Lösung der Normalgleichungen $X'Xb = X'y$, die man aus dem Modell $y = X\beta + \epsilon$ durch Linksmultiplikation mit $X'$ bei Weglassen von $X'\epsilon$ und Ersetzen von $\beta$ durch $b$ erhält. Analog ist der IVS $b^*$ Lösung der Normalgleichungen $Z'Xb^* = Z'y$, die aus dem Beobachtungsmodell $y = X\beta + \epsilon$ durch Linksmultiplikation mit $Z'$ bei Weglassen von $Z'\epsilon$ und Ersetzen von $\beta$ durch $b^*$ folgen.

*Anmerkung.* Man beachte, dass ein Instrument eine Variable ist, die mit $\epsilon$ unkorreliert und mit $X$ korreliert sein muss.

Dhrymes (1974, p.298) hat bewiesen, dass $|V(b^*)|$ bezüglich $Z$ minimiert wird wenn die Korrelation zwischen $Z$ und $X$ maximal ist. Dies bedeutet aber $Z = X$ und $b^* = b = (X'X)^{-1}X'y$.

Der KQ–Schätzer ist aber nicht konsistent. D.h. man muss diejenigen $Z$ finden, die hoch korreliert sind mit $X$ aber nicht identisch sind mit $X$ (vgl. hierzu Goldberger (1964) und Siotani, Hayakawa und Fujikoshi (1985)).

### 4.6.3 Scheinbar unverbundene Regressionen

Wir betrachten eine Menge von Gleichungen

$$y_i = X_i\beta_i + \epsilon_i\,, \quad i = 1, \ldots, M \tag{4.151}$$

mit $y_i : T \times 1$, $X_i : T \times K_i$, $\beta_i : K_i \times 1$ und $\epsilon_i : T \times 1$. Falls einige Paare von $\epsilon_i$ und $\epsilon_j$ $(i \neq j)$ korreliert sind, so sind die Gleichungen (4.151) auch untereinander über die Fehlervektoren korreliert, obwohl sie zunächst als scheinbar unverbunden (seemingly unrelated) als Modell in der sogenannten reduzierten Form konstruiert wurden.

Wir schreiben die Gleichungen aus (4.151) nun als multivariates lineares Regressionsmodell

$$\begin{pmatrix} y_1 \\ y_2 \\ \vdots \\ y_M \end{pmatrix} = \begin{pmatrix} X_1 & 0 & \dots & 0 \\ 0 & X_2 & \dots & 0 \\ \vdots & & \ddots & \vdots \\ 0 & 0 & \dots & X_M \end{pmatrix} \begin{pmatrix} \beta_1 \\ \beta_2 \\ \vdots \\ \beta_M \end{pmatrix} + \begin{pmatrix} \epsilon_1 \\ \epsilon_2 \\ \vdots \\ \epsilon_M \end{pmatrix} \tag{4.152}$$

oder kompakter als

$$y = X\beta + \epsilon$$

mit $y : MT \times 1$, $X : MT \times K$, $\beta : MK \times 1$, $\epsilon : MT \times 1$ und $K = \sum_{i=1}^{M} K_i$.

Die Kovarianzmatrix von $\epsilon$ ist

$$\mathrm{E}(\epsilon\epsilon') = \Sigma \otimes I_T \tag{4.153}$$

mit $\Sigma = (\sigma_{ij})$ und $\mathrm{E}(\epsilon\epsilon') = \sigma_{ij} I_T$. $\otimes$ bezeichnet das Kronecker–Produkt (siehe A.100).

Falls $\Sigma$ bekannt ist, wird $\beta$ durch den Aitken–Schätzer (7.64) gemäß

$$\hat{\beta} = (X'(\Sigma \otimes I)^{-1} X)^{-1} (X'(\Sigma \otimes I)^{-1} y) , \tag{4.154}$$

geschätzt, der BLUE von $\beta$ im Fall nichtstochastischer Regressoren $X$ ist. Dieser verallgemeinerte KQ–Schätzer und der übliche KQ–Schätzer $b = (X'X)^{-1} X'y$ sind identisch falls entweder $\Sigma$ diagonal oder $X_1 = X_2 = \dots = X_M$ ist (Toutenburg (1970a)) oder, noch allgemeiner, falls alle $X_i$ denselben Spaltenraum aufspannen (vgl. Dwivedi und Srivastava (1978) und Bartels und Fiebig (1991) für weitere Äquivalenzbedingungen).

Falls $\Sigma$ unbekannt ist, wird es durch einen Schätzer $\hat{\Sigma} = (\hat{\sigma}_{ij})$ ersetzt. Zellner (1962, 1963) hat zwei wesentliche Vorschläge gemacht.

**Restriktiver Zellner Schätzer (RZE)** Ausgehend von den KQ–Residuen

$$\hat{\epsilon}_i = y_i - X_i b_i , \quad b_i = (X_i' X_i)^{-1} X_i' y_i \quad (i = 1, \dots , M)$$

der Gleichungen im System (4.152) schätzt man die Kovarianzen $\sigma_{ij}$ durch

$$\hat{\sigma}_{ij} = \hat{\epsilon}_i' \hat{\epsilon}_j \Big/ \sqrt{(T - K_i)(T - K_j)} \ .$$

Dies ergibt $\hat{\Sigma} = (\hat{\sigma}_{ij})$ und

$$\hat{\beta}_{\mathrm{RZE}} = (X'(\hat{\Sigma} \otimes I)^{-1} X)^{-1} (X'(\hat{\Sigma} \otimes I)^{-1} y). \tag{4.155}$$

**Nichtrestriktiver Zellner Schätzer (UZE)** Wir definieren die $T \times K$–Matrix $\tilde{X} = (X_1, \dots, X_M)$ und die Residuen $\tilde{\epsilon}_i = y_i - \tilde{X}(\tilde{X}'\tilde{X})^{-1}\tilde{X}'y_i$ in der Regression von $y_i$ auf $\tilde{X}_i$ $(i = 1, \dots, M)$.

Dann wird $\sigma_{ij}$ geschätzt durch

$$\tilde{\sigma}_{ij} = \tilde{\epsilon}_i'\tilde{\epsilon}_j/(T - K) \ .$$

Mit $\tilde{\Sigma} = (\tilde{\sigma}_{ij})$ erhält man den Schätzer

$$\hat{\beta}_{\text{UZE}} = (X'(\tilde{\Sigma} \otimes I)^{-1}X)^{-1}(X'(\tilde{\Sigma} \otimes I)^{-1}y) \, . \tag{4.156}$$

Falls die Zufallsvektoren $\epsilon_i$ symmetrisch um Null verteilt sind, sind $\hat{\beta}_{\text{RZE}}$ und $\hat{\beta}_{\text{UZE}}$ erwartungstreu für $\beta$ (die Existenz von $\text{E}(\hat{\beta}_{\text{RZE}})$ und $\text{E}(\hat{\beta}_{\text{UZE}})$ vorausgesetzt; vgl. Kakwani (1967)). Srivastava und Raj (1979) geben Bedingungen für die Existenz dieser Erwartungswertvektoren an (vgl. auch Srivastava und Giles (1987)).

## 4.7 Klassische Normalregression

Die bisher abgeleiteten Ergebnisse im klassischen linearen Regressionsmodell haben Gültigkeit für alle Wahrscheinlichkeitsverteilungen der Fehlervariablen $\epsilon$, für die $E(\epsilon) = 0$ und $E(\epsilon\epsilon') = \sigma^2 I$ gilt. Wir spezifizieren nun den Typ der Verteilung von $\epsilon$, indem wir zusätzlich zu den Modellannahmen (4.61) $\epsilon \sim N(0, \sigma^2 I)$ fordern.

Der Vektor $\epsilon$ der zufälligen Fehler $\epsilon_t$ besitzt eine $T$–dimensionale Normalverteilung $N(0, \sigma^2 I)$, d.h. es ist $\epsilon \sim N(0, \sigma^2 I)$. Damit besitzt $\epsilon$ die Dichtefunktion

$$\begin{aligned} f(\epsilon; 0, \sigma^2 I) &= \prod_{t=1}^{T} (2\pi\sigma^2)^{-1/2} exp\left(-\frac{1}{2\sigma^2}\epsilon_t^2\right) \\ &= (2\pi\sigma^2)^{-T/2} exp\left\{-\frac{1}{2\sigma^2}\sum_{t=1}^{T}\epsilon_t^2\right\}, \end{aligned} \tag{4.157}$$

so dass die Komponenten $\epsilon_t$ $(t = 1, \dots, T)$ unabhängig und identisch $N(0, \sigma^2)$–verteilt sind. (4.157) ist ein Spezialfall der allgemeinen $T$–dimensionalen Normalverteilung $N(\mu, \Sigma)$. Es sei $\xi \sim N_T(\mu, \Sigma)$, d.h. $E(\xi) = \mu$, $E(\xi - \mu)(\xi - \mu)' = \Sigma$. Dann besitzt $\xi$ die Dichtefunktion (vgl. A.81)

$$f(\xi; \mu, \Sigma) = \{(2\pi)^T|\Sigma|\}^{-1/2} \exp\left\{-\frac{1}{2}(\xi - \mu)'\Sigma^{-1}(\xi - \mu)\right\}. \tag{4.158}$$

Das klassische lineare Regressionsmodell mit normalverteilten Fehlern—kurz das klassische Modell der Normalregression—hat dann die Gestalt

$$\left.\begin{array}{l} y = X\beta + \epsilon, \\ \epsilon \sim N(0, \sigma^2 I), \\ X \quad \text{nichtstochastisch, Rang } (X) = K. \end{array}\right\} \qquad (4.159)$$

## Maximum–Likelihood–(ML)–Prinzip

**Definition 4.6** *Es sei $\xi = (\xi_1, \dots, \xi_n)'$ eine zufällige Variable mit der Dichtefunktion $f(\xi; \Theta)$, wobei der Parametervektor $\Theta = (\Theta_1, \dots, \Theta_m)'$ in dem Parameterraum $\Omega$ der a–priori zulässigen Parameterwerte $\Theta$ liegt. Dann definiert die Dichtefunktion $f(\xi; \Theta)$ für jede Realisation (Stichprobe) $\xi_0$ von $\xi$ eine Funktion von $\Theta$:*

$$L(\Theta) = L(\Theta_1, \dots, \Theta_m) = f(\xi_0; \Theta),$$

*die wir als Likelihood–Funktion von $\xi_0$ bezeichnen.*

Das ML–Prinzip wählt als Schätzung von $\Theta$ in Abhängigkeit von $\xi_0$ denjenigen Wert $\hat{\Theta} \in \Omega$ (falls er existiert), für den

$$L(\hat{\Theta}) \geq L(\Theta) \quad \text{für alle } \Theta \in \Omega$$

gilt. Dabei braucht $\hat{\Theta}$ nicht eindeutig bestimmt zu sein. Der Schätzwert $\hat{\Theta}$ ist dann also so gewählt, dass die Realisierung $\xi_0$ den dichtesten oder (bei einer diskreten Verteilung) den wahrscheinlichsten Wert der Verteilung von $\xi$ darstellt. Führt man die Maximierung von $L(\Theta)$ für alle Realisierungen $\xi_0$ durch, so ist $\hat{\Theta}$ eine Funktion von $\xi$ und damit selbst eine Zufallsvariable, die wir als ML–Schätzung von $\Theta$ bezeichnen wollen.

## ML–Schätzung im Modell der klassischen Normalregression

Nach Satz A.82 gilt für $y$ aus (4.159)

$$y = X\beta + \epsilon \sim N(X\beta, \sigma^2 I), \qquad (4.160)$$

so dass die Likelihood–Funktion von $y$ die folgende Gestalt hat

$$L(\beta, \sigma^2) = (2\pi\sigma^2)^{-T/2} \exp\left\{-\frac{1}{2\sigma^2}(y - X\beta)'(y - X\beta)\right\}. \qquad (4.161)$$

Wegen der Monotonie der logarithmischen Transformation kann man statt $L(\beta, \sigma^2)$ auch $\ln L(\beta, \sigma^2)$ maximieren, ohne dass sich die Maximalstelle ändert:

$$\ln L(\beta, \sigma^2) = -\frac{T}{2}\ln(2\pi\sigma^2) - \frac{1}{2\sigma^2}(y - X\beta)'(y - X\beta). \tag{4.162}$$

Liegen keine a–priori–Restriktionen an die Parameter vor, so ist der Parameterraum $\Omega = \{\beta; \sigma^2 : \beta \in E^K; \sigma^2 > 0\}$. Wir erhalten die ML–Schätzungen von $\beta, \sigma^2$ durch Nullsetzen der ersten Ableitungen (Sätze A.91 bis A.95)

$$(I)\frac{\partial lnL}{\partial \beta} = \frac{1}{2\sigma^2}2X'(y - X\beta) = 0, \tag{4.163}$$

$$(II)\frac{\partial lnL}{\partial \sigma^2} = -\frac{T}{2\sigma^2} + \frac{1}{2(\sigma^2)^2}(y - X\beta)'(y - X\beta) = 0 \tag{4.164}$$

aus den sogenannten Likelihood–Gleichungen

$$\left.\begin{array}{l}(I)\;\; X'X\hat{\beta} = X'y, \\ (II)\; \hat{\sigma}^2 = \frac{1}{T}(y - X\hat{\beta})'(y - X\hat{\beta}).\end{array}\right\} \tag{4.165}$$

Die Gleichung (I) ist die bekannte Normalgleichung (4.10), aus der wir auf Grund der Voraussetzung Rang $(X) = K$ die eindeutig bestimmte Lösung (ML–Schätzung)

$$\hat{\beta} = b = (X'X)^{-1}X'y \tag{4.166}$$

erhalten. Ein Vergleich von (II) mit der erwartungstreuen Schätzung $s^2$ (4.111) ergibt die Relation

$$\hat{\sigma}^2 = \frac{T-K}{T}s^2, \tag{4.167}$$

so dass $\hat{\sigma}^2$ nicht erwartungstreu ist. Für den asymptotischen Erwartungswert erhalten wir (A.99 (i))

$$\lim_{T\to\infty} \mathrm{E}(\hat{\sigma}^2) = \bar{\mathrm{E}}(\hat{\sigma}^2) = \mathrm{E}(s^2) = \sigma^2 . \tag{4.168}$$

Damit gilt

**Satz 4.14** *Im Modell (4.159) der klassischen Normalregression stimmen die ML- und die KQ-Schätzung von $\beta$ überein. Die ML-Schätzung $\hat{\sigma}^2$ (4.167) von $\sigma^2$ ist asymptotisch erwartungstreu.*

*Hinweis.* Die Cramér–Rao–Schranke definiert eine untere Grenze (im Sinne der Definitheit von Differenzen von Matrizen) für die Kovarianzmatrix erwartungstreuer Schätzungen. Im Modell der Normalregression hat die Cramér-Rao–Schranke die Gestalt (vgl. z.B. Amemiya, 1985, p.19)

$$\mathrm{V}(\tilde{\beta}) \geq \sigma^2(X'X)^{-1},$$

wobei $\tilde{\beta}$ ein beliebiger erwartungstreuer Schätzer ist. Damit erreicht der ML–Schätzer $b$ die Cramér–Rao–Schranke, so dass $b$ bester erwartungstreuer Schätzer im Modell der Normalregression ist.

## 4.8 Prüfen von linearen Hypothesen

Wir entwickeln in diesem Abschnitt Testverfahren zum Prüfen von linear homogenen und inhomogenen—kurz linearen—Hypothesen im Modell (4.159) der klassischen Normalregression. Die allgemeine lineare Hypothese

$$H_0 : R\beta = r; \quad \sigma^2 > 0 \quad \text{beliebig} \tag{4.169}$$

wird gegen die Alternativhypothese

$$H_1 : R\beta \neq r; \quad \sigma^2 > 0 \quad \text{beliebig} \tag{4.170}$$

getestet, wobei wir voraussetzen:

$$\left.\begin{array}{l} R \text{ eine } (K-s)\times K\text{–Matrix}, \\ r \text{ ein } (K-s)\times 1\text{–Vektor}, \\ \text{Rang}\,(R) = K-s, \\ s \in \{0,1,\ldots,K-1\}, \\ R, r \text{ nichtstochastisch und bekannt.} \end{array}\right\} \tag{4.171}$$

Die Hypothese $H_0$ besagt, dass der Parametervektor $\beta$ zusätzlich zu den Modellannahmen $(K-s)$ exakten linearen Restriktionen genügt, die wegen $\text{Rang}(R) = K-s$ linear unabhängig sind. (Die Rangbedingung an $R$ sichert, dass keine Scheinrestriktionen geprüft werden.) Die allgemeine lineare Hypothese (4.169) lässt sich auf zwei wesentliche Spezialfälle ausrichten.

**Fall 1: $s = 0$** Nach Voraussetzung (4.171) ist dann die $K \times K$–Matrix $R$ regulär, und wir können $H_0$ und $H_1$ wie folgt darstellen:

$$H_0 : \beta = R^{-1}r = \beta^*; \sigma^2 > 0 \quad \text{beliebig}, \tag{4.172}$$

$$H_1 : \beta \neq \beta^*; \sigma^2 > 0 \quad \text{beliebig}. \tag{4.173}$$

**Fall 2: $s > 0$** Wir wählen eine zu $R$ komplementäre $(s \times K)$–Matrix $G$ derart, dass die zusammengesetzte $K \times K$–Matrix $\begin{pmatrix} G \\ R \end{pmatrix}$ den vollen Rang $K$ besitzt. Es sei

$$X \begin{pmatrix} G \\ R \end{pmatrix}^{-1} = \underset{T\times K}{\tilde{X}} = \Big( \underset{T\times s}{\tilde{X}_1}, \underset{T\times (K-s)}{\tilde{X}_2} \Big)$$

und

$$\underset{s\times 1}{\tilde{\beta}_1} = G\beta, \qquad \underset{(K-s)\times 1}{\tilde{\beta}_2} = R\beta.$$

Dann lässt sich folgende Umformung durchführen:

$$
\begin{aligned}
y = X\beta + \epsilon &= X \begin{pmatrix} G \\ R \end{pmatrix}^{-1} \begin{pmatrix} G \\ R \end{pmatrix} \beta + \epsilon \\
&= \tilde{X} \begin{pmatrix} \tilde{\beta}_1 \\ \tilde{\beta}_2 \end{pmatrix} + \epsilon \\
&= \tilde{X}_1 \tilde{\beta}_1 + \tilde{X}_2 \tilde{\beta}_2 + \epsilon .
\end{aligned}
$$

Dieses Modell genügt allen Voraussetzungen (4.61). Die Hypothesen $\mathrm{H}_0$ und $\mathrm{H}_1$ sind dann gleichwertig mit

$$
\begin{aligned}
\mathrm{H}_0 &: \tilde{\beta}_2 = r;\ \tilde{\beta}_1 \text{ und } \sigma^2 > 0 \quad \text{beliebig ,} && (4.174) \\
\mathrm{H}_1 &: \tilde{\beta}_2 \neq r;\ \tilde{\beta}_1 \text{ und } \sigma^2 > 0 \quad \text{beliebig .} && (4.175)
\end{aligned}
$$

Bezeichnen wir den vollen Parameterraum, d.h. den Raum, in dem entweder $\mathrm{H}_0$ oder $\mathrm{H}_1$ gilt, mit $\Omega$ und den durch $\mathrm{H}_0$ eingeschränkten Parameterraum mit $\omega$, so gilt $\omega \subset \Omega$ mit

$$
\begin{aligned}
\Omega &= \{\beta; \sigma^2 : \beta \in E^K, \sigma^2 > 0\}, \\
\omega &= \{\beta; \sigma^2 : \beta \in E^K \text{ und } R\beta = r; \sigma^2 > 0\}.
\end{aligned}
\tag{4.176}
$$

Als Teststatistik verwenden wir den Likelihood–Quotienten

$$
\lambda(y) = \frac{\max_\omega L(\Theta)}{\max_\Omega L(\Theta)}, \tag{4.177}
$$

der für das Modell (4.159) der klassischen Normalregression folgendermaßen hergeleitet wird:

$L(\Theta)$ nimmt sein Maximum für die ML–Schätzung $\hat{\Theta}$ an, es gilt also mit $\Theta = (\beta, \sigma^2)$

$$
\begin{aligned}
\max_{\beta,\sigma^2} L(\beta, \sigma^2) &= L(\hat{\beta}, \hat{\sigma}^2) \\
&= (2\pi\hat{\sigma}^2)^{-T/2} \exp\left\{ -\frac{1}{2\hat{\sigma}^2} (y - X\hat{\beta})'(y - X\hat{\beta}) \right\} \\
&= (2\pi\hat{\sigma}^2)^{-T/2} \exp\left\{ -\frac{T}{2} \right\}
\end{aligned}
\tag{4.178}
$$

und damit

$$
\lambda(y) = \left( \frac{\hat{\sigma}^2_\omega}{\hat{\sigma}^2_\Omega} \right)^{-T/2}, \tag{4.179}
$$

wobei $\hat{\sigma}^2_\omega$ bzw. $\hat{\sigma}^2_\Omega$ die ML–Schätzungen von $\sigma^2$ unter $\mathrm{H}_0$ bzw. im vollen Pararameterraum $\Omega$ sind.

Wie aus dem Aufbau (4.176) ersichtlich, liegt $\lambda(y)$ zwischen 0 und 1. $\lambda(y)$ ist selbst eine Zufallsvariable. Ist $\mathrm{H}_0$ richtig, so müsste der Zähler von $\lambda(y)$ bei wiederholter Stichprobennahme in der Mehrzahl der Fälle einen im Vergleich zum Nenner hinreichend großen Wert ergeben, so dass $\lambda(y)$ unter $H_0$ einen Wert nahe 1 annehmen müsste. Umgekehrt müsste $\lambda(y)$ bei Gültigkeit von $H_1$ vorwiegend Werte nahe 0 annehmen.

Wir führen folgende monotone Transformation durch:

$$\begin{aligned} F &= \{(\lambda(y))^{-2/T} - 1\}(T-K)(K-s)^{-1} \\ &= \frac{\hat{\sigma}_\omega^2 - \hat{\sigma}_\Omega^2}{\hat{\sigma}_\Omega^2} \cdot \frac{T-K}{K-s}. \end{aligned} \tag{4.180}$$

Für $\lambda \to 0$ gilt $F \to \infty$ und für $\lambda \to 1$ gilt $F \to 0$, so dass eine Stichprobe im Bereich „$F$ nahe 0"für die Gültigkeit von $H_0$ und im Bereich „$F$ hinreichend groß"für die Gültigkeit von $H_1$ spricht. Wir bestimmen nun $F$ und seine Verteilung für die beiden Spezialfälle der allgemeinen linearen Hypothese.

**Fall 1: $s = 0$** Die ML–Schätzungen unter $H_0$ (4.172) sind

$$\hat{\beta} = \beta^* \quad \text{und} \quad \hat{\sigma}_\omega^2 = \frac{1}{T}(y - X\beta^*)'(y - X\beta^*). \tag{4.181}$$

Die ML–Schätzungen über dem vollen Paramterraum $\Omega$ sind nach Satz 4.14

$$\hat{\beta} = b \quad \text{und} \quad \hat{\sigma}_\Omega^2 = \frac{1}{T}(y - Xb)'(y - Xb). \tag{4.182}$$

Wir führen nacheinander folgende Umformungen durch:

$$\left.\begin{aligned} b - \beta^* &= (X'X)^{-1}X'(y - X\beta^*)\,, \\ (b-\beta^*)'X'X &= (y - X\beta^*)'X\,, \\ y - Xb &= (y - X\beta^*) - X(b - \beta^*)\,, \\ (y-Xb)'(y-Xb) &= (y - X\beta^*)'(y - X\beta^*) \\ &\quad + (b-\beta^*)'X'X(b-\beta^*) \\ &\quad - 2(y - X\beta^*)'X(b - \beta^*) \\ &= (y - X\beta^*)'(y - X\beta^*) \\ &\quad - (b-\beta^*)'X'X(b-\beta^*)\,. \end{aligned}\right\} \tag{4.183}$$

Hieraus folgt

$$T(\hat{\sigma}_\omega^2 - \hat{\sigma}_\Omega^2) = (b-\beta^*)'X'X(b-\beta^*). \tag{4.184}$$

Somit erhalten wir als Teststatistik

$$F = \frac{(b-\beta^*)'X'X(b-\beta^*)}{(y-Xb)'(y-Xb)}\,\frac{T-K}{K}. \tag{4.185}$$

**Verteilung von $F$**

*a) Zähler.* Es gelten folgende Relationen:

$$\begin{array}{lr} b-\beta^* = (X'X)^{-1}X'[\epsilon + X(\beta-\beta^*)] & \text{[nach (4.183)]}, \\ \tilde{\epsilon} = \epsilon + X(\beta-\beta^*) \sim N(X(\beta-\beta^*), \sigma^2 I) & \text{[Satz A.82]}, \\ X(X'X)^{-1}X' \quad \text{idempotent vom Rang } K & \text{[Satz 4.5]}, \\ (b-\beta^*)'X'X(b-\beta^*) = \tilde{\epsilon}'X(X'X)^{-1}X'\tilde{\epsilon} & \\ \quad \sim \sigma^2\chi^2_K(\sigma^{-2}(\beta-\beta^*)'X'X(\beta-\beta^*)) & \text{[Satz A.84]} \\ \quad \text{bzw. } \sim \sigma^2\chi^2_K \text{ unter H}_0. & \end{array}$$

*b) Nenner.*

$$\left.\begin{array}{lr} (y-Xb)'(y-Xb) = (T-K)s^2 = \epsilon' M \epsilon & \text{[nach (4.111)]}, \\ M = I - X(X'X)^{-1}X' \quad \text{idempotent vom Rang} \quad T-K & \text{[A.61 (vi)]}, \\ \epsilon' M \epsilon \sim \sigma^2 \chi^2_{T-K} & \text{[A.87]}. \end{array}\right\} \tag{4.186}$$

Es gilt

$$MX(X'X)^{-1}X' = 0 \qquad \text{[Satz A.61 (vi)]}, \tag{4.187}$$

so dass Zähler und Nenner unabhängig verteilt sind [Satz A.89]. Damit [Satz A.86] besitzt der Quotient $F$ 0(3.164)

- unter $H_1$ eine $F_{K,T-K}(\sigma^{-2}(\beta-\beta^*)'X'X(\beta-\beta^*))$–Verteilung,
- unter $H_0 : \beta = \beta^*$ eine zentrale $F_{K,T-K}$–Verteilung.

Bezeichnen wir mit $F_{m,n,1-q}$ das $(1-q)$–Quantil der $F_{m,n}$–Verteilung (d.h. $P(F \leq F_{m,n,1-q}) = 1-q$), so erhalten wir auf Grund unserer eingangs geführten Überlegungen bei einer vorgegebenen Irrtumswahrscheinlichkeit erster Art $\alpha$ einen gleichmäßig besten Test (vgl. Lehmann, 1986, p.372) gemäß

$$\left.\begin{array}{ll} \text{Annahmebereich für H}_0\text{:} & 0 \leq F \leq F_{K,T-K,1-\alpha}, \\ \text{kritischer Bereich von H}_0\text{:} & F > F_{K,T-K,1-\alpha}. \end{array}\right\} \tag{4.188}$$

Eine Auswahl kritischer Werte der $F$–Verteilung ist im Anhang B enthalten.

**Fall 2: $s > 0$** Um die ML–Schätzungen unter $H_0$ (4.174) bestimmen und mit den ML–Schätzungen über dem vollen Parameterraum $\Omega$ vergleichen zu können, führen wir folgende Aufspaltung des Modells durch. Es sei

$$\beta' = \left( \underset{1\times s}{\beta_1'}, \underset{1\times(K-s)}{\beta_2'} \right) \tag{4.189}$$

und entsprechend

$$y = X\beta + \epsilon = X_1\beta_1 + X_2\beta_2 + \epsilon. \tag{4.190}$$

Wir setzen

$$\tilde{y} = y - X_2 r. \tag{4.191}$$

Wegen Rang $(X) = K$ gilt

$$\mathrm{Rang}(\underset{T\times s}{X_1}) = s \quad , \quad \mathrm{Rang}(X_2 \; T \times (K-s) = K-s, \underset{)}{} \tag{4.192}$$

so dass insbesondere die Inversen $(X_1'X_1)^{-1}$ und $(X_2'X_2)^{-1}$ existieren. Die ML–Schätzungen unter $\mathrm{H}_0$ sind

$$\hat{\beta}_2 = r, \quad \hat{\beta}_1 = (X_1'X_1)^{-1}X_1'\tilde{y} \tag{4.193}$$

und

$$\hat{\sigma}^2_\omega = \frac{1}{T}(\tilde{y} - X_1\hat{\beta}_1)'(\tilde{y} - X_1\hat{\beta}_1). \tag{4.194}$$

**Aufspaltung von b** Wir erhalten zunächst entsprechend der Modellaufspaltung

$$\begin{aligned} b &= (X'X)^{-1}X'y \\ &= \begin{pmatrix} X_1'X_1 & X_1'X_2 \\ X_2'X_1 & X_2'X_2 \end{pmatrix}^{-1} \begin{pmatrix} X_1'y \\ X_2'y \end{pmatrix}. \end{aligned} \tag{4.195}$$

Nach der Formel der partiellen Inversion (Satz A.19) ergibt sich für die Inverse der Ausdruck

$$\begin{pmatrix} (X_1'X_1)^{-1}[I + X_1'X_2D^{-1}X_2'X_1(X_1'X_1)^{-1}] & -(X_1'X_1)^{-1}X_1'X_2D^{-1} \\ -D^{-1}X_2'X_1(X_1'X_1)^{-1} & D^{-1} \end{pmatrix}, \tag{4.196}$$

wobei

$$D = X_2'M_1X_2 \tag{4.197}$$

und

$$M_1 = I - X_1(X_1'X_1)^{-1}X_1'. \tag{4.198}$$

$M_1$ ist (analog zu $M$) idempotent vom Rang $T - s$, es gilt ferner $M_1X_1 = 0$. Die $(K-s) \times (K-s)$–Matrix

$$D = X_2'X_2 - X_2'X_1(X_1'X_1)^{-1}X_1'X_2 \tag{4.199}$$

ist symmetrisch und—auf Grund der eindeutigen Lösbarkeit der Normalgleichungen für $b$, woraus die eindeutige Lösung der partiellen Normalgleichungen für die Teilkomponente $b_2$ folgt—notwendig auch regulär. Somit erhalten wir für die Teilschätzungen $b_1$ und $b_2$ von $b$

$$b = \begin{pmatrix} b_1 \\ b_2 \end{pmatrix} = \begin{pmatrix} (X_1'X_1)^{-1}X_1'y - (X_1'X_1)^{-1}X_1'X_2D^{-1}X_2'M_1y \\ D^{-1}X_2'M_1y \end{pmatrix}. \tag{4.200}$$

Daraus leiten wir die folgenden Relationen ab:

$$\left.\begin{aligned} b_2 &= D^{-1}X_2'M_1y, \\ b_1 &= (X_1'X_1)^{-1}X_1'(y - X_2b_2), \\ b_2 - r &= D^{-1}X_2'M_1(y - X_2r) \\ &= D^{-1}X_2'M_1\tilde{y} \\ &= D^{-1}X_2'M_1(\epsilon + X_2(\beta_2 - r)), \end{aligned}\right\} \tag{4.201}$$

$$\left.\begin{aligned} b_1 - \hat{\beta}_1 &= (X_1'X_1)^{-1}X_1'(y - X_2b_2 - \tilde{y}) \\ &= -(X_1'X_1)^{-1}X_1'X_2(b_2 - r) \\ &= -(X_1'X_1)^{-1}X_1'X_2D^{-1}X_2'M_1\tilde{y}. \end{aligned}\right\} \tag{4.202}$$

**Zerlegung von $\hat{\sigma}^2_\Omega$** Wir schreiben (mit den Symbolen $u$ bzw. $v$ für die folgenden Vektoren)

$$\begin{aligned} (y - Xb) &= (y - X_2r - X_1\hat{\beta}_1) - \Big(X_1(b_1 - \hat{\beta}_1) + X_2(b_2 - r)\Big) \\ &= \qquad\qquad u \qquad\qquad - \qquad\qquad v \end{aligned} \tag{4.203}$$

und können mit diesem Ansatz die ML–Schätzung $T\hat{\sigma}^2_\Omega = (y - Xb)'(y - Xb)$ wie folgt zerlegen:

$$(y - Xb)'(y - Xb) = u'u + v'v - 2u'v. \tag{4.204}$$

Es gilt

$$u = y - X_2r - X_1\hat{\beta}_1 = \tilde{y} - X_1(X_1'X_1)^{-1}X_1'\tilde{y} = M_1\tilde{y}, \tag{4.205}$$

$$u'u = \tilde{y}'M_1\tilde{y}, \tag{4.206}$$

$$\begin{aligned} v &= X_1(b_1 - \hat{\beta}_1) + X_2(b_2 - r) \\ &= -X_1(X_1'X_1)^{-1}X_1'X_2D^{-1}X_2'M_1\tilde{y} \qquad \text{[nach (4.201)]} \\ &\quad + X_2D^{-1}X_2'M_1\tilde{y} \qquad \text{[nach (4.202)]} \\ &= M_1X_2D^{-1}X_2'M_1\tilde{y}, \end{aligned} \tag{4.207}$$

$$\begin{aligned} v'v &= \tilde{y}'M_1X_2D^{-1}X_2'M_1\tilde{y} \\ &= (b_2 - r)'D(b_2 - r), \end{aligned} \tag{4.208}$$

$$u'v = v'v. \tag{4.209}$$

Damit gilt insgesamt

$$\begin{aligned}(y - Xb)'(y - Xb) &= u'u - v'v \\ &= (\tilde{y} - X_1\hat{\beta}_1)'(\tilde{y} - X_1\hat{\beta}_1) - (b_2 - r)'D(b_2 - r)\end{aligned} \quad (4.210)$$

oder, anders geschrieben,

$$T(\hat{\sigma}^2_\omega - \hat{\sigma}^2_\Omega) = (b_2 - r)'D(b_2 - r). \quad (4.211)$$

Im Fall 2: $s > 0$ erhalten wir also als Teststatistik

$$F = \frac{(b_2 - r)'D(b_2 - r)}{(y - Xb)'(y - Xb)} \frac{T - K}{K - s}. \quad (4.212)$$

**Verteilung von F**

*a) Zähler.* Es gelten folgende Relationen:

$$\begin{aligned} A &= M_1 X_2 D^{-1} X_2' M_1 \quad \text{ist idempotent,} \\ \text{Rang}(A) &= \text{sp}(A) = \text{sp}\{(M_1 X_2 D^{-1})(X_2' M_1)\} \\ &= \text{sp}\{(X_2' M_1)(M_1 X_2 D^{-1})\} \qquad \text{[Satz A.13 (iv)]} \\ &= \text{sp}(I_{K-s}) = K - s, \\ b_2 - r &= D^{-1} X_2' M_1 \tilde{\epsilon} \qquad \text{[nach (4.201)],} \\ \tilde{\epsilon} &= \epsilon + X_2(\beta_2 - r) \\ &\sim N(X_2(\beta_2 - r), \sigma^2 I), \qquad \text{[Satz A.82],} \\ (b_2 - r)'D(b_2 - r) &= \tilde{\epsilon}' A \tilde{\epsilon} \\ &\sim \sigma^2 \chi^2_{K-s}(\sigma^{-2}(\beta_2 - r)'D(\beta_2 - r)) [Satz A.84] \quad (4.213) \\ &\sim \sigma^2 \chi^2_{K-s} \quad \text{unter } \mathrm{H}_0. \quad (4.214) \end{aligned}$$

*b) Nenner.* Der Nenner ist für beide Fälle gleich, es gilt

$$(y - Xb)'(y - Xb) = \epsilon' M \epsilon \sim \sigma^2 \chi^2_{T-K}. \quad (4.215)$$

Wegen

$$MX = M(X_1, X_2) = (MX_1, MX_2) = (0, 0) \quad (4.216)$$

wird

$$MM_1 = M \quad (4.217)$$

und

$$MA = MM_1 X_2 D^{-1} X_2' M_1 = 0, \quad (4.218)$$

so dass Zähler und Nenner von $F$ (4.212) unabhängig verteilt sind [Satz A.89]. Damit [Satz A.86] besitzt die Teststatistik $F$ unter $\mathrm{H}_1$ eine $F_{K-s,T-K}(\sigma^{-2}(\beta_2 - r)'D(\beta_2 - r))$–Verteilung, unter $\mathrm{H}_0$ eine zentrale

$F_{K-s,T-K}$–Verteilung. Der Annahmebereich für $H_0$ bei einer Irrtumswahrscheinlichkeit erster Art $\alpha$ ist dann durch

$$0 \leq F \leq F_{K-s,T-K,1-\alpha} \tag{4.219}$$

und entsprechend der kritische Bereich von $H_0$ durch

$$F > F_{K-s,T-K,1-\alpha} \tag{4.220}$$

gegeben.

## 4.9 Varianzanalyse und Güte der Anpassung

### 4.9.1 Univariate Regression

*Hinweis.* Einige der folgenden Relationen wurden bereits in Abschnitt 3.4 hergeleitet. Hier erscheinen sie als Spezialfall des multiplen Modells und z.T. in anderer (multipler) Notation.

Wir betrachten das Modell (4.113) mit einer Scheinvariablen **1** und einem echten Regressor $x$ :

$$y_t = \beta_0 + \beta_1 x_t + \epsilon_t \quad (t = 1, \ldots, T). \tag{4.221}$$

Die gewöhnlichen KQ–Schätzungen von $\beta' = (\beta_0, \beta_1)$ lauten nach (4.116) und (4.118):

$$b_1 = \frac{\sum(x_t - \bar{x})(y_t - \bar{y})}{\sum(x_t - \bar{x})^2}, \tag{4.222}$$

$$b_0 = \bar{y} - b_1 \bar{x}. \tag{4.223}$$

Der zu einem festen $x$ vorhergesagte Wert von $y$ ist dann

$$\hat{y} = b_0 + b_1 x, \tag{4.224}$$

speziell ist für $x = x_t$

$$\begin{aligned} \hat{y}_t &= b_0 + b_1 x_t \\ &= \bar{y} + b_1(x_t - \bar{x}) \end{aligned} \tag{4.225}$$

(vgl. (4.223)). Wir betrachten folgende Identität:

$$y_t - \hat{y}_t = (y_t - \bar{y}) - (\hat{y}_t - \bar{y}). \tag{4.226}$$

Dann gilt (vgl. (4.26))

$$\begin{aligned} S(b) &= \sum (y_t - \hat{y}_t)^2 \\ &= \sum (y_t - \bar{y})^2 + \sum (\hat{y}_t - \bar{y})^2 - 2 \sum (y_t - \bar{y})(\hat{y}_t - \bar{y}). \end{aligned}$$

Für das gemischte Glied erhalten wir

$$\begin{aligned} \sum (y_t - \bar{y})(\hat{y}_t - \bar{y}) &= \sum (y_t - \bar{y}) b_1 (x_t - \bar{x}) && \text{[vgl. (4.225)]} \\ &= b_1^2 \sum (x_t - \bar{x})^2 && \text{[vgl.(4.222)]} \\ &= \sum (\hat{y}_t - \bar{y})^2. && \text{[vgl.(4.225)]} \end{aligned}$$

Damit gilt

$$\sum (y_t - \bar{y})^2 = \sum (y_t - \hat{y}_t)^2 + \sum (\hat{y}_t - \bar{y})^2. \tag{4.227}$$

Dies ist die Relation (4.24), wobei statt der Originalwerte deren Differenzen zu $\bar{y}$ verwendet wurden. Die linke Seite von (4.227) heißt **Sum of Squares about the mean** oder **corrected Sum of Squares of Y** (abgekürzt: SS (corrected)) oder $SYY$. Die beiden Quadratsummen auf der rechten Seite liefern die Abweichung „Beobachtung—Regressionsvorhersage", also die Residual Sum of Squares

$$\text{SS Residual :} \qquad RSS = \sum (y_t - \hat{y}_t)^2 \tag{4.228}$$

bzw. den durch die Regression erklärten Variabilitätsanteil

$$\text{SS Regression :} \qquad SS_{\text{Reg}} = \sum (\hat{y}_t - \bar{y})^2. \tag{4.229}$$

Falls alle $y_t$ auf der Regressionsgeraden liegen, wird $\sum (y_t - \hat{y}_t)^2 = 0$ und damit SS(corrected) $= SS_{\text{Reg}}$. Damit ist ein Regressionsmodell ein um so besserer Prediktor, je näher der Wert von

$$R^2 = \frac{SS_{\text{Reg}}}{\text{SS corrected}} \tag{4.230}$$

an 1 liegt. Dieses Maß werden wir noch ausführlich diskutieren. Die Freiheitsgrade der Quadratsummen sind für

$$\sum_{t=1}^{T} (y_t - \bar{y})^2 \qquad : \qquad \text{FG} = T - 1$$

und für

$$\sum_{t=1}^{T} (\hat{y}_t - \bar{y})^2 = b_1^2 \sum (x_t - \bar{x})^2 \qquad : \qquad \text{FG} = 1,$$

da hier eine Funktion in den $y_t$—nämlich $b_1$—zur Berechnung dieser Quadratsumme ausreicht. Gemäß (4.227) hat die andere Quadratsumme $\sum (y_t - \hat{y}_t)^2$ als Freiheitsgrad die Differenz der Freiheitsgrade der beiden anderen Summen, also FG $= T - 2$. Bei Normalverteilung der Fehler $\epsilon_t$ sind die drei Quadratsummen jeweils unabhängig voneinander $\chi^2_{FG}$-verteilt, so dass wir folgende Tafel der Varianzanalyse aufstellen können:

| Variations-ursache | SS | FG | Mean Square (=SS/FG) |
|---|---|---|---|
| Regression | SS Regression | 1 | $MS_{\text{Reg}}$ |
| Residual | RSS | T-2 | $s^2 = \frac{RSS}{T-2}$ |
| Total | SS corrected=SYY | T-1 | |

**Notation.** Sei

$$SXX = \sum (x_t - \bar{x})^2, \tag{4.231}$$

$$SYY = \sum (y_t - \bar{y})^2, \tag{4.232}$$

$$SXY = \sum (x_t - \bar{x})(y_t - \bar{y}), \tag{4.233}$$

so lässt sich der Stichprobenkorrelationskoeffizient schreiben als

$$r_{XY} = \frac{SXY}{\sqrt{SXX}\sqrt{SYY}}. \tag{4.234}$$

Damit wird (vgl. (4.222))

$$b_1 = \frac{SXY}{SXX} = r_{XY}\sqrt{\frac{SYY}{SXX}}. \tag{4.235}$$

Die Schätzung von $\sigma^2$ lässt sich dann unter Verwendung von (4.235) wie folgt darstellen:

$$s^2 = \frac{1}{T-2}\sum \hat{\epsilon}_t^2 = \frac{1}{T-2}RSS, \tag{4.236}$$

wobei für RSS alternative Formen benutzt werden können:

$$\begin{aligned} RSS &= \sum (y_t - (b_0 + b_1 x_t))^2 \\ &= \sum [(y_t - \bar{y}) - b_1(x_t - \bar{x})]^2 \\ &= SYY + b_1^2 SXX - 2b_1 SXY \\ &= SYY - b_1^2 SXX & (4.237) \\ &= SYY - \frac{(SXY)^2}{SXX}. & (4.238) \end{aligned}$$

Mit dieser Schreibweise wird dann

$$\text{SS corrected} = SYY \tag{4.239}$$

und

$$\begin{aligned} SS_{\text{Reg}} &= SYY - RSS \\ &= \frac{(SXY)^2}{SXX} = b_1^2\, SXX. & (4.240) \end{aligned}$$

**Prüfen der Regression** Gültigkeit des linearen Modells (4.221)

$$y_t = \beta_0 + \beta_1 x_t + \epsilon_t$$

bedeutet insbesondere, dass $b_1$ signifikant von Null verschieden ist. Dies ist äquivalent damit, dass $X$ und $Y$ signifikant korreliert sind (vgl. (4.235)) bzw. dass $SS_{\text{Reg}}$ (4.240) hinreichend groß ist. Dies bedeutet formal den Vergleich der Modelle (vgl. Weisberg, 1980, p.17)

$$\begin{aligned} \text{H}_0: &\quad y_t = \beta_0 + \epsilon_t \\ \text{H}_1: &\quad y_t = \beta_0 + \beta_1 x_t + \epsilon_t, \end{aligned}$$

d.h. die Prüfung von $\text{H}_0 : \beta_1 = 0$ gegen $\text{H}_1 : \beta_1 \neq 0$.

Die zugehörige—bei vorausgesetzter Normalverteilung $\epsilon \sim N(0, \sigma^2 I)$—LQ-Teststatistik (4.212) wird mit D aus (4.199)

$$\begin{aligned} D &= x'x - x'\mathbf{1}(\mathbf{1}'\mathbf{1})^{-1}\mathbf{1}'x \\ &= \sum x_t^2 - \frac{(\sum x_t)^2}{T} = \sum (x_t - \bar{x})^2 = SXX \end{aligned} \tag{4.241}$$

zu

$$\begin{aligned} F_{1,T-2} &= \frac{b_1^2 SXX}{s^2} \qquad \text{[vgl. (4.240)]} \\ &= \frac{SS_{\text{Reg}}}{RSS} \cdot (T-2) \\ &= \frac{MS_{\text{Reg}}}{s^2}. \end{aligned} \tag{4.242}$$

**Das Bestimmtheitsmaß** In (4.230) haben wir bereits $R^2$ als Gütemaß für die Anpassung eingeführt. Mit den danach abgeleiteten Beziehungen (vgl. (4.240)) und Bezeichnungen gilt

$$R^2 = \frac{SS_{\text{Reg}}}{SYY} = 1 - \frac{RSS}{SYY}. \tag{4.243}$$

Die linke Seite ist der Anteil der Variabilität, der durch die Regression nach $X$ (bzw. durch die Hereinnahme von $X$ in das Modell) erklärt wird. $SYY$ ist die Gesamtvariabilität der $y$-Werte. Die rechte Seite ist 1 minus der verbleibende (durch die Regression nicht erklärte) Anteil an Variabilität.

**Definition 4.7** *$R^2$ (4.243) heißt Bestimmtheitsmaß (coefficient of determination).*

Mit (4.234) und (4.240) erhalten wir die folgende Beziehung zwischen $R^2$ und dem Stichprobenkorrelationskoeffizienten

$$R^2 = r_{XY}^2. \tag{4.244}$$

**Konfidenzintervalle für $\mathbf{b_0}$ und $\mathbf{b_1}$** Die Kovarianzmatrix der KQ–Schätzung hat generell die Gestalt $V_b = \sigma^2 S^{-1}$. Für das Modell (4.221) erhalten wir

$$S = \begin{pmatrix} \mathbf{1}'\mathbf{1} & \mathbf{1}'x \\ \mathbf{1}'x & x'x \end{pmatrix} = \begin{pmatrix} T & T\bar{x} \\ T\bar{x} & \sum x_t^2 \end{pmatrix}, \tag{4.245}$$

$$S^{-1} = \frac{1}{SXX} \begin{pmatrix} \frac{1}{T}\sum x_t^2 & -\bar{x} \\ -\bar{x} & 1 \end{pmatrix} \tag{4.246}$$

und daraus

$$\mathrm{Var}(b_1) = \sigma^2 \frac{1}{SXX} \tag{4.247}$$

$$\mathrm{Var}(b_0) = \frac{\sigma^2}{T} \cdot \frac{\sum x_t^2}{SXX} = \frac{\sigma^2}{T} \frac{\sum x_t^2 - T\bar{x}^2 + T\bar{x}^2}{SXX}$$
$$= \sigma^2 \left( \frac{1}{T} + \frac{\bar{x}^2}{SXX} \right). \tag{4.248}$$

Die geschätzten Standardabweichungen sind

$$SE(b_1) = s\sqrt{\frac{1}{SXX}} \tag{4.249}$$

und

$$SE(b_0) = s\sqrt{\frac{1}{T} + \frac{\bar{x}^2}{SXX}} \tag{4.250}$$

mit $s$ aus (4.236). Falls $\epsilon \sim N(0, \sigma^2 I)$ im Modell (4.221) gilt, ist

$$b_1 \sim N\left(\beta_1, \sigma^2 \cdot \frac{1}{SXX}\right), \tag{4.251}$$

also gilt

$$\frac{b_1 - \beta_1}{s}\sqrt{SXX} \sim t_{T-2}. \tag{4.252}$$

Analog erhalten wir

$$b_0 \sim N\left(\beta_0, \sigma^2 \left(\frac{1}{T} + \frac{\bar{x}^2}{SXX}\right)\right), \tag{4.253}$$

$$\frac{b_0 - \beta_0}{s}\sqrt{\frac{1}{T} + \frac{\bar{x}^2}{SXX}} \sim t_{T-2}. \tag{4.254}$$

Damit berechnen wir die Konfidenzintervalle zum Niveau $1 - \alpha$

$$b_0 - t_{T-2,1-\alpha/2} \cdot SE(b_0) \leq \beta_0 \leq b_0 + t_{T-2,1-\alpha/2} \cdot SE(b_0) \tag{4.255}$$

bzw.

$$b_1 - t_{T-2,1-\alpha/2} \cdot SE(b_1) \leq \beta_1 \leq b_1 + t_{T-2,1-\alpha/2} \cdot SE(b_1). \tag{4.256}$$

Die Konfidenzbereiche entsprechen den jeweiligen Annahmebereichen für zweiseitige Tests zum Niveau $1 - \alpha$.

*(i) Test auf* $H_0 : \beta_0 = \beta_0^*$. Die Teststatistik ist

$$t_{T-2} = \frac{b_0 - \beta_0^*}{SE(b_0)}. \tag{4.257}$$

$H_0$ wird nicht abgelehnt, falls

$$|t_{T-2}| \le t_{T-2,1-\alpha/2}$$

bzw. äquivalent (4.255) mit $\beta_0 = \beta_0^*$ gilt.

*(ii) Test auf* $H_0 : \beta_1 = \beta_1^*$. Die Teststatistik ist

$$t_{T-2} = \frac{b_1 - \beta_1^*}{SE(b_1)} \tag{4.258}$$

oder äquivalent

$$t_{T-2}^2 = F_{1,T-2} = \frac{(b_1 - \beta_1^*)^2}{(SE(b_1))^2} \tag{4.259}$$

Im Fall von $H_0 : \beta_1 = 0$ ist dies gleich (4.242). $H_0$ wird nicht abgelehnt, falls

$$|t_{T-2}| \le t_{T-2,1-\alpha/2}$$

bzw. äquivalent (4.256) mit $\beta_1 = \beta_1^*$ gilt.

### 4.9.2 Beispiel: Univariate Regression mit einer Dummyvariablen

Wir betrachten ein univariates Regressionsmodell mit einer zweikategorialen Variablen $X$ in Dummykodierung mit $x = 1$ und $x = 0$ (als Referenzkategorie) mit $n_1$ bzw. $n_2$ Beobachtungen.

Das Regressionsmodell (4.221) lautet in diesem speziellen Fall (mit $n_1 + n_2 = n$ statt $T$)

$$\begin{pmatrix} y_{11} \\ \vdots \\ y_{1n_1} \\ y_{21} \\ \vdots \\ y_{2n_2} \end{pmatrix} = y = X\beta + \epsilon = \begin{pmatrix} 1\,1 \\ \vdots\ \vdots \\ 1\,1 \\ 1\,0 \\ \vdots\ \vdots \\ 1\,0 \end{pmatrix} \begin{pmatrix} \beta_0 \\ \beta_1 \end{pmatrix} + \begin{pmatrix} \epsilon_{11} \\ \vdots \\ \epsilon_{1n_1} \\ \epsilon_{21} \\ \vdots \\ \epsilon_{2n_2} \end{pmatrix},$$

d.h.

$$\begin{pmatrix} y_1 \\ y_2 \end{pmatrix} = \begin{pmatrix} \mathbf{1}_{n_1} & \mathbf{1}_{n_1} \\ \mathbf{1}_{n_2} & \mathbf{0}_{n_2} \end{pmatrix} \begin{pmatrix} \beta_0 \\ \beta_1 \end{pmatrix} + \begin{pmatrix} \epsilon_1 \\ \epsilon_2 \end{pmatrix}.$$

Gemäß Gauss–Markov–Theorem ist die KQ–Schätzung

$$b = (X'X)^{-1}X'y.$$

In diesem Fall ist mit $n = n_1 + n_2$

$$X'X = \begin{pmatrix} 1 \cdots 1 \, 1 \cdots 1 \\ 1 \cdots 1 \, 0 \cdots 0 \end{pmatrix} \begin{pmatrix} 1\,1 \\ \vdots\;\vdots \\ 1\,1 \\ 1\,0 \\ \vdots\;\vdots \\ 1\,0 \end{pmatrix} = \begin{pmatrix} n & n_1 \\ n_1 & n_1 \end{pmatrix}.$$

Damit ist

$$(X'X)^{-1} = \begin{pmatrix} n & n_1 \\ n_1 & n_1 \end{pmatrix}^{-1} = \begin{pmatrix} \frac{1}{n_2} & \frac{-1}{n_2} \\ \frac{-1}{n_2} & \frac{n}{n_1 n_2} \end{pmatrix}.$$

Insgesamt ergibt sich als Schätzer für $\beta$

$$b = (X'X)^{-1}X'y = \begin{pmatrix} \bar{y}_2 \\ \bar{y}_1 - \bar{y}_2 \end{pmatrix} = \begin{pmatrix} b_0 \\ b_1 \end{pmatrix}.$$

Die Hypothese zum Prüfen des Einflusses von $X$ lautet $\mathrm{H}_0 : \beta_1 = 0$.

Beim Prüfen von linearen Hypothesen lautet die Nullhypothese allgemein

$$\mathrm{H}_0 : R\beta = r$$

gegen

$$\mathrm{H}_1 : R\beta \neq r.$$

Die Teststatistik lautet dann allgemein (vgl. (4.212) mit $n$ statt $T$)

$$F = \frac{(b_2 - r)' \, D \, (b_2 - r)}{(y - Xb)' \, (y - Xb)} \frac{n-2}{2-1}.$$

Sei nun $r = 0$ und $R = (0\,1)$. Man testet die Hypothese

$$\mathrm{H}_0 : R\beta = (0\,1) \begin{pmatrix} \beta_0 \\ \beta_1 \end{pmatrix} = 0$$

gegen

$$\mathrm{H}_0 : R\beta = (0\,1)\begin{pmatrix}\beta_0\\ \beta_1\end{pmatrix} \neq 0\,.$$

In diesem Fall ist (vgl. (4.241))

$$\begin{aligned} D &= (\mathbf{1}'_{n_1}\,\mathbf{0}'_{n_2})\begin{pmatrix}\mathbf{1}_{n_1}\\ \mathbf{0}_{n_2}\end{pmatrix} - (\mathbf{1}'_{n_1}\,\mathbf{0}'_{n_2})\mathbf{1}_n(\mathbf{1}'_n\mathbf{1}_n)^{-1}\mathbf{1}'_n\begin{pmatrix}\mathbf{1}_{n_1}\\ \mathbf{0}_{n_2}\end{pmatrix} \\ &= n_1 - \frac{n_1^2}{n} = \frac{n_1 n_2}{n} \end{aligned}$$

und außerdem gilt $r = 0$. Daher lässt sich die Teststatistik darstellen als

$$F = \frac{b_1^2 \dfrac{n_1 n_2}{n_1 + n_2}}{\dfrac{\sum(y_{1i} - \bar{y}_1)^2 + \sum(y_{2i} - \bar{y}_2)^2}{n_1 + n_2 - 2}} \underset{H_0}{\sim} F_{1,n-2}\,.$$

Dies ist das Quadrat der Formel für den Zwei–Stichproben–t–Test zum Vergleich der beiden Populationen von $y$ für die Ausprägungen $x = 1$ und $x = 0$, wobei der Nenner die gepoolte Varianz $s^2$ der beiden Stichproben darstellt. Die Formel für den t–Test auf $\mathrm{H}_0 : \beta_1 = 0$ wäre

$$\frac{b_1}{s}\sqrt{\frac{n_1 n_2}{n_1 + n_2}} \underset{H_0}{\sim} t_{n-2} = \sqrt{F_{1,n-2}}\,.$$

Damit ist der F–Test auf Signifikanz des Einflusses der binären Dummyvariablen $x$ auf $y$ äquivalent zum Zwei–Stichproben–t–Test.

### 4.9.3 Multiple Regression

In der multiplen Regression ist die Varianzanalyse die am häufigsten angewandte Methode zur Aufteilung der Variabilität und zum Vergleich von Modellen mit hierarchisch ineinander geschachtelten (sogenannten nested) Variablenmengen. Die globale (overall) Varianzanalyse vergleicht das volle Modell $y = \mathbf{1}\beta_0 + X\beta_* + \epsilon = \tilde{X}\beta + \epsilon$ mit dem Modell $y = \mathbf{1}\beta_0 + \epsilon$ ohne echte Regressoren. In diesem Modell ist $\hat{\beta}_0 = \bar{y}$ und die zugehörige Residual–Quadratsumme ist

$$\sum(y_t - \hat{y}_t)^2 = \sum(y_t - \bar{y})^2 = SYY. \tag{4.260}$$

Für das volle Modell wird $\beta = (\beta_0, \beta_*)'$ durch die KQS $b = (\tilde{X}'\tilde{X})^{-1}\tilde{X}'y$ geschätzt. Nehmen wir die Unterteilung von $\beta$ in den zur Konstanten $\mathbf{1}$ gehörenden Parameter $\beta_0$ und den zu den echten Regressoren gehörenden Subvektor $\beta_*$ in die Schätzung $b$ hinein, so erhalten wir

$$b = \begin{pmatrix} \hat{\beta}_0 \\ \hat{\beta}_* \end{pmatrix}, \; \hat{\beta}_* = (X'X)^{-1}X'y, \; \hat{\beta}_0 = \bar{y} - \hat{\beta}_*'\bar{x}. \tag{4.261}$$

Damit gilt im vollen Modell (vgl. Weisberg (1980), p.43)

$$\begin{aligned} RSS &= (y - \tilde{X}b)'(y - \tilde{X}b) \\ &= y'y - b'\tilde{X}'\tilde{X}b \\ &= (y - \mathbf{1}\bar{y})'(y - \mathbf{1}\bar{y}) - \hat{\beta}_*'(X'X)\hat{\beta}_* + T\bar{y}^2. \end{aligned} \tag{4.262}$$

Der durch die Regression—also die Hereinnahme der Regressormatrix X—erklärte Variabilitätsanteil wird wieder (vgl. (4.240))

$$SS_{\text{Reg}} = SYY - RSS \tag{4.263}$$

mit RSS aus (4.262) und SYY aus (4.260). Die Tafel der Varianzanalyse hat dann die Gestalt

| Variations - ursache | SS | FG | MS |
|---|---|---|---|
| Regression auf $X_1, \ldots, X_K$ | $SS_{\text{Reg}}$ | K | $SS_{\text{Reg}}/K$ |
| Residual | RSS | T-K-1 | $s^2 = \frac{RSS}{T-K-1}$ |
| Total | SYY | T-1 | |

Das multiple Bestimmtheitsmaß

$$R^2 = \frac{SS_{\text{Reg}}}{SYY} \tag{4.264}$$

mißt den relativen Anteil der durch Regression auf $X_1, \ldots, X_K$ erklärten Variabilität im Verhältnis zur Gesamtvariabilität SYY.

Der F–Test zum Prüfen von

$$\text{H}_0 \; : \; \beta_* = 0$$

gegen

$$\text{H}_1 \; : \; \beta_* \neq 0$$

(also $\text{H}_0 \; : \; y = \mathbf{1}\beta_0 + \epsilon$ gegen $\text{H}_1 \; : \; y = \mathbf{1}\beta_0 + X\beta_* + \epsilon$) basiert auf der Teststatistik

$$F_{K,T-K-1} = \frac{SS_{\text{Reg}}/K}{s^2}. \tag{4.265}$$

Der statistisch interessante Fall ist die Prüfung von Hypothesen bezüglich einzelner Komponenten von $\beta$. Dieses Problem tritt auf, wenn man aus einer möglichen Menge von Regressoren $X_1, \ldots, X_K$ ein z.B. bezüglich des Bestimmtheitsmaßes bestes Modell finden will.

**Kriterien zur Modellwahl** Draper und Smith (1966) und Weisberg (1980) geben eine Reihe von Kriterien zur Modellwahl an. Wir halten uns hier an die Systematik von Weisberg.

**(i) Ad–hoc–Kriterium** Sei $X_1, \ldots, X_K$ die volle Regressormenge und $\{X_{i1}, \ldots, X_{ip}\}$ eine Auswahl von $p$ Regressoren (Untermenge). Wir bezeichnen die Residual–Quadratsummen mit $RSS_K$ bzw. $RSS_p$. Die Parametervektoren seien

$$\begin{aligned} &\beta \text{ für } X_1, \cdots, X_K, \\ &\beta_1 \text{ für } X_{i1}, \cdots, X_{ip}, \\ &\beta_2 \text{ für } (X_1, \cdots, X_K) \backslash (X_{i1}, \cdots, X_{ip}). \end{aligned}$$

Dann bedeutet die Wahl zwischen beiden Modellen die Prüfung von $H_0 : \beta_2 = 0$. Da eine „nested"–Testsituation vorliegt, wenden wir den F–Test an:

$$F_{(K-p),T-K} = \frac{(RSS_p - RSS_K)/(K-p)}{RSS_K/(T-K)}. \tag{4.266}$$

Das volle Modell ist gegenüber dem Teilmengenmodell zu bevorzugen, falls $H_0 : \beta_2 = 0$ abgelehnt wird, d.h. falls $F > F_{1-\alpha}$ gilt (mit den Freiheitsgraden $K-p$ und $T-K$).

**(ii) Modellwahl auf der Basis des adjustierten Bestimmtheitsmaßes** Das Bestimmtheitsmaß (vgl. (4.263) und (4.264))

$$R_p^2 = 1 - \frac{RSS_p}{SYY} \tag{4.267}$$

für ein Modell mit $p$ Regressoren ist als Vergleichskriterium mit dem vollen Modell ungeeignet, da $R^2$ mit der Anzahl der hinzugenommenen Variablen wächst: $R_{p+1}^2 \geq R_p^2$ (für „nested"Regressormengen). Damit hat das volle Modell den größten $R^2$-Wert.

**Satz 4.15** *Sei $y = X_1\beta_1 + X_2\beta_2 + \epsilon = X\beta + \epsilon$ ein volles Modell und $y = X_1\beta_1 + \epsilon$ ein Submodell. Dann gilt*

$$R_X^2 - R_{X_1}^2 \geq 0. \tag{4.268}$$

*Beweis.* Es ist

$$R_X^2 - R_{X_1} = \frac{RSS_{X_1} - RSS_X}{SYY},$$

so dass die Behauptung (4.268) äquivalent zu

$$RSS_{X_1} - RSS_X \geq 0$$

ist. Wegen

$$\begin{aligned} RSS_X &= (y - Xb)'(y - Xb) \\ &= y'y + b'X'Xb - 2b'X'y \\ &= y'y - b'X'y \end{aligned} \tag{4.269}$$

und, analog,

$$RSS_{X_1} = y'y - \hat{\beta}_1' X_1' y$$

mit

$$b = (X'X)^{-1}X'y$$

und

$$\hat{\beta}_1 = (X_1'X_1)^{-1}X_1'y$$

den KQ–Schätzungen im vollen bzw. im Submodell, folgt

$$RSS_{X_1} - RSS_X = b'X'y - \hat{\beta}_1' X_1' y. \tag{4.270}$$

Nun gilt mit (4.195)—(4.201)

$$\begin{aligned} b'X'y &= (b_1', b_2') \begin{pmatrix} X_1'y \\ X_2'y \end{pmatrix} \\ &= (y' - b_2'X_2')X_1(X_1'X_1)^{-1}X_1'y + b_2'X_2'y \\ &= \hat{\beta}_1'X_1'y + b_2'X_2'M_1y. \qquad \text{(vgl. (4.196))} \end{aligned}$$

Damit wird (4.270) zu

$$\begin{aligned} RSS_{X_1} - RSS_X &= b_2'X_2'M_1y \\ &= y'M_1X_2D^{-1}X_2'M_1y \geq 0, \end{aligned} \tag{4.271}$$

so dass (4.268) bewiesen ist.

Auf der Basis von Satz 4.15 wird folgende Statistik definiert:

$$\text{F-Change} = \frac{(RSS_{X_1} - RSS_X)/(K-p)}{RSS_X/(T-K)}, \tag{4.272}$$

die unter $H_0$: „kleineres Modell gültig“ nach $F_{K-p,T-K}$–verteilt ist. Diese Statistik prüft bei Modellwahlverfahren die Signifikanz in der Veränderung von $R^2$ durch Hinzunahme weiterer $K-p$ Variablen zum kleineren Modell ($X_1$–Matrix).

Diese Monotonieeigenschaft von $R^2$ in der Parameter– oder Regressorenanzahl erfordert also eine Korrektur, die zum sogenannten adjustierten Bestimmtheitsmaß führt:

$$\bar{R}_p^2 = 1 - \left(\frac{T-1}{T-p}\right)(1 - R_p^2). \tag{4.273}$$

*Hinweis.* Falls keine Konstante $\beta_0$ im Modell enthalten ist, steht im Zähler $T$ statt $T-1$. $\bar{R}_p^2$ kann—im Gegensatz zu $R^2$—negativ werden.

Falls für zwei Modelle (von denen das kleinere vollständig im größeren Modell enthalten ist) gilt

$$\bar{R}_{p+q}^2 < \bar{R}_p^2,$$

so signalisiert dies eine bessere Anpassung durch das Submodell.

Weitere Kriterien sind z.B. Mallows' $C_p$ (Weisberg (1980), p.188) oder Kriterien auf der Basis des Residual–Mean–Square–Errors $\hat{\sigma}_p^2 = RSS_p/(T-p)$ . Zwischen diesen Kriterien bestehen enge Zusammenhänge.

**Konfidenzbereiche** Wie im univariaten Fall gibt es auch im multiplen Modell einen engen Zusammenhang zwischen Annahmebereichen der F–Tests und Konfidenzbereichen für $\beta$ oder Subvektoren von $\beta$.

**Konfidenzellipsoide für den vollen Parametervektor $\boldsymbol{\beta}$** Aus (4.185) und (4.188) erhalten wir für $\beta^* = \beta$ das Konfidenzellipsoid zum Niveau $1-\alpha$

$$\frac{(b-\beta)'X'X(b-\beta)}{(y-Xb)'(y-Xb)} \cdot \frac{T-K}{K} \leq F_{K,T-K,1-\alpha}. \tag{4.274}$$

**Konfidenzellipsoide für Teilvektoren** Aus (4.212) und (4.220) folgt, dass

$$\frac{(b_2-\beta_2)'D(b_2-\beta_2)}{(y-Xb)'(y-Xb)} \cdot \frac{T-K}{K-s} \leq F_{K-s,T-K,1-\alpha} \tag{4.275}$$

ein $(1-\alpha)$–Konfidenzellipsoid für $\beta_2$ ist.

Weitere Ergebnisse zu Konfidenzbereichen findet man u.a. in Judge, Griffiths, Hill und Lee (1980), Goldberger (1964), Pollock (1979), Weisberg (1980) und Kmenta (1971).

### 4.9.4 Ein komplexes Beispiel

Wir wollen die Modellwahl anhand der eingeführten Kriterien ausführlich an einem Datensatz erläutern.

Es sei folgendes Modell mit $K=4$ echten Regressoren und $T=10$ Beobachtungen gegeben:

$$y = \mathbf{1}\beta_0 + X_1\beta_1 + X_2\beta_2 + X_3\beta_3 + X_4\beta_4 + \epsilon.$$

Die Datenmatrix $(yX)$ ist

$$\begin{pmatrix} Y & X_1 & X_2 & X_3 & X_4 \\ 18 & 3 & 7 & 20 & -10 \\ 47 & 7 & 13 & 5 & 19 \\ 125 & 10 & 19 & -10 & 100 \\ 40 & 8 & 17 & 4 & 17 \\ 37 & 5 & 11 & 3 & 13 \\ 20 & 4 & 7 & 3 & 10 \\ 24 & 3 & 6 & 10 & 5 \\ 35 & 3 & 7 & 0 & 22 \\ 59 & 9 & 21 & -2 & 35 \\ 50 & 10 & 24 & 0 & 20 \end{pmatrix}$$

Zur Auswertung verwenden wir SPSS.

Die Stichprobenmomente lauten

| | MEAN | Std Dev | Variance | Label |
|---|---|---|---|---|
| X1 | 6.200 | 2.936 | 8.622 | X1 |
| X2 | 13.200 | 6.647 | 44.178 | X2 |
| X3 | 3.300 | 7.846 | 61.567 | X3 |
| X4 | 23.100 | 29.471 | 868.544 | X4 |
| Y | 45.500 | 30.924 | 956.278 | Y |

```
N of cases = 10
```

Die folgende Matrix enthält die Korrelationen, die Kovarianzen, die einseitigen $p$–Werte der $t$–Tests $t_{T-2} = r\sqrt{\frac{T-2}{1-r^2}}$ auf $\text{H}_0$ : „Korrelation gleich Null" und die Kreuzprodukte. So ist z.B. (rechtes oberes Element)

$$\begin{aligned} \text{Korrelation}(X_1, Y) &= 0.740 \\ \text{Kovarianz}(X_1, Y) &= 67.222 \\ \text{p–Wert für den Test auf} & \\ \text{„}X_1, Y \text{ unkorreliert “} &= 0.007 \\ \text{Kreuzprodukt } \sum X_{1t} Y_t &= 605.000 \end{aligned}$$

Wir erkennen, dass insbesondere
$X_1$ und $X_2$ signifikant positiv korreliert ($r = 0.971$),
$X_3$ und $X_4$ signifikant negativ korreliert ($r = -0.841$)
sind und dass alle $X$–Variablen signifikant mit $Y$ korrelieren.

Die Signifikanz der Korrelationen zwischen $X_1$ und $X_3$ bzw. $X_4$ und zwischen $X_2$ und $X_3$ bzw. $X_4$ liegt zwischen 0.017 und 0.059, ist also auch relativ hoch.

**Schritt 1 der Prozedur** Die schrittweise Prozedur zum Auffinden des besten Modells (SPSS–Code: `stepwise`) wählt als erste Variable $X_4$ aus, da $X_4$

Correlation, Covariance,1--tailed Sig, Cross--Product

| | X1 | X2 | X3 | X4 | Y |
|---|---|---|---|---|---|
| X1 | 1.000 | .971 | -.668 | .652 | .740 |
| | 8.622 | 18.956 | -15.400 | 56.422 | 67.222 |
| | | .000 | .017 | .021 | .007 |
| | 77.600 | 170.600 | -138.600 | 507.800 | 605.000 |
| X2 | .971 | 1.000 | -.598 | .527 | .628 |
| | 18.956 | 44.178 | -31.178 | 103.000 | 129.000 |
| | .000 | | .034 | .059 | .026 |
| | 170.600 | 397.600 | -280.600 | 928.800 | 1161.000 |
| X3 | -.668 | -.598 | 1.000 | -.841 | -.780 |
| | -15.400 | -31.178 | 61.567 | -194.478 | -189.278 |
| | .017 | .034 | | .001 | .004 |
| | -138.600 | -280.600 | 554.100 | -1750.30 | -1703.50 |
| X4 | .652 | .527 | -.841 | 1.000 | .978 |
| | 56.422 | 103.200 | -194.478 | 868.544 | 890.944 |
| | .021 | .059 | .001 | | .000 |
| | 507.800 | 928.800 | -1750.30 | 7816.900 | 8018.500 |
| Y | .740 | .628 | -.780 | .978 | 1.000 |
| | 67.222 | 129.000 | -189.278 | 890.944 | 956.278 |
| | .007 | .026 | .004 | .000 | |
| | 605.000 | 1161.000 | -1703.50 | 8018.500 | 8606.500 |

die höchste Korrelation zu $Y$ aufweist (die p–Werte lauten für $X_4 : 0.000$, $X_1 : 0.007$, $X_2 : 0.026$, $X_3 : 0.004$).

```
Variable(s) Entered on Step Number 1.. X4
Multiple R              .97760
R Square                .95571   R Square Change        .95571
Adjusted R Square       .95017   F Change            172.61878
Standard Error         6.90290   Signif F Change         .0000

  Analysis of Variance
                        DF      Sum of Squares   Mean Square
  Regression             1          8225.29932     8225.2993
  Residual               8           381.20068       47.6500
  F = 172.61878             Signif F = .0000
```

Das Bestimmtheitsmaß für das Modell $y = \mathbf{1}\hat{\beta}_0 + X_4\hat{\beta}_4 + \epsilon$ wird

$$R_2^2 = \frac{SS_{\text{Reg}}}{SYY} = \frac{8225.29932}{8225.29932 + 381.20068} = 0.95571$$

und das adjustierte Bestimmtheitsmaß

$$\bar{R}_2^2 = 1 - \left(\frac{10-1}{10-2}\right)(1 - 0.95571) = 0.95017.$$

Die Tabelle der Schätzungen ist

| | $\hat{\beta}$ | $SE(\hat{\beta})$ | 95%–Konfidenzintervall unten | oben |
|---|---|---|---|---|
| X4 | 1.025790 | 0.078075 | 0.845748 | 1.205832 |
| Konstante | 21.804245 | 2.831568 | 15.274644 | 28.333845 |

**Schritt 2 der Prozedur** Hier wird die Variable $X_1$ hinzugenommen. Das adjustierte Bestimmtheitsmaß wächst auf $\bar{R}_3^2 = 0.96674$ .

```
Variable(s) Entered on Step Number 2.. X1
Multiple R           .98698
R Square             .97413  R Square Change     .01842
Adjusted R Square    .96674  F Change           4.98488
Standard Error      5.63975  Signif F Change     .0607

 Analysis of Variance
                     DF     Sum of Squares  Mean Squar
 Regression           2         8383.85240   4191.9262
 Residual             7          222.64760     31.8068
 F = 131.79340            Signif F = .0000
```

**Schritt 3 der Prozedur** Hier wird $X_3$ hinzugenommen, das adjustierte Bestimmtheitsmaß wächst weiter auf $\bar{R}_4^2 = 0.98386$ .

```
Variable(s) Entered on Step Number 3.. X3
Multiple R           .99461
R Square             .98924  R Square Change     .01511
Adjusted R Square    .98386  F Change           8.42848
Standard Error      3.92825  Signif F Change     .0272

 Analysis of Variance
                     DF     Sum of Squares  Mean Square
 Regression           3         8513.91330    2837.9711
 Residual             6           92.58670      15.4311
 F = 183.91223            Signif F = .0000
```

Die Prüfgröße F–Change wird wie folgt berechnet:

$$F_{1,6} = \frac{RSS_{(X_4,X_1)} - RSS_{(X_4,X_1,X_3)}}{RSS_{(X_4,X_1,X_3)}/6}$$
$$= \frac{222.64760 - 92.58670}{15.4311}$$
$$= 8.42848.$$

Die 95% bzw. 99%–Quantile der $F_{1,6}$–Verteilung sind 5.99 bzw. 13.71. Der p–Wert von F–Change liegt mit 0.0272 zwischen 1% und 5% . Der Zuwachs an Bestimmtheit ist also auf dem 5%–Niveau signifikant, auf dem 1%–Niveau nicht signifikant.

SPSS bricht die Modellwahl ab, die Variable $X_2$ wird also nicht berücksichtigt.

Damit lautet das gewählte Modell $y = \mathbf{1}\beta_0 + \beta_1 X_1 + \beta_3 X_3 + \beta_4 X_4 + \epsilon$ mit den statistischen Kenngrößen

| | | | 95%–Konfidenzintervall | |
|---|---|---|---|---|
| | $\hat{\beta}$ | $SE(\hat{\beta})$ | unten | oben |
| X4 | 1.079 | 0.084 | 0.873 | 1.285 |
| X1 | 2.408 | 0.615 | 0.903 | 3.913 |
| X3 | 0.937 | 0.323 | 0.147 | 1.726 |
| Konstante | 2.554 | 4.801 | -9.192 | 14.301 |

Die Durbin–Watson–Teststatistik (7.96) ist $d = 3.14$, die nach Tabelle 7.1 für $K^* = 3$ echte Regressoren und $T = 10$ den Wert $d_u^* < 1.75$ überschreitet, so dass $H_0 : \rho = 0$ nicht abgelehnt wird. Damit ist die unter der Annahme $E(\epsilon\epsilon') = \sigma^2 I$ durchgeführte Regressionsanalyse—zumindest bezüglich der ausgeschlossenen Alternative Autokorrelation 1.Art—gerechtfertigt (vergleiche hierzu (7.1)).

### 4.9.5 Grafische Darstellung

Wir wollen die Struktur der $(y, X)$–Matrix anhand der bivariaten Scatterplots grafisch darstellen. Die Plots (Abb. 4.1–4.3) bestätigen die Zusammenhänge zwischen $X_1, X_2$ und $X_3, X_4$ und den $X_i$ und $Y$, zeigen aber auch bei einigen Datenkonstellationen den starken Einfluss von einzelnen Messwerten. Diese Einflüsse werden mit Methoden der Sensitivitätsanalyse untersucht (Kapitel 9).

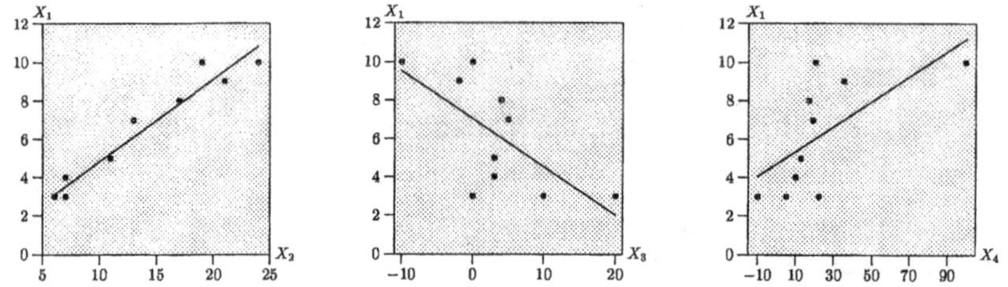


**Abb. 4.1.** Scatterplots und Regression für $X_1$ auf $X_2$, respektive $X_3$ und $X_4$.

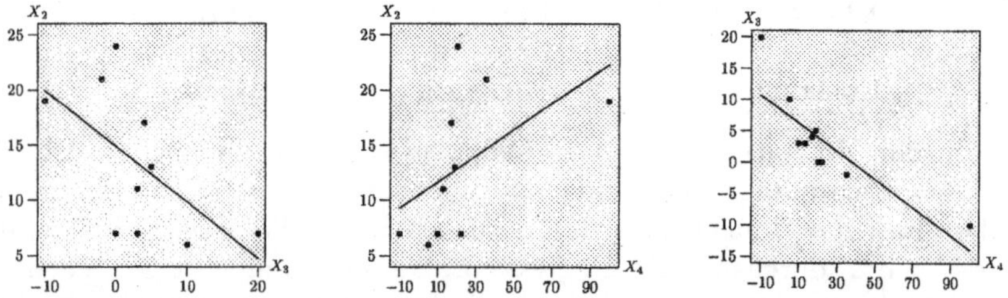


**Abb. 4.2.** Scatterplots und Regression für $X_2$ auf $X_3$ respektive $X_4$ (linke und mittlere Grafik), Scatterplot und Regression für $X_3$ auf $X_4$ (rechte Grafik).

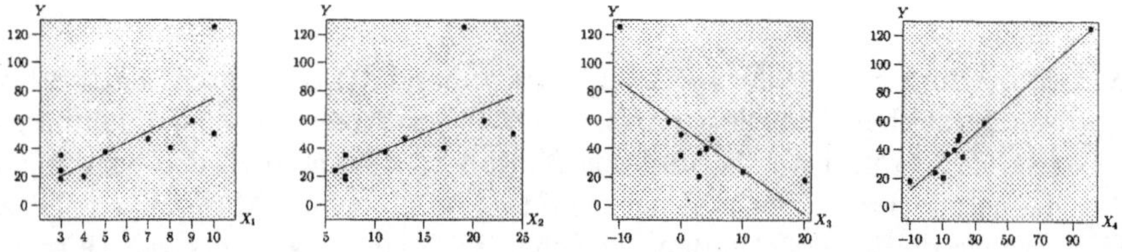


**Abb. 4.3.** Scatterplot und Regression für $Y$ auf $X_1$, respektive $X_2$, $X_3$ und $X_4$.

## 4.10 Tests auf Parameterkonstanz

Eine der wesentlichen Annahmen im klassischen Modell (4.61)—wenn auch nur implizit—ist, dass der Parametervektor $\beta$ konstant für alle Werte der Regressoren, d.h. also für alle Ausprägungen der Designmatrix $X$ ist. Diese Annahme kann in der Praxis durch Veränderungen in den Regressoren (Klimaänderungen, soziale Entwicklungen, Kursstürze von Aktien usw.) verletzt sein. Diese Veränderungen können dann zu Strukturbrüchen in den Parametern führen. Damit muss die vorausgesetzte Konstanz von $\beta$ anhand der Daten überprüft werden. Hierzu eignen sich sowohl grafische Methoden als auch Tests spezieller linearer Hypothesen. Wir wollen hier einige Vorschläge behandeln.

### 4.10.1 Der Prognosetest von Chow

Die Idee des Tests von Chow (1960) zum Vergleich zweier unabhängiger Regressionsmodelle wird dahingehend variiert, dass man durch Aufteilung der Gesamtstichprobe vom Umfang $T$ in zwei Teilstichproben vom Umfang $T_1$ bzw. $T_2$ mit $T_1 + T_2 = T$ de facto zwei Regressionsmodelle schafft. Damit erhält man die Partitionierung von $y = X\beta + \epsilon$ mit $\mathrm{E}(\epsilon\epsilon') = \sigma^2 I$ in

$$\begin{pmatrix} y_1 \\ y_2 \end{pmatrix} = \begin{pmatrix} X_1 \\ X_2 \end{pmatrix} \beta + \begin{pmatrix} \epsilon_1 \\ \epsilon_2 \end{pmatrix} . \tag{4.276}$$

Der nach Chow benannte Test auf Parameterkonstanz verläuft in folgenden Schritten:

(i) Im Teilmodell der ersten $T_1$ Beobachtungen $y_1 = X_1\beta + \epsilon_1$ wird $\beta$ durch die KQ–Schätzung geschätzt:

$$b_1 = (X_1'X_1)^{-1}X_1'y_1 .$$

(ii) Im zweiten Teilmodell $y_2 = X_2\beta + \epsilon_2$ wird $y_2$ durch die klassische Prognose

$$\hat{y}_2 = X_2 b_1$$

vorhergesagt.

(iii) Man bestimmt den Prognosefehler unter Annahme der Gültigkeit von (4.276), d.h. speziell unter der Annahme des gleichen $\beta$ in beiden Teilmodellen:

$$\begin{aligned} \Delta &= y_2 - \hat{y}_2 \\ &= y_2 - X_2 b_1 \\ &= \epsilon_2 - X_2(b_1 - \beta). \end{aligned} \tag{4.277}$$

Mit $b_1 = \beta + (X_1'X_1)^{-1}X_1'\epsilon_1$ und $\mathrm{E}(\epsilon_1\epsilon_2') = 0$ folgt

$$\mathrm{E}(\Delta) = 0$$

und

$$\begin{aligned}\mathrm{V}(\Delta) = \mathrm{E}(\Delta\Delta') &= \sigma^2 I_{T_2} + X_2\,\mathrm{V}(b_1)X_2' \\ &= \sigma^2(I_{T_2} + X_2(X_1'X_1)^{-1}X_2'). \qquad (4.278)\end{aligned}$$

Unter Normalverteilungsannahme $\epsilon \sim N(0, \sigma^2 I)$ folgt

$$\begin{aligned}\Delta &\sim N(0, \mathrm{V}(\Delta))\,, \\ \Delta'\,\mathrm{V}^{-1}(\Delta)\Delta &\sim \chi^2_{T_2}\,. \qquad (\text{A. } 85(\text{i}))\end{aligned}$$

Sei $\hat{\epsilon}_1 = y_1 - X_1 b_1$ das geschätzte Residuum der ersten Modellgleichung, so ist (vgl. (4.110) und (4.186))

$$\hat{\epsilon}_1'\hat{\epsilon}_1 \sim \sigma^2\chi^2_{T_1-K}\,.$$

Die beiden $\chi^2$–Verteilungen sind unabhängig, so dass unter $\mathrm{H}_0$: „$\beta$ identisch in beiden Teilmodellen“ gilt

$$\begin{aligned}F &= \frac{\Delta'(I_{T_2} + X_2(X_1'X_1)^{-1}X_2')^{-1}\Delta/T_2}{\hat{\epsilon}_1'\hat{\epsilon}_1/(T_1 - K)} \\ &\sim F_{T_2, T_1-K}\,. \qquad (4.279)\end{aligned}$$

Große Werte der Teststatistik F (4.279) führen zur Ablehnung der Nullhypothese.

*Anmerkung.* Die KQ–Schätzung $b$ und damit alle nachfolgenden Tests und Gütemaße sind invariant gegenüber Vertauschung von Zeilen der Datenmatrix $(y, X)$. Somit ist die Unterteilung in die beiden Stichproben zur Schätzung bzw. Vorhersage zunächst völlig willkürlich. Bei Zeitreihendaten kann man zur Vermeidung dieser Willkür die zeitliche Ordnung ausnutzen, d.h. die zeitlich ersten $T_1$ Beobachtungen bilden die erste Stichprobe. Bei Querschnittsdaten kann man eine Schichtungsvariable wie Einkommen hoch / niedrig etc. zur Aufteilung heranziehen. Der Umfang $T_2$ sollte zwischen ca. 5% und 15% des Gesamtstichprobenumfangs $T$ liegen.

**Der Chow–Test als mean–shift Test.** Eine alternative Ableitung des Prognosetests von Chow ist in Anlehnung an den mean–shift outlier Test (vgl. (9.49)) möglich. Die Beobachtungsperiode habe wieder das Modell

$$y_1 = X_1\beta + \epsilon_1\,, \qquad (4.280)$$

die Prognoseperiode habe einen anderen Parametervektor $\alpha$:

$$\begin{aligned} y_2 &= X_2\alpha + \epsilon_2 \\ &= X_2\beta + X_2(\alpha - \beta) + \epsilon_2 \\ &= X_2\beta + \delta + \epsilon_2 \end{aligned} \tag{4.281}$$

mit $\delta = X_2(\alpha - \beta)$. Für $\delta = 0$ wird $\alpha = \beta$, so dass $H_0: \ \delta = 0$ die Hypothese für Parameterkonstanz ist.

Die beiden Modelle (4.280) und (4.281) lassen sich wie ein mixed model (siehe Kapitel 6) zusammenfassen:

$$\begin{aligned} \begin{pmatrix} y_1 \\ y_2 \end{pmatrix} &= \begin{pmatrix} X_1 & 0 \\ X_2 & I_{T_2} \end{pmatrix} \begin{pmatrix} \beta \\ \delta \end{pmatrix} + \begin{pmatrix} \epsilon_1 \\ \epsilon_2 \end{pmatrix} \\ &= Z\tilde{\beta} + \epsilon \end{aligned} \tag{4.282}$$

$$\text{mit } Z'Z = \begin{pmatrix} X_1'X_1 + X_2'X_2 & X_2' \\ X_2 & I_{T_2} \end{pmatrix}$$

und (vgl. A.19 und Vereinfachungen mit A.18)

$$(Z'Z)^{-1} = \begin{pmatrix} (X_1'X_1)^{-1} & -(X_1'X_1)^{-1}X_2' \\ -X_2(X_1'X_1)^{-1} & I + X_2(X_1'X_1)^{-1}X_2' \end{pmatrix}.$$

Damit wird die KQ–Schätzung von $\tilde{\beta}$ in (4.282)

$$\begin{aligned} \begin{pmatrix} b \\ d \end{pmatrix} &= (Z'Z)^{-1} \begin{pmatrix} X_1'y_1 + X_2'y_2 \\ y_2 \end{pmatrix} \\ &= \begin{pmatrix} (X_1'X_1)^{-1}X_1'y_1 \\ y_2 - X_2(X_1'X_1)^{-1}X_1'y_1 \end{pmatrix} = \begin{pmatrix} b_1 \\ \Delta \end{pmatrix} \end{aligned}$$

mit $\Delta = y_2 - \hat{y}_2$ (vgl. (4.277)). D.h. die $T_2$ Koeffizienten $\delta$ der zweiten Gleichung im Modell (4.282) werden gerade durch die Vorhersagefehler $\Delta$ aus (4.277) geschätzt.

Damit wird im Modell (4.282) der Fehler geschätzt durch

$$\begin{aligned} \hat{\epsilon} &= y - Z\begin{pmatrix} b_1 \\ \Delta \end{pmatrix} \\ &= \begin{pmatrix} y_1 - X_1 b_1 \\ y_2 - X_2 b_1 - I_{T_2}\Delta \end{pmatrix} = \begin{pmatrix} \hat{\epsilon}_1 \\ 0 \end{pmatrix}, \end{aligned}$$

d.h. $\hat{\epsilon}_2$ ist Null.

Die Hypothese der Parameterkonstanz ($\alpha = \beta$) ist äquivalent zu $H_0: \ \delta = 0$ bzw. zu $H_0: \ R\tilde{\beta} = 0$ mit $R = (0, I)$ gemäß der Strukturierung im Modell (4.282). Damit ist

$$R\begin{pmatrix} b_1 \\ \Delta \end{pmatrix} = \Delta \underset{H_0}{\sim} N(0,\ V(\Delta))$$

mit $V(\Delta)$ aus (4.278) und $\Delta' V^{-1}(\Delta)\Delta \sim \chi^2_{T_2}$.

Die Teststatistik zum Prüfen der linearen Restriktion $\delta = 0$ ist somit äquivalent zur Statistik F von Chow aus (4.279) (vgl. auch (4.212)).

Alternativ kann man das Prüfen der Hypothese $\delta = 0$ im Modell (4.282) als Modellwahl zwischen dem Modell (4.282) und dem Modell (4.276)

$$\begin{pmatrix} y_1 \\ y_2 \end{pmatrix} = \begin{pmatrix} X_1 \\ X_2 \end{pmatrix}\beta + \begin{pmatrix} \epsilon_1 \\ \epsilon_2 \end{pmatrix}, \text{ d. h.}$$
$$y = X\beta + \epsilon$$

auffassen. Dann lautet die Teststatistik gemäß (4.180)

$$F = \frac{(\hat{\epsilon}'\hat{\epsilon} - \hat{\epsilon}_1'\hat{\epsilon}_1)/T_2}{\hat{\epsilon}_1'\hat{\epsilon}_1/(T_1 - K)}\,. \tag{4.283}$$

Zur praktischen Umsetzung des Tests berechnet man also

- die RSS $\hat{\epsilon}_1'\hat{\epsilon}_1$ in der Regression von $y_1$ auf $X_1$ ($T_1$ Beobachtungen)
- die RSS $\hat{\epsilon}'\hat{\epsilon}$ in der Regression aller $T$ Beobachtungen

und setzt die Werte in (4.283) ein.

*Beispiel 4.10.1.* (Fortführung des Beispiels 3.4.2)

Für zwei Filialen aus Städten auf Nordseeinseln liegen weitere Zahlen über den Erfolg der Werbemaßnahmen vor (vgl. Abb. 4.4). Vermutet wird, dass auf den Inseln eine nicht vergleichbare Marktsituation vorliegt. Anhand des Tests von Chow soll überprüft werden, ob das in Beispiel 3.4.2 berechnete Modell auch hier Gültigkeit hat. Schichtungsvariable ist also die Lage: Festland / Insel. Die zusätzlichen Daten lauten:

| i | $x_i$ | $y_i$ |
|---|---|---|
| 11 | 5.5 | 7.5 |
| 12 | 7.5 | 10 |

d.h. wir haben folgende Matrixdarstellung der Daten insgesamt:

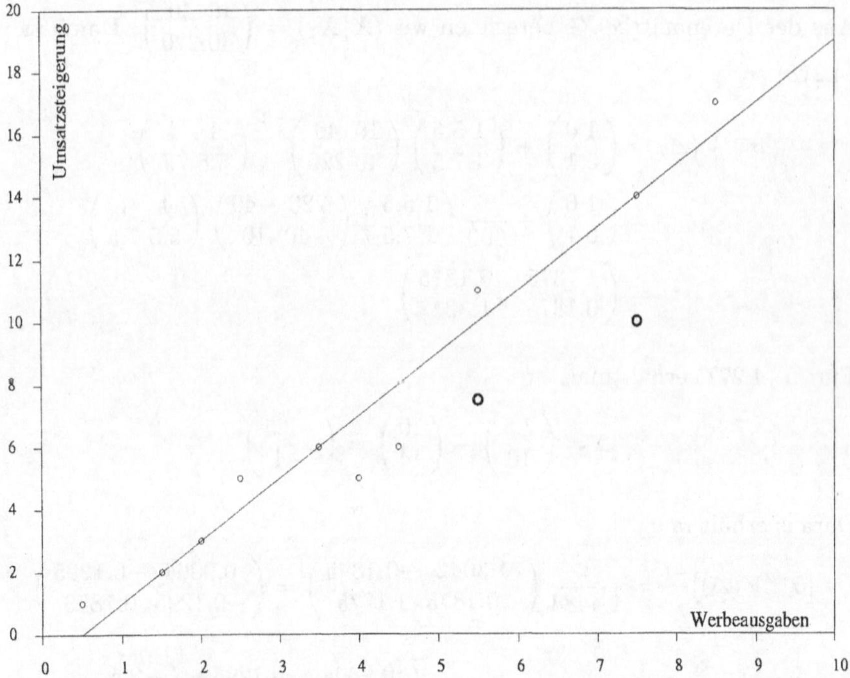


**Abb. 4.4.** Werbeausgaben und Umsatzsteigerung für 10 + 2 Filialen.

$$X_1 = \begin{pmatrix} 1 & 1.5 \\ 1 & 2.0 \\ 1 & 3.5 \\ 1 & 2.5 \\ 1 & 0.5 \\ 1 & 4.5 \\ 1 & 4.0 \\ 1 & 5.5 \\ 1 & 7.5 \\ 1 & 8.5 \end{pmatrix} \qquad y_1 = \begin{pmatrix} 2.0 \\ 3.0 \\ 6.0 \\ 5.0 \\ 1.0 \\ 6.0 \\ 5.0 \\ 11.0 \\ 14.0 \\ 17.0 \end{pmatrix}$$

$$X_2 = \begin{pmatrix} 1 & 5.5 \\ 1 & 7.5 \end{pmatrix} \qquad y_2 = \begin{pmatrix} 7.5 \\ 10 \end{pmatrix} .$$

Anhand der in Beispiel 3.4.2 berechneten KQ–Schätzungen $\hat{a} = -1$ und $\hat{b} = 2$ ergeben sich für die beiden Städte Prognosen von

$$\hat{y}_2 = \begin{pmatrix} -1 + 2 \cdot 5.5 \\ -1 + 2 \cdot 7.5 \end{pmatrix} = \begin{pmatrix} 10 \\ 14 \end{pmatrix} .$$

Aus der Datenmatrix $X_1$ berechnen wir $(X_1'X_1) = \begin{pmatrix} 10 & 40 \\ 40 & 220 \end{pmatrix}$. Damit wird (4.278) zu

$$\begin{aligned} \sigma^{-2}V(\Delta) &= \begin{pmatrix} 1 & 0 \\ 0 & 1 \end{pmatrix} + \begin{pmatrix} 1 & 5.5 \\ 1 & 7.5 \end{pmatrix} \begin{pmatrix} 10 & 40 \\ 40 & 220 \end{pmatrix}^{-1} \begin{pmatrix} 1 & 1 \\ 5.5 & 7.5 \end{pmatrix} \\ &= \begin{pmatrix} 1 & 0 \\ 0 & 1 \end{pmatrix} + \frac{1}{600} \begin{pmatrix} 1 & 5.5 \\ 1 & 7.5 \end{pmatrix} \begin{pmatrix} 220 & -40 \\ -40 & 10 \end{pmatrix} \begin{pmatrix} 1 & 1 \\ 5.5 & 7.5 \end{pmatrix} \\ &= \begin{pmatrix} 1.1375 & 0.1875 \\ 0.1875 & 1.3042 \end{pmatrix}. \end{aligned}$$

Für $\Delta$ (4.277) erhält man

$$\Delta = \begin{pmatrix} 7.5 \\ 10 \end{pmatrix} - \begin{pmatrix} 10 \\ 14 \end{pmatrix} = \begin{pmatrix} -2.5 \\ -4 \end{pmatrix}.$$

Daraus erhält man

$$\left[\sigma^{-2}V(\Delta)\right]^{-1} = \frac{1}{1.4484} \begin{pmatrix} 1.3042 & -0.1875 \\ -0.1875 & 1.1375 \end{pmatrix} = \begin{pmatrix} 0.9004 & -0.1295 \\ -0.1295 & 0.7853 \end{pmatrix}$$

$$(\Delta'(\sigma^{-2}V(\Delta))^{-1}\Delta)/2 = (-2.5\ ,\ -4) \begin{pmatrix} 0.9004 & -0.1295 \\ -0.1295 & 0.7853 \end{pmatrix} \begin{pmatrix} -2.5 \\ -4 \end{pmatrix} = 7.80\,.$$

Mit den in Beispiel 3.4.2 berechneten Residuen erhält man $F$ aus (4.279) als

$$F = \frac{7.80}{1.50} = 5.20 > 4.46 = F_{2,8;0.95}\,.$$

Bei einem Signifikanzniveau von $\alpha = 0.05$ (vgl. Tabelle B.5) kann also gezeigt werden, dass für die beiden Filialen auf den Inseln nicht der in Beispiel 3.4.2 berechnete Zusammenhang gilt, sondern eine Verletzung der Parameterkonstanz vorliegt.

Auf dasselbe Resultat gelangt man mittels (4.283):

$$F = \frac{(\hat{\epsilon}'\hat{\epsilon} - \hat{\epsilon}_1'\hat{\epsilon}_1)/T_2}{\hat{\epsilon}_1'\hat{\epsilon}_1/(T_1 - K)} = \frac{(27.61 - 12.00)/2}{12.00/8} = 5.20\,.$$

### 4.10.2 Der Test von Hansen

Das eben angeschnittene Problem der möglichen Willkür bei der Aufteilung der Stichprobe wird beim Test von Hansen dadurch umgangen, dass alle Beobachtungen kumuliert einbezogen werden. Wir gehen aus von der Schätzung von $\epsilon$ durch

**ANOVA[b]**

| Modell | | Quadratsumme | df | Mittel der Quadrate | F | Signifikanz |
|---|---|---|---|---|---|---|
| 1 | Regression | 240,000 | 1 | 240,000 | 160,000 | ,000[a] |
| | Residuen | 12,000 | 8 | 1,500 | | |
| | Gesamt | 252,000 | 9 | | | |

a. Einflußvariablen : (Konstante), Werbeausgaben

b. Abhängige Variable: Umsatzsteigerung

**Koeffizienten[a]**

| Modell | | Nicht standardisierte Koeffizienten | | Standardisierte Koeffizienten | T | Signifikanz |
|---|---|---|---|---|---|---|
| | | B | Standardfehler | Beta | | |
| 1 | (Konstante) | -1,000 | ,742 | | -1,348 | ,214 |
| | Werbeausgaben | 2,000 | ,158 | ,976 | 12,649 | ,000 |

a. Abhängige Variable: Umsatzsteigerung

**ANOVA unter Einbezug der neuen Fälle[b]**

| Modell | | Quadratsumme | df | Mittel der Quadrate | F | Signifikanz |
|---|---|---|---|---|---|---|
| 1 | Regression | 232,624 | 1 | 232,624 | 84,269 | ,000[a] |
| | Residuen | 27,605 | 10 | 2,760 | | |
| | Gesamt | 260,229 | 11 | | | |

a. Einflußvariablen : (Konstante), Werbeausgaben

b. Abhängige Variable: Umstzsteigerung

**Abb. 4.5.** Residuenquadratsummen im vollen und im Teilmodell.

$$\hat{\epsilon} = y - Xb = M\epsilon$$

(vgl. (4.109)) mit $M = I - X(X'X)^{-1}X'$ und $X'M = 0$. Damit gilt

$$X'\hat{\epsilon} = 0,$$

also komponentenweise ($i = 1, \dots, K$)

$$x_i'\hat{\epsilon} = \sum_{t=1}^{T} x_{it}\hat{\epsilon}_t = 0. \tag{4.284}$$

Die Maximum–Likelihood–Schätzung für $\sigma^2$ ist (vgl. (4.165)) $\hat{\sigma}^2 = \frac{1}{T}\sum_{t=1}^{T}\hat{\epsilon}_t^2$, d. h. es gilt alternativ geschrieben

$$\sum_{t=1}^{T}(\hat{\epsilon}_t^2 - \hat{\sigma}^2) = 0. \tag{4.285}$$

Hansen (1992) definiert folgende Größen:

$$f_{it} = \begin{cases} x_{it}\hat{\epsilon}_t & i = 1, \ldots, K \\ \hat{\epsilon}_t^2 - \hat{\sigma}^2 & i = K+1. \end{cases} \tag{4.286}$$

Damit gilt mit (4.284) und (4.285)

$$\sum_{t=1}^{T} f_{it} = 0, \qquad i = 1, \ldots, K+1. \tag{4.287}$$

Die Teststatistiken von Hansen basieren auf den kumulierten Summen der $f_{it}$, nämlich

$$S_{it} = \sum_{j=1}^{t} f_{ij} \,. \tag{4.288}$$

Mit $S_{it}$ werden Tests sowohl für die Stabilität einzelner Parameter

$$L_i = \frac{1}{Tv_i} \sum_{t=1}^{T} S_{it}^2 \qquad (i = 1, \ldots, K+1) \tag{4.289}$$

mit

$$v_i = \sum_{t=1}^{T} f_{it}^2 \tag{4.290}$$

als auch für die Stabilität von mehreren Parametern definiert. Sei

$$\begin{aligned} f_t &= (f_{1t}, \ldots, f_{K+1,t})' \\ s_t &= (S_{1t}, \ldots, S_{K+1,t})'. \end{aligned}$$

Dann ist die gemeinsame Teststatistik

$$L_c = \frac{1}{T} \sum_{t=1}^{T} s_t' V^{-1} s_t \tag{4.291}$$

mit

$$V = \sum_{t=1}^{T} f_t f_t' \,. \tag{4.292}$$

Unter $H_0$: „Parameterkonstanz" sind die kumulierten Summen $L_i$ (4.289) bzw. $L_c$ (4.291) um Null verteilt. Große Werte führen zur Ablehnung von $H_0$. Die Verteilungen von $L_i$ und $L_c$ sind nicht standardisiert, die kritischen Werte sind tabelliert (z.B. Johnston und DiNardo (1997, Table 7, Appendix)). Neuere ökonometrische Softwarepakete enthalten den Hansentest. Der kritische Wert zum 5%–Niveau für Tests auf Stabilität einzelner Parameter mit $L_i$ beträgt z.B. 0.470.

*Beispiel 4.10.2.* Die ursprünglich aus der Kapitalmarkttheorie stammende Kennzahl, der Beta–Faktor, wird von der Deutschen Börse AG wie folgt definiert:

$$\beta = \frac{\mathrm{Cov(A,DAX)}}{\sigma^2_{\mathrm{DAX}}} \quad .$$

Dabei wird unter Cov(A,DAX) die Kovarianz zwischen den logarithmierten Kursveränderungen ($\ln(\mathrm{Kurs}_t) - \ln(\mathrm{Kurs}_{t-1})$) einer Aktie A und des Aktienindex DAX verstanden. $\sigma^2_{\mathrm{DAX}}$ bezeichnet die Varianz der logarithmierten Kursveränderungen des DAX. Als Berechnungshorizont sind 250 Börsentage angegeben. Die Größe entspricht dem Koeffizienten $\beta$ der linearen Regression der jeweiligen logarithmierten Kursänderungen

$$Y_{\mathrm{Aktie}} = \alpha + \beta X_{\mathrm{DAX}} + \epsilon \, .$$

Eine bekannte Schwäche dieser Kennzahl ist, dass sie über die Zeit oft nicht konstant bleibt. Es soll der Hansen–Test auf zwei verschiedene Perioden von je 250 Tagen auf die Kursentwicklung der Siemens Aktie angewandt werden. Die Ergebnisse sind in der nachstehenden Tabelle zusammengefasst.

| Berechnungszeitraum | 3.1.00 bis 16.12.00 | 22.5.00 bis 4.5.01 |
|---|---|---|
| $L_1$ (Konstante) | 0.066 | 0.076 |
| $L_2$ (Beta-Faktor) | 0.204 | 0.812 |
| $L_3$ (Streuung des Fehlers) | 2.503 | 0.464 |

Innerhalb des ersten Zeitraums ist die Fehlervarianz nicht konstant ($\alpha = 0.05$, kritischer Wert 0.470), innerhalb des zweiten Zeitraums ist der Beta–Faktor selbst nicht konstant.

### 4.10.3 Tests mit rekursiver Schätzung

Die $t$–te Zeile des Modells $y = X\beta + \epsilon$ lautet

$$y_t = x_t'\beta + \epsilon_t \qquad (t = 1, \dots, T)\,. \tag{4.293}$$

Sei $X_i = \begin{pmatrix} x_1' \\ \vdots \\ x_i' \end{pmatrix}$ die Matrix der ersten $i$ Datensätze, analog sei $y_i$ der zugehörige Beobachtungsvektor und $b_i = (X_i'X_i)^{-1}X_i'y_i$ die zugehörige KQ–Schätzung.

Wir führen nun eine rekursive Schätzung von $\beta$ durch. Da $\beta$ $K$ Parameter enthält, muss die Schätzgleichung auch mindestens $K$ Beobachtungen (Datenzeilen (4.293)) enthalten. Mit genau den ersten $K$ Zeilen erhält man den perfekten Fit, d.h. die Residualquadratsumme ist Null. Im zweiten Schritt nimmt man die ersten $K+1$ Datenzeilen und berechnet die KQ–Schätzung erneut. Diese Prozedur wird mit $K+2, \dots, T$ Daten fortgesetzt. Die resultierende Folge von Schätzvektoren $b_K, b_{K+1}, \dots, b_T$ mit $b_i = (X_i'X_i)^{-1}X_i'y_i$ $(i = K, \dots, T)$ kann komponentenweise ($\pm$ zwei Standardabweichungen) geplottet werden und liefert einen optischen Eindruck über mögliche auffällige Entwicklungen.

Diese Prozedur hängt wieder von der Festlegung der Reihenfolge der Daten ab, so dass sie nur bei Vorliegen einer zeitlichen Ordnung oder einer Gliederung gemäß einer Kovariablen (im Beispiel: Standort Nordseeinsel nein / ja) frei von dieser Willkür ist.

### 4.10.4 Tests mit Prognosefehlern

Eine andere Idee zum Prüfen der Parameterkonstanz liefert die Betrachtung des Prognosefehlers ($t-1 > K$ vorausgesetzt)

$$\hat{\epsilon}_t = y_t - x_t'b_{t-1} \tag{4.294}$$

der Prognose $\hat{y}_t = x_t' b_{t-1}$ mit der Schätzung von $\beta$ durch die $t-1$ ersten Daten. Da $b_{t-1}$ erwartungstreu ist und die $\epsilon_t$ unabhängig sind, gilt mit

$$\hat{\epsilon}_t = \epsilon_t - x_t'(X_{t-1}'X_{t-1})^{-1}X_{t-1}'\epsilon_{t-1}$$

$$\mathrm{Var}(\hat{\epsilon}_t) = \sigma^2(1 + x_t'(X_{t-1}'X_{t-1})^{-1}x_t)\,. \tag{4.295}$$

Schätzt man $\sigma^2$ durch $s_{t-1}^2$ (Restvarianz im Datensatz mit den ersten $t-1$ Beobachtungen), so ist die Wurzel

$$\text{S.E.P.}(t) = s_{t-1}\sqrt{1 + x_t'(X_{t-1}'X_{t-1})^{-1}x_t} \tag{4.296}$$

der sogenannte Standardfehler der Prognose (S.E.P.). Plottet man $\pm 2\,\text{S.E.P.}(t)$ oberhalb bzw. unterhalb der $t$–Achse und plottet man die $\hat{\epsilon}_t$ in dieselbe Grafik, so deuten Prognosefehler außerhalb des zweifachen Streubandes des S.E.P. auf Nichtkonstanz der Parameter hin. Unter Normalverteilungsannahme $\epsilon \sim N(0, \sigma^2 I)$ kann mit der Beziehung

$$\frac{\hat{\epsilon}_t}{\text{S.E.P.}(t)} = \frac{\hat{y}_t - y_t}{\text{S.E.P.}(t)} \underset{H_0}{\sim} t_{T-K} \tag{4.297}$$

zu jedem Punkt die Wahrscheinlichkeit des beobachteten Prognosefehlers (unter $H_0$) berechnet werden.

### 4.10.5 CUSUM und CUSUMSQ–Tests

Standardisierte Residuen spielen in der Modelldiagnostik eine entscheidende Rolle (vgl. auch Abschnitt 9.2.1). Brown, Durbin und Evans (1975) benutzen die normalisierten rekursiven Prognoseresiduen ($t = K+1, \ldots, T$)

$$w_t = \frac{\hat{\epsilon}_t}{\sqrt{1 + x_t'(X_{t-1}'X_{t-1})^{-1}x_t}} \tag{4.298}$$

zur Definition zweier Tests auf Parameterkonstanz.

Setzt man wieder $\epsilon \sim N(0, \sigma^2 I)$ voraus, so gilt

$$w_t \sim N(0, \sigma^2)$$

und

$$w = (w_{K+1}, \ldots, w_T)' \sim N(0, \sigma^2 I_{T-K})\,.$$

Die erste Teststatistik ist die CUSUM–Größe

$$W_t = \sum_{i=K+1}^{t} w_i / s \qquad (t = K+1, \ldots, T) \tag{4.299}$$

mit $s^2 = \text{RSS}/(T-K)$ der Restvarianz aus dem Modell mit allen Beobachtungen. $W_t$ ist eine kumulierte Summe (daher CUSUM), die gegen den Index $t$ geplottet wird. Unter $\text{H}_0$: „Parameterkonstanz" gilt $E(W_t) = 0$, sonst gilt $E(W_t) \neq 0$, so dass bei Verletzung der Parameterkonstanz die $W_t$ von der Nulllinie wegdriften. Statistische Signifikanz der $W_t$ liegt vor, wenn eine der beiden Referenzlinien aus Abbildung 4.6 überschritten wird. Diese Linien werden durch $(K \pm a\sqrt{T-K})$ und $(K \pm 3a\sqrt{T-K})$ begrenzt, wobei $a$ vom Signifikanzniveau abhängt (Tabelle 4.9).

| | |
|---|---|
| $\alpha = 0.01$ | $a = 1.143$ |
| $\alpha = 0.05$ | $a = 0.948$ |
| $\alpha = 0.10$ | $a = 0.850$ |

**Tabelle 4.9.** Parameter $a$ im CUSUM–Plot.

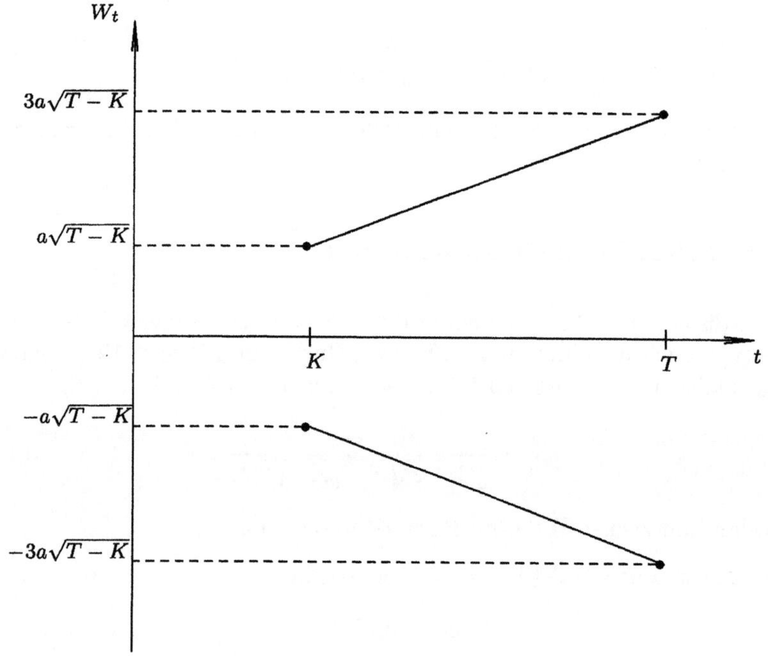


**Abb. 4.6.** CUSUM–Plot.

Die zweite Teststatistik (CUSUMSQ) basiert auf der kumulierten Summe der quadrierten Residuen

$$S_t = \frac{\sum_{i=K+1}^{t} w_i^2}{\sum_{i=K+1}^{T} w_i^2} \qquad (t = K+1, \ldots, T) \,. \tag{4.300}$$

Unter $H_0$ gilt $w_i^2 \sim \chi_1^2$ und damit haben Zähler und Nenner von $S_t$ die Erwartungswerte $t - K$ bzw. $T - K$. Der Erwartungswert von $S_t$ selbst ist dann approximativ

$$E(S_t) \approx \frac{t-K}{T-K}$$

und verläuft von Null für $t = K$ bis Eins für $t = T$. Die Signifikanz der tatsächlichen Abweichungen der $S_t$ von dieser Linie wird durch zwei zu $E(S_t)$ parallele Geraden mit Abstand $c_0$ nach oben und unten bestimmt. Werte für $c_0$ sind in Brown et al. (1975) tabelliert.

*Beispiel 4.10.3.* (Fortführung von Beispiel 4.10.2)

Für das Regressionsmodell aus Beispiel 4.10.2

$$Y_{\text{Siemens}} = \alpha + \beta X_{\text{DAX}}$$

sind für den zweiten Zeitraum, 22.5.00 bis 4.5.01, für den Koeffizienten $\beta$ die fortlaufenden Schätzungen für die ersten $t$ Beobachtungen $t = 2, \ldots, 250$ sowie sowie ein Band von $\pm$ zwei Standardabweichungen geplottet (vgl. Abbildung 4.7).

In Abbildung 4.8 ist $\pm$2S.E.P.($t$) und $\hat{\epsilon}_t$ für dieselben Daten geplottet. Die Zeitpunkte, in denen sich Prognosefehler ergeben, sind erkennbar.

In Abbildung 4.9 ist die CUSUM–Größe wiederum für dieselben Daten wiedergegeben. Hier ist kein direkter Strukturbruch zu erkennen, in der Originalarbeit (Brown et al., 1975) wird die CUSUM–Größe auch eher als eine grafische Methode als ein exakter Test angegeben.

### 4.10.6 Tests auf Strukturwechsel

Der Chow–Test nutzt die Unterteilung in zwei Datensätze gemäß einer Kovariablen. Dabei kann man die Rolle der beiden Datensätze vertauschen, so dass u.U. zwei verschiedene Testergebnisse herauskommen (im Beispiel 4.10.1 Festland (Datensatz 1) gegen Inseln (Datensatz 2) oder Inseln (Datensatz 1) gegen Festland (Datensatz 2)).

Für genügend große Teildatensätze ist es besser, beide Datensätze durch ein gemeinsames Modell anzupassen und auf gemeinsame Parameter zu testen.

Der Test auf Strukturwechsel geht aus von der Partitionierung der Daten wie in Abschnitt 4.10.1, benutzt jedoch die Parametrisierung eines Zwei–Gleichungs–Modells ($\beta_i : K \times 1$)

$$\begin{pmatrix} y_1 \\ y_2 \end{pmatrix} = \begin{pmatrix} X_1 & 0 \\ 0 & X_2 \end{pmatrix} \begin{pmatrix} \beta_1 \\ \beta_2 \end{pmatrix} + \begin{pmatrix} \epsilon_1 \\ \epsilon_2 \end{pmatrix} = X \begin{pmatrix} \beta_1 \\ \beta_2 \end{pmatrix} + \epsilon \qquad (4.301)$$

**Abb. 4.7.** Schätzung des Beta-Faktors anhand zunehmend größerer Berechnungszeiträume.

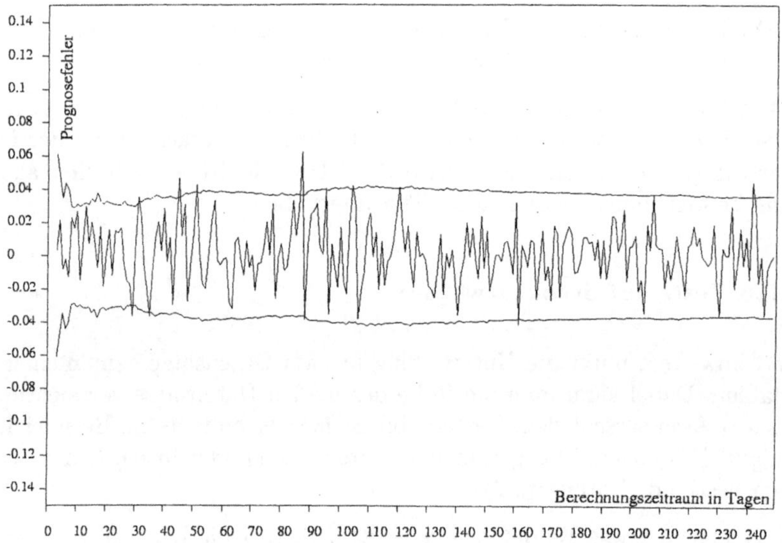


**Abb. 4.8.** Prognosefehler für zunehmende Zeitintervalle.

mit $\epsilon = \begin{pmatrix} \epsilon_1 \\ \epsilon_2 \end{pmatrix} \sim N(0, \sigma^2 I)$.

Die Nullhypothese $H_0$: „Kein Strukturwechsel" lautet also

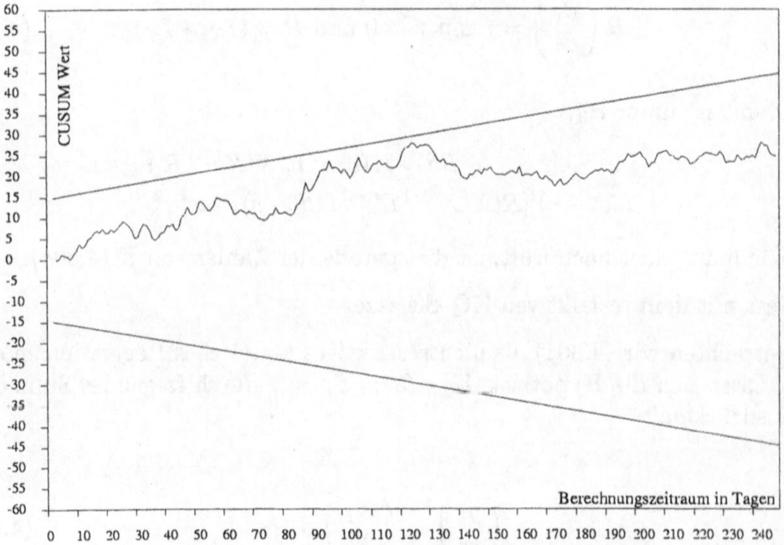


**Abb. 4.9.** CUSUM-Größe für das Beispiel 4.10.3.

$$H_0 : \beta_1 = \beta_2 \,. \tag{4.302}$$

- Zwei–Stichproben–Test

  Das Modell (4.301) ist die Zusammenfassung zweier unabhängiger Einzelregressionen. Die KQ–Schätzung des gesamten Vektors $(\beta_1, \beta_2)'$ lautet

$$\begin{aligned} b = \begin{pmatrix} b_1 \\ b_2 \end{pmatrix} &= \begin{pmatrix} X_1'X_1 & 0 \\ 0 & X_2'X_2 \end{pmatrix}^{-1} \begin{pmatrix} X_1'y_1 \\ X_2'y_2 \end{pmatrix} \\ &= \begin{pmatrix} (X_1'X_1)^{-1}X_1'y_1 \\ (X_2'X_2)^{-1}X_2'y_2 \end{pmatrix}, \end{aligned} \tag{4.303}$$

wobei $b_1$ und $b_2$ unabhängig sind. Unter $\mathrm{H}_0 : \beta_1 = \beta_2$ gilt

$$b_1 - b_2 \sim N(0, \sigma^2[(X_1'X_1)^{-1} + (X_2'X_2)^{-1}]) \,.$$

Die Teststatistik lautet also wie üblich im Zwei–Stichproben–Test

$$F = \frac{(b_1 - b_2)'[(X_1'X_1)^{-1} + (X_2'X_2)^{-1}]^{-1}(b_1 - b_2)}{s^2} \cdot \frac{T - 2K}{K} \,. \tag{4.304}$$

Dabei ist $(T - K)s^2 = \hat{\epsilon}'\hat{\epsilon}$ und $\hat{\epsilon}'\hat{\epsilon} = \hat{\epsilon}_1'\hat{\epsilon}_1 + \hat{\epsilon}_2'\hat{\epsilon}_2$ mit $\hat{\epsilon}_i = y_i - X_i b_i$ für $i = 1, 2$.

Diese Teststatistik $F$ (4.304) erhält man analog durch folgende Überlegung.

Die Hypothese (4.302) lässt sich schreiben als $(\beta_1 - \beta_2) = 0$, d.h. als

$$R\begin{pmatrix}\beta_1\\ \beta_2\end{pmatrix} = r \text{ mit } r = 0 \text{ und } R = (I_K, -I_K)\ . \tag{4.305}$$

Damit ist unter $H_0$

$$\begin{aligned} Rb &\sim N(0, \sigma^2 R(X'X)^{-1}R')\ , \\ (Rb - r)'[R(X'X)^{-1}R']^{-1}(Rb - r) &\sim \sigma^2 \chi^2_K\ . \end{aligned}$$

Wie man leicht nachprüft, ist dies gerade der Zähler von $F$ (4.304).

- Test mit dem restriktiven KQ–Schätzer

Betrachten wir (4.301) als nichtrestriktives klassisches Regressionsmodell, so lässt sich die Hypothese $H_0 : \beta_1 = \beta_2 = \beta$ durch folgendes Submodell ausdrücken:

$$\begin{pmatrix}y_1\\ y_2\end{pmatrix} = \begin{pmatrix}X_1\\ X_2\end{pmatrix}\beta + \epsilon\ . \tag{4.306}$$

Der KQ–Schätzer von $\beta$ im Modell (4.306) lautet

$$\hat{\beta} = (X_1'X_1 + X_2'X_2)^{-1}(X_1'y_1 + X_2'y_2)\ . \tag{4.307}$$

Modell (4.306) kann als Submodell von (4.301) unter der linearen Restriktion (4.305) interpretiert werden. Der entsprechende Schätzer ist dann der restriktive KQ–Schätzer (6.11) im Modell (4.301):

$$b(R) = b + (X'X)^{-1}R'(R(X'X)^{-1}R')^{-1}(r - Rb) \tag{4.308}$$

mit $X$ aus (4.301) und $b$ aus (4.303). Die Übereinstimmung der Schätzer (4.308) und (4.307) folgt direkt:
Sei $S_i = (X_i'X_i)$, $i = 1, 2$. Dann wird

$$\begin{aligned} b(R) = \begin{pmatrix}b_1\\ b_2\end{pmatrix} + \begin{pmatrix}S_1^{-1} & 0\\ 0 & S_2^{-1}\end{pmatrix}\begin{pmatrix}I\\ -I\end{pmatrix} \cdot \left((I, -I)\begin{pmatrix}S_1^{-1} & 0\\ 0 & S_2^{-1}\end{pmatrix}\begin{pmatrix}I\\ -I\end{pmatrix}\right)^{-1} \\ \cdot (0 - b_1 + b_2)\ . \end{aligned}$$

Sei

$$A = (I, -I)\begin{pmatrix}S_1^{-1} & 0\\ 0 & S_2^{-1}\end{pmatrix}\begin{pmatrix}I\\ -I\end{pmatrix} = (S_1^{-1} + S_2^{-1})\ ,$$

so ist (vgl. A18(iii))

$$\begin{aligned} A^{-1} &= S_1 - S_1(S_1 + S_2)^{-1}S_1 \\ &= S_2 - S_2(S_1 + S_2)^{-1}S_2\ . \end{aligned}$$

Damit wird

$$\begin{aligned}
b(R) &= \begin{pmatrix} b_1 \\ b_2 \end{pmatrix} + \begin{pmatrix} S_1^{-1} \\ -S_2^{-1} \end{pmatrix} A^{-1}(b_2 - b_1) \\
&= \begin{pmatrix} b_2 - (S_1 + S_2)^{-1} S_1 b_2 + (S_1 + S_2)^{-1} X_1' y_1 \\ b_1 - (S_1 + S_2)^{-1} S_2 b_1 + (S_1 + S_2)^{-1} X_2' y_2 \end{pmatrix} \\
&= \begin{pmatrix} (S_1 + S_2)^{-1}(X_1' y_1 + X_2' y_2) \\ (S_1 + S_2)^{-1}(X_1' y_1 + X_2' y_2) \end{pmatrix} \qquad (4.309)
\end{aligned}$$

da z.B.

$$\begin{aligned}
(S_1 + S_2)^{-1} S_1 b_2 &= (S_1 + S_2)^{-1}(S_1 + S_2 - S_2) b_2 \\
&= b_2 - (S_1 + S_2)^{-1} X_2' y_2 \,.
\end{aligned}$$

Der restriktive Schätzer genügt stets der Restriktion, d.h. $R\,b(R) = 0$. Dies ist die Relation (4.309), die damit $\hat{\beta}$ (4.307) entspricht.

Modell (4.301) entspricht dem Parameterraum $\Omega$, Modell (4.306) dem Parameterraum $\omega \subseteq \Omega$, so dass die Teststatistik F (4.180) die Gestalt hat

$$F = \frac{\hat{\epsilon}_R' \hat{\epsilon}_R - \hat{\epsilon}' \hat{\epsilon}}{\hat{\epsilon}' \hat{\epsilon}} \cdot \frac{T - 2K}{K} \sim F_{K, T-2K} \qquad (4.310)$$

mit $\hat{\epsilon}_R = \begin{pmatrix} y_1 \\ y_2 \end{pmatrix} - \begin{pmatrix} X_1 \\ X_2 \end{pmatrix} \hat{\beta}$ mit $\hat{\beta}$ aus (4.307) und
$\hat{\epsilon} = \begin{pmatrix} y_1 \\ y_2 \end{pmatrix} - \begin{pmatrix} X_1 & 0 \\ 0 & X_2 \end{pmatrix} \begin{pmatrix} b_1 \\ b_2 \end{pmatrix}$.

Zur praktischen Anwendung am Computer realisiert man beide Modelle (4.301) und (4.306) und berechnet die Teststatistik $F$ (4.310).

- Alternativer Test im nichtrestriktiven Modell
  Als dritte Möglichkeit (vgl. Johnston und DiNardo (1997, p.127)) betrachtet man das nichtrestriktive Modell

$$\begin{pmatrix} y_1 \\ y_2 \end{pmatrix} = \begin{pmatrix} X_1 & 0 \\ X_2 & X_2 \end{pmatrix} \begin{pmatrix} \beta_1 \\ \beta_2 - \beta_1 \end{pmatrix} + \begin{pmatrix} \epsilon_1 \\ \epsilon_2 \end{pmatrix} \qquad (4.311)$$

und prüft $H_0 : \beta_1 = \beta_2$ durch Prüfen der Signifikanz der letzten $K$ Regressoren. Diese Prozedur ist mit jeder Standardsoftware durchführbar.

*Beispiel 4.10.4.* Für zwei verschiedene Autotypen (Typ 1 und Typ 2) soll in einem Bereich von 10 bis 55 km/h der Bremsweg in Abhängigkeit von der Geschwindigkeit durch ein lineares Modell angepasst werden. Es liegen die folgenden Beobachtungen vor:

| Typ | Geschwindigkeit | Bremsweg |
|---|---|---|
| 1 | 10 | 20 |
| 1 | 15 | 27 |
| 1 | 20 | 35 |
| 1 | 25 | 42 |
| 1 | 30 | 47 |
| 1 | 35 | 50 |
| 1 | 40 | 52 |
| 1 | 45 | 61 |
| 1 | 50 | 65 |
| 1 | 55 | 68 |
| 2 | 15 | 11 |
| 2 | 25 | 27 |
| 2 | 35 | 35 |
| 2 | 45 | 43 |
| 2 | 55 | 51 |

Für das restriktive Modell (4.306) ergibt sich $\hat{\beta} = (9.816,\ \ 0.74)'$. Aus den Schätzungen $\hat{y} = (1,\ \ \text{Geschwindigkeit}) \cdot \beta$ ergibt sich für die Residualquadratsumme $\hat{\epsilon}_R \hat{\epsilon}_R'$ der Wert 906.77. Für das Modell

$$\begin{pmatrix} y_1 \\ y_2 \end{pmatrix} = \begin{pmatrix} X_1 & 0 \\ 0 & X_2 \end{pmatrix} \begin{pmatrix} b_1 \\ b_2 \end{pmatrix} + \epsilon$$

ergibt sich mit

$$\begin{pmatrix} X_1 & 0 \\ 0 & X_2 \end{pmatrix} = \begin{pmatrix} 1 & 10 & 0 & 0 \\ 1 & 15 & 0 & 0 \\ 1 & 20 & 0 & 0 \\ 1 & 25 & 0 & 0 \\ 1 & 30 & 0 & 0 \\ 1 & 35 & 0 & 0 \\ 1 & 40 & 0 & 0 \\ 1 & 45 & 0 & 0 \\ 1 & 50 & 0 & 0 \\ 1 & 55 & 0 & 0 \\ 0 & 0 & 1 & 15 \\ 0 & 0 & 1 & 25 \\ 0 & 0 & 1 & 35 \\ 0 & 0 & 1 & 45 \\ 0 & 0 & 1 & 55 \end{pmatrix}$$

eine geschätzte Residuenquadratsumme von $\hat{\epsilon}\hat{\epsilon}' = 71.273$.

Für die Teststatistik erhält man mit $F_{2,11;0.95} = 3.98$ (Tabelle B.5)

$$\begin{aligned} F &= \frac{\hat{\epsilon}'_R\hat{\epsilon}_R - \hat{\epsilon}'\hat{\epsilon}}{\hat{\epsilon}'\hat{\epsilon}} \cdot \frac{T-2K}{K} = \frac{906.77 - 71.273}{71.273} \cdot \frac{15 - 2 \cdot 2}{2} \\ &= 64.473 > F_{2,11;0.95} \,. \end{aligned}$$

Die beiden Typen unterscheiden sich signifikant ($\alpha = 0.05$) im Bremsverhalten. Es liegt also ein signifikanter Strukturwechsel beim Übergang von Typ 1 auf Typ 2 vor.

- Testen des Anstiegs
In vielen ökonometrischen Anwendungen ist man vornehmlich an den Parametern der echten Regressoren (den Slope–Koeffizienten) und weniger an der Konstanten interessiert, die im allgemeinen automatisch mit angepasst wird.

Wir strukturieren das Regressionsmodell nun in die Konstante $\alpha$ und den Parametervektor $\beta^*$, d.h. $\beta' = (\alpha, \ \beta^*)$ und bilden analog

$$X_1 = (\mathbf{1}_1, \ X_1^*), \quad X_2 = (\mathbf{1}_2, \ X_2^*) \text{ mit } X_i^* \text{ vom Typ } T_i \times (K-1) \,.$$

Damit können wir die Hypothese

$$H_0: \ \beta_1^* = \beta_2^* \tag{4.312}$$

formulieren.

Das nichtrestriktive Modell lautet

$$\begin{pmatrix} y_1 \\ y_2 \end{pmatrix} = \begin{pmatrix} \mathbf{1}_1 & 0 & X_1^* & 0 \\ 0 & \mathbf{1}_2 & 0 & X_2^* \end{pmatrix} \begin{pmatrix} \alpha_1 \\ \alpha_2 \\ \beta_1^* \\ \beta_2^* \end{pmatrix} + \epsilon \,. \tag{4.313}$$

Das restriktive Modell lautet

$$\begin{pmatrix} y_1 \\ y_2 \end{pmatrix} = \begin{pmatrix} \mathbf{1}_1 & 0 & X_1^* \\ 0 & \mathbf{1}_2 & X_2^* \end{pmatrix} \begin{pmatrix} \alpha_1 \\ \alpha_2 \\ \beta^* \end{pmatrix} + \epsilon \,. \tag{4.314}$$

Der Test von $\mathrm{H}_0$ (4.312) basiert auf den Residualquadratsummen beider Regressionen.

Eine alternative Formulierung des nichtrestriktiven Modells (4.313) ist gegeben als

$$\begin{pmatrix} y_1 \\ y_2 \end{pmatrix} = \begin{pmatrix} \mathbf{1}_1 & 0 & X_1^* & 0 \\ \mathbf{1}_2 & \mathbf{1}_2 & X_2^* & X_2^* \end{pmatrix} \begin{pmatrix} \alpha_1 \\ \alpha_2 - \alpha_1 \\ \beta_1^* \\ \beta_2^* - \beta_1^* \end{pmatrix} + \epsilon \,. \tag{4.315}$$

Der Test auf die Signifikanz des Parametervektors der letzten $K-1$ Regressoren ist ein Test unserer Nullhypothese (4.312).

- Testen der Konstante
  Die Gleichheit der Konstante ($H_0: \ \alpha_1 = \alpha_2 = \alpha$) in zwei Teildatensätzen ist am ehesten sinnvoll unter der Annahme gleicher Slope–Parameter ($\beta_1^* = \beta_2^*$). Das nichtrestriktive Modell ist bereits mit (4.314) gegeben, das restriktive Modell lautet

$$\begin{pmatrix} y_1 \\ y_2 \end{pmatrix} = \begin{pmatrix} \mathbf{1}_1 & X_1^* \\ \mathbf{1}_2 & X_2^* \end{pmatrix} \begin{pmatrix} \alpha \\ \beta^* \end{pmatrix} + \epsilon \,. \tag{4.316}$$

  Ein standardisierter Vergleich beider Residualquadratsummen in (4.314) und (4.316) liefert die Teststatistik.

  Eine Alternative zum nichtrestriktiven Modell (4.314) ist

$$\begin{pmatrix} y_1 \\ y_2 \end{pmatrix} = \begin{pmatrix} \mathbf{1}_1 & 0 & X_1^* \\ 0 & \mathbf{1}_2 & X_2^* \end{pmatrix} \begin{pmatrix} \alpha_1 \\ \alpha_2 - \alpha_1 \\ \beta^* \end{pmatrix} + \epsilon \,. \tag{4.317}$$

  Der Signifikanztest für den zweiten Regressor testet die bedingte Hypothese, dass die Konstanten $\alpha_1$ und $\alpha_2$ gleich sind.

*Zusammenfassung.* Johnston und DiNardo (1997) geben folgende Zusammenfassung der Hierarchie der drei Modelle:

(1) $\begin{pmatrix} y_1 \\ y_2 \end{pmatrix} = \begin{pmatrix} \mathbf{1}_1 & X_1^* \\ \mathbf{1}_2 & X_2^* \end{pmatrix} \begin{pmatrix} \alpha \\ \beta^* \end{pmatrix} + \epsilon$ (gemeinsame Parameter)

(2) $\begin{pmatrix} y_1 \\ y_2 \end{pmatrix} = \begin{pmatrix} \mathbf{1}_1 & 0 & X_1^* \\ 0 & \mathbf{1}_2 & X_2^* \end{pmatrix} \begin{pmatrix} \alpha_1 \\ \alpha_2 - \alpha_1 \\ \beta^* \end{pmatrix} + \epsilon$ (verschiedene Konstanten, gleiche Slope–Parameter)

(3) $\begin{pmatrix} y_1 \\ y_2 \end{pmatrix} = \begin{pmatrix} \mathbf{1}_1 & 0 & X_1^* & 0 \\ \mathbf{1}_2 & \mathbf{1}_2 & X_2^* & X_2^* \end{pmatrix} \begin{pmatrix} \alpha_1 \\ \alpha_2 - \alpha_1 \\ \beta_1^* \\ \beta_2^* - \beta_1^* \end{pmatrix} + \epsilon$ (verschiedene Konstanten, verschiedene Slope–Parameter).

Die Anwendung der KQ–Schätzung auf jedes Modell liefert die Residualquadratsummen RSS mit den Freiheitsgraden $T-K, T-K-1$ bzw. $T-2K$. Die Teststatistiken lauten:

$H_0: \alpha_1 = \alpha_2$ Test auf gleiche Konstanten

$$F = \frac{RSS_1 - RSS_2}{RSS_2/(T-K-1)} \sim F(1, T-K-1)$$

$H_0: \beta_1^* = \beta_2^*$ Test auf gleiche Anstiegsvektoren (Slope–Parameter)

$$F = \frac{(RSS_2 - RSS_3)/(K-1)}{RSS_3/(T-2K)} \sim F(K-1, T-2K)$$

$H_0: \beta_1 = \beta_2$ Test auf gleiche Parametervektoren (Konstante u. Anstieg)

$$F = \frac{(RSS_1 - RSS_3)/K}{RSS_3/(T-2K)} \sim F(K, T-2K).$$

*Beispiel 4.10.5.* (Fortführung von Beispiel 4.10.4) Um zu untersuchen, ob der Unterschied durch die Konstante hervorgerufen wird oder ausschließlich von den Geschwindigkeit abhängt, berechnen wir die Residualquadratsummen zu Modell (4.314). Es ergibt sich

$$RSS_2 = 75.984$$

(Modell mit verschiedenen Konstanten und gleichen Anstiegsparametern).

Mit den bereits berechneten Residualquadratsummen

| | |
|---|---|
| $\hat{\epsilon}\hat{\epsilon}' = RSS_1 = 906.770$ | (Modell mit gemeinsamen Parametern) |
| $\hat{\epsilon}_R\hat{\epsilon}_R' = RSS_3 = 71.273$ | (Modell mit verschiedenen Konstanten und verschiedenen Anstiegsparametern) |

können wir nun die folgenden Teststatistiken aufstellen:

$$H_0: \alpha_1 = \alpha_2 \qquad F = \frac{906.770 - 75.984}{75.984/(15-2-1)} = 131.204 > F_{1,12;0.95}$$

$$H_0: \beta_1^* = \beta_2^* \qquad F = \frac{(75.984 - 71.273)/(2-1)}{71.273/(15-2\cdot 2)} = 0.727 < F_{1,11;0.95}.$$

Die genauere Analyse ergibt also, dass die Fahrzeugtypen bedingt durch ungleiche Konstanten unterschiedlich lange Bremswege aufweisen, der Längenunterschied sich aber nicht mit ansteigender Geschwindigkeit verändert.

## 4.11 Die kanonische Form

Zur Vereinfachung der Betrachtungen im linearen Modell—insbesondere bei Fragen im Zusammenhang mit der Kondition der Matrix $X'X$ (Multikollinearität)—wird häufig die sogenannte kanonische Form (Rao, 1973, p.43) benutzt. Sei

$$X'X = P\Lambda P' \tag{4.318}$$

die Spektralzerlegung [A.30] der symmetrischen Matrix $X'X$ mit $PP' = I$, so lässt sich das Modell (4.61) darstellen als

$$\begin{aligned} y &= XPP'\beta + \epsilon \\ &= \tilde{X}\tilde{\beta} + \epsilon \end{aligned} \tag{4.319}$$

mit $\tilde{X} = XP$, $\tilde{\beta} = P'\beta$ und $\tilde{X}'\tilde{X} = P'X'XP = \Lambda = diag(\lambda_1, \ldots, \lambda_K)$, so dass die Spaltenvektoren von $\tilde{X}$ orthogonal sind. Die Elemente von $\tilde{\beta}$ heißen Regressionsparameter der Hauptkomponenten (principal components).

Sei $\hat{\beta} = Cy$ ein linearer Schätzer von $\beta$ mit der MSE–Matrix $M(\hat{\beta}, \beta)$ (vgl. (4.71)). Im transformierten Modell gilt für den linearen Schätzer $P'\hat{\beta} = P'Cy$ des Parameters $\tilde{\beta} = P'\beta$

$$\begin{aligned} M(P'\hat{\beta}, \tilde{\beta}) &= E(P'\hat{\beta} - P'\beta)(P'\hat{\beta} - P'\beta)' \\ &= P'M(\hat{\beta}, \beta)P. \end{aligned} \tag{4.320}$$

Güterelationen zwischen zwei Schätzern bleiben also erhalten. Bildet man den skalaren MSE (vgl. Kapitel 6), so gilt

$$\mathrm{sp}\{M(P'\hat{\beta}, \tilde{\beta})\} = \mathrm{sp}\{M(\hat{\beta}, \beta)\}, \tag{4.321}$$

so dass der skalare MSE unabhängig von der Parametrisierung (4.319) ist. Für die Kovarianzmatrix der KQ–Schätzung $b$ von $\beta$ im Ausgangsmodell gilt

$$V(b) = \sigma^2 (X'X)^{-1} = \sigma^2 \sum \lambda_i^{-1} p_i p_i' . \tag{4.322}$$

Die KQ–Schätzung $b^*$ von $\tilde{\beta}$ im Modell (4.319) ist

$$\begin{aligned} b^* &= (\tilde{X}'\tilde{X})^{-1}\tilde{X}'y \\ &= \Lambda^{-1}\tilde{X}'y \end{aligned} \tag{4.323}$$

mit der Kovarianzmatrix

$$\mathrm{V}(b^*) = \sigma^2 \Lambda^{-1}, \tag{4.324}$$

so dass die Komponenten von $b^*$ unkorreliert sind und die Varianzen $\mathrm{Var}(b_i^*) = \sigma^2 \lambda_i^{-1}$ besitzen. Damit sind die Varianzen umgekehrt proportional zu den Eigenwerten. Falls $\lambda_i > \lambda_j$ gilt, so wird $\tilde{\beta}_i$ präziser geschätzt als $\tilde{\beta}_j$ :

$$\frac{\text{Var}(b_i^*)}{\text{Var}(b_j^*)} = \frac{\lambda_j}{\lambda_i} < 1. \tag{4.325}$$

Die Geometrie des reparametrisierten Modells (4.319) wird ausführlich in Fomby, Hill und Johnson (1984, p. 289-293) untersucht. Weitere Ausführungen findet man in Vinod und Ullah (1981, p.5–8). Für Multikollinearitätsbetrachtungen bedeutet die Reparametrisierung eine klare Darstellung in Abhängigkeit von den Eigenwerten $\lambda_i$ von $X'X$. Exakte oder strenge Multikollinearität bedeutet im Ausgangsmodell $|X'X| = 0$, im reparametrisierten Modell $|\tilde{X}'\tilde{X}| = |\Lambda| = 0$, so dass mindestens ein Eigenwert gleich Null ist. Bei schwacher Multikollinearität im Sinne von $|\tilde{X}'\tilde{X}| \approx 0$ wird man die kleinsten Eigenwerte oder die

$$\text{Konditionszahl} \qquad \kappa(X) = (\frac{\lambda_{\text{max}}}{\lambda_{\text{min}}})^{1/2} \tag{4.326}$$

zur Diagnostik heranziehen (Weisberg (1980, p.200), Chatterjee und Hadi (1986, pp.157-178), Belsley et al. (1980, Chapter 3)). Wir haben in Abschnitt 4.5.3 bereits eine ausführliche Diskussion der Tragfähigkeit dieser und anderer Maße zur Einschätzung schwacher Multikollinearität gegeben.

## 4.12 Methoden zur Überwindung von Multikollinearität

Wir stellen hier zwei mehr algebraisch orientierte Methoden vor : Die Hauptkomponenten–Regression und die Ridge–Schätzung. Als mehr statistisch oder modellmäßig orientierte Methoden empfehlen sich die bereits in Abschnitt 4.5.2 eingeführte Schätzung unter exakten Restriktionen oder allgemein Verfahren unter Zusatzinformation (Kapitel 6).

### 4.12.1 Hauptkomponenten–Regression

Dieses Verfahren (principal components regression) geht von dem reparametrisierten Modell (4.319)

$$y = XPP'\beta + \epsilon = \tilde{X}\tilde{\beta} + \epsilon$$

aus. Die orthogonale Matrix $P$ der Eigenvektoren von $X'X$ sei dabei entsprechend der Größe der Eigenwerte $\lambda_1 \geq \lambda_2 \geq \cdots \geq \lambda_K$ geordnet, d.h. $P = (p_1, \ldots, p_K)$. Dann ist $\tilde{x}_i = Xp_i$ die i–te Hauptkomponente und es gilt

$$\tilde{x}_i'\tilde{x}_i = p_i'X'Xp_i = \lambda_i. \tag{4.327}$$

Wir nehmen zunächst an, dass exakte Multikollinearität vorliegt. Es sei also Rang $(X) = K - J$ mit $J \geq 1$. Daraus folgt [A.31 (vii)]

$$\lambda_{K-J+1} = \cdots = \lambda_K = 0. \tag{4.328}$$

Gemäß der Unterteilung der Eigenwerte in die Gruppe $\lambda_1 \geq \ldots \geq \lambda_{K-J} > 0$ und die Gruppe (4.328) bilden wir die Unterteilung

$$P = (P_1, P_2), \quad \Lambda = \begin{pmatrix} \Lambda_1 & 0 \\ 0 & 0 \end{pmatrix}, \quad \tilde{X} = (\tilde{X}_1, \tilde{X}_2) = (P_1 X, P_2 X),$$
$$\tilde{\beta} = (\tilde{\beta}_1, \tilde{\beta}_2)' = (P_1\beta, P_2\beta)',$$

wobei $\tilde{X}_2 = 0$ gemäß (4.327) gilt. Damit erhalten wir

$$\begin{aligned} y &= \tilde{X}_1\tilde{\beta}_1 + \tilde{X}_2\tilde{\beta}_2 + \epsilon &\quad (4.329)\\ &= \tilde{X}_1\tilde{\beta}_1 + \epsilon. &\quad (4.330)\end{aligned}$$

Die KQ–Schätzung von $\tilde{\beta}_1$ ist

$$\begin{aligned} b_1 &= (\tilde{X}_1'\tilde{X}_1)^{-1}\tilde{X}_1'y \\ &= (X'X)^- X'y \\ &= (P\Lambda^- P')X'y, \end{aligned} \tag{4.331}$$

wobei [A.63]

$$\Lambda^- = \begin{pmatrix} \Lambda_1^{-1} & 0 \\ 0 & 0 \end{pmatrix}. \tag{4.332}$$

eine g–Inverse von $\Lambda$ ist.

*Anmerkung* Die Behandlung exakter Multikollinearität durch die Hauptkomponenten–Regression entspricht dem Übergang vom Modell (4.329) zum reduzierten Modell (4.330) durch $\tilde{X}_2 = 0$. Dieser Übergang ließe sich äquivalent durch $\tilde{\beta}_2 = 0$ und damit durch eine lineare Restriktion $0 = (0, I)\begin{pmatrix} \tilde{\beta}_1 \\ \tilde{\beta}_2 \end{pmatrix}$ erreichen. Damit ist die Schätzung $b_1$ (4.331) als restriktive KQ–Schätzung darstellbar (vgl. Abschnitt 6.2).

### 4.12.2 Ridge–Schätzung

Im Fall Rang $(X) = K$ hat die KQ–Schätzung nach Satz 4.9 die Minimum–Varianz–Eigenschaft in der Klasse aller erwartungstreuen linear homogenen Schätzungen. Mit (4.322) gilt insbesondere für den skalaren MSE von $b$

$$\text{sp}\{M(b, \beta)\} = \text{sp}\{V(b)\} = \sigma^2 \sum_{i=1}^{K} \lambda_i^{-1}. \tag{4.333}$$

Falls schwache Multikollinearität vorliegt, ist mindestens ein Eigenwert $\lambda_i$ relativ klein, so dass sp$\{V(b)\}$ und die Varianzen aller Komponenten $b_j$ von $b = (b_1, \ldots, b_K)'$ groß werden:

$$\begin{aligned} b_j &= e_j' b, \\ \mathrm{Var}(b_j) &= e_j' V(b) e_j, \quad \text{also} \\ \mathrm{Var}(b_j) &= \sigma^2 \sum_{i=1}^{K} \lambda_i^{-1} e_j' p_i p_i' e_j \\ &= \sigma^2 \sum_{i=1}^{K} \lambda_i^{-1} p_{ij}^2 \end{aligned} \tag{4.334}$$

mit $e_j' = (0, \ldots, 0, \underset{j}{1}, 0, \ldots, 0)$ und $p_i' = (p_{i1}, \ldots, p_{ij}, \ldots, p_{iK})$ dem i–ten Eigenvektor.

Da der skalare MSE

$$\mathrm{sp}\{M(b, \beta)\} = E(b - \beta)'(b - \beta)$$

als der mittlere Euklidische Abstand zwischen den Vektoren $b$ und $\beta$ interpretiert werden kann, bedeutet Multikollinearität also einen globalen ungünstigen Abstand zum wahren Parametervektor. Diese Interpretation nahmen Hoerl und Kennard (1970) als Grundlage zur Definition des Ridge–Schätzers

$$b(k) = (X'X + kI)^{-1} X' y, \tag{4.335}$$

wobei die nichtstochastische Größe $k > 0$ der bestimmende Parameter ist. Natürlich ist $b(0) = b$ die klassische KQ–Schätzung.

Sei zur Abkürzung

$$G_k = (X'X + kI)^{-1} \tag{4.336}$$

gesetzt, so lassen sich Bias$(b(k), \beta)$ und V$(b(k))$ wie folgt darstellen:

$$\mathrm{E}(b(k)) = G_k X' X \beta = \beta - k G_k \beta, \tag{4.337}$$

$$\mathrm{Bias}(b(k), \beta) = -k G_k \beta, \tag{4.338}$$

$$\mathrm{V}(b(k)) = \sigma^2 G_k X' X G_k \,. \tag{4.339}$$

Damit ist die MSE–Matrix

$$M(b(k), \beta) = G_k (\sigma^2 X' X + k^2 \beta \beta') G_k \tag{4.340}$$

und—mit $X'X = P \Lambda P'$—

$$\mathrm{sp}\{M(b(k),\beta)\} = \sum_{i=1}^{K} \frac{\sigma^2\lambda_i + k^2\beta_i^2}{(\lambda_i + k)^2} \tag{4.341}$$

(vgl. z.B. Goldstein und Smith (1974)).

Der Beweis von (4.341) ist direkt zu führen: Sei $X'X = P\Lambda P'$ die Spektralzerlegung von $X'X$, so gilt [A.30, A.31]

$$X'X + kI = G_k^{-1} = P(\Lambda + kI)P',$$
$$G_k = P(\Lambda + kI)^{-1}P'$$

und generell

$$\mathrm{sp}\{\mathrm{diag}(l_1, \cdots, l_k)\beta\beta'\mathrm{diag}(l_1, \cdots, l_k)\} = \sum \beta_i^2 \cdot l_i^2 .$$

Mit $l_i = (\lambda_i + k)^{-1}$ erhalten wir die Beziehung (4.341). Der skalare MSE von $b(k)$ ist für festes $\sigma^2$ und festen Vektor $\beta$ eine Funktion des Ridge–Paramters $k$, die von $\sum \sigma^2/\lambda_i = sp\{V(b)\}$ für $k = 0$ startet, dann ein Minimum für $k = k_{\mathrm{opt}}$ annimmt und danach wieder monoton wächst, sofern $k_{\mathrm{opt}} < \infty$ ist (vgl. Abbildung 4.10).

Wir formen $M(b,\beta) = M(b) = \sigma^2(X'X)^{-1}$ wie folgt um:

$$\begin{aligned} M(b) &= \sigma^2 G_k (G_k^{-1}(X'X)^{-1}G_k^{-1})G_k \\ &= \sigma^2 G_k (X'X + k^2(X'X)^{-1} + 2kI)G_k . \end{aligned} \tag{4.342}$$

Gemäß Definition 4.4 erhalten wir den Bereich $0 < k < k^*$, in dem der Ridge–Schätzer MSE–I–besser als die KQS $b$ ist, gemäß

$$\begin{aligned} \Delta(b, b(k)) &= M(b) - M(b(k),\beta) \\ &= kG_k[\sigma^2(2I + k(X'X)^{-1}) - k\beta\beta']G_k . \end{aligned} \tag{4.343}$$

Da $G_k > 0$ gilt, ist $\Delta(b, b(k)) \geq 0$ genau dann, wenn

$$\sigma^2(2I + k(X'X)^{-1}) - k\beta\beta' \geq 0 \tag{4.344}$$

bzw. wenn (Satz A.57)

$$\sigma^{-2}k\beta'(2I + k(X'X)^{-1})^{-1}\beta \leq 1 \tag{4.345}$$

gilt. Als vom Design $X$ unabhängige, hinreichende Bedingung für (4.344) erhalten wir

$$2\sigma^2 I - k\beta\beta' \geq 0 \tag{4.346}$$

oder—gemäß A.57—äquivalent

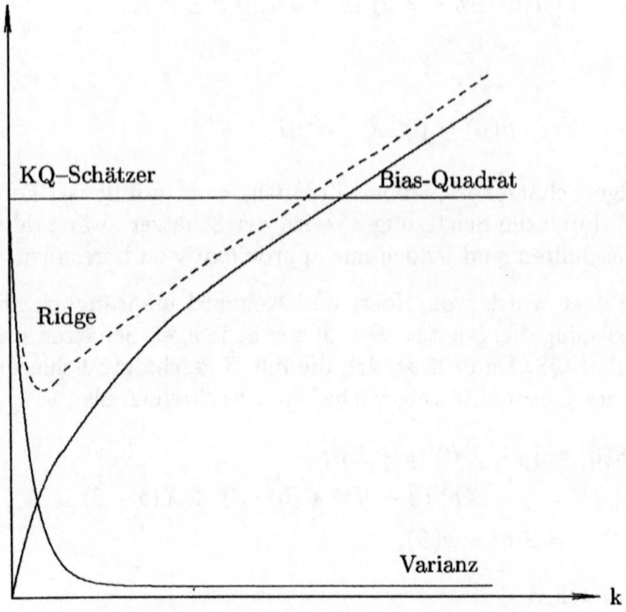


**Abb. 4.10.** Skalare MSE-Funktionen für $b = (X'X)^{-1}X'y$ und $b(k) = G_k X'y$ in Abhängigkeit von $k$.

$$k \leq 2\sigma^2/\beta'\beta. \tag{4.347}$$

Der die MSE–I–Superiorität von $b(k)$ gegenüber $b$ sichernde Wertebereich von $k$ ist von $\sigma^{-1}\beta$ abhängig und damit unbekannt.

Falls Zusatzinformation über die Länge (Norm) von $\beta$ in der Gestalt

$$\beta'\beta \leq r^2 \tag{4.348}$$

verfügbar ist, wird

$$k \leq \frac{2\sigma^2}{r^2} \tag{4.349}$$

hinreichend zur Erfüllung von (4.347). Durch Schätzung von $\sigma^2$ oder Angabe einer Untergrenze oder durch eine kombinierte a–priori–Abschätzung $\sigma^{-2}\beta'\beta \leq \tilde{r}^2$ kann man also praktikable Bereiche für $k$ finden, in denen $b(k)$ besser ist als $b$.

Swamy, Mehta und Rappoport (1978) und Swamy und Mehta (1977) haben folgendes Problem untersucht:

$$\min_{\beta}\{\sigma^{-2}(y - X\beta)'(y - X\beta)|\beta'\beta \leq r^2\},$$

dessen Lösung

$$\hat{\beta}(\mu) = (X'X + \sigma^2\mu I)^{-1}X'y \tag{4.350}$$

wieder ein Ridge–Schätzer ist, wobei $\hat{\beta}'(\mu)\hat{\beta}(\mu) = r^2$ erfüllt ist. Durch Ersetzung von $\sigma^2$ durch die Schätzung $s^2$ wird der Schätzer zwar praktikabel, seine Güteeigenschaften sind jedoch nur approximativ zu berechnen.

Der Ridge–Schätzer wurde von Hoerl und Kennard ursprünglich aufgrund folgender Überlegung hergeleitet. Sei $\hat{\beta}$ ein beliebiger Schätzer und $b = (X'X)^{-1}X'y$ die KQS. Dann lässt sich die mit $\hat{\beta}$ geschätzte Fehlerquadratsumme gemäß der Optimalitätseigenschaft von $b$ schreiben als

$$\begin{aligned} S(\hat{\beta}) &= (y - X\hat{\beta})'(y - X\hat{\beta}) \\ &= (y - Xb)'(y - Xb) + (b - \hat{\beta})'X'X(b - \hat{\beta}) \\ &= S(b) + \Phi(\hat{\beta}), \end{aligned} \tag{4.351}$$

da das gemischte Glied

$$\begin{aligned} 2(y - Xb)'X(b - \hat{\beta}) &= 2y'(I - X(X'X)^{-1}X')X(b - \hat{\beta}) \\ &= 2MX(b - \hat{\beta}) \end{aligned}$$

wegen $MX = 0$ für jede beliebige Schätzung $\hat{\beta}$ Null wird.

Sei $\Phi_0 > 0$ eine fest vorgegebene Vergrößerung der Fehlerquadratsumme. Dann existiert eine Menge $\{\hat{\beta}\}$ von Schätzungen, die $S(\hat{\beta}) = S(b) + \Phi_0$ erfüllen. Unter dieser Menge $\{\hat{\beta}\}$ sucht man diejenige Schätzung $\hat{\beta}$, die minimale Länge besitzt:

$$\min_{\hat{\beta}}\{\hat{\beta}'\hat{\beta} + 1/k[(b - \hat{\beta})'X'X(b - \hat{\beta}) - \Phi_0]\}, \tag{4.352}$$

wobei $1/k$ ein Lagrangemultiplikator ist. Differentiation dieser Zielfunktion nach $\hat{\beta}$ und $1/k$ ergibt die Normalgleichungen

$$\hat{\beta} + \frac{1}{k}(X'X)(\hat{\beta} - b) = 0,$$

also

$$\begin{aligned} \hat{\beta} &= (X'X + kI)^{-1}(X'X)b \\ &= G_kX'y, \end{aligned} \tag{4.353}$$

sowie

$$\Phi_0 = (b - \hat{\beta})' X' X (b - \hat{\beta}). \tag{4.354}$$

Die Lösung des Optimierungsproblems (4.352)) ist also der Ridge–Schätzer $\hat{\beta} = b(k)$ (4.353), wobei der Ridge–Parameter $k$ (iterativ) so zu bestimmen ist, dass (4.354) erfüllt ist. Für weitere Darstellungen und Ansätze zur Ridge–Regression sei auf Vinod und Ullah (1981) verwiesen.

### 4.12.3 Shrinkage–Schätzer

Eine weitere—insbesondere in den siebziger Jahren in der Forschung sehr populäre—Klasse von nichterwartungstreuen Schätzern ist durch den sogenannten Shrinkage–Schätzer definiert (Mayer und Wilke, 1973):

$$\hat{\beta}(\rho) = (1+\rho)^{-1} b, \qquad \rho \geq 0 \quad (\rho \text{ bekannt}), \tag{4.355}$$

der die KQ–Schätzung „staucht":

$$\begin{aligned} \mathrm{E}[\hat{\beta}(\rho)] &= (1+\rho)^{-1}\beta, \\ \mathrm{Bias}(\hat{\beta}(\rho), \beta) &= -\rho(1+\rho)^{-1}\beta, \\ \mathrm{V}(\hat{\beta}(\rho)) &= \sigma^2 (1+\rho)^{-2} (X'X)^{-1} \end{aligned}$$

und

$$M(\hat{\beta}(\rho), \beta) = (1+\rho)^{-2} (\mathrm{V}(b) + \rho^2 \beta\beta'). \tag{4.356}$$

Der MSE–I–Vergleich mit der KQS ergibt

$$\Delta(b, \hat{\beta}(\rho)) = (1+\rho)^{-2} \rho\sigma^2 [(\rho+2)(X'X)^{-1} - \sigma^{-2}\rho\beta\beta'] \geq 0$$

genau dann, wenn [A.57]

$$\frac{\sigma^{-2}\rho}{(\rho+2)} \beta' X' X \beta \leq 1.$$

Damit ist

$$\sigma^{-2} \beta' X' X \beta \leq 1 \tag{4.357}$$

eine hinreichende Bedingung für die MSE–I–Superiorität von $\hat{\beta}(\rho)$ über $b$.

Diese Form der Restriktion werden wir als Zusatzinformation zur Ableitung der Minimax–linearen Schätzung im folgenden Abschnitt einsetzen.

*Hinweis.* Resultate zum Shrinkage–Schätzer im kanonischen Modell findet man bei Farebrother (1976, 1978).

*Hinweis.* Für einen alternativen Ansatz vgl. Rao, Srivastava und Toutenburg (1998).

## 4.13 Minimax–Schätzung

### 4.13.1 Ungleichungsrestriktionen

Die Idee der Minimax–Schätzung beruht im wesentlichen darauf, die Minimierung von quadratischen Risikofunktionen für Schätzer $\hat{\beta}$ nicht über den gesamten Parameterbereich $E^K$, sondern in einem durch a–priori–Kenntnisse eingeschränkten Bereich $B(\beta)$ durchzuführen, wobei man das Supremum des Risikos über $B(\beta)$ bezüglich des Schätzers minimiert (Minimax–Prinzip).

Die Kenntnis von a–priori–Restriktionen an den Parametervektor $\beta$ ist in vielen Modellen der Praxis in natürlicher Weise gegeben. Stahlecker (1987) gibt eine Vielzahl von Beispielen aus den Wirtschaftswissenschaften (wie Input–Output–Modelle), bei denen sich die Restriktionen an die Parameter als sogenannte Workability–Bedingungen der Gestalt $\beta_i \geq 0$ oder $\beta_i \in (a_i, b_i)$ oder $E(y_t|X) \leq a_t$ ergeben. Fasst man alle Restriktionen zusammen, so ergibt sich die Darstellung

$$A\beta \leq a. \tag{4.358}$$

Die Minimierung von z.B. $S(\beta) = (y - X\beta)'(y - X\beta)$ unter der Ungleichungsrestriktion ist mit Verfahren wie dem Simplex–Algorithmus durchzuführen. Unter allgemeinen Bedingungen erhält man eine numerische Lösung. Diese Problematik wird in der Literatur unter dem Begriff ***inequality restricted least squares*** behandelt (vgl. z.B. Judge und Takayama (1966), Dufour (1989), Geweke (1986), Moors und van Houwelingen (1987)). Der Vorteil dieser Verfahren liegt darin, dass eine Lösung $\hat{\beta}$ gefunden wird, die den Restriktionen genügt. Der Nachteil ist darin zu sehen, dass die statistischen Eigenschaften der Schätzer schwer zu bestimmen und insbesondere generelle Superioritätsaussagen kaum möglich sind. Fasst man alle Restriktionen zu einem in sich widerspruchsfreien konvexen Bereich zusammen, so lässt sich dieser Bereich häufig in ein Ellipsoid der Gestalt

$$B(\beta) = \{\beta : \beta' T \beta \leq k\} \tag{4.359}$$

mit dem Ursprung als Mittelpunkt oder in

$$B(\beta, \beta_0) = \{\beta : (\beta - \beta_0)' T (\beta - \beta_0) \leq k\} \tag{4.360}$$

mit dem Mittelpunktsvektor $\beta_0$ einschließen.
So folgt z.B. aus (4.358) sofort $\beta' A' A \beta \leq a^2$, also die Struktur $B(\beta)$ (aus (4.359)).

**Einschließung von Ungleichungsrestriktionen in ein Ellipsoid** Wir nehmen an, dass für alle Komponenten $\beta_i$ des Parametervektors $\beta$ a–priori folgende Restriktionen in Form von Intervallen gegeben sind

$$a_i \le \beta_i \le b_i \qquad (i = 1, \ldots, K), \tag{4.361}$$

wobei auch Scheinrestriktionen ($a_i = -\infty$ und $b_i = \infty$) einbezogen sein können. Die Intervallgrenzen sind bekannt. Wir schreiben (4.361) alternativ als

$$\frac{|\beta_i - (a_i + b_i)/2|}{1/2(b_i - a_i)} \le 1 \quad (i = 1, \ldots, K). \tag{4.362}$$

Wir konstruieren nun ein Ellipsoid $(\beta - \beta_0)'T(\beta - \beta_0) = 1$, dass den Quader (4.362) umschließt und dabei folgende Bedingungen erfüllt

(i) Ellipsoid und Quader haben denselben Mittelpunkt $\beta_0 = \frac{1}{2}(a_1 + b_1, \ldots, a_K + b_K)$.

(ii) Das Ellipsoid ist in Hauptachsenlage, d.h. $T = diag(t_1, \ldots, t_K)$.

(iii) Die Eckpunkte des Quaders liegen auf der Oberfläche des Ellipsoids, d.h. es gilt

$$\sum_{i=1}^{K} \left(\frac{a_i - b_i}{2}\right)^2 t_i = 1. \tag{4.363}$$

(iv) Das Ellipsoid hat minimales Volumen

$$V = c_K \prod_{i=1}^{K} t_i^{-1/2}, \tag{4.364}$$

wobei $c_K$ eine von der Dimension $K$ abhängige Konstante ist.

Wir beziehen die lineare Restriktion (4.363) an die $t_i$ durch einen Lagrange-multiplikator $\lambda$ ein und lösen (mit $c_K^{-2} V_K^2 = \prod t_i^{-1}$)

$$\min_{\{t_i\}} \tilde{V} = \min_{\{t_i\}} \left\{ \prod_{i=1}^{K} t_i^{-1} - \lambda \left[ \sum_{i=1}^{K} \left(\frac{a_i - b_i}{2}\right)^2 - 1 \right] \right\}. \tag{4.365}$$

Die Normalgleichungen lauten dann

$$\frac{\partial \tilde{V}}{\partial t_j} = -t_j^{-2} \prod_{i \neq j} t_i^{-1} - \lambda \left(\frac{a_j - b_j}{2}\right)^2 = 0 \tag{4.366}$$

und

$$\frac{\partial \tilde{V}}{\partial \lambda} = \sum \left( \frac{a_i - b_i}{2} \right)^2 t_i - 1 = 0. \tag{4.367}$$

Aus (4.366) erhalten wir

$$\begin{aligned} \lambda &= -t_j^{-2} \prod_{i \neq j} t_i^{-1} \left( \frac{2}{a_j - b_j} \right)^2 \qquad (\text{alle } j = 1, \ldots, K) \\ &= -t_j^{-1} \prod_{i=1}^{K} t_i^{-1} \left( \frac{2}{a_j - b_j} \right)^2 \end{aligned} \tag{4.368}$$

und für zwei beliebige $i, j$ folgt daraus

$$t_i \left( \frac{a_i - b_i}{2} \right)^2 = t_j \left( \frac{a_j - b_j}{2} \right)^2 , \tag{4.369}$$

also—nach Summation—gemäß (4.367)

$$\sum_{i=1}^{K} \left( \frac{a_i - b_i}{2} \right)^2 t_i = K t_j \left( \frac{a_j - b_j}{2} \right)^2 = 1. \tag{4.370}$$

Dies ergibt die gesuchten Diagonalelemente von $T$

$$t_j = \frac{4}{K} (a_j - b_j)^{-2} \qquad (j = 1, \ldots, K).$$

Das optimale, den Quader (4.362) umschließende Ellipsoid $(\beta - \beta_0)' T (\beta - \beta_0) = 1$ hat also den Mittelpunktsvektor

$$\beta_0' = \frac{1}{2} (a_1 + b_1, \ldots, a_K + b_K) \tag{4.371}$$

und die für endliche Grenzen $a_i, b_i$ positiv definite Matrix

$$T = \operatorname{diag} \frac{4}{K} \left( (b_1 - a_1)^{-2}, \ldots, (b_K - a_K)^{-2} \right). \tag{4.372}$$

*Interpretation.* Das Ellipsoid ist volumenmäßig größer als der Quader, so dass der Übergang zum Ellipsoid als a–priori Information eine gewisse Abschwächung darstellt, der jedoch die bessere mathematische Handhabbarkeit gegenübersteht.

*Beispiel 4.13.1.* 2 echte Regressoren

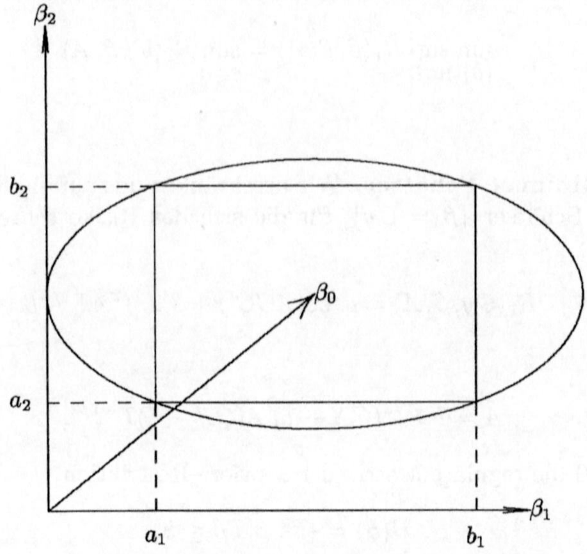


**Abb. 4.11.** a–priori Rechteck und umschließende Ellipse.

Die Mittelpunktsgleichung der Ellipse lautet

$$\frac{x^2}{a^2} + \frac{y^2}{b^2} = 1,$$

oder, anders geschrieben

$$(x, y)\begin{pmatrix} \frac{1}{a^2} & 0 \\ 0 & \frac{1}{b^2} \end{pmatrix}\begin{pmatrix} x \\ y \end{pmatrix} = 1$$

mit

$$T = \operatorname{diag}\left(\frac{1}{a^2}, \frac{1}{b^2}\right) = \operatorname{diag}(t_1, t_2)$$

und der Fläche $F = \pi ab = \pi t_1^{-1/2} t_2^{-1/2}$.

### 4.13.2 Das Minimaxprinzip

Wir wählen das quadratische Risiko $R_1(\hat{\beta}, \beta, A) = \mathrm{sp}\{AM(\hat{\beta}, \beta)\}$ und eine Klasse $\{\hat{\beta}\}$ von Schätzungen. Sei $B(\beta) \subset E^k$ ein konvexer Bereich von a–priori–Restriktionen an $\beta$. Dann führt das Kriterium der Minimax–Schätzung zu folgender

**Definition 4.8** *Ein Schätzer $b^* \in \{\hat{\beta}\}$ heißt Minimax-Schätzer von $\beta$, falls*

$$\min_{\{\hat{\beta}\}} \sup_{\beta \in B} R_1(\hat{\beta}, \beta, A) = \sup_{\beta \in B} R_1(b^*, \beta, A) \tag{4.373}$$

*gilt.*

**Lineare Minimax–Schätzer.** Wir beschränken uns auf die Klasse linearer homogener Schätzer $\{\hat{\beta} = Cy\}$, für die sich das Risiko schreiben lässt als (vgl. (7.15))

$$R_1(Cy, \beta, A) = \sigma^2 \text{sp}(ACC') + \beta' T^{1/2} \tilde{A} T^{1/2} \beta \tag{4.374}$$

mit

$$\tilde{A} = T^{-1/2}(CX - I)' A (CX - I) T^{-1/2}, \tag{4.375}$$

wobei $T > 0$ die reguläre Matrix der a–priori–Restriktion

$$B(\beta) = \{\beta : \beta' T \beta \le k\} \tag{4.376}$$

ist. Dann gilt mit Satz A.44

$$\sup_{\beta} \frac{\beta' T^{1/2} \tilde{A} T^{1/2} \beta}{\beta' T \beta} = \lambda_{\max}(\tilde{A})$$

und damit

$$\sup_{\beta' T \beta \le k} R_1(Cy, \beta, A) = \sigma^2 \text{sp}(ACC') + k \lambda_{\max}(\tilde{A}). \tag{4.377}$$

Da die Matrix $\tilde{A}$ (4.375) von der Matrix $C$ abhängt, hängt auch der maximale Eigenwert $\lambda_{\max}(\tilde{A})$ von $C$ ab, jedoch nicht in expliziter, für die Differentiation verwertbarer Gestalt. Dieses Problem hat in der Literatur breite Beachtung gefunden. Neben iterativen Lösungen (Kuks (1972), Kuks und Olman(1971, 1972)) ist der Vorschlag von Trenkler (1987) von Interesse, durch Verwendung der Abschätzung $\lambda_{\max}(\tilde{A}) \le \text{sp}(\tilde{A})$ eine nach $C$ differenzierbare obere Schranke von $R_1(Cy, \beta, A)$ und damit ein Ersatzproblem mit expliziter Lösung zu finden. Eine ausführliche Diskussion dieses Ansatzes wird u.a in Schipp (1990) gegeben.

Für das Anliegen dieses Buches sind die statistischen Eigenschaften des linearen Minimax–Schätzers, insbesondere im Vergleich zu anderen Schätzern von vorrangigem Interesse, so dass wir hier auf eine Diskussion dieser—vor allem algebraisch interessanten—Problematik verzichten.

Man kann sofort eine explizite Lösung erzielen, wenn man sich auf Gewichtsmatrizen $A = aa'$ vom Rang 1 beschränkt, so dass das $R_1(\hat{\beta}, \beta, A)$–Risiko in das schwächere $R_2(\hat{\beta}, \beta, a)$–Risiko (vgl. (7.4)) übergeht.

**Lineare Minimax–Schätzer für Matrizen $A = aa'$ vom Rang 1** Im Fall $A = aa'$ ist

$$\begin{aligned}\tilde{A} &= [T^{-1/2}(CX - I)'a][a'(CX - I)T^{-1/2}] \\ &= \tilde{a}\tilde{a}' \end{aligned} \tag{4.378}$$

und nach Korollar 1 zu Satz A.28 erhalten wir $\lambda_{\max}(\tilde{A}) = \tilde{a}'\tilde{a}$.
Damit wird (4.377) zu

$$\sup_{\beta' T\beta \leq k} R_2(Cy, \beta, a) = \sigma^2 a'CC'a + ka'(CX - I)T^{-1}(CX - I)'a. \tag{4.379}$$

Differentiation nach $C$ ergibt (Sätze A.91, A.92)

$$\frac{1}{2}\frac{\partial}{\partial C}\{\sup_{\beta' T\beta \leq k} R_2(Cy, \beta, a)\} = (\sigma^2 I + kXT^{-1}X')C'aa' - kXT^{-1}aa'. \tag{4.380}$$

Da der Vektor $a$ zwar fest, aber beliebig ist, wird (4.377) gleich Null für alle Matrizen $aa'$ genau dann, wenn

$$C'_* = k(\sigma^2 I + kXT^{-1}X')^{-1}XT^{-1} \tag{4.381}$$

gilt. Nach Transponieren von (4.381) und Linksmultiplikation mit $(\sigma^2 T + kS)$ erhalten wir

$$\begin{aligned}(\sigma^2 T + kS)C_* &= kX'[\sigma^2 I + kXT^{-1}X'][\sigma^2 I + kXT^{-1}X']^{-1} \\ &= kX'\end{aligned}$$

und daraus die Lösung ($S = X'X$)

$$C_* = (S + k^{-1}\sigma^2 T)^{-1}X'. \tag{4.382}$$

Sei zur Abkürzung

$$D_* = (S + k^{-1}\sigma^2 T) \tag{4.383}$$

gesetzt. Dann gilt

**Satz 4.16 (Kuks und Olman, 1972)** *Im Modell $y = X\beta + \epsilon$, $\epsilon \sim (0, \sigma^2 I)$ unter der Restriktion $\beta' T\beta \leq k$ mit $T > 0$ und der Risikofunktion $R_2(\hat{\beta}, \beta, a)$ hat der lineare Minimax–Schätzer die Gestalt*

$$\begin{aligned} b_* &= (X'X + k^{-1}\sigma^2 T)^{-1}X'y \\ &= D_*^{-1}X'y \end{aligned} \tag{4.384}$$

*mit*

$$Bias(b_*, \beta) = -k^{-1}\sigma^2 D_*^{-1} T\beta, \tag{4.385}$$
$$\mathrm{V}(b_*) = \sigma^2 D_*^{-1} S D_*^{-1} \tag{4.386}$$

*und dem Minimax–Risiko*

$$\sup_{\beta' T\beta \leq k} R_2(b_*, \beta, a) = \sigma^2 a' D_*^{-1} a. \tag{4.387}$$

**Satz 4.17** *Seien die Voraussetzungen von Satz 4.16 und die Restriktion* $(\beta - \beta_0)'T(\beta - \beta_0) \leq k$ *mit Mittelpunkt* $\beta_0 \neq 0$ *gegeben. Dann ist der lineare Minimax–Schätzer*

$$b_*(\beta_0) = \beta_0 + D_*^{-1} X'(y - X\beta_0) \tag{4.388}$$

*mit*

$$Bias(b_*(\beta_0), \beta) = -k^{-1}\sigma^2 D_*^{-1} T(\beta - \beta_0), \tag{4.389}$$
$$\mathrm{V}(b_*(\beta_0)) = \mathrm{V}(b_*) \tag{4.390}$$

*und*

$$\sup_{(\beta-\beta_0)'T(\beta-\beta_0)\leq k} R_2(b_*(\beta_0), \beta, a) = \sigma^2 a' D_*^{-1} a. \tag{4.391}$$

*Beweis.* analog zu Satz 4.16, wobei $\beta - \beta_0 = \tilde{\beta}$ gesetzt wird.

*Interpretation.* Ein Wechsel des Mittelpunktes des a–priori Ellipsoids hat nur Einfluss auf den Schätzer selbst und seinen Bias. Der Minimax–Schätzer ist durch das unbekannte $\sigma^2$ nicht operational. Die a–priori Restriktion ist für $T$ fest um so strenger, je kleiner $k$ wird. Analog wird der Einfluss von $\beta' T\beta \leq k$ auf den Minimax–Schätzer um so geringer, je größer $k$ wird. Im Grenzfall gilt

$$B(\beta) = \{\beta : \beta' T\beta \leq k\} \underset{k\to\infty}{\longrightarrow} E^K$$

und

$$\lim_{k\to\infty} b_* \longrightarrow b = (X'X)^{-1}X'y. \tag{4.392}$$

### Gütevergleich von $\hat{\beta}_*$ und $b$

*(i) Minimax–Risiko.* Da die KQ–Schätzung erwartungstreu ist, gilt für ihr Minimax–Risiko

$$\sup_{\beta' T\beta \leq k} R_2(b, \bullet, a) = R_2(b, \bullet, a) = \sigma^2 a' S^{-1} a. \tag{4.393}$$

Der lineare Minimax–Schätzer $b_*$ hat—auf Grund seiner Optimalität nach Satz 4.16—ein kleineres Minimax–Risiko als die KQ–Schätzung. Explizit bedeutet dies (Toutenburg, 1976)

$$\begin{aligned} R_2(b, \bullet, a) - \sup_{\beta' T\beta \le k} R_2(b_*, \beta, a) = \\ \sigma^2 a'(S^{-1} - (k^{-1}\sigma^2 T + S)^{-1})a \ge 0, \end{aligned} \tag{4.394}$$

da die Matrix $S^{-1} - (k^{-1}\sigma^2 T + S)^{-1} \ge 0$ ist (vgl. z.B. Satz A.40 oder Satz A.52).

*(ii) MSE–I–Superiorität.* Mit (4.385) und (4.386) erhalten wir nach (4.74)

$$\begin{aligned} M(b_*, \beta) &= V(b_*) + \text{Bias}(b_*, \beta)\text{Bias}(b_*, \beta)' \\ &= \sigma^2 D_*^{-1}(S + k^{-2}\sigma^2 T\beta\beta' T')D_*^{-1}. \end{aligned} \tag{4.395}$$

Damit ist $b_*$ MSE–I–superior gegenüber $b$ dann, wenn

$$\Delta(b, b_*) = \sigma^2 D_*^{-1}[D_* S^{-1} D_* - S - k^{-2}\sigma^2 T\beta\beta' T']D_*^{-1} \ge 0, \tag{4.396}$$

also genau dann, wenn

$$\begin{aligned} B &= D_* S^{-1} D_* - S - k^{-2}\sigma^2 T\beta\beta' T' \\ &= k^{-2}\sigma^4 T[\{S^{-1} + 2k\sigma^{-2}T^{-1}\} - \sigma^{-2}\beta\beta']T \ge 0 \\ &= k^{-2}\sigma^4 T C^{1/2}[I - \sigma^{-2}C^{-1/2}\beta\beta' C^{-1/2}]C^{1/2}T \ge 0 \end{aligned} \tag{4.397}$$

mit $C = S^{-1} + 2k\sigma^{-2}T^{-1}$ gilt. Dies ist äquivalent (Satz A.57) zu

$$\sigma^{-2}\beta'(S^{-1} + 2k\sigma^{-2}T^{-1})^{-1}\beta \le 1. \tag{4.398}$$

Wegen $(2k\sigma^{-2}T^{-1})^{-1} - (S^{-1} + 2k\sigma^{-2}T^{-1}) \ge 0$ ist

$$k^{-1} \le \frac{2}{\beta'\beta} \tag{4.399}$$

hinreichend für die MSE–I–Superiorität des Minimax–Schätzers $b_*$ über $b$. Diese Bedingung entspricht der Bedingung (4.347) für die MSE–I–Superiorität des Ridge–Schätzers $b(k)$ gegenüber $b$.

Damit haben wir folgende wichtige Interpretation: Der lineare Minimax–Schätzer $b_*$ ist ein Ridge–Schätzer $b(k^{-1}\sigma^2)$. Die Restriktion $\beta' T\beta \le k$ wirkt somit varianzstabilisierend. Falls man $\sigma^2$ in die Restriktion einbeziehen kann: $\beta' T\beta \le \sigma^2 k = \tilde{k}$, so wird der Minimax–Schätzer operational:

$$b_* = (X'X + \tilde{k}^{-1}T)^{-1}X'y.$$

Anderenfalls sind Überlegungen wie in Kapitel 6 zur Operationalisierung des mixed Schätzers durchzuführen (vgl. Toutenburg (1975a), Toutenburg (1982, pp.95–98), Toutenburg, Fieger und Schaffrin (2002), Schipp und Toutenburg (1996)).

Aus (4.397) können wir eine andere hinreichende Bedingung ableiten: $kT^{-1} - \beta\beta' \geq 0$, also äquivalent $\beta'T\beta \leq k$. Der Minimax–Schätzer $b_*$ ist—in Übereinstimmung mit Satz 4.16—also stets MSE–I–besser als $b$, falls die Restriktion erfüllt, also korrekt gewählt ist.

Das Problem der Robustheit des linearen Minimax–Schätzers gegenüber Fehlspezifikationen des a–priori Ellipsoids wird in Toutenburg (1984; 1990b) behandelt.

Die beiden Abbildungen 4.12 und 4.13 zeigen typische Situationen für Fehlspezifikationen.

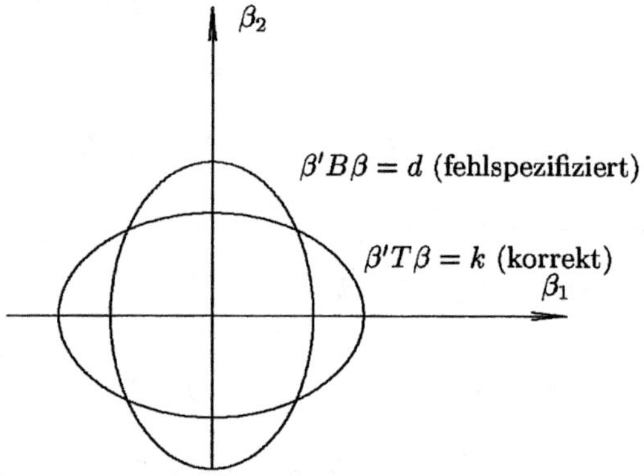


**Abb. 4.12.** Fehlspezifikation durch Rotation und verzerrte Hauptachsenlängen.

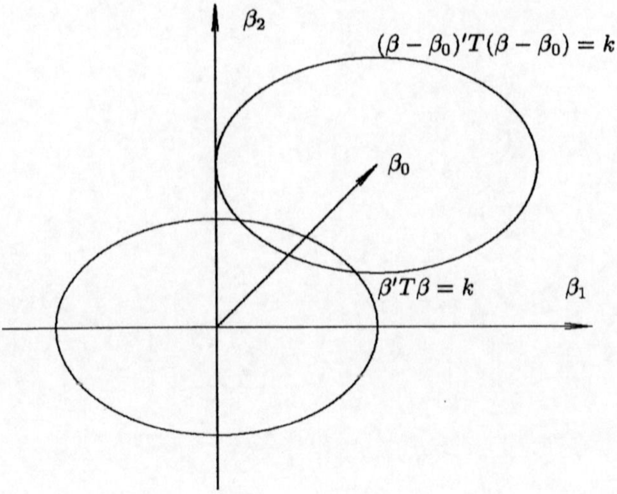


**Abb. 4.13.** Fehlspezifikation durch Verschiebung des Mittelpunkts.

# 5. Modelle der Varianzanalyse

## 5.1 Varianzanalyse als spezielles lineares Modell

Die bisherigen linearen Modelle $y = X\beta + \epsilon$ haben für die unabhängigen Variablen $X_1, \ldots, X_K$ metrisches Datenniveau unterstellt, das eine quantifizierbare Beschreibung der Ursache–Wirkungsbeziehung $X_i \to Y$ ermöglicht. Bei Erhöhung von $X_i$ um eine Einheit verändert sich $Y$ um $\beta_i$ (bzw. nach Schätzung $b_i$) Einheiten, sofern alle $X_j$ $(i \neq j)$ festgehalten werden.

In der Praxis (Industrie, Landwirtschaft, Pharmakologie) ist man häufig vor der Quantifizierung eines Modells zunächst daran interessiert, überhaupt wichtige Einflussgrößen für eine Responsevariable $Y$ zu finden bzw. wichtige von unwichtigen Variablen zu trennen. Liegt nur ein Faktor vor, so will man eine für $Y$ optimale Einstellung finden. Dies geschieht durch den mehrfachen Mittelwertsvergleich mit den Modellen der Varianzanalyse. Modelle der Varianzanalyse sind spezielle Regressionsmodelle mit diskreten Variablen $X_i$ (den Faktoren), deren ganzzahlige Werte $x_{ij}$ jeweils von 1 bis zu einem Maximalwert laufen und die sogenannte Faktorstufe anzeigen. Wir werden die zugehörige Parametrisierung ausführlich für ein– und mehrfaktorielle Modelle darstellen. Dabei ist zwischen nichtstochastischen und stochastischen Einflussgrößen zu unterscheiden:

*Modell I (mit festen Effekten)* dient dem *mehrfachen Mittelwertsvergleich* quantitativer normalverteilter Merkmale, die an *fest gewählten* Versuchsobjekten beobachtet werden.

Man prüft die Nullhypothese H$_0$: $\mu_1 = \mu_2 = \ldots = \mu_s$ gegen die Alternative H$_1$: *mindestens zwei Mittelwerte sind verschieden*, vergleicht also $s$ normalverteilte Grundgesamtheiten bezüglich ihrer Mittelwerte. Der zugehörige F–Test ist eine Verallgemeinerung des t–Tests, der dem Vergleich zweier Normalverteilungen dient. Allgemein spricht man vom *Vergleich der Wirkungen von Behandlungen*, wobei Behandlungen im weitesten Sinne des Wortes als Untersuchungsverfahren zu verstehen sind. Wenn man *bestimmte* vorgegebene Behandlungen miteinander vergleichen will, wird man sie nicht zufällig auswählen sondern *fest* vorgeben.

*Modell II (mit zufälligen Effekten)* dient der *Zerlegung* der durch den Einfluss mehrerer Faktoren erzeugten *Gesamtvariabilität* (Varianz) in Komponenten, die den Einfluss jedes Faktors widerspiegeln und in eine Komponente, die nicht durch die Faktoren erklärt wird (Restvarianz). Im Gegensatz zum Modell I werden die Versuchsobjekte *zufällig* ausgewählt. Die Behandlungen sind dann als Zufallsstichprobe aus einer gedachten unendlichen Population anzusehen und es besteht kein Interesse an den zufällig ausgewählten Behandlungen selbst sondern nur an ihrem jeweiligen Anteil an der Gesamtvariabilität.

*Hinweis.* Wir beschränken uns hier auf Modelle mit festen Effekten. Modelle mit zufälligen Effekten werden in Toutenburg (1994) und Toutenburg (2002) ausführlich behandelt.

## 5.2 Einfaktorielle Varianzanalyse

Gegeben seien $s$ Stichproben aus $s$ normalverteilten Grundgesamtheiten $N(\mu_i, \sigma^2)$. Die Stichprobenumfänge seien $n_i$, der Gesamtstichprobenumfang sei $n$

$$\sum_{i=1}^{s} n_i = n. \tag{5.1}$$

Die Varianzen $\sigma^2$ sind *unbekannt aber* in allen Grundgesamtheiten *gleich.*

**Definition 5.1** *Sind alle $n_i$ gleich, so heißt der Stichprobenplan (Versuchsplan) balanziert, anderenfalls unbalanziert.*

Man sagt auch, ein Faktor A wirkt in $s$ Stufen und zu vergleichen sind die $s$ Effekte, die sich in den Stichprobenmitteln niederschlagen (daher der Begriff *einfache Klassifikation*; die Messwerte sind nach einem Faktor klassifiziert). Die Stufen des Faktors heißen auch *Behandlungen (Treatments).*

*Beispiele*

1. Faktor A: Kunststoff PMMA
   $s$ Stufen: $s$ verschiedene Konzentrationen von Quarz im PMMA
   $s$ Effekte: Biegefestigkeit der verschiedenen PMMA–Werkstoffe

2. Faktor A: Düngung
   $s$ Stufen: $s$ verschiedene Düngemittel (oder ein Düngemittel mit $s$ verschiedenen Konzentrationen von Phosphat)
   $s$ Effekte: Ertrag je ha

Die Beobachtungen der $s$ Stichproben sind gemäß Tabelle 5.1 angeordnet. Ein Punkt als Index deutet darauf hin, dass über diesen Index summiert wurde. So ist zum Beispiel $y_{1.}$ der Mittelwert der 1. Zeile, $y_{..}$ das Gesamtmittel.

| | Einzelversuche je Stufe von A<br>1 2 ... $n_i$ | Summe der Beobachtungen je Stichprobe | Stichprobenmittel |
|---|---|---|---|
| 1 | $y_{11}$ $y_{12}$ ... $y_{1n_1}$ | $\sum y_{1j} = Y_{1.}$ | $Y_{1.}/n_1 = y_{1.}$ |
| 2 | $y_{21}$ $y_{22}$ ... $y_{2n_2}$ | $\sum y_{2j} = Y_{2.}$ | $Y_{2.}/n_2 = y_{2.}$ |
| ⋮ | | | |
| s | $y_{s1}$ $y_{s2}$ ... $y_{sn_s}$ | $\sum y_{sj} = Y_{s.}$ | $Y_{s.}/n_s = y_{s.}$ |
| | $n = \sum n_i$ | $\sum Y_{i.} = Y_{..}$ | $Y_{..}/n = y_{..}$ |

**Tabelle 5.1.** Anordnung der Stichproben (einfache Klassifikation).

Es wird angenommen, für die Beobachtungen $y_{ij}$ gelte das folgende Modell

$$y_{ij} = \mu + \alpha_i + \epsilon_{ij} \quad (i = 1, \ldots, s; j = 1, \ldots, n_i), \tag{5.2}$$

wobei
$\mu$ das Gesamtmittel,
$\alpha_i$ den Effekt der i–ten Stufe des Faktors A, d.h. die durch die i–te Stufe verursachte Abweichung (Treatmenteffekt) vom Gesamtmittel $\mu$
und
$\epsilon_{ij}$ einen zufälligen Fehler (d.h. Zufallsabweichung von $\mu$ und $\alpha_i$)
darstellen. $\mu$ und $\alpha_i$ sind feste Größen (Parameter), die $\epsilon_{ij}$ sind zufällige Größen. Folgende Voraussetzungen sind zu sichern:

- die Fehler $\epsilon_{ij}$ sind unabhängig und identisch verteilt mit Mittelwert 0 und Varianz $\sigma^2$;
- die Fehler sind normalverteilt, d.h. insgesamt gilt $\epsilon_{ij} \sim N(0, \sigma^2)$;
- es gilt die sogenannte *Reparametrisierungsbedingung*

$$\sum \alpha_i n_i = 0. \tag{5.3}$$

Bei der Versuchsplanung sollte man möglichst auf gleiche Stichprobenumfänge $n_i$ in den Gruppen achten *(balanzierter Fall)*, weil dann die Varianzanalyse *robust* gegen Abweichungen von den Voraussetzungen (Normalverteilung, gleiche Varianz) ist.

### 5.2.1 Darstellung als restriktives Modell

Das lineare Modell (5.2) lässt sich in Matrixschreibweise formulieren gemäß

$$\begin{pmatrix} y_{11} \\ \vdots \\ y_{1n_1} \\ \vdots \\ y_{s1} \\ \vdots \\ y_{sn_s} \end{pmatrix} = \begin{pmatrix} 1 & 1 & 0 & \dots & 0 \\ \vdots & \vdots & \vdots & & \vdots \\ 1 & 1 & 0 & \dots & 0 \\ \vdots & \vdots & \vdots & & \vdots \\ 1 & 0 & \cdots & 0 & 1 \\ \vdots & \vdots & \vdots & & \vdots \\ 1 & 0 & \cdots & 0 & 1 \end{pmatrix} \begin{pmatrix} \mu \\ \alpha_1 \\ \vdots \\ \alpha_s \end{pmatrix} + \begin{pmatrix} \epsilon_{11} \\ \vdots \\ \epsilon_{1n_1} \\ \vdots \\ \epsilon_{s1} \\ \vdots \\ \epsilon_{sn_s} \end{pmatrix}$$

d.h.

$$y = X\beta + \epsilon\,, \quad \epsilon \sim N(0, \sigma^2 I) \tag{5.4}$$

mit $X$ vom Typ $n \times (s+1)$ und Rang $(X) = s$, so dass exakte Multikollinearität vorliegt.

Damit ist $X'X$ singulär, so dass zur Schätzung des $(s+1) \times 1$–Vektors $\beta' = (\mu, \alpha_1, \dots, \alpha_s)$ eine lineare Restriktion $r = R'\beta$ mit Rang $(R) = J = 1$ und Rang $\begin{pmatrix} X \\ R' \end{pmatrix} = s + 1$ hinzugefügt werden muss (vgl. Satz 4.5).

Wir wählen

$$r = 0, \quad R' = (0, n_1, \dots, n_s) \tag{5.5}$$

also

$$\sum \alpha_i n_i = 0 \tag{5.6}$$

(vgl. (5.3)).

*Anmerkung.* Die Schätzbarkeit von $\beta$ ist nach Satz 4.5 für *jede* Restriktion $r = R'\beta$ mit Rang $(R') = J = 1$ und Rang $\begin{pmatrix} X \\ R' \end{pmatrix} = s + 1$ gesichert. Die *gewählte* Restriktion (5.6) bietet jedoch den Vorteil einer sachlogisch gerechtfertigten Interpretation, die sich an die Effektkodierung im linearen Modell anlehnt. Die Parameter $\alpha_i$ sind danach die Abweichungen vom Gesamtmittel $\mu$ und somit de facto auf $\mu$ standardisiert. Die $\alpha_i$ bestimmen also mit ihrer Größe und ihrem Vorzeichen die relativen (positiven oder negativen) Kräfte, mit denen die i–te Behandlung zu Abweichungen vom overall mean führt.

Gemäß (4.47) hat die bedingte KQ–Schätzung von $\beta' = (\mu, \alpha_1, \dots, \alpha_s)$ die Gestalt

$$b(R', 0) = (X'X + RR')^{-1} X'y. \tag{5.7}$$

Wie man leicht überprüft, hat die Matrix $\begin{pmatrix} X \\ R' \end{pmatrix}$ mit $X$ aus (5.4) und $R'$ aus (5.5) den vollen Spaltenrang $s+1$.

Es ergibt sich folgende Gestalt der Parameterschätzungen

$$\begin{aligned} \hat{\mu} &= y_{\cdot\cdot} \\ \hat{\alpha}_i &= y_{i\cdot} - y_{\cdot\cdot}\,, \end{aligned}$$

d.h. die Schätzungen der $\alpha_i$ sind die Abweichungen des $i$–ten Mittelwerts zum Gesamtmittel. Dies ist der geschätzte Behandlungseffekt der $i$–ten Faktorstufe.

### 5.2.2 Zerlegung der Fehlerquadratsumme

Mit $b(R',0)$ erhalten wir

$$\widehat{y} = Xb(R',0) = \begin{pmatrix} y_{1\cdot}\mathbf{1}_{n_1} \\ y_{2\cdot}\mathbf{1}_{n_2} \\ \vdots \\ y_{s\cdot}\mathbf{1}_{n_s} \end{pmatrix}. \tag{5.8}$$

Die Zerlegung (4.227), d.h.

$$\sum (y_t - \bar{y})^2 = \sum (y_t - \widehat{y}_t)^2 + \sum (\widehat{y}_t - \bar{y})^2$$

hat in dem Modell (5.4) mit den neuen Bezeichnungen die Gestalt

$$\sum_{i=1}^{s} \sum_{j=1}^{n_i} (y_{ij} - y_{\cdot\cdot})^2 = \sum_{i=1}^{s} \sum_{j=1}^{n_i} (y_{ij} - y_{i\cdot})^2 + \sum_{i=1}^{s} n_i (y_{i\cdot} - y_{\cdot\cdot})^2 \tag{5.9}$$

oder, abgekürzt gemäß (4.228) und (4.229)

$$SS_{corr} = RSS + SS_{\text{Reg}} \tag{5.10}$$

bzw. in der Nomenklatur der Varianzanalyse

$$SQ_{\text{Total}} = SQ_{\text{innerhalb}} + SQ_{\text{zwischen}}. \tag{5.11}$$

Die Quadratsumme

$$SQ_{\text{innerhalb}} = \sum \sum (y_{ij} - y_{i\cdot})^2$$

misst die Variabilität innerhalb jeder Behandlung, während die Quadratsumme

$$SQ_{\text{zwischen}} = \sum_{i=1}^{s} n_i (y_{i\cdot} - y_{\cdot\cdot})^2$$

die Variabilitätsunterschiede zwischen den Behandlungen, also den eigentlichen Behandlungseffekt misst.

**Prüfen der Regression**

Wir betrachten das lineare Modell

$$y_{ij} = \mu + \alpha_i + \epsilon_{ij} \qquad \begin{array}{l}(i = 1, \ldots, s \\ j = 1, \ldots, n_i)\end{array} \tag{5.12}$$

mit

$$\sum n_i \alpha_i = 0\,. \tag{5.13}$$

Die Prüfung der Hypothese

$$\text{H}_0: \quad \alpha_1 = \cdots = \alpha_s = 0 \tag{5.14}$$

bedeutet den Vergleich der Modelle

$$\text{H}_0: \quad y_{ij} = \mu + \epsilon_{ij} \tag{5.15}$$

und

$$\text{H}_1: \quad y_{ij} = \mu + \alpha_i + \epsilon_{ij} \quad \text{mit} \quad \sum n_i \alpha_i = 0 \quad , \tag{5.16}$$

d.h. die Prüfung von

$$\text{H}_0: \quad \alpha_1 = \cdots = \alpha_s = 0 \qquad (\text{Parameterraum} \quad \omega) \tag{5.17}$$

gegen

$$\text{H}_1: \quad \alpha_i \neq 0 \text{ für mindestens zwei } i \qquad (\text{Parameterraum} \quad \boldsymbol{\Omega}). \tag{5.18}$$

Die zugehörige—bei vorausgesetzter Normalverteilung $\epsilon_{ij} \sim N(0, \sigma^2)$ für alle $i, j$—LQ–Teststatistik (4.180)

$$F = \frac{\hat{\sigma}^2_\omega - \hat{\sigma}^2_\Omega}{\hat{\sigma}^2_\Omega} \, \frac{T-K}{K-s}$$

wird damit zu

$$F = \frac{SQ_{\text{Total}} - SQ_{\text{innerhalb}}}{SQ_{\text{innerhalb}}} \frac{n-s}{s-1} \tag{5.19}$$

$$= \frac{SQ_{\text{zwischen}}}{SQ_{\text{innerhalb}}} \frac{n-s}{s-1} \tag{5.20}$$

$$= \frac{MQ_{\text{zwischen}}}{MQ_{\text{innerhalb}}}. \tag{5.21}$$

*Anmerkung.* Die Quadratsumme

$$SQ_{\text{zwischen}} = \sum_{i=1}^{s} n_i (y_{i\cdot} - y_{\cdot\cdot})^2$$

heißt—insbesondere bei höher klassifizierten Versuchsanlagen—nach dem Faktor, also z.B. $SQ_A$, wenn der Faktor $A$ eine Behandlung in s verschiedenen Stufen darstellt.

Analog bezeichnet man

$$SQ_{\text{innerhalb}} = \sum_{i=1}^{s} \sum_{j=1}^{n_i} (y_{ij} - y_{i\cdot})^2$$

auch als $SQ_{\text{Residual}}$ (RSS, Residual–Sum–of–Squares).

Ausführlicher geschrieben lassen sich die Quadratsummen wie folgt darstellen:

$$SQ_{\text{Total}} = \sum_i \sum_j (y_{ij} - y_{\cdot\cdot})^2 = \sum_i \sum_j y_{ij}^2 - n y_{\cdot\cdot}^2 \quad , \tag{5.22}$$

$$SQ_{\text{zwischen}} = SQ_A = \sum_i \sum_j (y_{i\cdot} - y_{\cdot\cdot})^2 = \sum_i n_i y_{i\cdot}^2 - n y_{\cdot\cdot}^2 \quad , \tag{5.23}$$

$$SQ_{\text{Residual}} = \sum_i \sum_j (y_{ij} - y_{i\cdot})^2 = \sum_i \sum_j y_{ij}^2 - \sum_i n_i y_{i\cdot}^2 \tag{5.24}$$

Unter der Voraussetzung der Normalverteilung sind die Quadratsummen jeweils $\chi^2$–verteilt mit den zugehörigen Freiheitsgraden. Die Quotienten SQ/df bezeichnet man als MQ. Wie wir gleich zeigen werden, ist

$$MQ_R = \frac{SQ_{\text{Residual}}}{n-s} \tag{5.25}$$

eine erwartungstreue Schätzung von $\sigma^2$. Zum Prüfen der Hypothese (5.17) verwendet man die Testgröße (5.21), also

$$F = \frac{MQ_A}{MQ_R} = \frac{n-s}{s-1}\frac{SQ_A}{SQ_{\text{Residual}}}, \tag{5.26}$$

die unter $H_0$ eine $F_{s-1,n-s}$–Verteilung besitzt. Für

$$F > F_{s-1,n-s;1-\alpha} \tag{5.27}$$

wird $H_0$ abgelehnt.

Für die Durchführung der Varianzanalyse wird das Schema der Tabelle 5.2 verwendet.

| Variations-ursache | SQ | Freiheits-grade | MQ | Prüfwert F |
|---|---|---|---|---|
| Zwischen den Stufen des Faktors A | $SQ_A = \sum_{i=1}^{s} n_i y_{i\cdot}^2 - n y_{\cdot\cdot}^2$ | $df_A = s-1$ | $MQ_A = \frac{SQ_A}{df_A}$ | $\frac{MQ_A}{MQ_R}$ |
| Innerhalb der Stufen des Faktors A | $SQ_{\text{Residual}} = \sum_i \sum_j y_{ij}^2 - \sum_i n_i y_{i\cdot}^2$ | $df_R = n-s$ | $MQ_R = \frac{SQ_R}{df_R}$ | |
| | $SQ_{\text{Total}} = \sum_i \sum_j y_{ij}^2 - n y_{\cdot\cdot}^2$ | $df_T = n-1$ | | |

**Tabelle 5.2.** Schema für die Varianzanalyse—einfache Klassifikation.

*Anmerkung.* Wir haben uns bei der Herleitung der Teststatistik (5.26) auf die Ergebnisse aus Kapitel 4, insbesondere auf Abschnitt 4.8 gestützt und somit den Nachweis der Unabhängigkeit der $\chi^2$–Verteilungen im Zähler und Nenner von F (5.26) nicht mehr gesondert durchgeführt.

Eine Alternative zum Nachweis, dass $SQ_A$ und $SQ_{\text{Residual}}$ stochastisch unabhängig sind, basiert auf einem Satz von Cochran in der Form, wie sie z.B. in Toutenburg (1994, S.112) angegeben wird.

**Satz 5.1 (Theorem von Cochran)** *Seien $z_i \sim N(0,1)$, $i = 1, \ldots, v$ unabhängige Zufallsvariablen und sei folgende disjunkte Zerlegung*

$$\sum_{i=1}^{v} z_i^2 = Q_1 + Q_2 + \cdots + Q_s \tag{5.28}$$

*mit $s \leq v$ gegeben. Damit sind die $Q_1, \ldots, Q_s$ unabhängig $\chi^2_{v_1}, \ldots, \chi^2_{v_s}$–verteilte Zufallsvariablen dann und nur dann, wenn*

$$v = v_1 + \cdots + v_s \tag{5.29}$$

*gilt.*

Die Anwendung dieses Satzes ergibt:

$$(i) \qquad SQ_{Total} = \sum_{i=1}^{s}\sum_{j=1}^{n_i}(y_{ij} - y_{\cdot\cdot})^2 \tag{5.30}$$

hat $n = \sum_{i=1}^{s} n_i$ Summanden, die einer linearen Restriktion ($\sum\sum y_{ij} = ny_{\cdot\cdot}$) genügen müssen, also hat $SQ_{Total}$ $n-1$ Freiheitsgrade.

$$(ii) \qquad SQ_{\text{innerhalb}} = SQ_{\text{Residual}} = \sum\sum(y_{ij} - y_{i\cdot})^2 \tag{5.31}$$

hat bei $n$ Summanden $s$ lineare Restriktionen $\sum_{j=1}^{n_i} y_{ij} = n_i y_{i\cdot}$ $(i = 1, \ldots, s)$ zu erfüllen, besitzt also $n - s$ Freiheitsgrade.

$$(iii) \qquad SQ_{Zwischen} = SQ_A = \sum_{i=1}^{s} n_i(y_{i\cdot} - y_{\cdot\cdot})^2 \tag{5.32}$$

besitzt $s$ Summanden, die einer linearen Restriktion ($\sum_{i=1}^{s} n_i y_{i\cdot} = ny_{\cdot\cdot}$) genügen müssen, so dass $SQ_A$ $s-1$ Freiheitsgrade besitzt.

Damit gilt für die Zerlegung (5.28) gemäß

$$SQ_{\text{Total}} = SQ_{\text{Residual}} + SQ_A$$

gleichzeitig die Zerlegung (5.29) der Freiheitsgrade, d.h.

$$n - 1 = (n - s) + (s - 1)\,,$$

so dass gemäß Satz 5.1 $SQ_{\text{Residual}}$ und $SQ_A$ unabhängige Chi–Quadrat–Verteilungen besitzen, ihr Quotient F (5.26) also F–verteilt ist.

### 5.2.3 Schätzung von $\sigma^2$ durch $MQ_{\text{Residual}}$

In (4.111) haben wir für das lineare Modell als erwartungstreue Schätzung für $\sigma^2$ die Statistik

$$s^2 = \frac{1}{T-K}(y - Xb)'(y - Xb)$$

hergeleitet. In unserem Spezialfall des Modells (5.4) und unter Verwendung von

$$\hat{y} = Xb = \begin{pmatrix} y_{1\cdot}\mathbf{1}_{n_1} \\ y_{2\cdot}\mathbf{1}_{n_2} \\ \vdots \\ y_{s\cdot}\mathbf{1}_{n_s} \end{pmatrix} \tag{5.33}$$

gemäß (5.8) für den Fall $s > 2$ erhalten wir analog ($K = s$, $T = n$ gesetzt):

$$\begin{aligned} s^2 &= \frac{1}{n-s}\left((y_1 - y_{1\cdot}\mathbf{1}_{n_1})', \ldots, (y_s - y_{s\cdot}\mathbf{1}_{n_s})'\right) \begin{pmatrix} y_1 - y_{1\cdot}\mathbf{1}_{n_1} \\ \vdots \\ y_s - y_{s\cdot}\mathbf{1}_{n_s} \end{pmatrix} \\ &= \frac{1}{n-s}\sum_{i=1}^{s}\sum_{j=1}^{n_i}(y_{ij} - y_{i\cdot})^2 \\ &= MQ_{\text{Residual}}. \end{aligned} \tag{5.34}$$

Es gilt

$$E(MQ_{\text{Residual}}) = \sigma^2,$$

und (vgl. Toutenburg (1994, S.115))

$$\begin{aligned} E(MQ_A) &= \frac{1}{s-1}\sum\sum E(y_{i\cdot} - y_{\cdot\cdot})^2 \\ &= \sigma^2 + \frac{\sum n_i \alpha_i^2}{s-1}. \end{aligned} \tag{5.35}$$

Somit ist $MQ_A$ unter $H_0 : \alpha_1 = \cdots = \alpha_s = 0$ ebenfalls ein erwartungstreuer Schätzer von $\sigma^2$. Falls $H_0$ nicht erfüllt ist, besitzt die Teststatistik F (5.26) also einen Erwartungswert größer als Eins.

*Beispiel 5.2.1.* Die ermittelten Arbeitszeitwerte für die Fertigung von Inlays (Tabelle 5.3) stellen ein einfach klassifiziertes Datenmaterial dar, wobei der Faktor A den Einfluss des Zahnarztes auf die Arbeitszeitwerte ausdrückt; er wirkt hier in $s = 3$ Stufen (Zahnarzt A, B, C).

Wir können annehmen, dass die Voraussetzungen für eine Normalverteilung gegeben sind, wenn wir die Zeitwerte aus Tabelle 5.3 durch ihre natürlichen Logarithmen ersetzen (der Grund für diese Transformation liegt darin begründet, dass Zeitwerte häufig schief verteilt sind).

Die Zusammenstellung der Messwerte erfolgt gemäß Tabelle 5.3 in Tabelle 5.4, die Auswertung wird in Tabelle 5.5 durchgeführt. Als Testwert ergibt sich $F = 2.70 < 3.32 = F_{2,30;0.95}$ (Tabelle B.5). Die Nullhypothese *Die mittleren Arbeitszeitwerte je Inlay sind bei den drei Zahnärzten gleich* wird also *nicht* abgelehnt.

| Zahnarzt A | Zahnarzt B | Zahnarzt C |
|---|---|---|
| 55.5 | 67.0 | 62.5 |
| 40.0 | 57.0 | 31.5 |
| 38.5 | 33.5 | 31.5 |
| 31.5 | 37.0 | 53.0 |
| 45.5 | 75.0 | 50.5 |
| 70.0 | 60.0 | 62.5 |
| 78.0 | 43.5 | 40.0 |
| 80.0 | 56.0 | 19.5 |
| 74.5 | 65.5 | |
| 57.5 | 54.0 | |
| 72.0 | 59.5 | |
| 70.0 | | |
| 48.0 | | |
| 59.0 | | |
| $n_1 = 14$ | $n_2 = 11$ | $n_3 = 8$ |
| $\bar{x}_1 = 58.57$ | $\bar{x}_2 = 55.27$ | $\bar{x}_3 = 43.88$ |
| $n = n_1 + n_2 + n_3$ | | |

**Tabelle 5.3.** Zeitaufwand (in Minuten) für die Anfertigung von Inlays, gemessen bei drei Zahnärzten (S. Toutenburg, 1977).

| | j / i | 1 | 2 | 3 | 4 | 5 | 6 | 7 | 8 | 9 | 10 |
|---|---|---|---|---|---|---|---|---|---|---|---|
| (A) | 1 | 4.02 | 3.69 | 3.65 | 3.45 | 3.82 | 4.25 | 4.36 | 4.38 | 4.31 | 4.05 |
| (B) | 2 | 4.20 | 4.04 | 3.51 | 3.61 | 4.32 | 4.09 | 3.77 | 4.03 | 4.18 | 3.99 |
| (C) | 3 | 4.14 | 3.45 | 3.45 | 3.97 | 3.92 | 4.14 | 3.69 | 2.97 | | |

| | j / i | 11 | 12 | 13 | 14 | $Y_{i\cdot}$ | | | $y_{i\cdot}$ | | |
|---|---|---|---|---|---|---|---|---|---|---|---|
| (A) | 1 | 4.28 | 4.25 | 3.87 | 4.08 | 56.46 | = | $Y_{1\cdot}$ | 4.03 | = | $y_{1\cdot}$ |
| (B) | 2 | 4.09 | | | | 43.83 | = | $Y_{2\cdot}$ | 3.98 | = | $y_{2\cdot}$ |
| (C) | 3 | | | | | 29.73 | = | $Y_{3\cdot}$ | 3.72 | = | $y_{3\cdot}$ |
| | | n=33 | | | | 130.02 | = | $Y_{\cdot\cdot}$ | 3.94 | = | $y_{\cdot\cdot}$ |

**Tabelle 5.4.** Logarithmen der Arbeitszeitwerte aus Tabelle 5.3.

## 5.3 Vergleich von einzelnen Mittelwerten

### 5.3.1 Lineare Kontraste

Der multiple Mittelwertsvergleich, d.h. die Prüfung von $H_0$ (5.17) gegen $H_1$ (5.18) hat zwei mögliche Ergebnisse—Beibehaltung von $H_0$ (kein Behand-

| SQ | | | df | MQ | | | F | | |
|---|---|---|---|---|---|---|---|---|---|
| $SQ_A$ | = | 512.82 - 512.28 | 2 | $MQ_A$ | = | 0.27 | F | = | 2.70 |
| | = | 0.54 | | | | | | | |
| $SQ_{\text{Residual}}$ | = | 515.76 - 512.82 | 30 | $MQ_R$ | = | 0.10 | | | |
| | = | 2.94 | | | | | | | |
| $SQ_{Total}$ | = | 515.76 - 512.28 | 32 | | | | | | |
| | = | 3.48 | | | | | | | |

**Tabelle 5.5.** Tafel der Varianzanalyse zum Beispiel 5.2.1.

lungseffekt) und Ablehnung von $H_0$ (Behandlungseffekt). Bei der ersten Entscheidung ist man de facto mit der Analyse fertig. Man könnte nach Poweranalysen ggf. über eine Erhöhung des Stichprobenumfangs einen zweiten Anlauf zum Effektnachweis unternehmen.

Wird dagegen ein Overall–Behandlungseffekt durch Annahme von $H_1$: $\alpha_i \neq 0$ für mindestens ein $i$ (oder äquivalent $\mu_i = \mu + \alpha_i \neq \mu + \alpha_j = \mu_j$ für mindestens ein Paar $(i, j), i \neq j$) nachgewiesen, so ist man daran interessiert, diejenigen Populationen herauszufinden, die diesen Overall–Effekt verursacht haben. In dieser Situation sind also Vergleiche von Paaren oder von Linearkombinationen von Mittelwerten angebracht. Man prüft also z.B.

$$H_0 : \quad \mu_1 = \mu_2$$

gegen

$$H_1 : \quad \mu_1 \neq \mu_2$$

mit dem Zwei–Stichproben–t–Test durch Vergleich von $y_{1\cdot}$ und $y_{2\cdot}$. Andere mögliche Hypothesen wären z.B. $\mu_1 + \mu_2 = \mu_3 + \mu_4$.

Diese Hypothesen bedeuten jeweils eine lineare Restriktion $r = R'\beta$ mit Rang $(R') = 1$. In der Varianzanalyse bezeichnet man eine Linearkombination von Mittelwerten (in der Population oder in der Stichprobe) als linearen Kontrast, sofern folgende Bedingung erfüllt ist.

**Definition 5.2** *Eine Linearkombination*

$$\sum_{i=1}^{a} c_i y_{i\cdot} = \mathbf{c}'\mathbf{y}.$$

*von Mittelwerten heißt linearer Kontrast, falls*

$$\mathbf{c}'\mathbf{c} \neq 0 \quad \textit{und} \quad \sum_{i=1}^{a} c_i = 0 \tag{5.36}$$

*gilt.*

Seien wiederum $s$ Populationen bezüglich ihrer Mittelwerte zu vergleichen, d.h. setzen wir voraus

$$y_{ij} \sim N(\mu_i, \sigma^2) \quad i = 1, \ldots, s; j = 1, \ldots, n_i \tag{5.37}$$

mit $y_{ij}$ und $y_{i'j}$ unabhängig für $i \neq i'$, so gilt

$$y_{i\cdot} \sim N\left(\mu_i, \frac{\sigma^2}{n_i}\right). \tag{5.38}$$

Bezeichnen wir mit

$$\boldsymbol{\mu} = (\mu_1, \ldots, \mu_s)' \tag{5.39}$$

den Vektor aus den $s$ Erwartungswerten, so lässt sich jeder lineare Kontrast in den Erwartungswerten als

$$\mathbf{c}'\boldsymbol{\mu} \quad \text{mit} \quad \sum c_i = 0 \quad \text{und} \quad \mathbf{c}'\mathbf{c} \neq 0 \tag{5.40}$$

darstellen. Der Vektor $\boldsymbol{\mu}$ darf nicht mit dem Gesamtmittel $\mu$ aus (5.2) verwechselt werden.

Die Teststatistik zum Prüfen von $H_0$: $\mathbf{c}'\boldsymbol{\mu} = 0$ hat also die typische Gestalt

$$\frac{(\mathbf{c}'\mathbf{y}.)^2}{\mathrm{Var}(\mathbf{c}'\mathbf{y}.)} \tag{5.41}$$

mit dem Vektor

$$\mathbf{y}'_{\cdot} = (y_{1\cdot}, \ldots, y_{s\cdot}) \tag{5.42}$$

aus den Stichprobenmittelwerten.

Dann gilt wegen der Unabhängigkeit der $s$ Populationen (vgl. (5.4))

$$\mathbf{c}'\mathbf{y}. \sim N\left(\mathbf{c}'\boldsymbol{\mu}, \sigma^2 \sum \frac{c_i^2}{n_i}\right) \tag{5.43}$$

und damit unter $H_0$

$$\frac{(\mathbf{c}'\mathbf{y}.)^2}{\sigma^2 \sum \frac{c_i^2}{n_i}} \sim \chi_1^2 \quad . \tag{5.44}$$

Die Varianz $\sigma^2$ wird wie üblich erwartungstreu durch $MQ_{\text{Residual}}$ (5.34) geschätzt, so dass die Teststatistik die Gestalt

$$t_{n-s}^2 = F_{1,n-s} = \frac{(\mathbf{c}'\mathbf{y}.)^2}{MQ_{\text{Residual}} \sum \frac{c_i^2}{n_i}} \tag{5.45}$$

annimmt, falls die $\chi^2$–Verteilungen des Zählers und des Nenners unabhängig sind.

*Hinweis.* Der Nachweis der F–Verteilung von $F_{1,n-s}$ aus (5.45) ist z.B. in Toutenburg (1994, S.118) gegeben.

*Anmerkung.* Da ein linearer Kontrast unter $H_0$: $\mathbf{c}'\boldsymbol{\mu} = 0$ invariant gegenüber Multiplikation mit einer Konstanten $a \neq 0$ ist:

$$a\mathbf{c}'\boldsymbol{\mu} = 0, \quad a\sum c_i = 0, \tag{5.46}$$

empfiehlt es sich, durch Standardisierung

$$\mathbf{c}'\mathbf{c} = 1 \tag{5.47}$$

die Vieldeutigkeit auszuschließen.

**Definition 5.3** *Ein linearer Kontrast* $\mathbf{c}'\boldsymbol{\mu}$ *heißt normiert, falls* $\mathbf{c}'\mathbf{c} = 1$ *gilt.*

**Definition 5.4** *Zwei lineare Kontraste* $\mathbf{c}_1'\boldsymbol{\mu}$ *und* $\mathbf{c}_2'\boldsymbol{\mu}$ *heißen orthogonal, falls*

$$\mathbf{c}_1'\mathbf{c}_2 = 0 \tag{5.48}$$

*gilt.*

Analog bezeichnet man ein System $(\mathbf{c}_1'\boldsymbol{\mu}, \ldots, \mathbf{c}_v'\boldsymbol{\mu})$ von orthogonalen Kontrasten als *Orthonormalsystem*, falls

$$\mathbf{c}_i'\mathbf{c}_j = \delta_{ij} \tag{5.49}$$

$(i, j = 1, \ldots, v)$ erfüllt ist, wobei $\delta_{ij}$ das Kroneckersymbol ist.

Die orthogonalen Kontraste sind ein wesentliches Hilfsmittel, um die Zahl der möglichen Paarvergleiche auf die Maximalzahl unabhängiger Hypothesen zu reduzieren und die Prüfbarkeit zu sichern.

*Beispiel 5.3.1.* Seien $s = 3$ Stichproben (3 Stufen des Faktors A) gegeben und sei der Versuchsplan balanziert ($n_i = r$). Die Overall–Nullhypothese

$$\mathrm{H}_0: \quad \mu_1 = \mu_2 = \mu_3 \quad (\text{d.h. } \mathrm{H}_0\text{: } \alpha_i = 0 \text{ für } i = 1, 2, 3) \tag{5.50}$$

lässt sich z.B. schreiben als

$$\mathrm{H}_0: \quad \mu_1 = \mu_2 \quad \text{und} \quad \mu_2 = \mu_3\,, \tag{5.51}$$

also mit linearen Kontrasten als

$$\mathrm{H}_0: \quad \begin{pmatrix} \mathbf{c}_1' \\ \mathbf{c}_2' \end{pmatrix} \boldsymbol{\mu} = \begin{pmatrix} 0 \\ 0 \end{pmatrix} \tag{5.52}$$

mit

$$\boldsymbol{\mu}' = (\mu_1, \mu_2, \mu_3) \quad \text{und}$$
$$\mathbf{c}_1' = (1, -1, 0) \quad , \tag{5.53}$$
$$\mathbf{c}_2' = (0, 1, -1) \quad . \tag{5.54}$$

Es gilt $\mathbf{c}_1'\mathbf{c}_2 = -1$, so dass $\mathbf{c}_1'\boldsymbol{\mu}$ und $\mathbf{c}_2'\boldsymbol{\mu}$ nicht orthogonal und die quadratischen Formen $(\mathbf{c}_1'\mathbf{y}.)^2$ und $(\mathbf{c}_2'\mathbf{y}.)^2$ nicht stochastisch unabhängig sind.

Wählen wir hingegen

$$\mathbf{c}_1' = (1, -1, 0), \quad \mathbf{c}_1'\mathbf{c}_1 = 2 \tag{5.55}$$

wie oben und

$$\mathbf{c}_2' = (1, 1, -2), \quad \mathbf{c}_2'\mathbf{c}_2 = 6\,, \tag{5.56}$$

so gilt $\mathbf{c}_1'\mathbf{c}_2 = 0$. $\mathbf{c}_1'\boldsymbol{\mu} = 0$ bedeutet $\mu_1 = \mu_2$ und $\mathbf{c}_2'\boldsymbol{\mu} = 0$ bedeutet $\frac{\mu_1+\mu_2}{2} = \mu_3$, so dass beide Kontraste simultan H$_0$: $\mu_1 = \mu_2 = \mu_3$ darstellen. Die Teststatistik für H$_0$ (5.52) hätte dann die Gestalt

$$F_{2,n-2} = \left( \frac{r(\mathbf{c}_1'\mathbf{y}.)^2}{\mathbf{c}_1'\mathbf{c}_1} + \frac{r(\mathbf{c}_2'\mathbf{y}.)^2}{\mathbf{c}_2'\mathbf{c}_2} \right) / MQ_{\text{Residual}} \,. \tag{5.57}$$

Für die Hypothese H$_0$ (5.50) folgt also mit den Kontrasten (5.55) und (5.56)

$$F_{2,n-2} = \left( \frac{r(y_{1\cdot} - y_{2\cdot})^2}{2} + \frac{r(y_{1\cdot} + y_{2\cdot} - 2y_{3\cdot})^2}{6} \right) / MQ_{\text{Residual}} \,. \tag{5.58}$$

### 5.3.2 Kontraste in den totalen (summierten) Responsewerten im balanzierten Fall

Wir wollen eine interessante Zerlegung der Quadratsumme SQ$_A$ herleiten. Dazu setzen wir voraus

- $s$ Stufen des Faktors A (Behandlungen)
- $n_i = r$ Wiederholungen je Behandlung (balanzierter Versuchsplan)
- $n = rs$ die Gesamtzahl der Responsewerte
- $Y_{i\cdot} = \sum_{j=1}^{r} y_{ij}$ der (summierte) totale Response der Behandlung $i$
- $\mathbf{Y}'_{\cdot} = (Y_{1\cdot}, \dots, Y_{s\cdot})$ der Vektor der Summenresponsewerte

$$\bullet \text{SQ}_A = \frac{1}{r} \sum_{i=1}^{s} Y_{i\cdot}^2 - \frac{1}{rs} \left( \sum_{i=1}^{s} Y_{i\cdot} \right)^2 \tag{5.59}$$

(vgl. (5.23) für den balanzierten Fall).

Dann gilt (vgl. z.B. Petersen (1985, p.92))

(i) Sei $\mathbf{c}_1'\mathbf{Y}.$ ein linearer Kontrast in den totalen Responsewerten. Dann ist

$$S_1^2 = \frac{(\sum_{i=1}^{s} c_{1i} Y_{i\cdot})^2}{(r \sum c_{1i}^2)} = \frac{(\mathbf{c}_1'\mathbf{Y}.)^2}{(r\mathbf{c}_1'\mathbf{c}_1)} \tag{5.60}$$

eine Komponente von SQ$_A$ mit einem Freiheitsgrad. Mit

$$\begin{aligned} c_{1i} Y_{i\cdot} &\sim N(0, r\sigma^2 c_{1i}^2), \\ \mathbf{c}_1'\mathbf{Y}. &\sim N(0, r\sigma^2 \sum c_{1i}^2) \\ &= N(0, r\sigma^2 \mathbf{c}_1'\mathbf{c}_1) \end{aligned}$$

gilt also

$$\frac{(\mathbf{c}_1'\mathbf{Y}.)^2}{r\mathbf{c}_1'\mathbf{c}_1} = S_1^2 \sim \sigma^2\chi_1^2\,. \tag{5.61}$$

(ii) Ist $\mathbf{c}_2'\mathbf{Y}.$ ein zu $\mathbf{c}_1'\mathbf{Y}.$ orthogonaler Kontrast, so ist

$$S_2^2 = \frac{(\mathbf{c}_2'\mathbf{Y}.)^2}{(r\mathbf{c}_2'\mathbf{c}_2)} \tag{5.62}$$

eine Komponente von $SQ_A - S_1^2$.

(iii) Falls $\mathbf{c}_1'\mathbf{Y}.,\ldots,\mathbf{c}_{s-1}'\mathbf{Y}.$ ein vollständiges System orthogonaler Kontraste bilden, so gilt die Zerlegungsformel

$$S_1^2 + \ldots + S_{s-1}^2 = SQ_A\,. \tag{5.63}$$

Damit ist die Möglichkeit der Zerlegung der $\mathrm{SQ}_A$ in $s-1$ unabhängige Quadratsummen gegeben, die bei Normalverteilung unabhängige $\chi^2$–Verteilungen besitzen. Diese Zerlegung entspricht der Zerlegung der $\mathrm{G}^2$–Statistik bei $I\times 2$–Kontingenztafeln in $I-1$ unabhängige, $\chi^2$–verteilte $\mathrm{G}^2$–Statistiken zur Analyse von Subeffekten. Bei signifikantem overall–Behandlungseffekt lassen sich so die wesentlichen Subeffekte aufdecken, die zur Signifikanz beigetragen haben. Die Signifikanz der Subeffekte, d.h. $\mathrm{H}_0$: $c_i'\mathbf{Y}. = 0$ gegen $\mathrm{H}_1$: $c_i'\mathbf{Y}. \neq 0$ wird über

$$t_{n-s}^2 = F_{1,n-s} = F_{1,s(r-1)} = \frac{S_i^2}{MQ_{\text{Residual}}} \tag{5.64}$$

geprüft.

### Varianz linearer Kontraste

Falls die $s$ Stichproben unabhängig sind, berechnet sich die Varianz eines linearen Kontrasts wie folgt

(i) **Kontrast in den Mittelwerten**
Sei $\mathbf{c}'\mathbf{y}. = c_1y_{1\cdot} + \ldots + c_sy_{s\cdot}$ , so gilt allgemein

$$\mathrm{Var}(\mathbf{c}'\mathbf{y}.) = \left(\frac{c_1^2}{n_1} + \ldots + \frac{c_s^2}{n_s}\right)\sigma^2. \tag{5.65}$$

Im balanzierten Fall ($n_i = r\ ,i = 1,\ldots,s$) vereinfacht sich dieser Ausdruck zu

$$\mathrm{Var}(\mathbf{c}'\mathbf{y}.) = \frac{\mathbf{c}'\mathbf{c}}{r}\sigma^2\,. \tag{5.66}$$

| | Wiederholungen j | | | | | | | | |
|---|---|---|---|---|---|---|---|---|---|
| i | 1 | 2 | 3 | 4 | 5 | 6 | $Y_{i\cdot}$ | $y_{i\cdot}$ | $s_i$ |
| 1 | 4.5 | 5.0 | 3.5 | 3.7 | 4.8 | 4.0 | 25.5 | 4.25 | 0.6091 |
| 2 | 3.8 | 4.0 | 3.9 | 4.2 | 3.6 | 4.4 | 23.9 | 3.98 | 0.2858 |
| 3 | 3.5 | 4.5 | 3.2 | 2.1 | 3.5 | 4.0 | 20.8 | 3.47 | 0.8116 |
| 4 | 3.0 | 2.8 | 2.2 | 3.4 | 4.0 | 3.9 | 19.3 | 3.22 | 0.6882 |
| | | | | | | | $Y_{\cdot\cdot} = 89.5$ | $y_{\cdot\cdot} = 3.73$ | |

**Tabelle 5.6.** Biegefestigkeit in Abhängigkeit von vier Stufen des Faktors A (Zusatzstoffe).

| Source | D.F. | Sum of Squares | Mean Squares | F Ratio | F Prob. |
|---|---|---|---|---|---|
| Between Groups | 3 | 4.0046 | 1.3349 | 3.3687 | 0.0389 |
| Within Groups | 20 | 7.9250 | 0.3962 | | |
| Total | 23 | 11.9296 | | | |

**Tabelle 5.7.** Tafel der Varianzanalyse zu Tabelle 5.6.

(ii) **Kontrast in den Summen des Response**
Sei $\mathbf{c}'\mathbf{Y}_{\cdot} = c_1 Y_{1\cdot} + \ldots + c_s Y_{s\cdot}$, so gilt allgemein

$$\mathrm{Var}(\mathbf{c}'\mathbf{Y}_{\cdot}) = (n_1 c_1^2 + \ldots + n_s c_s^2)\sigma^2 \tag{5.67}$$

und im balanzierten Versuchsplan

$$\mathrm{Var}(\mathbf{c}'\mathbf{Y}_{\cdot}) = r\mathbf{c}'\mathbf{c}\sigma^2 \,. \tag{5.68}$$

Die Varianz $\sigma^2$ der Population wird jeweils durch $\mathrm{MQ}_{\text{Residual}} = s^2$ geschätzt, so dass

$$\widehat{\mathrm{Var}}(\mathbf{c}'\mathbf{y}_{\cdot}) = s^2 \sum \frac{c_i^2}{n_i} \tag{5.69}$$

bzw.

$$\widehat{\mathrm{Var}}(\mathbf{c}'\mathbf{Y}_{\cdot}) = s^2 \sum n_i c_i^2 \tag{5.70}$$

erwartungstreue Schätzungen von $\mathrm{Var}(c'y_{\cdot})$ bzw. $\mathrm{Var}(c'Y_{\cdot})$ liefern.

*Beispiel 5.3.2.* Wir betrachten folgenden balanzierten Versuchsplan mit $r = 6$ Wiederholungen:

| | | |
|---|---|---|
| Faktor A | Stufe 1 : | Kontrollgruppe (weder $Z_1$ noch $Z_2$) |
| | Stufe 2 : | Zusatzstoff $Z_1$ |
| | Stufe 3 : | Zusatzstoff $Z_2$ |
| | Stufe 4 : | Zusatzstoffe $Z_1$ und $Z_2$ (Kombination) |

Der Response $Y$ sei die Biegefestigkeit eines Kunststoffes, wobei die günstigste Mischung im Sinne einer Herabsetzung der Biegefestigkeit gesucht wird. Die Daten sind in Tabelle 5.6 gegeben.

Wir erhalten die Tafel (Tabelle 5.7) der Varianzanalyse nach dem Schema von Tabelle 5.5 im SPSS–Format.

Der F–Test lehnt mit der Statistik $F_{3,20} = 3.3687$ (p–value 0.0389) die Hypothese $H_0$: $\mu_1 = \mu_2 = \mu_3 = \mu_4$ ab.

Somit können wir Paare oder andere Kombinationen von Behandlungen vergleichen.

Für $s = 4$ Stufen existieren Systeme mit $s - 1 = 3$ orthogonalen Kontrasten. Wir betrachten die folgenden beiden Systeme (Tabellen 5.8 und 5.9).

| | Behandlung | 1 | 2 | 3 | 4 | | |
|---|---|---|---|---|---|---|---|
| Kontrast | Response $Y_{i\cdot}$ | 25.5 | 23.9 | 20.8 | 19.3 | $\mathbf{c}'\mathbf{Y}.$ | $S^2$ |
| $Z_1$ gegen $Z_2$ | | 0 | +1 | −1 | 0 | 3.1 | 0.8008 |
| $Z_1$ oder $Z_2$ gegen ($Z_1$ und $Z_2$) | | 0 | −1 | −1 | 2 | −6.1 | 1.0336 |
| $Z_1$ oder $Z_2$ oder ($Z_1$ und $Z_2$) gegen Kontrollgruppe | | −3 | +1 | +1 | +1 | −12.5 | 2.1702 |
| | | | | | | | $\sum = 4.0046$ |

**Tabelle 5.8.** Orthogonale Kontraste und Teststatistiken $S^2$.

| | Behandlung | 1 | 2 | 3 | 4 | | |
|---|---|---|---|---|---|---|---|
| Kontrast | Response $Y_{i\cdot}$ | 25.5 | 23.9 | 20.8 | 19.3 | $\mathbf{c}'\mathbf{Y}.$ | $S^2$ |
| $Z_1$ | | −1 | +1 | −1 | +1 | −3.1 | 0.4004 |
| $Z_2$ | | −1 | −1 | +1 | +1 | −9.3 | 3.6038 |
| $Z_1 \times Z_2$ | | +1 | −1 | −1 | +1 | 0.1 | 0.0004 |
| | | | | | | | $\sum = 4.0046$ |

**Tabelle 5.9.** Orthogonale Kontraste und Teststatistiken $S^2$.

In beiden Systemen addieren sich gemäß (5.63) die Quadratsummen $S^2$ der Kontraste zu $SQ_A$ (SS Between Groups in Tabelle 5.7) auf. Die Teststatistiken (5.64) lauten mit $MQ_{\text{Residual}} = 0.3962$

| Tabelle 5.8 | Tabelle 5.9 |
|---|---|
| 2.02 | 1.01 |
| 2.61 | 9.10 * |
| 5.48 * | 0.00 |

Das 95%–Quantil der $F_{1,23}$–Verteilung ist 4.15, so dass

- der Einsatz mindestens eines Zusatzstoffes gegenüber der Kontrollgruppe signifikant ist (also die Biegefestigkeit signifikant herabsetzt)
- der Einsatz von $Z_2$ (allein oder in Kombination mit $Z_1$) die Biegefestigkeit signifikant herabsetzt.

Während die orthogonalen Kontraste in den Responsesummen $Y_{i.}$ eine Zerlegung der Variabilität $SQ_A$, also des Behandlungseffekts, und somit die Bestimmung signifikanter Subeffekte ermöglichen, liefern die orthogonalen Kontraste in den Mittelwerten über $F$ aus (5.45) eine Teststatistik zum Prüfen von Behandlungsunterschieden gemäß der durch den Kontrast gegebenen linearen Funktion der Mittelwerte.

Wir demonstrieren dies mit denselben Systemen orthogonaler Kontraste wie in den Tabellen 5.8 und 5.9. Die Ergebnisse sind in den Tabellen 5.10 bzw. 5.11 enthalten.

So ist z.B. (Tabelle 5.11, erste Zeile)

$$\begin{aligned} \mathbf{c}'\mathbf{y}_{\cdot} &= (y_{2\cdot} + y_{4\cdot}) - (y_{1\cdot} + y_{3\cdot}) \\ &= 3.98 + 3.22 - (4.25 + 3.47) = -0.52\,, \end{aligned}$$

$$\begin{aligned} \widehat{\mathrm{Var}}(\mathbf{c}'\mathbf{y}_{\cdot}) &= \frac{\mathbf{c}'\mathbf{c}}{r} s^2 \\ &= \frac{4}{6} \cdot 0.3962 = 0.2641 \\ &= 0.5140^2 \end{aligned}$$

mit $s^2 = MQ_{\text{Residual}} = 0.3962$ aus Tabelle 5.7.

Die Teststatistik aus (5.45) für

$$\mathrm{H}_0 : \quad \mathbf{c}'\boldsymbol{\mu} = (\mu_2 + \mu_4) - (\mu_1 + \mu_3) = 0\,,$$

d.h. für $\mathrm{H}_0 : (\alpha_2 + \alpha_4) = (\alpha_1 + \alpha_3)$ wird

$$t_{24-4} = t_{20} = \frac{-0.520}{0.514} = -1.002\,.$$

Die kritischen Werte lauten (Tabelle B.4) einseitig

$$t_{20;0.95} = -1.73$$

bzw. zweiseitig

$$t_{20;0.975} = \pm 2.09\,,$$

so dass $H_0$ nicht abgelehnt wird.

Aus den beiden Tabellen 5.10 und 5.11 ersehen wir, dass folgende Kontraste signifikant sind:

$$\frac{\mu_2 + \mu_3 + \mu_4}{3} - \mu_1 < 0$$

(die unbehandelte Kontrollgruppe hat eine höhere Biegefestigkeit als der Mittelwert der drei Behandlungen),

$$\mu_3 + \mu_4 - (\mu_1 + \mu_2) < 0$$

($Z_2$ plus ($Z_1$ und $Z_2$) haben eine geringere mittlere Biegefestigkeit als Kontrollgruppe plus $Z_1$).

Aufruf und Druckbild in SPSS

Die Kontraste aus Tabelle 5.11 werden mit der Einstellung

```
contrast = -1 1 -1 1

contrast = -1 -1 1 1

contrast = 1 -1 -1 1
```

aufgerufen, die in der SPSS–Prozedur Oneway optional gewählt wird.

| Behandlung | 1 | 2 | 3 | 4 | | | | |
|---|---|---|---|---|---|---|---|---|
| Mittelwert $y_{i\cdot}$ | 4.25 | 3.98 | 3.47 | 3.22 | $c'y.$ | $\mathrm{Var}(c'y.)$ | $t_{20}$ | |
| Kontrast | | | | | | | | |
| $Z_1$ gegen $Z_2$ | 0 | +1 | −1 | 0 | 0.52 | $0.363^2$ | 1.42 | |
| $Z_1$ oder $Z_2$ gegen ($Z_1$ und $Z_2$) | 0 | −1 | −1 | 2 | −1.02 | $0.629^2$ | −1.61 | |
| $Z_1$ oder $Z_2$ oder ($Z_1$ und $Z_2$) gegen Kontrollgruppe | −3 | +1 | +1 | +1 | −2.08 | $0.890^2$ | −2.33 | * |

**Tabelle 5.10.** Orthogonale Kontraste in den Mittelwerten.

Die naheliegende Frage, ob $Z_2$ allein oder in Kombination mit $Z_1$ eingesetzt werden soll, könnte man mit dem Zweistichproben–t–Test prüfen. Wir berechnen mit $s_{Z_2} = 0.8116$, $s_{Z_1 \text{ und } Z_2} = 0.6882$ (Tabelle 5.6) die gepoolte Varianz

$$s^2 = \frac{5(0.8116^2 + 0.6882^2)}{6 + 6 - 2} = 0.7524^2$$

und

| Behandlung | 1 | 2 | 3 | 4 | | | |
|---|---|---|---|---|---|---|---|
| Mittelwert $y_{i\cdot}$ | 4.25 | 3.98 | 3.47 | 3.22 | $c'y.$ | $\text{Var}(c'y.)$ | $t_{20}$ |
| Kontrast | | | | | | | |
| $Z_1$ | −1 | +1 | −1 | +1 | −0.52 | $0.514^2$ | −1.002 |
| $Z_2$ | −1 | −1 | +1 | +1 | −1.54 | $0.514^2$ | −2.996 * |
| $Z_1 \times Z_2$ | +1 | −1 | −1 | +1 | 0.02 | $0.514^2$ | 0.039 |

**Tabelle 5.11.** Orthogonale Kontraste in den Mittelwerten.

$$t_{10} = \frac{\frac{20.8}{6} - \frac{19.3}{6}}{0.7524} \sqrt{\frac{6 \cdot 6}{6+6}} = 0.5755 \quad ,$$

so dass $H_0$: $\mu_{Z_2} = \mu_{(Z_1 \text{ und } Z_2)}$ nicht abgelehnt wird ($t_{10,0.95,\text{einseitig}} = 1.81$). Die beiden Behandlungen $Z_2$ bzw. ($Z_1$ und $Z_2$) weisen also keinen signifikanten Unterschied auf.

Wir werden im nächsten Abschnitt jedoch dieses Problem des Paarvergleichs bei $s$ Behandlungen in das multiple Testproblem einordnen. Dabei wird sich zeigen, dass eine Adjustierung der Freiheitsgrade bzw. des verwendeten Quantils zu erfolgen hat.

## 5.4 Multiple Vergleiche

### 5.4.1 Einleitung

Mit den linearen und insbesondere orthogonalen Kontrasten haben wir die Möglichkeit, ausgewählte Linearkombinationen (z.B. Paardifferenzen) auf ihre Signifikanz zu prüfen und damit die Behandlungen zu strukturieren. Ausgangspunkt ist jeweils die Ablehnung der Overall–Gleichheit $\mu_1 = \ldots = \mu_s$ der Mittelwerte des Response.

Es existiert eine Vielzahl von statistischen Verfahren zum Vergleich von einzelnen Mittelwerten oder Gruppen von Mittelwerten. Diese Verfahren haben folgende unterschiedliche Ziele:

- Vergleich aller möglichen Paare von Mittelwerten (bei $s$ Stufen von $A$ also $s(s-1)/2$ verschiedene Paare)
- Vergleich aller $s-1$ Mittelwerte mit einer vorher festgelegten Kontrollgruppe
- Vergleich aller Paare von Behandlungen, die vorher ausgewählt wurden
- Vergleich von beliebigen Linearkombinationen der Mittelwerte.

Diese Verfahren unterscheiden sich—neben ihrer Zielsetzung—vor allem in der Art und Weise, wie sie den Fehler 1. Art kontrollieren. Im einen Fall wird der Fehler auf einer *per comparison* Basis (d.h. auf den jeweiligen Vergleich bezogen) kontrolliert, im anderen Fall erfolgt eine Kontrolle simultan für alle Vergleiche.

Eine multiple Testprozedur, die jeden paarweisen Vergleich zum Niveau $\alpha$ durchführt—also per–comparison–basiert arbeitet—ist dann möglich, wenn die Gruppenvergleiche zu Beginn des Experiments fest geplant sind. Sie basiert im wesentlichen auf der $t$–Statistik. Falls man das Testniveau $\alpha$ für alle angestrebten Gruppenvergleiche simultan einhalten will, wird man eine multiple Testprozedur wählen, die die Fehlerrate auf einer *per experiment basis* (experimentweisen Basis) kontrolliert.

Die Entscheidung für eine der beiden Prozeduren ist vor dem Experiment zu treffen.

### 5.4.2 Experimentweise Vergleiche

Die bekanntesten multiplen Prozeduren, die den Fehler simultan kontrollieren, stammen von Dunnett (1955) für den Vergleich von $s-1$ Gruppen mit einer Kontrollgruppe, von Tukey (1953) für alle $s(s-1)/2 = \binom{s}{2}$ paarweisen Vergleiche und von Scheffé (1953) für beliebige Linearkombinationen. Die Verfahren von Tukey und Scheffé sollten in der explorativen Phase eines Versuchs eingesetzt werden, um keine Vergleiche durchzuführen, die durch die Daten suggeriert werden. Voraussetzung für diese multiplen Verfahren ist die Ablehnung von $H_0$: $\mu_1 = \cdots = \mu_s$.

*Hinweis.* Eine ausführliche Darstellung und Wertung der multiplen Testverfahren ist in Miller Jr. (1981), Toutenburg (1994) und Toutenburg (2002) zu finden. Wir beschränken uns hier auf eine Auswahl multipler Tests.

**Verfahren von Scheffé** Sei $\mathbf{c}'\boldsymbol{\mu}$ mit $\sum_{i=1}^{a} c_i = 0$ ein beliebiger linearer Kontrast von $\boldsymbol{\mu}$ und $\mathbf{c}'\mathbf{y}.$ mit $\mathbf{y}'_. = (y_{1\cdot}, \ldots, y_{s\cdot})$ der zugehörige Kontrast im Vektor der Mittelwerte. Dann gilt für alle $\mathbf{c}$

$$P(\mathbf{c}'\mathbf{y}. - \sqrt{S_{1-\alpha}} \le \mathbf{c}'\boldsymbol{\mu} \le \mathbf{c}'\mathbf{y}. + \sqrt{S_{1-\alpha}}) = 1-\alpha \tag{5.71}$$

mit (vgl. (5.65))

$$S_{1-\alpha} = MQ_{\text{Residual}}(s-1)\left(\frac{c_1^2}{n_1} + \cdots + \frac{c_s^2}{n_s}\right)F_{s-1,n-s;1-\alpha}\,. \tag{5.72}$$

Die Nullhypothese $H_0$: $\mathbf{c}'\boldsymbol{\mu} = 0$ wird abgelehnt, falls die Null nicht im Konfidenzintervall enthalten ist.
Das multiple Testniveau beträgt $\alpha$.

**Bonferroni–Methode** Angenommen, wir wollen $k \leq s$ Vergleiche mit einem multiplen Testniveau von höchstens $\alpha$ durchführen. Dann kann man die Bonferroni–Methode anwenden, die das Risiko $\alpha$ zu gleichen Teilen $\alpha/k$ auf die $k$ Vergleiche aufsplittet. Grundlage ist die Bonferroni–Ungleichung.

Seien $H_1, \ldots, H_k$ Konfidenzintervalle für die $k$ Vergleiche. Bezeichne $P(H_i)$ die Wahrscheinlichkeit, dass $H_i$ wahr ist (also $H_i$ überdeckt den entsprechenden Parameter des $i$–ten Vergleichs). Dann ist $P(\mathrm{H}_1 \cap \cdots \cap \mathrm{H}_k)$ die Wahrscheinlichkeit, dass alle $k$ Konfidenzintervalle die jeweiligen Parameter überdecken. Nun gilt nach der Bonferroni–Ungleichung

$$P(\mathrm{H}_1 \cap \cdots \cap \mathrm{H}_k) \geq 1 - \sum_{i=1}^{k} P(\bar{\mathrm{H}}_i) \tag{5.73}$$

wobei $\bar{\mathrm{H}}_i$ das zu $\mathrm{H}_i$ komplementäre Ereignis ist. Wählt man $P(\bar{\mathrm{H}}_i) = \frac{\alpha}{k}$, so folgt für die simultane Wahrscheinlichkeit

$$P(\mathrm{H}_1 \cap \cdots \cap \mathrm{H}_k) \geq 1 - \alpha\,. \tag{5.74}$$

Seien z.B. $k \leq s$ Kontraste $\mathbf{c}_i'\boldsymbol{\mu}$ simultan zu prüfen, so haben die Konfidenzintervalle für $\mathbf{c}_i'\boldsymbol{\mu}$ nach der Bonferroni–Methode die Gestalt

$$\mathbf{c}_i'\mathbf{y}. \pm t_{n-s;1-\alpha/2k}\sqrt{MQ_{\text{Residual}}}\sqrt{\frac{c_1^2}{n_1} + \cdots + \frac{c_s^2}{n_s}}\,. \tag{5.75}$$

Der Test verläuft analog zum Verfahren von Scheffé, d.h. falls (5.75) die Null nicht enthält, wird $\mathrm{H}_0$ abgelehnt und der entsprechende Vergleich ist signifikant.

### 5.4.3 Vergleichsbezogene Prozeduren

**Die „Least significant difference"(LSD)** Angenommen, wir wollen die Mittelwerte zweier ausgewählter Behandlungen vergleichen, d.h. $\mathrm{H}_0$: $\mu_1 = \mu_2$ gegen $\mathrm{H}_1$: $\mu_1 \neq \mu_2$ testen. Die geeignete Teststatistik ist

$$t_{df} = \frac{y_{1\cdot} - y_{2\cdot}}{\sqrt{\widehat{\mathrm{Var}}(y_{1\cdot} - y_{2\cdot})}}\quad , \tag{5.76}$$

wobei $df$ die Anzahl der Freiheitsgrade ist. Für $|t| > t_{df;1-\alpha/2}$ wird $\mathrm{H}_0$ abgelehnt, wobei $t_{df;1-\alpha/2}$ das zweiseitige Quantil zur Irrtumswahrscheinlichkeit $\alpha$ ist. Ablehnung von $\mathrm{H}_0$ bedeutet, dass $\mu_1$ signifikant von $\mu_2$ zum Niveau $\alpha$ verschieden ist.

$|t| > t_{df;1-\alpha/2}$ ist äquivalent mit

$$t_{df;1-\alpha/2}\sqrt{\widehat{\mathrm{Var}}(y_{1\cdot} - y_{2\cdot})} < |y_{1\cdot} - y_{2\cdot}|\,. \tag{5.77}$$

Damit bedeutet jede Stichprobe mit einer Differenz $|y_{1\cdot} - y_{2\cdot}|$, die größer als $t_{df;1-\alpha/2}\sqrt{\mathrm{Var}(y_{1\cdot} - y_{2\cdot})}$ ausfällt, also einen signifikanten Unterschied zwischen $\mu_1$ und $\mu_2$. Gemäß (5.77) wäre die linke Seite die kleinste Differenz von $y_{1\cdot}$ und $y_{2\cdot}$, für die Signifikanz gilt. Wir definieren (*df* ist die Anzahl der Freiheitsgrade von $s^2$, der gepoolten Varianz der beiden Stichproben)

$$\begin{aligned} LSD &= t_{df;1-\alpha/2}\sqrt{\widehat{\mathrm{Var}}(y_{1\cdot} - y_{2\cdot})} \\ &= t_{df;1-\alpha/2}\sqrt{s^2(\frac{1}{n_1} + \frac{1}{n_2})} \quad . \end{aligned} \tag{5.78}$$

Im balanzierten Fall ($n_1 = n_2 = r$) erhalten wir

$$LSD = t_{df;1-\alpha/2}\sqrt{\frac{2s^2}{r}}\,. \tag{5.79}$$

Die Verwendung der $LSD$ ist z.T. umstritten, insbesondere wenn man sie für Vergleiche einsetzt, die durch die Daten suggeriert werden (größtes/kleinstes Stichprobenmittel) oder wenn man alle paarweisen Vergleiche durchführt, ohne das Testniveau zu korrigieren. Falls man die $LSD$ bei allen paarweisen Vergleichen einsetzt (d.h. für $s(s-1)/2$ Vergleiche bei $s$ Behandlungen), so sind diese Tests nicht unabhängig. Es gibt Verfahren auf der Basis der $LSD$, die auf Grund von Korrekturen an den Quantilen die Einhaltung des Testniveaus sichern (*HSD*, Test von Tukey, Duncan–Test), während *Fisher's Protected LSD* und *SNK* (Student–Newman–Keuls–Test) nur das globale Niveau einhalten.

Wir beschreiben nun den in der Praxis gebräuchlichsten Test:

**Student–Newman–Keuls–Test (SNK)** Der SNK–Test verwendet als Signifikanzgrenze eine Differenz, die mit dem Grad der Separierung variiert.

Angenommen, wir wollen $k$ Mittelwerte vergleichen. Die Stichprobenmittelwerte werden der Größe nach geordnet:

$$y_{(1)\cdot}, \dots, y_{(k)\cdot}\,,$$

wobei $y_{(i)\cdot}$ den Mittelwert mit dem $i$–ten Rang bedeutet ($y_{(1)\cdot}$ ist also der größte, $y_{(k)\cdot}$ der kleinste Mittelwert). Man berechnet die SNK–Differenzen

$$SNK_i = Q_{\alpha,(i,df)}\sqrt{MQ_{\text{Residual}}/r} \qquad (i = 2, \ldots, k) \tag{5.80}$$

mit $Q_{\alpha,(i,df)}$ für *df* Freiheitsgrade von $SQ_{\text{Residual}}$ und (nacheinander) $i = 2, 3, \ldots, k$ Mittelwerte.

Die Quantile $Q_{1-\alpha}(s, n-s)$ sind sogenannte studentisierte Range–Werte, die vertafelt vorliegen (vgl. z.B. Woolson, 1987, Table 14, pp.504–505).

Falls $|y_{(1)\cdot} - y_{(k)\cdot}| < SNK_k$ gilt, sind keine Mittelwertsdifferenzen signifikant und der Test stoppt.

Falls $|y_{(1)\cdot} - y_{(k)\cdot}| > SNK_k$, so ist diese (die größte) Differenz signifikant. Danach prüft man, ob

$$|y_{(2)\cdot} - y_{(k)\cdot}| > SNK_{k-1}$$

und

$$|y_{(1)\cdot} - y_{(k-1)\cdot}| > SNK_{k-1}$$

gilt. Falls beide Bedingungen erfüllt sind, prüft man diejenigen Differenzen der rang–geordneten Mittelwerte, deren Rangplätze um $k-3$ differieren. Diese Prozedur wird bis zum Vergleich der rang–benachbarten Mittelwerte fortgesetzt.

*Beispiel 5.4.1.* (Fortsetzung von Beispiel 5.3.2)

Aus Tabelle 5.6 entnehmen wir

| Behandlung | 1 | 2 | 3 | 4 |
|---|---|---|---|---|
| Rang | 1 | 2 | 3 | 4 |
| Mittelwert | 4.25 | 3.98 | 3.47 | 3.22 |

Es war $s = 4$, $r = 6$ und $n = 4 \cdot 6 = 24$ sowie $MQ_{\text{Residual}} = 0.3962$ zu $n - s = 20$ Freiheitsgraden (Tabelle 5.7). Die Hypothese $H_0 : \mu_1 = \cdots = \mu_4$ war abgelehnt worden.

*Verfahren von Scheffé.* Der kritische Wert (5.72) des Konfidenzintervalls (5.71) für einen beliebigen Kontrast $\mathbf{c}'\boldsymbol{\mu}$ lautet mit $F_{3,20;0.95} = 3.10$

$$\begin{aligned} S_{1-\alpha} &= 0.3962 \cdot 3 \cdot 3.10 \cdot \frac{\mathbf{c}'\mathbf{c}}{6} \\ &= 0.61 \cdot \mathbf{c}'\mathbf{c} \quad . \end{aligned}$$

Wir prüfen das vollständige System orthogonaler Kontraste in den Mittelwerten aus Tabelle 5.11 und erhalten

| | $\mathbf{c}'\mathbf{y}.$ | $\mathbf{c}'\mathbf{c}$ | $\sqrt{S_{1-\alpha}}$ | $\mathbf{c}'\mathbf{y}. \pm \sqrt{S_{1-\alpha}}$ |
|---|---|---|---|---|
| $Z_1$ | $-0.52$ | 4 | 1.57 | $[-2.09, 1.05]$ |
| $Z_2$ | $-1.54$ | 4 | 1.57 | $[-3.11, 0.03]$ |
| $Z_1 \times Z_2$ | 0.02 | 4 | 1.57 | $[-1.55, 1.59]$ |

Die Null ist in allen drei Intervallen enthalten, so dass $H_0$: $\mathbf{c}'\boldsymbol{\mu} = 0$ jeweils nicht abgelehnt wird.

*Bonferroni–Methode.* Wir führen die $k = 3$ Vergleiche aus Tabelle 5.10 nach der Bonferroni–Methode durch. Die kritische Schranke aus (5.75) wird für den gewählten Kontrast $\mathbf{c}'\boldsymbol{\mu}$

$$\begin{aligned} t_{20;1-0.05/2\cdot 3} \cdot \sqrt{0.3962} \cdot \sqrt{\frac{\mathbf{c}'\mathbf{c}}{6}} &= 2.95 \cdot \frac{0.6294}{2.4495} \cdot \sqrt{\mathbf{c}'\mathbf{c}} \\ &= 0.7580 \cdot \sqrt{\mathbf{c}'\mathbf{c}} \end{aligned}$$

| Kontrast | $\mathbf{c}'\mathbf{y}.$ | $\mathbf{c}'\mathbf{c}$ | $0.7580 \cdot \sqrt{\mathbf{c}'\mathbf{c}}$ | Intervall (5.75) |
|---|---|---|---|---|
| 1/2 | 0.52 | 2 | 1.0720 | $[-0.5520, 1.5920]$ |
| 1 oder 2/4 | $-1.02$ | 6 | 1.8567 | $[-2.8767, 0.8367]$ |
| 1/2 oder 3 oder 4 | $-2.08$ | 12 | 2.6258 | $[-4.7058, 0.6058]$ |

Im multiplen Vergleich nach Bonferroni ist kein Kontrast statistisch signifikant.

*SNK–Test.* Die studentisierten Bereichsquantile (Ranges) $Q_{0.05,(i,df)}$ lauten für $df = 20$ Freiheitsgrade

| i | 2 | 3 | 4 |
|---|---|---|---|
| $Q_{0.05,(i,20)}$ | 2.95 | 3.57 | 3.95 |
| $SNK_i$ | 0.76 | 0.92 | 1.02 |

Daraus ergeben sich folgende Vergleiche

$$\begin{aligned} |y_{(1)\cdot} - y_{(4)\cdot}| &= |4.25 - 3.22| \\ &= 1.03 > SNK_4 = 1.02 \quad , \end{aligned}$$

so dass die größte Differenz signifikant ist. Damit können wir in der Prozedur fortfahren:

$$\begin{aligned} |y_{(1)\cdot} - y_{(3)\cdot}| &= |4.25 - 3.47| \\ &= 0.78 < SNK_3 = 0.92 \quad , \\ |y_{(2)\cdot} - y_{(4)\cdot}| &= |3.98 - 3.22| \\ &= 0.76 < SNK_3 = 0.92 \,. \end{aligned}$$

Damit stoppt der SNK–Test. Die einzige signifikante Differenz ist also zwischen Behandlung 1 (Kontrollgruppe) und Behandlung 4 ($Z_1$ und $Z_2$). Die Behandlungen (1,2,3) bzw. (2,3,4) sind also jeweils als homogen anzusehen.

**SNK in SPSS**

*Hinweis.* SPSS berechnet die SNK–Statistik gemäß

$$SNK = \sqrt{\frac{MQ_{\text{Residual}}}{2}}\, Q_{\alpha,(i,df)} \sqrt{\frac{1}{n_i} + \frac{1}{n_j}}\,;$$

bei $n_i = n_j = r$ ergibt sich die Formel (5.80).

Der SPSS–Ausdruck separiert homogene Subgruppen (Abb. 5.1).

**BIEGEFESTIGKEIT**

Student-Newman-Keuls-Prozedur[a]

| STUFE | N | Untergruppe für Alpha = .05. 1 | 2 |
|---|---|---|---|
| 4 | 6 | 3,217 | |
| 3 | 6 | 3,467 | 3,467 |
| 2 | 6 | 3,983 | 3,983 |
| 1 | 6 | | 4,250 |
| Signifikanz | | ,113 | ,104 |

Die Mittelwerte für die in homogenen Untergruppen befindlichen Gruppen werden angezeigt.

a. Verwendet ein harmonisches Mittel für Stichprobengröße = 6,000.

**Abb. 5.1.** SPSS–Output der SNK–Tests (Beispiel 5.4.1).

## 5.5 Rangvarianzanalyse im vollständig randomisierten Versuchsplan

### 5.5.1 Kruskal–Wallis–Test

Die bisherigen Modelle waren auf den Fall zugeschnitten, dass die Responsewerte normalverteilt sind. Wir betrachten nun die Situation, dass der Response entweder stetig, aber nicht normalverteilt ist oder dass ein kategorialer Response vorliegt. Für diese, in den Anwendungen häufig auftretende Datenlage wollen wir den einfaktoriellen Vergleich von Gruppen durchführen. Dabei behandeln wir zunächst den vollständig randomisierten Versuchsplan.

Die Responsewerte seien zweifach indiziert als $y_{ij}$ mit $i = 1, \ldots, s$ (Gruppen) und $j = 1, \ldots, n_i$ (Laufindex innerhalb der $i$–ten Gruppe). Die Daten werden nach dem vollständig randomisierten Versuchsplan erhoben: man wählt zufällig $n_1$ Einheiten aus $n = \sum n_i$ Einheiten und ordnet sie der Behandlung (Gruppe) 1 zu usw. Die Datenstruktur ist in Tabelle 5.12 gegeben.

| Gruppe | | | |
|---|---|---|---|
| 1 | 2 | $\cdots$ | $s$ |
| $y_{11}$ | $y_{21}$ | $\cdots$ | $y_{s1}$ |
| $\vdots$ | $\vdots$ | | $\vdots$ |
| $y_{1n_1}$ | $y_{2n_2}$ | $\cdots$ | $y_{sn_s}$ |

**Tabelle 5.12.** Datenmatrix im vollständig randomisierten Versuchsplan.

Wir wählen zunächst das folgende lineare additive Modell

$$y_{ij} = \mu_i + \epsilon_{ij} \tag{5.81}$$

und nehmen an, dass

$$\epsilon_{ij} \sim F(0, \sigma^2) \tag{5.82}$$

gilt (wobei $F$ eine beliebige stetige Verteilung ist). Ferner setzen wir voraus, dass die Beobachtungen innerhalb jeder Gruppe und über die Gruppen unabhängig sind.

Die wesentliche statistische Aufgabe ist der Vergleich der Gruppenmittelwerte $\mu_i$ gemäß

$$\mathrm{H}_0\colon \mu_1 = \cdots = \mu_s \quad \text{gegen} \quad \mathrm{H}_1\colon \mu_i \neq \mu_j \quad (\text{mindestens ein Paar } i, j,\ i \neq j).$$

Die Tests werden—analog zum Wilcoxon–Test im Zweistichprobenfall—auf dem Vergleich der Rangsummen der Gruppen aufbauen.

Die Rang–Prozedur ordnet dem kleinsten Wert aller $s$ Gruppen den Rang 1, …, dem größten Wert aller $s$ Gruppen den Rang $n = \sum n_i$ zu. Diese Ränge $R_{ij}$ ersetzen die Originalwerte $y_{ij}$ des Response in Tabelle 5.12 gemäß Tabelle 5.13.

Die Rangsummen und Rangmittelwerte sind

$$R_{i\cdot} = \sum_{j=1}^{n_i} R_{ij}\,, \quad R_{\cdot\cdot} = \sum_{i=1}^{s} R_{i\cdot} = \frac{n(n+1)}{2}$$

$$r_{i\cdot} = \frac{R_{i\cdot}}{n_i}\,, \quad r_{\cdot\cdot} = \frac{R_{\cdot\cdot}}{n} = \frac{n+1}{2}\,.$$

| | Gruppe | | | | |
|---|---|---|---|---|---|
| | 1 | 2 | $\cdots$ | $s$ | |
| | $R_{11}$ | $R_{21}$ | | $R_{s1}$ | |
| | $\vdots$ | $\vdots$ | | $\vdots$ | |
| | $R_{1n_1}$ | $R_{2n_2}$ | | $R_{sn_s}$ | |
| $\sum$ | $R_{1\cdot}$ | $R_{2\cdot}$ | $\cdots$ | $R_{s\cdot}$ | $R_{\cdot\cdot}$ |
| Mittelwert | $r_{1\cdot}$ | $r_{2\cdot}$ | $\cdots$ | $r_{s\cdot}$ | $r_{\cdot\cdot}$ |

**Tabelle 5.13.** Rangwerte zu Tabelle 5.12.

Unter der Nullhypothese sind alle $n!/n_1!\cdots n_s!$ möglichen Anordnungen der Ränge gleichwahrscheinlich, so dass man für jede dieser Anordnungen ein Maß für die Unterschiede zwischen den Gruppen berechnen kann. Ein mögliches Maß für den Gruppenunterschied basiert auf dem Vergleich der Rangmittelwerte $r_{i\cdot}$.

In Analogie zur Fehlerquadratsumme $SQ_A = \sum_{i=1}^{s} n_i(y_{i\cdot} - y_{\cdot\cdot})^2$ (vgl. (5.23)) haben Kruskal und Wallis folgende Teststatistik konstruiert (Kruskal and Wallis, 1952):

$$\begin{aligned} H &= \frac{12}{n(n+1)} \sum_{i=1}^{s} n_i (r_{i\cdot} - r_{\cdot\cdot})^2 \\ &= \frac{12}{n(n+1)} \sum_{i=1}^{s} \frac{R_{i\cdot}^2}{n_i} - 3(n+1) \ . \end{aligned} \tag{5.83}$$

Die Testgröße $H$ ist ein Maß für die Varianz der Stichproben—Rangmittelwerte. Für den Fall $n_i \leq 5$ existieren Tabellen für die exakten kritischen Werte (vgl. z.B. Sachs, 1974, S.240 oder Hollander and Wolfe, 1973, p.294). Für $n_i > 5$ $(i = 1, \ldots, s)$ ist $H$ approximativ $\chi^2_{s-1}$–verteilt.

**Korrektur bei Bindungen** Treten gleiche Responsewerte $y_{ij}$ auf, denen dann mittlere Ränge zugewiesen werden, so wird folgende korrigierte Teststatistik benutzt:

$$H_{Korr} = H \left( 1 - \frac{\sum_{k=1}^{r} (t_k^3 - t_k)}{n^3 - n} \right)^{-1} . \tag{5.84}$$

Dabei ist $r$ die Anzahl von Gruppen mit gleichen Rängen und $t_k$ die Anzahl der jeweils gleich großen Responsewerte innerhalb einer Gruppe.

Für $H > \chi^2_{s-1;1-\alpha}$ wird die Hypothese H$_0$: $\mu_1 = \cdots = \mu_s$ zugunsten von H$_1$ abgelehnt.

Falls $H_{Korr}$ verwendet werden muss, braucht wegen $H_{Korr} > H$ bei Signifikanz von $H$ der korrigierte Wert nicht berechnet zu werden.

*Beispiel 5.5.1.* Wir vergleichen die Arbeitszeitwerte aus Tabelle 5.3 nun nach dem Kruskal–Wallis–Test. (Hinweis: In Beispiel 5.2.1 wurde die Varianzanalyse mit den logarithmierten Responsewerten durchgeführt, da Zweifel an der Normalverteilung der Originalwerte bestanden. Die Nullhypothese wurde nicht abgelehnt, vgl. Tabelle 5.5).

| Zahnarzt A | | Zahnarzt B | | Zahnarzt C | |
|---|---|---|---|---|---|
| Messwert | Rang | Meßwert | Rang | Messwert | Rang |
| 31.5 | 3 | 33.5 | 5 | 19.5 | 1 |
| 38.5 | 7 | 37.0 | 6 | 31.5 | 3 |
| 40.0 | 8.5 | 43.5 | 10 | 31.5 | 3 |
| 45.5 | 11 | 54.0 | 15 | 40 | 8.5 |
| 48.0 | 12 | 56.0 | 17 | 50.5 | 13 |
| 55.5 | 16 | 57.0 | 18 | 53.0 | 14 |
| 57.5 | 19 | 59.5 | 21 | 62.5 | 23.5 |
| 59.0 | 20 | 60.0 | 22 | 62.5 | 23.5 |
| 70.0 | 27.5 | 65.5 | 25 | | |
| 70.0 | 27.5 | 67.0 | 26 | | |
| 72.0 | 29 | 75.0 | 31 | | |
| 74.5 | 30 | | | | |
| 78.0 | 32 | | | | |
| 80.0 | 33 | | | | |
| $n_1 = 14$ | | $n_2 = 11$ | | $n_3 = 8$ | |
| $R_{1\cdot} = 275.5$ | | $R_{2\cdot} = 196.0$ | | $R_{3\cdot} = 89.5$ | |
| $r_{1\cdot} = 19.68$ | | $r_{2\cdot} = 17.82$ | | $r_{3\cdot} = 11.19$ | |

**Tabelle 5.14.** Berechnung der Ränge und Rangsummen zu Tabelle 5.3.

Die Prüfgröße auf der Basis von Tabelle 5.14 wird

$$\begin{aligned} H &= \frac{12}{33 \cdot 34}\left[\frac{275.5^2}{14} + \frac{196.0^2}{11} + \frac{89.5^2}{8}\right] - 3 \cdot 34 \\ &= 4.04 < 5.99 = \chi^2_{2;0.95} \quad . \end{aligned}$$

Da $H$ nicht signifikant ist, muss $H_{Korr}$ berechnet werden. Aus Tabelle 5.14 entnehmen wir

$r = 4,\quad t_1 = 3$ (3 Ränge von 3)
$t_2 = 2$ (2 Ränge von 8.5)
$t_3 = 2$ (2 Ränge von 23.5)
$t_4 = 2$ (2 Ränge von 27.5)

Korrekturglied: $1 - \frac{3\cdot(2^3-2)+(3^3-3)}{33^3-33} = 1 - \frac{42}{35904} = 0.9988$,
$H_{Korr} = 4.045$.

Die Entscheidung lautet: die Nullhypothese $H_0$: $\mu_1 = \mu_2 = \mu_3$ wird nicht abgelehnt, ein Effekt „Zahnarzt"ist nicht nachweisbar.

### 5.5.2 Multiple Vergleiche

Analog zur Argumentation in Abschnitt 5.4 wollen wir kurz das Vorgehen bei Ablehnung der Nullhypothese $H_0$: $\mu_1 = \cdots = \mu_s$ im Fall von Rangdaten erläutern.

**Geplanter Einzelvergleich** Falls man vor der Datenerhebung plant, zwei ausgewählte Gruppen zu vergleichen, dann kann dies mit dem Wilcoxon–Rangsummentest geschehen, wobei der Fehler 1. Art nur für diesen Vergleich gilt.

**Vergleich aller paarweisen Differenzen** Die Prozedur zum Vergleich aller $s(s-1)/2$ möglichen Paare $(i, j)$ von Differenzen mit $i > j$ stammt von Dunn (1964). Sie basiert auf der Bonferroni–Methode und setzt große Stichproben voraus. Man bildet folgende Statistiken aus den Differenzen $r_{i\cdot} - r_{j\cdot}$ der Rangmittelwerte $(i \neq j\, , i > j)$

$$z_{ij} = \frac{r_{i\cdot} - r_{j\cdot}}{\sqrt{\frac{n(n+1)}{12}(1/n_i + 1/n_j)}} \,. \tag{5.85}$$

Sei $u_{1-\alpha/s(s-1)}$ das $[1 - \alpha/s(s-1)]$–Quantil der Standardnormalverteilung, so lautet die multiple Testregel, die das $\alpha$–Niveau global für alle $s(s-1)$ paarweisen Vergleiche einhält:

$$H_0\colon \mu_i = \mu_j \quad \text{für alle } (i,j)\ i > j \tag{5.86}$$

wird gegen

$$H_1\colon \mu_i \neq \mu_j \quad \text{für mindestens ein Paar } (i,j)$$

abgelehnt, falls

$$|z_{ij}| > z_{1-\alpha/s(s-1)} \quad \text{für mindestens ein Paar } (i,j), i > j\,. \tag{5.87}$$

*Beispiel 5.5.2.* In Tabelle 5.6 sind die Responsewerte der vier Behandlungen Kontrollgruppe, $Z_1$, $Z_2$, $Z_1 \cup Z_2$ im balanzierten randomisierten Versuchsplan aufgeführt.

Die Varianzanalyse bei Voraussetzung der Normalverteilung hatte die Nullhypothese $H_0$: $\mu_1 = \cdots = \mu_4$ abgelehnt. Wir führen die Analyse nun auf der Basis von Rangdaten durch, d.h. wir fordern nicht mehr Normalverteilung.

Aus Tabelle 5.6 berechnen wir die Rangtabelle 5.15 und erhalten für die Kruskal–Wallis–Statistik

$$\begin{aligned} H &= \frac{12}{24 \cdot 25 \cdot 6} \sum R_{i \cdot}^2 - 3 \cdot 25 \\ &= \frac{1}{300} \sum (104^2 + 91^2 + 60^2 + 45^2) - 75 \\ &= 7.41 \quad . \end{aligned}$$

Wegen $7.41 < 7.81 = \chi^2_{3;0.95}$ wird $H_0$ auf dem 5%–Niveau nicht abgelehnt, so dass damit die nichtparametrische Analyse stoppt.

Zur Demonstration der nichtparametrischen multiplen Vergleiche gehen wir auf das 10 %–Niveau. Dann ist $H = 7.41 > 6.25 = \chi^2_{3;0.90}$.

Da $H$ bereits signifikant ist, muss $H_{Korr}$ nicht mehr berechnet werden, so dass $H_0$: $\mu_1 = \cdots = \mu_4$ auf dem 10 %–Niveau abgelehnt wird.

Damit können wir die multiplen Vergleiche der paarweisen Differenzen durchführen. Der Nenner der Teststatistik $z_{ij}$ (5.85) ist $\sqrt{\frac{24 \cdot 25}{12} \frac{2}{6}} = \sqrt{\frac{50}{3}} = 4.08$.

| Vergleich | $r_{i\cdot} - r_{j\cdot}$ | $z_{ij}$ | |
|---|---|---|---|
| 1/2 | 2.16 | 0.53 | |
| 1/3 | 7.33 | 1.80 | |
| 1/4 | 10.83 | 2.65 | * |
| 2/3 | 5.17 | 1.27 | |
| 2/4 | 8.67 | 2.13 | |
| 3/4 | 3.50 | 0.86 | |

Für $\alpha = 0.10$ wird $\alpha/s(s-1) = 0.10/12 = 0.0083$, $1 - \alpha/s(s-1) = 0.9916$, $u_{0.9916} = 2.39$. Damit ist der Vergleich 1/4 signifikant.

**Vergleich Kontrollgruppe—alle übrigen Behandlungen** Wählt man aus $s$ Behandlungen eine Behandlung als Kontrolle und vergleicht sie mit den verbleibenden $s-1$ Behandlungen, so verläuft der Test analog, jedoch mit dem $[u_{1-\alpha/2(s-1)}]$–Quantil.

*Beispiel 5.5.3.* (Fortsetzung)

Die Kontrollgruppe ist Behandlung 1 (ohne Zusatzstoffe).

Ihr Vergleich mit den Behandlungen 2 ($Z_1$), 3($Z_2$) und 4 ($Z_1 \cup Z_2$) erfolgt mit den Teststatistiken $z_{12}$, $z_{13}$, $z_{14}$ wobei das $u_{1-\alpha/2(s-1)}$–Quantil heranzuziehen ist. Wir erhalten $1 - 0.10/6 = 0.9833$, $u_{1-0.10/6} = 2.126 \Rightarrow$ die Vergleiche 1/4 und 2/4 sind signifikant.

| Kontroll–gruppe | | $Z_1$ | | $Z_2$ | | $Z_1 \cup Z_2$ | |
|---|---|---|---|---|---|---|---|
| Wert | Rang | Wert | Rang | Wert | Rang | Wert | Rang |
| 4.5 | 21.5 | 3.8 | 12 | 3.5 | 8 | 3.0 | 4 |
| 5.0 | 24 | 4.0 | 16.5 | 4.5 | 21.5 | 2.8 | 3 |
| 3.5 | 8 | 3.9 | 13.5 | 3.2 | 5 | 2.2 | 2 |
| 3.7 | 11 | 4.2 | 19 | 2.1 | 1 | 3.4 | 6 |
| 4.8 | 23 | 3.6 | 10 | 3.5 | 8 | 4.0 | 16.5 |
| 4.0 | 16.5 | 4.4 | 20 | 4.0 | 16.5 | 3.9 | 13.5 |
| $R_{1\cdot} = 104$ | | $R_{2\cdot} = 91$ | | $R_{3\cdot} = 60$ | | $R_{4\cdot} = 45$ | |
| $r_{1\cdot} = 17.33$ | | $r_{2\cdot} = 15.17$ | | $r_{3\cdot} = 10.00$ | | $r_{4\cdot} = 7.50$ | |

**Tabelle 5.15.** Rangtabelle zu Tabelle 5.6.

## 5.6 Zwei– und Mehrfaktorielle Varianzanalyse

*Definitionen und Grundprinzipien.* In der Praxis der geplanten Studien kann man häufig davon ausgehen, dass ein Response Y nicht nur von einer Variablen, sondern von einer Gruppe von Einflussgrößen abhängt. Falls diese Variablen stetig sind, wird ihr Einfluss auf den Response über sogenannte Faktorstufen berücksichtigt. Dies sind Wertebereiche wie z.B. niedrig, mittel, hoch, die die stetige Variable de facto in eine ordinale Variable klassifizieren.

Versuchspläne, die den Response für alle möglichen Kombinationen von zwei oder mehr Faktoren auswerten, heißen *faktorielle Experimente* oder *Kreuzklassifikation.* Seien $s$ Faktoren $A_1, \ldots, A_s$ mit $r_1, \ldots, r_s$ Faktorstufen (Ausprägungen) gegeben, so erfordert der vollständige Faktorplan $r = \Pi r_i$ Versuchseinheiten für einen Durchlauf. Damit ist klar, dass man sich sowohl bei der Anzahl der Faktoren als auch bei der Anzahl ihrer Stufen beschränken muss.

Bei faktoriellen Experimenten sind zwei Grundmodelle zu unterscheiden—Modelle mit und ohne Wechselwirkungen. Betrachten wir den Fall zweier Faktoren $A$ und $B$ mit jeweils zwei Faktorstufen $A_1, A_2$ bzw. $B_1, B_2$.

Als *Haupteffekte* eines Faktors bezeichnet man die Veränderung des Response bei Wechsel der Faktorstufe. Betrachten wir Tabelle 5.16, so kann der Haupteffekt des Faktors $A$ als Differenz zwischen den mittleren Responsewerten beider Faktorstufen $A_1$ und $A_2$ interpretiert werden:

$$\lambda_A = \frac{60}{2} - \frac{40}{2} = 10\,.$$

Analog ist der Haupteffekt $B$

$$\lambda_B = \frac{70}{2} - \frac{30}{2} = 20\,.$$

| | | Faktor $B$ | | |
|---|---|---|---|---|
| | | $B_1$ | $B_2$ | $\sum$ |
| Faktor $A$ | $A_1$ | 10 | 30 | 40 |
| | $A_2$ | 20 | 40 | 60 |
| | $\sum$ | 30 | 70 | 100 |

**Tabelle 5.16.** Zweifaktorielles Experiment ohne Wechselwirkung.

Die Effekte von $A$ auf den beiden Stufen von $B$ sind

$$\text{für } B_1: \quad 20 - 10 = 10, \quad \text{für } B_2: \quad 40 - 30 = 10\,,$$

also auf beiden Stufen identisch. Analog gilt für Effekt $B$

$$\text{für } A_1: \quad 30 - 10 = 20, \quad \text{für } A_2: \quad 40 - 20 = 20\,,$$

so dass auch hier kein von $A$ abhängender Effekt sichtbar ist. Die Responsekurven verlaufen parallel.

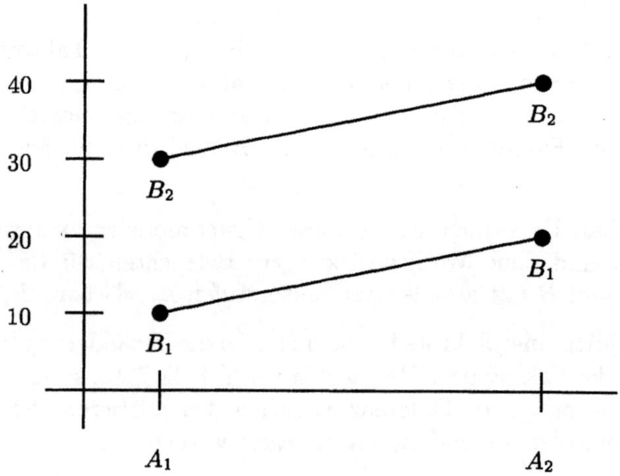


**Abb. 5.2.** Zweifaktorielles Experiment ohne Wechselwirkung.

Die Auswertung der Tabelle 5.17 dagegen ergibt folgende Effekte:

$$\text{Haupteffekt } \lambda_A = \frac{80 - 40}{2} = 20\,,$$

$$\text{Haupteffekt } \lambda_B = \frac{90 - 30}{2} = 30\,,$$

| | | Faktor $B$ | | |
|---|---|---|---|---|
| | | $B_1$ | $B_2$ | $\sum$ |
| Faktor $A$ | $A_1$ | 10 | 30 | 40 |
| | $A_2$ | 20 | 60 | 80 |
| | $\sum$ | 30 | 90 | 120 |

**Tabelle 5.17.** Zweifaktorielles Experiment mit Wechselwirkung.

Effekte von $A$

$$\text{für } B_1\text{:} \quad 20 - 10 = 10, \quad \text{für } B_2\text{:} \quad 60 - 30 = 30\,,$$

Effekte von $B$

$$\text{für } A_1\text{:} \quad 30 - 10 = 20, \quad \text{für } A_2\text{:} \quad 60 - 20 = 40\,.$$

Hier hängen die Effekte wechselseitig von der Stufe des anderen Faktors ab, der Wechselwirkungseffekt beträgt 20. Die Responsekurven verlaufen nicht mehr parallel (Abbildung 5.3).

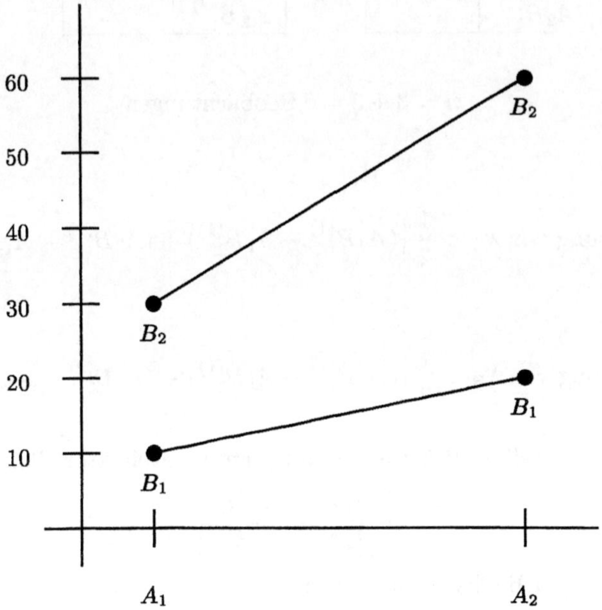


**Abb. 5.3.** Zweifaktorielles Experiment mit Wechselwirkung.

*Anmerkung.* Der Begriff *faktorielles Experiment* beschreibt die vollständig gekreuzte Kombination der Faktoren (Behandlungen) und nicht den Versuchsplan. Faktorielle Experimente können als vollständig randomisierter Versuchsplan, als Randomisierter Blockplan, als Lateinisches Quadrat usw. angelegt werden.

Das faktorielle Experiment sollte angewandt werden

- bei Vorstudien, in denen mögliche Kovariablen auf ihre statistische Relevanz geprüft werden
- zur Bestimmung von bivariaten Wechselwirkungen
- zur Bestimmung von möglichen Rangordnungen der Faktoren bezüglich ihrer Bedeutung für den Response.

Gegenüber dem Einfaktorplan bietet das faktorielle Experiment den Vorteil, Haupteffekte mit der gleichen Präzision, aber mit einem geringeren Stichprobenumfang zu schätzen.

Angenommen, wir wollen—wie eben in den Beispielen—die Haupteffekte $A$ und $B$ schätzen. Dann wäre folgender Einfaktorplan mit zwei Wiederholungen möglich (vgl. z.B. Montgomery (1976, p.124).

| | |
|---|---|
| $A_1B_1^{(1)}$ | $A_1B_2^{(1)}$ |
| $A_2B_1^{(1)}$ | |

| | |
|---|---|
| $A_1B_1^{(2)}$ | $A_1B_2^{(2)}$ |
| $A_2B_1^{(2)}$ | |

$$n = 3 + 3 = 6 \text{ Beobachtungen}$$

$$\text{Schätzung von } \lambda_A \ : \ \frac{1}{2}\left[(A_2B_1^{(1)} - A_1B_1^{(1)}) + (A_2B_1^{(2)} - A_1B_1^{(2)})\right] ,$$

$$\text{Schätzung von } \lambda_B \ : \ \frac{1}{2}\left[(A_1B_1^{(1)} - A_1B_2^{(1)}) + (A_1B_1^{(2)} - A_1B_2^{(2)})\right] .$$

Schätzungen derselben Präzision erhält man im zweifaktoriellen Experiment

| | |
|---|---|
| $A_1B_1$ | $A_1B_2$ |
| $A_2B_1$ | $A_2B_2$ |

mit bereits $n = 4$ Beobachtungen gemäß

$$\lambda_A = \frac{1}{2}\left[(A_2B_1 - A_1B_1) + (A_2B_2 - A_1B_2)\right]$$

und

$$\lambda_B = \frac{1}{2}\left[(A_1B_2 - A_1B_1) + (A_2B_2 - A_1B_1)\right].$$

Daneben bietet das faktorielle Experiment noch die Möglichkeit, vorhandene Wechselwirkungen aufzudecken und damit zu einem adäquaten Modell zu kommen.

Die Vernachlässigung oder das Nichterkennen von Wechselwirkungen kann erhebliche Fehlinterpretationen der Haupteffekte zur Folge haben. Im Prinzip sind bei signifikanter Wechselwirkung die Haupteffekte von untergeordneter Bedeutung, da die Wirkung des einen Faktors auf den Response nicht mehr separat, sondern stets unter Einbeziehung des anderen Faktors zu interpretieren ist.

## 5.7 Zweifaktorielle Experimente mit Wechselwirkung (Modell mit festen Effekten)

Wir setzen voraus, dass der Faktor $A$ in $a$ Stufen und der Faktor $B$ in $b$ Stufen angelegt sind. Für jede Kombination $(i,j)$ werden $r$ Wiederholungen durchgeführt, wobei die Versuchsanlage des vollständig randomisierten Plans angewandt wird. Insgesamt sind also $N = rab$ Versuchseinheiten beteiligt. Der Response folge damit dem linearen Modell

$$\begin{aligned} y_{ijk} &= \mu + \alpha_i + \beta_j + (\alpha\beta)_{ij} + \epsilon_{ijk}\,, \\ (i &= 1,\dots,a;\; j = 1,\dots,b;\; k = 1,\dots,r)\,. \end{aligned} \tag{5.88}$$

Dabei sind

| | | |
|---|---|---|
| $y_{ijk}$ | : | Response zur $i$–ten Stufe von $A$, $j$–ten Stufe von $B$ in der $k$–ten Wiederholung, |
| $\mu$ | : | globaler Mittelwert (overall mean), |
| $\alpha_i$ | : | Effekt der $i$–ten $A$–Stufe, |
| $\beta_j$ | : | Effekt der $j$–ten $B$–Stufe, |
| $(\alpha\beta)_{ij}$ | : | Wechselwirkungseffekt der Kombination $(i,j)$, |
| $\epsilon_{ijk}$ | : | zufälliger Fehler. |

Wir treffen folgende Voraussetzung über die zufällige Variable $\epsilon' = (\epsilon_{111},\dots,\epsilon_{abr})$

$$\epsilon \sim N(0, \sigma^2 \mathrm{I})\,. \tag{5.89}$$

Für die festen Effekte gelten folgende Reparametrisierungsbedingungen:

$$\sum_{i=1}^{a} \alpha_i = 0\,, \tag{5.90}$$

$$\sum_{j=1}^{b} \beta_j = 0\,, \tag{5.91}$$

$$\sum_{i=1}^{a} (\alpha\beta)_{ij} = \sum_{j=1}^{b} (\alpha\beta)_{ij} = 0\,. \tag{5.92}$$

*Anmerkung.* Falls man die Versuchsanlage des Randomisierten Blockplans wählt, kommen noch die Blockeffekte hinzu, d.h. im Modell (5.88) wird zusätzlich $\rho_k$ als zufälliger Effekt mit $\rho_k \sim N(0, \sigma_\rho^2)$ additiv eingeführt.

| | $B$ | | | | | |
|---|---|---|---|---|---|---|
| $A$ | 1 | 2 | $\cdots$ | $b$ | $\sum$ | Mittelwerte |
| 1 | $Y_{11\cdot}$ | $Y_{12\cdot}$ | $\cdots$ | $Y_{1b\cdot}$ | $Y_{1\cdot\cdot}$ | $y_{1\cdot\cdot}$ |
| 2 | $Y_{21\cdot}$ | $Y_{22\cdot}$ | $\cdots$ | $Y_{2b\cdot}$ | $Y_{2\cdot\cdot}$ | $y_{2\cdot\cdot}$ |
| $\vdots$ | $\vdots$ | $\vdots$ | | $\vdots$ | $\vdots$ | $\vdots$ |
| $a$ | $Y_{a1\cdot}$ | $Y_{a2\cdot}$ | $\cdots$ | $Y_{ab\cdot}$ | $Y_{a\cdot\cdot}$ | $y_{a\cdot\cdot}$ |
| $\sum$ | $Y_{\cdot1\cdot}$ | $Y_{\cdot2\cdot}$ | $\cdots$ | $Y_{\cdot b\cdot}$ | $Y_{\cdots}$ | $y_{\cdots}$ |
| Mittelwerte | $y_{\cdot1\cdot}$ | $y_{\cdot2\cdot}$ | $\cdots$ | $y_{\cdot b\cdot}$ | | |

**Tabelle 5.18.** Tafel der totalen Responsewerte im $A \times B$–Versuchsplan.

| Ursache | $SQ$ | df | $MQ$ | $F$ |
|---|---|---|---|---|
| Faktor $A$ | $SQ_A$ | $a-1$ | $MQ_A$ | $F_A$ |
| Faktor $B$ | $SQ_B$ | $b-1$ | $MQ_B$ | $F_B$ |
| Wechselwirkung $A \times B$ | $SQ_{A\times B}$ | $(a-1)(b-1)$ | $MQ_{A\times B}$ | $F_{A\times B}$ |
| Residual | $SQ_{\text{Residual}}$ | $N-ab$ $=ab(r-1)$ | $MQ_{Rest}$ | |
| Total | $SQ_{Total}$ | $N-1$ | | |

**Tabelle 5.19.** Tafel der Varianzanalyse im $A \times B$–Versuchsplan mit Wechselwirkungen.

## Kleinste–Quadrat–Schätzung der Parameter

Die Zielfunktion (4.6) lautet im Modell (5.88)

$$S(\boldsymbol{\theta}) = \sum_i \sum_j \sum_k (y_{ijk} - \mu - \alpha_i - \beta_j - (\alpha\beta)_{ij})^2 \tag{5.93}$$

unter den Nebenbedingungen (5.90)–(5.92).

Dabei ist

$$\boldsymbol{\theta}' = (\mu, \alpha_1, \dots, \alpha_a, \beta_1, \dots, \beta_b, (\alpha\beta)_{11}, \dots, (\alpha\beta)_{ab}) \tag{5.94}$$

der Vektor der unbekannten Parameter. Die Normalgleichungen unter Berücksichtigung der Restriktionen (5.90)–(5.92) lassen sich leicht herleiten:

$$-\frac{1}{2}\frac{\partial S(\theta)}{\partial \mu} = \sum\sum\sum (y_{ijk} - \mu - \alpha_i - \beta_j - (\alpha\beta)_{ij})$$

$$= Y_{...} - N\mu = 0 \tag{5.95}$$

$$-\frac{1}{2}\frac{\partial S(\theta)}{\partial \alpha_i} = Y_{i..} - br\alpha_i - br\mu = 0 \quad (i \text{ fest}) \tag{5.96}$$

$$-\frac{1}{2}\frac{\partial S(\theta)}{\partial \beta_j} = Y_{.j.} - ar\beta_j - ar\mu = 0 \quad (j \text{ fest}) \tag{5.97}$$

$$-\frac{1}{2}\frac{\partial S(\theta)}{\partial (\alpha\beta)_{ij}} = Y_{ij.} - r\mu - r\alpha_i - r\beta_j - (\alpha\beta)_{ij} = 0 \quad (i, j \text{ fest})\,. \tag{5.98}$$

Daraus erhalten wir die KQ–Schätzungen unter den Reparametrisierungsbedingungen (5.90)–(5.92), also die bedingten KQ–Schätzungen

$$\widehat{\mu} = Y_{...}/N = y_{...} \tag{5.99}$$

$$\widehat{\alpha}_i = \frac{Y_{i..}}{br} - \widehat{\mu} = y_{i..} - y_{...} \tag{5.100}$$

$$\widehat{\beta}_j = \frac{Y_{.j.}}{ar} - \widehat{\mu} = y_{.j.} - y_{...} \tag{5.101}$$

$$\widehat{(\alpha\beta)}_{ij} = \frac{Y_{ij.}}{r} - \widehat{\mu} - \widehat{\alpha}_i - \widehat{\beta}_j = y_{ij.} - y_{i..} - y_{.j.} + y_{...} \tag{5.102}$$

Sei das Korrekturglied definiert als

$$C = Y_{...}^2/N \tag{5.103}$$

mit $N = a\,b\,r$ .

Dann erhalten wir folgende Zerlegung

$$SQ_{\text{Total}} = \sum\sum\sum(y_{ijk} - y_{\cdots})^2$$

$$= \sum\sum\sum y_{ijk}^2 - C \qquad (5.104)$$

$$SQ_A = \frac{1}{br}\sum_i Y_{i\cdot\cdot}^2 - C \qquad (5.105)$$

$$SQ_B = \frac{1}{ar}\sum_j Y_{\cdot j\cdot}^2 - C \qquad (5.106)$$

$$SQ_{A\times B} = \frac{1}{r}\sum_i\sum_j Y_{ij\cdot}^2 - \frac{1}{br}\sum_i Y_{i\cdot\cdot}^2 - \frac{1}{ar}\sum_j Y_{\cdot j\cdot}^2 + C$$

$$= \left[\frac{1}{r}\sum_i\sum_j Y_{ij\cdot}^2 - C\right] - SQ_A - SQ_B \qquad (5.107)$$

$$SQ_{\text{Residual}} = SQ_{\text{Total}} - SQ_A - SQ_B - SQ_{A\times B}$$

$$= SQ_{\text{Total}} - \left[\frac{1}{r}\sum_i\sum_j Y_{ij\cdot}^2 - C\right]. \qquad (5.108)$$

*Anmerkung.* Die Quadratsumme zwischen den $a \cdot b$ Responsesummen $Y_{ij\cdot}$ heißt auch $SQ_{\text{Subtotal}}$, d.h.

$$SQ_{\text{Subtotal}} = \frac{1}{r}\sum_i\sum_j Y_{ij\cdot}^2 - C\,. \qquad (5.109)$$

*Hinweis.* Damit Wechselwirkungseffekte nachweisbar sind bzw. damit $(\alpha\beta)_{ij}$ schätzbar ist, müssen mindestens $r = 2$ Wiederholungen je Kombination $(i, j)$ durchgeführt werden. Sonst geht der Wechselwirkungseffekt in den Fehler mit ein und ist nicht separierbar.

**Testprozedur**

Das Modell (5.88) mit Wechselwirkungen wird als *saturiertes Modell* bezeichnet. Das Modell ohne Wechselwirkungen lautet

$$y_{ijk} = \mu + \alpha_i + \beta_j + \epsilon_{ijk} \qquad (5.110)$$

und heißt *Unabhängigkeitsmodell.*

Man prüft zunächst auf $H_0 : (\alpha\beta)_{ij} = 0$ (alle $(i, j)$) gegen $H_1 : (\alpha\beta)_{ij} \neq 0$ (mindestens ein Paar $(i, j)$). Dies entspricht der Modellwahl *Submodell*

*(5.110) gegen volles Modell (5.88)* gemäß unserer LQ–Teststrategie aus Kapitel 4.

Die Interpretation des faktoriellen Experiments hängt vom Ausgang dieses Tests ab.

$H_0$ wird abgelehnt, falls (vgl. Tabelle 5.19)

$$F_{A\times B} = \frac{MQ_{A\times B}}{MQ_{\text{Residual}}} > F_{(a-1)(b-1),ab(r-1);1-\alpha} \tag{5.111}$$

ist. Bei Ablehnung von $H_0$ sind also Wechselwirkungseffekte signifikant; die Haupteffekte sind ohne interpretierbare Bedeutung, egal ob sie signifikant sind oder nicht.

Wird $H_0$ dagegen nicht abgelehnt, so haben die Testergebnisse für $H_0 : \alpha_i = 0$ gegen $H_1 : \alpha_i \neq 0$ (mindestens zwei $i$) mit $F_A = \frac{MQ_A}{MQ_{\text{Residual}}}$ und für $H_0 : \beta_j = 0$ gegen $H_1 : \beta_j \neq 0$ (mindestens zwei $j$) mit $F_B = \frac{MQ_B}{MQ_{\text{Residual}}}$ eine interpretierbare Bedeutung im Modell (5.110).

Falls nur ein Haupteffekt signifikant ist (z.B. A), reduziert sich das Modell weiter auf ein balanziertes einfaktorielles Modell mit $a$ Faktorstufen mit jeweils $br$ Wiederholungen:

$$y_{ijk} = \mu + \alpha_i + \epsilon_{ijk} \,. \tag{5.112}$$

*Beispiel 5.7.1.* Es soll der Einfluss zweier Faktoren $A$ (Düngung) und $B$ (Bewässerung) auf den Ertrag einer Getreidesorte im Vorversuch geklärt werden. Dazu werden $A$ und $B$ in jeweils zwei Stufen (niedrig, hoch) angewandt und je $r = 2$ Wiederholungen durchgeführt. Damit sind $a = b = r = 2$ und $N = abr = 8$. Die Versuchseinheiten (Pflanzen) werden den Behandlungen randomisiert zugewiesen.

Wir berechnen aus den Tabellen 5.20 und 5.21:

$$\begin{aligned}
C &= 77.6^2/8 = 752.72 \\
SQ_{\text{Total}} &= 866.92 - C = 114.20 \\
SQ_A &= \frac{1}{4}(39.6^2 + 38.0^2) - C \\
&= 753.04 - 752.72 = 0.32 \\
SQ_B &= \frac{1}{4}(26.4^2 + 51.2^2) - C \\
&= 892.60 - 752.72 = 76.88 \\
SQ_{\text{Subtotal}} &= \frac{1}{2}(17.8^2 + 21.8^2 + 8.6^2 + 29.4^2) - C \\
&= 865.20 - 752.72 = 112.48 \\
SQ_{A\times B} &= SQ_{\text{Subtotal}} - SQ_A - SQ_B = 35.28 \\
SQ_{\text{Residual}} &= 114.20 - 35.28 - 0.32 - 76.88 \\
&= 1.72
\end{aligned}$$

| | | B: 1 | | B: 2 | |
|---|---|---|---|---|---|
| A | 1 | 8.6 | 9.2 | 10.4 | 11.4 |
| | 2 | 4.7 | 3.9 | 14.1 | 15.3 |

**Tabelle 5.20.** Responsewerte.

| | | B: 1 | 2 | $\sum$ |
|---|---|---|---|---|
| A | 1 | 17.8 | 21.8 | 39.6 |
| | 2 | 8.6 | 29.4 | 38.0 |
| | $\sum$ | 26.4 | 51.2 | 77.6 |

**Tabelle 5.21.** Totaler Response.

| Ursache | $SQ$ | df | $MQ$ | $F$ | |
|---|---|---|---|---|---|
| $A$ | 0.32 | 1 | 0.32 | 0.74 | |
| $B$ | 76.88 | 1 | 76.88 | 178.79 | * |
| $A \times B$ | 35.28 | 1 | 35.28 | 82.05 | * |
| Residual | 1.72 | 4 | 0.43 | | |
| Total | 114.20 | 7 | | | |

**Tabelle 5.22.** Tafel der Varianzanalyse zum Beispiel 5.7.1.

(Hinweis: $F_{1,4;0.95} = 7.71$, vgl. Tabelle B.5)

Ergebnis: Der Test auf Wechselwirkung ergibt mit $F_{1,4} = 82.05$ eine Ablehnung von $H_0$: *keine Wechselwirkung*, so dass das Modell (5.88) gültig ist. Eine

Reduzierung auf ein Einfaktormodell ist trotz des nichtsignifikanten Haupteffekts $A$ nicht möglich.

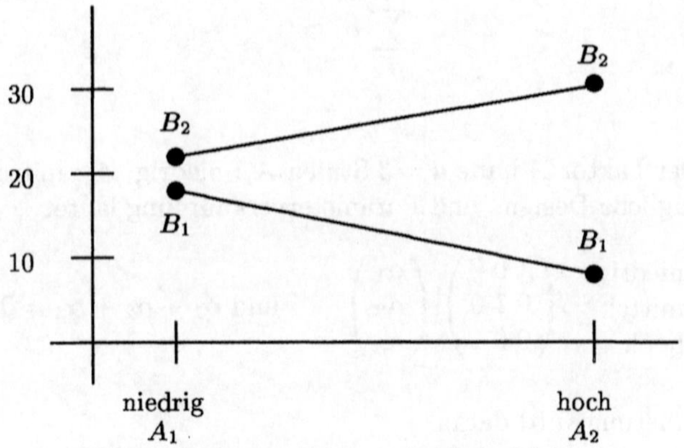


**Abb. 5.4.** Wechselwirkung im Beispiel 5.7.1.

## 5.8 Zweifaktorielles Experiment in Effektkodierung

Wir haben im vorangegangenen Abschnitt die Parameterschätzungen der Komponenten von $\boldsymbol{\theta}$ (5.94) durch Minimierung der Fehlerquadratsumme unter den linearen Restriktionen $\sum_i \alpha_i = 0$, $\sum_j \beta_j = 0$ und $\sum_i (\alpha\beta)_{ij} = \sum_j (\alpha\beta)_{ij} = 0$ hergeleitet. Dies entspricht der bedingten KQ–Schätzung $b(R)$.

Wir wollen nun durch eine alternative Parametrisierung, die die Restriktionen in das Modell direkt einbezieht, eine Reduzierung auf eine Parametermenge erreichen, der dann eine Designmatrix mit vollem Spaltenrang entspricht. Damit kann die Parameterschätzung durch die KQ–Schätzung $\mathbf{b}$ erfolgen. Dazu verwenden wir die *Effektkodierung* von Kategorien.

Für einen Faktor $A$ mit $a$ Kategorien (Stufen) lautet die Effektkodierung

$$x_i^A = \begin{cases} 1 & \text{für Kategorie } i \\ -1 & \text{für Kategorie } a \quad (i = 1, \ldots, a-1) \\ 0 & \text{sonst.} \end{cases}$$

Damit wird

$$\alpha_a = -\sum_{i=1}^{a-1} \alpha_i\,, \tag{5.113}$$

oder, anders ausgedrückt,

$$\sum_{i=1}^{a} \alpha_i = 0 . \tag{5.114}$$

*Beispiel.* Der Faktor $A$ habe $a = 3$ Stufen $A_1$: niedrig, $A_2$: mittel, $A_3$: hoch. Die ursprüngliche Design– und Parameterverknüpfung lautet

$$\begin{array}{l} \text{niedrig:} \\ \text{mittel:} \\ \text{hoch:} \end{array} \begin{pmatrix} 1\,0\,0 \\ 0\,1\,0 \\ 0\,0\,1 \end{pmatrix} \begin{pmatrix} \alpha_1 \\ \alpha_2 \\ \alpha_3 \end{pmatrix} \qquad \text{und } \alpha_1 + \alpha_2 + \alpha_3 = 0.$$

In Effektkodierung wird daraus

$$\begin{array}{l} \text{niedrig:} \\ \text{mittel:} \\ \text{hoch:} \end{array} \begin{pmatrix} 1 & 0 \\ 0 & 1 \\ -1 & -1 \end{pmatrix} \begin{pmatrix} \alpha_1 \\ \alpha_2 \end{pmatrix} .$$

**Fall** $a = b = 2$

Für ein lineares Modell mit zwei zweistufigen Einflussfaktoren $A$ und $B$ erhalten wir für festes $k$ $(k = 1, \ldots, r)$ folgende Parametrisierung (vgl. auch Toutenburg (1994, S.187):

$$\begin{pmatrix} y_{11k} \\ y_{12k} \\ y_{21k} \\ y_{22k} \end{pmatrix} = \begin{pmatrix} 1 & 1 & 1 & 1 \\ 1 & 1 & -1 & -1 \\ 1 & -1 & 1 & -1 \\ 1 & -1 & -1 & 1 \end{pmatrix} \begin{pmatrix} \mu \\ \alpha_1 \\ \beta_1 \\ (\alpha\beta)_{11} \end{pmatrix} + \begin{pmatrix} \epsilon_{11k} \\ \epsilon_{12k} \\ \epsilon_{21k} \\ \epsilon_{22k} \end{pmatrix} . \tag{5.115}$$

Dabei haben wir die Reparametrisierungsbedingungen direkt eingesetzt:

$$\begin{aligned} \alpha_1 + \alpha_2 = 0 &\Rightarrow \alpha_2 = -\alpha_1 \\ \beta_1 + \beta_2 = 0 &\Rightarrow \beta_2 = -\beta_1 \\ (\alpha\beta)_{11} + (\alpha\beta)_{12} = 0 &\Rightarrow (\alpha\beta)_{12} = -(\alpha\beta)_{11} \\ (\alpha\beta)_{11} + (\alpha\beta)_{21} = 0 &\Rightarrow (\alpha\beta)_{21} = -(\alpha\beta)_{11} \\ (\alpha\beta)_{21} + (\alpha\beta)_{22} = 0 &\Rightarrow (\alpha\beta)_{22} = -(\alpha\beta)_{21} = (\alpha\beta)_{11} . \end{aligned}$$

Von den vorher neun Parametern verbleiben noch vier im Modell. Die anderen werden aus diesen Gleichungen berechnet.

Wir führen folgende Bezeichnungen ein:

$$\underset{r,4}{X_{11}} = (\mathbf{1}_r \quad \mathbf{1}_r \quad \mathbf{1}_r \quad \mathbf{1}_r)$$

$$\underset{r,4}{X_{12}} = (\mathbf{1}_r \quad \mathbf{1}_r \quad -\mathbf{1}_r \quad -\mathbf{1}_r)$$

$$\underset{r,4}{X_{21}} = (\mathbf{1}_r \quad -\mathbf{1}_r \quad \mathbf{1}_r \quad -\mathbf{1}_r)$$

$$\underset{r,4}{X_{22}} = (\mathbf{1}_r \quad -\mathbf{1}_r \quad -\mathbf{1}_r \quad \mathbf{1}_r)$$

$$\underset{4,4r}{X'} = (X'_{11} \quad X'_{12} \quad X'_{21} \quad X'_{22})$$

$$\boldsymbol{\theta}'_0 = (\mu,\ \alpha_1,\ \beta_1,\ (\alpha\beta)_{11})$$

$$y_{ij} = \begin{pmatrix} y_{ij1} \\ \vdots \\ y_{ijr} \end{pmatrix}, \quad \epsilon_{ij} = \begin{pmatrix} \epsilon_{ij1} \\ \vdots \\ \epsilon_{ijr} \end{pmatrix}$$

$$y = \begin{pmatrix} y_{11} \\ y_{12} \\ y_{21} \\ y_{22} \end{pmatrix}, \quad \epsilon = \begin{pmatrix} \epsilon_{11} \\ \epsilon_{12} \\ \epsilon_{21} \\ \epsilon_{22} \end{pmatrix}.$$

Dann lässt sich das zweifaktorielle Modell (5.88) im Fall $a = b = 2$ bei $r$ Wiederholungen unter Berücksichtigung der Restriktionen (5.90), (5.91), (5.92) alternativ in Effektkodierung wie folgt darstellen:

$$y = X\boldsymbol{\theta}_0 + \epsilon \quad . \tag{5.116}$$

Die KQ–Schätzung von $\boldsymbol{\theta}_0$ ist

$$\widehat{\boldsymbol{\theta}}_0 = (X'X)^{-1}X'y\,.$$

Wir berechnen nun $\widehat{\boldsymbol{\theta}}_0$:

$$\underset{4,4}{X'X} = X'_{11}X_{11} + X'_{12}X_{12} + X'_{21}X_{21} + X'_{22}X_{22} = 4r\mathrm{I}_4\,,$$

$$X'y = \begin{pmatrix} Y_{...} \\ Y_{1..} - Y_{2..} \\ Y_{.1.} - Y_{.2.} \\ (Y_{11\cdot} + Y_{22\cdot}) - (Y_{12\cdot} + Y_{21\cdot}) \end{pmatrix} = \begin{pmatrix} Y_{...} \\ 2Y_{1..} - Y_{...} \\ 2Y_{.1.} - Y_{...} \\ (Y_{11\cdot} + Y_{22\cdot}) - (Y_{12\cdot} + Y_{21\cdot}) \end{pmatrix}. \tag{5.117}$$

Nun wird mit $(X'X)^{-1} = \frac{1}{4r}\mathrm{I}$ der KQ–Schätzer $\widehat{\boldsymbol{\theta}}_0 = (X'X)^{-1}X'y$ ausführlich geschrieben zu (vgl. ,(5.99)–(5.102))

$$\begin{pmatrix} \widehat{\mu} \\ \widehat{\alpha}_1 \\ \widehat{\beta}_1 \\ \widehat{(\alpha\beta)}_{11} \end{pmatrix} = \begin{pmatrix} y_{...} \\ y_{1..} - y_{...} \\ y_{\cdot 1\cdot} - y_{...} \\ y_{11\cdot} - y_{1..} - y_{\cdot 1\cdot} + y_{...} \end{pmatrix}. \tag{5.118}$$

Während die ersten drei Beziehungen in (5.118) leicht zu erkennen sind, müssen wir den Übergang von der vierten Zeile in (5.117) zur vierten Zeile in (5.118) beweisen.

Es ist mit $a = b = 2$

$$\begin{aligned} y_{11\cdot} - y_{1..} - y_{\cdot 1\cdot} + y_{...} &= \\ &= \frac{Y_{11\cdot}}{r} - \left[\frac{Y_{11\cdot}}{br} + \frac{Y_{12\cdot}}{br}\right] - \left[\frac{Y_{11\cdot}}{ar} + \frac{Y_{21\cdot}}{ar}\right] + \frac{Y_{11\cdot} + Y_{12\cdot} + Y_{21\cdot} + Y_{22\cdot}}{abr} \\ &= \frac{Y_{11\cdot}}{r}\left(1 - \frac{1}{b} - \frac{1}{a} + \frac{1}{ab}\right) - \frac{Y_{12\cdot}}{br}\left(1 - \frac{1}{a}\right) - \frac{Y_{21\cdot}}{ar}\left(1 - \frac{1}{b}\right) + \frac{Y_{22\cdot}}{abr} \\ &= \frac{Y_{11\cdot}}{r}\left(\frac{ab - a - b + 1}{ab}\right) + \frac{Y_{22\cdot}}{abr} - \frac{Y_{12\cdot}}{abr}(a-1) - \frac{Y_{21\cdot}}{abr}(b-1) \\ &= \frac{1}{4r}[(Y_{11\cdot} + Y_{22\cdot}) - (Y_{12\cdot} + Y_{21\cdot})]\,. \end{aligned}$$

*Anmerkung.* Wir wollen an dieser Stelle auf eine wichtige Eigenschaft der Effektkodierung hinweisen.

Wir schreiben zunächst die Matrix $X$ in einer anderen Gestalt:

$$X = \begin{pmatrix} X_{11} \\ X_{12} \\ X_{21} \\ X_{22} \end{pmatrix} = \begin{pmatrix} \mathbf{1}_r & \mathbf{1}_r & \mathbf{1}_r & \mathbf{1}_r \\ \mathbf{1}_r & \mathbf{1}_r & -\mathbf{1}_r & -\mathbf{1}_r \\ \mathbf{1}_r & -\mathbf{1}_r & \mathbf{1}_r & -\mathbf{1}_r \\ \mathbf{1}_r & -\mathbf{1}_r & -\mathbf{1}_r & \mathbf{1}_r \end{pmatrix}$$
$$= \big( \underset{4r,1}{\mathbf{x}_\mu} \;\; \underset{4r,1}{\mathbf{x}_{\alpha_1}} \;\; \underset{4r,1}{\mathbf{x}_{\beta_1}} \;\; \underset{4r,1}{\mathbf{x}_{(\alpha\beta)_{11}}} \big).$$

Es gilt:

$$\begin{aligned} \mathbf{x}'_\mu \mathbf{x}_\mu = \mathbf{x}'_{\alpha_1} \mathbf{x}_{\alpha_1} = \mathbf{x}'_{\beta_1} \mathbf{x}_{\beta_1} = \mathbf{x}'_{(\alpha\beta)_{11}} \mathbf{x}_{(\alpha\beta)_{11}} &= 4r, \\ \mathbf{x}'_\mu \mathbf{x}_{\alpha_1} = \mathbf{x}'_\mu \mathbf{x}_{\beta_1} = \mathbf{x}'_\mu \mathbf{x}_{(\alpha\beta)_{11}} &= 0, \\ \mathbf{x}'_{\alpha_1} \mathbf{x}_{\beta_1} = \mathbf{x}'_{\alpha_1} \mathbf{x}_{(\alpha\beta)_{11}} &= 0, \\ \mathbf{x}'_{\beta_1} \mathbf{x}_{(\alpha\beta)_{11}} &= 0\,. \end{aligned}$$

Damit wird—wie bereits vorher erwähnt—

$$X'X = \begin{pmatrix} \mathbf{x}'_\mu \\ \mathbf{x}'_{\alpha_1} \\ \mathbf{x}'_{\beta_1} \\ \mathbf{x}_{(\alpha\beta)_{11}} \end{pmatrix} \left( \mathbf{x}_\mu \, \mathbf{x}_{\alpha_1} \, \mathbf{x}_{\beta_1} \, \mathbf{x}_{(\alpha\beta)_{11}} \right) = 4r\mathbf{I}_4\,.$$

Die Vektoren, die zu verschiedenen Effektgruppen $(\mu, \alpha, \beta, (\alpha\beta))$ gehören, sind also orthogonal zueinander. Diese Eigenschaft gilt generell für die Effektkodierung.

Allgemeiner Fall: $a > 2$, $b > 2$

Liegt allgemein ein zweifaktorielles Modell mit Wechselwirkung vor mit

Faktor $A$ : $a$ Stufen,

Faktor $B$ : $b$ Stufen,

so lautet der Parametervektor (nach Berücksichtigung der Reparametrisierungsbedingungen, also in Effektkodierung)

$$\boldsymbol{\theta}'_0 = (\mu, \alpha_1, \ldots, \alpha_{a-1}, \beta_1, \ldots, \beta_{b-1}, (\alpha\beta)_{1,1}, \ldots, (\alpha\beta)_{a-1,b-1}) \qquad (5.119)$$

und die Designmatrix (vgl. z.B. Fahrmeir und Hamerle (1984, S.173)

$$X = \left( \mathbf{x}_\mu \; X_\alpha \; X_\beta \; X_{(\alpha\beta)} \right)\,. \qquad (5.120)$$

Dabei sind die Spaltenvektoren einer Submatrix orthogonal zu den Spaltenvektoren jeder anderen Submatrix, also z.B. ist

$$X'_\alpha X_\beta = 0\,.$$

Damit wird $X'X$ blockdiagonal

$$X'X = \operatorname{diag}\left(\mathbf{x}'_\mu \mathbf{x}_\mu\,, X'_\alpha X_\alpha\,, X'_\beta X_\beta\,, X'_{(\alpha\beta)} X_{(\alpha\beta)}\right)\,.$$

Es gilt

$$(X'X)^{-1} = \operatorname{diag}\left((\mathbf{x}'_\mu \mathbf{x}_\mu)^{-1}, (X'_\alpha X_\alpha)^{-1}, (X'_\beta X_\beta)^{-1}, (X'_{(\alpha\beta)} X_{(\alpha\beta)})^{-1}\right) \tag{5.121}$$

und die KQ–Schätzung $\widehat{\boldsymbol{\theta}}_0$ lässt sich schreiben als

$$\widehat{\boldsymbol{\theta}}_0 = \begin{pmatrix} \widehat{\mu} \\ \widehat{\alpha} \\ \widehat{\beta} \\ \widehat{(\alpha\beta)} \end{pmatrix} = \begin{pmatrix} (\mathbf{x}'_\mu \mathbf{x}_\mu)^{-1} \mathbf{x}'_\mu y \\ (X_{\alpha'} X_\alpha)^{-1} X'_\alpha y \\ (X_{\beta'} X_\beta)^{-1} X'_\beta y \\ (X'_{(\alpha\beta)} X_{(\alpha\beta)})^{-1} X'_{(\alpha\beta)} y \end{pmatrix}. \tag{5.122}$$

Für die Kovarianzmatrix von $\widehat{\boldsymbol{\theta}}$ erhalten wir ebenfalls eine blockdiagonale Struktur

$$V(\widehat{\boldsymbol{\theta}}) = \sigma^2 \begin{pmatrix} (\mathbf{x}'_\mu \mathbf{x}_\mu)^{-1} & 0 & 0 & 0 \\ 0 & (X'_\alpha X_\alpha)^{-1} & 0 & 0 \\ 0 & 0 & (X'_\beta X_\beta)^{-1} & 0 \\ 0 & 0 & 0 & (X'_{(\alpha\beta)} X_{(\alpha\beta)})^{-1} \end{pmatrix} \tag{5.123}$$

Damit sind die Schätzvektoren $\widehat{\mu}, \widehat{\alpha}, \widehat{\beta}, \widehat{(\alpha\beta)}$ unkorreliert und bei normalverteilten Fehlern unabhängig. Daraus folgt insbesondere, dass die Schätzungen $\widehat{\mu}, \widehat{\alpha}$ und $\widehat{\beta}$ im Modell (5.88) mit Wechselwirkungen und im Unabhängigkeitsmodell (5.110) identisch sind. Folglich sind die Schätzungen für eine Parametergruppe—z.B. die Haupteffekte des Faktors $B$—stets dieselben, gleichgültig ob die anderen Parameter im Modell enthalten sind oder nicht.

Bei Ablehnung von $\mathrm{H}_0$: $(\alpha\beta)_{ij} = 0$ wird $\sigma^2$ durch

$$MQ_{\text{Residual}} = \frac{SQ_{\text{Residual}}}{N - ab} = \frac{1}{N - ab}(SQ_{\text{Total}} - SQ_A - SQ_B - SQ_{A\times B})$$

geschätzt (vgl. Tabelle 5.19 und (5.108)). Bei Nichtablehnung von $\mathrm{H}_0$ gilt das Unabhängigkeitsmodell (5.110) und wir erhalten

$$SQ_{\text{Residual}} = SQ_{\text{Total}} - SQ_A - SQ_B$$

bei $N - 1 - (a - 1) - (b - 1) = N - a - b + 1$ Freiheitsgraden.

Das Modell (5.88) mit Wechselwirkungen entspricht nach unserer Nomenklatur aus Kapitel 4 dem Parameterraum $\Omega$. Das Unabhängigkeitsmodell ist das Submodell zum Parameterraum $\omega \subset \Omega$.

Es gilt

$$\widehat{\sigma}_\omega - \widehat{\sigma}^2_\Omega \geq 0 \quad . \tag{5.124}$$

Auf unser Problem übertragen, erhalten wir

$$\widehat{\sigma}^2_\Omega = \frac{SQ_{Total} - SQ_A - SQ_B - SQ_{A\times B}}{N - ab} \tag{5.125}$$

und

$$\widehat{\sigma}^2_\omega = \frac{SQ_{Total} - SQ_A - SQ_B}{N - ab + (a-1)(b-1)} \, . \tag{5.126}$$

*Interpretation.* Im Unabhängigkeitsmodell wird $\sigma^2$ durch (5.126) geschätzt, so dass sich die Konfidenzbereiche der Parameterschätzungen $\widehat{\mu}, \widehat{\alpha}, \widehat{\beta}$ gegenüber dem Modell mit Wechselwirkungen vergrößern, während die Parameterschätzungen selbst (und damit die Mittelpunkte der Konfidenzbereiche) ungeändert bleiben. Die Präzision der Schätzungen $\widehat{\mu}, \widehat{\alpha}, \widehat{\beta}$ nimmt also ab. Gleichzeitig ändern sich die Teststatistiken, so dass—bei Ablehnung des saturierten Modells (5.88)—Signifikanztests für $\mu, \alpha, \beta$ auf der Basis der Tafel der Varianzanalyse zum Unabhängigkeitsmodell durchzuführen sind.

*Beispiel 5.8.1.* In einem geplanten Versuch soll der Effekt verschiedener Phosphatkonzentrationen in einem Kombinationsdünger (Faktor B) auf den Ertrag zweier Bohnensorten (Faktor A) geklärt werden. Man entscheidet sich für ein faktorielles Experiment mit zwei Faktoren und festen Effekten:

| | | |
|---|---|---|
| Faktor A : | $A_1$ | : Bohnensorte I |
| | $A_2$ | : Bohnensorte II |
| Faktor B : | $B_1$ | : kein Phosphat |
| | $B_2$ | : 10 % je Einheit |
| | $B_3$ | : 30 % je Einheit |

Bei Verwendung des zweifaktoriellen Ansatzes hat man also die sechs Behandlungen

$A_1B_1,\ A_1B_2,\ A_1B_3,\ A_2B_1,\ A_2B_2,\ A_2B_3\,.$

| | $B_1$ | $B_2$ | $B_3$ | Summe |
|---|---|---|---|---|
| $A_1$ | 15 | 18 | 22 | |
| | 17 | 19 | 29 | |
| | 14 | 20 | 31 | |
| | 16 | 21 | 35 | |
| Summe | 62 | 78 | 117 | 257 |
| $A_2$ | 13 | 17 | 18 | |
| | 9 | 19 | 22 | |
| | 8 | 18 | 24 | |
| | 12 | 18 | 23 | |
| Summe | 42 | 72 | 87 | 201 |
| Summe | 104 | 150 | 204 | 458 |

**Tabelle 5.23.** Response im $A \times B$–Design (Beispiel 5.8.1).

| | $SQ$ | df | $MQ$ | F |
|---|---|---|---|---|
| Faktor A | 130.66 | 1 | 130.66 | 16.99 * |
| Faktor B | 626.33 | 2 | 313.17 | 40.72 * |
| A × B | 36.34 | 2 | 18.17 | 2.36 |
| Residual | 138.50 | 18 | 7.69 | |
| Total | 931.83 | 23 | | |

**Tabelle 5.24.** Tafel der Varianzanalyse zu Tabelle 5.23.

Um die Fehlervarianz schätzen zu können, müssen die Behandlungen wiederholt werden. Wir wählen dazu den vollständig randomisierten Versuchsplan mit je 4 Wiederholungen. Die Responsewerte sind in Tabelle 5.23 und die Varianzanalyse ist in Tabelle 5.24 enthalten.

Die Teststrategie beginnt mit dem Prüfen von $H_0$: *keine Wechselwirkung.* Die Teststatistik ist

$$F_{A\times B} = F_{2,18} = \frac{18.17}{7.69} = 2.36 .$$

Der kritische Wert lautet

$$F_{2,18;0.95} = 3.55 ,$$

so dass die Wechselwirkung auf dem 5%–Niveau nicht signifikant ist.

| | $SQ$ | df | $MQ$ | F |
|---|---|---|---|---|
| Faktor $A$ | 130.66 | 1 | 130.66 | 14.95 * |
| Faktor $B$ | 626.33 | 2 | 313.17 | 35.83 * |
| Residual | 174.84 | 20 | 8.74 | |
| Total | 931.83 | 23 | | |

**Tabelle 5.25.** Tafel der Varianzanalyse zu Tabelle 5.23 nach Weglassen der Wechselwirkung (Unabhängigkeitsmodell).

In Tabelle 5.24 erfolgt der Test auf Signifikanz der Haupteffekte und des Wechselwirkungseffekts auf der Basis des Modells (5.88) mit Wechselwirkungen. Die Teststatistiken für $H_0$: $\alpha_i = 0$, $H_0$: $\beta_i = 0$ und $H_0$: $(\alpha\beta)_{ij} = 0$ sind unabhängig. Wir haben $H_0$: $(\alpha\beta)_{ij} = 0$ nicht abgelehnt (vgl. Abbildung 5.5).

Damit gehen wir auf das Unabhängigkeitsmodell (5.110) zurück und prüfen die Signifikanz der Haupteffekte gemäß Tabelle 5.25. Beide Effekte sind auch hier signifikant.

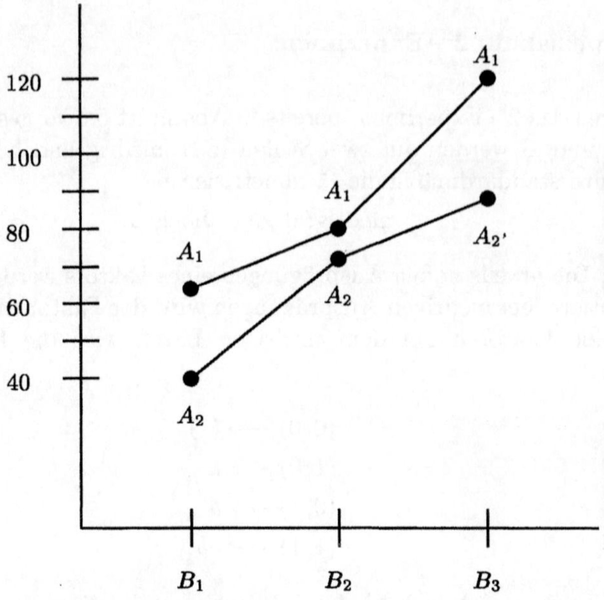


**Abb. 5.5.** Wechselwirkung Sorte × Düngung (nicht signifikant).

## 5.9 $2^k$–faktorielles Experiment

Mehrfaktorielle Versuchsanlagen werden vor allem im industriellen Bereich in der ersten Analysephase so durchgeführt, dass die einbezogenen Faktoren zunächst auf jeweils zwei Stufen festgelegt werden. Dieses Vorgehen soll die wesentlichen Effekte erkennbar machen, so dass zur Feinanalyse ausgewählte Faktorkombinationen gezielt und kostengünstig getestet werden können. Eine vollständige Versuchsanalyse mit $k$ Faktoren auf jeweils zwei Stufen erfordert für einen Durchlauf $2^k$ Beobachtungen. Diese Tatsache gibt dem Versuchsplan seinen Namen: $2^k$–Experiment. Durch die Beschränkung auf jeweils zwei

Stufen bei allen Faktoren benötigt dieser Versuchsplan das Minimum an Beobachtungen für einen vollständigen faktoriellen Versuch mit allen zweifachen und höheren Wechselwirkungen. Wir setzen feste Effekte und vollständige Randomisierung voraus. Es gelten dieselben linearen Modelle und Reparametrisierungsbedingungen wie bei den bisherigen zwei– und dreifaktoriellen Versuchsplänen. Der Vorteil des $2^k$–Plans liegt in einer direkten Berechnung der Quadratsummen aus speziellen, mit den Effekten verknüpften linearen Kontrasten.

### 5.9.1 Spezialfall: $2^2$–Experiment

Wir haben das $2^2$–Experiment bereits in Abschnitt 5.6 vorgestellt. Zwei Faktoren $A$ und $B$ werden auf zwei Stufen (z.B. niedrig und hoch) eingestellt. Dabei wird standardmäßig die Parametrisierung

niedrig: 0 , hoch: 1

gewählt. Die jeweils hohen Ausprägungen eines Faktors werden mit $a$ bzw. $b$ repräsentiert, bei niedrigen Ausprägungen wird der Faktor nicht dargestellt. Sind beide Faktoren auf dem niedrigen Level, wird die Darstellung (1) gewählt:

$$\begin{aligned}(0,0) &\longrightarrow (1)\\ (1,0) &\longrightarrow a\\ (0,1) &\longrightarrow b\\ (1,1) &\longrightarrow ab\,.\end{aligned}$$

Dabei bezeichnet (1), $a$, $b$, $ab$ den jeweiligen totalen Response bei $r$ Wiederholungen.

Der mittlere Effekt eines Faktors ist definiert als die Reaktion des Response bei Wechsel der Faktorstufen dieses Faktors, gemittelt über die Stufen des anderen Faktors. Der Effekt von $A$ ist auf der niedrigen Stufe von $B$ gleich $[a-(1)]/r$ und auf der höheren Stufe von $B$ gleich $[ab-b]/r$. Damit wird der mittlere Effekt von $A$

$$A = \frac{1}{2r}\left[ab + a - b - (1)\right] . \tag{5.127}$$

Der mittlere Effekt von $B$ ist

$$B = \frac{1}{2r}\left[ab + b - a - (1)\right] . \tag{5.128}$$

Der Wechselwirkungseffekt $AB$ ist definiert als die mittlere Differenz zwischen dem Effekt von $A$ auf der hohen und niedrigen Stufe von $B$, d.h.

$$AB = \frac{1}{2r}[(ab - b) - (a - (1))]$$
$$= \frac{1}{2r}[ab + (1) - a - b]\,. \qquad (5.129)$$

Analog kann man $BA$ definieren als mittlere Differenz zwischen dem Effekt von $B$ auf der hohen Stufe von $A$ (d.h. $(ab - a)/r$) und der niedrigen Stufe von $A$ (d.h. $(b - (1))/r$). Es gilt $AB = BA$.

Die mittleren Effekte $A$, $B$ und $AB$ sind also—bis auf den Faktor $\frac{1}{2r}$—lineare orthogonale Kontraste in den totalen Responsewerten (1), $a$, $b$, $ab$.

Sei $\mathbf{Y}_* = ((1), a, b, ab)'$ der Vektor der totalen Responsewerte. Dann gilt

$$\left.\begin{array}{l} A = \frac{1}{2r}\mathbf{c}'_A\mathbf{Y}_*,\;\; B = \frac{1}{2r}\mathbf{c}'_B\mathbf{Y}_* \\ AB = \frac{1}{2r}\mathbf{c}'_{AB}\mathbf{Y}_*\,, \end{array}\right\} \qquad (5.130)$$

wobei die Kontraste $\mathbf{c}_a, \mathbf{c}_B, \mathbf{c}_{AB}$ aus Tabelle 5.26 entnommen werden.

| | (1) | a | b | ab | Kontrast |
|---|---|---|---|---|---|
| A | –1 | +1 | –1 | +1 | $\mathbf{c}'_A$ |
| B | –1 | –1 | +1 | +1 | $\mathbf{c}'_B$ |
| AB | +1 | –1 | –1 | +1 | $\mathbf{c}'_{AB}$ |

**Tabelle 5.26.** Kontraste im $2^2$–Plan.

Es ist $\mathbf{c}'_A\mathbf{c}_A = \mathbf{c}'_B\mathbf{c}_B = \mathbf{c}'_{AB}\mathbf{c}_{AB} = 4$.

Gemäß Abschnitt 5.3.2 erhalten wir die Fehlerquadratsummen

$$SQ_A = \frac{(\mathbf{c}'_A\mathbf{Y}_*)^2}{(r\mathbf{c}'_A\mathbf{c}_A)} = \frac{(ab + a - b - (1))^2}{4r} \qquad (5.131)$$

$$SQ_B = \frac{(\mathbf{c}'_B\mathbf{Y}_*)^2}{(r\mathbf{c}'_B\mathbf{c}_B)} = \frac{(ab + b - a - (1))^2}{4r} \qquad (5.132)$$

$$SQ_{AB} = \frac{(\mathbf{c}'_{AB}\mathbf{Y}_*)^2}{(r\mathbf{c}'_{AB}\mathbf{c}_{AB})} = \frac{(ab + (1) - a - b)^2}{4r}\,. \qquad (5.133)$$

Die Quadratsumme $SQ_{\text{Total}}$ wird wie üblich berechnet

$$SQ_{\text{Total}} = \sum_{i=1}^{2}\sum_{j=1}^{2}\sum_{k=1}^{r} y_{ijk}^2 - \frac{Y_{\cdots}^2}{4r} \qquad (5.134)$$

und hat $(2 \cdot 2 \cdot r) - 1$ Freiheitsgrade. Wie üblich ist

$$SQ_{\text{Residual}} = SQ_{\text{Total}} - SQ_A - SQ_B - SQ_{AB}\,. \qquad (5.135)$$

Wir demonstrieren dieses Vorgehen an einem Beispiel.

*Beispiel 5.9.1.* Wir untersuchen den Einfluss der Faktoren $A$ (Temperatur, 0: niedrig, 1: hoch) und $B$ (Katalysator, 0: kein Katalysator, 1: Katalysator) auf den Response $Y$ (Härte eines Keramikwerkstoffs). Es sei folgender Response erzielt worden (Tabelle 5.27).

| Kombination | Wiederholung 1 | 2 | Totaler Response | Kodierung |
|---|---|---|---|---|
| (0,0) | 86 | 92 | 178 | (1) |
| (1,0) | 47 | 39 | 86 | a |
| (0,1) | 104 | 114 | 218 | b |
| (1,1) | 141 | 153 | 294 | ab |
| | | | $Y_{\dots} = 776$ | |

**Tabelle 5.27.** Response im Beispiel 5.9.1.

Aus Tabelle 5.27 erhalten wir die mittleren Effekte

$$A = \frac{1}{4}[294 + 86 - 218 - 178] = -4$$

$$B = \frac{1}{4}[294 + 218 - 86 - 178] = 62$$

$$AB = \frac{1}{4}[294 + 178 - 86 - 218] = 42$$

und daraus die Quadratsummen

$$SQ_A = \frac{(4A)^2}{4 \cdot 2} = 32$$

$$SQ_B = \frac{(4B)^2}{4 \cdot 2} = 7688$$

$$SQ_{AB} = \frac{(4AB)^2}{4 \cdot 2} = 3528\,.$$

Es ist

$$SQ_{\text{Total}} = (86^2 + \ldots + 153^2) - \frac{776^2}{8} = 86692 - 75272 = 11420\,,$$

$$SQ_{\text{Residual}} = 172\,.$$

Die Varianzanalyse ist in Tabelle 5.28 dargestellt.

### 5.9.2 Das $2^3$–Experiment

Es sollen drei binäre Faktoren $A$, $B$, $C$ im vollständigen faktoriellen Experiment, d.h. mit 8 Kombinationen und $r$ Wiederholungen, also $N = 8r$ Beobachtungen, in ihrer Wirkung auf einen Response untersucht werden.

| | SQ | df | MQ | F |
|---|---|---|---|---|
| A | 32 | 1 | 32 | $F_A = 0.74$ |
| B | 7688 | 1 | 7688 | $F_B = 178.79$ * |
| AB | 3528 | 1 | 3528 | $F_{AB} = 82.05$ * |
| Residual | 172 | 4 | 43 | |
| Total | 11420 | 7 | | |

**Tabelle 5.28.** Varianzanalyse zum Beipiel 5.9.1.

Die totalen Responsewerte seien (in der sogenannten **Standardordnung**)

$$\mathbf{Y}_* = [(1), a, b, ab, c, ac, bc, abc]' . \tag{5.136}$$

In der Kodierung 0: niedrig und 1: hoch entspricht dies den häufig gewählten Tripeln $(0,0,0), (1,0,0), (0,1,0), (1,1,0), \ldots, (1,1,1)$. Die Responsewerte lassen sich wie in einer dreidimensionalen Kontingenztafel anordnen (vgl. Tabelle 5.30).

Die Effekte werden durch lineare Kontraste

$$\mathbf{c}'_{Effekt} \cdot ((1), a, b, ab, c, ac, bc, abc) = \mathbf{c}'_{Effekt} \cdot \mathbf{Y}_* \tag{5.137}$$

bestimmt (vgl. Tabelle 5.29).

| Faktorieller Effekt | Faktorkombination (1) | a | b | ab | c | ac | bc | abc |
|---|---|---|---|---|---|---|---|---|
| I | + | + | + | + | + | + | + | + |
| A | – | + | – | + | – | + | – | + |
| B | – | – | + | + | – | – | + | + |
| AB | + | – | – | + | + | – | – | + |
| C | – | – | – | – | + | + | + | + |
| AC | + | – | + | – | – | + | – | + |
| BC | + | + | – | – | – | – | + | + |
| ABC | – | + | + | – | + | – | – | + |

**Tabelle 5.29.** Algebraische Struktur zur Berechnung der Effekte aus den totalen Responsewerten.

Die erste Zeile in Tabelle 5.29 ist ein Einheitselement. Mit ihm kann der totale Response $Y_{....} = \mathbf{1}'\mathbf{Y}_*$ berechnet werden. Multiplikation der ersten Zeile mit jeder anderen Zeile lässt diese Zeilen ungeändert (deshalb I: Einheitselement). Alle anderen Zeilen haben jeweils gleichviele + und – Zeichen. [Ersetzt man + durch 1 und – durch –1, so erhält man Vektoren orthogonaler Kontraste mit der Norm 8].

Das Produkt jeder Zeile mit sich selbst ergibt I (Zeile 1). Das Produkt zweier beliebiger Zeilen liefert eine andere Zeile aus Tabelle 5.29. Zum Beispiel ist

$$
\begin{aligned}
A \cdot B &= AB, \\
(AB) \cdot (B) &= A \cdot B^2 = A \\
(AC) \cdot (BC) &= A \cdot C^2 B = AB\,.
\end{aligned}
$$

Im $2^3$–Plan lauten die Quadratsummen

$$SQ_{\text{Effekt}} = \frac{(\text{Kontrast})^2}{8r}\,. \tag{5.138}$$

**Schätzung der Effekte** Die algebraische Struktur der Tabelle 5.29 liefert sofort die Schätzungen der mittleren Effekte. So ist der mittlere Effekt $A$

$$A = \frac{1}{4r}\,[a - (1) + ab - b + ac - c + abc - bc]\,. \tag{5.139}$$

*Erläuterung.* Der mittlere Effekt von $A$ für $B$ und $C$ auf dem unteren Level ist

$$(1\,0\,0) - (0\,0\,0) \quad : \quad [a - (1)]/r\,.$$

Der mittlere Effekt von $A$ für B (hoch) und C (niedrig) ist

$$(1\,1\,0) - (0\,1\,0) \quad : \quad [ab - b]/r\,.$$

Der mittlere Effekt von $A$ für B (niedrig) und C (hoch) ist

$$(1\,0\,1) - (0\,0\,1) \quad : \quad [ac - c]/r\,.$$

Der mittlere Effekt von $A$ für B (hoch) und C (hoch) ist

$$(1\,1\,1) - (0\,1\,1) \quad : \quad [abc - bc]/r \quad .$$

Damit ist der mittlere Effekt von $A$ für alle Kombinationen von $B$ und $C$ der Mittelwert dieser vier Werte, also gleich (5.139).

Analog erhält man die anderen mittleren Effekte:

$$B = \frac{1}{4r}\,[b + ab + bc + abc - (1) - a - c - ac] \tag{5.140}$$

$$C = \frac{1}{4r}\,[c + ac + bc + abc - (1) - a - b - ab] \tag{5.141}$$

$$AB = \frac{1}{4r}\,[(1) + ab + c + abc - a - b - ac - bc] \tag{5.142}$$

$$AC = \frac{1}{4r}\,[(1) + b + ac + abc - a - ab - c - bc] \tag{5.143}$$

$$BC = \frac{1}{4r}\,[(1) + a + bc + abc - b - ab - c - ac] \tag{5.144}$$

$$
\begin{aligned}
ABC &= \frac{1}{4r}\,[(abc - bc) - (ac - c) - (ab - b) + (a - (1))] \\
&= \frac{1}{4r}\,[abc + a + b + c - ab - ac - bc - (1)]\,.
\end{aligned} \tag{5.145}
$$

| | Faktor B | | | |
|---|---|---|---|---|
| | 0 | | 1 | |
| | Faktor C | | Faktor C | |
| Faktor A | 0 | 1 | 0 | 1 |
| | 4 | 7 | 20 | 10 |
| 0 | 5 | 9 | 14 | 6 |
| | 9=(1) | 16=c | 34=b | 16=bc |
| | 4 | 2 | 4 | 14 |
| 1 | 11 | 7 | 6 | 16 |
| | 15=a | 9=ac | 10=ab | 30=abc |

**Tabelle 5.30.** Beispiel für einen $2^3$–Plan mit $r = 2$ Wiederholungen.

*Beispiel 5.9.2.* Wir demonstrieren die Analyse anhand von Tabelle 5.30. Es ist $r = 2$.

**Mittlere Effekte**

$$\begin{aligned}
A &= \frac{1}{8}[15 - 9 + 10 - 34 + 9 - 16 + 30 - 16] \\
&= \frac{1}{8}[64 - 75] = -\frac{11}{8} = -1.375 \\
B &= \frac{1}{8}[34 + 10 + 16 + 30 - (9 + 15 + 16 + 9)] \\
&= \frac{1}{8}[90 - 49] = \frac{41}{8} = 5.125 \\
C &= \frac{1}{8}[16 + 9 + 16 + 30 - (9 + 15 + 34 + 10)] \\
&= \frac{1}{8}[71 - 68] = \frac{3}{8} = 0.375 \\
AB &= \frac{1}{8}[9 + 10 + 16 + 30 - (15 + 34 + 9 + 16)] \\
&= \frac{1}{8}[65 - 74] = -\frac{9}{8} = -1.125 \\
AC &= \frac{1}{8}[9 + 34 + 9 + 30 - (15 + 10 + 16 + 16)] \\
&= \frac{1}{8}[82 - 57] = \frac{25}{8} = 3.125 \\
BC &= \frac{1}{8}[9 + 15 + 16 + 30 - (34 + 10 + 16 + 9)] \\
&= \frac{1}{8}[70 - 69] = \frac{1}{8} = 0.125 \\
ABC &= \frac{1}{8}[30 + 15 + 34 + 16 - (10 + 9 + 16 + 9)] \\
&= \frac{1}{8}[95 - 44] = \frac{51}{8} = 6.375
\end{aligned}$$

| | SQ | df | MQ | F | |
|---|---|---|---|---|---|
| A | 7.56 | 1 | 7.56 | 0.87 | |
| B | 105.06 | 1 | 105.06 | 12.09 | * |
| AB | 5.06 | 1 | 5.06 | 0.58 | |
| C | 0.56 | 1 | 0.56 | 0.06 | |
| AC | 39.06 | 1 | 39.06 | 4.49 | |
| BC | 0.06 | 1 | 0.06 | 0.01 | |
| ABC | 162.56 | 1 | 162.56 | 18.71 | * |
| Residual | 69.52 | 8 | 8.69 | | |
| Total | 389.44 | 15 | | | |

**Tabelle 5.31.** Varianzanalyse zu Tabelle 5.30.

Der kritische Wert für die F–Statistiken lautet $F_{1,8,0.95} = 5.32$ (vgl. Tabelle B.5). Da der ABC–Effekt signifikant ist, kann keine Reduktion auf zweifaktorielle Modelle erfolgen.

# 6. Exakte und stochastische lineare Restriktionen

## 6.1 Verwendung von Zusatzinformation

Die Modellierung eines Zusammenhangs (Ursache–Wirkungsbeziehung) zwischen interessierenden Variablen beginnt mit der Auszeichnung einer Variablen $Y$ als von anderen Variablen $X_1, \ldots, X_K$ abhängige Größe. $Y$ wird auch häufig als Response bezeichnet. Der nächste Schritt ist die Auswahl der $X$–Variablen nach dem Prinzip des maximalen adjustierten Bestimmtheitsmaßes, wobei gleichzeitig oder anschließend die Kovarianzstruktur des Fehlerprozesses auf Abweichungen von der Form $\sigma^2 I$ zu untersuchen ist. Wir wollen annehmen, dass dieser Prozess abgeschlossen ist und ein lineares Modell $y = X\beta + \epsilon$ mit den Voraussetzungen (4.61) des klassischen Regressionsmodells akzeptiert wurde. Unter allen diesen Vorkenntnissen und Modellannahmen ist die KQ–Schätzung $b = (X'X)^{-1}X'y$ dann optimal im Sinne des Gauss–Markov–Theorems.

Eine weitere Verbesserung der Schätzung von $\beta$ ist jedoch unter Umständen möglich und zwar durch

(i) Methoden der Versuchsplanung bei kontrollierten Experimenten (wie in der Landwirtschaft oder Pharmakologie üblich) mit dem Ziel, durch geeignete Wahl der Designmatrix $\tilde{X}$ die Varianzen einzelner $\hat{\beta}_i$ bzw. die gesamte Kovarianzmatrix $\sigma^2(X'X)^{-1}$ der KQ–Schätzung zu verkleinern (im Sinne von $(X'X)^{-1} - (\tilde{X}'\tilde{X})^{-1} \geq 0)$),

(ii) Einsatz nichterwartungstreuer Schätzer,

(iii) Verwendung von nichtstochastischen oder stochastischen Restriktionen (vgl. Chipman und Rao (1964), Toutenburg (1973), Yancey, Judge und Bock (1973)),

(iv) Einbindung des Modells in ein System von simultanen Modellgleichungen (vgl. Nagar und Kakwani (1969), Goldberger, Nagar und Odeh (1961), Toutenburg (1970a), Toutenburg und Wargowske (1978), Rao und Toutenburg (1999), Trenkler und Toutenburg (1992b)).

Wir werden uns in diesem Kapitel mit Verfahren zu (iii) befassen, wobei wir uns auf das klassische Regressionsmodell beschränken, also insbesondere Rang $(X) = K$ voraussetzen.

**Beispiele für Zusatzinformation in Form von Restriktionen** Angenommen, wir haben zusätzlich zur Stichprobeninformation $(y, X)$ Kenntnis über eine Einschränkung des Wertebereichs des Parametervektors $\beta$ in Gestalt einer exakten linearen Restriktion

$$r = R\beta, \tag{6.1}$$

wobei $r$ ein $J \times 1$–Vektor und $R$ eine $J \times K$–Matrix ist. Wir setzen $r$ und $R$ als bekannt voraus und fordern ferner

$$\text{Rang } (R) = J, \tag{6.2}$$

so dass (6.1) $J$ linear unabhängige Restriktionen darstellt.

*Beispiele.*

- exakte Kenntnis einer Komponente $\beta_1$ von $\beta$, z.B. $\beta_1 = \beta_1^*$:
  $r = (\beta_1^*)$, $R = (1, 0, \ldots, 0)$.
- Formulierung der Hypothese über einen Subvektor von $\beta = (\beta_1, \beta_2)'$ gemäß $\text{H}_0 : \beta_2 = 0$ als $r = R\beta$ mit

$$r = 0, \qquad R = (0, I). \tag{6.3}$$

- Reparametrisierungsbedingung $\sum \alpha_i = \sum \beta_j = 0$ im einfachen Modell der Varianzanalyse $y_{ij} = \mu + \alpha_i + \beta_j + \epsilon_{ij}$ :

$$0 = (1, \ldots, 1)\alpha = (1, \ldots, 1)\beta. \tag{6.4}$$

- Kenntnis des Verhältnisses von Koeffizienten wie z.B. $\beta_1 : \beta_2 : \beta_3 = ab : b : 1$, d.h.

$$r = \begin{pmatrix} 0 \\ 0 \end{pmatrix}, \quad R = \begin{pmatrix} 1 & -a & 0 \\ 0 & 1 & -b \end{pmatrix} \begin{pmatrix} \beta_1 \\ \beta_2 \\ \beta_3 \end{pmatrix}.$$

## 6.2 Die restriktive KQ–Schätzung

Die Einbeziehung der linearen Restriktion $r = R\beta$ in den Prozess der Schätzung von $\beta$ geschieht über die Methode der restriktiven KQ–Schätzung (Restricted Least Squares Estimation—RLSE—nach einer Idee von Theil und

Goldberger, 1961). Dazu wird die Fehlerquadratsumme $S(\beta)$ unter der linearen Nebenbedingung (6.1) minimiert:

$$S(\beta, \lambda) = (y - X\beta)'(y - X\beta) - 2\lambda'(R\beta - r). \tag{6.5}$$

$\lambda$ ist ein $K \times 1$–Vektor aus Lagrange–Multiplikatoren. Wir berechnen (Sätze A.91–A.95)

$$\frac{1}{2}\frac{\partial S(\beta,\lambda)}{\partial \beta} = -X'y + X'X\beta - R'\lambda = 0, \tag{6.6}$$

$$\frac{1}{2}\frac{\partial S(\beta,\lambda)}{\partial \lambda} = R\beta - r = 0. \tag{6.7}$$

Aus (6.6) folgt $\hat{\beta} = b(R)$ mit

$$b(R) = (X'X)^{-1}X'y + (X'X)^{-1}R'\lambda. \tag{6.8}$$

Die Berücksichtigung der Restriktion (6.7) ergibt

$$Rb(R) = r = Rb + R(X'X)^{-1}R'\lambda, \tag{6.9}$$

woraus wir—wegen $R(X'X)^{-1}R' > 0$ (vgl. A.39 (vi))—das optimale $\lambda$ als

$$\hat{\lambda} = (R(X'X)^{-1}R')^{-1}(r - Rb) \tag{6.10}$$

erhalten.

Wird $\hat{\lambda}$ in (6.8) eingesetzt, so folgt mit der Abkürzung $(X'X) = S$

$$b(R) = b + S^{-1}R'[RS^{-1}R']^{-1}(r - Rb). \tag{6.11}$$

Die restriktive KQ–Schätzung $b(R)$ ist also die Summe aus der KQ–Schätzung $b$ und einem Korrekturglied, das die Erfüllung der exakten Restriktion $r = R\beta$ in der Stichprobe sichert:

$$\begin{aligned} Rb(R) &= Rb + [RS^{-1}R'][RS^{-1}R']^{-1}(r - Rb) \\ &= r. \end{aligned} \tag{6.12}$$

*Hinweis.* Die restriktive KQS $b(R)$ darf nicht mit der bedingten KQS (4.125) verwechselt werden. Da der Zusammenhang jeweils klar herausgestellt wird, verwenden wir dieselbe Bezeichnung.

**Momente von $b(R)$:** Falls $r = R\beta$ erfüllt ist, gilt

$$\begin{aligned} \mathrm{E}(b(R)) &= \beta + S^{-1}R'[RS^{-1}R']^{-1}(r - R\beta) \\ &= \beta. \end{aligned}$$

Unabhängig von der Erfüllung von $r = R\beta$ gilt stets

$$\mathrm{V}(b(R)) = \sigma^2 S^{-1} - \sigma^2 S^{-1} R'[RS^{-1}R']^{-1} RS^{-1}. \tag{6.13}$$

Der Schätzer $b(R)$ ist—ebenso wie die KQ–Schätzung $b$—erwartungstreu, besitzt jedoch eine kleinere Varianz im Sinne von

$$\mathrm{V}(b) - \mathrm{V}(b(R)) = \sigma^2 S^{-1} R'[RS^{-1}R']^{-1} RS^{-1} \geq 0. \tag{6.14}$$

Damit führt die Verwendung exakter linearer Restriktionen zu einem Gewinn an Effizienz.

*Anmerkung.* Man kann zeigen, dass $b(R)$ beste lineare erwartungstreue Schätzung von $\beta$ in der Klasse $\{\hat{\beta} = Cy + Dr\} = \left\{\hat{\beta} = (C, D)\begin{pmatrix} y \\ r \end{pmatrix}\right\}$ von linearen Schätzern ist (vgl. Theil, 1971, p.536, Toutenburg, 1975b, S.99). Diese Klasse von Schätzern ist inhomogen in $y$, d.h. $\hat{\beta} = Cy + d$ mit der Beschränkung auf $d = Dr$, jedoch homogen in $\begin{pmatrix} y \\ r \end{pmatrix}$.

**Spezialfall : Kenntnis eines Subvektors** Der Vergleich eines Submodells $y = X_1\beta_1 + \epsilon$ mit einem größeren (vollen) Modell $y = X_1\beta_1 + X_2\beta_2 + \epsilon$ wurde in Abschnitt 4.9 ausführlich behandelt. Wir wollen hier die spezielle Form der restriktiven KQS $b(R)$ für diesen Fall, d.h. für $\beta_2 = 0$ oder, äquivalent, für die Restriktion $r = R\beta$ mit

$$r = 0, \qquad R = (0, I) \tag{6.15}$$

entwickeln. In (4.196) ist die Inverse der unterteilten Matrix $\begin{pmatrix} X_1'X_1 & X_1'X_2 \\ X_2'X_1 & X_2'X_2 \end{pmatrix}$ angegeben. Zur Abkürzung setzen wir

$$S^{-1} = \begin{pmatrix} S^{11} & S^{12} \\ S^{21} & S^{22} \end{pmatrix}$$

wobei die $S^{ij}$ aus (4.196) zu entnehmen sind. Bezeichnen wir wie in (4.200) die beiden Komponenten von $b$ mit $b_1$ bzw. $b_2$, so lässt sich die restriktive KQS $b(R)$ (6.11) für die Restriktion (6.15) wie folgt umformen:

$$\begin{aligned} b(0, I) &= \begin{pmatrix} b_1 \\ b_2 \end{pmatrix} - \begin{pmatrix} S^{11} & S^{12} \\ S^{21} & S^{22} \end{pmatrix} \begin{pmatrix} 0 \\ I \end{pmatrix} \left[(0, I) \begin{pmatrix} S^{11} & S^{12} \\ S^{21} & S^{22} \end{pmatrix} \begin{pmatrix} 0 \\ I \end{pmatrix}\right]^{-1} \cdot \\ &\quad \times (0, I) \begin{pmatrix} b_1 \\ b_2 \end{pmatrix} \\ &= \begin{pmatrix} b_1 - S^{12}(S^{22})^{-1} b_2 \\ b_2 - S^{22}(S^{22})^{-1} b_2 \end{pmatrix} \\ &= \begin{pmatrix} (X_1'X_1)^{-1} X_1'y \\ 0 \end{pmatrix}, \end{aligned}$$

wobei $(S^{22})^{-1} = (D^{-1})^{-1} = D$ und die Beziehung (4.201) zwischen $b_1$ und $b_2$ verwendet wurden.

Die restriktive KQS unter $0 = (0, I)\begin{pmatrix}\beta_1\\ \beta_2\end{pmatrix}$ ergibt also—wie zu erwarten—für $\beta_1$ die KQ–Schätzung

$$\hat{\beta}_1 = (X_1'X_1)^{-1}X_1'y \tag{6.16}$$

im Submodell $y = X_1\beta_1 + \epsilon$, die zugleich ML–Schätzung ist.

Falls keine Nullrestriktionen, sondern $\beta_2 = \beta_2^* \neq 0$ als exakte Vorkenntnis gegeben ist, hat die restriktive Schätzung analog die Gestalt

$$b(0, I) = \begin{pmatrix}\hat{\beta}_1\\ \beta_2^*\end{pmatrix}. \tag{6.17}$$

## 6.3 Schrittweise Einbeziehung von exakten linearen Restriktionen

Die Restriktionsmenge $r = R\beta$ (6.1) besteht aus $J < K$ linear unabhängigen Einzelrestriktionen

$$r_j = R_j'\beta, \qquad j = 1, \ldots, J. \tag{6.18}$$

Wir wollen nun die Beziehung zwischen den restriktiven KQ–Schätzern für zwei geschachtelte (nested) Restriktionen und danach für zwei unabhängige (disjunkte) Restriktionen untersuchen.

Seien also $r_1 = R_1\beta$ und $r_2 = R_2\beta$ zwei unabhängige (disjunkte) Mengen von $J_1$ bzw. $J_2$ exakten linearen Restriktionen mit $J_1 + J_2 = J$ und sei

$$r = \begin{pmatrix}r_1\\ r_2\end{pmatrix} = \begin{pmatrix}R_1\\ R_2\end{pmatrix}\beta = R\beta \tag{6.19}$$

die Gesamtmenge an Restriktionen. Wir setzen volle Ränge voraus:

Rang $(R_1) = J_1$, Rang $(R_2) = J_2$ und Rang $(R) = J$. Bezeichnen wir mit $b(R_1)$, $b(R_2)$ und $b(R)$ die jeweiligen restriktiven KQ–Schätzungen, so gilt

$$\mathrm{V}(b(R)) \leq \mathrm{V}(b(R_i)) \leq \mathrm{V}(b) \qquad i = 1, 2 \tag{6.20}$$

(im Sinne nichtnegativ definiter Differenzen der Kovarianzmatrizen).

*Beweis.* Die Beziehungen $\mathrm{V}(b) - \mathrm{V}(b(R_i)) \geq 0$ und $\mathrm{V}(b) - \mathrm{V}(b(R)) \geq 0$ folgen aus (6.14). Wir müssen also nur zeigen, dass z.B.

$$\mathrm{V}(b(R_1)) - \mathrm{V}(b(R)) \geq 0 \tag{6.21}$$

gilt. Eine Hinzunahme von weiteren Restriktionen führt also zu einem weiteren Effizienzgewinn.

Unter Ausnutzung der Struktur von (6.19) können wir den restriktiven KQ-Schätzer für die Gesamtrestriktion $r = R\beta$ wie folgt umformen:

$$b(R) = b + S^{-1}(R_1', R_2') \begin{pmatrix} R_1 S^{-1} R_1' & R_1 S^{-1} R_2' \\ R_2 S^{-1} R_1' & R_2 S^{-1} R_2' \end{pmatrix}^{-1} \begin{pmatrix} r_1 - R_1 b \\ r_2 - R_2 b \end{pmatrix}. \tag{6.22}$$

Verwenden wir die Abkürzungen

$$A = RS^{-1}R' = \begin{pmatrix} E & F \\ F' & G \end{pmatrix} \tag{6.23}$$

und

$$R_1 S^{-1} R_1' = E, \quad R_1 S^{-1} R_2' = F, \quad R_2 S^{-1} R_2' = G, \quad H = G - F'E^{-1}F \tag{6.24}$$

($E$ ist regulär wegen Rang $(R_1) = J_1$) und nutzen wir die Formel der partiellen Inversion (A.19), so hat die Kovarianzmatrix (6.13) von $b(R)$ die Gestalt

$$\sigma^{-2}\,\mathrm{V}(b(R)) = S^{-1} - S^{-1}(R_1', R_2') \times \tag{6.25}$$
$$\begin{pmatrix} E^{-1} + E^{-1}FH^{-1}F'E^{-1} & -E^{-1}FH^{-1} \\ -H^{-1}F'E^{-1} & H^{-1} \end{pmatrix} \begin{pmatrix} R_1 \\ R_2 \end{pmatrix} S^{-1}.$$

Wir berechnen nun die Kovarianz zwischen $b(R_1)$ und $b(R)$:

$$\mathrm{E}(b(R_1) - \beta)(b(R) - \beta)' = \mathrm{Cov}(b(R_1), b(R)). \tag{6.26}$$

Mit

$$b(R_1) - \beta = S^{-1}(I - R_1' E^{-1} R_1 S^{-1}) X'\epsilon \tag{6.27}$$

und

$$b(R) - \beta = S^{-1}(I - (R_1', R_2') A^{-1} \begin{pmatrix} R_1 \\ R_2 \end{pmatrix} S^{-1}) X'\epsilon \tag{6.28}$$

sowie der Relation

$$(I, E^{-1}F)A^{-1} = (E^{-1}, 0), \tag{6.29}$$

aus der

$$R_1'(I, E^{-1}F)A^{-1}\begin{pmatrix} R_1 \\ R_2 \end{pmatrix} = R_1'E^{-1}R_1 \tag{6.30}$$

folgt, erhalten wir schließlich

$$\mathrm{Cov}(b(R_1), b(R)) = \mathrm{V}(b(R)). \tag{6.31}$$

Nun gilt für die Matrix

$$(b(R_1) - b(R))(b(R_1) - b(R))' \geq 0,$$

(Satz A.41 (v)), also ist ihr Erwartungswert auch nichtnegativ definit.

Unter Verwendung von (6.31) folgt die behauptete Relation (6.21):

$$\begin{aligned} \mathrm{E}[b(R_1) - \beta - (b(R) - \beta)][b(R_1) - \beta - (b(R) - \beta)]' &= \\ = \mathrm{V}(b(R_1)) + \mathrm{V}(b(R)) - 2\,\mathrm{Cov}(b(R_1), b(R)) & \\ = \mathrm{V}(b(R_1)) - \mathrm{V}(b(R)) \geq 0. & \end{aligned} \tag{6.32}$$

**Satz 6.1** *Sei eine Menge exakter linearer Restriktionen $r_1 = R_1\beta$ mit Rang $(R_1) = J_1$ gegeben. Wird eine weitere davon unabhängige Menge $r_2 = R_2\beta$ mit Rang $(R_2) = J_2$ und Rang $\begin{pmatrix} R_1 \\ R_2 \end{pmatrix} = J = J_1 + J_2$ hinzugenommen, so gilt für die beiden erwartungstreuen restriktiven KQ–Schätzer $b(R_1)$ und $b(R)$*

$$\mathrm{V}(b(R_1)) - \mathrm{V}(b(R)) \geq 0. \tag{6.33}$$

Dies bedeutet, dass die schrittweise Hinzunahme unabhängiger Restriktionen zu einer schrittweisen Reduzierung der Varianz im Sinne von (6.33) führt.

*Anmerkung.* Der Beweis lässt sich alternativ wie folgt führen. Für die beiden Restriktionsmatrizen $R_1$ und $R$ gilt

$$R_1 = PR \quad \text{mit } P = (I, 0). \tag{6.34}$$

Verwenden wir die unterteilte Matrix $A$ (6.25), so wird die Differenz der Kovarianzmatrizen

$$\begin{aligned} \sigma^{-2}[V(b(R_1)) - \mathrm{V}(b(R))] &= S^{-1}R'(RS^{-1}R')^{-1}RS^{-1} \\ &\quad - S^{-1}R_1'(R_1S^{-1}R_1')^{-1}R_1S^{-1} \\ &= S^{-1}R'(A^{-1} - P'(PAP')^{-1}P)RS^{-1}. \end{aligned} \tag{6.35}$$

Diese Differenz ist wegen Rang $(R) = J$ genau dann (A.46) nichtnegativ definit, wenn $A^{-1} - P'(PAP')^{-1}P \geq 0$ oder—äquivalent (Satz A.67)—wenn

$$\mathcal{R}(P'PA^{-1}) \subset \mathcal{R}(A^{-1}), \tag{6.36}$$

also $P'PA^{-1} = A^{-1}C$ mit einer bestimmten Matrix $C$ gilt. Diese Bedingung ist erfüllt:

$$P'PA^{-1} = A^{-1}(AP'PA^{-1}).$$

**Vergleich von $b(R_1)$ und $b(R_2)$** Wir untersuchen nun die Beziehung zwischen den restriktiven KQ–Schätzern unter den Restriktionen

$$r_j = R_j\beta, \quad \text{Rang}\,(R_j) = J_j \qquad (j = 1, 2). \tag{6.37}$$

Die zugehörigen Schätzungen sind

$$b(R_j) = b + S^{-1}R_j'(R_jS^{-1}R_j')^{-1}(r_j - R_jb). \tag{6.38}$$

Mit den Abkürzungen

$$A_j = R_jS^{-1}R_j' \tag{6.39}$$

und

$$G_j = S^{-1}R_j'A_j^{-1}R_jS^{-1} \tag{6.40}$$

gilt (vgl. (6.13))

$$\mathrm{V}(b(R_j)) = \sigma^2(S^{-1} - G_j). \tag{6.41}$$

Wir wollen feststellen, wann eine restriktive KQ–Schätzung besser als die andere ist, d.h. wann z.B.

$$\begin{aligned} C &= \mathrm{V}(b(R_1)) - \mathrm{V}(b(R_2)) \\ &= \sigma^2(G_2 - G_1) \\ &= \sigma^2S^{-1}(R_2'A_2^{-1}R_2 - R_1'A_1^{-1}R_1)S^{-1} \geq 0 \end{aligned} \tag{6.42}$$

wird. Wegen $S^{-1} > 0$ ist dies äquivalent zu $R_2'A_2^{-1}R_2 - R_1'A_1^{-1}R_1 \geq 0$.

**Satz 6.2** *(Trenkler, 1987) Unter den Voraussetzungen (6.37) gilt*

$$R_2'A_2^{-1}R_2 - R_1'A_1^{-1}R_1 \geq 0 \tag{6.43}$$

*genau dann, wenn eine $(J_1 \times J_2)$–Matrix $P$ existiert mit*

$$R_1 = PR_2. \tag{6.44}$$

*Beweis.* Wir verwenden Satz A.58 und setzen $M = R_2'A_2^{-1/2}$ bzw. $N = R_1'A_1^{-1/2}$.

(i) Sei die Differenz (6.43) nichtnegativ definit. Dann existiert nach Satz A.58 eine Matrix $H$ mit

$$N = MH,$$

d.h. wir erhalten

$$R_1'A_1^{-1/2} = R_2'A_2^{-1/2}H,$$

oder äquivalent,

$$R_1 = A_1^{1/2} H' A_2^{-1/2} R_2 = P R_2$$

mit der $J_1 \times J_2$–Matrix

$$P = A_1^{1/2} H' A_2^{-1/2} .$$

(ii) Gelte $R_1 = PR_2$. Dann wird die Differenz (6.43)

$$R_2' A_2^{-1/2} (I - F) A_2^{-1/2} R_2 \tag{6.45}$$

mit der Matrix $F$

$$F = A_2^{1/2} P' (P A_2 P')^{-1} P A_2^{1/2} . \tag{6.46}$$

$F$ ist symmetrisch und idempotent. Damit ist $I - F$ ebenfalls idempotent. Setzen wir $B = R_2' A_2^{-1/2}(I - F)$, so wird die Differenz (6.45) $BB' \geq 0$ (vgl. Satz A.41).

*Korollar 1 zu Satz 6.2.* Falls $R_1 = PR_2$ mit Rang $(R_1) = J_1$ gilt, so ist notwendigerweise $J_1 \leq J_2$ und Rang $(P) = J_1$. Ferner gilt dann $r_1 = Pr_2$ .

*Beweis.* Generell gilt [A.23 (iv)] für Matrixprodukte Rang $(AB) \leq$ min(Rang $(A)$, Rang $(B)$). Auf unser Problem angewandt, folgt

$$\begin{aligned} \text{Rang } (PR_2) &\leq \min(\text{Rang } (P), \text{Rang } (R_2)) \\ &= \min(\text{Rang } (P), J_2). \end{aligned}$$

Wegen Rang $(R_1) =$ Rang $(PR_2) = J_1$ erhalten wir $J_1 \leq J_2$ und

$$J_1 = \text{Rang } (P).$$

Aus $r_1 = R_1\beta$ folgt mit $R_1 = PR_2$ sofort

$$r_1 = PR_2\beta = Pr_2 .$$

Wir können uns auf den Fall $J_1 < J_2$ beschränken, da der Fall $J_1 = J_2$ zur Identität der beiden Restriktionen $r_1 = R_1\beta$ und $r_2 = R_2\beta$ und der zugehörigen Schätzungen führt:

$$R_1 = PR_2 \text{ mit Rang } (P) = J_1 = J_2$$

bedeutet die Existenz von $P^{-1}$, so dass $R_2 = P^{-1}R_1$ und $r_2 = P^{-1}r_1$ gelten. Damit ist $r_2 = R_2\beta$ äquivalent zu $P^{-1}(r_1 - R_1\beta) = 0$, also zu $r_1 = R_1\beta$. Wir erhalten im Fall $R_1 = PR_2$ mit $\underset{J_1 \times J_1}{P}$ und Rang $(P) = J_1 = J_2$ sofort

$$\begin{aligned} b(R_2) &= b + S^{-1}R_1'P^{-1}(P^{-1}R_1S^{-1}R_1'P^{-1})^{-1} \cdot \\ &\quad (P^{-1}r_1 - P^{-1}R_1 b) \\ &= b(R_1). \end{aligned}$$

*Der Fall $J_1 < J_2$.* Sei $J_1 < J_2$, $r_1 = R_1\beta$, $r_2 = R_2\beta$ und $R_1 = PR_2$, so dass $r_1 = Pr_2$ folgt. Wie wir soeben gesehen haben, ist eine lineare Restriktion invariant gegenüber Multiplikation mit einer regulären Matrix $C$, d.h.

$$r_2 = R_2\beta \qquad \text{und} \qquad Cr_2 = CR_2\beta$$

sind äquivalent. Wir nutzen diese Eigenschaft aus und konstruieren eine spezielle Matrix $C$. Wir wählen zu gegebener $J_1 \times J_2$ Matrix $P$ mit Rang $(P) = J_1$ die dazu komplementäre $(J_2 - J_1) \times J_2$–Matrix $Q$ mit Rang $(Q) = J_2 - J_1$ gemäß $\underset{J_2 \times J_2}{C} = \begin{pmatrix} Q \\ P \end{pmatrix}$ und Rang $(C) = J_2$.

Dann ist

$$Cr_2 = \begin{pmatrix} Qr_2 \\ Pr_2 \end{pmatrix} = \begin{pmatrix} r_3 \\ r_1 \end{pmatrix}$$

und

$$CR_2 = \begin{pmatrix} QR_2 \\ PR_2 \end{pmatrix} = \begin{pmatrix} R_3 \\ R_1 \end{pmatrix}.$$

Mit anderen Worten, wir können im Fall von zwei, durch die lineare Transformation $R_1 = PR_2$ verbundenen Restriktionen annehmen, dass $r_1 = R_1\beta$ vollständig in $r_2 = R_2\beta$ enthalten ist. Damit können wir ohne Beschränkung der Allgemeinheit $P = (I, 0)$ wählen.

*Korollar 2 zu Satz 6.2.* Die Restriktionen

$$\left.\begin{array}{l} r_1 = R_1\beta,\ r_2 = R_2\beta,\ R_1 = PR_2,\ r_1 = Pr_2 \\ \text{Rang}\ (P) = J_1 < J_2 \end{array}\right\} \tag{6.47}$$

und

$$r_1 = R_1\beta,\ r_2 = \begin{pmatrix} r_1 \\ r_3 \end{pmatrix} = \begin{pmatrix} R_1 \\ R_3 \end{pmatrix}\beta = R_2\beta \tag{6.48}$$

mit $r_3 = Qr_2$, $R_3 = QR_2$ und $Q$ komplementär zu P

sind äquivalent.

*Interpretation.* Aus Satz 6.2 folgt, dass zwei exakte lineare Restriktionen über ihre zugehörigen restriktiven KQ–Schätzer genau dann algebraisch vergleichbar sind, wenn $R_1 = PR_2$ mit Rang$(P) = J_1 < J_2$ gilt. Ein Spezialfall ist mit $P = (I, 0)$, also der „nested"Situation

$$R_2 = \begin{pmatrix} R_1 \\ R_3 \end{pmatrix} \qquad r_2 = \begin{pmatrix} r_1 \\ r_3 \end{pmatrix} \tag{6.49}$$

gegeben, die wir nach Korollar 2 o.B.d.A. voraussetzen können.

## 6.4 Verzerrte lineare Restriktionen und MSE–Vergleich mit der KQS

Falls zusätzlich zur Stichprobeninformation eine lineare Restriktion $r = R\beta$ eingeführt werden soll, wird man die Gültigkeit dieser Restriktion über einen F–Test für $H_0 : r = R\beta$ abprüfen (vgl. Abschnitt 4.8). Wird die Hypothese abgelehnt, so könnte dies bedeuten, dass eine nichtstochastische Verzerrung, d.h.

$$r = R\beta + \delta \quad \text{mit} \quad \delta \neq 0 \tag{6.50}$$

oder eine kombinierte nichtstochastische und stochastische Verzerrung, z.B. der Gestalt

$$r = R\beta + \delta + \Phi, \quad \Phi \sim (0, \sigma^2 V) \tag{6.51}$$

vorliegt. Die Verzerrung in der Restriktion führt zu einem Bias im restriktiven KQ–Schätzer, der jedoch—unabhängig von der Verletzung von $r = R\beta$—stets eine kleinere Kovarianzmatrix als die KQ–Schätzung $b$ besitzt (vgl. (6.14)).

Damit entsteht die Frage, wie robust der restriktive KQ–Schätzer gegenüber Verzerrungen $\delta$ ist.

Unter (6.50) wird

$$\mathrm{E}(b(R)) = \beta + S^{-1}R'(RS^{-1}R')^{-1}\delta. \tag{6.52}$$

Sei zur Abkürzung

$$A = RS^{-1}R' = A^{1/2}A^{1/2} \tag{6.53}$$

und

$$H = S^{-1}R'A^{-1} \tag{6.54}$$

gesetzt.

Dann wird

$$\mathrm{Bias}(b(R), \beta) = H\delta, \tag{6.55}$$

$$\mathrm{V}(b(R)) = \mathrm{V}(b) - \sigma^2 HAH' \tag{6.56}$$

und

$$M(b(R), \beta) = \mathrm{V}(b) - \sigma^2 HAH' + H\delta\delta'H'. \tag{6.57}$$

**MSE–Vergleich von $b$ und $b(R)$** Wir führen den MSE–Vergleich nach folgenden Kriterien durch.

**MSE–I–Kriterium** Nach Definition 4.4 ist die nichterwartungstreue Schätzung $b(R)$ MSE–I–besser als die erwartungstreue Schätzung $b$, wenn

$$\begin{aligned}\Delta(b, b(R)) &= \mathrm{V}(b) - \mathrm{V}(b(R)) - (\mathrm{Bias}(b(R), \beta))(\mathrm{Bias}(b(R), \beta))' \\ &= \sigma^2 H(A - \sigma^2 \delta\delta')H' \geq 0 \end{aligned} \tag{6.58}$$

oder—wegen Rang $(R) = J$ nach Satz A.46—genau dann, wenn

$$A - \sigma^{-2}\delta\delta' \geq 0 \tag{6.59}$$

gilt. Dies ist äquivalent (Satz A.57, Satz 6.4) zu der Bedingung

$$\lambda = \sigma^{-2}\delta' A^{-1}\delta = \sigma^{-2}\delta'(RS^{-1}R')^{-1}\delta \leq 1. \tag{6.60}$$

(Toro-Vizcarrondo und Wallace (1968; 1969) geben einen alternativen Beweis.)

**Definition 6.1 MSE–II–Kriterium** *(erstes abgeschwächtes MSE-Kriterium)*

*Ein Schätzer $\hat{\beta}_2$ heißt MSE–II–besser als ein anderer Schätzer $\hat{\beta}_1$, falls*

$$\mathrm{E}(\hat{\beta}_1 - \beta)'(\hat{\beta}_1 - \beta) - \mathrm{E}(\hat{\beta}_2 - \beta)'(\hat{\beta}_2 - \beta) = sp\{\Delta(\hat{\beta}_1, \hat{\beta}_2)\} \geq 0 \tag{6.61}$$

*gilt.*

Falls $\hat{\beta}_2$ MSE–I–besser als $\hat{\beta}_1$ ist, so ist $\hat{\beta}_2$ auch MSE–II–besser als $\hat{\beta}_1$, da aus $\Delta \geq 0$ auch $\mathrm{sp}\{\Delta\} \geq 0$, aber nicht die Umkehrung folgt. Das MSE–II–Kriterium stellt also eine Abschwächung dar, so dass eine Erweiterung der Parameterbedingungen zu erwarten ist, unter denen $\hat{\beta}_2$ gegenüber $\hat{\beta}_1$ zu bevorzugen ist.

Anwendung des MSE–II–Kriteriums auf den Vergleich von $b(R)$ und $b$ ergibt mit (6.58):

$$\mathrm{sp}\{\Delta(b, b(R))\} = \sigma^2 \mathrm{sp}\{HAH'\} - \delta' H' H \delta \geq 0$$

genau dann, wenn

$$\begin{aligned}\delta' H' H \delta &\leq \sigma^2 \mathrm{sp}\{HAH'\} \\ &= \mathrm{sp}\{V(b) - V(b(R))\}\end{aligned} \tag{6.62}$$

erfüllt ist. Der nichterwartungstreue Schätzer $b(R)$ dominiert den erwartungstreuen KQ–Schätzer $b$ also genau dann nach dem MSE–II–Kriterium, wenn die quadrierte Länge des Biasvektors kleiner als die totale Varianzverminderung aller $K$ Komponenten von $b(R)$ gegenüber $b$ ist.

Nun gilt mit $X'X = S$

$$H'SH = A^{-1}$$

und damit (Wallace, 1972)

$$\delta' H' S H \delta = \delta' A^{-1} \delta = \sigma^2 \lambda$$

mit $\lambda$ aus (6.60). Nach Satz A.56 gilt für $\delta \neq 0$ folgende Abschätzung

$$d_K \leq \frac{\delta' H' S H \delta}{\delta' H' H \delta} \leq d_1 , \tag{6.63}$$

wobei $d_1 \geq \cdots \geq d_K > 0$ die Eigenwerte von $S > 0$ sind.

Damit lässt sich die linke Seite von (6.62) nach oben abschätzen:

$$\delta' H' H \delta \leq d_K^{-1} \delta' A^{-1} \delta = d_K^{-1} \sigma^2 \lambda. \tag{6.64}$$

Zur Erfüllung von (6.62) ist also die folgende Bedingung hinreichend:

$$\begin{aligned} \lambda &\leq d_K \operatorname{sp}\{HAH'\} \\ &= d_K \operatorname{sp}\{S^{-1}R'(RS^{-1}R')^{-1}RS^{-1}\} \\ &= \lambda_0 \end{aligned} \tag{6.65}$$

(vgl. Wallace, 1972, und Möller, 1976).

**Definition 6.2 MSE–III–Kriterium** *(zweites abgeschwächtes MSE–Kriterium)*

*$\hat{\beta}_2$ heißt MSE–III–besser als $\hat{\beta}_1$ falls*

$$\begin{aligned} &\mathrm{E}(X\hat{\beta}_1 - X\beta)'(X\hat{\beta}_1 - X\beta) - \mathrm{E}(X\hat{\beta}_2 - X\beta)'(X\hat{\beta}_2 - X\beta) \\ &= \mathrm{E}(\hat{\beta}_1 - \beta)'S(\hat{\beta}_1 - \beta) - \mathrm{E}(\hat{\beta}_2 - \beta)'S(\hat{\beta}_2 - \beta) \\ &= sp\{S\Delta(\hat{\beta}_1, \hat{\beta}_2)\} \geq 0 \end{aligned} \tag{6.66}$$

*gilt.*

*Anmerkung.* Nach Definition 4.3 ist MSE–III–Superiorität äquivalent zur $R(S)$–Superiorität.

Die Anwendung dieses Kriteriums auf den Vergleich von $b(R)$ und $b$ liefert die notwendige und hinreichende Bedingung

$$\begin{aligned} \operatorname{sp}\{S\Delta(b, b(R))\} &= \sigma^2 \operatorname{sp}\{SS^{-1}R'(RS^{-1}R')^{-1}RS^{-1}\} - \delta' A^{-1} \delta \\ &= \sigma^2(\operatorname{sp}\{I_J\} - \lambda) \\ &= \sigma^2(J - \lambda) \geq 0. \end{aligned}$$

Damit ist $b(R)$ MSE–III–besser als $b$ genau dann, wenn

$$\lambda \leq J. \tag{6.67}$$

*Anmerkung.* Für $J \geq 2$ ist das MSE–III–Kriterium schwächer als das MSE–I–Kriterium. Für $J = 1$ sind beide Kriterien äquivalent.

**Satz 6.3** *Sei eine verzerrte lineare Restriktion $r - R\beta = \delta$ gegeben. Dann ist der nichterwartungstreue restriktive KQ–Schätzer $b(R)$ besser als der erwartungstreue Gauss–Markov–Schätzer $b$ im Sinne der drei MSE–Kriterien, falls für $\lambda = \sigma^{-2}(r - R\beta)'(RS^{-1}R')^{-1}(r - R\beta)$ gilt*

*(i) MSE–I–Kriterium:*
$\lambda \leq 1$ *(notwendig und hinreichend)*

*(ii) MSE–II–Kriterium:*
$\lambda \leq \lambda_0$ *($\lambda_0$ aus(6.65)) (hinreichend)*

*(iii) MSE–III–Kriterium:*
$\lambda \leq J$ *(notwendig und hinreichend) .*

Die Überprüfung der Bedingungen $\lambda \leq 1$ (bzw. $\lambda_0$ bzw. $J$) kann bei Normalverteilung $\epsilon \sim N(0, \sigma^2 I)$ unter Verwendung der Statistik

$$F = \frac{1}{Js^2}(r - Rb)'(RS^{-1}R')^{-1}(r - Rb) \tag{6.68}$$

erfolgen, die eine nichtzentrale $F_{J,T-K}(\lambda)$–Verteilung besitzt. Wir prüfen die Nullhypothese

$$\text{H}_0 : \lambda \leq 1(\text{ oder } \leq \lambda_0 \text{ oder } \leq J)$$

gegen die Alternative

$$\text{H}_1 : \lambda > 1(\text{ oder } > \lambda_0 \text{ oder } > J)$$

nach der Entscheidungsregel

$$\begin{aligned} \text{nicht ablehnen H}_0 \text{ falls } F &\leq F_{J,T-K,1-\alpha}(1)\,, \\ \text{bzw. } F &\leq F_{J,T-K,1-\alpha}(\lambda_0)\,, \\ \text{bzw. } F &\leq F_{J,T-K,1-\alpha}(J)\,, \end{aligned}$$

und $\text{H}_0$ ablehnen, falls $F > F_{J,T-K,1-\alpha}(\bullet)$ . Diese Testregel liefert einen gleichmäßig besten Test für die drei MSE–Kriterien (Lehmann, 1986). Wir bemerken, dass die Quantile jeweils zu den ungünstigsten Parameterkonditionen, d.h. als Maximalwert der $\lambda$–Bereiche gewählt werden.

## 6.5 MSE–Matrix-Vergleiche zwischen zwei verzerrten Schätzern

Wir haben in Abschnitt 6.3 die Relation zwischen zwei erwartungstreuen restriktiven KQ–Schätzern und in Abschnitt 6.4 die Relation zwischen einer nichterwartungstreuen und einer erwartungstreuen Schätzung am Beispiel der Schätzungen $b(R)$ und $b$ untersucht.

Da die Problematik des MSE–Vergleichs zweier Schätzungen eine zentrale Frage in der Statistik ist, soll nun ein systematischer Überblick über die zu erwartenden Konstellationen, insbesondere beim Vergleich zweier nichterwartungstreuer Schätzer gegeben werden.

Dieser Überblick fasst eine Entwicklung zusammen, in deren Zentrum ein Satz von Baksalary, Kala und Klaczynski (1983) steht. Wesentliche Beiträge zum MSE–Vergleich zweier Schätzer stammen u.a. von Teräsvirta (1982,1986) und Trenkler (1985).

Wir verwenden hier die allgemeine Darstellung aus Trenkler und Toutenburg (1990).

Sei $t$ ein Schätzer eines Parametervektors $\theta \in E^p$. Wir lassen allgemein zu, dass $t$ nichterwartungstreu für $\theta$ ist.

Bezeichne

$$D(t) = \mathrm{E}(t - \mathrm{E}(t))(t - E(t))' = \mathrm{V}(t) \tag{6.69}$$

die Kovarianzmatrix von $t$ und

$$d = \mathrm{Bias}(t, \theta) = \mathrm{E}(t) - \theta \tag{6.70}$$

den Biasvektor.

Dann ist die Mean–Square–Error–Matrix von $t$ gemäß (4.74) gleich

$$M(t, \theta) = D(t) + dd'. \tag{6.71}$$

Gemäß Definition 3.4 heißt ein Schätzer $t_2$ MSE–besser (oder MSE–I–besser) als ein anderer Schätzer $t_1$, falls

$$\Delta(t_1, t_2) = M(t_1, \theta) - M(t_2, \theta) \geq 0 \tag{6.72}$$

(nichtnegativ definit) ist.

Wir können diese Definition verschärfen:

**Definition 6.3** *$t_2$ heißt streng MSE–besser (oder streng MSE–I–besser) als $t_1$, falls $\Delta(t_1, t_2) > 0$ (positiv definit).*

Zur Vereinfachung der Darstellung wählen wir die Bezeichnungen

$$d_i = \mathrm{Bias}(t_i, \theta), \qquad (i = 1, 2) \tag{6.73}$$

$$D(t_i) = V(t_i), \qquad (i = 1, 2) \tag{6.74}$$

und

$$D = D(t_1) - D(t_2). \tag{6.75}$$

Dann wird (6.72) zu

$$\Delta(t_1, t_2) = D + d_1 d_1' - d_2 d_2'. \tag{6.76}$$

Ziel ist die Angabe von Bedingungen, unter denen $\Delta(t_1, t_2) \geq 0$ oder $> 0$ wird. Wir können uns dabei auf zwei wesentliche Fälle beschränken

| | |
|---|---|
| Bedingung (1) | $D > 0$, |
| Bedingung (2) | $D \geq 0$. |

*Hinweis.* $\Delta(t_1, t_2) \geq 0$ kann auch gelten, wenn die Bedingungen (1) oder (2) nicht erfüllt sind. Dies ist jedoch nur in ausgefallenen Modellsituationen möglich, auf die wir hier nicht eingehen wollen. Folglich konzentrieren wir uns auf die beiden realistischen Situationen.

Da stets $d_1 d_1' \geq 0$ ist, beinhaltet

$$D > 0 \quad \text{auch} \quad D + d_1 d_1' > 0,$$

und aus

$$D \geq 0 \quad \text{folgt} \quad D + d_1 d_1' \geq 0.$$

Damit reduziert sich die Frage der Definitheit von $\Delta(t_1, t_2)$ (6.76) auf die Definitheit einer Differenz der Gestalt

$$A - aa', \tag{6.77}$$

wobei $A \geq 0$ oder $A > 0$ ist.

**Bedingung 1: $D > 0$** Sei $A > 0$. Dann gilt (vgl. A.57)

**Satz 6.4** *(Farebrother, 1976):*

*Sei $A > 0$ und $a$ ein beliebiger Vektor passender Dimension. Dann ist $A - aa' \underset{(\geq)}{>} 0$ genau dann, wenn $a'A^{-1}a \underset{(\leq)}{<} 1$ .*

Die Anwendung von Satz 6.4 auf die Matrix $\Delta(t_1, t_2)$ (6.76) führt zum

**Satz 6.5** *Es sei die Matrix $D = D(t_1) - D(t_2)$ der Differenz der Kovarianzmatrizen zweier Schätzer $t_1$ und $t_2$ positiv definit. Dann ist $t_2$ streng MSE-besser als $t_2$ genau dann, wenn*

$$d_2'(D + d_1 d_1')^{-1} d_2 < 1 \tag{6.78}$$

*bzw. ist $t_2$ MSE-besser als $t_1$ genau dann, wenn*

$$d_2'(D + d_1 d_1')^{-1} d_2 \leq 1. \tag{6.79}$$

Unter Verwendung von Satz A.18 (iv) gilt

$$(D + d_1 d_1')^{-1} = D^{-1} - \frac{D^{-1} d_1 d_1' D^{-1}}{1 + d_1' D^{-1} d_1}.$$

Damit können wir die Bedingungen (6.78) und (6.79) umformen.

Sei

$$d_{ij} = d_i' D^{-1} d_j \qquad (i, j = 1, 2), \tag{6.80}$$

so wird

$$d_2'(D + d_1 d_1')^{-1} d_2 = d_{22} - \frac{d_{12}^2}{(1 + d_{11})}.$$

*Korollar 1 zu Satz 6.5 (Trenkler und Trenkler, 1983). Unter der Voraussetzung* $D > 0$ *gilt* $\Delta(t_1, t_2) > (\geq)\, 0$ *genau dann, wenn*

$$(1 + d_{11})(d_{22} - 1) < (\leq)\, d_{12}^2 \,. \tag{6.81}$$

*Dabei sind folgende Bedingungen hinreichend für* $\Delta(t_1, t_2) > (\geq)\, 0$:

*(i)* $(1 + d_{11}) d_{22} < (\leq)\, 1$ ,

*(ii)* $d_{22} < (\leq)\, 1$ .

*Korollar 2 zu Satz 6.5. Sei* $D > 0$ *und sei* $d_{12}^2 = d_{11} d_{22}$ . *Dann gilt* $\Delta(t_1, t_2) > (\geq)\, 0$ *genau dann, wenn*

$$d_{22} - d_{11} < (\leq)\, 1 \tag{6.82}$$

*Anmerkung.* Nach der Cauchy–Schwarzschen Ungleichung [A.54] gilt stets $d_{12}^2 \leq d_{11} d_{22}$ und Gleichheit genau dann, wenn $d_1$ und $d_2$ linear abhängig sind.

*Korollar 3 zu Satz 6.5. Sei* $D > 0$ *und sei* $t_1$ *ein erwartungstreuer Schätzer von* $\theta$*, so dass* $d_1 = 0$ *und damit* $d_{11} = d_{12} = 0$ *wird. Dann gilt* $\Delta(t_1, t_2) > (\geq)\, 0$ *genau dann, wenn*

$$d_{22} < (\leq)\, 1. \tag{6.83}$$

*Beispiel 6.5.1.* (Perlman, 1972) Sei $t$ ein beliebiger Schätzer von $\theta$. Wir wählen $t_1 = t$ und $t_2 = \alpha t_1$ mit $0 \leq \alpha < 1$, so dass $t_2$ de facto vom Shrinkage–Typ ist. Dann ist $D = (1-\alpha^2)D(t_1)$, und es gelten die Äquivalenzen

$$D > 0 \quad \text{gdw.} \quad D(t_1) > 0$$

und

$$D \geq 0 \quad \text{gdw.} \quad D(t_1) \geq 0.$$

Sei nun $t$ erwartungstreu und $D(t) > 0$. Wir bilden folgende Schätzer: $t_1 = \alpha_1 t$ und $t_2 = \alpha_2 t$ mit $0 \leq \alpha_2 < \alpha_1 < 1$. Dann ist $D(t_i) = \alpha_i^2 D(t)$ und $D = D(t_1) - D(t_2) = (\alpha_1^2 - \alpha_2^2)D(t) > 0$. Die Biasvektoren $d_i = \text{Bias}(t_i, \theta) = -(1-\alpha_i)\theta \quad (i = 1, 2)$ sind linear abhängig. Mit der Definition (6.80) erhalten wir

$$d_{ii} = \frac{(1-\alpha_i)^2}{\alpha_1^2 - \alpha_2^2}\theta'(D(t))^{-1}\theta$$

und damit wird (6.82)

$$d_{22} - d_{11} = \frac{2-\alpha_1-\alpha_2}{\alpha_1+\alpha_2}\theta'(D(t))^{-1}\theta.$$

Nach Korollar 2 folgt

$$\Delta(\alpha_1 t, \alpha_2 t) > (\geq)\, 0$$

genau dann, wenn

$$\theta'(D(t))^{-1}\theta < (\leq)\, \frac{\alpha_1+\alpha_2}{2-\alpha_1-\alpha_2}\,.$$

Falls $\alpha_1 = 1$ und damit $t_1 = t$ erwartungstreu ist, wird $\Delta(t, \alpha_2 t) > (\geq)\, 0$ gemäß (6.83) genau dann, wenn

$$d_{22} = \frac{1-\alpha_2}{1+\alpha_2}\theta'(D(t))^{-1}\theta < (\leq)\, 1.$$

*Anmerkung.* Der Fall $D = D(t_1) - D(t_2) > 0$ tritt in der Praxis des linearen Modells—von Sonderfällen, wie eben im Beispiel beschrieben, abgesehen—relativ selten auf. Wie die bisherigen und nachfolgenden Anwendungen zeigen, ist $D \geq 0$ die realistische Annahme.

**Bedingung 2 : $D \geq 0$** Dieser Fall läuft auf die Definitheit einer Matrixdifferenz vom Typ $A - aa'$ mit $A \geq 0$ hinaus. Hier gilt der fundamentale

**Satz 6.6** *(Baksalary und Kala (1983, vgl. A.71)) Sei $A \geq 0$ und $a$ ein Spaltenvektor passender Dimension. Dann gilt $A - aa' \geq 0$ genau dann, wenn*

$$a \in \mathcal{R}(A) \quad \textit{und} \quad a'A^- a \leq 1, \tag{6.84}$$

*wobei $A^-$ eine beliebige g–Inverse von $A$, d.h. $AA^-A = A$ ist.*

*Anmerkung.* Wegen $a \in \mathcal{R}(A)$ ist $a = Ac$ mit einem passenden Vektor $c$, so dass $a'A^-a = c'AA^-Ac = c'Ac$ unabhängig von der Wahl der g–Inversen $A^-$ wird.

Die Anwendung dieses Theorems führt zum

**Satz 6.7** *Sei $D = D(t_1) - D(t_2) \geq 0$. Dann ist $t_2$ MSE–besser als $t_1$ genau dann, wenn*

$$(i) \quad d_2 \in \mathcal{R}(D + d_1 d_1') \tag{6.85}$$

$$(ii) \quad d_2'(D + d_1 d_1')^- d_2 \leq 1, \tag{6.86}$$

*wobei $(D + d_1 d_1')^-$ eine beliebige g–Inverse von $D + d_1 d_1'$ ist.*

Die Umsetzung dieses Satzes auf den MSE–Vergleich zweier konkreter Schätzer erfordert die Bestimmung der g–Inversen. Dabei sind strukturell zwei wesentliche Fälle zu unterscheiden:

a) $d_1 \in \mathcal{R}(D)$
b) $d_1 \notin \mathcal{R}(D)$ .

Im Fall a) mit $d_1 \in \mathcal{R}(D)$ ist nach Satz A.70 eine g–Inverse von $D + d_1 d_1'$ durch

$$(D + d_1 d_1')^- = D^- - \frac{D^- d_1 d_1' D^-}{1 + d_1' D^- d_1} \tag{6.87}$$

gegeben. Wegen $d_1 \in \mathcal{R}(D)$ ist $d_1 = Df_1$ mit einem passenden Vektor $f_1$, so dass mit $D \geq 0$ die Beziehung $d_1' D^- d_1 = f_1' D f_1 \geq 0$ und damit $1 + d_1' D^- d_1 > 0$ folgt.

Da $D \geq 0$ vorausgesetzt wurde und stets $d_1 d_1' \geq 0$ gilt, erhalten wir

$$\begin{aligned} \mathcal{R}(D + d_1 d_1') &= \mathcal{R}(D) + \mathcal{R}(d_1 d_1') \\ &= \mathcal{R}(D) + \mathcal{R}(d_1) . \end{aligned}$$

Wegen $d_1 \in \mathcal{R}(D)$ folgt

$$\mathcal{R}(D + d_1 d_1') = \mathcal{R}(D) \tag{6.88}$$

(vgl. A.76). Unter Verwendung von (6.87) und (6.88) können wir also schlussfolgern

*Korollar 1 zu Satz 6.7. Sei $d_1 \in \mathcal{R}(D)$ und $d_2 \in \mathcal{R}(D + d_1 d_1') = \mathcal{R}(D)$ und sei $d_{ij} = d_i' D^- d_j$ $(i, j = 1, 2)$ mit $D^-$ einer beliebigen g–Inversen von $D$. Dann gilt $\Delta(t_1, t_2) \geq 0$ genau dann, wenn*

$$(1 + d_{11})(d_{22} - 1) \leq d_{12}^2 . \tag{6.89}$$

*Jede der beiden folgenden Bedingungen ist hinreichend für* $\Delta(t_1, t_2) \geq 0$:

$$(1 + d_{11})d_{22} \leq 1, \tag{6.90}$$

$$d_{22} \leq 1. \tag{6.91}$$

Da $d_1$ und $d_2$ im Spaltenraum von $D$ liegen, existieren Vektoren $f_i$ mit $d_i = Df_i$ $(i = 1, 2)$, so dass $d_{ij} = d_i'D^-d_j = f_i'Df_j$ gilt und die Bedingung (6.89) somit unabhängig von der Wahl der g–Inversen $D^-$ wird (vgl Satz A.69). Im Fall der linearen Abhängigkeit von $d_1$ und $d_2$ wird $d_{12}^2 = d_{11}d_{22}$.

*Korollar 2 zu Satz 6.7. Seien die Voraussetzungen von Korollar 1 gültig, und seien zusätzlich* $d_1$ *und* $d_2$ *linear abhängig. Dann ist* $\Delta(t_1, t_2) \geq 0$ *genau dann, wenn*

$$d_{22} - d_{11} \leq 1. \tag{6.92}$$

*Korollar 3 zu Satz 6.7. Sei* $d_1 = 0$ *und* $d_2 \in \mathcal{R}(D)$. *Dann gilt* $\Delta(t_1, t_2) \geq 0$ *genau dann, wenn*

$$d_{22} \leq 1. \tag{6.93}$$

**Fall $d_1 \notin \mathcal{R}(D)$** Um die Bedingung (6.86) explizit darzustellen, benötigen wir eine g–Inverse von $D + d_1 d_1'$. Wir wenden Satz A.68 an und erhalten

*Korollar 4 zu Satz 6.7. Sei* $d_1 \notin \mathcal{R}(D)$ *und* $d_2 \in \mathcal{R}(D + d_1 d_1')$. *Dann ist* $\Delta(t_1, t_2) \geq 0$ *genau dann, wenn*

$$d_2'D^+d_2 - 2\phi(d_2'v)(d_2'u) + \gamma\phi^2(d_2'u)^2 \leq 1, \tag{6.94}$$

*wobei*

$$\begin{aligned} u &= (I - DD^+)d_1, \quad v = D^+d_1, \\ \gamma &= 1 + d_1'D^+d_1 \\ \textit{und } \phi &= (u'u)^{-1} \quad \textit{gesetzt sind.} \end{aligned}$$

Falls $d_2 \in \mathcal{R}(D)$ ist, folgt sofort

$$\begin{aligned} d_2'u &= f_2'D(I - DD^+)d_1 \\ &= f_2'(D - DDD^+)d_1 \\ &= f_2'(D - DD^+D)d_1 \\ &= 0 \end{aligned}$$

da $(DD^+)' = D^{+\prime}D' = D^+D$ wegen $D$ symmetrisch ist.

*Korollar 5 zu Satz 6.7. Sei* $d_1 \notin \mathcal{R}(D)$ *und* $d_2 \in \mathcal{R}(D)$. *Dann ist* $\Delta(t_1, t_2) \geq 0$ *genau dann, wenn*

$$d_2' D^+ d_2 \leq 1. \tag{6.95}$$

*Anmerkung.* Die Bedingungen für $D + d_1 d_1' - d_2 d_2' \geq 0$ unter den verschiedenen Relationen von $d_1$ und $d_2$ zu $\mathcal{R}(D + d_1 d_1')$ lassen sich auch in anderen, z.T. äquivalenten Darstellungen präsentieren. Die Arbeit von Bekker und Neudecker (1989) enthält eine breite Übersicht derartiger Äquivalenzen (vgl. Sätze A.74–A.78).

## 6.6 MSE–Matrix–Vergleich zwischen zwei linearen verzerrten Schätzern

Wir wollen die in Abschnitt 6.5 abgeleiteten generellen Bedingungen für die MSE–I–Superiorität eines beliebigen Schätzers $b_2$ über einen anderen Schätzer $b_1$ nun auf den für das lineare Modell besonders interessanten Fall zweier linearer Schätzer anwenden.

Wir beschränken uns auf das klassische Regressionsmodell $y = X\beta + \epsilon$, $\epsilon \sim (0, \sigma^2 I)$ mit Rang $(X) = K$. Seien zwei konkurrierende linear inhomogene Schätzer

$$b_i = C_i y + c_i \qquad (i = 1, 2) \tag{6.96}$$

gegeben. Dann gilt

$$\mathrm{V}(b_i) = \sigma^2 C_i C_i', \tag{6.97}$$

$$d_i = \mathrm{Bias}(b_i, \beta) = (C_i X - I)\beta + c_i, \tag{6.98}$$

$$M(b_i, \beta) = \sigma^2 C_i C_i' + d_i d_i'. \tag{6.99}$$

Die Differenz der Kovarianzmatrizen von $b_1$ und $b_2$ ist dann

$$D = \sigma^2 (C_1 C_1' - C_2 C_2'). \tag{6.100}$$

D ist symmetrisch.

Wie wir in Abschnitt 6.5 hergeleitet haben, spielt die Definitheit der Matrix $D$ eine entscheidende Rolle für die MSE–Superiorität von $b_2$ über $b_1$ gemäß

$$\Delta(b_1, b_2) = D + d_1 d_1' - d_2 d_2' \geq 0. \tag{6.101}$$

Es gilt

**Satz 6.8 ((Baksalary, Liski und Trenkler, 1989))** *Für die Matrix D (6.100) gilt $D \geq 0$ genau dann, wenn*

$$(i) \qquad \mathcal{R}(C_2) \subset \mathcal{R}(C_1) \tag{6.102}$$

*und*

$$(ii) \qquad \lambda_{max}(C_2'(C_1C_1')^{-}C_2) \leq 1, \tag{6.103}$$

*wobei $\lambda_{max}(\bullet)$ den maximalen Eigenwert der Matrix in den Klammern bezeichnet, der außerdem unabhängig von der Wahl von $(C_1C_1')^{-}$ ist.*

**Satz 6.9** *Es gilt $D > 0$ genau dann, wenn*

$$C_1C_1' > 0 \tag{6.104}$$

*und*

$$\lambda_{max}(C_2'(C_1C_1')^{-1}C_2) < 1. \tag{6.105}$$

*Beweis.* Sei $D > 0$. Dann ist wegen $C_2C_2' \geq 0$

$$C_1C_1' = D + C_2C_2' > 0$$

und somit regulär, so dass

$$(C_1C_1')^{-1} = (C_1C_1')^{-1/2}(C_1C_1')^{-1/2}$$

gilt. Nach Satz A.39 ist

$$(C_1C_1')^{-1/2}D(C_1C_1')^{-1/2} = I - (C_1C_1')^{-1/2}C_2C_2'(C_1C_1')^{-1/2} > 0. \tag{6.106}$$

Da die Eigenwerte $\lambda$ einer positiv definiten Matrix $A$ positiv sind, $\lambda(I - A) = 1 - \lambda(A)$ und $\lambda(PP') = \lambda(P'P)$, also

$$\lambda((C_1C_1')^{-1/2}C_2C_2'(C_1C_1')^{-1/2}) = \lambda(C_2'(C_1C_1')^{-1}C_2)$$

gilt, folgt sofort

$$\lambda(C_2'(C_1C_1')^{-1}C_2) < 1.$$

Dies muss für alle Eigenwerte, also insbesondere für den maximalen Eigenwert gelten. Damit ist die Notwendigkeit von (i) und (ii) bewiesen. Der Beweis der Suffizienz ist trivial, da aus der Voraussetzung von (i) und (ii) sofort (6.106) und damit $D > 0$ folgt.

## 6.7 MSE–Vergleich zweier (verzerrter) restriktiver Schätzer

Es seien zwei lineare Restriktionen

$$r_i = R_i\beta + \delta_i \qquad (i = 1, 2) \tag{6.107}$$

mit $R_i$ vom Typ $J_i \times K$ und vollem Rang $(R_i) = J_i$ gegeben.

Dann sind die zugehörigen restriktiven KQ–Schätzer

$$b(R_i) = b + S^{-1}R_i'(R_iS^{-1}R_i')^{-1}(r_i - R_ib) \tag{6.108}$$

im Fall $\delta_i \neq 0$ nichterwartungstreu.

Sei $S^{-1/2}$ die Wurzel aus $S^{-1} = (X'X)^{-1}$. Wegen Rang $(R_i) = J_i$ ist die $J_i \times K$–Matrix $R_iS^{-1/2}$ vom Rang $J_i$. Dann hat nach Satz A.66 ihre Moore–Penrose–Inverse die Gestalt

$$(R_iS^{-1/2})^+ = S^{-1/2}R_i'(R_iS^{-1}R_i')^{-1}. \tag{6.109}$$

Sei

$$P_i = (R_iS^{-1/2})^+R_iS^{-1/2}, \tag{6.110}$$

so ist $P_i$ idempotent vom Rang $J_i < K$ und damit Projektionsmatrix auf $\mathcal{R}(S^{-1/2}R_i')$. Damit wird (vgl. (6.52) und (6.55))

$$\begin{aligned} d_i = \text{Bias}(b(R_i), \beta) &= S^{-1}R_i'(R_iS^{-1}R_i')^{-1}\delta_i \\ &= S^{-1/2}(R_iS^{-1/2})^+\delta_i \end{aligned} \tag{6.111}$$

und (vgl. (6.56))

$$V(b(R_i)) = \sigma^2S^{-1/2}(I - P_i)S^{-1/2}. \tag{6.112}$$

Sei $P_{21} = P_2 - P_1$, so wird die Differenz der Kovarianzmatrizen

$$D = V(b(R_1)) - V(b(R_2)) = \sigma^2S^{-1/2}P_{21}S^{-1/2}. \tag{6.113}$$

Damit gilt

$$D \geq 0 \qquad \text{genau dann, wenn} \qquad P_{21} \geq 0. \tag{6.114}$$

Bezeichne

$$c_i = S^{1/2}d_i = (R_iS^{-1/2})^+\delta_i\,, \tag{6.115}$$

so wird $b(R_2)$ MSE–I–besser als $b(R_1)$ falls

$$\Delta(b(R_1), b(R_2)) = S^{-1/2}(\sigma^2 P_{21} + c_1 c_1' - c_2 c_2') S^{-1/2} \geq 0,$$

also äquivalent, falls

$$P_{21} + c_1 c_1' - c_2 c_2' \geq 0 \tag{6.116}$$

erfüllt ist.

Nach Satz 6.9 kann $P_{21} > 0$ nicht gelten, da $P_2 = S^{-1/2} R_2' (R_2 S^{-1} R_2')^{-1} R_2 S^{-1/2}$ den Rang $J_2 < K$ besitzt und somit nicht regulär ist (Bedingung (6.104) ist nicht erfüllt).

Wir können also die Bedingung (6.116) nur für den Fall $P_{21} \geq 0$ überprüfen. Dazu geben wir eine auf die spezielle Gestalt (6.116) zugeschnittene Formulierung von Satz 6.8 an.

**Satz 6.10** *Sei $P_{21} = P_2 - P_1$ mit $P_1, P_2$ aus (6.110). Dann sind folgende Bedingungen äquivalent:*

*(i)* $P_{21} \geq 0$

*(ii)* $\mathcal{R}(S^{-1/2} R_1') \subset \mathcal{R}(S^{-1/2} R_2')$

*(iii) Es existiert eine Matrix $F$ mit $R_1 = F R_2$.*

*(iv)* $P_2 P_1 = P_1$

*(v)* $P_1 P_2 = P_1$

*(vi) $P_{21}$ ist ein orthogonaler Projektor.*

*Beweis.* Anwendung von No. 54 in Ben-Israel und Greville, 1974, p.71 .

*Anmerkung.* Die Äquivalenz von $P_{21} \geq 0$ und der Bedingung (iii) wurde im Satz 6.2 bewiesen.

Wir setzen also jetzt $D \geq 0$ (und damit äquivalent die Bedingungen (i) - (vi)) voraus. Wie in der Argumentation zu Satz 6.7 und den folgenden Korollaren deutlich wurde, muss zwischen den Fällen

(i) $c_1 \in \mathcal{R}(P_{21})$,

(ii) $c_1 \notin \mathcal{R}(P_{21})$.

unterschieden werden.

**Fall (i): $c_1 \in \mathcal{R}(P_{21})$** Da $P_{21}$ nach (vi) ein orthogonaler Projektor ist, ist $c_1 \in \mathcal{R}(P_{21})$ äquivalent mit

$$P_{21} c_1 = c_1 . \tag{6.117}$$

Es gelten folgende Relationen:

$$\left.\begin{array}{ll} P_1 c_1 = c_1, & P_2 c_2 = c_2 \\ P_1 c_2 = c_1, & P_2 c_1 = c_1 . \end{array}\right\} \tag{6.118}$$

*Beweis.*

$$\begin{aligned}
P_1c_1 &= S^{-1/2}R_1'(R_1S^{-1}R_1')^{-1}R_1S^{-1/2}S^{-1/2}R_1'(R_1S^{-1}R_1')^{-1}\delta_1 \\
&= c_1\,, \\
P_2c_2 &= c_2, \quad \text{(Beweis analog)} \\
P_2c_1 &= P_2P_1c_1 = P_1c_1 = c_1, \quad \text{(vgl. (iv))} \\
P_1c_2 &= S^{-1/2}R_1'(R_1S^{-1}R_1')^{-1}F\delta_2 = c_1\,, \quad \text{(vgl. (iii))}
\end{aligned}$$

da aus $R_1 = FR_2$, $r_1 = Fr_2$ und somit

$$\delta_1 = r_1 - R_1\beta = F(r_2 - R_2\beta) = F\delta_2$$

folgt.

Damit können wir folgende Schlussfolgerung ziehen:
Sei $D \geq 0$ und $c_1 \in \mathcal{R}(P_{21})$, also äquivalent (vgl. (6.118))

$$\begin{aligned}
c_1 = P_{21}c_1 &= P_2c_1 - P_1c_1 \\
&= c_1 - c_1 = 0\,.
\end{aligned}$$

Also ist $D \geq 0$ und $c_1 \in \mathcal{R}(P_{21})$ äquivalent zu $c_1 = 0$, d.h. zu $\delta_1 = 0$, so dass $b(R_1)$ erwartungstreu ist. Aus (6.118) folgt für den Fall $c_1 = 0$ insbesondere $P_{21}c_2 = P_2c_2 = c_2$ und damit $c_2 \in \mathcal{R}(P_{21})$ und

$$\begin{aligned}
c_2'P_{21}^{-}c_2 &= c_2'c_2 \\
&= \delta_2'(R_2S^{-1}R_2')^{-1}\delta_2\,.
\end{aligned}$$

Die Anwendung des zentralen Satzes 6.6 führt zu folgendem

**Satz 6.11** *Gegeben seien die linearen Restriktionen* $r_1 = R_1\beta$ *und* $r_2 = R_2\beta + \delta_2$. *Es gelte*

$$D = V(b(R_1)) - V(b(R_2)) \geq 0.$$

*Dann ist der nichterwartungstreue Schätzer* $b(R_2)$ *MSE–besser als der erwartungstreue Schätzer* $b(R_1)$ *genau dann, wenn*

$$\sigma^{-2}\delta_2'(R_2S^{-1}R_2')^{-1}\delta_2 \leq 1 \tag{6.119}$$

*erfüllt ist.*

**Fall (ii):** $\boldsymbol{c_1 \notin \mathcal{R}(P_{21})}$ Der Fall $c_1 \notin \mathcal{R}(P_{21})$ ist äquivalent zu $c_1 \neq 0$. Sei wieder $D \geq 0$ vorausgesetzt. Dann gilt $\Delta(b(R_1), b(R_2)) \geq 0$ nach Satz 5.6 genau dann, wenn die Bedingungen (6.84) erfüllt sind, also insbesondere (Satz A.78 (iii))

$$c_2'(\sigma^2P_{21} + c_1c_1')^{+}c_2 = \sigma^{-2}c_2'P_{21}c_2 + 1 \leq 1,$$

also äquivalent

$$P_{21}c_2 = 0, \tag{6.120}$$

d.h. (vgl. 6.118)

$$c_1 = c_2 \tag{6.121}$$

gilt.

**Satz 6.12** *Seien* $\delta_i = r_i - R_i\beta \neq 0$. *Dann gilt* $\Delta(b(R_1), b(R_2)) \geq 0$ *genau dann, wenn*

$$Bias(b(R_1), \beta) = Bias(b(R_2), \beta). \tag{6.122}$$

Die Aussagen der Sätze 6.11 und 6.12 lassen sich also dahingehend zusammenfassen, dass zwei lineare Restriktionen $r_i = R_i\beta + \delta_i$ über ihre zugehörigen restriktiven KQ–Schätzungen unter der Voraussetzung $V(b(R_1)) - V(b(R_2)) \geq 0$ genau dann nach dem MSE–I–Kriterium vergleichbar sind, wenn

(a) $\delta_1 = 0$ ist, oder

(b) die beiden Biasvektoren identisch sind.

Im Fall (b) reduziert sich dann die Differenz der MSE–Matrizen auf die Differenz der Kovarianzmatrizen:

$$\Delta(b(R_1), b(R_2)) = V(b(R_1)) - V(b(R_2)).$$

Die Parametersituation (b) ist in der Praxis de facto ohne Bedeutung.

*Der Spezialfall schrittweiser verzerrter Restriktionen.* Die bisherigen Untersuchungen von zwei restriktiven Schätzern $b(R_1)$ und $b(R_2)$ bewiesen, dass eine Vergleichbarkeit nach dem MSE–Kriterium grundsätzlich die nichtnegative Definitheit von $V(b(R_1)) - V(b(R_2))$ erfordert. Diese Bedingung ist nach Satz 6.2 und Satz 6.10 (iii) äquivalent zu einer Relation $R_1 = PR_2$, wobei wir nach Korollar 2 zu Satz 6.2 o.B.d.A. $P = (I, 0)$ voraussetzen können.

Wir gehen also wie in (6.48) von folgenden Restriktionen aus:

$$\left.\begin{aligned}
r_1 &= R_1\beta, & &\text{Rang}(\underset{J_1\times K}{R_1} = J_1\,, \\
r_3 &= R_3\beta + \delta_3, & &\text{Rang}(\underset{J_3\times K}{R_3} = J_3\,, \\
r_2 &= R_2\beta + \delta_2, & &\text{Rang}(\underset{J_2\times K}{R_2} = J_2\,, \\
\text{wobei} \quad & & & \\
r_2 &= \begin{pmatrix} r_1 \\ r_3 \end{pmatrix}, & R_2 &= \begin{pmatrix} R_1 \\ R_3 \end{pmatrix}, \\
\delta_2 &= \begin{pmatrix} 0 \\ \delta_3 \end{pmatrix}, & J_1 &+ J_3 = J_2\,.
\end{aligned}\right\} \tag{6.123}$$

gelten. Nach den Sätzen 6.11 und 6.12 können wir uns auf den Fall $r_1 - R_1\beta = \delta_1 = 0$ beschränken.

Ziel unserer folgenden Untersuchungen ist es, die Parameterbedingung (6.119) für die MSE–Superiorität von $b\begin{pmatrix} R_1 \\ R_3 \end{pmatrix} = b(R_2)$ über $b(R_1)$ in ihrer Struktur klar herauszuarbeiten und die Beziehungen zwischen den zur Auswahl stehenden Schätzern

$$
\begin{aligned}
b &= S^{-1}X'y \quad \text{(erwartungstreu)}, \\
b(R_1) &= b + S^{-1}R_1'(R_1S^{-1}R_1')^{-1}(r_1 - R_1 b) \\
&\quad \text{(erwartungstreu)}, && (6.124) \\
b(R_3) &= b + S^{-1}R_3'(R_3S^{-1}R_3')^{-1}(r_3 - R_3 b) \\
&\quad \text{(für } \delta_3 \neq 0 \text{ nichterwartungstreu)}, && (6.125) \\
b\begin{pmatrix} R_1 \\ R_3 \end{pmatrix} &= b + S^{-1}(R_1' R_3')\left(\begin{pmatrix} R_1 \\ R_3 \end{pmatrix} S^{-1}(R_1'\, R_3')\right)^{-1} \\
&\quad \times \left(\begin{pmatrix} r_1 \\ r_3 \end{pmatrix} - \begin{pmatrix} R_1 \\ R_3 \end{pmatrix} b\right) \\
&\quad \text{(für } \delta_3 \neq 0 \text{ nichterwartungstreu)}. && (6.126)
\end{aligned}
$$

herzuleiten.

Wir verwenden wieder die Abkürzungen (vgl. (6.53) und (6.54))

$$
\begin{aligned}
A_i &= R_i S^{-1} R_i', \quad A_i > 0 \quad (i = 1,2,3) \\
H_i &= S^{-1} R_i' A_i^{-1} \quad (i = 1,2,3).
\end{aligned}
$$

Dann ist (vgl. (6.55))

$$
\operatorname{Bias} b(R_i, \beta) = H_i \delta_i \quad (i = 1,2,3). \tag{6.127}
$$

**Vergleich von $b(R_1)$ mit $b$** Beide Schätzer sind erwartungstreu, so dass $b(R_1)$ stets MSE–besser als $b$ gemäß Relation (6.14) ist:

$$
\begin{aligned}
\Delta(b, b(R_1)) &= V(b) - V(b(R_1)) \\
&= \sigma^2 H_1 A_1 H_1' \\
&= \sigma^2 S^{-1} R_1' A_1^{-1} R_1 S^{-1} \geq 0. && (6.128)
\end{aligned}
$$

**Vergleich von $b(R_3)$ mit $b$** Es ist

$$
\begin{aligned}
\Delta(b, b(R_3)) = S^{-1/2}[&\sigma^2 S^{-1/2} R_3' A_3^{-1} R_3 S^{-1/2} \\
&- S^{-1/2} R_3' A_3^{-1} \delta_3 \delta_3' A_3^{-1} R_3 S^{-1/2}] S^{-1/2},
\end{aligned}
$$

Nun gilt (vgl. (6.109))

$$S^{-1/2}R_3'A_3^{-1}\delta_3 = \sigma^2 S^{-1/2}R_3'A_3^{-1}R_3S^{-1/2}[\sigma^{-2}(R_3S^{-1/2})^+]\delta_3$$

und

$$\sigma^2 S^{-1/2}R_3'A_3^{-1}R_3S^{-1/2} \geq 0.$$

Damit ist Satz 6.6 anzuwenden und wir erhalten $\Delta(b, b(R_3)) \geq 0$ genau dann, wenn

$$\lambda_3 = \sigma^{-2}\delta_3'A_3^{-1}\delta_3 \leq 1. \tag{6.129}$$

Diese Bedingung haben wir bereits in (6.60) auf anderem Wege hergeleitet.

**Vergleich von $b\begin{pmatrix} R_1 \\ R_3 \end{pmatrix}$ mit $b(R_1)$** Mit $R_1 = PR_2$, $P = (I, 0)$ und $R_2 = \begin{pmatrix} R_1 \\ R_3 \end{pmatrix}$ und $\delta_2 = \begin{pmatrix} 0 \\ \delta_3 \end{pmatrix}$ erhalten wir nach Satz A.19 für die Bedingung (6.119) die Gestalt

$$\begin{aligned}
\sigma^{-2}\delta_2'(R_2S^{-1}R_2')^{-1}\delta_2 &= \sigma^{-2}(0, \delta_3')\begin{pmatrix} R_1S^{-1}R_1' & R_1S^{-1}R_3' \\ R_3S^{-1}R_1' & R_3S^{-1}R_3' \end{pmatrix}^{-1}\begin{pmatrix} 0 \\ \delta_3 \end{pmatrix} \\
&= \sigma^{-2}\delta_3'(A_3 - R_3S^{-1}R_1'A_1^{-1}R_1S^{-1}R_3')^{-1}\delta_3 \\
&\leq 1. \qquad (6.130)
\end{aligned}$$

Ein Vergleich mit Bedingung (6.129) liefert (Satz 6.4)

$$\sigma^{-2}\delta_3'A_3^{-1}\delta_3 \leq \sigma^{-2}\delta_3'(A_3 - R_3S^{-1}R_1'A_1^{-1}R_1S^{-1}R_3')^{-1}\delta_3\,. \tag{6.131}$$

Damit haben wir folgenden Satz bewiesen:

**Satz 6.13 (Toutenburg und Stahlecker, 1989)** *Seien die Restriktionen (6.123) gegeben. Dann gilt*

*(a) der nichterwartungstreue restriktive Schätzer $b\begin{pmatrix} R_1 \\ R_3 \end{pmatrix}$ ist MSE–besser als der erwartungstreue Schätzer $b(R_1)$ genau dann, wenn $b\begin{pmatrix} R_1 \\ R_3 \end{pmatrix}$ MSE–besser als $b$ ist, d.h. wenn Bedingung (6.130) erfüllt ist.*

*(b) falls $\Delta\left(b\begin{pmatrix} R_1 \\ R_3 \end{pmatrix}, b(R_1)\right) \geq 0$ ist, gilt notwendigerweise*

$$\Delta(b(R_3), b) \geq 0.$$

*Interpretation.* Die Hinzunahme einer exakten Restriktion $r_1 = R_1\beta$ zum Modell $y = X\beta + \epsilon$ führt stets zu einer Erhöhung der Effizienz der Schätzung gegenüber der KQS $b$. Die schrittweise Hinzunahme eines weiteren Restriktionssatzes $r_3 - R_3\beta = \delta_3$ führt genau dann zu einer weiteren MSE-Verbesserung, wenn Bedingung (6.130) erfüllt ist. Dafür ist notwendig, dass die Restriktion $r_3 - R_3\beta = \delta_3$ selbst schon im direkten Vergleich mit der KQS $b$ zu einem Effizienzgewinn führt. Die Bedingung ist jedoch nicht hinreichend.

*Anmerkung.* Die Differenz der Kovarianzmatrizen von $b(R_1)$ und $b\begin{pmatrix} R_1 \\ R_3 \end{pmatrix}$ ist nach Satz 6.2 nichtnegativ definit.

Mit $P = (I, 0)$ wird die Matrix $F$ aus (6.45) zu

$$\begin{aligned} F &= A_2^{1/2}\begin{pmatrix} I \\ 0 \end{pmatrix}\left((I\,0)A_2\begin{pmatrix} I \\ 0 \end{pmatrix}\right)^{-1}(I,0)A_2^{1/2} \\ &= A_2^{1/2}\begin{pmatrix} A_1^{-1} & 0 \\ 0 & 0 \end{pmatrix}A_2^{1/2}\,. \end{aligned} \tag{6.132}$$

Damit erhalten wir folgende interessante Beziehung

$$\begin{aligned} V(b(R_1)) - V\left(b\begin{pmatrix} R_1 \\ R_3 \end{pmatrix}\right) &= \sigma^2 S^{-1}R_2'A_2^{-1/2}(I - F)A_2^{-1/2}R_2S^{-1} \\ &= \sigma^2 S^{-1}R_2'A_2^{-1}R_2S^{-1} - \sigma^2 S^{-1}R_1'A_1^{-1}R_1S^{-1} \\ &= \left[V(b) - V\left(b\begin{pmatrix} R_1 \\ R_3 \end{pmatrix}\right)\right] - [V(b) - V(b(R_1))]. \end{aligned} \tag{6.133}$$

Anders gelesen, bedeutet (6.133) also

[Varianzminderung gegenüber $V(b)$ durch die beiden Restriktionen $r_1 = R_1\beta$ und $r_3 = R_3\beta$]

=

[Varianzminderung durch $r_1 = R_1\beta$ gegenüber $V(b)$] plus [Varianzminderung durch $r_3 = R_3\beta$ gegenüber $V(b(R_1))$] .

Wenden wir Satz A.19 auf die partitionierte Matrix $A_2$ an, wobei wir zur Abkürzung

$$\begin{aligned} U &= R_3 - R_3S^{-1}R_1'A_1^{-1}R_1 \\ &= R_3S^{-1/2}(I_K - S^{-1/2}R_1'A_1^{-1}R_1S^{-1/2})S^{1/2} \end{aligned} \tag{6.134}$$

setzen. Die Matrix $S^{-1/2}R_1'A_1^{-1}R_1S^{-1/2}$ ist idempotent von Rang $J_1$ . Nach A.61 (vi) ist $I_K - S^{-1/2}R_1'A_1^{-1}R_1S^{-1/2}$ ebenfalls idempotent vom Rang $K -$

$J_1$. Damit Rang $(U) = J_3$ gelten kann, muss notwendigerweise $J_3 \leq K - J_1$, also $J_1 + J_3 \leq K$ gelten.

Sei zur Abkürzung

$$\underset{J_3 \times J_3}{Z} = A_3 - R_3 S^{-1} R_1' A_1^{-1} R_1 S^{-1} R_3' \tag{6.135}$$

gesetzt.

Wir benötigen die Regularität von $Z$, die jedoch gegeben ist. Wir wenden Albert's Theorem (Satz A.74) auf $A_2$ an, wobei wir die Zeilen und Spalten vertauschen:

$$A_2' = \begin{pmatrix} R_3' S^{-1} R_3 & R_3' S^{-1} R_1 \\ R_1' S^{-1} R_3 & R_1' S^{-1} R_1 \end{pmatrix}.$$

Da $A_2 > 0$ ist, gilt $A_2' > 0$ und nach Satz A.74 (b)(ii) ist dies äquivalent zu $Z > 0$.

Dann führt direkte Berechnung zu folgendem Resultat

$$V(b(R_1)) - V\left(b\begin{pmatrix} R_1 \\ R_3 \end{pmatrix}\right) = \sigma^2 S^{-1} U' Z^{-1} U S^{-1}$$

$$\text{Bias}\, b(\begin{pmatrix} R_1 \\ R_3 \end{pmatrix}, \beta) = -S^{-1} U' Z^{-1} \delta_3 .$$

Damit ist

$$\Delta(b(R_1), b\begin{pmatrix} R_1 \\ R_3 \end{pmatrix}) = S^{-1} U' Z^{-1/2} [\sigma^2 I - Z^{-1/2} \delta_3 \delta_3' Z'^{-1/2}] Z'^{-1/2} U S^{-1} \geq 0 \tag{6.136}$$

im Fall Rang $(U) = J_3$ genau dann, wenn (vgl. (6.130)

$$\lambda = \sigma^{-2} \delta_3' Z^{-1} \delta_3 \leq 1 \tag{6.137}$$

gilt (beachte Satz 6.4).

Damit haben wir die Gestalt der Restriktionen (6.123) ausgenutzt und die notwendige und hinreichende Bedingung (6.119) für diesen Spezialfall explizit hergeleitet. Die Bedingung (6.130) wird mit der Teststatistik

$$F = \frac{(r_3 - R_3 b)' Z^{-1} (r_3 - R_3 b)}{J_3 s^2} \sim F_{J_3, T-K}(\lambda) \tag{6.138}$$

mit $\lambda$ aus (6.137) gemäß der Entscheidungsregel überprüft:

$$\begin{aligned} &\mathrm{H}_0 : \lambda \leq 1 \text{ nicht ablehnen, falls } F \leq F_{J_3, T-K}(1), \\ &\mathrm{H}_0 : \lambda \leq 1 \text{ ablehnen, falls } F > F_{J_3, T-K}(1). \end{aligned}$$

*Hinweis.* Unter Verwendung dieser Testregel kann man einen sogenannten Pre–Test–Schätzer definieren:

$$b^* = \begin{cases} b\begin{pmatrix} R_1 \\ R_3 \end{pmatrix} & \text{falls } F \leq F_{J_3,T-K}(\lambda) \\ b(R_1) & \text{falls } F > F_{J_3,T-K}(\lambda). \end{cases}$$

Die MSE–Matrix dieses Schätzers ist relativ kompliziert. Die Theorie des Pre–Test–Schätzers ist in Judge und Bock (1978) ausführlich dargestellt. Anwendungen des Pre–Test–Ansatzes auf die Modellwahl findet man z.B. in den Arbeiten von Trenkler und Pordzik (1988), Trenkler und Toutenburg (1992a). Dube, Srivastava, Toutenburg und Wijekoon (1991) untersuchen die Modellwahl unter linearen Restriktionen unter Verwendung des sogenannten Stein–Schätzers.

## 6.8 Stochastische lineare Restriktionen

### 6.8.1 Mixed Schätzer

In vielen Modellen der Praxis steht neben der Stichprobeninformation aus $(y, X)$ Zusatzinformation zur Verfügung, die Restriktionen an die Parameter in Gestalt einer stochastischen linearen Restriktion postuliert:

$$r = R\beta + \phi, \quad \phi \sim (0, \sigma^2 V) \tag{6.139}$$

mit $r : J \times 1$, $R : J \times K$, Rang $(R) = J$ und $R$ und $V$ bekannt. Sei zunächst $V > 0$ und damit als regulär vorausgesetzt. Der Vektor $r$ ist als zufällige Variable mit $E(r) = R\beta$ zu interpretieren, so dass die Restriktion $r = R\beta$ nicht mehr exakt, sondern im Mittel gilt. Wir setzen $r$ als bekannt (realisiert) voraus, so dass alle Erwartungswerte bedingt bezüglich $r$ sind: $E(\hat{\beta}|r)$. Diese Bedingung führen wir nicht gesondert an. Beispiele für eine Information der Form (6.139) sind erwartungstreue Vorschätzungen von $\beta$ oder von Komponenten von $\beta$ z.B. aus Modellen mit geringerem Stichprobenumfang oder aus vergleichbaren Versuchsplänen. Einen wichtigen Anwendungsfall stellt die Ersetzung fehlender $x$–Werte durch erwartungstreue Schätzungen (z.B. Spaltenmittelwerte) dar. Diese Problematik werden wir in Kapitel 11 behandeln.

Durbin (1953) war einer der ersten Autoren, die Stichproben– und Zusatzinformation simultan für die Parameterschätzung einsetzten. Theil und Goldberger (1961) begründeten die sogenannte mixed estimation technique, deren Grundidee die Mischung (oder besser: Zusammenführung) der beiden Informationen zu einem gemeinsamen Modell ist. Die Modelle $y = X\beta + \epsilon$ (Stichprobeninformation) und (6.139) werden kombiniert zum mixed Modell

$$\begin{pmatrix} y \\ r \end{pmatrix} = \begin{pmatrix} X \\ R \end{pmatrix} \beta + \begin{pmatrix} \epsilon \\ \phi \end{pmatrix}. \tag{6.140}$$

*Anmerkung.* Da der Begriff gemischtes Modell in der Varianzanalyse ein fest definiertes Phänomen bezeichnet, verzichten wir hier auf die wörtliche Übersetzung und behalten—zur eindeutigen Unterscheidung vom gemischten Modell—die Bezeichnung mixed Modell bei.

Die wesentliche Voraussetzung ist die Unkorreliertheit der beiden Zufallsprozesse, d.h. die Annahme

$$\mathrm{E}(\epsilon\phi') = 0, \tag{6.141}$$

die den externen Charakter der Zusatzinformation heraushebt. Damit wird die gemeinsame Kovarianzmatrix

$$\mathrm{E}\begin{pmatrix}\epsilon\\ \phi\end{pmatrix}(\epsilon,\phi)' = \sigma^2\begin{pmatrix}W & 0\\ 0 & V\end{pmatrix}. \tag{6.142}$$

Bezeichnen wir im mixed Modell (6.140) die Vektoren bzw. Matrizen mit

$$\tilde{y} = \begin{pmatrix}y\\ r\end{pmatrix}, \quad \tilde{X} = \begin{pmatrix}X\\ R\end{pmatrix}, \quad \tilde{\epsilon} = \begin{pmatrix}\epsilon\\ \phi\end{pmatrix}, \tag{6.143}$$

so stellt

$$\tilde{y} = \tilde{X}\beta + \tilde{\epsilon}, \quad \epsilon \sim (0, \sigma^2\tilde{W}) \tag{6.144}$$

mit

$$\tilde{W} = \begin{pmatrix}W & 0\\ 0 & V\end{pmatrix} \tag{6.145}$$

ein verallgemeinertes Regressionsmodell dar, da Rang $(\tilde{X})$ = Rang $(X) = K$ gilt. Damit ist sofort Satz 7.4 anzuwenden:

**Satz 6.14** *Im mixed Modell 6.140 hat die beste lineare erwartungstreue Schätzung von $\beta$ die Gestalt*

$$\hat{\beta}(R) = (S + R'V^{-1}R)^{-1}(X'W^{-1}y + R'V^{-1}r) \tag{6.146}$$

$$= b + S^{-1}R'(V + RS^{-1}R')^{-1}(r - Rb) \tag{6.147}$$

*mit*

$$\mathrm{V}(\hat{\beta}(R)) = \sigma^2(S + R'V^{-1}R)^{-1}. \tag{6.148}$$

*Beweis.* Die Gauss–Markov–Aitken–Schätzung von $\beta$ im Modell (6.144) ist

$$\begin{aligned}\hat{\beta} &= (\tilde{X}'\tilde{W}^{-1}\tilde{X})^{-1}\tilde{X}'\tilde{W}^{-1}\tilde{y}\\ &= (X'W^{-1}X + R'V^{-1}R)^{-1}(X'W^{-1}y + R'V^{-1}r).\end{aligned} \tag{6.149}$$

Sei wieder $S = X'W^{-1}X$ gesetzt, so ergibt die Anwendung von Satz A.18 (iii)

$$(S + R'V^{-1}R)^{-1} = S^{-1} - S^{-1}R'(V + RS^{-1}R')^{-1}RS^{-1}. \tag{6.150}$$

Eingesetzt in (6.146) liefert dies die Form (6.147), die erstmals von Toutenburg (1975b) in Zusammenhang mit der optimalen Vorhersage unter stochastischen Restriktionen im Falle Rang($V$) $< J$ hergeleitet wurde (vgl. auch Schaffrin, 1987). Die Darstellung (6.147) erfordert nicht mehr die Regularität von $V$, so dass insbesondere exakte und stochastische Restriktionen unter (6.139) zusammengefasst werden können. Speziell gilt

$$\lim_{V \to 0} \hat{\beta}(R) = b(R), \tag{6.151}$$

wobei $b(R)$ der restriktive KQ–Schätzer (6.11) unter der exakten Restriktion $r = R\beta$ ist.

**Vergleich mit der GM–Schätzung:** Der mixed Schätzer ist erwartungstreu, und mit (6.148) und (6.150) gilt

$$\mathrm{V}(b) - \mathrm{V}(\hat{\beta}(R)) = \sigma^2 S^{-1}R'(V + RS^{-1}R')^{-1}RS^{-1} \geq 0. \tag{6.152}$$

Diese Güterelation gilt unabhängig davon, ob $E(r) = R\beta$ erfüllt ist oder nicht.

### 6.8.2 Annahmen zur Kovarianzmatrix $V$

Wir haben in (6.139) die Struktur $\mathrm{E}(\phi\phi') = \sigma^2 V$ angesetzt, also denselben Variabilitätsfaktor $\sigma^2$ wie im Stichprobenmodell unterstellt. Diese Annahme kann jedoch in der Praxis fraglich sein, da die stochastische Restriktion (6.139) als extern, also vom Stichprobenmodell unabhängig gilt. Realistischer ist die Annahme $\mathrm{E}(\phi\phi') = V$. Diese Struktur führt jedoch sofort zu erheblichen Konsequenzen, da der mixed Schätzer dann von $\sigma^2$ anhängt:

$$\hat{\beta}(R, \sigma^2) = (\sigma^{-2}S + R'V^{-1}R)^{-1}(\sigma^{-2}X'W^{-1}y + R'V^{-1}r), \tag{6.153}$$

und somit nicht operational ist. In der Literatur gibt es eine Reihe von Vorschlägen zur Handhabung dieses Problems:

**(i) Operationalisierung von $\hat{\beta}(R, \sigma^2)$ durch $s^2$** Theil (1963) ersetzt $\sigma^2$ durch $s^2$. Der Schätzer $\hat{\beta}(R, s^2)$ ist dann nicht mehr erwartungstreu, jedoch unter gewissen Bedingungen ($s^{-2} - \sigma^{-2} = O(T^{-1/2})$ in Wahrscheinlichkeit) asymptotisch erwartungstreu und hat asymptotisch dieselbe Kovarianzmatrix wie $\hat{\beta}(R, \sigma^2)$. Nagar und Kakwani (1964) berechnen den Bias und die Momentmatrix von $\hat{\beta}(R, s^2)$.

**(ii) Operationalisierung von $\hat{\beta}(R, \sigma^2)$ durch eine Konstante** Theil (1963), Hartung (1978), Teräsvirta und Toutenburg (1980) und Toutenburg (1982, pp.53–60) untersuchen den operationalen Schätzer $\hat{\beta}(R, c)$ mit $c$ als einer nichtstochastischen Konstanten, die so gewählt werden sollte, dass der erwartungstreue Schätzer $\hat{\beta}(R, c)$ eine kleinere Kovarianzmatrix als $b$ besitzt.

Sei $M_c = (cS + R'V^{-1}R)$, so wird

$$\hat{\beta}(R, c) = M_c^{-1}(cX'W^{-1}y + R'V^{-1}r) \tag{6.154}$$

und

$$\mathrm{V}(\hat{\beta}(R, c)) = M_c^{-1}(c^2\sigma^2 S + R'V^{-1}R)M_c^{-1}\,. \tag{6.155}$$

Sei

$$B(c, \sigma^2) = \sigma^2 S^{-1} + (2c\sigma^2 - 1)(R'V^{-1}R)^{-1}, \tag{6.156}$$

so wird die Differenz der Kovarianzmatrizen

$$\begin{aligned} \Delta(c) &= \mathrm{V}(b) - \mathrm{V}(\hat{\beta}(R, c)) \\ &= M_c^{-1}(R'V^{-1}R)B(c, \sigma^2)(R'V^{-1}R)M_c^{-1} \geq 0 \end{aligned} \tag{6.157}$$

genau dann, wenn $B(c, \sigma^2) \geq 0$, da $M_c^{-1} > 0$ und $(R'V^{-1}R) > 0$ sind.

Wir unterscheiden zwei Fälle:

*Fall (a).* $B(0, \sigma^2) = \sigma^2 S^{-1} - (R'V^{-1}R)^{-1} < 0$ (negativ definit).

Da $B(\frac{\sigma^{-2}}{2}, \sigma^2) = \sigma^2 S^{-1} > 0$ gilt, muss aus Stetigkeitsgründen für die quadratische Form ($a$ ein fester, aber beliebiger Vektor) $a'B(c, \sigma^2)a$ ein kritischer Wert $c_0(a)$ existieren, so dass für die in $c$ stetige Funktion

$$\left.\begin{aligned} &a'B(c_0(a), \sigma^2)a = 0,\ 0 < c_0(a) < \tfrac{1}{2}\sigma^{-2}, \\ &a'B(c, \sigma^2)a > 0, \qquad \text{für } c > c_0(a) \end{aligned}\right\} \tag{6.158}$$

gilt.
Die Auflösung von $a'B(c_0(a), \sigma^2)a = 0$ nach $c_0(a)$ liefert den kritischen Wert

$$c_0(a) = (2\sigma^2)^{-1} - \frac{a'S^{-1}a}{2a'(R'V^{-1}R)^{-1}a}, \tag{6.159}$$

der wegen der Abhängigkeit von $\sigma^2$ nicht operational ist. Es gilt

**Satz 6.15** *Seien eine untere und eine obere Schranke für $\sigma^2$ bekannt mit $0 < \sigma_1^2 < \sigma^2 < \sigma_2^2 < \infty$, so dass $B(0, \sigma_2^2) < 0$ (negativ definit) gilt. Dann wird $\Delta(c) \geq 0$ für alle $c \geq \sigma_1^{-2}$.*

*Beweis.* Aus $B(0, \sigma_2^2) < 0$ folgt $B(0, \sigma^2) < 0$. Wegen $\sigma_1^{-2} > \frac{1}{2}\sigma^{-2}$ ist $\sigma_1^{-2} > c_0(a)$ aus (6.159). Nach (6.158) folgt $\Delta(c) \geq 0$ für $c \geq \sigma_1^{-2}$.

*Fall (b).* $B(0,\sigma^2) \geq 0$

Dann ist $B(c,\sigma^2) \geq 0$ und damit $\Delta(c) \geq 0$ für alle $c > 0$. Zur Überprüfung von $B(0,\sigma^2) \geq 0$ genügt die Kenntnis einer unteren Schranke $0 < \sigma_1^2 < \sigma^2$ mit $B(0,\sigma_1^2) \geq 0$.

Als Resultat bleibt festzuhalten, dass die Operationalisierung von $\hat{\beta}(R,\sigma^2)$ durch eine Konstante $c$ über $\hat{\beta}(R,c)$ bei Vorliegen von a–priori–Schranken $\sigma_1^2 < \sigma^2 < \sigma_2^2$ stets zu einer Schätzung führt, die besser als die Aitken-Schätzung $b$ im Sinne $\Delta(c) \geq 0$ (vgl. (6.157)) ist.

**Ein Maß für den Effizienzgewinn** Die Aussage $\Delta(c) \geq 0$ ist rein qualitativ. Um den relativen Effizienzgewinn durch den operationalisierten mixed Schätzer $\hat{\beta}(R,c)$ gegenüber der Aitken–Schätzung $b$ zu quantifizieren, benötigt man ein skalares Maß. Auf der Basis der Risiken $R_i(\hat{\beta},\beta,A)$ (vgl. (7.3) - (7.5)) wäre ein solches Maß zu konstruieren. Wir wählen z.B. $A = S$ in $R_1(\hat{\beta},\beta,A)$ und definieren als Maß für den relativen Effizienzgewinn

$$\delta(c) = \frac{R_1(b,\bullet,S) - R_1(\hat{\beta}(R,c),\bullet,S)}{R_1(b,\beta,S)} \tag{6.160}$$

$$= \frac{\mathrm{sp}\{S\Delta(c)\}}{\sigma^2 K} \tag{6.161}$$

wegen

$$R_1(b,\bullet,S) = \sigma^2 \mathrm{sp}\{SS^{-1}\} = \sigma^2 K.$$

Es gilt stets $0 \leq \delta(c) \leq 1$.

Angenommen, $c$ sei eine hinreichend gute Wahl („Schätzung“) für $\sigma^{-2}$, so gilt näherungsweise $c\sigma^2 = 1$ und damit $\mathrm{V}(\hat{\beta}(R,c)) \approx M_c^{-1}$ . Dann wird

$$\begin{aligned}\delta(c) &\approx 1 - \frac{\mathrm{sp}\{SM_c^{-1}\}}{\sigma^2 K}\\ &= 1 - \frac{\mathrm{sp}(S(S + c^{-1}R'V^{-1}R)^{-1})}{c\sigma^2 K}\\ &\approx 1 - \frac{\mathrm{sp}\{S(S + c^{-1}R'V^{-1}R)^{-1}\}}{K}.\end{aligned} \tag{6.162}$$

Je näher $\delta(c)$ an 1 liegt, desto größer ist der Einfluss der Zusatzinformation. Je näher $\delta(c)$ an 0 liegt, desto geringer ist ihr Einfluss in Relation zur Stichprobeninformation. Theil (1963) definiert in Analogie dazu die sogenannte posteriori–Präzision beider Informationen:

$$\lambda(c, \text{Stichprobe}) = \frac{1}{K}\mathrm{sp}\{S(S + c^{-1}R'V^{-1}R)^{-1}\},$$

$$\lambda(c, \text{Zusatzinformation}) = \frac{1}{K}\mathrm{sp}\{c^{-1}R'V^{-1}R(S + c^{-1}R'V^{-1}R)^{-1}\},$$

mit

$$\lambda(c, \text{Stichprobe}) + \lambda(c, \text{Zusatzinformation}) = 1. \tag{6.163}$$

Wir werden uns im folgenden Abschnitt wieder auf die Kovarianzmatrix $\mathrm{E}(\phi\phi') = \sigma^2 V$ beschränken. Falls diese Annahme nicht zutrifft, sind zusätzlich Überlegungen (wie eben beschrieben) durchzuführen.

### 6.8.3 Verzerrte stochastische Restriktionen

In Analogie zu den Untersuchungen in Abschnitt 6.4 nehmen wir nun an, dass $\mathrm{E}(r) - R\beta = \delta$ mit $\delta \neq 0$ gilt, so dass die stochastische Restriktion (6.139) die Gestalt hat

$$r = R\beta + \delta + \phi, \quad \phi \sim (0, \sigma^2 V). \tag{6.164}$$

Beispiele für diese Art der Zusatzinformation geben Teräsvirta (1979a) für das sogenannte one-input distributed lag model und—für unser Konzept in Kapitel 11 besonders interessant–Hill und Ziemer (1983) sowie Toutenburg (1975a) für den Fall, dass die $X$–Matrix fehlende Werte aufweist, die durch Imputation aufgefüllt werden. Wenn (6.164) gilt, so ist der mixed Schätzer (6.147) nichterwartungstreu:

$$\mathrm{E}(\hat{\beta}(R)) = \beta + S^{-1}R'(V + RS^{-1}R')^{-1}\delta. \tag{6.165}$$

**MSE–I–Superiorität von $\hat{\beta}(R)$ über $b$** Bezeichnen wir die Differenz der Kovarianzmatrizen mit $D$:

$$\mathrm{V}(b) - \mathrm{V}(\hat{\beta}(R)) = D = \sigma^2 S^{-1}R'(V + RS^{-1}R')^{-1}RS^{-1} \geq 0 \tag{6.166}$$

(vgl. (6.152)), so gilt

$$\begin{aligned} \mathrm{Bias}(\hat{\beta}(R), \beta) &= S^{-1}R'(V + RS^{-1}R')^{-1}\delta \\ &= Dc \end{aligned} \tag{6.167}$$

mit

$$c = SR^{+}\delta\sigma^{-2} \tag{6.168}$$

und $R^{+} = R'(RR')^{-1}$. Damit ist $\mathrm{Bias}(\hat{\beta}(R), \beta) \in \mathcal{R}(D)$ und wir können Satz 6.6 anwenden:

**Satz 6.16** *Die nichterwartungstreue Schätzung $\hat{\beta}(R)$ ist MSE–I–superior gegenüber der Aitken–Schätzung $b$ genau dann, wenn*

$$\lambda = \sigma^{-2}\delta'(V + RS^{-1}R')^{-1}\delta \leq 1. \tag{6.169}$$

*Falls $\epsilon$ und $\phi$ unabhängig normalverteilt sind, ist $\lambda$ der Nichtzentralitätsparameter der Statistik*

$$F = \frac{1}{Js^2}(r - Rb)'(V + RS^{-1}R')^{-1}(r - Rb), \tag{6.170}$$

*die unter $H_0 : \lambda \leq 1$ nichtzentral $F_{J,T-K}(\lambda)$–verteilt ist.*

*Anmerkung.* Vergleichen wir die Bedingungen (6.169) und (6.60) für die MSE–I–Superiorität des mixed Schätzers $\hat{\beta}(R)$ bzw. des restriktiven KQ–Schätzers $b(R)$ gegenüber $b$, so folgt aus

$$(RS^{-1}R')^{-1} - (V + RS^{-1}R')^{-1} \geq 0,$$

dass die Superioritätsbedingung (6.169) schwächer ist als die Bedingung (6.60). Mit anderen Worten, die Einführung einer stochastischen Komponente $\phi$ in die Restriktion $r = R\beta$ bedeutet eine Abschwächung der Restriktion bzw. eine Erweiterung des Parameterbereichs, unter dem der Schätzer mit Zusatzinformation trotz der Verzerrung $\delta$ besser ist als $b$.

Wir wollen hier ein interessantes Problem anschneiden:

**MSE–I–Superiorität von $b$ über $\hat{\beta}(R)$** Wir fragen nach den Parameterbedingungen, unter denen $b$ MSE–I–superior gegenüber $\hat{\beta}(R)$ ist, d.h. wann

$$\begin{aligned} \Delta(\hat{\beta}(R), b) &= M(\hat{\beta}(R), \beta) - V(b) \\ &= -\sigma^2 S^{-1}R'(V + RS^{-1}R')^{-1}RS^{-1} \\ &\quad + \text{Bias}(\hat{\beta}(R), \beta)\text{Bias}(\hat{\beta}(R), \beta)' \geq 0 \end{aligned} \tag{6.171}$$

gilt. Nach Satz A.46 ist (6.171) äquivalent zu

$$-I_J + (V + RS^{-1}R')^{-1/2}\delta\delta'(V + RS^{-1}R')^{-1/2} \geq 0. \tag{6.172}$$

Nach Satz A.59 kann diese Matrix im Fall $J \geq 2$ niemals nichtnegativ definit sein. Für $J = 1$ wird die Restriktion zu

$$\underset{1,1}{r} = \underset{1,K}{R'}\, \beta + \underset{1,1}{\delta} + \underset{1,1}{\phi}, \quad \phi \sim (0, \sigma^2 \underset{1,1}{v}). \tag{6.173}$$

Dann ist (6.172)

$$-1 + \delta^2(v + R'S^{-1}R)^{-1} \geq 0$$

genau dann, wenn

$$\lambda = \frac{\delta^2}{(v + R'S^{-1}R)} \geq 1. \tag{6.174}$$

**Satz 6.17** *Der nichterwartungstreue Schätzer $\hat{\beta}(R)$ ist MSE–I–superior über $b$ genau dann, wenn (vgl. (6.169))*

$$\lambda = \sigma^{-2}\delta'(V + RS^{-1}R')^{-1}\delta \leq 1$$

*gilt. Umgekehrt ist $b$ MSE–I–besser als $\hat{\beta}(R)$*
*(i) im Fall $J = 1$ genau dann, wenn $\lambda \geq 1$ gilt*
*und*
*(ii) im Fall $J \geq 2$ niemals.*

*Interpretation.* Im Fall $J = 1$ wird der Parameterbereich $\lambda$ in zwei disjunkte Teilbereiche ($\lambda < 1$ bzw. $\lambda > 1$) zerlegt, so dass in jedem Bereich ein Schätzer ($\hat{\beta}(R)$ bzw. $b$) den anderen dominiert. Für $\lambda = 1$ sind beide Schätzer gleichwertig. Im Fall $J \geq 2$ existiert ein Paramterbereich ($\lambda \leq 1$), in dem $\hat{\beta}(R)$ besser als $b$ ist, jedoch kein Parameterbereich, in dem $b$ besser als $\hat{\beta}(R)$ ist.

Dieser Satz gilt für den restriktiven KQ–Schätzer $b(R)$ analog (Beweis: setze $V = 0$).

**MSE–II–Superiorität von $\hat{\boldsymbol{\beta}}(\boldsymbol{R})$ über $\boldsymbol{b}$** Wir wollen die Annahmebedingungen für den nichterwartungstreuen mixed Schätzer dadurch erweitern, dass wir die beiden abgeschwächten MSE–Kriterien aus Abschnitt 6.4 einsetzen. Nach Definition 6.4 ist $\hat{\beta}(R)$ MSE-II-besser als $b$, falls

$$\mathrm{sp}\{\Delta(b, \hat{\beta}(R)\} = \mathrm{sp}\{\mathrm{V}(b) - \mathrm{V}(\hat{\beta}(R)\} - \mathrm{Bias}(\hat{\beta}(R), \beta)'\mathrm{Bias}(\hat{\beta}(R), \beta) \geq 0 \tag{6.175}$$

gilt. Unter Verwendung von (6.166) und (6.167) und mit der Abkürzung

$$A = V + RS^{-1}R' \tag{6.176}$$

ist dies äquivalent zu

$$Q(\delta) = \sigma^{-2}\delta' A^{-1}RS^{-1}S^{-1}R'A^{-1}\delta \leq \mathrm{sp}(S^{-1}R'A^{-1}RS^{-1}). \tag{6.177}$$

Diese Parameterbedingung ist nicht testbar in dem Sinne, dass keine Statistik existiert, die die linke Seite $Q(\delta)$ von (6.177) als Nichtzentralitätsparameter enthält. Einer Idee von Wallace (1972) folgend, suchen wir eine hinreichende Bedingung. Dazu bestimmen wir eine reguläre symmetrische $(K, K)$–Matrix $E$ so, dass gilt

$$\sigma^{-2}\delta' A^{-1}RS^{-1}ES^{-1}R'A^{-1}\delta = \sigma^{-2}\delta' A^{-1}\delta = \lambda \tag{6.178}$$

mit $\lambda$ (vgl. (6.169)) als Nichtzentralitätsparameter von $F$ (6.170). Eine Lösung dieses Problems ist mit

$$E = S + SR^{+}VR^{+'}S \tag{6.179}$$

und $R^+ = R'(RR')^{-1}$ (Satz A.66 (vi)) gegeben:

$$RS^{-1}ES^{-1}R' = A.$$

Nach Satz A.44 gilt

$$\lambda_{min}(E) \le \frac{\sigma^{-2}\delta' A^{-1} RS^{-1}ES^{-1}R'A^{-1}\delta}{Q(\delta)} = \frac{\lambda}{Q(\delta)}, \tag{6.180}$$

oder äquivalent,

$$Q(\delta) \le \frac{\lambda}{\lambda_{min}(E)}. \tag{6.181}$$

Damit ist

$$\lambda \le \lambda_{min}(E)\mathrm{sp}(S^{-1}R'(V + RS^{-1}R')^{-1}RS^{-1}) = \lambda_2 \tag{6.182}$$

hinreichend für die Erfüllung der Bedingung (6.177) und überdies ist (6.182) testbar. Unter $\mathrm{H}_0 : \lambda \le \lambda_2$ folgt $F$ (6.170) einer $F_{J,T-K}(\lambda_2)$–Verteilung.

*Anmerkung.* Im Fall $V = 0$ ist $E = S$ und (6.182) geht über in die bereits bekannte (notwendige und hinreichende) Bedingung (6.65) für die MSE–II–Superiorität des restriktiven KQ–Schätzers $b(R)$ über $b$.

**MSE–III–Vergleich von $\hat\beta(R)$ und $b$** Nach Definition 6.1 (vgl. (6.66)) ist $\hat\beta(R)$ MSE–III–besser als $b$, falls (mit $A$ aus (6.176))

$$\mathrm{sp}\{S\Delta(b, \hat\beta(R))\} = \sigma^2 \mathrm{sp}\{A^{-1}RS^{-1}R'\} - \delta' A^{-1}RS^{-1}R'A^{-1}\delta \ge 0, \tag{6.183}$$

d.h. äquivalent, falls

$$\begin{aligned} \sigma^{-2}\delta' A^{-1}RS^{-1}R'A^{-1}\delta &\le J - \mathrm{sp}(A^{-1}V) \\ &= J - \sum_{j=1}^{J}(1+\lambda_j)^{-1} \\ &= \sum \lambda_j(1+\lambda_j)^{-1} \end{aligned} \tag{6.184}$$

gilt, wobei $\lambda_1 \ge \ldots \ge \lambda_J > 0$ die Eigenwerte von $V^{-1/2}RS^{-1}R'V^{-1/2}$ sind.

Dies folgt aus

$$\begin{aligned} \mathrm{sp}(A^{-1}V) &= \mathrm{sp}(V^{1/2}A^{-1}V^{1/2}) && [\text{A.13}] \\ &= \mathrm{sp}((V^{-1/2}AV^{-1/2})^{-1}) && [\text{A.18}] \\ &= \mathrm{sp}\{(I + V^{-1/2}RS^{-1}R'V^{-1/2})^{-1}\} \\ &= \mathrm{sp}\{(I + \Lambda)^{-1}\} && [\text{A.27 (v)}] \\ &= \textstyle\sum_{j=1}^{J}(1+\lambda_j)^{-1}. && [\text{A.27 (iii)}] \end{aligned}$$

Für die linke Seite von (6.184) gilt

$$\begin{aligned} &\sigma^{-2}\delta' A^{-1}(RS^{-1}R' + V - V)A^{-1}\delta \\ &= \sigma^{-2}\delta' A^{-1}\delta - \sigma^{-2}\delta' A^{-1} V A^{-1}\delta \\ &\leq \sigma^{-2}\delta' A^{-1}\delta = \lambda \end{aligned} \tag{6.185}$$

mit $\lambda$ aus (6.169).

Damit ist

$$\lambda \leq \sum \lambda_j (1+\lambda_j)^{-1} = \lambda_3 \tag{6.186}$$

hinreichend zur Erfüllung der Bedingung (6.183). Die Bedingung kann wieder mit $F$ (6.170) getestet werden, da $F$ unter $H_0 : \lambda \leq \lambda_3$ einer $F_{J,T-K}(\lambda_3)$–Verteilung folgt.

*Anmerkung.* Aus $\lambda_1 \geq \ldots \geq \lambda_J > 0$ folgt

$$J \frac{\lambda_J}{1+\lambda_J} \leq \sum_{j=1}^{J} \frac{\lambda_j}{1+\lambda_j} \leq J \frac{\lambda_1}{1+\lambda_1}. \tag{6.187}$$

Dann würde z.B. $\lambda_J > (J-1)^{-1}$ im Fall $J \geq 2$ sicherstellen, dass $\lambda_3 > 1$ ist und das MSE–III–Kriterium tatsächlich eine Abschwächung gegenüber dem MSE–I–Kriterium darstellt. Im Fall $J = 1$ wird $\lambda_3 = \frac{\lambda_1}{1+\lambda_1} < 1$, so dass die Abschwächung mit der hinreichenden Bedingung (6.186) nicht erreicht wird.

Weitere Probleme, wie der MSE–I–Vergleich von zwei verzerrten mixed Schätzern, Minimum MSE–Schätzung, schrittweise Verfahren zur Aufnahme verzerrter stochastischer Restriktionen werden in Freund und Trenkler (1986), Teräsvirta (1979b; 1981; 1982; 1986), Toutenburg (1989a; 1989b), Trenkler und Toutenburg (1992b), Liski, Toutenburg und Trenkler (1993) behandelt.

## 6.9 Abgeschwächte lineare Restriktionen

### 6.9.1 Schwache $r$–Erwartungstreue

In der Praxis der Modellbildung und –prüfung kann man häufig auf externe Information wie Vorschätzung, natürliche Restriktionen des Parameterbereichs, Schätzungen aus Submodellen oder Expertenschätzungen zurückgreifen.

Die bisher flexibelste Form derartiger Information mündet in die stochastische lineare Restriktion ($r : J \times 1$, $R : J \times K$)

$$r = R\beta + \phi, \quad \phi \sim (0, V). \tag{6.188}$$

Das komplizierteste Problem ist die Identifizierung der Kovarianzmatrix $V$. Fehlspezifikationen von $V$ oder Schätzung von $V$ können zum Verlust der Superiorität des mixed Schätzers $\hat{\beta}(R)$ gegenüber $b$ führen und damit den Einsatz der Zusatzinformation in Frage stellen.

Wenn man $V$ nicht kennt, so kann man sich—statt $V$ zu schätzen—auf den rationalen, unbestreitbaren Kern der Zusatzinformation (6.188) beschränken, nämlich auf die Tatsache

$$\mathrm{E}(r) = R\beta. \tag{6.189}$$

Dann nutzt man diese Information dadurch aus, dass man Schätzer $\hat{\beta}$ von $\beta$ so konstruiert, dass

$$\mathrm{E}(R\hat{\beta}|r) = r \tag{6.190}$$

für den realisierten Vektor $r$ gilt.

**Definition 6.4** *Ein Schätzer $\hat{\beta}$ von $\beta$ heißt schwach $r$–erwartungstreu bezüglich einer stochastischen linearen Restriktion $r = R\beta + \phi$, falls $\mathrm{E}(R\hat{\beta}|r) = r$ gilt.*

Dieser Begriff wurde in Toutenburg, Trenkler und Liski (1992) eingeführt.

### 6.9.2 Optimale schwach $r$–erwartungstreue Schätzer

**a) Inhomogener Ansatz** Sei $\hat{\beta} = Cy + d$ ein linearer inhomogener Schätzer. Dann ist die Nebenbedingung der $r$-Erwartungstreue äquivalent zu

$$\mathrm{E}(R\hat{\beta}) = RCX\beta + Rd = r. \tag{6.191}$$

Wählen wir als Risikofunktion wieder $R_1(\hat{\beta}, \beta, A)$ (7.39) mit $A > 0$, so haben wir als Optimierungsproblem ($\lambda$ ein $J \times 1$–Vektor aus Lagrange–Multiplikatoren)

$$\min_{C,d,\lambda} \{R_1(\hat{\beta}, \beta, A) - 2\lambda'(RCX\beta + Rd - r)\} = \min_{C,d,\lambda} g(C, d, \lambda). \tag{6.192}$$

Differentiation von $g(C, d, \lambda)$ führt zu den Normalgleichungen (Sätze A.91, A.92)

$$\frac{1}{2}\frac{\partial g}{\partial d} = Ad + A(CX - I)\beta - R'\lambda = 0, \tag{6.193}$$

$$\begin{aligned} \frac{1}{2}\frac{\partial g}{\partial C} &= ACX\beta'\beta X' - A\beta\beta' X' + Ad\beta' X' + \sigma^2 ACW - R'\lambda\beta' X' \\ &= 0 \end{aligned} \tag{6.194}$$

$$\frac{1}{2}\frac{\partial g}{\partial \lambda} = RCX\beta + Rd - r = 0. \tag{6.195}$$

Aus (6.193) erhalten wir

$$Ad = -A(CX - I)\beta + R'\lambda. \tag{6.196}$$

Eingesetzt in (6.194) folgt

$$\sigma^2 ACW = 0$$

und—wegen $A > 0$, $W > 0$—damit $C = 0$. Damit folgt aus (6.195)

$$d = \beta + A^{-1}R'\lambda \tag{6.197}$$

und aus (6.194)

$$Rd = r = R\beta + (RA^{-1}R')\lambda,$$

also

$$\hat{\lambda} = (RA^{-1}R')^{-1}(r - R\beta)$$

und (vgl. (6.197))

$$\hat{d} = \beta + A^{-1}R'(RA^{-1}R')^{-1}(r - R\beta).$$

**Satz 6.18** *Der inhomogene $R_1$-optimale schwach $r$-erwartungstreue Schätzer von $\beta$ ist*

$$\hat{\beta}_1(\beta, A) = \beta + A^{-1}R'(RA^{-1}R')^{-1}(r - R\beta) \tag{6.198}$$

*und hat das Risiko*

$$R_1[\hat{\beta}_1(\beta, A), \beta, A] = (r - R\beta)'(RA^{-1}R')^{-1}(r - R\beta). \tag{6.199}$$

*Interpretation.* (i) Der Schätzer $\hat{\beta}_1(\beta, A)$ ist die Summe aus dem $R_1$-optimalen inhomogenen Schätzer $\hat{\beta}_1 = \beta$ und einem Korrekturterm, der die schwache $r$–Erwartungstreue sichert:

$$\begin{aligned} \mathrm{E}[R\hat{\beta}_1(\beta, A)] &= R\beta + (RA^{-1}R')(RA^{-1}R')^{-1}(r - R\beta) \\ &= r. \end{aligned} \tag{6.200}$$

(ii) $\hat{\beta}_1(\beta, A)$ ist nicht operational. Falls man $\beta$ durch eine beliebige—erwartungstreue oder nichterwartungstreue—Schätzung $\tilde{\beta}$ ersetzt, so ist der zweistufige Schätzer $\hat{\beta}(\tilde{\beta}, A)$ in jedem Fall schwach erwartungstreu:

$$\mathrm{E}[R\hat{\beta}_1(\tilde{\beta}, A)] = R\,\mathrm{E}(\tilde{\beta}) + (RA^{-1}R')(RA^{-1}R')^{-1}(r - R\,\mathrm{E}(\tilde{\beta})) = r. \tag{6.201}$$

Obwohl $\hat{\beta}_1(\beta, A)$ also nichtoperational ist, liefert dieser Schätzer jedoch die Struktur operationaler Schätzer, die schwach $r$-erwartungstreu sind und die— auf Grund der $R_1$–Optimalität von $\hat{\beta}_1(\beta, A)$—auch günstige statistische Eigenschaften erwarten lassen.

(iii) Da $\hat{\beta}_1(\beta, A)$ explizit von der Matrix $A$ abhängt, definiert die mögliche Variation der Matrix $A$ eine Klasse von Schätzern, in der $A$ de facto einen zusätzlichen Parameter darstellt. Sei z.B. $b$ als Ersetzung für $\beta$ gewählt. Dann liefert die Wahl $A = S$ den restriktiven KQ–Schätzer $b(R)$ (vgl. (6.11))

$$\hat{\beta}_1(b, S) = b + S^{-1}R'(RS^{-1}R')^{-1}(r - Rb).$$

**b) Homogener Ansatz** Für $\hat{\beta} = Cy$ ist die Nebenbedingung der schwachen $r$–Erwartungstreue äquivalent zu

$$RCX\beta = r. \tag{6.202}$$

Durch Einsetzen von $d = 0$ in (6.192) und Differentiation erhalten wir sofort die Normalgleichungen

$$\frac{1}{2}\frac{\partial g}{\partial C} = ACB - A\beta\beta'X' - R\lambda'\beta'X' = 0, \tag{6.203}$$

$$\frac{1}{2}\frac{\partial g}{\partial \lambda} = RCX\beta - r = 0, \tag{6.204}$$

wobei zur Abkürzung

$$B = X\beta\beta'X' + \sigma^2 W \tag{6.205}$$

gesetzt wird. Auflösung von (6.203) nach $C$ ergibt

$$C = \beta\beta'X'B^{-1} + A^{-1}R'\lambda'\beta'X'B^{-1}, \tag{6.206}$$

so dass in Kombination mit (6.204)

$$RCX\beta = r = [R\beta + (RA^{-1}R')\lambda']\alpha(\beta) \tag{6.207}$$

und

$$\hat{\lambda}' = (RA^{-1}R')^{-1}\left(\frac{r}{\alpha(\beta)} - R\beta\right) \tag{6.208}$$

folgt, wobei $\alpha(\beta)$ in (7.21) definiert ist. Setzen wir $\hat{\lambda}$ in (6.206) ein, so folgt

$$\hat{C} = \beta\beta'X'B^{-1} + A^{-1}R'(RA^{-1}R')^{-1}\left(\frac{r}{\alpha(\beta)} - R\beta\right)\beta'X'B^{-1}. \tag{6.209}$$

Dann ist die $R_1$–optimale homogene schwach $r$–erwartungstreue Schätzung $\hat{C}y$ gleich

$$\hat{\beta}_2(\beta, A) = \beta\alpha(y) + A^{-1}R'(RA^{-1}R')^{-1}\left(\frac{r}{\alpha(\beta)} - R\beta\right)\alpha(y), \qquad (6.210)$$

wobei

$$\alpha(y) = \beta'X'B^{-1}y = \frac{\beta'X'W^{-1}y}{\sigma^2 + \beta'S\beta} \qquad (6.211)$$

gesetzt wird (vgl. (7.18) - (7.20)).

$\hat{\beta}_2 = \beta\alpha(y)$ ist der $R_1$–optimale homogene Schätzer von $\beta$ (vgl. (7.20)).

Wegen $E(\alpha(y)) = \alpha(\beta)$ folgt

$$\mathrm{E}[R\hat{\beta}_2(\beta, A)] = R\beta\alpha(\beta) + \frac{r}{\alpha(\beta)}\alpha(\beta) - R\beta\alpha(\beta) = r, \qquad (6.212)$$

so dass $\hat{\beta}_2(\beta, A)$ schwach $r$–erwartungstreu ist. Bezüglich $\beta$ selbst ist der Schätzer jedoch nichterwartungstreu:

$$\mathrm{Bias}[\hat{\beta}_2(\beta, A), \beta] = \beta(\alpha(\beta) - 1) + z\alpha(\beta) \qquad (6.213)$$

mit

$$z = A^{-1}R'(RA^{-1}R')^{-1}(\frac{r}{(\alpha(\beta))} - R\beta). \qquad (6.214)$$

Die Kovarianzmatrix hat die Gestalt

$$\mathrm{V}(\hat{\beta}_2(\beta, A)) = \mathrm{V}(\hat{\beta}_2) + zz'\frac{\sigma^2\alpha(\beta)}{\sigma^2 + \beta'S\beta} + 2z'\beta\frac{\sigma^2\alpha(\beta)}{\sigma^2 + \beta'S\beta} \qquad (6.215)$$

mit $V(\hat{\beta}_2)$ aus (7.24). Damit wird die MSE–Matrix

$$M(\hat{\beta}_2(\beta, A), \beta) = M(\hat{\beta}_2, \beta) + zz'\alpha(\beta) \qquad (6.216)$$

mit $M(\hat{\beta}_2, \beta)$ aus (7.25), und es gilt

$$\Delta(\hat{\beta}_2(\beta, A), \hat{\beta}_2) = zz'\alpha(\beta) \geq 0. \qquad (6.217)$$

**Satz 6.19** *Der $R_1$–optimale homogene schwach $r$–erwartungstreue Schätzer von $\beta$ ist $\hat{\beta}_2(\beta, A)$ (6.210) mit dem $R_1$–Risiko*

$$\begin{aligned} R_1(\hat{\beta}_2(\beta, A), \beta, A) &= R_1(\hat{\beta}_2, \beta, A) \\ &+\alpha(\beta)(\frac{r}{(\alpha(\beta))} - R\beta)'(RA^{-1}R')^{-1}(\frac{r}{(\alpha(\beta))} - R\beta), \end{aligned} \qquad (6.218)$$

*wobei $R_1(\hat{\beta}_2, \beta, A) = sp(AM(\hat{\beta}_2, \beta))$ das $R_1$–Risiko von $\hat{\beta}_2$ (7.20) ist.*

### 6.9.3 Optimale Ersetzung von $\beta$

Aus der Relation (6.201) entnehmen wir, dass jede Ersetzung von $\beta$ durch eine beliebige Schätzung $\tilde{\beta}$ die $r$–Erwartungstreue von $\hat{\beta}_1(\beta, A)$ nicht antastet. Damit stellt sich in natürlicher Weise das Problem, eine Ersetzung $\tilde{\beta}$ so zu finden, dass das Risiko $R_1(\hat{\beta}(\tilde{\beta}), \beta, A)$ minimal über einer Klasse von Schätzern $\tilde{\beta}$ wird. Wir beschränken uns hier auf die Klasse $\{\tilde{\beta} = \tilde{C}y | \tilde{C}X = I\}$ von linearen homogenen erwartungstreuen Schätzern.

Sei zur Abkürzung

$$\tilde{A} = A^{-1}R'(RA^{-1}R')^{-1} \tag{6.219}$$

gesetzt, so wird

$$\hat{\beta}_1(\tilde{C}y, A) = \tilde{C}y + \tilde{A}(r - \tilde{C}y) \tag{6.220}$$

und es folgt Erwartungstreue bezüglich $\beta$

$$\begin{aligned} \mathrm{E}(\hat{\beta}_1(\tilde{C}y, A)) &= \tilde{C}X\beta + \tilde{A}(r - R\tilde{C}X\beta) \\ &= \beta. \end{aligned} \tag{6.221}$$

Die Kovarianzmatrix ist

$$\mathrm{V}(\hat{\beta}_1(\tilde{C}y, A)) = \sigma^2(I - \tilde{A}R)\tilde{C}W\tilde{C}'(I - \tilde{A}R)'. \tag{6.222}$$

Sei eine weitere Matrix zur Abkürzung eingeführt

$$Q = I - A^{-1/2}R'(RA^{-1}R')^{-1}RA^{-1/2}, \tag{6.223}$$

so ist $Q$ idempotent vom Rang $K - J$ und es gilt

$$(I - R'\tilde{A}')A(I - \tilde{A}R) = A^{1/2}QA^{1/2}. \tag{6.224}$$

Sei $\Lambda = (\lambda_1, \dots, \lambda_K)$ eine $(K, K)$–Matrix mit $(K, 1)$–Vektoren $\lambda_i$ aus Lagrange–Multiplikatoren und $(\tilde{C}X - I)_{(i)}$ $(i = 1, \dots, K)$ die $i$–te Spalte der Matrix $\tilde{C}X - I$. Dann ist die $R_1$–optimale erwartungstreue Operationalisierung $\tilde{\beta} = \tilde{C}y$ des Schätzers $\hat{\beta}(\tilde{\beta}, A)$ Lösung des Optimierungsproblems

$$\begin{aligned} &\min_{\tilde{C},\Lambda}\{\mathrm{sp}[AV(\hat{\beta}_1(\tilde{C}y, A))] - 2\sum_{i=1}^{K}\lambda_i'(\tilde{C}X - I)_{(i)}\} \\ &= \min_{\tilde{C},\Lambda}\{\sigma^2\mathrm{sp}[A^{1/2}QA^{1/2}\tilde{C}W\tilde{C}'] - 2\sum_{i=1}^{K}\lambda_i'(\tilde{C}X - I)_{(i)}\} \\ &= \min_{\tilde{C},\Lambda} g(\tilde{C}, \Lambda). \end{aligned} \tag{6.225}$$

Differentiation nach $\tilde{C}$ und $\Lambda$ ergibt die Normalgleichungen

$$\frac{1}{2}\frac{\partial g(\tilde{C},\Lambda)}{\partial \tilde{C}} = A^{1/2}QA^{1/2}\tilde{C}W - \Lambda X' = 0 \tag{6.226}$$

$$\frac{1}{2}\frac{\partial g(\tilde{C},\Lambda)}{\partial \Lambda} = \tilde{C}X - I = 0. \tag{6.227}$$

Rechtsmultiplikation von (6.226) mit $W^{-1}X$ liefert mit (6.227)

$$\hat{\Lambda} = A^{1/2}QA^{1/2}S^{-1} \tag{6.228}$$

und nach Einsetzen in (6.226) folgt die Gleichung

$$A^{1/2}QA^{1/2}[\tilde{C} - S^{-1}X'W^{-1}] = 0. \tag{6.229}$$

Eine partikuläre Lösung ist dann durch

$$\tilde{C}_* = S^{-1}X'W^{-1} \tag{6.230}$$

gegeben, so dass $\tilde{\beta} = b$ und

$$\hat{\beta}_1(\tilde{C}_* y, A) = b + A^{-1}R'(RA^{-1}R')^{-1}(r - Rb) \tag{6.231}$$

folgt.

Ein interessanter Spezialfall ist mit der Wahl $A = S$ gegeben, so dass $R_1(\hat{\beta}, \beta, S)$ das $R_3$-Risiko ist (vgl. (7.5)).

**Satz 6.20** *Sei die Klasse $\hat{\beta}_1(\tilde{C}y, S)$ von schwach $r$–erwartungstreuen Schätzern mit $\tilde{C}y$ einer beliebigen (für $\beta$) erwartungstreuen Schätzung gegeben. Dann ist der restriktive KQ–Schätzer*

$$b(R) = b + S^{-1}R'(RS^{-1}R')^{-1}(r - Rb) \tag{6.232}$$

*$R_3$–optimal.*

*Anmerkung.* Die Problemstellung der schwachen $r$–Erwartungstreue beinhaltet eine Reihe offener Fragen, wie z.B. die Anpassung von sogenannten Rate–Schätzern (prior guess) $\beta^*$ von $\beta$. Hierzu sind die Lösungsansätze in Toutenburg und Walther (1992) zu finden. Eine alternative Idee zur Verarbeitung schwacher Restriktionen (im Sinne fehlspezifizierter oder unbekannter Kovarianzmatrizen ($\mathrm{E}(\phi\phi') = V$) wird in Kapitel 11 in Zusammenhang mit der Ersetzung fehlender Werte in der $X$–Matrix gegeben. Die gewichtete mixed Schätzung bewertet a–priori die Stichprobeninformation höher als die Zusatzinformation.

### 6.9.4 RLSE als Ersatz für den mixed Schätzer

Die korrekte a–priori Information (6.139) ist operational, falls die Kovarianzmatrix $V$ bekannt ist. Falls $V$ unbekannt ist, sind die Methoden aus Abschnitt 6.8.2 zur Schätzung von $V$ mit den angeführten Konsequenzen einzusetzen.

Ein alternativer Ansatz besteht darin, die restriktive KQ–Schätzung $b(R)$ zu verwenden. Der restriktive KQ–Schätzer $b(R)$ kann dann als mixed Schätzer interpretiert werden, der statt der wahren Kovarianzmatrix $V$ die fehlspezifizierte Matrix $O$ verwendet. Um dies zu verdeutlichen, wählen wir hier die Bezeichnungsweise

$$b(R) = b(R, O) = b + S^{-1}R'(RS^{-1}R' + O)^{-1}(r - Rb). \tag{6.233}$$

Die Erwartungstreue von $b(R, O)$ bleibt erhalten:

$$\mathrm{E}(b(R, O)) = \beta. \tag{6.234}$$

Für die Kovarianzmatrix gilt

$$\mathrm{V}(b(R, O)) = V(b(R)) + \sigma^2 S^{-1}R'(RS^{-1}R')^{-1}V(RS^{-1}R')^{-1}RS^{-1}, \tag{6.235}$$

wobei $V(b(R))$ die Kovarianzmatrix des restriktiven KQ–Schätzers aus (6.13) ist.

Der MSE–Vergleich der beiden erwartungstreuen Schätzungen $b(R, O)$ und $\hat{\beta}(R)$ reduziert sich auf den Vergleich der Kovarianzmatrizen. Sei zur Abkürzung

$$A = S^{-1}R'(RS^{-1}R')^{-1}V^{1/2} \tag{6.236}$$

gesetzt, so gilt

$$\Delta(b(R, O), \hat{\beta}(R)) = \sigma^2 A[I - (I + V^{1/2}(RS^{-1}R')^{-1}V^{1/2})^{-1}]A'. \tag{6.237}$$

Da $b(R, O)$ der Schätzer zur fehlspezifizierten Kovarianzmatrix ist, gilt stets

$$\Delta(b(R, O), \hat{\beta}(R)) \geq 0. \tag{6.238}$$

Über die Größe des Effizienzverlusts lässt sich nichts aussagen, da $V$ unbekannt ist.

Vergleicht man $b(R, O)$ mit der KQ–Schätzung $b$, so ist der fehlspezifizierte Schätzer $b(R, O)$ MSE–besser als $b$, falls

$$\Delta(b, b(R, O)) = \sigma^2 A[V^{-1/2}RS^{-1}R'V^{-1/2} - I]A' \geq 0, \tag{6.239}$$

d.h. äquivalent, falls

$$\lambda_{min}(V^{-1/2}RS^{-1}R'V^{-1/2}) \geq 1$$

gilt.

# 7. Das verallgemeinerte lineare Regressionsmodell

## 7.1 Einleitung

In den Anwendungen linearer Modelle in Ökonomie, Sozialwissenschaften oder Medizin lässt sich häufig die Annahme unabhängiger und identisch verteilter Fehler nicht rechtfertigen. Wenn die Annahme $E\epsilon_t^2 = \sigma^2$ (für alle $t$) verletzt ist, spricht man von Heteroskedastie. Bei Verletzung der Annahme $E(\epsilon_s \epsilon_t) = 0$ (für alle $s \neq t$) heißen die Fehler abhängig. Wenn also die Annahme $E(\epsilon\epsilon') = \sigma^2 I$ des klassischen Modells in einer dieser beiden Möglichkeiten verletzt ist, muss sie durch eine allgemeine Annahme, nämlich $E(\epsilon\epsilon') = \sigma^2 W$ ersetzt werden. Damit kommen wir zum verallgemeinerten linearen Regressionsmodell in der Gestalt

$$\left.\begin{array}{l} y = X\beta + \epsilon, \\ \mathrm{E}(\epsilon) = 0, \quad \mathrm{E}(\epsilon\epsilon') = \sigma^2 W, \\ W \text{ positiv definit und bekannt}, \\ X \text{ nichtstochastisch, Rang } (X) = K. \end{array}\right\} \tag{7.1}$$

Durch die Einführung der Kovarianzmatrix $\sigma^2 W$ würde sich zwangsläufig die Zahl der (unbekannten) zu schätzenden Parameter um maximal $T(T+1)/2$ erhöhen, während die Anzahl $T$ der Beobachtungen fest bleibt. Die simultane oder auch schrittweise Schätzung aller Parameter stellt ein kompliziertes Problem dar, das nicht in geschlossener Form lösbar ist. Wir setzen deshalb voraus, dass $W$ bekannt ist, so dass nur $\beta$ und daraus $\sigma^2$ zu schätzen sind. (Da die Komponenten $\sigma^2$ und $W$ bei der Aufspaltung von $\mathrm{E}(\epsilon\epsilon')$ im allgemeinen nicht eindeutig bestimmt sind, wird man die Elemente von $W$ geeignet normieren. Üblich sind die Normierungen $\mathrm{sp}(W) = T$ oder $w_{11} = 1$.)

## 7.2 Optimale lineare Schätzungen von $\beta$

Wir beschränken uns wieder auf Schätzungen $\hat{\beta}$, die linear in $y$ sind, wählen also den Ansatz (wie in (4.67))

$$\hat{\beta} = \underset{K\times T}{C}\, y + \underset{K\times 1}{d}\,. \tag{7.2}$$

$C$ und $d$ sind nichtstochastisch und werden so gewählt, dass eine der folgenden Risikofunktionen minimiert wird:

$$R_1(\hat{\beta}, \beta, A) = \mathrm{E}(\hat{\beta} - \beta)' A (\hat{\beta} - \beta) \quad (A \text{ eine positiv definite } (K \times K)\text{–Matrix}), \tag{7.3}$$

$$R_2(\hat{\beta}, \beta, a) = \mathrm{E}[(\hat{\beta} - \beta)' a]^2 \quad (a \neq 0 \text{ ein } K \times 1\text{–Vektor}), \tag{7.4}$$

$$R_3(\hat{\beta}, \beta) = \mathrm{E}(y - X\hat{\beta})' W^{-1} (y - X\hat{\beta}). \tag{7.5}$$

**Bemerkungen**

(i) $R_1(\hat{\beta}, \beta, A)$ ist die quadratische Risikofunktion (4.69) aus Definition 4.2. Die Matrix $A$ stellt de facto einen zusätzlichen Parameter dar. Um eindeutige und von $A$ unabhängige Lösungen des Optimierungsproblems erhalten zu können, beschränken wir uns auf positiv definite Matrizen $A$. $R_1(\hat{\beta}, \beta, A)$ orientiert auf optimale Schätzungen des Parametervektors $\beta$ selbst.

(ii) Die Risikofunktion $R_2(\hat{\beta}, \beta, a) = R_1(\hat{\beta}, \beta, aa')$ orientiert auf die optimale Schätzung von linearen Funktionen $a'\beta$.

(iii) Die Risikofunktion $R_3(\hat{\beta}, \beta)$ orientiert auf eine optimale Schätzung des bedingten Erwartungswertes $\mathrm{E}(y|X) = X\beta$ bzw. äquivalent auf eine optimale (klassische) Vorhersage von $y$. Die Gewichtung mit $W^{-1}$ kürzt gewissermaßen die Fehlerstruktur heraus, so dass für $W = I$

$$R_3(\hat{\beta}, \beta) = r(\hat{\beta}, \beta) \qquad [\text{vgl. } (4.80)]$$

gilt.

Wir bestimmen dann die optimalen Schätzungen nach den drei Kriterien:

*Kriterium* $\mathbf{K_i}$. ($i = 1, 2$ oder 3) $\hat{\beta}$ heißt die lineare Schätzung mit minimalem Risiko $R_i(\hat{\beta})$—oder $\hat{\beta}$ heißt $R_i$–optimal—, wenn für festes $X$ und festes $W$ und für alle $\beta, \sigma^2$

$$R_i(\hat{\beta}, \beta, \bullet) \leq R_i(\tilde{\beta}, \beta, \bullet) \tag{7.6}$$

für jede lineare Schätzung $\tilde{\beta}$ gilt.

### $R_1$–optimale Schätzungen

**a) Inhomogene $R_1$–optimale Schätzung.** Mit dem Ansatz (7.2) erhalten wir

$$\hat{\beta} - \beta = (CX - I)\beta + d + C\epsilon \tag{7.7}$$

und daraus

$$\begin{aligned} R_1(\hat{\beta}, \beta, A) &= E[(CX - I)\beta + d + C\epsilon]' A[(CX - I)\beta + d + C\epsilon] \\ &= [(CX - I)\beta + d]' A[(CX - I)\beta + d] + E(\epsilon' C' A C\epsilon). \end{aligned} \tag{7.8}$$

Da der zweite Ausdruck von $d$ unabhängig ist, erhalten wir sofort das optimale $d$ durch Minimierung des ersten Ausdrucks als

$$\hat{d} = -(\hat{C}X - I)\beta. \tag{7.9}$$

Damit reduziert sich das Problem auf

$$\begin{aligned} \min_C E(\epsilon' C' A C\epsilon) &= \min_C \operatorname{sp}\{AC(E\epsilon\epsilon')C'\} \\ &= \min_C \sigma^2 \operatorname{sp}\{ACWC'\}. \end{aligned} \tag{7.10}$$

Es gilt (Sätze A.93–A.95)

$$\frac{\partial}{\partial C}\sigma^2 \operatorname{sp}\{ACWC'\} = 2\sigma^2 ACW, \tag{7.11}$$

woraus wir durch Nullsetzen (wegen $A$ und $W$ positiv definit und damit regulär) das optimale $C$ als $\hat{C} = 0$ erhalten. Eingesetzt in (7.9) folgt $\hat{d} = \beta$. Die inhomogene $R_1$–optimale Schätzung hat dann die Gestalt (vgl. auch Theil, 1971, p.125)

$$\hat{\beta}_1 = \beta \tag{7.12}$$

mit

$$R_1(\hat{\beta}_1, \beta, A) = 0 \quad \text{und} \quad V_{\hat{\beta}_1} = 0. \tag{7.13}$$

Das ist die optimale Schätzung von $\beta$ überhaupt. Sie ist außerdem erwartungstreu. Dieser triviale „Schätzer“ hat also Risiko Null und „zero usefulness“(Bibby und Toutenburg, 1977). Als wesentliche Information aus dieser Optimierung bleibt die Erkenntnis, dass der lineare inhomogene Ansatz zu keiner praktikablen Lösung führt und damit eine Beschränkung auf die Klasse der homogenen Schätzer erfolgen muss.

**b) Homogene $R_1$–optimale Schätzung** Es gilt mit dem Ansatz (7.2) und $d = 0$

$$\hat{\beta} - \beta = (CX - I)\beta + C\epsilon, \tag{7.14}$$

$$R_1(\hat{\beta}, \beta, A) = \beta'(X'C' - I)A(CX - I)\beta + \sigma^2 \mathrm{sp}\{ACWC'\}, \tag{7.15}$$

$$\frac{\partial R_1(\hat{\beta}, \beta, A)}{\partial C} = 2A[C(X\beta\beta'X' + \sigma^2 W) - \beta\beta'X'] \tag{7.16}$$

(Sätze A.92, A.93).

Die Matrix $(X\beta\beta'X' + \sigma^2 W)$ ist positiv definit (Satz A.40) und damit regulär, so dass wir durch Nullsetzen der ersten Ableitung das optimale $C$ erhalten

$$\hat{C} = \beta\beta'X'(X\beta\beta'X' + \sigma^2 W)^{-1}. \tag{7.17}$$

Mit Satz A.18 (iv) erhalten wir

$$(X\beta\beta'X' + \sigma^2 W)^{-1} = \sigma^{-2}W^{-1} - \frac{\sigma^{-4}W^{-1}X\beta\beta'X'W^{-1}}{1 + \sigma^{-2}\beta'X'W^{-1}X\beta}. \tag{7.18}$$

Sei zur Abkürzung

$$S = X'W^{-1}X \tag{7.19}$$

gesetzt. Wegen Rang $(X) = K$ ist $S > 0$. Damit folgt für die homogene $R_1$–optimale Schätzung

$$\begin{aligned} \hat{\beta}_2 &= \beta\left[\sigma^{-2}\beta'X'W^{-1}y - \frac{\sigma^{-4}\beta'S\beta\beta'X'W^{-1}y}{1 + \sigma^{-2}\beta'S\beta}\right] \\ &= \beta\left[\sigma^{-2} - \frac{\sigma^{-4}\beta'S\beta}{1 + \sigma^{-2}\beta'S\beta}\right]\beta'X'W^{-1}y \\ &= \beta\left[\frac{\beta'X'W^{-1}y}{\sigma^2 + \beta'S\beta}\right] \end{aligned} \tag{7.20}$$

(vgl. Rao, 1973, p.305 und Schaffrin, 1985, 1986 und 1987).

Sei

$$\alpha(\beta) = \frac{\beta'S\beta}{\sigma^2 + \beta'S\beta}, \tag{7.21}$$

so gilt $\alpha(\beta) < 1$. Damit wird $\hat{\beta}_2$ nichterwartungstreu mit

$$\mathrm{E}(\hat{\beta}_2) = \beta\alpha(\beta), \tag{7.22}$$

so dass wegen $\alpha(\beta) < 1$ im Mittel eine Unterschätzung aller Komponenten von $\beta$ erfolgt. Wir bestimmen

$$\begin{aligned}\text{Bias}(\hat{\beta}_2, \beta) &= \text{E}(\hat{\beta}_2) - \beta \\ &= (\alpha(\beta) - 1)\beta \\ &= \frac{-\sigma^2}{\sigma^2 + \beta' S \beta}\beta \end{aligned} \tag{7.23}$$

und die Kovarianzmatrix

$$\text{V}(\hat{\beta}_2) = \sigma^2 \beta\beta' \cdot \frac{\beta' S \beta}{(\sigma^2 + \beta' S \beta)^2}, \tag{7.24}$$

so dass die Mean–Square–Error–Matrix die Gestalt hat

$$M(\hat{\beta}_2, \beta) = \frac{\sigma^2 \beta\beta'}{\sigma^2 + \beta' S \beta}. \tag{7.25}$$

*Spezialfall* $K = 1$. Dann ist $\beta$ ein Skalar und $X = x$ ein $T \times 1$–Vektor. Sei $W = I$. Dann wird

$$\hat{\beta}_2 = \frac{x'y}{x'x + \sigma^2 \beta^{-2}} \tag{7.26}$$

$$= b \cdot (1 + \sigma^2 \beta^{-2} (x'x)^{-1})^{-1}, \tag{7.27}$$

wobei $b$ die KQ–Schätzung $b = \frac{x'y}{x'x}$ von $\beta$ im Modell $y_t = \beta x_t + \epsilon_t$ ist (vgl. (4.116)). $\hat{\beta}_2$ (7.27) ist ein Shrinkage–Schätzer von $\beta$ (vgl. Abschnitt 4.12.3).

Der Schätzer $\hat{\beta}_2$ enthält den unbekannten Parameter $\sigma^{-1}\beta$ und ist damit nicht operational. Von Interesse sind jedoch zwei Ergebnisse:

(i) die Struktur des Schätzers, die man zur Ableitung operationaler zweistufiger Schätzungen nutzen kann und

(ii) das Minimum des $R_1$–Riskos in der Klasse aller homogenen Schätzungen, das durch

$$R_1(\hat{\beta}, \beta, A) = \text{sp}\{AM(\hat{\beta}_2, \beta)\} \tag{7.28}$$

mit $M(\hat{\beta}_2, \beta)$ aus (7.25) gegeben ist.

Um operationale Schätzer zu erhalten, kann man $\sigma^{-1}\beta$ in $\hat{\beta}_2$ schätzen oder a–priori–Information nutzen bzw. alternativ die Klasse der zugelassenen homogenen Schätzungen durch Bedingungen wie die Erwartungstreue einschränken.

**c) Homogene erwartungstreue $R_1$–optimale Schätzung** Die Bedingung der Erwartungstreue einer homogenen Schätzung war nach (4.85) äquivalent zu

$$CX - I = 0 \tag{7.29}$$

oder zeilenweise aufgeschlüsselt

$$c_i'X - e_i' = 0 \quad (i = 1, \dots, K), \tag{7.30}$$

wobei $e_i'$ bzw. $c_i'$ der $i$–te Zeilenvektor von $I$ bzw. $C$ ist.

Damit reduziert sich (7.15) auf $R_1(\hat{\beta}, \beta, A) = \sigma^2 \text{sp}(ACWC')$ und wir erhalten das optimale $C$ als Lösung des quadratischen Optimierungsproblems unter linearen Nebenbedingungen

$$\min_C \tilde{R}_1 = \min_C \left\{ \sigma^2 \text{sp}\{ACWC'\} - 2 \sum_{i=1}^{K} \lambda_i'(c_i'X - e_i')' \right\} \tag{7.31}$$

aus den Normalgleichungen

$$\frac{\partial \tilde{R}_1}{\partial C} = 2\sigma^2 ACW - 2\Lambda X' = 0, \tag{7.32}$$

$$\frac{\partial \tilde{R}_1}{\partial \Lambda} = 2(CX - I) = 0 \tag{7.33}$$

($\lambda_i$: $K \times 1$-Vektoren aus LAGRANGE–Multiplikatoren, $\underset{K \times K}{\Lambda} = \begin{pmatrix} \lambda_1' \\ \vdots \\ \lambda_K' \end{pmatrix}$) als

$$\hat{C} = (X'W^{-1}X)^{-1}X'W^{-1} = S^{-1}X'W^{-1}. \tag{7.34}$$

Die Bedingung (7.29) der Erwartungstreue ist erfüllt:

$$\hat{C}X = S^{-1}X'W^{-1}X = S^{-1}S = I. \tag{7.35}$$

Damit wird die homogene erwartungstreue $R_1$–optimale Schätzung

$$\hat{\beta}_3 = b = S^{-1}X'W^{-1}y \tag{7.36}$$

mit

$$R_1(b, \beta, A) = \sigma^2 \text{sp}(AS^{-1}) = \text{sp}(AV_b), \tag{7.37}$$

$$V_b = \sigma^2 S^{-1}. \tag{7.38}$$

Wir fassen zusammen:

**Satz 7.1** *Im verallgemeinerten linearen Regressionsmodell haben die im Sinne der Minimierung der Risikofunktion*

$$R_1(\hat{\beta}, \beta, A) = E(\hat{\beta} - \beta)'A(\hat{\beta} - \beta) \tag{7.39}$$

*optimalen Schätzungen von $\beta$ die Gestalt*

$$\begin{aligned} &a)\ \textit{inhomogen:} && \hat{\beta}_1 = \beta, \\ &b)\ \textit{homogen:} && \hat{\beta}_2 = \beta \left[\frac{\beta' X' W^{-1} y}{\sigma^2 + \beta' S \beta}\right], \\ &c)\ \textit{homogen erwartungstreu:} && \hat{\beta}_3 = b = S^{-1} X' W^{-1} y. \end{aligned}$$

*Die $R_1$-optimalen Schätzungen sind unabhängig von $A > 0$.*

## $R_2$-optimale Schätzungen

Wegen der Unabhängigkeit der $R_1$-optimalen Schätzungen von $A$ können wir das Kriterium $K_1$ so erweitern, dass alle symmetrischen positiv definiten $K \times K$-Matrizen $A$ zugelassen sind. Schwächen wir die Bedingungen weiter ab und fordern wir nur, dass $A$ nichtnegativ definit ist, so erhalten wir

*Kriterium* $\tilde{K}_1$. $\hat{\beta}$ heißt $\tilde{R}_1$-optimale Schätzung, wenn für festes $(X, W)$ und für alle $(\beta, \sigma^2)$ und für eine beliebige Matrix $A \geq 0$

$$E(\hat{\beta} - \beta)' A (\hat{\beta} - \beta) \leq E(\tilde{\beta} - \beta)' A (\tilde{\beta} - \beta) \tag{7.40}$$

gilt, wobei $\tilde{\beta}$ eine beliebige lineare Schätzung ist. Damit ist jede $R_1$-optimale Schätzung auch $\tilde{R}_1$-optimal und zugleich eine $R_2$-optimale Schätzung, wie der folgende Satz zeigt.

**Satz 7.2** *Die Kriterien $\tilde{K}_1$ und $K_2$ sind äquivalent.*

*Beweis.* 1. Jede $R_2$-optimale Schätzung $\hat{\beta}$ ist $\tilde{R}_1$-optimal:

Es sei $A$ eine beliebige nichtnegativ definite Matrix mit den Eigenwerten $\lambda_i \geq 0$ und den zugehörigen orthonormal gewählten Eigenvektoren $p_i$. Dann besitzt $A$ die Darstellung

$$A = \sum_{i=1}^{K} \lambda_i p_i p_i' . \tag{7.41}$$

Wenn $\hat{\beta}$ $R_2$-optimal ist, so gilt für jede Schätzung $\tilde{\beta}$ und für $a = p_i \quad (i = 1, \ldots, K)$

$$\mathrm{E}(\hat{\beta} - \beta)' p_i p_i' (\hat{\beta} - \beta) \leq \mathrm{E}(\tilde{\beta} - \beta)' p_i p_i' (\tilde{\beta} - \beta), \tag{7.42}$$

also auch

$$\lambda_i \, \mathrm{E}(\hat{\beta} - \beta)' p_i p_i' (\hat{\beta} - \beta) \leq \lambda_i \, \mathrm{E}(\tilde{\beta} - \beta)' p_i p_i' (\tilde{\beta} - \beta) \tag{7.43}$$

und damit

$$\mathrm{E}(\hat{\beta}-\beta)'(\sum \lambda_i p_i p_i')(\hat{\beta}-\beta) \leq \mathrm{E}(\tilde{\beta}-\beta)'(\sum \lambda_i p_i p_i')(\tilde{\beta}-\beta). \tag{7.44}$$

D.h. $\hat{\beta}$ ist auch $\tilde{R}_1$–optimal.

2. Jede $\tilde{R}_1$–optimale Schätzung $\hat{\beta}$ ist $R_2$–optimal:

Zu den in Kriterium $\tilde{K}_1$ zugelassenen nichtnegativ definiten Matrizen $A$ gehören speziell die Matrizen $A = aa'$, wobei $a \neq 0$ ein beliebiger $K \times 1$–Vektor ist. Wenn $\hat{\beta}$ $\tilde{R}_1$–optimal ist, so gilt für $A = aa'$

$$\mathrm{E}(\hat{\beta}-\beta)'aa'(\hat{\beta}-\beta) \leq \mathrm{E}(\tilde{\beta}-\beta)'aa'(\tilde{\beta}-\beta), \tag{7.45}$$

so dass $\hat{\beta}$ auch $R_2$–optimal ist.

### $R_3$–optimale Schätzungen

Mit $\hat{\beta} = Cy + d$ wird

$$\begin{aligned} R_3(\hat{\beta},\beta) &= \mathrm{E}(y - X\hat{\beta})'W^{-1}(y - X\hat{\beta}) \\ &= [(I - CX)\beta - d]'S[(I - CX)\beta - d] \\ &\quad + \sigma^2 \mathrm{sp}[W^{-1}(I - XC)W(I - C'X')] \\ &= u^2 + v^2. \end{aligned} \tag{7.46}$$

Da $d$ nur im ersten Ausdruck $u^2$ enthalten ist, ergibt die Minimierung von $R_3(\hat{\beta},\beta)$ bezüglich $d$ sofort $u^2 = 0$ für

$$\hat{d} = (I - \hat{C}X)\beta, \tag{7.47}$$

wobei wir $\hat{C}$ aus der Minimierung von $v^2$ gewinnen (Sätze A.91–A.95):

$$v^2 = \sigma^2 \mathrm{sp}[I + C'SCW - 2C'X'] \quad \text{(Satz A.13 (iv))}, \tag{7.48}$$

$$\frac{1}{2\sigma^2}\frac{\partial v^2}{\partial C} = SCW - X' = 0, \tag{7.49}$$

$$\hat{C} = S^{-1}X'W^{-1}. \tag{7.50}$$

Daraus folgt

$$\hat{d} = (I - S^{-1}X'W^{-1}X)\beta = 0, \tag{7.51}$$

so dass der inhomogene und der homogene Ansatz dieselbe Lösung, d.h. die (überdies erwartungstreue) $R_3$–optimale Schätzung $b = S^{-1}X'W^{-1}y$ liefern, die wir bereits in (7.36) erhalten haben.

**Satz 7.3** *Die $R_3$–optimale Schätzung von $\beta$ hat die Gestalt*

$$b = S^{-1}X'W^{-1}y \tag{7.52}$$

*mit*

$$S = X'W^{-1}X, \quad V_b = \sigma^2 S^{-1} \tag{7.53}$$

*und*

$$R_3(b,\beta) = \sigma^2 sp(I - W^{-1}XS^{-1}X') = \sigma^2(T-K). \tag{7.54}$$

## 7.3 Aitken–Schätzung

Wir wollen die der klassischen KQ–Schätzung $b = (X'X)^{-1}X'y$ entsprechende Schätzung von $\beta$ im verallgemeinerten Regressionsmodell (7.1) herleiten und verwenden deshalb folgende Transformation. Die Produktdarstellungen von $W$ und $W^{-1}$ lauten [A.31 (iii)]

$$W = MM \quad \text{und} \quad W^{-1} = NN \tag{7.55}$$

mit $M = W^{1/2}$ und $N = W^{-1/2}$ regulär und quadratisch. Wir transformieren das Modell (7.1) durch Linksmultiplikation mit $N$:

$$Ny = NX\beta + N\epsilon \tag{7.56}$$

und setzen

$$Ny = \tilde{y}, \quad NX = \tilde{X}, \quad N\epsilon = \tilde{\epsilon}. \tag{7.57}$$

Dann gilt

$$\mathrm{E}(\tilde{\epsilon}) = \mathrm{E}(N\epsilon) = 0, \quad \mathrm{E}(\tilde{\epsilon}\tilde{\epsilon}') = \mathrm{E}(N\epsilon\epsilon'N) = \sigma^2 I, \tag{7.58}$$

so dass das transformierte Modell $\tilde{y} = \tilde{X}\beta + \tilde{\epsilon}$ den Annahmen des klassischen Regressionsmodells genügt. Die KQ–Schätzung von $\beta$ in diesem Modell hat die Gestalt

$$\begin{aligned} b &= (\tilde{X}'\tilde{X})^{-1}\tilde{X}'\tilde{y} \\ &= (X'NN'X)^{-1}X'NN'y \\ &= (X'W^{-1}X)^{-1}X'W^{-1}y. \end{aligned} \tag{7.59}$$

Damit haben wir durch Rücktransformation die KQ–Schätzung von $\beta$ im verallgemeinerten Modell abgeleitet.

$b = (\tilde{X}'\tilde{X})^{-1}\tilde{X}'\tilde{y}$ ist, wie wir wissen, auch die GM–Schätzung im transformierten Modell. Die GM–Eigenschaft von $b$ überträgt sich auch auf das Modell (7.1):

$$\begin{aligned} b &= S^{-1}X'W^{-1}y \quad \text{ist erwartungstreu:} \\ \mathrm{E}(b) &= (X'W^{-1}X)^{-1}X'W^{-1}\,\mathrm{E}(y) \\ &= (X'W^{-1}X)^{-1}X'W^{-1}X\beta = \beta. \end{aligned} \tag{7.60}$$

$b$ besitzt die kleinste Varianz (im Sinne von Satz 4.9):

Es sei $\tilde{\beta} = \tilde{C}y$ eine beliebige erwartungstreue Schätzung von $\beta$. Wir setzen wieder

$$\tilde{C} = \hat{C} + D \tag{7.61}$$

mit

$$\hat{C} = S^{-1}X'W^{-1}. \tag{7.62}$$

Die Erwartungstreue von $\tilde{\beta}$ bedingt $DX = 0$ (also wird $\hat{C}WD = 0$). Damit erhalten wir für die Kovarianzmatrix

$$\begin{aligned} V_{\tilde{\beta}} &= \mathrm{E}(\tilde{C}\epsilon\epsilon'\tilde{C}') \\ &= \sigma^2(\hat{C} + D)W(\hat{C}' + D') \\ &= \sigma^2\hat{C}W\hat{C}' + \sigma^2 DWD' \\ &= V_b + \sigma^2 DWD', \end{aligned} \tag{7.63}$$

so dass $V_{\tilde{\beta}} - \mathrm{V}_b = \sigma^2 D'WD$ nichtnegativ definit wird (Satz A.41 (v)).

Dieses Resultat formuliert der folgende

**Satz 7.4** *GAUSS–MARKOV–AITKEN-Theorem. Im verallgemeinerten linearen Regressionsmodell ist die verallgemeinerte KQ–Schätzung*

$$b = (X'W^{-1}X)^{-1}X'W^{-1}y \tag{7.64}$$

*mit der Kovarianzmatrix*

$$V_b = \sigma^2(X'W^{-1}X)^{-1} = \sigma^2 S^{-1} \tag{7.65}$$

*die beste lineare erwartungstreue Schätzung von* $\beta$.

(Wir bezeichnen $b$ auch als AITKEN– oder als GM–Schätzung).

$b$ ist gleichzeitig $R_3$–optimal und die homogene erwartungstreue $R_1$– bzw. $R_2$–optimale Schätzung. Analog zum klassischen Modell schätzen wir $\sigma^2$ und $V_b$ durch

$$s^2 = (y - Xb)'W^{-1}(y - Xb)(T - K)^{-1} \tag{7.66}$$

und

$$\hat{V}_b = s^2 S^{-1}. \tag{7.67}$$

Beide Schätzungen sind erwartungstreu:

$$\mathrm{E}(s^2) = R_3(b,\beta)(T-K)^{-1} = \sigma^2 \quad \text{und} \quad \mathrm{E}(\hat{V}_b) = \sigma^2 S^{-1}. \tag{7.68}$$

Analog zu Satz 4.11 gilt

**Satz 7.5** *Im verallgemeinerten linearen Regressionsmodell ist*

$$\hat{d} = a'b \tag{7.69}$$

*mit der Varianz*

$$\mathrm{var}(\hat{d}) = \sigma^2 a' S^{-1} a = a' V_b a \tag{7.70}$$

*die beste lineare erwartungstreue Schätzung der Linearform* $d = a'\beta$.

## 7.4 Fehlspezifikation der Kovarianzmatrix

Wir setzen das verallgemeinerte Regresssionsmodell (7.1) und damit speziell $W$ als wahr voraus und untersuchen den Einfluss einer falschen Wahl der Kovarianzmatrix auf die Güte der damit verbundenen Schätzung von $\beta$ bzw. $\sigma^2$ im Vergleich zur GM–Schätzung $b$ (7.64) bzw. $s^2$ (7.66).

Die Ursachen für diese Fehlspezifikation können darin begründet sein, dass

1. der korrelative Zusammenhang zwischen den Fehlern $\epsilon_t$ nicht erkannt oder (etwa aus Gründen der Rechenerleichterung) vernachlässigt und die klassische KQ–Schätzung verwendet wurde,
2. der korrelative Zusammenhang allgemein durch eine Matrix $\tilde{W} \neq W$ beschrieben wird,
3. die Matrix $W$ unbekannt ist und aus einer Vorstichprobe stochastisch unabhängig von $y$ durch $\hat{W}$ geschätzt wird.

In jedem Fall erhalten wir eine Schätzung der Gestalt

$$\hat{\beta} = (X'AX)^{-1} X'Ay, \tag{7.71}$$

wobei wir $A \neq W^{-1}$ symmetrisch, nichtstochastisch und so gewählt voraussetzen, dass $(X'AX)$ regulär ist. Dann gilt

$$\mathrm{E}(\hat{\beta}) = \beta, \tag{7.72}$$

d.h. $\hat{\beta}$ (7.71) ist für jede fehlspezifizierte Matrix $A$ erwartungstreu (sofern Rang $(X'AX) = K$) .

Für die Kovarianzmatrix von $\hat{\beta}$ erhalten wir

$$V_{\hat{\beta}} = \sigma^2 (X'AX)^{-1} X'AWAX(X'AX)^{-1}. \tag{7.73}$$

Der durch den Satz 7.4 gesicherte Verlust an Wirksamkeit durch Verwendung von $\hat{\beta}$ anstelle der GM–Schätzung $b = S^{-1}X'W^{-1}y$ wird

$$\begin{aligned} V_{\hat{\beta}} - V_b = \sigma^2 [&(X'AX)^{-1}X'A - S^{-1}X'W^{-1}] \\ \times W[&(X'AX)^{-1}X'A - S^{-1}X'W^{-1}]'. \end{aligned} \tag{7.74}$$

Diese Matrix ist nach Satz 7.4 und nach Satz A.41 (iv) nichtnegativ definit. Kein Verlust an Wirksamkeit tritt ein, wenn

$$(X'AX)^{-1}X'A = S^{-1}X'W^{-1} \quad \text{bzw.} \quad \hat{\beta} = b \quad \text{gilt.} \tag{7.75}$$

Besteht die erste Spalte von $X$ nur aus Einsen, so setzen wir $X = (\mathbf{1}, x_2, \ldots, x_K) = (\mathbf{1}\,\tilde{X})$.

Für diesen Fall und $A = I$, d.h. im Fall der Verwendung der klassischen KQ–Schätzung $\hat{\beta} = (X'X)^{-1}X'y$, gibt McElroy (1967) folgenden Satz an.

**Satz 7.6** *Die klassische KQ–Schätzung $b = (X'X)^{-1}X'y$ ist GM–Schätzung im verallgemeinerten linearen Regressionsmodell genau dann, wenn $X = (\mathbf{1}\,\tilde{X})$ und*

$$W = (1-\rho)I + \rho\mathbf{1}\mathbf{1}' \tag{7.76}$$

*mit $0 \le \rho < 1$ und $\mathbf{1}' = (1, 1, \ldots, 1)$ gilt.*

Mit anderen Worten, es gilt in diesem Modell

$$(X'X)^{-1}X'y = (X'W^{-1}X)^{-1}X'W^{-1}y \tag{7.77}$$

für alle $y$ genau dann, wenn die Fehler $\epsilon_t$ gleiche Varianz $\sigma^2$ und gleiche nichtnegative Kovarianzen $\sigma^2\rho$ besitzen. Eine Matrix dieser Gestalt heißt zusammengesetzt symmetrisch (compound symmetric).

Den Verlust an Wirksamkeit bei der Schätzung von $\sigma^2$ durch eine Statistik $\hat{\sigma}^2$, die auf der Basis von $\hat{\beta}$ (7.71) gewonnen wird, erhält man wie folgt:

Es wird

$$\begin{aligned} \hat{\epsilon} = y - X\hat{\beta} &= (I - X(X'AX)^{-1}X'A)\epsilon, \\ (T-K)\hat{\sigma}^2 &= \hat{\epsilon}'\hat{\epsilon} = \mathrm{sp}\{(I - X(X'AX)^{-1}X'A)\epsilon\epsilon'(I - AX(X'AX)^{-1}X')\}, \\ \mathrm{E}(\hat{\sigma}^2)(T-K) &= \sigma^2 \mathrm{sp}(W - X(X'AX)^{-1}X'A) \\ &\quad + \ \mathrm{sp}\{\sigma^2 X(X'AX)^{-1}X'A(I-2W) + XV_{\hat{\beta}}X'\}. \end{aligned} \tag{7.78}$$

Wählt man die Normierung $\operatorname{sp}(W) = T$, so wird der erste Ausdruck in (7.78) gleich $T-K$ (Satz A.13). Für den Fall $\hat{\beta} = (X'X)^{-1}X'y$ (d.h. $A = I$) erhalten wir

$$\begin{aligned} \mathrm{E}(\hat{\sigma}^2) &= \sigma^2 + \frac{\sigma^2}{T-K}\operatorname{sp}[X(X'X)^{-1}X'(I-W)] \\ &= \sigma^2 + \frac{\sigma^2}{T-K}(K - \operatorname{sp}[(X'X)^{-1}X'WX]). \end{aligned} \tag{7.79}$$

Die mittlere Verzerrung der Schätzung von $\sigma^2$ auf der Basis der mit der klassischen KQ–Schätzung gebildeten Statistik $\hat{\sigma}^2$ wird also durch den zweiten Ausdruck in (7.79) gegeben. Diese Größe wird bei Fehlerprozessen mit positiver Korrelation im allgemeinen negativ sein, so dass eine Unterschätzung der wahren Varianz vorliegt und damit eine bessere Anpassung vorgetäuscht wird (vgl. hierzu die Beispiele in Goldberger (1964), p.288ff. für die Fälle der Heteroskedastie und der Autoregression 1. Art).

*Anmerkung.* Theorem 4.6 in Rao und Toutenburg (1999, p.108) gibt allgemeine Bedingungen für die algebraische Übereinstimmung von KQ– und Aitken–Schätzung. In einer Übersicht hat Puntanen (1986) zahlreiche Publikationen zu dieser Problematik ausgewertet. Baksalary (1988) charakterisiert die Bedeutung der Bedingungen für die Übereinstimmung beider Schätzungen damit, dass dadurch festgehalten wird, welche unbekannten Kovarianzstrukturen ohne Konsequenzen für die beste lineare erwartungstreue Schätzung ignoriert werden können. Weitere interessante Bedingungen und Aspekte wie die relative Effizienz der KQ–Schätzung bei bestimmten Strukturen von $W$ behandeln die Arbeiten von Krämer (1980) und Krämer und Donninger (1987).

## 7.5 Heteroskedastie und Autoregression

Der Fehlerprozess $\{\epsilon_t\}$ heißt heteroskedastisch, wenn

$$\mathrm{E}(\epsilon_t \epsilon_{t}') = \begin{cases} \sigma_t^2 & \text{für } t = t' \\ 0 & \text{für } t \neq t' \end{cases} \tag{7.80}$$

gilt. Damit wird die Kovarianzmatrix

$$\mathrm{E}(\epsilon\epsilon') = \sigma^2 W = \sigma^2 \begin{pmatrix} k_1 & 0 & \cdots & 0 \\ 0 & k_2 & \cdots & 0 \\ \vdots & \vdots & \ddots & \vdots \\ 0 & 0 & \cdots & k_T \end{pmatrix} = \sigma^2 \operatorname{diag}(k_1, \ldots, k_T) \tag{7.81}$$

mit $k_t = \sigma_t^2 / \sigma^2$.

Wählt man die Normierung sp $\{W\} = T$, so wird

$$\sum k_t = \sum \sigma_t^2/\sigma^2 = T \quad \text{und damit} \quad \sigma^2 = \sum \sigma_t^2/T \tag{7.82}$$

der Mittelwert der Varianzen. Die verallgemeinerte KQ–Schätzung hat wegen

$$W^{-1} = \text{diag}(k_1^{-1}, \ldots, k_t^{-1}) \tag{7.83}$$

und mit $X' = (x_1, \ldots, x_T)$ die Gestalt

$$b = \left(\sum x_t x_t' \frac{1}{k_t}\right)^{-1} \left(\sum x_t y_t \frac{1}{k_t}\right), \tag{7.84}$$

so dass $b$ eine gewichtete Regressionsschätzung darstellt, die die gewichtete Fehlerquadratsumme

$$R_3(\hat{\beta}, \beta) = \hat{\epsilon}' W^{-1} \hat{\epsilon} = \sum \hat{\epsilon}_t^2 \frac{1}{k_t} \tag{7.85}$$

minimiert.

Im Fall der Homoskedastie ($\sigma_t^2 = \sigma^2$ für alle $t = 1, \ldots, T$) liegt das klassische lineare Modell vor.

Als ein wichtiges und in Anwendungen (etwa in der Varianzanalyse) häufig auftretendes Beispiel für Heteroskedastie soll hier der Fall genannt sein, dass die Beobachtungen in $m$ Gruppen (z.B. $m$ Therapien) unterteilt sind, wobei die Varianzen innerhalb einer Gruppe gleich sind. Der Fehlerprozess besitzt dann eine spezielle blockdiagonale Kovarianzmatrix:

$$\text{E}(\epsilon\epsilon') = \begin{pmatrix} \sigma_1^2 I & 0 & \cdots & 0 \\ 0 & \sigma_2^2 I & \cdots & 0 \\ \vdots & \vdots & \ddots & \vdots \\ 0 & 0 & \cdots & \sigma_m^2 I \end{pmatrix} = \text{diag}(\sigma_1^2 I, \ldots, \sigma_m^2 I). \tag{7.86}$$

Die Aufspaltung des Modells in die Beobachtungsgruppen hat dabei die Gestalt

$$\begin{pmatrix} y_1 \\ y_2 \\ \vdots \\ y_m \end{pmatrix} = \begin{pmatrix} X_1 \\ X_2 \\ \vdots \\ X_m \end{pmatrix} \beta + \begin{pmatrix} \epsilon_1 \\ \epsilon_2 \\ \vdots \\ \epsilon_m \end{pmatrix}. \tag{7.87}$$

Diese Modellstruktur finden wir allgemeiner auch im $m$–dimensionalen (multivariaten) Regressionsmodell (vgl. Toutenburg (1992a)).

**Autoregression 1. Art** Es sei $\{u_t\}$ $(t = \ldots, -2, -1, 0, 1, 2, \ldots)$ ein zufälliger Prozess mit

$$\mathrm{E}(u_t) = 0,\ \mathrm{E}(u_t^2) = \sigma_u^2,\ \mathrm{E}(u_t u_{t'}) = 0 \quad \text{für} \quad t \neq t'. \tag{7.88}$$

Mit $\{u_t\}$ werde der folgende stationäre, zufällige Prozess erzeugt:

$$v_t - \mu = \rho(v_{t-1} - \mu) + u_t\,, \tag{7.89}$$

wobei $|\rho| < 1$ und $\rho$ eine Prozesskonstante ist. Durch wiederholte Substitution des Modells (7.89) in sich selbst finden wir die Relation

$$v_t - \mu = \sum_{s=0}^{\infty} \rho^s u_{t-s} \tag{7.90}$$

und daraus wegen (7.88)

$$\mathrm{E}(v_t) = \mu + \sum_{s=0}^{\infty} \rho^s\, \mathrm{E}(u_{t-s}) = \mu, \tag{7.91}$$

$$\begin{aligned} \mathrm{E}(v_t - \mu)^2 &= \sum_{s=0}^{\infty}\sum_{r=0}^{\infty} \rho^{s+r}\, \mathrm{E}(u_{t-s}u_{t-r}) \\ &= \sigma_u^2 \sum_{s=0}^{\infty} \rho^{2s} = \sigma_u^2(1-\rho^2)^{-1} = \sigma^2 \end{aligned} \tag{7.92}$$

Damit besitzt der Vektor $v' = (v_1, \ldots, v_T)$ den Erwartungswert

$$\mathrm{E}(v') = (\mu, \ldots, \mu)$$

und die Kovarianzmatrix $\Sigma = \sigma^2 W$ mit

$$W = \begin{pmatrix} 1 & \rho & \rho^2 & \cdots & \rho^{T-1} \\ \rho & 1 & \rho & \cdots & \rho^{T-2} \\ \vdots & \vdots & \vdots & & \vdots \\ \rho^{T-1} & \rho^{T-2} & \rho^{T-3} & \cdots & 1 \end{pmatrix}, \tag{7.93}$$

deren Inverse von der Gestalt $\Sigma^{-1} = \sigma^{-2} W^{-1}$ mit

$$W^{-1} = \frac{1}{1-\rho^2} \begin{pmatrix} 1 & -\rho & 0 & \cdots & 0 & 0 \\ -\rho & 1+\rho^2 & -\rho & \cdots & 0 & 0 \\ 0 & -\rho & 1+\rho^2 & \cdots & 0 & 0 \\ \vdots & \vdots & \vdots & & \vdots & \vdots \\ 0 & 0 & 0 & \cdots & 1+\rho^2 & -\rho \\ 0 & 0 & 0 & \cdots & -\rho & 1 \end{pmatrix} \tag{7.94}$$

ist.

Wir setzen $\epsilon_t = v_t$ und $\mu = 0$ und erhalten damit das verallgemeinerte lineare Regressionsmodell mit einem autoregressiven Fehlerprozess 1. Art in der Gestalt (7.1), wobei $W$ aus (7.93) ist. Die GM–Schätzung von $\beta$ ist

$$b = (X'W^{-1}X)^{-1}X'W^{-1}y \quad \text{mit } W^{-1} \text{ aus (7.94).} \tag{7.95}$$

**Test auf Autoregression** Wie wir in Abschnitt 7.4 sahen, hat eine Fehlspezifikation der Kovarianzmatrix von $\epsilon$ starke Auswirkungen auf die Güte der Schätzungen. Haben die Fehler $\epsilon_t$ eine nichtsphärische Verteilung, d.h. gilt $W \neq I$, so besitzt die klassische KQ–Schätzung nicht mehr die GM–Eigenschaft, und es treten Verzerrungen bei der damit verbundenen Schätzung von $\sigma^2$ auf. Vor jeder Schätzung muss deshalb eine Prüfung der über $W$ getroffenen Annahmen erfolgen, wobei in Ermangelung eines allgemeinen Tests auf sphärische Verteilung spezifische Nullhypothesen gegen abgegrenzte Alternativen getestet werden.

Der DURBIN–WATSON-Test für

$$\mathrm{H}_0 : \rho = 0 \quad \text{gegen} \quad \mathrm{H}_1 : \rho > 0$$

basiert auf der Test–Statistik

$$d = \frac{\sum_{t=2}^{T}(\hat{\epsilon}_t - \hat{\epsilon}_{t-1})^2}{\sum_{t=1}^{T}\hat{\epsilon}_t^2}, \tag{7.96}$$

wobei die $\hat{\epsilon}_t$ die geschätzten Fehler aus der klassischen Regression sind. $d$ ist in Anlehnung an den empirischen Autokorrelationskoeffizienten $\hat{\rho}$ des Stichprobenvektors $\hat{\epsilon} = y - X(X'X)^{-1}X'y$ konstruiert:

$$\hat{\rho} = \frac{\sum_{t=2}^{T}\hat{\epsilon}_t\hat{\epsilon}_{t-1}}{\sqrt{\sum_{t=2}^{T}\hat{\epsilon}_t^2}\sqrt{\sum_{t=2}^{T}\epsilon_{t-1}^2}}. \tag{7.97}$$

Verwendet man die Näherung

$$\sum_{t=1}^{T}\hat{\epsilon}_t^2 \approx \sum_{t=2}^{T}\hat{\epsilon}_t^2 \approx \sum_{t=2}^{T}\hat{\epsilon}_{t-1}^2, \tag{7.98}$$

so wird

$$d = \frac{2\sum\hat{\epsilon}_t^2 - 2\sum\hat{\epsilon}_t\hat{\epsilon}_{t-1}}{\sum\hat{\epsilon}_t^2} = 2(1-\hat{\rho}). \tag{7.99}$$

Es gilt $0 < d < 4$; für $\hat{\rho} = 0$ wird $d = 2$. Falls $\hat{\rho} < 0$ ist, verwendet man $\tilde{d} = 4 - d$.

Die Verteilung von $d$ liegt für festes $T$ und $K$ zwischen den Verteilungen zweier anderer Statistiken $d_l$ und $d_u$, für die kritische Werte $d_l^*, d_u^*$ von Durbin und Watson (1950, 1951) tabelliert wurden (vgl. Tabelle 7.1).

Der einseitige Test der Hypothese $H_0 : \rho = 0$ gegen $H_1 : \rho > 0$ hat die Gestalt

$H_0$ nicht ablehnen, wenn $d \geq d_u^*$,
$H_0$ ablehnen, wenn $d \leq d_l^*$,
keine Entscheidung, wenn $d_l^* < d < d_u^*$

.

**Behandlung von Autokorrelation**

**(i) zweistufige Schätzung** Falls $H_0 : \rho = 0$ abgelehnt wird, verwendet man die Schätzung $\hat{\rho}$ (7.97) und bildet damit die Schätzung $\hat{W}^{-1}$ für $W^{-1}$ aus (7.94). Dies führt zur zweistufigen Aitken–Schätzung

$$\hat{b} = (X'\hat{W}^{-1}X)^{-1}X'\hat{W}^{-1}y, \tag{7.100}$$

die unter relativ allgemeinen Bedingungen konsistent ist, d.h. es gilt (vgl. Satz A.99)

$$p\lim \hat{b} = \beta. \tag{7.101}$$

Unter Umständen lässt sich die Konvergenzgeschwindigkeit dadurch verbessern, dass man den Prozess der Schätzung von $\rho$ und $\beta$ iteriert: Start mit der klassischen KQ–Schätzung $b_0 = (X'X)^{-1}X'y$, Berechnung von $\hat{\epsilon} = y - Xb_0$, $\hat{\rho}$ (7.97) und $\hat{b}$ (7.100). Danach wird $\hat{\epsilon} = y - X\hat{b}$ und daraus $\hat{\rho}$ und dann $\hat{b}$ berechnet usw. Der Prozess bricht ab, wenn sich $\hat{\rho}$ und $\hat{b}$ nicht mehr wesentlich ändern (Stoppbedingung, vgl. z.B. Schönfeld, 1969, S.210 ff. und Schneeweiß, 1990, S.183).

**(ii) Variablentransformation** Eine alternative Prozedur bei nachgewiesener Autokorrelation 1. Ordnung besteht in einer Transformation der Variablen so, dass die neuen Variablen eine homoskedastische Kovarianzstruktur aufweisen (vgl. Toutenburg und Trenkler (1998)).

Wir definieren die Differenzen

$$\Delta_\rho y_t = y_t - \rho y_{t-1}, \tag{7.102}$$

$$\Delta_\rho x_{it} = x_{it} - \rho x_{it-1}, \tag{7.103}$$

$$u_t = \epsilon_t - \rho \epsilon_{t-1}, \tag{7.104}$$

wobei die $u_t$ gemäß (7.88) und (7.89) ($\epsilon_t = v_t$ gesetzt) die Kovarianzmatrix $\sigma^2 I$ besitzen.

Damit geht das Modell

$$y = X\beta + \epsilon \qquad \epsilon \sim (0, \sigma^2 W)$$

mit $W$ aus (7.93) über in das klassische Regressionsmodell

$$\Delta_\rho y_t = \beta_0(1-\rho) + \beta_1 \Delta_\rho x_{1t} + \ldots + \beta_K \Delta_\rho x_{Kt} + u_t\,. \tag{7.105}$$

*Hinweis.* Bis auf $\beta_0$ bleiben alle anderen Parameter unverändert.

Sofern $\rho$ bekannt ist, wird $\beta$ durch die gewöhnliche KQ–Schätzung bestimmt.

Falls $\rho$ unbekannt ist, hat man wieder eine zweistufige Prozedur durchzuführen:

Schätzung von $\hat{\rho}$ nach (7.97), KQ–Schätzung von $\beta$ im Modell (7.105) nach Einsetzen von $\hat{\rho}$. Unter Umständen ist diese Prozedur auch zu iterieren. In der Anwendung ist unter allgemeinen Bedingungen zu erwarten, dass diese und die vorhergehende zweistufige iterative Prozedur zu übereinstimmenden Schätzungen führen. Falls $\rho$ in der Nähe von 1 liegt, führt häufig die Verwendung der *ersten Differenzen*

$$\Delta y_t = y_t - y_{t-1} \tag{7.106}$$

$$\Delta x_{it} = x_{it} - x_{it-1} \tag{7.107}$$

$$u_t = \epsilon_t - \epsilon_{t-1} \tag{7.108}$$

bereits zu akzeptablen Resultaten.

*Anmerkung.* Die Transformation durch erste Differenzen wird häufig auch als Methode zur Stabilisierung der Designmatrix $X'X$ im Fall von schwacher Multikollinearität angewendet, da die ersten Differenzen (7.107) nahezu unkorreliert sind.

| | $K^*=1$ | | $K^*=2$ | | $K^*=3$ | | $K^*=4$ | | $K^*=5$ | |
|---|---|---|---|---|---|---|---|---|---|---|
| T | $d_l^*$ | $d_u^*$ | $d_l^*$ | $d_u^*$ | $d_l^*$ | $d_u^*$ | $d_l^*$ | $d_u^*$ | $d_l^*$ | $d_u^*$ |
| 15 | 1.08 | 1.36 | 0.95 | 1.54 | 0.82 | 1.75 | 0.69 | 1.97 | 0.56 | 2.21 |
| 20 | 1.20 | 1.41 | 1.10 | 1.54 | 1.00 | 1.68 | 0.90 | 1.83 | 0.79 | 1.99 |
| 30 | 1.35 | 1.49 | 1.28 | 1.57 | 1.21 | 1.67 | 1.14 | 1.74 | 1.07 | 1.83 |
| 40 | 1.44 | 1.54 | 1.39 | 1.60 | 1.34 | 1.66 | 1.29 | 1.72 | 1.23 | 1.79 |
| 50 | 1.50 | 1.59 | 1.46 | 1.63 | 1.42 | 1.65 | 1.38 | 1.72 | 1.34 | 1.77 |

**Tabelle 7.1.** 5 %-Signifikanzpunkte für den Durbin-Watson-Test (Durbin und Watson, 1951). ($K^*$ = Anzahl der echten $X$–Variablen nach Abzug der Konstanten)

*Beispiel 7.5.1.* Wir betrachten das einfache lineare Regressionsmodell mit der Scheinvariablen **1** und einer exogenen Einflussgröße $X$:

$$y_t = \beta_0 + \beta_1 x_t + \epsilon_t, \quad \epsilon_t \sim N(0, \sigma_t^2), \tag{7.109}$$

d.h. in Matrizenschreibweise

$$y = (\mathbf{1}, X) \begin{pmatrix} \beta_0 \\ \beta_1 \end{pmatrix} + \epsilon, \quad \epsilon \sim N(0, \sigma^2 W). \tag{7.110}$$

Sei folgender Datensatz vom Umfang $T = 6$ gegeben

$$y = \begin{pmatrix} 1 \\ 3 \\ 2 \\ 3 \\ 0 \\ 2 \end{pmatrix} \qquad X = \begin{pmatrix} 1 & -4 \\ 1 & 3 \\ 1 & 4 \\ 1 & 5 \\ 1 & 3 \\ 1 & 3 \end{pmatrix}.$$

Wir berechnen

$$\begin{aligned}
X'X &= \begin{pmatrix} 6 & 14 \\ 14 & 84 \end{pmatrix}, \quad X'y = \begin{pmatrix} 11 \\ 34 \end{pmatrix} \\
|X'X| &= 308 \\
(X'X)^{-1} &= \frac{1}{308} \begin{pmatrix} 84 & -14 \\ -14 & 6 \end{pmatrix} \\
b = (X'X)^{-1}X'y &= \frac{1}{308} \begin{pmatrix} 448 \\ 50 \end{pmatrix} = \begin{pmatrix} 1.45 \\ 0.16 \end{pmatrix} \\
\hat{y} = Xb &= \begin{pmatrix} 0.81 \\ 1.93 \\ 2.09 \\ 2.25 \\ 1.93 \\ 1.93 \end{pmatrix}, \\
\hat{\epsilon} = y - Xb &= \begin{pmatrix} 0.19 \\ 1.07 \\ -0.09 \\ 0.75 \\ -1.93 \\ 0.07 \end{pmatrix} \\
\hat{\rho} &= \frac{\sum_{t=2}^{6} \hat{\epsilon}_{t-1} \hat{\epsilon}_t}{\sum_{t=2}^{6} \hat{\epsilon}_{t-1}^2} = \frac{-1.54}{5.45} = -0.28, \\
d &= 2(1 - \hat{\rho}) = 2.56, \\
\tilde{d} &= 4 - d = 1.44.
\end{aligned}$$

Aus Tabelle 7.1 entnehmen wir für $K^* = 1$ (ein echter Regressor), dass zu $T = 6$ ein kritischer Wert $d_u^* < 1.36$ gehört. Gemäß der Testregel ist wegen $\tilde{d} = 1.44 > 1.36$ die Nullhypothese $H_0 : \rho = 0$ nicht abzulehnen. Die negative Autokorrelation $\hat{\rho} = -0.28$ ist also nicht signifkant. Damit wird $\begin{pmatrix} \beta_0 \\ \beta_1 \end{pmatrix}$ im Modell (7.110) durch die klassische KQ–Schätzung $b = \begin{pmatrix} 1.45 \\ 0.16 \end{pmatrix}$ geschätzt.

# 8. Vorhersage von $Y$ im verallgemeinerten Regressionsmodell

## 8.1 Das Vorhersagemodell

Die bisherigen statistischen Untersuchungen bezogen sich auf das Problem, ein Modell

$$y = X\beta + \epsilon, \quad \epsilon \sim (0, \sigma^2 W); \quad \text{Rang}\,(X) = K \tag{8.1}$$

optimal an die Datenmatrix $(y, X)$ anzupassen, wobei Optimalität auf die Bestimmung des Parametervektors $\beta$ bezogen war. Eine wesentliche Aufgabe besteht jedoch auch darin, das Modell auf bisher nicht realisierte Werte der endogenen Variablen $Y$ anzuwenden. Wir setzen $X$ als nichtstochastisch voraus.

Liegen diese $y$–Werte außerhalb des bisherigen Wertebereichs $(y_{min}, y_{max})$, so spricht man von Extrapolation. Soll ein $y$–Wert aus dem Wertebereich geschätzt werden, so spricht man von Interpolation (sofern dieser $y$–Wert nicht beobachtet wurde) bzw. von ex-post–Vorhersage (für realisierte $y$–Werte). Die globale Bezeichnung für die Schätzung von $y$–Werten lautet Vorhersage.

Sei $\{\Upsilon\}$ eine Indexmenge und $y_\tau$, $\tau \in \{\Upsilon\}$ eine Menge von $y$–Werten, die partiell oder vollständig unbekannt sind. Grundlage der Vorhersage von $y_\tau$ ist die Annahme, dass die $y_\tau$ aus dem gleichen Modell wie der Vektor $y$ stammen, d.h. es gelte

$$y_{\tau *} = x'_{\tau *}\beta + \epsilon_{\tau *} \tag{8.2}$$

mit $\beta$ aus dem Stichprobenmodell (8.1).

In Matrizendarstellung erhalten wir für $n$ Werte $y_{1*}, \dots, y_{n*}$ das Modell

$$\underset{n,1}{y_*} = \underset{n,K}{X_*}\,\beta + \underset{n,1}{\epsilon_*}, \quad \epsilon_* \sim (0, \sigma^2 \underset{n,n}{W_*}). \tag{8.3}$$

Der Index $*$ soll die Unterscheidung vom Stichprobenmodell (8.1) hervorheben. Wenn die Fehler $\epsilon$ des Stichprobenmodells und die Fehler $\epsilon_*$ des Vorhersagemodells jeweils eine von der Unabhängigkeit abweichende Kovarianzstruktur besitzen, so ist es vernünftig, auch einen korrelativen Zusammenhang zwischen $\epsilon$ und $\epsilon_*$ vorauszusetzen:

$$\mathrm{E}(\epsilon\epsilon_*') = \sigma^2 \underset{T,n}{W_0} = \sigma^2(w_1, \cdots, w_n). \tag{8.4}$$

Diese Voraussetzung ist die wesentliche Quelle für mögliche Verbesserungen der Vorhersage gegenüber der klassischen Vorhersage auf Basis des Korollars zum Gauss-Markov–Aitken–Theorem (Satz 7.5). Wir setzen voraus, dass die Matrix $X_*$ bekannt ist. Voraussetzungen an den Rang von $X_*$ sind im allgemeinen nicht erforderlich. Falls jedoch Rang $(X_*) = K \leq n$ gilt, hat dies einen günstigen Einfluss auf die Prognoseoptimalität (vgl. Abschnitt 8.4).

Die Annahme „$X_*$ bekannt" ist typisch für die Prognosesituation in vielen Anwendungen. Die Werte in $X_*$ können Versuchspläne, Varianten für eingesetzte Ressourcen etc. sein.

**Klassische Vorhersage** Unter der klassischen Vorhersage verstehen wir die Schätzung des bedingten Erwartungswertes $E(y_*|X_*) = X_*\beta$. Nach Satz 7.5 erhalten wir für jede Komponente $x_{\tau*}'\beta$ von $X_*\beta$ die beste lineare erwartungstreue Schätzung als (p steht für predictor)

$$\hat{p}_\tau = x_{\tau*}'b \tag{8.5}$$

mit $b = S^{-1}X'W^{-1}y$ der Gauss–Markov–Aitken-Schätzung von $\beta$ und

$$\mathrm{Var}(\hat{p}_\tau) = x_{\tau*}'V(b)x_{\tau*}\,. \tag{8.6}$$

Für den gesamten Vektor $y_*$ wird dann die klassische Vorhersage $\hat{p}_{klassisch} = \hat{p}_0$:

$$\hat{p}_0 = X_*b \tag{8.7}$$

mit

$$\mathrm{V}(\hat{p}_0) = X_*V(b)X_*' \tag{8.8}$$

und

$$\mathrm{V}(b) = \sigma^2 S^{-1} \quad \text{mit} \quad S = X'W^{-1}X.$$

*Anmerkung.* (i) Wie wir in den folgenden Abschnitten sehen werden, beruhen mögliche Verbesserungen der klassischen Vorhersage im verallgemeinerten Modell (8.1) allein auf dem korrelativen Zusammenhang der Fehlervektoren $\epsilon$ und $\epsilon_*$. Diese Entdeckung geht auf Goldberger (1962) zurück. Wir werden diese Information nun ausnutzen, um optimale lineare Vorhersagen von $y_*$ herzuleiten.

(ii) Falls $X$ stochastisch ist und/oder $\beta$ stochastisch wird, gelten die Aussagen dieses Kapitels zumindest für bedingte Verteilungen (vgl. Toutenburg, 1970d; 1970b; 1989a; 1990a)

## 8.2 Optimale inhomogene Vorhersage

Während die klassische Vorhersage nur den bedingten Erwartungswert des unbekannten Vektors $y_*$ schätzt, sollen nun optimale Prognoseschätzungen (Vorhersagen) der zufälligen Variablen $y_*$ selbst abgeleitet werden.

Die Vorhersage (prediction) $p$ von $y_*$ wird auf der in $y$ enthaltenen Stichprobeninformation basieren: $p = f(y)$. Auf Grund der Linearität der beiden Modelle (8.1) und (8.3) und wegen der günstigen statistischen Eigenschaften einer linearen Funktion wählen wir die Vorhersage $p$ linear in $y$.

Der lineare inhomogene Ansatz lautet

$$\underset{n,1}{p} = \underset{n,T}{C}\, y + \underset{n,1}{d}, \tag{8.9}$$

wobei $C$ und $d$ nichtstochastisch sind. Als Risikofunktion wählen wir die quadratische Form ($A > 0$)

$$R_A(p, y_*) = E(p - y_*)' A (p - y_*). \tag{8.10}$$

Die $(n, n)$–Gewichtsmatrix $A$ ist dabei so zu wählen, dass die unterschiedliche Bewichtung des mittleren Verlustes $E(p_\tau - y_{\tau *})^2$ den praktischen Erfordernissen angepasst ist.

*Beispiel 8.2.1.* Sei $t$ ein geordneter Zeitindex (z.B. Jahre) mit $t = 1, \ldots, T$ dem Stichprobenbereich und $\{\Upsilon\} = (T+1, T+2, \cdots, T+n)$ dem Prognosezeitraum. Für die Prognose einer ökonomischen Variablen ist es dann vernünftig zu fordern, dass die Vorhersagegüte maximal für $T + 1$ ist, und dann stetig abnimmt. Dieser Forderung wäre folgende Wahl von $A$ angemessen:

$$A = \operatorname{diag}(a_1, \ldots, a_n) \quad \text{mit} \quad a_1 > \ldots > a_n > 0$$

und

$$\sum a_i = 1.$$

Falls keine a–priori–Gewichtung der Prognosezeiträume vorgenommen wird, ist es vernünftig, $A = I$ zu wählen.

Mit dem Ansatz (8.9) erhalten wir

$$p - y_* = [(CX - X_*)\beta + d] + (C\epsilon - \epsilon_*) \tag{8.11}$$

und daraus

$$\begin{aligned} R_A(p, y_*) &= \mathrm{sp}A[(CX - X_*)\beta + d][(CX - X_*)\beta + d]' \\ &\quad + \sigma^2 \mathrm{sp}[A(CWC' + W_* - 2CW_0)] \\ &= u^2 + v^2. \end{aligned} \tag{8.12}$$

Da nur der erste Ausdruck $u^2$ von $d$ abhängt, kann die Minimierung von $R_A(p, y_*)$ bezüglich $C$ und $d$ separat vorgenommen werden (vgl. Abschnitt 7.2). Mit

$$\hat{d} = -(CX - X_*)\beta \tag{8.13}$$

wird $u^2 = 0$, also das Minimum erreicht. Die Minimierung von $v^2$ bezüglich $C$ ergibt (Sätze A.91–A.95)

$$\frac{1}{2}\frac{\partial v^2}{\partial C} = ACW - AW_0' = 0, \tag{8.14}$$

d.h.

$$\hat{C}_1 = W_0' W^{-1} \tag{8.15}$$

und damit

$$\hat{d} = X_*\beta - W_0' W^{-1} X\beta. \tag{8.16}$$

**Satz 8.1** *Die $R_A(p, y_*)$–optimale inhomogene Vorhersage von $y_*$ lautet*

$$\hat{p}_1 = X_*\beta + W_0' W^{-1}(y - X\beta) \tag{8.17}$$

*mit*

$$\mathrm{E}(\hat{p}_1) = X_*\beta \tag{8.18}$$

*und*

$$R_A(\hat{p}_1, y_*) = \sigma^2 sp[A(W_* - W_0' W^{-1} W_0)]. \tag{8.19}$$

*Anmerkung.* $\hat{p}_1$ ist die optimale lineare Vorhersage überhaupt. Überdies ist $\hat{p}_1$ erwartungstreu für den bedingten Erwartungswert $X_*\beta$.

Da $\hat{p}_1$ vom unbekannten Parameter $\beta$ selbst abhängt, ist diese Vorhersage—wie die $R_1$–optimale Schätzung $\hat{\beta}_1 = \beta$ auch—nicht operational.

Dennoch liefert Satz 8.1 zwei bemerkenswerte Resultate: die Struktur (8.17) einer optimalen Vorhersage und die untere Schranke (8.19) des $R_A(p, y_*)$–Risikos aller linearen Vorhersagen überhaupt. Analog zum Vorgehen in Abschnitt 7.2 werden wir zur Sicherstellung der Operationalität der Vorhersage eine Einschränkung des Bereichs der zulässigen Prognose–Strukturen $\{Cy + d\}$ vornehmen.

## 8.3 Optimale homogene Vorhersagen

Wir setzen $d = 0$ in (8.9) und in $R_A(p, y_*)$ (8.12) und erhalten analog zu (7.14)—(7.16)

$$\frac{1}{2}\frac{\partial R_A(p,y_*)}{\partial C} = AC(X\beta\beta'X' + \sigma^2 W) - A(\sigma^2 W_0' + X_*\beta\beta'X') = 0,$$
$$\hat{C}_2 = (\sigma^2 W_0' + X_*\beta\beta'X')(X\beta\beta'X' + \sigma^2 W)^{-1}$$

und daraus—nach Anwendung von Satz A.18 (iv)—die optimale homogene Vorhersage

$$\hat{p}_2 = \hat{C}_2 y = X_*\hat{\beta}_2 + W_0'W^{-1}(y - X\hat{\beta}_2). \tag{8.20}$$

Dabei ist $\hat{\beta}_2$ die optimale homogene Schätzung von $\beta$ (vgl. (7.20)). Sei zur Abkürzung

$$Z = X_* - W_0'W^{-1}X \tag{8.21}$$

gesetzt. Dann gilt mit $R_A(\hat{p}_1, y_*)$ aus (8.19) und $M(\hat{\beta}_2, \beta)$ aus (7.25)

$$R_A(\hat{p}_2, y_*) = \text{sp}\{AZM(\hat{\beta}_2, \beta)Z'\} + R_A(\hat{p}_1, y_*). \tag{8.22}$$

*Hinweis.* Die optimale homogene Vorhersage ist durch die Abhängigkeit von $\hat{\beta}_2$ und damit von $\sigma^{-1}\beta$ wiederum nicht operational. Durch Einsatz einer a–priori Information der Gestalt

$$\sigma^{-2}(\beta - \beta_0)'\text{diag}(c_1^2, \cdots, c_K^2)(\beta - \beta_0) \leq 1 \tag{8.23}$$

lässt sich in bestimmten Modellsituationen eine günstige operationale Lösung finden, die unter Umständen sogar ein kleineres Risiko als $\hat{p}_2$ besitzt. Diese Untersuchungen sind in Toutenburg (1968; 1970c und 1975b, Abschnitt 5.5) ausführlich dargestellt.

Für das Anliegen dieses Buches ist die Nutzung von Zusatzinformation der Gestalt (8.23) zur Verbesserung von Schätzungen, insbesondere der Aitken–Schätzung $b$ von größerem Interesse (vgl. Abschnitt 4.13).

**Nebenbedingung der Erwartungstreue** Analog zur Argumentation in Abschnitt 7.2 schränken wir die Klasse der homogenen Vorhersagen durch die Nebenbedingung der Erwartungstreue ein, um so von vornherein die Operationalität zu sichern. Aus (8.11) folgt mit $d = 0$ die Beziehung $E(p) = E(y_*) = X_*\beta$, d.h.

$$\text{E}(p - y_*) = (CX - X_*)\beta = 0$$

für alle Vektoren $\beta$ genau dann, wenn

$$CX = X_* \tag{8.24}$$

gilt. Unter dieser Bedingung wird (vgl. (8.12))

$$R_A(p, y_*) = \sigma^2 \text{sp}\{A(CWC' + W_* - 2CW_0)\} = v^2, \tag{8.25}$$

so dass wir folgende Optimierungsaufgabe erhalten:

$$\min_{C,\Lambda} \tilde{R}_A = \min_{C,\Lambda}\{\sigma^{-2} R_A(p, y_*) - 2\sum_{\tau=1}^{n} \lambda'_\tau (CX - X_*)'_\tau\} \tag{8.26}$$

mit $(CX - X_*)'_\tau$: $\tau$-te Spalte von $(CX - X_*)$ und

$$\underset{K,n}{\Lambda'} = (\underset{K,1}{\lambda_1}, \cdots, \underset{K,1}{\lambda_n})$$

einer Matrix aus Vektoren von Lagrange–Multiplikatoren.

Die optimalen Lösungen $\hat{C}_3$ und $\hat{\Lambda}$ sind die Lösungen der Normalgleichungen

$$\frac{1}{2}\frac{\partial \tilde{R}_A}{\partial C} = ACW - AW_0' - \Lambda X' = 0, \tag{8.27}$$

$$\frac{1}{2}\frac{\partial \tilde{R}_A}{\partial \Lambda} = CX - X_* = 0. \tag{8.28}$$

$$\tag{8.29}$$

Wegen der Regularität von $A > 0$ folgt aus (8.27)

$$C = W_0' W^{-1} + \Lambda X' W^{-1}$$

und mit (8.28) und $S = X'W^{-1}X$ gilt dann

$$CX = W_0' W^{-1} X + \Lambda S = X_*,$$

also

$$\hat{\Lambda} = (X_* - W_0' W^{-1} X) S^{-1}.$$

Damit erhalten wir

$$\hat{C}_3 = W_0' W^{-1} + X_* S^{-1} X' W^{-1} - W_0' W^{-1} X S^{-1} X' W^{-1}$$

und schließlich $\hat{p}_3 = \hat{C}_3 y$:

$$\hat{p}_3 = X_* b + W_0' W^{-1}(y - Xb). \tag{8.30}$$

**Satz 8.2** *Die $R_A(p, y_*)$–optimale homogene erwartungstreue Vorhersage von $y_*$ hat die Gestalt $\hat{p}_3$ (8.30) mit $b = S^{-1}X'W^{-1}y$ der verallgemeinerten KQ–Schätzung. Es gilt mit $Z$ aus (8.21)*

$$R_A(\hat{p}_3, y_*) = sp\{AZV(b)Z'\} + R_A(\hat{p}_1, y_*). \tag{8.31}$$

**Vergleich der optimalen Vorhersagen** Es gilt

$$R_A(\hat{p}_3, y_*) - R_A(\hat{p}_1, y_*) = \text{sp}\{A^{1/2} Z V(b) Z' A^{1/2}\} \geq 0 \tag{8.32}$$

und analog

$$R_A(\hat{p}_2, y_*) - R_A(\hat{p}_1, y_*) = \text{sp}\{A^{1/2} Z M(\hat{\beta}_2, \beta) Z' A^{1/2}\} \geq 0, \tag{8.33}$$

da diese beiden Matrizen jeweils nichtnegativ definit sind.

Für den Vergleich von $\hat{p}_3$ und $\hat{p}_2$ erhalten wir

$$R_A(\hat{p}_3, y_*) - R_A(\hat{p}_2, y_*) = \text{sp}\{A^{1/2} Z [V(b) - M(\hat{\beta}_2, \beta)] Z' A^{1/2}\} \geq 0, \tag{8.34}$$

da (hinreichende Bedingung) mit (7.25)

$$\text{V}(b) - M(\hat{\beta}_2, \beta) = \sigma^2 S^{-1} - \frac{\sigma^2 \beta \beta'}{\sigma^2 + \beta' S \beta} \geq 0 \tag{8.35}$$

genau dann gilt, wenn (Satz 6.4)

$$\beta' S \beta \leq \sigma^2 + \beta' S \beta,$$

also $0 \leq \sigma^2$ erfüllt ist.

*Korollar zu Satz 8.1 und Satz 8.2. Für die in ihrer Klasse jeweils optimalen Vorhersagen gilt die Güterelation*

$$R_A(\hat{p}_1, y_*) \leq R_A(\hat{p}_2, y_*) \leq R_A(\hat{p}_3, y_*). \tag{8.36}$$

*Vereinbarung.* Analog zur Schätztheorie wird die beste lineare erwartungstreue Vorhersage $\hat{p}_3$ auch häufig als Gauss–Markov–Vorhersage oder BLUP (best linear unbiased predictor) von $y_*$ bezeichnet.

*Beispiel 8.3.1.* (One–step–ahead–Vorhersage)

Ein wichtiger Spezialfall der Vorhersage ist mit $n = 1$ und $\tau = T + 1$, d.h. mit dem skalaren Modell

$$y_* = y_{T+1} = x'_{T+1} \beta + \epsilon_{T+1} \tag{8.37}$$

gegeben, wobei $\epsilon_{T+1} \sim (0, \sigma^2 w_*) = (0, \sigma_*^2)$ ist. Der Kovarianzvektor zwischen $\epsilon$ und $\epsilon_{T+1}$ ist die erste Spalte von $\sigma^2 W_0$ (8.4) :

$$\text{E}(\epsilon\, \epsilon_{T+1}) = \sigma^2 w. \tag{8.38}$$

Die GM–Vorhersage von $y_* = y_{T+1}$ ist dann nach (8.30) gleich

$$\hat{p}_3 = x'_{T+1} b + w' W^{-1} (y - Xb). \tag{8.39}$$

Sei $W$ speziell die Kovarianzmatrix (7.93) des autoregressiven Prozesses 1. Ordnung, so ist $\sigma_*^2 = \sigma^2$ und, mit $\epsilon' = (\epsilon_1, \cdots, \epsilon_T)$, wird

$$w = \mathrm{E}(\epsilon\, \epsilon_{T+1}) = \sigma^2 \begin{pmatrix} \rho^T \\ \rho^{T-1} \\ \vdots \\ \rho \end{pmatrix}. \tag{8.40}$$

Mit $W^{-1}$ aus (7.94) wird dann

$$w' W^{-1} = \rho(0, \ldots, 0, 1) \tag{8.41}$$

und

$$w' W^{-1} w = \rho^2,$$

so dass die one–step–ahead–GM–Vorhersage die Gestalt hat

$$\hat{p}_3 = x'_{T+1} b + \rho \hat{\epsilon}_T\,. \tag{8.42}$$

Dabei ist $\hat{\epsilon}_T$ die letzte Komponente der Schätzung $y - Xb = \hat{\epsilon}$ des Fehlervektors $\epsilon$.

Im Fall $n = 1$ wird die $(n, n)$–Matrix $A$ zu einem positiven Skalar, den wir o.B.d.A. gleich 1 setzen.

Dann hat $\hat{p}_3$ (8.42) als Risiko

$$R(\hat{p}_3, y_{T+1}) = (x'_{T+1} - \rho x'_T) V(b) (x_{T+1} - \rho x_t) + \sigma^2 (1 - \rho^2) \tag{8.43}$$

(vgl. Goldberger, 1962).

## 8.4 MSE–Matrix–Vergleiche zwischen optimalen und klassischen Vorhersagen

Wir wollen nun den Zusammenhang zwischen optimaler und klassischer Vorhersage einerseits und die Beziehung zu den optimalen Schätzungen andererseits herausarbeiten (vgl. Toutenburg und Trenkler (1990), Trenkler und Toutenburg (1992a)).

Die klassische Vorhersage schätzt den bedingten Erwartungswert $X_* \beta$ von $y_*$ durch $X_* \hat{\beta}$, wobei $\hat{\beta}$ eine beliebige Schätzung von $\beta$ ist.

**Definition 8.1** **($X_*\beta$–Superiorität)** *Seien $\hat\beta_1$ und $\hat\beta_2$ zwei Schätzer von $\beta$. Dann heißt die klassische Vorhersage $X_*\hat\beta_2$ $X_*\beta$–superior gegenüber $X_*\hat\beta_1$, falls*

$$M(X_*\hat\beta_1, X_*\beta) - M(X_*\hat\beta_2, X_*\beta) \geq 0. \tag{8.44}$$

Es gilt

$$\begin{aligned} M(X_*\hat\beta_1, X_*\beta) - M(X_*\hat\beta_2, X_*\beta) &= X_*[M(\hat\beta_1, \beta) - M(\hat\beta_2, \beta)]X_*' \\ &= X_*\Delta(\hat\beta_1, \hat\beta_2)X_*', \end{aligned} \tag{8.45}$$

wobei $\Delta(\hat\beta_1, \hat\beta_2)$ die Differenz der MSE–Matrizen von $\hat\beta_1$ und $\hat\beta_2$ ist (vgl. (4.75)).

Damit zieht MSE–I–Superiorität von $\hat\beta_2$ gegenüber $\hat\beta_1$, d.h. $\Delta(\hat\beta_1, \hat\beta_2) \geq 0$, die $X_*\beta$–Superiorität von $X_*\hat\beta_2$ gegenüber $X_*\hat\beta_1$ nach sich. Man sagt auch, die Rangordnung der Schätzer (Halbordnung im Sinne der Loewner–Ordnung) überträgt sich auf die zugehörigen klassischen Vorhersagen. Beide Kriterien sind nach Satz A.46 äquivalent, wenn die $(n, K)$–Matrix $X_*$ den Rang $K$ besitzt. Dies dürfte jedoch eine für die Praxis unbedeutende Modellsituation sein.

Beide Kriterien werden jedoch in dem Fall äquivalent, wenn wir in Definition 8.1 alle Matrizen $X_*$ zulassen, so dass sich die $X_*\beta$–Superiorität auf die MSE–I–Superiorität von Schätzern reduziert.

Falls man stärker an der Vorhersage der Zufallsvariablen $y_*$ selbst als nur an der Schätzung ihres bedingten Erwartungswertes $X_*\beta$ interessiert ist, bietet sich ein alternativer Mean–Square–Error an:

$$M(p, y_*) = E(p - y_*)(p - y_*)'. \tag{8.46}$$

Es gilt

$$M(p, y_*) = V(p - y_*) + d_*d_*' \tag{8.47}$$

mit

$$d_* = E(p) - X_*\beta. \tag{8.48}$$

$d_*$ ist also der Bias von $p$ bezogen auf $X_*\beta$.

Andererseits gilt

$$M(p, X_*\beta) = V(p) + d_*d_*' \tag{8.49}$$

und

$$V(p - y_*) = V(p) - Cov(p, y_*) - Cov(y_*, p) + V(y_*), \tag{8.50}$$

so dass im allgemeinen

$$M(p, y_*) \neq M(p, X_*\beta) \tag{8.51}$$

folgt.

*Beispiel 8.4.1.* Sei $p = Cy + d$ ein linearer Prediktor. Dann erhalten wir

$$M(p, y_*) = \sigma^2[CWC' - CW_0 - W_0'C' + W_*] + d_*d_*', \tag{8.52}$$

$$M(p, X_*\beta) = \sigma^2 CWC' + d_*d_*' \tag{8.53}$$

mit dem Biasvektor

$$d_* = (CX - X_*)\beta + d. \tag{8.54}$$

**Definition 8.2** $y_*$**–Superiorität**

*Seien $p_1$ und $p_2$ zwei Vorhersagen (Prediktoren) von $y_*$. Dann heißt $p_2$ $y_*$–superior gegenüber $p_1$, falls*

$$M(p_1, y_*) - M(p_2, y_*) \geq 0. \tag{8.55}$$

Von Interesse ist nun der Zusammenhang zwischen $X_*\beta$– und $y_*$–Superiorität, insbesondere also die Frage, wann

$$M(p_1, y_*) - M(p_2, y_*) = M(p_1, X_*\beta) - M(p_2, X_*\beta) \tag{8.56}$$

gilt.

Aus (8.47) und (8.50) ersehen wir, dass (8.56) im Fall $Cov(p, y_*) = 0$ gilt. Für lineare Prediktoren ist $W_0 = 0$ eine hinreichende Bedingung. Es gilt folgender Satz (Toutenburg und Trenkler, 1990).

**Satz 8.3** *Sei $\sigma^{-2}\,\mathrm{E}(\epsilon\epsilon_*') = W_0 = 0$. Seien $p_1$ und $p_2$ zwei Prediktoren. Dann sind die folgenden Bedingungen äquivalent:*

*(i)* $M(p_1, y_*) - M(p_2, y_*) \geq 0$ ,

*(ii)* $M(p_1, X_*\beta) - M(p_2, X_*\beta) \geq 0$ ,

*(iii)* $R_A(p_1, y_*) - R_A(p_2, y_*) \geq 0$ *für alle* $A \geq 0$,

*(iv)* $R_A(p_1, X_*\beta) - M(p_2, X_*\beta) \geq 0$ *für alle* $A \geq 0$,

*wobei (vgl. (8.10))*

$$R_A(p_i, X_*\beta) = \mathrm{E}[(p_i - X_*\beta)'A(p_i - X_*\beta)]$$

$$R_A(p_i, y_*) = \mathrm{E}[(p_i - y_*)'A(p_i - y_*)], \quad i = 1, 2.$$

Sei nun $\hat{\beta}$ eine beliebige Schätzung von $\beta$ und sei

$$p(\hat{\beta}) = X_*\hat{\beta} + W_0'W^{-1}(y - X\hat{\beta}) \tag{8.57}$$

die damit gebildete Vorhersage. Mit der $(n, K)$–Matrix $Z$ aus (8.21) erhalten wir

$$p(\hat{\beta}) - y_* = Z(\hat{\beta} - \beta) + W_0'W^{-1}\epsilon - \epsilon_*. \tag{8.58}$$

Falls $\hat{\beta} = Dy + d$ ein linearer Schätzer von $\beta$ ist, folgt sofort

$$\begin{aligned} \mathrm{E}[(\hat{\beta} - \beta)(W_0'W^{-1}\epsilon - \epsilon_*)'] &= D\,\mathrm{E}[\epsilon(\epsilon'W^{-1}W_0 - \epsilon_*')] \\ &= \sigma^2 D(WW^{-1}W_0 - W_0) \\ &= 0 \end{aligned} \tag{8.59}$$

und daraus (vgl. (8.52))

$$M(p(\hat{\beta}), y_*) = ZM(\hat{\beta}, \beta)Z'. + \sigma^2(W_* - W_0'W^{-1}W_0). \tag{8.60}$$

### 8.4.1 Vergleich klassische – optimale Vorhersage nach der $y_*$–Superiorität

Sei $\hat{\beta} = Dy + d$ ein linearer inhomogener Schätzer, der nicht notwendig erwartungstreu ist. Die damit gebildete Vorhersage mit der Struktur der optimalen Vorhersage (8.57) nutzt mehr Information (nämlich die Schätzung $W_0'W^{-1}\hat{\epsilon}$ von $\epsilon_*$) als die klassische Vorhersage

$$\hat{p}_0 = X_*\hat{\beta}. \tag{8.61}$$

Dies müsste sich auch in einem kleineren Risiko auswirken, was jedoch nicht immer der Fall ist.

Sei

$$b_{*o} = X_*[(DX - I)\beta + d] \tag{8.62}$$

der Bias von $\hat{p}_0$ bezogen auf $X_*\beta$. Dann gilt (vgl. (8.52))

$$\begin{aligned} M(\hat{p}_0, y_*) = \sigma^2 X_* DWD'X_*' &- \sigma^2 X_* DW_0 \\ -\sigma^2 W_0'D'X_*' &+ \sigma^2 W_* + b_{*0}b_{*0}' \end{aligned} \tag{8.63}$$

und mit (8.59) und (8.60)

$$\begin{aligned} M(p(\hat{\beta}), y_*) = \sigma^2 ZDWD'Z' &- \sigma^2 W_0'W^{-1}W_0 \\ +\sigma^2 W_* &+ b_{*1}b_{*1}', \end{aligned} \tag{8.64}$$

wobei

$$\begin{aligned} b_{*1} &= Z[(DX - I)\beta + d] \\ &= b_{*0} - W_0' W^{-1} X[(DX - I)\beta + d] \end{aligned} \tag{8.65}$$

der Bias von $p(\hat{\beta})$ bezogen auf $X_*\beta$ ist.

Mit den Abkürzungen

$$P = W^{-1/2} X D W D' X' W^{-1/2} \tag{8.66}$$

$$G = W_0' W^{-1/2} (I - P) W^{-1/2} W_0 \tag{8.67}$$

$$E = D W D' X' W^{-1/2} - D W^{-1/2} \tag{8.68}$$

erhalten wir

$$\begin{aligned} M(\hat{p}_0, y_*) - M(p(\hat{\beta}), y_*) &= \sigma^2 G + \sigma^2 X_* E W^{-1/2} W_0 \\ &\quad + \sigma^2 W_0' W^{-1/2} E' X_*' \\ &\quad + b_{*0} b_{*0}' - b_{*1} b_{*1}'. \end{aligned} \tag{8.69}$$

Die entscheidende Frage ist, ob allgemeine Bedingungen existieren, die die Differenz (8.69) nichtnegativ definit werden lassen. Dies wird nur in Spezialfällen gelten. Ein wichtiger Spezialfall ist $E = 0$, weil dann die bilinearen Terme in (8.69) verschwinden und die bereits bekannte Struktur $A - aa'$ mit $A \geq 0$ entsteht. $E = 0$ ist äquivalent zu

$$DW(D'X' - I) = 0. \tag{8.70}$$

Die Bedingung (8.70) ist z.B. erfüllt, wenn $\hat{\beta}$ eine Rateschätzung (guess) mit $D = 0$ (also ohne Verwendung der Stichprobeninformation) ist. Ein wichtiger derartiger Fall ist mit $\hat{\beta}_1 = \beta$ gegeben. Wir bemerken weiterhin, dass (8.70) hinreichend ist, um $P$ zu einem Projektor zu machen, woraus dann wiederum $G \geq 0$ folgt:

$$\begin{aligned} P &= W^{-1/2} X D W D' X' W^{-1/2} = W^{-1/2} X D W^{1/2} && \text{(nach (8.70))} \\ P^2 &= (W^{-1/2} X D W^{1/2})(W^{-1/2} X D W D' X' W^{-1/2}) \\ &= W^{-1/2} X D (W D') X' W^{-1/2} && \text{(nach (8.70))} \\ &= P, \end{aligned}$$

also ist $P$ idempotent und damit $I - P$ idempotent, so dass $G \geq 0$ wird.

**Satz 8.4** *Sei (8.70) erfüllt. Dann ist die Vorhersage $p(\hat{\beta})$ (aus (8.57)) $y_*$-superior gegenüber der klassischen Vorhersage $\hat{p}_0 = X_*\hat{\beta}$ genau dann, wenn*

$$(i) \quad b_{*1} \in \mathcal{R}(\sigma^2 G + b_{*0} b_{*0}') \tag{8.71}$$

*und*

$$(ii) \quad b_{*1}' (\sigma^2 G + b_{*0} b_{*0}')^- b_{*1} \leq 1 \tag{8.72}$$

*gelten, wobei die Wahl der g–Inversen beliebig ist.*

*Beweis.* durch Anwendung von Satz A.71.

**Anwendungsbeispiele:**

(a) Sei $D = S^{-1}X'W^{-1}$ und $d = 0$, so dass $\hat{\beta} = Dy = b$. Dann ist (8.70) erfüllt:

$$S^{-1}X'W^{-1}W(W^{-1}XS^{-1}X' - I) = 0.$$

Da $b$ erwartungstreu ist, sind $p(b)$ $(= \hat{p}_3$ (8.30)) und $\hat{p}_0 = X_* b$ ebenfalls erwartungstreu, so dass nach Satz 8.4

$$M(X_* b, y_*) - M(p(b), y_*) \geq 0 \tag{8.73}$$

gilt. Dieses Ergebnis wurde zuerst von Goldberger (1962) bewiesen.

(b) Wir betrachten den Fall einer zusätzlichen linearen Restriktion $r = R\beta + \delta$ mit Rang $(R) = J$. Dann ist der restriktive KQ–Schätzer darstellbar als

$$\begin{aligned} b(R) &= b + S^{-1}R'(RS^{-1}R')^{-1}(r - Rb) \\ &= \bar{D}y + \bar{d} \end{aligned} \tag{8.74}$$

mit

$$\bar{D} = (I - S^{-1}R'(RS^{-1}R')^{-1}R)S^{-1}X'W^{-1} \tag{8.75}$$

und

$$\bar{d} = S^{-1}R'(RS^{-1}R')^{-1}r. \tag{8.76}$$

Wie man leicht nachprüft, erfüllt $\bar{D}$ die Bedingung (8.70).

Betrachten wir die beiden Vorhersagen

$$\hat{p}_0 = X_* b(R)$$

und

$$p(b(R)) = X_* b(R) + W_0' W^{-1}(y - Xb(R)).$$

Mit

$$\begin{aligned} \bar{G} &= W_0' W^{-1/2}(I - \bar{P})W^{-1/2}W_0 \geq 0, \\ \bar{P} &= W^{-1/2}X\bar{D}W\bar{D}'X'W^{-1/2} \quad \text{(vgl. (8.66),(8.67))}, \end{aligned}$$

sowie mit

$$b_{*0} = X_* S^{-1}R'(RS^{-1}R')^{-1}\delta, \tag{8.77}$$

$$b_{*1} = ZS^{-1}R'(RS^{-1}R')^{-1}\delta \tag{8.78}$$

und

$$\delta = r - R\beta \tag{8.79}$$

erhalten wir schließlich

$$M(\hat{p}_0, , y_*) - M(p(b(R)), y_*) = \sigma^2 \bar{G} + b_{*0} b'_{*0} - b_{*1} b'_{*1} \,. \tag{8.80}$$

Die Definitheit dieser Differenz ist nach Satz 8.4 zu entscheiden. Dies bedeutet, dass nur bei Erfüllung der notwendigen und hinreichenden Bedingungen (8.71) und (8.72) eine $y_*$–Superiorität von $\hat{p}(b(R))$ über die klassische Vorhersage $\hat{p}_0 = X_* b(R)$ gegeben ist. Im Fall $\delta = 0$—also bei exakten linearen Restriktionen—ist dies wegen $\bar{G} \geq 0$ stets der Fall.

### 8.4.2 Vergleich klassische – optimale Vorhersage nach der $X_*\beta$–Superiorität

Wir vergleichen nun $\hat{p}_0 = X_* \hat{\beta}$ und $p(\hat{\beta})$ (vgl. (8.57)) für einen linearen inhomogenen Schätzer $\hat{\beta} = Dy + d$ nach dem Kriterium (8.44). Man könnte annehmen, dass $\hat{p}_0$ der adäquate Prediktor bezüglich dieses Kriteriums ist. Wir bestimmen also die Bedingungen, unter denen

$$M(p(\hat{\beta}), X_*\beta) - M(\hat{p}_0 , X_*\beta) \geq 0 \tag{8.81}$$

gilt.

Mit (8.49) erhalten wir

$$M(\hat{p}_0, X_*\beta) = \sigma^2 X_* D W D' X'_* + b_{*0} b'_{*0} \tag{8.82}$$

mit $b_{*0}$ aus (8.62) und

$$\begin{aligned} M(p(\hat{\beta}), X_*\beta) = {} & \sigma^2 X_* D W D' X'_* + \sigma^2 W'_0 W^{-1} W_0 \\ & + \sigma^2 W'_0 W^{-1} X D W D' X' W^{-1} W_0 \\ & + \sigma^2 X_* D W_0 + \sigma^2 W'_0 D' X'_* - \sigma^2 X_* D W D' X' W^{-1} W_0 \\ & - \sigma^2 W'_0 W^{-1} X D W D' X'_* - \sigma^2 W'_0 W^{-1} X D W_0 \\ & - \sigma^2 W'_0 D' X' W^{-1} W_0 + b_{*1} b'_{*1} \end{aligned} \tag{8.83}$$

und $b_{*1}$ aus (8.65). Damit wird (8.81) zu

$$\begin{aligned} & M(p(\hat{\beta}), X_*\beta) - M(\hat{p}_0, X_*\beta) \\ & \quad = -\sigma^2 G - b_{*0} b'_{*0} + b_{*1} b'_{*1} - \sigma^2 X_* E W^{-1/2} W_0 \\ & \quad\quad -\sigma^2 W'_0 W^{-1/2} E' X'_* + \sigma^2 W'_0 W^{-1} [I - XD] W_0 \\ & \quad\quad +\sigma^2 W'_0 [I - D'X'] W^{-1} W_0 \end{aligned} \tag{8.84}$$

mit $G$ aus (8.67) und $E$ aus (8.68).

Die Definitheit dieser Differenz ist im allgemeinen schwer zu entscheiden. Beschränken wir uns wieder auf den wichtigen Spezialfall (8.70), so reduziert sich (8.84) auf

$$M(p(\hat{\beta}), X_*\beta) - M(\hat{p}_0, X_*\beta) = \sigma^2 G + b_{*1}b'_{*1} - b_{*0}b'_{*0}. \tag{8.85}$$

**Satz 8.5** *Sei $\hat{\beta} = Dy + d$ ein linearer Schätzer so, dass die Matrix $D$ der Bedingung (8.70) genügt. Die klassische Vorhersage $\hat{p}_0 = X_*\hat{\beta}$ ist dann $X_*\beta$-superior gegenüber der Vorhersage $p(\hat{\beta}) = X_*\beta + W_0'W^{-1}(y - X\hat{\beta})$ genau dann, wenn*

$$(i) \quad b_{*0} \in \mathcal{R}(\sigma^2 G + b_{*1}b'_{*1}) \tag{8.86}$$

*und*

$$(ii) \quad b'_{*0}(\sigma^2 G + b_{*1}b'_{*1})^- b_{*0} \leq 1. \tag{8.87}$$

*Anwendungsbeispiel.* Sei $\hat{\beta} = b$. Dann ist $\hat{p}_0 = X_*b$ $X_*\beta$-superior gegenüber $p(b)$ (in Übereinstimmung mit dem Korollar (vgl. Satz 7.5) zum Gauss–Markov–Aitken–Theorem).

Explizit bedeutet dies:

$$\begin{aligned}
M(X_*b, X_*\beta) &= \sigma^2 X_* S^{-1} X'_*, &(8.88)\\
p(b) - X_*\beta &= ZS^{-1}X'W^{-1}\epsilon + W_0'W^{-1}\epsilon, \\
M(p(b), X_*\beta) &= \sigma^2 ZS^{-1}Z' + \sigma^2 W_0'W^{-1}W_0 \\
&\quad +\sigma^2 ZS^{-1}X'W^{-1}W_0 + \sigma^2 W_0'W^{-1}XS^{-1}Z' \\
&= \sigma^2 X_*S^{-1}X'_* + \sigma^2 W_0'W^{-1}W_0 \\
&\quad -\sigma^2 W_0'W^{-1}XS^{-1}X'W^{-1}W_0 \\
&= \sigma^2 X_*S^{-1}X'_* + \sigma^2 G &(8.89)
\end{aligned}$$

mit

$$\begin{aligned}
G = W_0'(W^{-1/2} - W^{-1}XS^{-1}X'W^{-1/2})(W^{-1/2} - W^{-1/2}XS^{-1}X'W^{-1})W_0 \\
\geq 0.
\end{aligned}$$

Daraus folgt

$$M(p(b), X_*\beta) - M(X_*b, X_*\beta) = \sigma^2 G \geq 0. \tag{8.90}$$

*Interpretation.* Die Untersuchungen dieses Abschnitts belegen sehr deutlich, dass Optimalität sehr stark vom Kriterium bzw. von den darin enthaltenen Parametern abhängt. Betrachten wir nur einmal die beiden Vorhersagen $X_*b$ (klassisch) und $p(b) = \hat{p}_3$ ($R_A$–optimal), so gilt (8.73):

$$M(X_*b, y_*) - M(p(b), y_*) \geq 0$$

in Übereinstimmung mit der $R_A$–Optimalität von $\hat{p}_3$. Aber andererseits ist nach (8.90)

$$M(p(b), X_*\beta) - M(X_*b, X_*\beta) \geq 0,$$

so dass sich beide Superioritätsbeziehungen gerade umkehren, wenn der Bezugspunkt wechselt.

## 8.5 Vorhersagebereiche

In den Abschnitten 4.9.1 und 4.9.3 haben wir Konfidenzintervalle bzw. –ellipsen für den Parameter $\beta$ angegeben. Wir wollen nun analog dazu—nachdem in den vorangegangenen Abschnitten von Kapitel 8 Punktvorhersagen angegeben wurden—auch Vorhersagebereiche für die zufällige Variable $y_*$ aus dem Modell (8.3) ableiten.

Wir setzen zusätzlich Normalverteilung voraus, d.h.

$$(\epsilon_*, \epsilon) \sim N_{n+T}\left((0,0), \sigma^2 \begin{pmatrix} W_* & W_0' \\ W_0 & W \end{pmatrix}\right), \tag{8.91}$$

wobei wir die Regularität der Kovarianzmatrix annehmen.

Nach Satz A.74 (b) ist dies äquivalent zu $W > 0$ und

$$W_* - W_0'W^{-1}W_0 > 0. \tag{8.92}$$

Wir wählen die $R_A$–optimale homogene Vorhersage

$$\hat{p}_3 = X_*b + W_0'W^{-1}(y - Xb),$$

für die mit (8.91) gilt (vgl. (8.31))

$$\hat{p}_3 - y_* \sim N_n(0, \sigma^2 \Sigma_b) \tag{8.93}$$

mit $Z = X_* - W_0'W^{-1}X$ aus (8.21) und

$$\Sigma_b = ZS^{-1}Z' + W_* - W_0'W^{-1}W_0\,. \tag{8.94}$$

Wegen der Erwartungstreue von $\hat{p}_3$ ist $\sigma^2\Sigma_b = M(\hat{p}_3, y_*)$ (vgl. (8.46)).

Nach Satz A.85 (ii) folgt

$$(\hat{p}_3 - y_*)'\Sigma_b^{-1}(\hat{p}_3 - y_*) \sim \sigma^2\chi_n^2\,. \tag{8.95}$$

Diese quadratische Form stellt ein Ellipsoid um $\hat{p}_3$ dar, das zufällig ist. Die Verteilung des Ellipsoids ist vom unbekannten Parameter $\sigma^2$ abhängig, den wir so schätzen müssen, dass sich eine bekannte Verteilung ergibt.

**Satz 8.6** *Sei* $s^2 = (y - Xb)'W^{-1}(y - Xb)(T - K)^{-1}$ *die Schätzung von* $\sigma^2$ *aus (7.66). Dann gilt*

$$n^{-1}s^{-2}(\hat{p}_3 - y_*)'\Sigma_b^{-1}(\hat{p}_3 - y_*) \sim F_{n,T-K}\,. \tag{8.96}$$

*Beweis.* Wir bilden den standardisierten Fehlervektor

$$\Phi = \begin{pmatrix} W^{-1/2}\epsilon \\ W_*^{-1/2}\epsilon_* \end{pmatrix}. \tag{8.97}$$

Dann gilt mit (8.91)

$$\Phi \sim N_{n+T}(0, \sigma^2 V) \tag{8.98}$$

mit

$$V = \begin{pmatrix} I_T & W^{-1/2}W_0W_*^{-1/2} \\ W_*^{-1/2}W_0'W^{-1/2} & I_n \end{pmatrix}. \tag{8.99}$$

Daraus erhalten wir die Darstellung

$$\hat{p}_3 - y_* = [ZS^{-1}X'W^{-1/2} + W_0'W^{-1/2}, -W_*^{1/2}]\Phi \tag{8.100}$$

$$= (A_1, A_2)\Phi \tag{8.101}$$

und es gilt mit (8.93)

$$\Sigma_b = (A_1, A_2)V\begin{pmatrix} A_1' \\ A_2' \end{pmatrix}. \tag{8.102}$$

Die folgende Matrix ist symmetrisch und idempotent:

$$V^{1/2}\begin{pmatrix} A_1' \\ A_2' \end{pmatrix}\Sigma_b^{-1}(A_1\ A_2)V^{1/2}. \tag{8.103}$$

Ferner ist

$$V^{-1/2}\Phi \sim N(0, \sigma^2 I). \tag{8.104}$$

Damit können wir Satz A.87 anwenden:

Mit (8.100), (8.102) und (8.104) gilt

$$(\hat{p}_3 - y_*)'\Sigma_b^{-1}(\hat{p}_3 - y_*)$$

$$= (\Phi'V^{-1/2})[V^{1/2}\begin{pmatrix} A_1' \\ A_2' \end{pmatrix}]\Sigma_b^{-1}[(A_1, A_2)V^{1/2}](V^{-1/2}\Phi) \sim \sigma^2\chi_n^2. \tag{8.105}$$

Die Schätzung $s^2$ (7.66) lässt sich wie folgt umformen: Es ist

$$W^{-1/2}(y - Xb) = (I - W^{-1/2}XS^{-1}X'W^{-1/2})W^{-1/2}\epsilon. \tag{8.106}$$

Sei

$$M = W^{1/2}XS^{-1}X'W^{-1/2}, \tag{8.107}$$

so ist $M$ idempotent mit Rang $(M)$ =sp$(M) = K$ und $I - M$ idempotent vom Rang $T - K$. Dann ist

$$\begin{aligned}(T-K)s^2 &= \epsilon' W^{-1/2}(I-M)W^{-1/2}\epsilon \\ &= \Phi' \begin{pmatrix} I-M & 0 \\ 0 & 0 \end{pmatrix} \Phi = \Phi' M_1 \Phi \\ &= (\Phi' V^{-1/2})V^{1/2}M_1V^{1/2}(V^{-1/2}\Phi). \end{aligned} \tag{8.108}$$

mit $M_1$ ebenfalls idempotent vom Rang $T - K$, so dass $\Phi' M_1 \Phi \sim \sigma^2\chi^2_{T-K}$ folgt. Damit haben wir $(\hat{p}_3 - y_*)'\Sigma_b^{-1}(\hat{p}_3 - y_*)$ und $s^2$ als quadratische Formen in demselben Vektor – nämlich $V^{-1/2}\Phi$—dargestellt. Die entscheidende Frage betrifft die Unabhängigkeit der beiden quadratischen Formen. Nach Satz A.89 trifft Unabhängigkeit zu, falls die notwendige Voraussetzung

$$V^{1/2}M_1V^{1/2}V^{1/2}\begin{pmatrix} A_1' \\ A_2' \end{pmatrix}\Sigma_b^{-1}(A_1, A_2)V^{1/2} = 0 \tag{8.109}$$

erfüllt ist. Wir zeigen dazu, dass

$$M_1 V \begin{pmatrix} A_1' \\ A_2' \end{pmatrix} = 0$$

gilt:

$$\begin{aligned} M_1 V \begin{pmatrix} A_1' \\ A_2' \end{pmatrix} &= \begin{pmatrix} I-M & 0 \\ 0 & 0 \end{pmatrix} \begin{pmatrix} I & W^{-1/2}W_0W_*^{-1/2} \\ W_*^{-1/2}W_0'W^{-1/2} & I \end{pmatrix} \begin{pmatrix} A_1' \\ A_2' \end{pmatrix} \\ &= (I-M)(A_1' + W^{-1/2}W_0W_*^{-1/2}A_2') \\ &= (I-M)(W^{-1/2}XS^{-1}Z' + W^{-1/2}W_0 - W^{-1/2}W_0) \\ &= (I - W^{-1/2}XS^{-1}X'W^{-1/2})W^{-1/2}XS^{-1}Z' \\ &= W^{-1/2}XS^{-1}Z' - W^{-1/2}XS^{-1}Z' = 0. \end{aligned} \tag{8.110}$$

Damit ist der Satz 8.6 bewiesen, denn nach Satz A.86 folgt die $F$–Verteilung (8.96).

Wir wollen nun—ausgehend von Satz 8.6—den Zusammenhang zu einem Vorhersagebereich herstellen.

**Definition 8.3** *Eine konvexe Menge $B(p(\hat{\beta}))$ heißt $q$–Überdeckungsellipsoid für den unbekannten (zufälligen) Vektor $y_*$, falls es $\hat{p}(\beta)$ als Mittelpunkt hat und die erwartete Überdeckung (expected coverage)*

$$E_y P_{y_*}\{y_* \in B(p(\hat{\beta}))\} = q \tag{8.111}$$

*besitzt.*

Aus dieser Definition und Satz 8.6 folgt sofort (vgl. Toutenburg, 1975b)

**Satz 8.7** *Das Ellipsoid*

$$B(\hat{p}_3) = \{y_* : n^{-1}s^{-2}(y_* - \hat{p}_3)'\Sigma_b^{-1}(y_* - \hat{p}_3) \leq F_{n,T-K,1-\alpha}\} \tag{8.112}$$

*ist ein q–Überdeckungsellipsoid für* $y_*$.

**Gütevergleich von Überdeckungsellipsoiden** Für die statistische Entscheidungstheorie stellt sich bei Vorhersagebereichen – wie bei den Schätzungen von Parametern auch—das Problem der Optimalität, wobei man hier Optimalität durch ein Konzentrationsmaß des Ellipsoids definieren wird.

Sei $V_n$ das Volumen der $n$–dimensionalen Einheitskugel, dann ist das Volumen eines Ellipsoids $a'Aa = 1$ mit $A$ $(n, n)$ und $A > 0$ gleich

$$V_A = V_n|A|^{-1/2} \tag{8.113}$$

und das quadrierte Volumen

$$V_A^2 = V_n^2|A^{-1}|. \tag{8.114}$$

Das quadrierte Volumen des Ellipsoids $B(\hat{p}_3)$ (lmeqn6.110) erhalten wir also wie folgt: Es ist

$$\begin{aligned} A^{-1} &= nsF_{n,T-K,1-\alpha}\Sigma_b, \\ |A^{-1}| &= (ns^2F_{n,T-K,1-\alpha})^n|\Sigma_b| \end{aligned}$$

(nach Satz A.16 (ii)) und damit wird—nach Erwartungswertbildung bezüglich $(s^2)^n$—das mittlere quadrierte Volumen

$$\bar{V}(B(\hat{p}_3)) = V_n^2 E(s^{2n})(nF_{n,T-K,1-\alpha})^n|ZS^{-1}Z' + W_* - W_0'W^{-1}W_0| \tag{8.115}$$

**Satz 8.8** *Seien zwei erwartungstreue Schätzungen* $\hat{\beta}_1$ *und* $\hat{\beta}_2$ *mit den Kovarianzmatrizen* $V(\hat{\beta}_1)$ *und* $V(\hat{\beta}_2)$ *und die damit gebildeten Vorhersagen*

$$p(\hat{\beta}_i) = X_*\hat{\beta}_i + W_0'W^{-1}(y - X\hat{\beta}_i) \quad i = 1, 2$$

*gegeben. Falls die Voraussetzungen für eine* $F$*–Verteilung erfüllt sind, folgt aus*

$$\begin{aligned} V(\hat{\beta}_1) - V(\hat{\beta}_2) &\geq 0 \\ \bar{V}(B(\hat{p}(\hat{\beta}_1))) - \bar{V}(B(p(\hat{\beta}_2))) &\geq 0. \end{aligned} \tag{8.116}$$

*Beweis.* Bezeichne

$$V_n^2 E(s^{2n})(nF_{n,T-K,1-\alpha})^n = c_n$$

die Konstante aus (8.113). Dann gilt für die Vorhersage $p(\hat{\beta}_i)$

$$\bar{V}(B(p(\hat{\beta}_i))) = c_n|\sigma^{-2} Z V(\hat{\beta}_i) Z' + W_* - W_0' W^{-1} W_0|.$$

Aus $V(\hat{\beta}_1) - V(\hat{\beta}_2) \geq 0$ folgt

$$\begin{aligned} \Sigma_1 &= \sigma^2 Z V(\hat{\beta}_1) Z' + W_* - W_0 W^{-1} W_0 \\ &\geq \sigma^{-2} Z V(\hat{\beta}_2) Z' + W_* - W_0' W^{-1} W_0 = \Sigma_2 \,, \end{aligned}$$

also $\Sigma_1 = \Sigma_2 + B$ mit $B \geq 0$. Nach Satz A.40 folgt $|\Sigma_2| \leq |\Sigma_1|$.

*Anmerkung.* Analog zu den Konfidenzintervallen und –bereichen für feste Parameter werden zur Konstruktion von Vorhersagebereichen nur erwartungstreue Statistiken $p(\hat{\beta})$ herangezogen. Dieser Sachverhalt entspricht der Interpretation von Konfidenzbereichen als Annahmebereiche beim Prüfen von Hypothesen. Der Satz 8.8 besagt, dass sich—bei Vorliegen von $F$–Verteilungen—die Güterelation erwartungstreuer Schätzungen auf die Güterelation der Überdeckungsellipsoide (ausgedrückt im mittleren quadrierten Volumen) überträgt.

*Hinweis.* Weitere Ergebnisse zu Vorhersagebereichen und Hinweise auf weiterführende Literatur findet man in Aitchison (1966), Aitchison und Dunsmore (1968), Toutenburg (1970e; 1971; 1975a; 1982) und Guttmann (1970). Alternative Ansätze zu Prognosekriterien geben Toutenburg und Shalabh (1996).

# 9. Sensitivitätsanalyse

## 9.1 Die Prediction–Matrix

Wir beschränken uns auf das klassische lineare Modell

$$y = X\beta + \epsilon, \quad \epsilon \sim (0, \sigma^2 I)$$

mit Rang $(X) = K$. Bei der klassischen ex–post–Vorhersage von $y$ selbst durch den Prediktor $Xb$ mit $b = (X'X)^{-1}X'y$ spielt die $(T, T)$–Matrix (vgl. (4.42))

$$P = X(X'X)^{-1}X' \tag{9.1}$$

eine zentrale Rolle. $P$ ist symmetrisch und idempotent mit Rang $(P) = \text{sp}(P) = \text{sp}(I_K) = K$.
Die Matrix $M = (I - P)$ (vgl. (4.109)) ist ebenfalls symmetrisch und idempotent vom Rang $T - K$. Es gilt

$$\begin{aligned} \hat{\epsilon} = (I - P)y &= y - Xb \\ &= y - \hat{y} = (I - P)\epsilon, \end{aligned} \tag{9.2}$$

so dass $(I - P)y$ die geschätzten Residuen liefert.

**Definition 9.1** *(Chatterjee und Hadi (1986))*

*Die Matrix $P = X(X'X)^{-1}X'$ heißt Prediction–Matrix und die Matrix $(I - P)$ heißt Residual–Matrix.*

*Anmerkung.* : Eine andere, in der angelsächsischen Literatur übliche Bezeichnungsweise für $P$ ist Hat–Matrix.

$P$ und $I - P$ sind Projektionsmatrizen. $P$ projiziert den $E^T$ auf den Spaltenraum $\mathcal{R}(X)$ und $I - P$ projiziert $E^T$ auf den zu $\mathcal{R}(X)$ orthogonalen Raum, d.h. auf $(\mathcal{R}(X))^{\perp}$. Es gilt $PX = X$ und $(I - P)X = 0$.

Die Matrix $P = (p_{ij})$ ist symmetrisch mit den Elementen

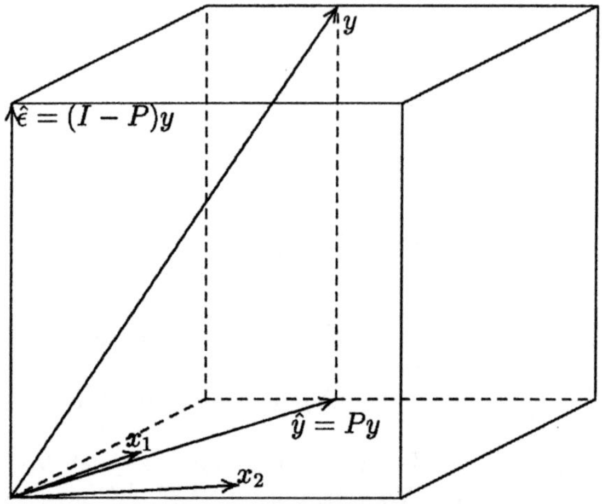


**Abbildung 9.1.** Projektion des $E^3$ auf $\mathcal{R}(X_1, X_2)$.

$$p_{ij} = p_{ji} = x_j'(X'X)^{-1}x_i \quad (i,j = 1, \dots, T). \tag{9.3}$$

Die ex–post–Vorhersage von $y$ ist $\hat{y} = Xb = Py$ mit der Kovarianzmatrix

$$V(\hat{y}) = \sigma^2 P. \tag{9.4}$$

Damit erhalten wir

$$\text{var}(\hat{y}_i) = \sigma^2 p_{ii}, \tag{9.5}$$

$$\text{V}(\hat{\epsilon}) = \text{V}((I - P)y) = \sigma^2(I - P), \tag{9.6}$$

$$\text{var}(\hat{\epsilon}_i) = \sigma^2(1 - p_{ii}) \tag{9.7}$$

und für $i \neq j$

$$\text{cov}(\hat{\epsilon}_i, \hat{\epsilon}_j) = -\sigma^2 p_{ij}\,. \tag{9.8}$$

Daraus folgt für den Korrelationskoeffizienten

$$\rho_{ij} = corr(\hat{\epsilon}_i, \hat{\epsilon}_j) = \frac{-p_{ij}}{\sqrt{1 - p_{ii}}\sqrt{1 - p_{jj}}}. \tag{9.9}$$

Die Elemente der Matrix $P$ bestimmen also vollständig die Varianz der ex–post–Vorhersage und Varianz und Korrelation der geschätzten Residuen. Aus (9.6) folgt, dass die geschätzten Residuen $\hat{\epsilon}_i$ im allgemeinen nicht identisch verteilt und außerdem—im Gegensatz zu den Fehlern $\epsilon_i$ selbst—korreliert sind.
Die $i$–te Komponente $\hat{y}_i$ von $\hat{y} = Py$ lässt sich schreiben als

$$\hat{y}_i = \sum_{j=1}^{T} p_{ij} y_j = p_{ii} y_i + \sum_{j \neq i} p_{ij} y_j \quad (i = 1, \dots, T), \tag{9.10}$$

so dass

$$\frac{\partial \hat{y}_i}{\partial y_i} = p_{ii} \quad \text{und} \quad \frac{\partial \hat{y}_i}{\partial y_j} = p_{ij} \tag{9.11}$$

gilt. Damit bestimmt $p_{ii}$ den Einfluss (leverage) der Beobachtung $y_i$ auf die ex–post–Vorhersage von $\hat{y}_i$ von $y_i$ und zwar unabhängig vom tatsächlich realisierten Wert $y_i$. Analog ist die zweite Beziehung in (9.11) zu interpretieren.

**Zerlegung von $P$**

Sei $X = (X_1, X_2)$ mit $X_1 : (T, p)$ und Rang $(X_1) = p$, $X_2 : (T, K-p)$ und Rang $(X_2) = K - p$.
Sei $P_1 = X_1(X_1'X_1)^{-1}X_1'$ die (idempotente) Prediction–Matrix für $X_1$ und $W = (I - P_1)X_2$ die Projektion von $X_2$ auf das orthogonale Komplement von $X_1$. Die Matrix $P_2 = W(W'W)^{-1}W'$ bezeichnet dann die Prediction–Matrix von $W$.
Dann gilt

$$P = P_1 + P_2 , \tag{9.12}$$

also

$$X(X'X)^{-1}X' = X_1(X_1'X_1)^{-1}X_1' + (I - P_1)X_2[X_2'(I - P_1)X_2]^{-1}X_2'(I - P_1). \tag{9.13}$$

Der Beweis ist direkt nach Satz A.45 oder unter Verwendung der Formel der partiellen Inversion (Satz A.19) für $(X'X)^{-1}$ zu führen, wobei die dort verwendete Matrix $D$ die Gestalt

$$D = X_2'X_2 - X_2'X_1(X_1'X_1)^{-1}X_1'X_2 = X_2'(I - P_1)X_2 \tag{9.14}$$

hat.
Daraus ergibt sich sofort folgende interessante Anwendung:
Sei $y = \mathbf{1}\alpha + X\beta + \epsilon$ ein Modell mit konstantem Term, so gilt

$$P = \frac{\mathbf{1}\mathbf{1}'}{T} + \tilde{X}(\tilde{X}'\tilde{X})^{-1}\tilde{X}' = P_1 + P_2 \tag{9.15}$$

und

$$p_{ii} = \frac{1}{T} + \tilde{x}_i'(\tilde{X}'\tilde{X})^{-1}\tilde{x}_i \,, \tag{9.16}$$

wobei $\tilde{X} = (x_{ij} - \bar{x}_i)$ die Matrix der zentrierten $x$–Werte ist. Dies folgt aus

$$P_1 = \mathbf{1}(\mathbf{1}'\mathbf{1})^{-1}\mathbf{1}' = \frac{\mathbf{1}\mathbf{1}'}{T} \tag{9.17}$$

und

$$\begin{aligned} W = (I - P_1)X &= X - \mathbf{1}\left(\frac{1}{T}\mathbf{1}'X\right) \\ &= X - (\mathbf{1}\bar{x}_1, \mathbf{1}\bar{x}_2, \ldots, \mathbf{1}\bar{x}_K) \\ &= (x_1 - \bar{x}_1, \ldots, x_K - \bar{x}_K). \end{aligned} \tag{9.18}$$

Dann resultiert aus (9.16) für konstantes $p_{ii}$ ein Ellipsoid $\tilde{x}_i'(\tilde{X}'\tilde{X})^{-1}\tilde{x}_i \leq p_{ii} - \frac{1}{T}$ im $E^K$, dessen Mittelpunktsvektor der Vektor aus den Spaltenmittelwerten $(\bar{x}_1, \ldots, \bar{x}_k)$ der (echten) Regressoren ist.

Die Größe der $p_{ii}$ ist ein Maß für den Einfluss von Daten. Wegen der Symmetrie von $P$ gilt $p_{ij} = p_{ji}$. Wegen der Idempotenz von $P$ gilt dann

$$p_{ii} = \sum_{j=1}^{n} p_{ij}^2 = p_{ii}^2 + \sum_{j \neq i} p_{ij}^2 \,. \tag{9.19}$$

Daraus folgt sofort die wichtige Eigenschaft

$$0 \leq p_{ii} \leq 1. \tag{9.20}$$

Schreibt man (9.19) etwas um:

$$p_{ii} = p_{ii}^2 + p_{ij}^2 + \sum_{k \neq i,j} p_{ik}^2 \quad (j \ \text{ fest}), \tag{9.21}$$

so folgt $p_{ij}^2 \leq p_{ii}(1 - p_{ii})$ und mit (9.20) erhalten wir

$$-0.5 \leq p_{ij} \leq 0.5 \qquad (i \neq j). \tag{9.22}$$

Falls $X$ eine Spalte aus Konstanten enthält ($\mathbf{1}$ oder $c\mathbf{1}$), so gilt zusätzlich

$$p_{ii} \geq T^{-1} \quad \text{(für alle } i\text{)} \tag{9.23}$$

und

$$P\mathbf{1} = \mathbf{1}. \tag{9.24}$$

Die Relation (9.23) folgt direkt aus (9.16). Da $\tilde{X}\mathbf{1} = 0$ und damit $P_2\mathbf{1} = 0$ ist, gilt nach (9.15)

$$P\mathbf{1} = \mathbf{1}\frac{T}{T} + 0 = \mathbf{1}.$$

Für die Beziehung zwischen den Diagonalelementen $p_{ii}$ und den anderen Elementen $p_{ij}$ $(i \neq j)$ gilt nach Chatterjee und Hadi (1988, p.19)

(i) Falls $p_{ii} = 1$ oder $p_{ii} = 0$ ist, so wird $p_{ij} = 0$ (Beweis: (9.19)).

(ii)

$$p_{ii}p_{jj} - p_{ij}^2 \geq 0. \tag{9.25}$$

*Beweis.* Da $P \geq 0$ ist, gilt $x'Px \geq 0$ für alle $x$, also speziell für $x'_{ij} = (0, \ldots, 0, x_i, 0, x_j, 0, \ldots, 0)$ mit $x_i$ und $x_j$ beliebig. Nun wird

$$x'_{ij}Px_{ij} = (x_i, x_j)\begin{pmatrix} p_{ii} & p_{ij} \\ p_{ji} & p_{jj} \end{pmatrix}\begin{pmatrix} x_i \\ x_j \end{pmatrix} \geq 0.$$

Also ist $P_{ij} = \begin{pmatrix} p_{ii} & p_{ij} \\ p_{ji} & p_{jj} \end{pmatrix}$ nichtnegativ definit und damit

$$|P_{ij}| = p_{ii}p_{jj} - p_{ij}^2 \geq 0.$$

(iii)

$$(1 - p_{ii})(1 - p_{jj}) - p_{ij}^2 \geq 0. \tag{9.26}$$

*Beweis.* wie eben, jedoch mit $I - P$ statt $P$.

(iv)

$$p_{ii} + \frac{\hat{\epsilon}_i^2}{\hat{\epsilon}'\hat{\epsilon}} \leq 1. \tag{9.27}$$

*Beweis.* Sei $Z = (X, y)$, $P_X = X(X'X)^{-1}X'$ und $P_Z = Z(Z'Z)^{-1}Z'$. Nach (9.13) folgt mit (9.2)

$$\begin{aligned} P_Z &= P_X + \frac{(I - P_X)yy'(I - P_X)}{y'(I - P_X)y} \\ &= P_X + \frac{\hat{\epsilon}\hat{\epsilon}'}{\hat{\epsilon}'\hat{\epsilon}}. \end{aligned} \tag{9.28}$$

Die Diagonalelemente von $P_Z$ sind aber gleich $p_{ii} + \frac{\hat{\epsilon}_i^2}{\hat{\epsilon}'\hat{\epsilon}}$. Anwendung von (9.20) ergibt (9.27).

*Interpretation.* Falls $p_{ii}$ groß (nahe Eins) oder klein (nahe Null) ist, dann ist auch $p_{ij}$ klein für alle $j \neq i$.

Sei z.B. $i = 1$. Die klassische Vorhersage von $y$ ist $\hat{y} = Xb = Py$. Also wird $\hat{y}_1 = \sum p_{1j} y_j$. Falls $p_{11} = 1$ ist, wird $\hat{y}_1$ durch $y_1$ vollständig bestimmt. Ein kleiner Wert von $p_{11}$ (nahe Null) bedeutet einen geringen Einfluss von $y_1$ auf $\hat{y}_1$ und einen geringen Einfluss aller übrigen Beobachtungen $y_2, \ldots, y_T$.

Die Relation (9.27) besagt, je größer $p_{ii}$ ist, desto kleiner ist der Anteil des $i$-ten Residuums $\hat{\epsilon}_i$ an der Gesamtsumme der Residuen.

**Bedingungen für große Werte von $p_{ii}$**

Für die einfache lineare Regression

$$y_t = \alpha + \beta x_t + \epsilon_t, \quad t = 1, \ldots, T$$

erhalten wir nach (9.16)

$$p_{ii} = \frac{1}{T} + \frac{(x_i - \bar{x})^2}{\sum_{t=1}^{T} (x_t - \bar{x})^2}. \tag{9.29}$$

Die Größe von $p_{ii}$ wird also vom Abstand $|x_i - \bar{x}|$ bestimmt. Ein weit entfernt vom Schwerpunkt $\bar{x}$ liegender $x_i$-Wert steigert also den Einfluss des zugehörigen $y_i$-Wertes auf die Schätzung $\hat{y}_i$.

Für die multiple Regression gilt folgende Relation. Seien $\lambda_i$ die Eigenwerte und $\gamma_i$ $(i = 1, \ldots, K)$ die orthonormalen Eigenvektoren der Matrix $X'X$ und bezeichne $\theta_{ij}$ den Winkel zwischen dem Spaltenvektor $x_i$ und dem Eigenvektor $\gamma_j$ $(i, j = 1, \ldots, K)$. Dann gilt

$$p_{ij} = \|x_i\| \|x_j\| \sum_{r=1}^{K} \lambda_r^{-1} \cos\theta_{ir} \cos\theta_{rj} \tag{9.30}$$

und

$$p_{ii} = x_i' x_i \sum_{r=1}^{K} \lambda_r^{-1} (\cos\theta_{ir})^2. \tag{9.31}$$

Der Beweis folgt direkt aus der Spektralzerlegung $X'X = \Gamma \Lambda \Gamma'$ und der Definition von $p_{ij}$ und $p_{ii}$ (vgl. (9.3))

$$\begin{aligned} p_{ij} &= x_i'(X'X)^{-1} x_j = x_i' \Gamma \Lambda \Gamma' x_j \\ &= \sum_{r=1}^{K} \lambda_r^{-1} x_i' \gamma_r x_j' \gamma_r \\ &= \|x_i\| \|x_j\| \sum \lambda_r^{-1} \cos\theta_{ir} \cos\theta_{jr}\,, \end{aligned}$$

wobei $\|x_i\| = (x_i' x_i)^{1/2}$ ist.

Damit wird $p_{ii}$ groß, falls

(i) $x_i'x_i$ relativ groß zu den anderen Spaltennormen ist, also $x_i$ relativ weit von den übrigen Datenvektoren entfernt liegt oder

(ii) $x_i$ in der Richtung (oder nahezu in der Richtung) eines Eigenvektors liegt, der zu einem kleinen Eigenwert gehört. Sei z.B. $\lambda_K$ der kleinste Eigenwert und sei $\cos\theta_{iK} = 1$, so geht $\lambda_K^{-1}$ voll in den Wert von $p_{ii}$ ein (vgl. Cook und Weisberg (1982, p.19)).

**Wiederholung von Zeilen von $X$**

In der Praxis gibt es häufig Versuchspläne, die zu festem $x$–Vektor mehrfach Beobachtungen von $y$ erzeugen. Sei z.B. die $i$–te Zeile $(x_{i1}, \ldots, x_{iK})$ $a$–mal in $X$ enthalten. Dann gilt

$$p_{ii} \leq a^{-1}. \tag{9.32}$$

Diese Abschätzung folgt direkt aus (9.21). Sei $J = \{j : x_i = x_j\}$ die Menge der Zeilenindizes mit Wiederholung der $i$–ten Zeile. Dann ist $p_{ij} = p_{ii}$ für $j \in J$ und (9.21) wird zu

$$p_{ii} = ap_{ii}^2 + \sum_{j \notin J} p_{ij}^2 \geq ap_{ii}^2,$$

woraus (9.32) folgt.

*Beispiel 9.1.1.* Wir wählen folgende einfache $X$–Matrix:

$$X = \begin{pmatrix} 1 & 2 \\ 1 & 2 \\ 1 & 1 \end{pmatrix} \quad \text{mit } K = 2 \text{ und } T = 3.$$

Daraus erhalten wir

$$X'X = \begin{pmatrix} 3 & 5 \\ 5 & 9 \end{pmatrix}, \quad |X'X| = 2, \quad (X'X)^{-1} = \frac{1}{2}\begin{pmatrix} 9 & -5 \\ -5 & 3 \end{pmatrix},$$

$$P = X(X'X)^{-1}X' = \begin{pmatrix} 0.5 & 0.5 & 0 \\ 0.5 & 0.5 & 0 \\ 0 & 0 & 1 \end{pmatrix}.$$

Die erste Zeile von $X$ wird in der zweiten Zeile wiederholt. Also ist $p_{11} \leq \frac{1}{2}$. Mit $\bar{x} = \frac{5}{3}$ und $\sum_{t=1}^{3}(x_t - \bar{x})^2 = \frac{6}{9}$ ergibt (9.29)

$$p_{ii} = \frac{1}{3} + \frac{(x_i - \bar{x})^2}{\sum(x_t - \bar{x}^2)},$$

also $p_{11} = p_{22} = \frac{1}{3} + \frac{\frac{1}{9}}{\frac{6}{9}} = \frac{1}{2}$, $p_{33} = \frac{1}{3} + \frac{\frac{4}{9}}{\frac{6}{9}} = 1$.

## 9.2 Einfluss einer Beobachtung auf die Parameterschätzung

In Kapitel 4 haben wir den Einfluss einer Variablen $X_i$ (oder mehrerer Variablen) auf die Güte der Anpassung untersucht. Die Teststatistik $F$–Change (4.272) überprüfte die Signifikanz in der Veränderung von $R^2$ bei Hinzunahme von $X$–Variablen, d.h. von Spaltenvektoren.

Wir wollen nun den Einfluss von Beobachtungen, d.h. von $y_t$ selbst und von Zeilen $x_t'$ von $X$ auf die Schätzung von $\beta$ untersuchen. Ein Ziel ist es, sogenannte Ausreißer bzw. einflussreiche Beobachtungen $(y_t, x_t')$ aufzuspüren.

Als Maß für die Güte der Anpassung durch ein Modell haben wir die geschätzte Fehlerquadratsumme

$$\begin{aligned} \hat{\epsilon}'\hat{\epsilon} &= (y - Xb)'(y - Xb) \\ &= y'(I - P)y \\ &= \epsilon'(I - P)\epsilon \end{aligned} \tag{9.33}$$

betrachtet. Dieser Ausdruck wie auch $\hat{\epsilon} = (I - P)\epsilon$ selbst können sich stark verändern, wenn man eine Beobachtung hinzufügt bzw. weglässt. Je nach Grad der Veränderung ist dann eine Beobachtung als von wesentlichem (influential observation) oder von unwesentlichem Einfluss einzustufen. In der Literatur gibt es eine Vielzahl von Maßen zum Aufdecken von wesentlichen Beobachtungen, von denen wir hier nur einige vorstellen können. Eine ausführliche Darstellung findet man z.B. in Chatterjee und Hadi (1988, Chapter 4).

### 9.2.1 Transformation der Residuen

Das Residuum $\hat{\epsilon}_i$ ist in gewisser Weise ein Maß (eine Schätzung) für den tatsächlichen Wert des zufälligen Fehlers $\epsilon_i$. Aus $\hat{\epsilon} = (I - P)\epsilon$ folgt daher, dass $\hat{\epsilon}$ selbst insgesamt ein gutes Maß für $\epsilon$ ist, sofern $I - P \approx I$ gilt, also alle Elemente $p_{ij}$ hinreichend klein und die Diagonalelemente $p_{ii}$ annähernd gleich sind. Beachtet man ferner, dass die zufälligen Fehler $\epsilon_t$ im klassischen Regressionsmodell identisch und unabhängig verteilt sind, so sind die Residuen $\hat{\epsilon}_t$ gute Näherungen für die $\epsilon_t$, sofern

(i) die Diagonalelemente $p_{ii}$ in etwa gleich groß (die Zeilen von $X$ also in etwa homogen) sind, so dass Varianzhomogenität der $\hat{\epsilon}_t$ folgt, und

(ii) die Elemente $p_{ij}$ $(i \neq j)$ hinreichend klein sind, so dass näherungsweise Unkorreliertheit folgt.

Diese Überlegungen begründen eine Transformation der Residuen $\hat{\epsilon}$, so dass sie sich besser für das Auffinden von wesentlichen Beobachtungen eignen.

Sei $\sigma_i$ die Standardabweichung des $i$–ten Residuums $\hat{\epsilon}_i$, so erhält man mit $\frac{\hat{\epsilon}_i}{\sigma_i}$ ein standardisiertes Residuum. Je nachdem, welche Stichprobenfunktion $\hat{\sigma}_i$ man verwendet, ergeben sich standardisierte Residuen mit unterschiedlichen diagnostischen Qualitäten.

(i) *Normalisiertes Residuum*
Ersetzt man $\sigma_i$ durch $(\hat{\epsilon}'\hat{\epsilon})^{1/2}$, so erhält man

$$a_i = \frac{\hat{\epsilon}_i}{\sqrt{\hat{\epsilon}'\hat{\epsilon}}} \qquad (i = 1, \dots, T). \tag{9.34}$$

(ii) *Standardisiertes Residuum*
Ersetzt man $\sigma_i$ durch $s = \sqrt{\hat{\epsilon}'\hat{\epsilon}/(T-K)}$, so erhält man

$$b_i = \frac{\hat{\epsilon}_i}{s} \qquad (i = 1, \dots, T). \tag{9.35}$$

(iii) *Intern studentisiertes Residuum*
Für die Wahl $\hat{\sigma}_i = s\sqrt{1-p_{ii}}$ folgt

$$r_i = \frac{\hat{\epsilon}_i}{s\sqrt{1-p_{ii}}} \qquad (i = 1, \dots, T). \tag{9.36}$$

(iv) *Extern studentisiertes Residuum*
Eine Variable mit dem Index $(i)$ soll die Tatsache bezeichnen, dass die $i$–te Beobachtung weggelassen wurde. Unter Verwendung dieser Bezeichnungsweise ist dann

$$s_{(i)}^2 = \frac{y_{(i)}'(I - P_{(i)})y_{(i)}}{T-K-1}, \qquad (i = 1, \dots, T) \tag{9.37}$$

die Schätzung von $\sigma_i^2$ unter Fortfall der $i$–ten Zeile $(y_i, x_i')$ der Datenmatrix $(y, X)$.

Wählt man $\hat{\sigma}_i = s_{(i)}\sqrt{1-p_{ii}}$, so erhält man die extern studentisierten Residuen

$$r_i^* = \frac{\hat{\epsilon}_i}{s_{(i)}\sqrt{1-p_{ii}}} \qquad (i = 1, \dots, T). \tag{9.38}$$

### 9.2.2 Algebraische Konsequenzen aus dem Wegfall einer Beobachtung

Sei $(y_{(i)}, X_{(i)})$ die Datenmatrix nach Streichen der $i$–ten Beobachtung $(y_i, x_{i1}, \dots, x_{iK})$. Dann gelten folgende Beziehungen.

Wir schreiben die $X$–Matrix zeilenweise als $\begin{pmatrix} x_1' \\ \vdots \\ x_T' \end{pmatrix}$, so dass

$$X'X = \sum_{t=1}^{T} x_t x_t' = X_{(i)}' X_{(i)} + x_i x_i' \tag{9.39}$$

gilt. Sei Rang $(X_{(i)}) = K$. Damit erhalten wir für die Inverse von $X_{(i)}' X_{(i)}$ nach Satz A.18 (iv) $[x_i'(X'X)^{-1}x_i \neq 1$ vorausgesetzt$]$

$$(X_{(i)}' X_{(i)})^{-1} = (X'X)^{-1} + \frac{(X'X)^{-1} x_i x_i' (X'X)^{-1}}{1 - x_i'(X'X)^{-1} x_i}. \tag{9.40}$$

Daraus folgt sofort

$$x_r'(X_{(i)}' X_{(i)})^{-1} x_k = p_{rk} + \frac{p_{ri} p_{ik}}{1 - p_{ii}} \quad (r, k \neq i). \tag{9.41}$$

Das $r$–te Diagonalelement der Prediction–Matrix $P_{(i)} = X_{(i)}(X_{(i)}' X_{(i)})^{-1} X_{(i)}'$, die nach Streichen der $i$–ten Beobachtung entsteht, ist also

$$p_{rr(i)} = p_{rr} + \frac{p_{ri}^2}{1 - p_{ii}} \qquad (r \neq i). \tag{9.42}$$

Der Wert von $p_{rr(i)}$ kann also groß sein, wenn $p_{rr}$ selbst oder wenn $p_{ii}$ groß ist und/oder wenn $p_{ri}$ groß ist. Falls die $r$–te und die $i$–te Zeile identisch sind, wird (9.42) zu

$$p_{rr(i)} = \frac{p_{ii}}{1 - p_{ii}}. \tag{9.43}$$

Falls die $i$–te Zeile nur zweimal (als $i$–te und $r$–te Zeile) in $X$ auftritt, wird nach (9.32) $p_{ii} \leq 0.5$. Falls $p_{ii}$ $(= p_{rr})$ nahe an 0.5 liegt, wird $p_{rr(i)}$ $(= p_{ii(r)})$ nahe Eins liegen. Damit wird der Einfluss der $i$–ten (oder $r$–ten) Beobachtung unentdeckt bleiben. Man spricht auch vom Maskierungseffekt.

Die KQ–Schätzung von $\beta$ hat nach Streichung der $i$–ten Beobachtung die Gestalt

$$\hat{\beta}_{(i)} = (X_{(i)}' X_{(i)})^{-1} X_{(i)}' y_{(i)} \,. \tag{9.44}$$

Dann gilt für das $i$–te Residuum

$$\begin{aligned}
\hat{\epsilon}_{i(i)} &= y_i - x_i'\hat{\beta}_{(i)} = y_i - x_i'(X_{(i)}'X_{(i)})^{-1}X_{(i)}'y_{(i)} \\
&= y_i - x_i'\left[(X'X)^{-1} + \frac{(X'X)^{-1}x_ix_i'(X'X)^{-1}}{1-p_{ii}}\right](X'y - x_iy_i) \\
&= y_i - x_ib + p_{ii}y_i - \frac{p_{ii}x_i'b}{1-p_{ii}} + \frac{p_{ii}^2y_i}{1-p_{ii}} \\
&= y_i - \hat{y}_i + p_{ii}y_i - \frac{p_{ii}\hat{y}_i}{1-p_{ii}} + \frac{p_{ii}^2y_i}{1-p_{ii}} \\
&= \frac{y_i-\hat{y}_i}{1-p_{ii}} = \frac{\hat{\epsilon}_i}{1-p_{ii}}.
\end{aligned} \tag{9.45}$$

Für die Differenz von $b = (X'X)^{-1}X'y$ und $\hat{\beta}_{(i)}$ gilt

$$b - \hat{\beta}_{(i)} = \frac{(X'X)^{-1}x_i\hat{\epsilon}_i}{1-p_{ii}}. \tag{9.46}$$

Diese Relation folgt direkt aus (9.44) unter Ausnutzung von (9.40). Damit können wir nun Relationen zwischen den vier Typen von Residuen herleiten. Es gilt mit (9.34) und (9.35)

$$b_i = a_i\sqrt{T-K}. \tag{9.47}$$

Ebenso leicht zeigt man, dass

$$r_i = \frac{b_i}{\sqrt{1-p_{ii}}} = a_i\sqrt{\frac{T-K}{1-p_{ii}}} \tag{9.48}$$

gilt.

### 9.2.3 Test auf Ausreißer

Um die Beziehung zwischen den intern und extern studentisierten Residuen abzuleiten, benötigen wir die Beziehung zwischen $(T-K)s^2 = y'(I-P)y$ und $(T-K-1)s_{(i)}^2 = y_{(i)}'(I-P_{(i)})y_{(i)}$. Dazu verwenden wir folgende Äquivalenz: Die Einstufung der $i$–ten Beobachtung als Ausreißer ist äquivalent zur Annahme des sogenannten mean–shift outlier models

$$y = X\beta + e_i\delta + \epsilon, \tag{9.49}$$

wobei $e_i$ nach Definition A.8 der $i$–te Einheitsvektor (also ein $T \times 1$–Vektor mit einer 1 an der $i$–ten Stelle und Nullen sonst) ist. Falls $y_i$ oder $x_i'\beta$ vom Modell $y_i = x_i'\beta + \epsilon_i$ durch eine systematische Verzerrung $\delta$ abweichen, also die Modellannahme $E(y_i - x_i'\beta) = 0$ nicht erfüllt ist, wäre der Parameter $\delta$ in (9.49) ungleich Null und die $i$–te Beobachtung wäre ein Ausreißer. Man prüft also die Hypothese

$$\mathrm{H}_0: \quad \delta = 0 \qquad (\text{d.h. } E(y) = X\beta)$$

gegen

$$\mathrm{H}_1: \quad \delta \neq 0 \quad (\text{d.h. } E(y) = X\beta + e_i\delta)$$

mit dem bekannten Likelihood–Quotienten–Test

$$F_i = \frac{\frac{SSE(H_0)-SSE(H_1)}{1}}{\frac{SSE(H_1)}{T-K-1}}. \tag{9.50}$$

Dabei ist $SSE(H_0)$ die Fehlerquadratsumme im Modell $y = X\beta + \epsilon$, also im Modell mit allen Beobachtungen:

$$SSE(H_0) = y'(I-P)y = (T-K)s^2.$$

Die Fehlerquadratsumme $SSE(H_1)$ gehört zum Modell $y = X\beta + e_i\delta + \epsilon$. Unter Verwendung von (9.13) erhalten wir

$$(Xe_i)[(Xe_i)'(Xe_i)]^{-1}(Xe_i)' = P + \frac{(I-P)e_ie_i'(I-P)}{e_i'(I-P)e_i}. \tag{9.51}$$

Die linke Seite entspricht nach der oben gegebenen Begründung der Prediction–Matrix $P_{(i)}$ nach Weglassen der $i$–ten Beobachtung. Also gilt

$$\begin{aligned} SSE(H_1) &= (T-K-1)s_{(i)}^2 = y_{(i)}'(I-P_{(i)})y_{(i)} \\ &= y'\left(I - P - \frac{(I-P)e_ie_i'(I-P)}{e_i'(I-P)e_i}\right)y \\ &= SSE(H_0) - \frac{\hat{\epsilon}_i^2}{1-p_{ii}}, \end{aligned} \tag{9.52}$$

wobei wir $(I-P)y = \hat{\epsilon}$ und $e_i'\hat{\epsilon} = \hat{\epsilon}_i$ sowie $e_i'Ie_i = 1$ und $e_i'Pe_i = p_{ii}$ beachten.

Somit wird (vgl. (9.38))

$$F_i = \frac{\hat{\epsilon}_i^2}{(1-p_{ii})s_{(i)}^2} = (r_i^*)^2. \tag{9.53}$$

Es gilt folgender Satz

**Satz 9.1 (Beckman und Trussel, 1974)**

*Sei $X$ vom Rang $K$.*

*(i) Falls Rang $(X_{(i)}) = K$ und $\epsilon \sim N_T(0, \sigma^2 I)$, so sind die $r_i^*$ $(i = 1, \ldots, T)$ identisch $t_{T-K-1}$–verteilt.*

*(ii) Falls Rang $(X_{(i)}) = K - 1$, so ist $r_i^*$ nicht definiert.*

Aus diesem Satz folgt, dass $(r_i^*)^2 = F_i$ (9.53) $F_{1,T-K-1}$–verteilt ist und zwar zentral unter $H_0$ und nichtzentral mit dem Nichtzentralitätsparameter $\theta^2(1-p_{ii})\sigma^2$ unter $H_1$. Für große Werte von $p_{ii}$ ist der Nichtzentralitätsparameter klein, so dass es schwer wird, die Verteilungen von $F_i$ unter $H_0$ und unter $H_1$ zu unterscheiden. Deshalb ist es dann schwer, Ausreißer zu entdecken.

*Beziehungen zwischen $r_i^*$ und $r_i$*

Aus (9.52) und (9.36) folgt

$$\begin{aligned} s_{(i)}^2 &= \frac{(T-K)s^2}{T-K-1} - \frac{\hat{\epsilon}_i^2}{(T-K-1)(1-p_{ii})} \\ &= s^2\left(\frac{T-K-r_i^2}{T-K-1}\right) \end{aligned} \tag{9.54}$$

und damit wird

$$r_i^* = r_i\sqrt{\frac{T-K-1}{T-K-r_i^2}}. \tag{9.55}$$

**Beurteilung der vier Typen von Residuen**

Bei den normalisierten, standardisierten, intern und extern studentisierten Residuen handelt es sich jeweils um Transformationen des Ausdruck $\frac{\hat{\epsilon}_i}{\sigma_i}$. Welche dieser Transformationen letztendlich im konkreten Fall einzusetzen ist, hängt von den verschiedenen Indikatoren ab. Die normalisierten Residuen $a_i$ und die standardisierten Residuen $b_i$ sind zwar leicht zu berechnen, sie spiegeln jedoch nicht die Varianz von $\hat{\epsilon}_i$ bzw. die Varianzinhomogenität der $\hat{\epsilon}_i$ wieder. Eine Reihe von Autoren sehen diesen Nachteil als nicht schwerwiegend an. Falls jedoch die Diagonalelemente von $P$ und (vgl. (9.7)) damit die Varianzen der $\hat{\epsilon}_i$ beträchtlich variieren, so wird die Anwendung der studentisierten Residuen $r_i$ bzw. $r_i^*$ empfohlen. Dabei bietet die Anwendung von $r_i^*$ folgende Vorteile:

(i) $r_i^*$ kann als $F$–Statistik zum Prüfen der Signifikanz des $i$–ten Einheitsvektors $e_i$ im mean–shift outlier model (9.49) interpretiert werden.

(ii) $r_i^*$ ist $F$–verteilt im Gegensatz zu $r_i$, das Beta–verteilt ist (vgl. (Chatterjee und Hadi, 1988), p.76). Die Tafeln der $F$–Verteilung sind leichter zugänglich.

(iii) Wenn $r_i^2$ gegen $T-K$ strebt, so geht (vgl. (9.55)) $r_i^*$ gegen $\infty$. D.h. $r_i^*$ reagiert damit stärker auf Ausreißer als $r_i$.

*Beispiel 9.2.1.* Wir wählen zur Demonstration aus dem komplexen Beispiel (Abschnitt 4.9.4) die Variable $X_4$ (sie wurde als wichtigste Variable im ersten Schritt in das Modell aufgenommen):

$$\begin{pmatrix} y \\ X_4 \end{pmatrix}' = \begin{pmatrix} 18 & 47 & 125 & 40 & 37 & 20 & 24 & 35 & 59 & 50 \\ -10 & 19 & 100 & 17 & 13 & 10 & 5 & 22 & 35 & 20 \end{pmatrix}.$$

Dazu wird die Konstante in das Modell aufgenommen. Wir führen den Test mit $F_i$ aus (9.53) durch.

Für die Matrix $X = (\mathbf{1}, X_4)$ erhalten wir $(T = 10, K = 2)$

$$X'X = \begin{pmatrix} 10 & 231 \\ 231 & 13153 \end{pmatrix}, \quad |X'X| = 78169$$

$$(X'X)^{-1} = \frac{1}{78169} \begin{pmatrix} 13153 & -231 \\ -231 & 10 \end{pmatrix}$$

Die Diagonalelemente von $P = X(X'X)^{-1}X'$ sind

$$\begin{aligned} p_{11} &= 0.24 & p_{66} &= 0.12 \\ p_{22} &= 0.10 & p_{77} &= 0.14 \\ p_{33} &= 0.86 & p_{88} &= 0.10 \\ p_{44} &= 0.10 & p_{99} &= 0.12 \\ p_{55} &= 0.11 & p_{10,10} &= 0.11 \end{aligned}$$

mit $\sum p_{ii} = 2 = K = \text{sp}P$ und $p_{ii} \geq \frac{1}{10}$ (vgl. (9.23)).
Der Wert von $p_{33}$ weicht beträchtlich von den anderen $p_{ii}$ ab. Für die Teststatistik $F_i$ (9.53) benötigen wir die Residuen $\hat{\epsilon}_i = y_i - \hat{y}_i = y_i - x_i'b$ mit $b = (21.8; 1.03)$ (vgl. Abschnitt 4.9.4, erster Schritt der Prozedur). Wir erhalten folgende Tabelle 9.1:

| $i$ | $1 - p_{ii}$ | $\hat{y}_i$ | $\hat{\epsilon}_i$ | $r_i^2$ | $r_i^{2*} = F_i$ |
|---|---|---|---|---|---|
| 1 | 0.76 | 11.50 | 6.50 | 1.168 | 1.197 |
| 2 | 0.90 | 41.37 | 5.63 | 0.740 | 0.713 |
| 3 | 0.14 | 124.80 | 0.20 | 0.006 | 0.005 |
| 4 | 0.90 | 39.31 | 0.69 | 0.011 | 0.010 |
| 5 | 0.89 | 35.19 | 1.81 | 0.077 | 0.068 |
| 6 | 0.88 | 32.10 | -12.10 | 3.495 | 5.431 |
| 7 | 0.86 | 26.95 | -2.95 | 0.213 | 0.191 |
| 8 | 0.90 | 44.46 | -9.46 | 2.089 | 2.474 |
| 9 | 0.88 | 57.85 | 1.15 | 0.032 | 0.028 |
| 10 | 0.89 | 42.40 | 7.60 | 1.363 | 1.438 |

**Tabelle 9.1.** Intern und extern studentisierte Residuen.

Dabei wird $r_i^2$ nach Formel (9.36) und $r_i^{*2}$ nach Formel (9.55) berechnet, wobei $s = 6.9$ ist.

Aus Tabelle B.5 entnehmen wir das Quantil

$$F_{1,7,0.95} = 5.59.$$

Die Nullhypothese $H_0$ : „$i$–te Beobachtung $(y_i, 1, x_{4i})$ ist kein Ausreißer" wird also für alle Werte nicht abgelehnt, wobei der 6. Wert auf einem niedrigeren Testniveau als Ausreißer eingestuft wird. Die 3. Beobachtung ($p_{33} = 0.86$) ist ein high–leverage Punkt, der den Verlauf der Regressionsgerade entscheidend beeinflusst. Nach (9.29) ist (vgl. $\bar{x}_4$ und $s(x_4)$ auf Seite 150)

$$\begin{aligned} p_{33} = \frac{1}{10} + \frac{(100 - 23.1)^2}{\sum_{t=1}^{10}(x_t - \bar{x})^2} &= \frac{1}{10} + \frac{76.9^2}{9 \cdot 868.544} \\ &= 0.10 + 0.76 = 0.86. \end{aligned}$$

Der große Wert von $p_{33}$ wird also durch den großen Abstand von $x_{43} = 100$ von der übrigen $X$–Menge, d.h. vom Mittelpunkt $\bar{x}_4 = 23.1$ verursacht.

Die folgenden Abbildungen zeigen typische Situationen für Punkte mit großen Abweichungen vom übrigen Datensatz.

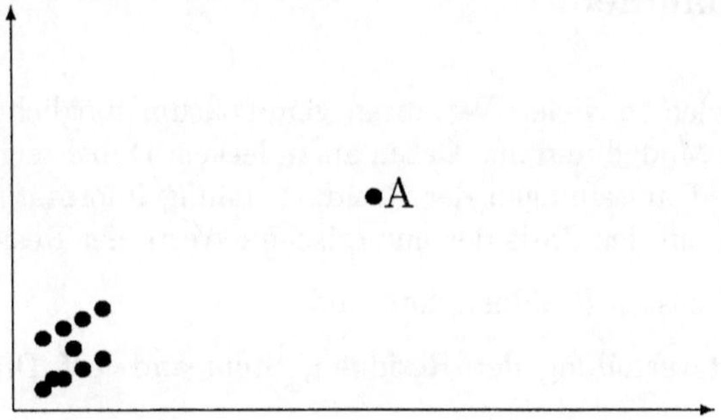


**Abb. 9.2.** High leverage Punkt $A$.

Ausreißer besitzen extrem große Residuen (vgl. den 6. Punkt im Beispiel), high leverage Punkte dagegen besitzen extrem kleine Residuen (3. Punkt im Beispiel), jeweils im Vergleich zu den anderen Residuen.

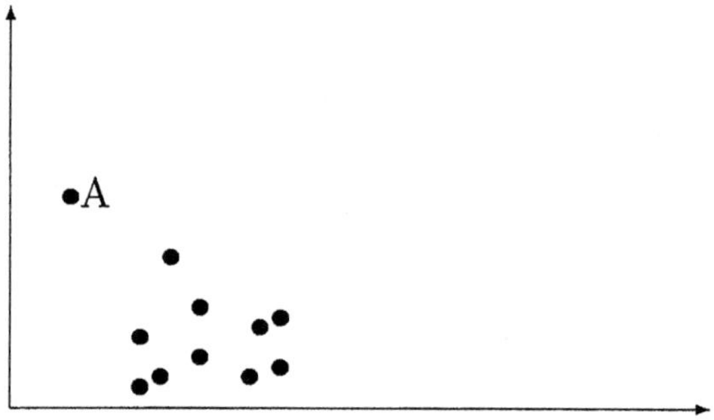


**Abb. 9.3.** Ausreißer $A$.

## 9.3 Grafische Methoden zum Prüfen von Modellannahmen

Residuen werden in vielen Verfahren genutzt, um mögliche Abweichungen zwischen dem Modell und den Daten aufzudecken. Dabei zeigt die Erfahrung, dass grafische Darstellungen der Residuen häufig informativer sind, als die Testverfahren auf der Basis der numerischen Werte der Residuen.

Die gebräuchlichsten Residuenplots sind

(i) Häufigkeitsverteilung der Residuen, Stem–and–leaf Diagramme, Box-Plots,

(ii) normale oder halbnormale Wahrscheinlichkeitsplots

(iii) Plots der Residuen $\hat{\epsilon}_t$ gegen die angepassten Werte $\hat{y}_t$ oder gegen die $X$–Variablen.

Wenn der Modellansatz nicht korrekt ist, so sind auch die Annahmen über die Fehler $\epsilon_t$ und die Residuen $\hat{\epsilon}_t$ nicht zutreffend und diese Abweichungen machen sich in den verschiedenen Plots bemerkbar. Mit Wahrscheinlichkeitsplots lassen sich Abweichungen von der Normalverteilung aufdecken. Normalverteilung wird durch eine Gerade angezeigt.

Der Einsatz der extern studentisierten Residuen dient ebenfalls der Aufdeckung von Abweichungen von der Normalverteilung. Falls Normalverteilung vorliegt, müssten etwa 68% der $r_i^*$'s im Bereich $-1$ bis $+1$ liegen. Bei kleinem Stichprobenumfang kann man auch die exakten $t_{T-K-1}$–Quantile

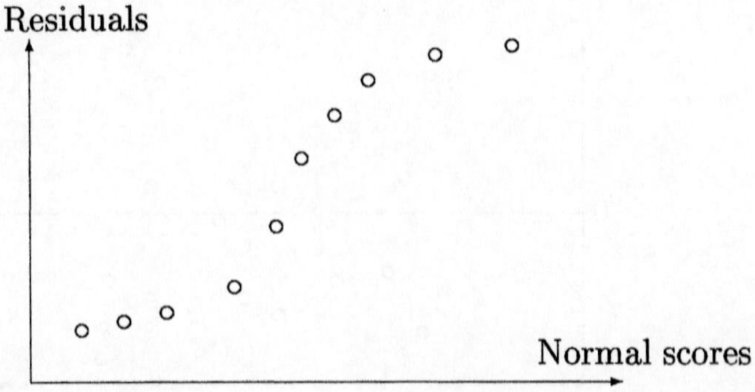


**Abb. 9.4.** Normaler Wahrscheinlichkeitsplot, Hinweis auf Abweichung von der Normalverteilung.

verwenden. Als Faustregel (bei $T$ hinreichend groß) gilt: $|r_i^*| > 3$ deutet darauf hin, dass der $i$–te Datenpunkt ein Ausreißer ist.

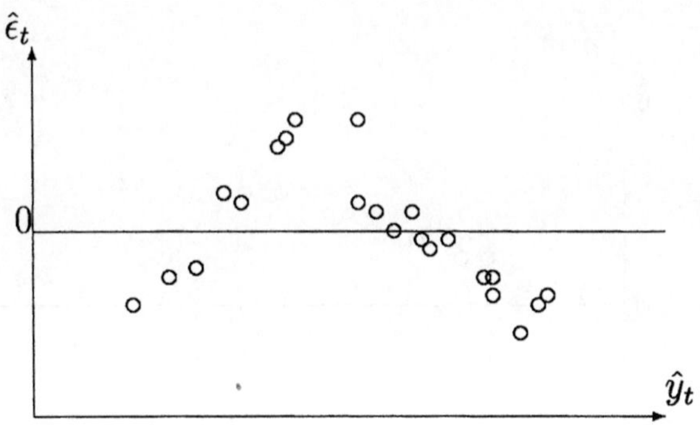


**Abb. 9.5.** Plot der Residuen $\hat{\epsilon}_t$ gegen $\hat{y}_t$: Hinweis auf eine Abweichung von der Linearität.

Falls die Modellannahmen korrekt sind, gilt

$$\begin{aligned} cov(\hat{\epsilon}, \hat{y}') &= E((I - P)\epsilon\epsilon' P) \\ &= 0. \end{aligned} \tag{9.56}$$

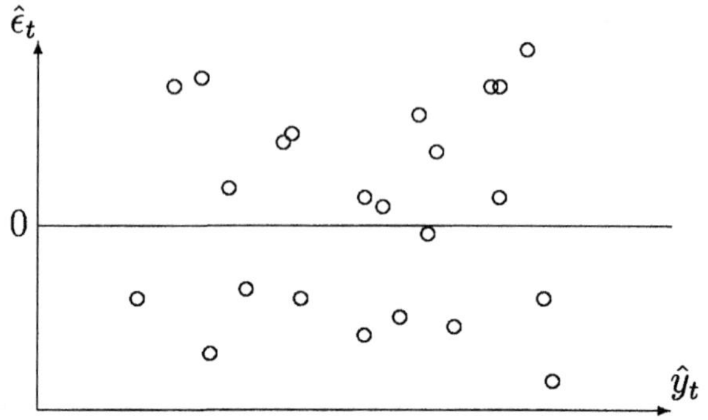


**Abb. 9.6.** Keine Abweichung von der Linearität.

Folglich erhält man eine Grafik (Abbildung 9.3), die zufällig verteilte Punkte zeigt. Diese Situation heißt auch Null–Plot.

Ein Plot wie in Abbildung 9.3 deutet auf Zunahme der Varianzen hin, also auf Heteroskedastizität.

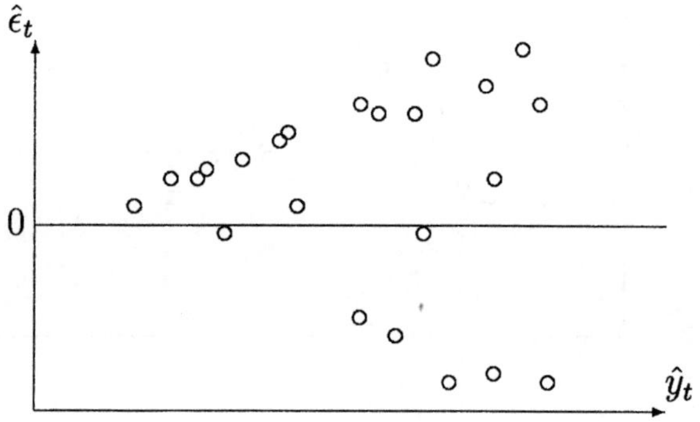


**Abb. 9.7.** Hinweis auf Heteroskedastizität.

## 9.4 Maße auf der Basis des Konfidenzellipsoids

Wenn wir Normalverteilung $\epsilon \sim N(0, \sigma^2 I)$ voraussetzen, so ist $b \sim N(\beta, \sigma^2 (X'X)^{-1})$ verteilt und damit wird

$$\frac{(\beta - b)'(X'X)(\beta - b)}{Ks^2} \sim F_{K,T-K} \,. \tag{9.57}$$

Daraus folgt, dass

$$\frac{(\beta - b)'(X'X)(\beta - b)}{Ks^2} \leq F_{K,T-K,1-\alpha} \tag{9.58}$$

ein $100(1-\alpha)\%$–Konfidenzellipsoid für $\beta$ mit dem Mittelpunktsvektor $b$ darstellt. Das Ellipsoid ist im allgemeinen nicht in Hauptachsenlage, es sei denn, die Schätzungen der Komponenten von $\beta$ sind unkorreliert.

Die Stärke des Einflusses der $i$–ten Beobachtung $(y_i, x_i')$ kann man durch eine Reihe von Maßen bestimmen, die die Veränderung von Kenngrößen des Ellipsoids nach Weglassen der $i$–ten Beobachtung beschreiben. Starke Veränderung bedeutet stets starken Einfluss der $i$–ten Beobachtung.

**Cook's Abstand**

Cook (1977) schlug folgendes Maß vor:

$$C_i = \frac{(b - \hat{\beta}_{(i)})'(X'X)(b - \hat{\beta}_{(i)})}{Ks^2} \tag{9.59}$$

$$= \frac{(\hat{y} - \hat{y}_{(i)})'(\hat{y} - \hat{y}_{(i)})}{Ks^2} \quad (i = 1, \ldots, T), \tag{9.60}$$

wobei $\hat{\beta}_{(i)}$ (9.44) die KQ–Schätzung nach Weglassen der $i$–ten Beobachtung ist. $\hat{y}_{(i)} = X\hat{\beta}_{(i)}$ ist entsprechend die klassische Vorhersage von $y$ nach Weglassen der $i$–ten Beobachtung. Das Maß $C_i$ ist der mit $s^2$ standardisierte Abstand zwischen $b$ und $\hat{\beta}_{(i)}$ bzw. zwischen $\hat{y}$ und $\hat{y}_{(i)}$ . Unter Verwendung von (9.46) erhalten wir sofort

$$C_i = \frac{1}{K} \quad \frac{p_{ii}}{1 - p_{ii}} \, r_i^2 \,, \tag{9.61}$$

wobei $r_i$ das $i$–te intern studentisierte Residuum ist. Damit ist $C_i$ ein Maß, das auf Größen aus dem vollen Datensatz basiert. Es kombiniert zwei Maße— $p_{ii}$ (Maß für high leverage Punkte) und $r_i$ (Maß für Ausreißer). $C_i$ wird groß, wenn $p_{ii}$ und/ oder $r_i^2$ groß sind. $C_i$ ist nach (9.61) proportional zu $r_i^2$. Nach (9.53) und (9.55) gilt

$$\frac{r_i^2(T - K - 1)}{T - K - r_i^2} \sim F_{1,T-K-1} \,,$$

so dass $C_i$ keine exakte $F$–Verteilung hat. Da $C_i$ (vgl. (9.59) in Analogie zum Konfidenzellipsoid (9.58) konstruiert ist, schlägt Cook (1977) zur Einschätzung der Größe von $C_i$ vor, $C_i$ mit den $(1-\alpha)$–Quantilen der $F_{K,T-K}$–Verteilung zu vergleichen. Je kleiner $\alpha$ ist, desto einflussreicher ist die $i$–te Beobachtung (Tabellen B.5 und B.7).

*Zahlenbeispiel.* Sei $K = 2$ und $T = 32$, also $T - K = 30$. Sei $C_i = 3.32$, so liegt $\hat{\beta}_{(i)}$ auf der Oberfläche des 95%–Konfidenzellipsoids (9.58) für $\beta$ auf der Basis der Schätzung $b$. Falls $C_i = 5.59$ ist, würde $\hat{\beta}_{(i)}$ auf der Oberfläche eines 99%–Konfidenzellipsoids liegen.

**Welsch–Kuh–Abstand**

Der Einfluss der $i$–ten Beobachtung auf den vorhergesagten Wert $\hat{y}_i$ kann gemessen werden durch die Differenz $\hat{y}_i - \hat{y}_{i(i)}$, wobei man mit dem Standardfehler von $\hat{y}_i$ (vgl. (9.5)) standardisiert:

$$\frac{|\hat{y}_i - \hat{y}_{i(i)}|}{\sigma\sqrt{p_{ii}}} = \frac{|x_i'(b - \hat{\beta}_{(i)})|}{\sigma\sqrt{p_{ii}}}. \tag{9.62}$$

Als Schätzung für $\sigma$ schlagen Welsch und Kuh (1977) vor, $s_{(i)}$ (9.37) zu verwenden. Unter Verwendung von (9.46) und (9.38) lässt sich (9.62) umformen zu

$$\begin{aligned} WK_i &= \frac{|\frac{\hat{\epsilon}_i}{1-p_{ii}} x_i'(X'X)^{-1}x_i|}{s_{(i)}\sqrt{p_{ii}}} \\ &= |r_i^*|\sqrt{\frac{p_{ii}}{1-p_{ii}}} \quad . \end{aligned} \tag{9.63}$$

In Analogie zu der Argumentation bezüglich der $F$–Approximation von Cook's Abstand können wir die Größe von $WK_i$ an den Quantilen der $t_{T-K-1}$–Verteilung messen, da $r_i^* \sim t_{T-K-1}$–verteilt ist, sofern die Voraussetzungen von Satz 9.1 erfüllt sind. Da sich für hinreichend großes $T$ die Normal– und die $t$–Verteilung bezüglich ihrer Quantile wenig unterscheiden, ist $2\sqrt{\frac{K}{T-K}}$ ein geeignetes „95%–Quantil" für $WK_i$, dessen Überschreiten eine einflussreiche Beobachtung $i$ signalisiert.

*Hinweis.* In der Literatur gibt es eine Vielzahl von Modifikationen von Cook's Abstand. Eine Übersicht findet man in Chatterjee und Hadi (1988) pp.122–135.

**Maße auf der Basis des Volumens des Konfidenzellipsoids**

Sei $x'Ax = 1$ ein Ellipsoid mit $A$ symmetrisch und $A \geq 0$ oder $A > 0$. Nach der Spektralzerlegung (Satz A.30) ist $A = \Gamma\Lambda\Gamma'$ und nach Satz A.27 (ii) bzw. nach Satz A.16 (iii) und wegen $\Gamma\Gamma' = I$ gilt $|A| = |\Lambda|$. Das Volumen des Ellipsoids $x'Ax = (x'\Gamma)\Lambda(\Gamma'x) = 1$ ist (vgl. (4.364))

$$V = c_K \prod_{i=1}^{K} \lambda_i^{-1/2} = c_K \sqrt{|\Lambda^{-1}|},$$

also umgekehrt proportional zur Wurzel aus $|A|$. Das Volumen des Konfidenzellipsoids (9.58) mit allen Beobachtungen ist also umgekehrt proportional zu $|X'X|$. Große Werte von $|X'X|$ deuten auf ein gutes (informatives) Design hin. Bildet man das Konfidenzellipsoid nach Weglassen der $i$–ten Beobachtung gemäß

$$\frac{(\beta - \hat{\beta}_{(i)})'(X'_{(i)}X_{(i)})(\beta - \hat{\beta}_{(i)})}{K s^2_{(i)}} \leq F_{K,T-K-1,1-\alpha}, \tag{9.64}$$

so ist dieses Volumen umgekehrt proportional zu $|X'_{(i)}X_{(i)}|$. Das Weglassen einer einflussreichen (informativen) Beobachtung führt zu einer Abnahme von $|X'_{(i)}X_{(i)}|$ im Verhältnis zu $|X'X|$. Andererseits führt das Weglassen einer Beobachtung mit großem Residuum zu einer starken Verkleinerung der Residuen–Quadratsumme, d.h. $s^2_{(i)}$ wird wesentlich kleiner als $s^2$. Diese beiden Wirkungen werden in einem Maß kombiniert.

**Andrews–Pregibon–Statistik**

Andrews und Pregibon (1978) vergleichen das Volumen der beiden Ellipsoide (9.58) und (9.64) auf der Basis des Quotienten

$$\frac{(T-K-1)s^2_{(i)}|X'_{(i)}X_{(i)}|}{(T-K)s^2|X'X|}. \tag{9.65}$$

Wir führen folgende Umformung durch. Definiere $Z = (X, y)$, so dass wir die unterteilte Matrix

$$Z'Z = \begin{pmatrix} X'X & X'y \\ y'X & y'y \end{pmatrix} \tag{9.66}$$

erhalten. Da Rang $(X'X) = K$ vorausgesetzt ist, gilt nach Satz A.16 (vii)

$$\begin{aligned} |Z'Z| &= |X'X||y'y - y'X(X'X)^{-1}X'y| \\ &= |X'X|(y'(I-P)y) \\ &= |X'X|(T-K)s^2. \end{aligned} \tag{9.67}$$

Analog gilt mit $Z_{(i)} = (X_{(i)}, y_{(i)})$

$$|Z'_{(i)}Z_{(i)}| = |X'_{(i)}X_{(i)}|(T-K-1)s^2_{(i)}. \tag{9.68}$$

Damit wird der Quotient (9.65)

$$\frac{|Z'_{(i)}Z_{(i)}|}{|Z'Z|}. \tag{9.69}$$

Das Weglassen einer Beobachtung, die weit entfernt vom Datenzentrum liegt, wird zu einer starken Abnahme der Determinante und damit zu einem starken Anwachsen des Volumens des Ellipsoids führen, so dass kleine Werte von (9.69) diesen Fakt darstellen. Definiert man alternativ

$$AP_i = 1 - \frac{|Z'_{(i)}Z_{(i)}|}{|Z'Z|}, \tag{9.70}$$

so deuten große Werte von $AP_i$ (Andrews–Pregibon–Statistik für den Einfluss der $i$–ten Beobachtung) auf einen großen Einfluss der $i$–ten Beobachtung hin.

Da $Z'_{(i)}Z_{(i)} = Z'Z - z_i z_i'$ mit $z_i = (x_i', y_i)$ gilt, folgt nach Satz A.16 (x)

$$\begin{aligned} |Z'_{(i)}Z_{(i)}| &= |Z'Z - z_i z_i'| \\ &= |Z'Z|(1 - z_i'(Z'Z)^{-1}z_i) \\ &= |Z'Z|(1 - p_{zii}), \end{aligned}$$

so dass

$$AP_i = p_{zii} \tag{9.71}$$

gilt. Dabei ist $p_{zii}$ das $i$–te Diagonalelement der Prediction–Matrix $P_Z = Z(Z'Z)^{-1}Z'$. Nach (9.28) gilt

$$p_{zii} = p_{ii} + \frac{\hat{\epsilon}_i^2}{\hat{\epsilon}'\hat{\epsilon}}. \tag{9.72}$$

Damit unterscheidet $AP_i$ nicht zwischen high leverage Punkten im $X$–Raum und Ausreißern im $Z$–Raum. Analog zu (9.20) gilt $0 \leq p_{zii} \leq 1$, also

$$0 \leq AP_i \leq 1. \tag{9.73}$$

Verwenden wir die Definition (9.36) des intern studentisierten Residuums $r_i$ und die Beziehung $s^2 = \hat{\epsilon}'\hat{\epsilon}/(T-K)$, so folgt aus (9.72)

$$AP_i = p_{ii} + (1 - p_{ii})\frac{r_i^2}{T-K} \tag{9.74}$$

oder

$$1 - AP_i = (1 - p_{ii})\left(1 - \frac{r_i^2}{T-K}\right). \tag{9.75}$$

Der erste Ausdruck in (9.75) identifiziert high leverage Punkte und der zweite Ausdruck identifiziert Ausreißer. Kleine Werte von $1 - AP_i$ deuten also auf einflussreiche Punkte (high leverage oder Ausreißer) hin, wobei erst die isolierte Betrachtung beider Faktoren in (9.75) eine Aufklärung über den Typ der Einflusses bringt.

**Varianzquotient**

Als Alternative zu den bisherigen Maßen kann man den Einfluss der $i$–ten Beobachtung durch Vergleich der geschätzten Kovarianzmatrizen von $b$ und $\hat{\beta}_{(i)}$ untersuchen:

$$V(b) = s^2(X'X)^{-1} \quad \text{und} \quad V(\hat{\beta}_{(i)}) = s^2_{(i)}(X'_{(i)}X_{(i)})^{-1}\,.$$

Man kann verschiedene Maße z.B. auf der Basis der Spuren oder der Determinanten konstruieren. Belsley et al. (1980) schlagen das Verhältnis der Determinanten vor:

$$VR_i = \frac{|s^2_{(i)}(X'_{(i)}X_{(i)})^{-1}|}{|s^2(X'X)^{-1}|} \tag{9.76}$$

$$= \left(\frac{s^2_{(i)}}{s^2}\right)^K \frac{|X'X|}{|X'_{(i)}X_{(i)}|}. \tag{9.77}$$

Es gilt (vgl. Satz A.16 (x))

$$\begin{aligned}|X'_{(i)}X_{(i)}| &= |X'X - x_i x_i'| \\ &= |X'X|(1 - x_i'(X'X)^{-1}x_i) \\ &= |X'X|(1 - p_{ii}).\end{aligned}$$

Mit dieser Relation und mit (9.54) folgt

$$VR_i = \left(\frac{T-K-r_i^2}{T-K-1}\right)^K \frac{1}{1-p_{ii}}. \tag{9.78}$$

$VR_i$ wird größer als 1, wenn $r_i^2$ klein ist (kein Ausreißer) und $p_{ii}$ groß ist (high leverage Punkt). $VR_i$ wird kleiner als 1, wenn $r_i^2$ groß und $p_{ii}$ klein ist. Da Beobachtungen mit großen $p_{ii}$ häufig dazu tendieren, die geschätzte Regression zu sich heranzuziehen, wird $r_i^2$ dann häufig klein ausfallen. Damit ist $VR_i$ ein gutes Maß, um high leverage Punkte zu erkennen. Falls alle Beobachtungen den gleichen Einfluss auf die Kovarianzmatrix ausüben, wird $VR_i \approx 1$. Damit deutet eine Abweichung von 1 darauf hin, dass die $i$–te Beobachtung von größerem Einfluss als andere Beobachtungen ist. Belsley et al. (1980) schlagen als „Quantil" den Wert

$$|VR_i - 1| \geq \frac{3K}{T} \tag{9.79}$$

vor.

**RESRATIO** Ein alternatives Mass zum Aufdecken von Ausreißern und/ oder einflussreichen Beobachtungen basiert auf der Struktur der extern standardisierten Residuen und ist definiert als

$$\text{RESRATIO} = \frac{(\text{RSS} - \text{RSS}_{(i)})/1}{\text{RSS}_{(i)}/(T-K-1)} = \frac{(T-K)s^2 - (T-K-1)s^2_{(i)}}{s^2_{(i)}}. \tag{9.80}$$

Eine alternative Bezeichnung ist DRSS (Veränderung der Residuenquadratsumme).

*Beispiel 9.4.1.* (Fortsetzung von Beispiel 9.2.1)

Wir berechnen die bisher definierten Maße für den Datensatz aus Beispiel 9.2.1 auf der Basis von Tabelle 9.1 . Aus Tabelle 9.4.1. entnehmen wir, dass Cook's $C_i$ die 6. Beobachtung als einflussreichsten Wert entdeckt. Das 95%–Quantil $2\sqrt{\frac{K}{T-K}} = 1$ für den Welsch–Kuh–Abstand wird nicht überschritten, die 6. Beobachtung erreicht jedoch auch hier den größten Wert.

| $i$ | $C_i$ | $WK_i$ | $AP_i$ | $VR_i$ |
|---|---|---|---|---|
| 1 | 0.184 | 0.615 | 0.351 | 1.253 |
| 2 | 0.041 | 0.281 | 0.183 | 1.195 |
| 3 | 0.018 | 0.175 | 0.860 | 9.315 |
| 4 | 0.001 | 0.033 | 0.101 | 1.447 |
| 5 | 0.005 | 0.092 | 0.119 | 1.439 |
| 6 | 0.236 | 0.861 | 0.504 | 0.471 |
| 7 | 0.017 | 0.176 | 0.163 | 1.439 |
| 8 | 0.116 | 0.723 | 0.335 | 0.792 |
| 9 | 0.002 | 0.062 | 0.123 | 1.472 |
| 10 | 0.084 | 0.422 | 0.262 | 1.010 |

**Tabelle 9.2.** Cook's $C_i$, Welsch–Kuh–$WK_i$, Andrews–Pregibon–$AP_i$, Varianzquotient $VR_i$ zu Tabelle 9.1.

Für die Andrews–Pregibon–Statistik $AP_i$ (vgl. (9.71) und (9.72)) benötigen wir
$\hat{\epsilon}'\hat{\epsilon} = (T-K)s^2 = 8 \cdot (6.9)^2 = 380.88$. Der kleinste Wert $1 - AP_i$ ist 0.14 für die 3. Beobachtung und es gilt

$$\begin{aligned} 1 - AP_3 = 0.14 &= (1 - p_{33})\left(1 - \frac{r_3^2}{8}\right) \\ &= 0.14 \cdot (1 - 0.00075), \end{aligned}$$

so dass die 3. Beobachtung ein high leverage Punkt ist, wie wir bereits festgestellt haben. Die 6. Beobachtung ergibt den nächst kleineren $AP_i$–Wert und es ist

$$1 - AP_6 = 0.496 = 0.88 \cdot (1 - 0.437),$$

wobei die Zerlegung die bereits früher getroffene Vermutung bestätigt, dass ein Ausreißer vorliegt.
Der Varianzquotient $VR_i$ identifiziert die 3. Beobachtung ebenfalls als möglichen high leverage Punkt und die 6. Beobachtung (und auch die 8., aber geringer) als möglichen Ausreißer. Die kritische Bedingung (9.79) $|VR_i - 1| \geq \frac{6}{10}$ wird jedoch nur für die dritte Beobachtung erfüllt, so dass hier Signifikanz vorliegt (im Sinne von Bedingung (9.79)).

*Hinweis.* In der Literatur existieren zahlreiche Varianten der bisher behandelten Maße sowie Erweiterungen auf andere Indikatoren wie die Likelihood-Funktion oder die sogenannte Influential Curve. Wir verweisen hierzu wieder auf Chatterjee und Hadi (1988). Der Einsatz grafischer Methoden zum Aufdecken des Einflusses von Daten wird z.B. in Park, Kim und Toutenburg (1992) beschrieben.

# 10. Modelle für kategoriale Responsevariablen

## 10.1 Generalisierte lineare Modelle

### 10.1.1 Erweiterung des Regressionsmodells

Generalisierte lineare Modelle stellen eine Erweiterung der klassischen linearen Regressions– und Varianzanalyse dar, die den Zusammenhang zwischen dem Erwartungswert einer Responsevariablen und unbekannten Kovariablen gemäß

$$\begin{aligned} \mathrm{E}(y_i) &= x_{i1}\beta_1 + \ldots + x_{ip}\beta_p \\ &= x_i'\beta \end{aligned} \qquad (10.1)$$

modelliert. Im Modell (10.1) werden die unbekannten Parameter nach dem Prinzip der kleinsten Quadrate erwartungstreu und optimal im Sinne der minimalen Varianz geschätzt. Im Falle einer Normalverteilung folgt die Optimalitätseigenschaft aus der Maximum–Likelihood–Theorie.

Die Dichtefunktion lässt sich bei Annahme eines additiven Fehlers formulieren als

$$f(y_i) = f_{\epsilon_i}(y_i - x_i'\beta)\,, \qquad (10.2)$$

mit $\eta_i = x_i'\beta$ als linearem Prädiktor.

Folglich ergibt sich bei stetigen normalverteilten Daten

$$y_i \sim N(\mu_i, \sigma^2), \quad \mathrm{E}(y_i) = \mu_i\,, \quad \mu_i = \eta_i = x_i'\beta \qquad (10.3)$$

für die Verteilung bzw. Mittelwertstruktur.

Bei der Analyse kategorialer Responsevariablen treten häufig Binomial–, Multinomial– und Poissonverteilung auf, die zusammen mit der Normalverteilung zur Gruppe der natürlichen Exponentialfamilie gehören.

Analog zur Normalverteilung wird auch hier der Effekt der Kovariablen auf den Erwartungswert der Responsevariablen durch lineare Prädiktoren modelliert.

**Binomialverteilung.** Seien $I$ Prädiktoren $\eta_i = x_i'\beta$ $(i = 1, \ldots, I)$ und $N_i$ Realisationen $y_{ij}$, $j = 1, \ldots, N_i$ gegeben. Der Response sei binomialverteilt mit

$$y_i \sim B(N_i, \pi_i) \quad \text{mit} \quad \mathrm{E}(y_i) = N_i\pi_i = \mu_i \,.$$

Weiter bezeichne $g(\pi_i) = \mathrm{logit}(\pi_i)$ die gewählte Linkfunktion zwischen $\mu_i$ und $\eta_i$

$$\begin{aligned} \mathrm{logit}(\pi_i) &= \ln\left(\frac{\pi_i}{1-\pi_i}\right) \\ &= \ln\left(\frac{N_i\pi_i}{N_i - N_i\pi_i}\right) = x_i'\beta \,. \end{aligned} \tag{10.4}$$

Mit Hilfe der inversen Linkfunktion $g^{-1}(x_i'\beta)$ folgt

$$N_i\pi_i = \mu_i = N_i \frac{\exp(x_i'\beta)}{1+\exp(x_i'\beta)} = g^{-1}(\eta_i) \,. \tag{10.5}$$

**Poissonverteilung.** $y_i$ $(i = 1, \ldots, I)$ sei poissonverteilt mit $\mathrm{E}(y_i) = \mu_i$ gemäß

$$P(y_i) = \frac{e^{-\mu_i}\mu_i^{y_i}}{y_i!} \quad \text{für } y_i = 0, 1, 2, \ldots \quad . \tag{10.6}$$

Die Linkfunktion kann dann als $\ln(\mu_i) = x_i'\beta$ gewählt werden.

**Kontingenztafeln.** Die Zellhäufigkeiten $y_{ij}$ einer $(I \times J)$–Kontingenztafel zweier kategorialer Variablen können einer Poisson–, Multinomial– oder Binomialverteilung entstammen, je nach Design der Stichprobe. Durch Wahl geeigneter Vektoren $x_{ij}$ können die erwarteten Zellhäufigkeiten durch ein loglineares Modell der Form

$$\begin{aligned} \ln(m_{ij}) &= \mu + \alpha_i^A + \beta_j^B + (\alpha\beta)_{ij}^{AB} \\ &= x_{ij}'\beta \end{aligned} \tag{10.7}$$

beschrieben werden und es ergibt sich

$$\mu_{ij} = m_{ij} = \exp(x_{ij}'\beta) = \exp(\eta_{ij}) \,. \tag{10.8}$$

Im Gegensatz zum klassischen linearen Regressionsmodell, wo der Erwartungswert $\mathrm{E}(y)$ linear in $\beta$ ist und $\mu = \eta = x'\beta$ gilt, sind generalisierte lineare Modelle von der Form

$$\mu = g^{-1}(x'\beta)\,, \tag{10.9}$$

wobei $g^{-1}$ die inverse Linkfunktion bezeichnet. Ferner ist die Additivität des zufälligen Fehlers keine notwendige Annahme mehr, so dass allgemein

$$f(y) = f(y, x'\beta) \tag{10.10}$$

anstatt (10.2) angenommen wird.

### 10.1.2 Die Struktur des Generalisierten Linearen Modells

Das *generalisierte lineare Modell (GLM)* (vgl. Nelder und Wedderburn, 1972) wird durch die folgenden drei Komponenten definiert:

- die *zufällige Komponente*, die die Wahrscheinlichkeitsverteilung der Responsevariablen spezifiziert,
- die *systematische Komponente*, die eine lineare Funktion der erklärenden Variablen festlegt und
- die *Linkfunktion*, die den funktionalen Zusammenhang zwischen systematischer und zufälliger Komponente beschreibt.

Die drei Komponenten lassen sich folgendermaßen präzisieren:

*1.* Die zufällige Komponente $Y$ besteht aus $N$ unabhängigen Beobachtungen $y' = (y_1, y_2, \ldots, y_N)$ einer zur natürlichen Exponentialfamilie gehörenden Verteilung (vgl. Agresti, 1990, p.80). Folglich besitzt jede Beobachtung $y_i$—im einfachsten Fall aus einer einparametrigen Exponentialfamilie—die Dichtefunktion

$$f(y_i, \theta_i) = a(\theta_i)\, b(y_i) \exp\left(y_i\, Q(\theta_i)\right) . \tag{10.11}$$

*Anmerkung.* Dabei kann der Parameter $\theta_i$ über $i = 1, 2, \ldots, N$ in Abhängigkeit von der erklärenden Variablen variieren. Die erklärende Variable beeinflusst $y_i$ über die systematische Komponente.

Spezielle Verteilungen essenzieller Bedeutung innerhalb dieser Familie sind die Poissonverteilung und die Binomialverteilung. $Q(\theta_i)$ wird als *natürlicher Parameter* der Verteilung bezeichnet. Sind die $y_i$ unabhängig, so ist auch deren gemeinsame Verteilung Mitglied der Exponentialfamilie.

Eine allgemeinere Parametrisierung gestattet die Miteinbeziehung von *scaling* oder *nuisance* Parametern. Beispielsweise ist eine alternative Parametrisierung mit einem zusätzlichen scaling Parameter $\phi$ (der sogenannte Dispersionsparameter) gegeben durch

$$f(y_i|\theta_i, \phi) = \exp\left\{\frac{y_i\theta_i - b(\theta_i)}{a(\phi)} + c(y_i, \phi)\right\}. \tag{10.12}$$

$\theta_i$ wird als natürlicher Parameter bezeichnet. (10.12) stellt eine lineare Exponentialfamilie dar, wenn $\phi$ bekannt ist. Für unbekanntes $\phi$ wird (10.12) als *Exponential–Dispersion–Modell* bezeichnet. Mit $\phi$ und $\theta_i$ stellt (10.12) für $i = 1, \ldots, N$ eine zweiparametrige Verteilung dar, wie beispielsweise Normal– oder Gammaverteilungen. Sind $y_i$ und $\theta_i$ vektorwertig und nicht mehr Skalare, so spricht man von multivariaten generalisierten Modellen, die multinomiale Responsemodelle als Spezialfall mit einschließen (vgl. Fahrmeir und Tutz, 2001, Kapitel 3).

*2.* Die systematische Komponente verknüpft $\eta = (\eta_1, \eta_2, \ldots, \eta_N)$ mit den erkärenden Variablen durch ein lineares Modell

$$\eta = X\beta. \tag{10.13}$$

Dabei wird der Vektor $\eta$ als linearer Prädiktor bezeichnet, $X$ ist die $(N \times p)$–Matrix der Beobachtungen der erklärenden Variablen und $\beta$ ist der $(p \times 1)$ Parametervektor.

*3.* Die Linkfunktion verbindet die systematische Komponente und den Erwartungswert der zufälligen Komponente. Gilt beispielsweise $\mu_i = \mathrm{E}(y_i)$, so sind $\mu_i$ und $\eta_i$ durch $\eta_i = g(\mu_i)$ verbunden. $g$ ist eine monotone und differenzierbare Funktion der Form

$$g(\mu_i) = \sum_{j=1}^{p} \beta_j x_{ij} \quad i = 1, 2, \ldots, N. \tag{10.14}$$

*Spezialfälle.*

(i) $g(\mu) = \mu$ heißt *identischer Link.* Daraus folgt, dass $\eta_i = \mu_i$.

(ii) $g(\mu) = Q(\theta_i)$ wird als *kanonischer (natürlicher) Link* bezeichnet. Hier gilt $Q(\theta_i) = \sum_{j=1}^{p} \beta_j x_{ij}$.

**Eigenschaften der Dichtefunktion (10.12).** Sei

$$l_i = l(\theta_i, \phi; y_i) = \ln f(y_i; \theta_i, \phi) \tag{10.15}$$

der Beitrag der *i*ten Beobachtung zur Loglikelihood. Dann gilt

$$l_i = [y_i\theta_i - b(\theta_i)]/a(\phi) + c(y_i; \phi) \tag{10.16}$$

und es ergeben sich die folgenden Ableitungen bezüglich $\theta_i$

$$\frac{\partial l_i}{\partial \theta_i} = \frac{[y_i - b'(\theta_i)]}{a(\phi)}, \tag{10.17}$$

$$\frac{\partial^2 l_i}{\partial \theta_i^2} = \frac{-b''(\theta_i)}{a(\phi)}, \tag{10.18}$$

mit den ersten Ableitungen $b'(\theta_i) = \partial b(\theta_i)/\partial \theta_i$ sowie den zweiten Ableitungen $b''(\theta_i) = \partial^2 b(\theta_i)/\partial \theta_i^2$ der Funktion $b(\theta_i)$, die als bekannt vorausgesetzt werden.

Nullsetzen von (10.17) illustriert die Unabhängigkeit der Lösung der Likelihood-Gleichungen von $a(\phi)$. Unser Interesse gilt jedoch der Schätzung von $\theta$ und $\beta$ in $\eta_i = x_i'\beta$, weshalb wir ohne Beschränkung der Allgemeinheit von $a(\phi) = 1$ ausgehen können. Letzteres entspricht der Annahme von $\sigma^2 = 1$ im Falle der Normalverteilung. Hier behalten wir $a(\phi)$ jedoch bei.

Unter speziellen Regularitätsannahmen darf von der Vertauschbarkeit von Integral und Differential ausgegangen werden, so dass

$$\mathrm{E}\left(\frac{\partial l_i}{\partial \theta_i}\right) = 0 \tag{10.19}$$

$$-\mathrm{E}\left(\frac{\partial^2 l_i}{\partial \theta_i^2}\right) = \mathrm{E}\left(\frac{\partial l_i}{\partial \theta_i}\right)^2. \tag{10.20}$$

Daraus folgt mit (10.17) und (10.19)

$$\mathrm{E}(y_i) = \mu_i = b'(\theta_i). \tag{10.21}$$

In ähnlicher Weise folgt aus (10.18) und (10.20)

$$\begin{aligned}\frac{b''(\theta_i)}{a(\phi)} &= \mathrm{E}\{\frac{[y_i - b'(\theta_i)]^2}{a^2(\phi)}\} \\ &= \frac{\mathrm{var}(y_i)}{a^2(\phi)},\end{aligned} \tag{10.22}$$

da $\mathrm{E}[y_i - b'(\theta_i)] = 0$ und weiter

$$V(\mu_i) = \mathrm{var}(y_i) = b''(\theta_i)a(\phi). \tag{10.23}$$

Unter der Annahme, dass die $y_i$ $(i = 1, \ldots, N)$ unabhängig sind, stimmt die Loglikelihood von $y' = (y_1, \ldots, y_N)$ mit der Summe von $l_i(\theta_i, \phi; y_i)$ überein.

Angenommen, es gelte $\theta' = (\theta_1, \ldots, \theta_N)$, $\mu' = (\mu_1, \ldots, \mu_N)$, $X = \begin{pmatrix} x_1' \\ \vdots \\ x_N' \end{pmatrix}$ und $\eta = (\eta_1, \ldots, \eta_N)' = X\beta$. Daraus ergibt sich mit (10.21)

$$\mu = \frac{\partial b(\theta)}{\partial \theta} = \left( \frac{\partial b(\theta_1)}{\partial \theta_1}, \ldots, \frac{\partial b(\theta_1)}{\partial \theta_N} \right)', \tag{10.24}$$

und analog zu (10.23) gilt für die Kovarianzmatrix von $y' = (y_1, \ldots, y_N)$,

$$\operatorname{cov}(y) = V(\mu) = \frac{\partial^2 b(\theta)}{\partial \theta \partial \theta'} = a(\phi)\operatorname{diag}(b''(\theta_1), \ldots, b''(\theta_N)). \tag{10.25}$$

Im folgenden Abschnitt zeigen wir, dass dieser Zusammenhang allgemein gilt.

### 10.1.3 Scorefunktion und Informationsmatrix

Die Likelihoodfunktion einer Stichprobe besteht aus dem Produkt der Dichtefunktionen

$$L(\theta, \phi; y) = \prod_{i=1}^{N} f(y_i; \theta_i, \phi). \tag{10.26}$$

Die Loglikelihood $\ln L(\theta, \phi; y)$ für die Stichprobe $y$ von unabhängigen $y_i$ (für $i = 1, \ldots, N$) ist von der Form

$$l = l(\theta, \phi; y) = \sum_{i=1}^{N} l_i = \sum_{i=1}^{N} \left\{ \frac{(y_i\theta_i - b(\theta_i))}{a(\phi)} + c(y_i; \phi) \right\}. \tag{10.27}$$

Der Vektor der ersten Ableitungen von $l$ bezüglich $\theta_i$ ist notwendig zur Bestimmung der ML–Schätzer. Dieser Vektor heißt *Scorefunktion.*

An dieser Stelle vernachlässigen wir nun die Parametrisierung mit $\phi$ und erhalten deshalb die Scorefunktion

$$s(\theta; y) = \frac{\partial}{\partial \theta} l(\theta; y) = \frac{1}{L(\theta; y)} \frac{\partial}{\partial \theta} L(\theta; y). \tag{10.28}$$

Sei

$$\frac{\partial^2 l}{\partial \theta \partial \theta'} = \left( \frac{\partial^2 l}{\partial \theta_i \partial \theta_j} \right)_{\substack{i=1,\ldots,N \\ j=1,\ldots,N}}$$

die Matrix der zweiten Ableitungen der Loglikelihood. Dann wird

$$F_{(N)}(\theta) = \mathrm{E}\left( \frac{-\partial^2 l(\theta; y)}{\partial \theta \partial \theta'} \right) \tag{10.29}$$

als erwartete *Fisher–Informationsmatrix* der Stichprobe $y' = (y_1, \ldots, y_N)$ bezeichnet. Dabei ist der Erwartungswert bezüglich der folgenden Dichtefunktion zu bilden

$$f(y_1, \ldots, y_N|\theta_i) = \prod f(y_i|\theta_i) = L(\theta; y) .$$

Im Falle regulärer Likelihood–Funktionen (regulär bedeutet hier die Vertauschbarkeit von Integral und Differential), der die Exponentialfamilie angehört, gilt

$$\mathrm{E}(s(\theta; y)) = 0 \tag{10.30}$$

und

$$F_{(N)}(\theta) = \mathrm{E}(s(\theta; y)s'(\theta; y)) = \mathrm{cov}(s(\theta; y)) . \tag{10.31}$$

(10.30) folgt aus

$$\int f(y_1, \ldots, y_N|\theta)\mathrm{d}y_1 \cdots \mathrm{d}y_N = \int L(\theta; y)\mathrm{d}y = 1 \tag{10.32}$$

durch Ableitung nach $\theta$ und unter Zuhilfenahme von (10.28)

$$\begin{aligned} \int \frac{\partial L(\theta; y)}{\partial \theta}\mathrm{d}y &= \int \frac{\partial l(\theta; y)}{\partial \theta} L(\theta; y)\mathrm{d}y \\ &= \mathrm{E}(s(\theta; y)) = 0 . \end{aligned} \tag{10.33}$$

Ableiten von (10.33) bezüglich $\theta'$ führt zu

$$\begin{aligned} 0 &= \int \frac{\partial^2 l(\theta; y)}{\partial\theta\partial\theta'} L(\theta; y)\mathrm{d}y \\ &\quad + \int \frac{\partial l(\theta; y)}{\partial \theta}\frac{\partial l(\theta; y)}{\partial \theta'} L(\theta; y)\mathrm{d}y \\ &= -F_{(N)}(\theta) + \mathrm{E}(s(\theta; y)s'(\theta; y)) , \end{aligned}$$

und damit zu (10.31), weil $\mathrm{E}(s(\theta; y)) = 0$.

### 10.1.4 Maximum–Likelihood Schätzung

Sei $\eta_i = x_i'\beta = \sum_{j=1}^p x_{ij}\beta_j$ der Prädiktor der $i$ten Beobachtung der Responsevariablen ($i = 1, \ldots, N$) oder—in Matrixschreibweise—

$$\eta = \begin{pmatrix} \eta_1 \\ \vdots \\ \eta_N \end{pmatrix} = \begin{pmatrix} x_1'\beta \\ \vdots \\ x_N'\beta \end{pmatrix} = X\beta . \tag{10.34}$$

Angenommen, die Prädiktoren sind mit $\mathrm{E}(y) = \mu$ über eine monotone differenzierbare Funktion $g(\cdot)$ verbunden gemäß

$$g(\mu_i) = \eta_i \quad (i = 1 \ldots, N)\,, \tag{10.35}$$

oder in Matrixschreibweise,

$$g(\mu) = \begin{pmatrix} g(\mu_1) \\ \vdots \\ g(\mu_N) \end{pmatrix} = \eta\,. \tag{10.36}$$

Die Parameter $\theta_i$ und $\beta$ sind dann über (10.21), d.h. $\mu_i = b'(\theta_i)$ mit $g(\mu_i) = x_i'\beta$ verbunden. Daraus folgt $\theta_i = \theta_i(\beta)$. Da wir jedoch lediglich an der Schätzung von $\beta$ interessiert sind, schreiben wir die Loglikelihood (10.27) als Funktion in Abhängigkeit von $\beta$,

$$l(\beta) = \sum_{i=1}^{N} l_i(\beta)\,. \tag{10.37}$$

Die Ableitungen $\partial l_i(\beta)/\partial\beta_j$ ergeben sich aus Anwendung der Kettenregel

$$\frac{\partial l_i(\beta)}{\partial\beta_j} = \frac{\partial l_i}{\partial\theta_i}\frac{\partial\theta_i}{\partial\mu_i}\frac{\partial\mu_i}{\partial\eta_i}\frac{\partial\eta_i}{\partial\beta_j}\,. \tag{10.38}$$

$$\begin{aligned} \frac{\partial l_i}{\partial\theta_i} &= \frac{[y_i - b'(\theta_i)]}{a(\phi)} \quad [\text{vgl. } (10.17)] \\ &= \frac{[y_i - \mu_i]}{a(\phi)} \quad [\text{vgl. } (10.21)], \end{aligned} \tag{10.39}$$

$$\mu_i = b'(\theta_i)\,,$$

$$\frac{\partial\mu_i}{\partial\theta_i} = b''(\theta_i) = \frac{\operatorname{var}(y_i)}{a(\phi)} \quad [\text{vgl. } (10.23)], \tag{10.40}$$

$$\frac{\partial\eta_i}{\partial\beta_j} = \frac{\partial\sum_{k=1}^{p} x_{ik}\beta_k}{\partial\beta_j} = x_{ij}\,. \tag{10.41}$$

Wegen $\eta_i = g(\mu_i)$ hängt die Ableitung $\partial\mu_i/\partial\eta_i$ von der Linkfunktion $g(\cdot)$ oder, genauer gesagt, von ihrer Inversen $g^{-1}(\cdot)$ ab. Ohne Spezifikation der Linkfunktion kann sie folglich nicht bestimmt werden.

Zusammenfassend ergibt sich

$$\frac{\partial l_i}{\partial\beta_j} = \frac{(y_i - \mu_i)x_{ij}}{\operatorname{Var}(y_i)}\frac{\partial\mu_i}{\partial\eta_i}\,, \quad j = 1, \ldots, p \tag{10.42}$$

unter Zuhilfenahme der Ableitungsregel

$$\frac{\partial\theta_i}{\partial\mu_i} = \left(\frac{\partial\mu_i}{\partial\theta_i}\right)^{-1}$$

für Umkehrfunktionen ($\mu_i = b'(\theta_i), \theta_i = (b')^{-1}(\mu_i)$).

Die Likelihoodfunktionen zur Auffindung der Komponenten $\beta_j$ lauten damit

$$\sum_{i=1}^{N} \frac{(y_i - \mu_i)x_{ij}}{\text{var}(y_i)} \frac{\partial \mu_i}{\partial \eta_i} = 0, \quad j = 1 \ldots, p. \tag{10.43}$$

Offensichtlich ist die Loglikelihood nichtlinear in $\beta$. Demzufolge sind zur Lösung von (10.43) iterative Verfahren notwendig. Für die zweiten Ableitungen bezüglich der Komponenten von $\beta$ gilt analog zu (10.20) und mit (10.42)

$$\begin{aligned} \text{E}\left(\frac{\partial^2 l_i}{\partial \beta_j \partial \beta_h}\right) &= -\text{E}\left(\frac{\partial l_i}{\partial \beta_j}\right)\left(\frac{\partial l_i}{\partial \beta_h}\right) \\ &= -\text{E}\left[\frac{(y_i - \mu_i)(y_i - \mu_i)x_{ij}x_{ih}}{(\text{var}(y_i))^2}\left(\frac{\partial \mu_i}{\partial \eta_i}\right)^2\right] \\ &= -\frac{x_{ij}x_{ih}}{\text{var}(y_i)}\left(\frac{\partial \mu_i}{\partial \eta_i}\right)^2. \end{aligned} \tag{10.44}$$

Daraus folgt, dass

$$\text{E}\left(-\frac{\partial^2 l(\beta)}{\partial \beta_j \partial \beta_h}\right) = \sum_{i=1}^{N} \frac{x_{ij}x_{ih}}{\text{var}(y_i)}\left(\frac{\partial \mu_i}{\partial \eta_i}\right)^2 \tag{10.45}$$

und in Matrixschreibweise für alle $(j,h)$–Kombinationen

$$F_{(N)}(\beta) = \text{E}\left(-\frac{\partial^2 l(\beta)}{\partial \beta \partial \beta'}\right) = X'WX \tag{10.46}$$

mit

$$W = \text{diag}(w_1 \ldots, w_N) \tag{10.47}$$

und den Gewichten

$$w_i = \frac{\left(\frac{\partial \mu_i}{\partial \eta_i}\right)^2}{\text{var}(y_i)}. \tag{10.48}$$

**Fisher-Scoring Algorithmus.** Zur iterativen Bestimmung der ML–Schätzungen von $\beta$ wird das Verfahren der iterativen reweighted least squares verwendet. Sei $\beta^{(k)}$ die $k$–te Approximation der ML–Schätzung $\hat{\beta}$. Desweiteren sei $q^{(k)}(\beta) = \partial l(\beta)/\partial \beta$ der Vektor der ersten Ableitungen an der Stelle $\beta^{(k)}$ (vgl. (10.42)). Analog dazu definieren wir $W^{(k)}$. Die Formel des Fisher–Scoring Algorithmus lautet dann

$$(X'W^{(k)}X)\beta^{(k+1)} = (X'W^{(k)}X)\beta^{(k)} + q^{(k)} . \tag{10.49}$$

Dabei besteht der Vektor auf der rechten Seite von (10.49) aus den Komponenten (vgl. (10.45) und (10.42))

$$\sum_h \left[ \sum_i \frac{x_{ij}x_{ih}}{\text{var}(y_i)} \left( \frac{\partial \mu_i}{\partial \eta_i} \right)^2 \beta_h^{(k)} \right] + \sum_i \frac{(y_i - \mu_i^{(k)})x_{ij}}{\text{var}(y_i)} \left( \frac{\partial \mu_i}{\partial \eta_i} \right) . \tag{10.50}$$

$$(j = 1, \ldots, p)$$

Der Vektor (10.50) lässt sich schreiben als

$$X'W^{(k)}z^{(k)} , \tag{10.51}$$

mit dem $j$-ten Element des $(N \times 1)$-Vektors $z^{(k)}$

$$\begin{aligned} z_i^{(k)} &= \sum_{j=1}^{p} x_{ij}\beta_j^{(k)} + (y_i - \mu_i^{(k)}) \left( \frac{\partial \eta_i^{(k)}}{\partial \mu_i^{(k)}} \right) \\ &= \eta_i^{(k)} + (y_i - \mu_i^{(k)}) \left( \frac{\partial \eta_i^{(k)}}{\partial \mu_i^{(k)}} \right) . \end{aligned} \tag{10.52}$$

Die Gleichung des Fisher–Scoring Algorithmus (10.49) wird damit zu

$$(X'W^{(k)}X)\beta^{(k+1)} = X'W^{(k)}z^{(k)} . \tag{10.53}$$

(10.53) entspricht der Likelihood–Gleichung eines generalsierten linearen Modells mit Responsevektor $z^{(k)}$ und Fehlerkovarianzmatrix $(W^{(k)})^{-1}$. Gilt $\text{Rang}(X) = p$, so erhält man die ML–Schätzung $\hat{\beta}$ als Grenzwert aus

$$\hat{\beta}^{(k+1)} = (X'W^{(k)}X)^{-1}X'W^{(k)}z^{(k)} \tag{10.54}$$

für $k \to \infty$, mit der asymptotischen Kovarianzmatrix

$$\text{V}(\hat{\beta}) = (X'\hat{W}X)^{-1} = F_{(N)}^{-1}(\hat{\beta}) , \tag{10.55}$$

wobei $\hat{W}$ zum Zeitpunkt $\hat{\beta}$ der Iteration bestimmt wird.

Wird eine Lösung gefunden, so ist $\hat{\beta}$ konsistent für $\beta$, asymptotisch normal und asymptotisch effizient (vgl. Fahrmeir und Kaufmann (1985) und Wedderburn (1976) bezüglich Existenz und Eindeutigkeit der Lösung). Es gilt also $\hat{\beta} \overset{\text{as.}}{\sim} N(\beta, \text{V}(\hat{\beta}))$.

*Anmerkung.* Im Falle einer kanonischen Linkfunktion, also für $g(\mu_i) = \theta_i$, vereinfachen sich die ML–Gleichungen und der Fisher–Scoring Algorithmus entspricht dem Newton–Raphson Algorithmus (vgl. Agresti, 1990, S. 451).

Sind die Werte $a(\phi)$ identisch für alle Beobachtungen, so ergeben sich die ML–Gleichungen

$$\sum_i x_{ij} y_i = \sum_i x_{ij} \mu_i \,. \tag{10.56}$$

Gilt hingegen $a(\phi) = a_i(\phi) = a_i \phi$ $(i = 1, \ldots, N)$, so lauten die ML–Gleichungen

$$\sum_i \frac{x_{ij} y_i}{a_i} = \sum_i \frac{x_{ij} \mu_i}{a_i} \,. \tag{10.57}$$

$\hat{\beta}^{(0)} = (X'X)^{-1}X'y$ oder $\hat{\beta}^{(0)} = (X'X)^{-1}X'g(y)$ können als Startwerte für den Fisher–Scoring Algorithmus verwendet werden.

### 10.1.5 Testen von Hypothesen und Güte der Anpassung

Ein generalisiertes lineares Modell $g(\mu_i) = x_i'\beta$ wird—neben den Verteilungsannahmen—durch die Linkfunktion $g(\cdot)$ und die erklärenden Variablen $X_1, \ldots, X_p$ ebenso bestimmt wie durch die Anzahl $p$ der Kovariablen, die ihrerseits die Dimension des Parametervektors $\beta$ festlegt. Nach der Wahl von $g(\cdot)$ ist das Modell definiert durch die Designmatrix $X$.

**Testen von Hypothesen.** Seien $X_1$ und $X_2$ zwei Designmatrizen (Modelle) unter der Annahme einer hierarchischen Struktur $X_1 \subset X_2$; wir haben also $X_2 = (X_1, X_3)$ mit einer beliebigen Matrix $X_3$, also $\mathcal{R}(X_1) \subset \mathcal{R}(X_2)$. $\beta_1$, $\beta_2$ und $\beta_3$ sind die zugehörigen zu schätzenden Parametervektoren. Weiter gelte $g(\hat{\mu}_1) = \hat{\eta}_1 = X_1\hat{\beta}_1$ und $g(\hat{\mu}_2) = \hat{\eta}_2 = X_2\tilde{\beta}_2 = X_1\tilde{\beta}_1 + X_3\tilde{\beta}_3$, mit den Maximum-Likelihood-Schätzungen $\hat{\beta}_1$ and $\tilde{\beta}_2 = (\tilde{\beta}_1', \tilde{\beta}_3')'$ der beiden Modelle, sowie Rang$(X_1) = r_1$, Rang$(X_2) = r_2$ und $(r_2 - r_1) = r = df$. Die Likelihood–Quotienten–Statistik, die ein größeres Modell $X_2$ mit einem (kleineren) Submodell $X_1$ vergleicht, ist mit der Likelihoodfunktion $L$ definiert gemäß

$$\Lambda = \frac{\max_{\beta_1} L(\beta_1)}{\max_{\beta_2} L(\beta_2)} \,. \tag{10.58}$$

Wilks (1938) hat gezeigt, dass $-2\ln\Lambda$ eine $\chi^2_{df}$–Verteilung als Grenzverteilung besitzt. Dabei stimmt die Zahl der Freiheitsgrade mit der Differenz zwischen den Dimensionen der beiden Modelle überein. Transformiert man (10.58) gemäß $-2\ln\Lambda$ und setzt die Maximum–Likelihood–Schätzungen ein, so gelangt man zu

$$-2\ln\Lambda = -2[l(\hat{\beta}_1) - l(\tilde{\beta}_2)] \,, \tag{10.59}$$

wobei $l$ wieder die Loglikelihood bezeichnet. Tatsächlich wird die Hypothese $H_0 : \beta_3 = 0$ gegen die Alternative $H_1 : \beta_3 \neq 0$ getestet. Wird $H_0$ beibehalten, gilt $-2\ln \Lambda \sim \chi^2_r$. Folglich wird $H_0$ abgelehnt, wenn der Wert der Loglikelihood für das größere Modell unter Verwendung von $X_2$ signifikant höher ist. In Anlehnung an Wilks (1932) schreiben wir

$$G^2 = -2\ln \Lambda \,.$$

**Güte der Anpassung.** Sei $X$ die Designmatrix des saturierten Modells, das die gleiche Anzahl an Parametern und Beobachtungen enthält. Bezeichne $\tilde{\theta}$ diejenige Schätzung von $\theta$, die zu den Schätzungen $\tilde{\mu}_i = y_i$ $(i = 1, \ldots, N)$ des saturierten Modells gehört. Für jedes nicht–saturierte Submodell $X_j$ ergibt sich unter der Bedingung $a(\phi) = a_i(\phi) = a_i\phi$

$$\begin{aligned} G^2(X_j|X) &= 2\sum \frac{1}{a_i} \frac{y_i(\tilde{\theta}_i - \hat{\theta}_i) - b(\tilde{\theta}_i) + b(\hat{\theta}_i)}{\phi} \\ &= \frac{D(y;\hat{\mu}_j)}{\phi} \end{aligned} \tag{10.60}$$

als Maß für den Verlust hinsichtlich der Güte der Anpassung für das Modell $X_j$ verglichen mit der perfekten Anpassung des saturierten Modells.

Die Statistik $D(y;\hat{\mu}_j)$ wird als *Devianz* des Modells $X_j$ bezeichnet. Es folgt

$$G^2(X_1|X_2) = G^2(X_1|X) - G^2(X_2|X) = \frac{D(y;\hat{\mu}_1) - D(y;\hat{\mu}_2)}{\phi} \,. \tag{10.61}$$

Die Teststatistik zum Vergleich des Modells $X_1$ mit dem größeren Modell $X_2$ gleicht damit der Differenz der goodness–of–fit Statistiken der beiden Modelle, gewichtet mit $1/\phi$.

### 10.1.6 Overdispersion

Elemente aus Stichproben von Poisson– oder Multinomialverteilungen können eine größere Varianz aufweisen als die aus der Verteilung gegebene. Dies kann infolge einer Verletzung der Unabhängigkeit geschehen sein, wie z.B. bei einer positiven Korrelation unter den Elementen der Stichprobe. Häufige Ursache für diesen Umstand ist eine Cluster–Struktur der Stichprobe, wie beispielsweise

- das Verhalten von Insektenfamilien nach dem Einsatz von Insektiziden (Agresti, 1990, p.42), wo die Familie (Cluster) ein ***kollektives*** (korreliertes) Überlebensverhalten (viele überleben oder viele sterben) eher zeigt als ein unabhängiges Verhalten, das in einer Abhängigkeit cluster–spezifischer Kovariablen (z.B. Temperatur) begründet sein mag,

- die Lebensdauer eines zahnmedizinischen Implantats bei zwei oder mehr Implantaten für jeden Patienten,
- die Entwicklung von Krankheiten oder sozialem Verhalten innerhalb einer Familie,
- nicht berücksichtigte Heterogenität, die ihre potenzielle Ursache in nicht in das Modell aufgenommenen essenziellen Kovariablen hat.

Die Existenz einer größeren Varianz in der Stichprobe als im Stichprobenmodell wird als *Overdispersion* bezeichnet. Overdispersion wird im einfachsten Fall durch Multiplizieren der Varianz mit einer Konstanten $\phi > 1$ modelliert, wobei $\phi$ entweder als bekannt (z.B. $\phi = \sigma^2$ im Falle der Normalverteilung) vorausgesetzt wird oder aus der Stichprobe geschätzt werden muss (siehe Fahrmeir und Tutz, 1994, Abschnitt 10.1.7, für alternative Ansätze).

*Beispiel (McCullagh und Nelder, 1989, p.125).*

Angenommen, $N$ Individuen werden in $N/k$ Cluster gleicher Größe $k$ aufgeteilt. Der individuelle Response sei binär mit $P(Y_i = 1) = \pi_i$, so dass der totale Response

$$Y = Z_1 + Z_2 + \cdots + Z_{N/k}$$

der Summe der unabhängigen $B(k; \pi_i)$–verteilten Variablen $Z_i$ $(i = 1, \ldots, N/k)$ entspricht.

Die $\pi_i$'s variieren unter den Clustern und es gelte $\mathrm{E}(\pi_i) = \pi$ und $\mathrm{var}(\pi_i) = \tau^2\pi(1-\pi)$ mit $0 \leq \tau^2 \leq 1$.

Dann gilt

$$\begin{aligned} \mathrm{E}(Y) &= N\pi \\ \mathrm{var}(Y) &= N\pi(1-\pi)\{1 + (k-1)\tau^2\} \\ &= \phi N\pi(1-\pi) . \end{aligned} \tag{10.62}$$

Der Dispersionsparameter $\phi = 1 + (k-1)\tau^2$ hängt von der Clustergröße $k$ und der Variabilität der $\pi_i$, jedoch nicht vom Stichprobenumfang $N$ ab.

Diese Tatsache ist entscheidend für die Interpretation der Variablen $Y$ als Summe der binomialverteilten Variablen $Z_i$ und für die Schätzung des Dispersionsparameters $\phi$ aus den Residuen.

Wegen $0 \leq \tau^2 \leq 1$ gilt

$$1 \leq \phi \leq k \leq N . \tag{10.63}$$

(10.62) bedeutet, dass

$$\frac{\text{var}(Y)}{N\pi(1-\pi)} = 1 + (k-1)\tau^2 = \phi \tag{10.64}$$

konstant ist.

Ein alternatives Modell—die Beta–Binomial Verteilung —hat die Eigenschaft, dass der Quotient aus (10.64), d.h. $\phi$, eine lineare Funktion des Stichprobenumfangs $N$ darstellt.

Rosner (1984) verwendete die Beta–Binomial Verteilung zur Schätzung in Clustern der Größe $k = 2$.

### 10.1.7 Quasi–Loglikelihood

Generalisierte Lineare Modelle erfordern eine Verteilung aus der natürlichen Exponentialfamilie für die Daten und die zufällige Komponente (siehe (10.11)). Wenn diese Annahme nicht erfüllt ist, kann ein alternativer Ansatz verwendet werden, um den funktionalen Zusammenhang zwischen Erwartungswert und Varianz spezifizieren zu können.

Bei Exponentialfamilien gilt (10.23) für den Zusammenhang zwischen Varianz und Erwartungswert. Gehen wir nun vom allgemeinen Ansatz

$$\text{var}(Y) = \phi V(\mu), \tag{10.65}$$

aus, wobei $V(\cdot)$ eine geeignet gewählte Funktion darstellt.

Der Quasi–Likelihood Ansatz (Wedderburn, 1974) trifft lediglich Annahmen über die ersten und zweiten Momente der Zufallsvariablen, die Verteilung selbst muss nicht spezifiziert werden.

Ausgangspunkt für die Schätzung des Einflusses der Kovariablen sind die Scorefunktion (10.28) bzw. die Maximum–Likelihood–Gleichungen (10.43).

Setzt man den allgemeinen Ansatz (10.65) in (10.43) ein, erhält man ein System von *Schätzgleichungen* für $\beta$

$$\sum_{i=1}^{N} \frac{(y_i - \mu_i)}{V(\mu_i)} x_{ij} \frac{\partial \mu_i}{\partial \eta_i} = 0 \quad (j = 1, \ldots, p), \tag{10.66}$$

das die gleiche Form hat wie die Likelihood–Gleichungen (10.43) für GLMs.

Jedoch stellt (10.66) nur dann ein System von ML–Gleichungen dar, wenn die $y_i$'s einer Verteilung der natürlichen Exponentialfamilie angehören.

Bei unabhängigem Response wird der Einfluss der Kovariablen $X$ auf den erwarteten Response $\text{E}(y) = \mu$ gemäß McCullagh und Nelder (1989, p.324) wie folgt modelliert.

Angenommen, für den Responsevektor gelte

$$y \sim (\mu, \phi V(\mu)) \tag{10.67}$$

mit einem unbekannten Dispersionsparameter $\phi > 0$ und einer Matrix $V(\mu)$ bekannter Funktionen. $\phi V(\mu)$ wird als *Arbeitsvarianz* bezeichnet.

Werden die Komponenten von $y$ als unabhängig vorausgesetzt, muss die Kovarianzmatrix $\phi V(\mu)$ Diagonalgestalt haben, d.h.

$$V(\mu) = \text{diag}(V_1(\mu), \dots, V_N(\mu)) \,. \tag{10.68}$$

An dieser Stelle ist es durchaus realistisch anzunehmen, dass die Varianz jeder zufälligen Komponente $y_i$ lediglich von der $i$–ten Komponente $\mu_i$ von $\mu$ abhängt, was bedeutet, dass:

$$V(\mu) = \text{diag}(V_1(\mu_1), \dots, V_N(\mu_N)) \,. \tag{10.69}$$

Die Abhängigkeit aller Komponenten von $\mu$ gemäß (10.68) ist in der Praxis schwer zu interpretieren, wenn gleichzeitig die Unabhängigkeit der $y_i$ angenommen wird. Dennoch sind Fälle wie (10.68) möglich. In vielen Anwendungen ist die Annahme sinnvoll, zusätzlich zur funktionalen Unabhängigkeit (10.69) die Gleichheit der Funktionen $V_i$ anzunehmen, so dass mit $V_i = v(\cdot)$

$$V(\mu) = \text{diag}(v(\mu_1), \dots, v(\mu_N)) \tag{10.70}$$

gilt.

Unter den genannten Voraussetzungen hat die folgende Funktion für eine Komponente $y_i$ von $y$

$$U = u(\mu_i, y_i) = \frac{y_i - \mu_i}{\phi v(\mu_i)} \tag{10.71}$$

die Eigenschaften

$$\text{E}(U) = 0 \,, \tag{10.72}$$

$$\text{var}(U) = \frac{1}{\phi v(\mu_i)} \,, \tag{10.73}$$

$$\frac{\partial U}{\partial \mu_i} = \frac{-\phi v(\mu_i) - (y_i - \mu_i)\phi \frac{\partial v(\mu_i)}{\partial \mu_i}}{\phi^2 v^2(\mu_i)} \,,$$

$$-\text{E}\left(\frac{\partial U}{\partial \mu_i}\right) = \frac{1}{\phi v(\mu_i)} \,. \tag{10.74}$$

Infolgedessen hat $U$ die gleichen Eigenschaften wie die Ableitung einer Loglikelihood, die bekanntlich der Scorefunktion (10.28) entspricht. Eigenschaft (10.47) entspricht (10.31), während Eigenschaft (10.74) zusammen mit (10.73) äquivalent zu Relation (10.31) ist. Deshalb ist

$$Q(\mu; y) = \sum_{i=1}^{N} Q_i(\mu_i; y_i) \tag{10.75}$$

zusammen mit

$$Q_i(\mu_i; y_i) = \int_{y_i}^{\mu_i} \frac{\mu_i - t}{\phi v(t)} \mathrm{d}t \tag{10.76}$$

(vgl. McCullagh und Nelder, 1989, p.325) das Analogon zur Loglikelihood-Funktion. $Q(\mu; y)$ heißt *Quasi–Loglikelihood.*

Folglich lässt sich die *Quasi–Scorefunktion*, die durch Ableitung von $Q(\mu; y)$ entsteht, formulieren gemäß

$$U(\beta) = \phi^{-1} D' V^{-1} (y - \mu) \tag{10.77}$$

mit $D = (\partial \mu_i / \partial \beta_j)$ $(i = 1, \dots, N,\ j = 1, \dots, p)$ und $V = \operatorname{diag}(v_1, \dots, v_N)$. Die Quasi–Likelihood–Schätzung $\hat{\beta}$ ist die Lösung von $U(\hat{\beta}) = 0$. Sie besitzt die asymptotische Kovarianzmatrix

$$\operatorname{cov}(\hat{\beta}) = \phi (D' V^{-1} D)^{-1} \,. \tag{10.78}$$

Der Dispersionsparameter $\phi$ wird geschätzt durch

$$\hat{\phi} = \frac{1}{N - p} \frac{\sum (y_i - \hat{\mu}_i)^2}{v(\hat{\mu}_i)} = \frac{\chi^2}{N - p}, \tag{10.79}$$

wobei $\chi^2$ der sogenannten Pearson–Statistik entspricht. Im Falle von Overdispersion (oder vermuteter Overdispersion) wird der Einfluss der Kovariablen (d.h. der Vektor $\beta$) durch den Quasi–Likelihood–Ansatz (10.66) anstelle des Likelihood–Ansatzes geschätzt.

## 10.2 Kontingenztafeln

### 10.2.1 Überblick

Dieser Abschnitt beschäftigt sich mit Kontingenztafeln und geeigneten Modellen. Zunächst betrachten wir zweidimensionale Kontingenztafeln.

Allgemein lässt sich der Zusammenhang zweier Variablen durch die gemeinsame Verteilung der beiden Zufallsvariablen beschreiben. Die beiden Randverteilungen erhält man durch Integration (Summation) der gemeinsamen Verteilung über die jeweils andere Variable. Ebenso erhält man die bedingte Verteilung aus der gemeinsamen Verteilung.

**Definition 10.2.1 (Kontingenztafel).** *Seien $X$ und $Y$ zwei kategoriale Variablen, $X$ mit $I$ und $Y$ mit $J$ Kategorien.*

*Beobachtet man die beiden Variablen $X$ und $Y$ an Subjekten, so ergeben sich insgesamt $I \times J$ mögliche Kombinationen von Ausprägungen. Die beobachteten Paare $(X, Y)$ einer Stichprobe vom Umfang $n$ werden in einer $(I \times J)$-Kontingenztafel dargestellt. $(X, Y)$ sind Realisationen der gemeinsamen zweidimensionalen Verteilung*

$$P(X = i, Y = j) = \pi_{ij} \,. \tag{10.80}$$

*Dabei bilden die $\{\pi_{ij}\}$ die gemeinsame Verteilung von $X$ und $Y$. Die Randverteilungen resultieren aus der Summation über Zeilen und Spalten,*

| | | Y | | | | Rand- |
|---|---|---|---|---|---|---|
| | | *1* | *2* | ... | *J* | *verteilung von X* |
| | *1* | $\pi_{11}$ | $\pi_{12}$ | ... | $\pi_{1J}$ | $\pi_{1+}$ |
| | *2* | $\pi_{21}$ | $\pi_{22}$ | ... | $\pi_{2J}$ | $\pi_{2+}$ |
| *X* | $\vdots$ | $\vdots$ | $\vdots$ | | $\vdots$ | $\vdots$ |
| | *I* | $\pi_{I1}$ | $\pi_{I2}$ | ... | $\pi_{IJ}$ | $\pi_{I+}$ |
| *Rand-verteilung von Y* | | $\pi_{+1}$ | $\pi_{+2}$ | ... | $\pi_{+J}$ | |

$$\pi_{+j} = \sum_{i=1}^{I} \pi_{ij} \,, \quad j = 1, \dots, J \,,$$

$$\pi_{i+} = \sum_{j=1}^{J} \pi_{ij} \,, \quad i = 1, \dots, I \,,$$

$$\sum_{i=1}^{I} \pi_{i+} = \sum_{j=1}^{J} \pi_{+j} = 1 \,.$$

In vielen Kontingenztafeln wird die erklärende Variable $X$ dabei als fest und die Responsevariable $Y$ als zufällig angesehen. In diesen Fällen gilt das Interesse der bedingten Verteilung und nicht der gemeinsamen Verteilung. $\pi_{j|i} = P(Y = j|X = i)$ ist die bedingte Wahrscheinlichkeit, $\{\pi_{1|i}, \pi_{2|i}, \dots, \pi_{J|i}\}$ mit $\sum_{j=1}^{J} \pi_{j|i} = 1$ ist die bedingte Verteilung von $Y$ gegeben $X = i$.

Häufiges Ziel vieler Untersuchungen ist der Vergleich der bedingten Verteilungen von $Y$ auf den verschiedenen Stufen $i$ von $X$.

Nehmen wir an, sowohl $X$ als auch $Y$ sind zufällige Responsevariablen, so dass die gemeinsame Verteilung die Assoziation der beiden Variablen beschreibt. Dann gilt für die bedingte Verteilung $Y|X$

$$\pi_{j|i} = \frac{\pi_{ij}}{\pi_{i+}} \qquad \forall i, j\,. \tag{10.81}$$

**Definition 10.2.2.** *Zwei Variablen X und Y werden als unabhängig bezeichnet, wenn*

$$\pi_{ij} = \pi_{i+}\pi_{+j} \qquad \forall i, j. \tag{10.82}$$

Sind $X$ und $Y$ unabhängig, erhalten wir

$$\pi_{j|i} = \frac{\pi_{ij}}{\pi_{i+}} = \frac{\pi_{i+}\pi_{+j}}{\pi_{i+}} = \pi_{+j}\,. \tag{10.83}$$

Die bedingte Verteilung entspricht dann der Randverteilung und ist damit unabhängig von $i$.

*Verteilung in der Stichprobe.* Bezeichne $\{p_{ij}\}$ die gemeinsame Verteilung der Stichprobe, $n_{ij}$ die Zellhäufigkeiten und $n = \sum_{i=1}^{I}\sum_{j=1}^{J} n_{ij}$. Dann gelten die Eigenschaften

$$\left.\begin{array}{ll}
p_{ij} = \dfrac{n_{ij}}{n}\,, & \\
p_{j|i} = \dfrac{p_{ij}}{p_{i+}} = \dfrac{n_{ij}}{n_{i+}}\,, & p_{i|j} = \dfrac{p_{ij}}{p_{+j}} = \dfrac{n_{ij}}{n_{+j}}\,, \\
p_{i+} = \dfrac{\sum_{j=1}^{J} n_{ij}}{n}\,, & p_{+j} = \dfrac{\sum_{i=1}^{I} n_{ij}}{n}\,, \\
n_{i+} = \sum_{j=1}^{J} n_{ij} = np_{i+}\,, & n_{+j} = \sum_{i=1}^{I} n_{ij} = np_{+j}\,.
\end{array}\right\} \tag{10.84}$$

## 10.2.2 Vergleich von Anteilen

Sei $Y$ eine binäre Responsevariable ($Y$ nimmt also nur die Werte '0' oder '1' an) und die Ausprägungen von $X$ liegen in gruppierter Form vor. Für eine feste Zeile $i$ stellt $\pi_{1|i}$ die Wahrscheinlichkeit für Response ($Y = 1$) und $\pi_{2|i}$ die Wahrscheinlichkeit für Nonresponse dar. Die bedingte Verteilung der binären Responsevariablen $Y$ gegeben $X = i$ ist gegeben durch

$$(\pi_{1|i}, \pi_{2|i}) = (\pi_{1|i}, (1 - \pi_{1|i}))\,. \tag{10.85}$$

Nun sind wir in der Lage, Zeilen zu vergleichen, etwa $i$ und $h$, indem wir die Differenz zwischen den beiden Anteilen für Response bzw. Nonresponse berechnen, also

$$\begin{aligned} \text{Response}: \quad & \pi_{1|h} - \pi_{1|i} \text{ und} \\ \text{Nonresponse}: \quad & \pi_{2|h} - \pi_{2|i} = (1 - \pi_{1|h}) - (1 - \pi_{1|i}) \\ & = -(\pi_{1|h} - \pi_{1|i}) . \end{aligned}$$

Die Differenzen haben unterschiedliche Vorzeichen, jedoch sind ihre absoluten Werte identisch. Zudem gilt

$$-1.0 \leq \pi_{1|h} - \pi_{1|i} \leq 1.0 . \tag{10.86}$$

Die Differenz ist gleich Null, wenn die bedingten Verteilungen der beiden Zeilen $i$ und $h$ übereinstimmen. An dieser Stelle mag man vermuten, dass die Responsevariable $Y$ unabhängig von der Klassifikation der Zeilen ist, wenn

$$\pi_{1|h} - \pi_{1|i} = 0 \quad \forall (h,i) \quad i,h = 1,2,\dots,I, \quad i \neq h . \tag{10.87}$$

Allgemeiner sind die Variablen $X$ und ein $J$–kategorialer Response $Y$ unabhängig, wenn

$$\pi_{j|h} - \pi_{j|i} = 0 \quad \forall j, \forall (h,i) \quad i,h = 1,2,\dots,I, \quad i \neq h . \tag{10.88}$$

**Definition 10.2.3 (Relatives Risiko).** *Sei $Y$ eine binäre Responsevariable. Der Quotient $\pi_{1|h}/\pi_{1|i}$ wird als relatives Risiko für Response ($Y = 1$) von Kategorie $h$ in Relation zu Kategorie $i$ bezeichnet.*

Für (2×2)–Tafeln ist das relative Risiko (für Response)

$$0 \leq \frac{\pi_{1|1}}{\pi_{1|2}} < \infty . \tag{10.89}$$

Das relative Risiko ist eine nichtnegative reelle Maßzahl, die den Wert 1 bei Unabhängigkeit annimmt. Das relative Risiko für Nonresponse ($Y = 0$) ist folglich definiert gemäß

$$\frac{\pi_{2|1}}{\pi_{2|2}} = \frac{1 - \pi_{1|1}}{1 - \pi_{1|2}} . \tag{10.90}$$

**Definition 10.2.4 (Odds).** *Der Odds ist definiert als Quotient aus der Wahrscheinlichkeit für Response und Nonresponse innerhalb einer Kategorie von $X$.*

Für (2×2)–Tafeln ist der Odds der ersten Zeile

$$\Omega_1 = \frac{\pi_{1|1}}{\pi_{2|1}} . \tag{10.91}$$

Der entsprechende Odds der zweiten Zeile lautet

$$\Omega_2 = \frac{\pi_{1|2}}{\pi_{2|2}} . \tag{10.92}$$

*Hinweis.* Speziell für die gemeinsame Verteilung zweier binärer Variablen wird der Odds definiert gemäß

$$\Omega_i = \frac{\pi_{i1}}{\pi_{i2}}, \quad i = 1, 2. \tag{10.93}$$

$\Omega_i$ ist nichtnegativ und für $\Omega_i > 1$ ist Response wahrscheinlicher als Nonresponse. Wurde beipielsweise $\Omega_1 = 4$ berrechnet, ist Response viermal so wahrscheinlich wie Nonresponse.

Die bedingten Verteilungen innerhalb der Zeilen sind unabhängig, wenn $\Omega_1 = \Omega_2$, was auch die Unabhängigkeit der beiden Variablen impliziert. Also gilt

$$X, Y \quad \text{unabhängig} \quad \Leftrightarrow \quad \Omega_1 = \Omega_2. \tag{10.94}$$

**Definition 10.2.5 (Odds–Ratio).** *Der Odds–Ratio ist definiert gemäß*

$$\theta = \frac{\Omega_1}{\Omega_2}. \tag{10.95}$$

*Aus der Definition des Odds folgt unter Verwendung gemeinsamer Wahrscheinlichkeiten*

$$\theta = \frac{\pi_{11}\pi_{22}}{\pi_{12}\pi_{21}}. \tag{10.96}$$

*Alternativ wird $\theta$ auch als der Kreuz–Produkt–Quotient bezeichnet. X und Y sind unabhängig, wenn der Odds–Ratio gleich Eins ist,*

$$X, Y \quad \textit{unabhängig} \quad \Leftrightarrow \quad \theta = 1. \tag{10.97}$$

Sind alle Zellwahrscheinlichkeiten größer als Null und gilt $1 < \theta < \infty$, ist Response von Subjekten der ersten Zeile wahrscheinlicher als für Subjekte der zweiten Zeile, d.h. $\pi_{1|1} > \pi_{1|2}$. Aus $0 < \theta < 1$ folgt $\pi_{1|1} < \pi_{1|2}$ (mit umgekehrter Interpretation).

Der Odds–Ratio für Stichproben in (2×2)–Tafeln

| | | $Y$ | | |
|---|---|---|---|---|
| | | 1 | 2 | |
| $X$ | 1 | $n_{11}$ | $n_{12}$ | $n_{1+}$ |
| | 2 | $n_{21}$ | $n_{22}$ | $n_{2+}$ |
| | | $n_{+1}$ | $n_{+2}$ | $n$ |

lautet

$$\hat{\theta} = \frac{n_{11}n_{22}}{n_{12}n_{21}}. \tag{10.98}$$

**Odds–Ratios für $(I \times J)$–Tafeln.** Aus beliebigen gegebenen $(I \times J)$–Tafeln können $(2 \times 2)$–Tafeln durch Auswahl zweier verschiedener Zeilen und Spalten konstruiert werden. In der ursprünglichen Tafel existieren $I(I-1)/2$ Zeilenpaare und $J(J-1)/2$ Spaltenpaare, weshalb allgemein eine $(I \times J)$–Tafel $I\ J\ (I - 1)\ (J - 1)\ /\ 4$ Tafeln der kleinsten sinnvollen Dimension enthält.

Jedoch enthalten die $(2 \times 2)$–Tafeln redundante Information, was uns dazu veranlasst, lediglich benachbarte $(2 \times 2)$–Tafeln und die entsprechenden lokalen Odds–Ratios

$$\theta_{ij} = \frac{\pi_{i,j}\pi_{i+1,j+1}}{\pi_{i,j+1}\pi_{i+1,j}}, \quad i = 1, 2, \ldots, I-1, \quad j = 1, 2, \ldots, J-1 \tag{10.99}$$

zu betrachten.

Diese $(I-1)(J-1)$ Odds–Ratios bestimmen alle möglichen Odds–Ratios, die aus allen Zeilenpaaren und Spaltenpaaren gebildet werden können.

### 10.2.3 Stichproben in zweidimensionalen Kontingenztafeln

Variablen nominalen oder ordinalen Skalenniveaus werden bekanntlich als kategoriale Variablen bezeichnet. Statistische Verfahren postulieren in den meisten Fällen Multinomial- oder Poissonverteilung für kategoriale Variablen. Auf diese beiden Stichprobenmodelle wollen wir in der Folge etwas genauer eingehen. Angenommen, wir beobachten absolute Häufigkeiten $n_i$ $(i = 1, 2, \ldots, N)$ in $N$ Zellen einer Kontingenztafel mit einer kategorialen Variablen oder in $N = I \times J$ Zellen einer zweidimensionalen Kontingenztafel.

Wir betrachten die $n_i$ als Zufallsvariablen aus einer Verteilung im $\mathbb{R}^+$ mit den Erwartungswerten $\mathrm{E}(n_i) = m_i$, die als erwartete Häufigkeiten bezeichnet werden.

**Poisson–Stichprobe.** Die Poissonverteilung wird verwendet, um die Zählung von Ereignissen (wie etwa der Response bei einer medizinischen Behandlung), die zufällig über die Zeit eintreten, zu modellieren. Dabei ist das Eintreten in verschiedenen Perioden unabhängig. Bekanntlich kann die Poissonverteilung auch als Grenzverteilung der Binomialverteilung $B(n;p)$ für festes $\lambda = n \cdot p$ und wachsendes $n$ interpretiert werden. Für jede Zelle der Kontingenztafel $\{n_i\}$ gilt

$$P(n_i) = \frac{e^{-m_i} m_i^{n_i}}{n_i!}, \quad n_i = 0, 1, 2, \ldots, \quad i = 1, \ldots, N, \tag{10.100}$$

was der Wahrscheinlichkeitsverteilung der Poissonverteilung mit dem Parameter $m_i$ entspricht. Sie genügt den Bedingungen $\mathrm{var}(n_i) = E(n_i) = m_i$.

Das Poissonmodell für $\{n_i\}$ setzt voraus, dass die $n_i$ unabhängig sind. Folglich ist die gemeinsame Verteilung der $\{n_i\}$ gleich dem Produkt der einzelnen Verteilungen für $n_i$ in den $N$ Zellen.

Die Gesamtstichprobe $n = \sum_{i=1}^N n_i$ ist ebenfalls poissonverteilt mit $E(n) = \sum_{i=1}^N m_i$, was aus der Summation zweier unabhängiger poissonverteilter Zufallsvariablen folgt.

Das Poissonmodell dient also der Modellierung seltener Ereignisse, die unabhängig voneinander über disjunkte Klassen verteilt sind.

Sei nun $n = \sum_{i=1}^N n_i$ fest. Die **bedingte Wahrscheinlichkeit** einer Kontingenztafel $\{n_i\}$, die dieser Bedingung genügt, lautet

$$\begin{aligned}
&P\big(n_i \text{ Beobachtungen in Zelle } i, \quad i = 1,2,\ldots,N \,|\, \sum_{i=1}^N n_i = n\big) = \\
&= \frac{P(n_i \text{ Beobachtungen in Zelle } i, \quad i = 1,2,\ldots,N)}{P(\sum_{i=1}^N n_i = n)} \\
&= \frac{\prod_{i=1}^N e^{-m_i} \frac{m_i^{n_i}}{n_i!}}{\exp(-\sum_{j=1}^N m_j) \frac{(\sum_{j=1}^N m_j)^n}{n!}} \\
&= \left(\frac{n!}{\prod_{i=1}^N n_i!}\right) \cdot \prod_{i=1}^N \pi_i^{n_i}, \quad \text{mit} \quad \pi_i = \frac{m_i}{\sum_{i=1}^N m_i}. \qquad (10.101)
\end{aligned}$$

Das entspricht für $N = 2$ der **Binomialverteilung**.

**Unabhängige Stichprobe einer Multinomialverteilung.** Angenommen wir beobachten eine kategoriale Variable $Y$ auf den verschiedenen Stufen einer erklärenden Variablen $X$. In der Zelle für $(X = i, Y = j)$ liegen also $n_{ij}$ Beobachtungen vor. Weiter sei vorausgesetzt, dass die Anzahl $n_{i+} = \sum_{j=1}^J n_{ij}$ der Beobachtungen von $Y$ auf einer festen Stufe $i$ von $X$ vorher festgelegt wurde (und somit nicht zufällig ist) und dass diese $n_{i+}$ Beobachtungen unabhängig verteilt sind mit $(\pi_{1|i}, \pi_{2|i}, \ldots, \pi_{J|i})$. Dann folgen die Zellhäufigkeiten in Zeile $i$ der Multinomialverteilung

$$\left(\frac{n_{i+}!}{\prod_{j=1}^J n_{ij}!}\right) \cdot \prod_{j=1}^J \pi_{j|i}^{n_{ij}}. \qquad (10.102)$$

Weiter gilt bei Unabhängigkeit der Stichproben für verschiedene $i$, dass die gemeinsame Verteilung für die $n_{ij}$ der $(I \times J)$–Tafel gleich dem Produkt der Multinomialverteilungen (10.102) sind. Dies wird als *Produkt–Multinomial–Schema* oder *unabhängiges Multinomial–Schema* bezeichnet.

### 10.2.4 Likelihood Funktion und Maximum–Likelihood Schätzungen

Für die beobachteten Zellhäufigkeiten $\{n_i, i = 1, 2, \ldots, N\}$ ist die Likelihoodfunktion definiert als Wahrscheinlichkeit von $\{n_i, i = 1, 2, \ldots, N\}$ bei gegebenem Stichprobenmodell.

Die Funktion ist stets abhängig von dem unbekannten Parameter $\theta$—hier ist beispielsweise $\theta = \{\pi_{j|i}\}$. Die Maximum–Likelihood Schätzung dieses Parametervektors ist derjenige Wert, für den die Likelihoodfunktion der beobachteten Daten ihr Maximum annimmt.

Zur Illustration betrachten wir die Schätzungen der Wahrscheinlichkeiten $\{\pi_i\}$ bei einer multinomialverteilten Stichprobe. Die gemeinsame Verteilung $\{n_i\}$ lautet (vgl. (10.102) mit der Notation $\{\pi_i\}$, $i = 1, \ldots, N$, $N = I \cdot J$ an Stelle von $\pi_{j|i}$

$$\frac{n!}{\prod_{i=1}^N n_i!} \underbrace{\prod_{i=1}^N \pi_i^{n_i}}_{\text{Kern}} . \tag{10.103}$$

Sie ist proportional zum sogenannten Kern der Likelihoodfunktion. Der Kern enthält alle unbekannten Parameter des Modells. Damit entspricht die Maximierung der Likelihood dem Maximieren des Kerns der Loglikelihoodfunktion

$$\ln(\text{Kern}) = \sum_{i=1}^N n_i \ln(\pi_i) \to \max_{\pi_i} . \tag{10.104}$$

Unter der Bedingung $\pi_i > 0$, $i = 1, 2, \ldots, N$, $\sum_{i=1}^N \pi_i = 1$ gilt $\pi_N = 1 - \sum_{i=1}^{N-1} \pi_i$ und damit

$$\frac{\partial \pi_N}{\partial \pi_i} = -1 , \quad i = 1, 2, \ldots, N-1 , \tag{10.105}$$

$$\frac{\partial \ln \pi_N}{\partial \pi_i} = \frac{1}{\pi_N} \cdot \frac{\partial \pi_N}{\partial \pi_i} = \frac{-1}{\pi_N} , \quad i = 1, 2, \ldots, N-1 , \tag{10.106}$$

$$\frac{\partial L}{\partial \pi_i} = \frac{n_i}{\pi_i} - \frac{n_N}{\pi_N} = 0 , \quad i = 1, 2, \ldots, N-1 . \tag{10.107}$$

Aus (10.107) erhalten wir

$$\frac{\hat{\pi}_i}{\hat{\pi}_N} = \frac{n_i}{n_N} , \quad i = 1, 2, \ldots, N-1 , \tag{10.108}$$

und damit

$$\hat{\pi}_i = \hat{\pi}_N \frac{n_i}{n_N} . \tag{10.109}$$

Unter Verwendung von

$$\sum_{i=1}^{N} \hat{\pi}_i = 1 = \frac{\hat{\pi}_N \sum_{i=1}^{N} n_i}{n_N}, \tag{10.110}$$

erhalten wir die Lösungen

$$\hat{\pi}_N = \frac{n_N}{n} = p_N, \tag{10.111}$$

$$\hat{\pi}_i = \frac{n_i}{n} = p_i, \quad i = 1, 2, \ldots, N-1. \tag{10.112}$$

Die ML–Schätzungen sind also die Anteile (relative Häufigleiten) $p_i$.

Bei unabhängigen $X$ und $Y$ gilt für Kontingenztafeln

$$\pi_{ij} = \pi_{i+}\pi_{+j}. \tag{10.113}$$

Unter dieser Bedingung lauten die ML–Schätzungen

$$\hat{\pi}_{ij} = p_{i+}p_{+j} = \frac{n_{i+}n_{+j}}{n^2} \tag{10.114}$$

mit den erwarteten Zellhäufigkeiten

$$\hat{m}_{ij} = n\hat{\pi}_{ij} = \frac{n_{i+}n_{+j}}{n}. \tag{10.115}$$

Aufgrund der Äquivalenz der Likelihoodfunktionen sind die ML–Schätzungen für Poisson–, Multinomial– und Produktmultinomialstichproben identisch (sofern keine weiteren Annahmen getroffen werden).

### 10.2.5 Testen auf Güte der Anpassung

Ein Hauptziel bei der Analyse von Kontingenztafeln besteht im Test auf Übereinstimmung der beobachteten und der mit Hilfe eines Modells spezifizierten erwarteten Zellhäufigkeiten. Beispielsweise vergleicht Pearson's $\chi^2$ Statistik beobachtete $(n_{ij})$ und bei unabhängigen $X$ und $Y$ erwartete Zellhäufigkeiten $(\hat{m}_{ij})$ (10.115) .

**Testen einer Multinomialverteilung (Theoretische Verteilung).** Zunächst wollen wir eine durch $\{\pi_{i0}\}$ spezifizierte Multinomialverteilung mit einer beobachteten Verteilung $\{n_i\}$ für $N$ Klassen vergleichen.

Die Hypothese für diese Fragestellung lautet

$$\mathrm{H}_0 : \pi_i = \pi_{i0}, \quad i = 1, 2, \ldots, N, \tag{10.116}$$

wobei für $\pi_i$ die Restriktion

$$\sum_{i=1}^{N} \pi_i = 1 \tag{10.117}$$

zu berücksichtigen ist.

Unter $H_0$ lauten die erwarteten Zellhäufigkeiten

$$m_i = n\pi_{i0}\,, \quad i = 1, 2, \ldots, N\,. \tag{10.118}$$

Als Teststatistik eignet sich Pearson's $\chi^2$ mit

$$\chi^2 = \sum_{i=1}^{N} \frac{(n_i - m_i)^2}{m_i} \overset{\text{approx.}}{\sim} \chi^2_{N-1}\,. \tag{10.119}$$

Dies lässt sich folgendermaßen begründen: Sei $p = (n_1/n, \ldots, n_{N-1}/n)$ und $\pi_0 = (\pi_{1_0}, \ldots, \pi_{N-1_0})$. Für $n \to \infty$ gilt nach dem Zentralen Grenzwertsatz

$$\sqrt{n}\,(p - \pi_0) \to N\,(0, \Sigma_0)\,, \tag{10.120}$$

und damit

$$n\,(p - \pi_0)'\,\Sigma_0^{-1}\,(p - \pi_0) \to \chi^2_{N-1}\,. \tag{10.121}$$

Die asymptotische Kovarianzmatrix hat die Form

$$\Sigma_0 = \Sigma_0(\pi_0) = \operatorname{diag}(\pi_0) - \pi_0\pi_0'\,. \tag{10.122}$$

Ihre Inverse lässt sich schreiben als

$$\Sigma_0^{-1} = \frac{1}{\pi_{N0}}\mathbf{1}\mathbf{1}' + \operatorname{diag}\left(\frac{1}{\pi_{\mathbf{10}}}, \ldots, \frac{1}{\pi_{\mathbf{N-1,0}}}\right)\,. \tag{10.123}$$

Die Äquivalenz von (10.119) und (10.121) ergibt sich aus direkter Berechnung. Zur Illustration sei $N = 3$ gewählt. Unter Verwendung von $\pi_1 + \pi_2 + \pi_3 = 1$ ergibt sich

$$\begin{aligned}
\Sigma_0 &= \begin{pmatrix} \pi_1 & 0 \\ 0 & \pi_2 \end{pmatrix} - \begin{pmatrix} \pi_1^2 & \pi_1\pi_2 \\ \pi_1\pi_2 & \pi_2^2 \end{pmatrix}\,, \\
\Sigma_0^{-1} &= \begin{pmatrix} \pi_1(1-\pi_1) & -\pi_1\pi_2 \\ -\pi_1\pi_2 & \pi_2(1-\pi_2) \end{pmatrix}^{-1} \\
&= \frac{1}{\pi_1\pi_2\pi_3}\begin{pmatrix} \pi_2(1-\pi_2) & \pi_1\pi_2 \\ \pi_1\pi_2 & \pi_1(1-\pi_1) \end{pmatrix} \\
&= \begin{pmatrix} \frac{1}{\pi_1} + \frac{1}{\pi_3} & \frac{1}{\pi_3} \\ \frac{1}{\pi_3} & \frac{1}{\pi_2} + \frac{1}{\pi_3} \end{pmatrix}\,.
\end{aligned}$$

Die linke Seite von (10.121) lautet nun

$$n\left(\frac{n_1}{n}-\frac{m_1}{n},\frac{n_2}{n}-\frac{m_2}{n}\right)\begin{pmatrix}\frac{n}{m_1}+\frac{n}{m_3} & \frac{n}{m_3}\\ \frac{n}{m_3} & \frac{n}{m_2}+\frac{n}{m_3}\end{pmatrix}\begin{pmatrix}\frac{n_1}{n}-\frac{m_1}{n}\\ \frac{n_2}{n}-\frac{m_2}{n}\end{pmatrix}$$
$$=\frac{(n_1-m_1)^2}{m_1}+\frac{(n_2-m_2)^2}{m_2}+\frac{1}{m_3}\left[(n_1-m_1)+(n_2-m_2)\right]^2$$
$$=\sum_{i=1}^{3}\frac{(n_i-m_i)^2}{m_i}\,.$$

**Güte der Anpassung für geschätzte erwartete Häufigkeiten.** Werden die unbekannten Parameter durch die ML–Schätzungen eines gegebenen Modells ersetzt, ist die Teststatistik wieder approximativ $\chi^2$–verteilt. Dabei wird die Anzahl der Freiheitsgrade um die Zahl der geschätzten Parameter reduziert. Bei $t$ geschätzten Parametern ergeben sich $(N-1)-t$ Freiheitsgrade.

**Test auf Unabhängigkeit.** Bei zweidimensionalen Kontingenztafeln mit Multinomialverteilung entspricht die Hypothese $H_0$ : *$X$ und $Y$ sind statistisch unabhängig* der Hypothese $H_0\,:\,\pi_{ij}=\pi_{i+}\pi_{+j}\quad\forall i,j$. Die Teststatistik ist Pearson's $\chi^2$ der Form

$$\chi^2=\sum_{\substack{i=1,2,\ldots,I\\ j=1,2,\ldots,J}}\frac{(n_{ij}-m_{ij})^2}{m_{ij}}\,, \tag{10.124}$$

wobei die unter $H_0$ erwarteten Zellhäufigkeiten $m_{ij}=n\pi_{ij}=n\pi_{i+}\pi_{+j}$ unbekannt sind.

Bei gegebenen Schätzungen $\hat{m}_{ij}=np_{i+}p_{+j}$ lautete die $\chi^2$–Statistik

$$\chi^2=\sum_{\substack{i=1,2,\ldots,I\\ j=1,2,\ldots,J}}\frac{(n_{ij}-\hat{m}_{ij})^2}{\hat{m}_{ij}} \tag{10.125}$$

mit $(I-1)(J-1)=(IJ-1)-(I-1)-(J-1)$ Freiheitsgraden. Dabei entsprechen $(I-1)$ und $(J-1)$ den $(I-1)$ unabhängigen Randwahrscheinlichkeiten $(\pi_{i+})$ bzw. den $(J-1)$ unabhängigen Randwahrscheinlichkeiten $(\pi_{+j})$, die aus der Stichprobe geschätzt wurden.

**Likelihood–Quotienten Test.** Die Hauptidee des Likelihood–Quotienten Tests besteht im Vergleich von $\max_{H_0} L$ und $\max_{H_1\vee H_0} L$ mit den zugehörigen Parameterräumen $\omega\subseteq\Omega$. Aus der Teststatistik

$$\Lambda=\frac{\max_\omega L}{\max_\Omega L}\leq 1 \tag{10.126}$$

folgt, dass für $n \to \infty$ (Wilks, 1932)

$$G^2 = -2 \ln \Lambda \to \chi^2_{df} \tag{10.127}$$

mit den Freiheitsgraden $df = \dim(\Omega) - \dim(\omega)$. Bei einer multinomialverteilten Stichprobe in einer Kontingenztafel lautet der Kern der Likelihoodfunktion

$$K = \prod_{i=1}^{I} \prod_{j=1}^{J} \pi_{ij}^{n_{ij}}, \tag{10.128}$$

mit den Restriktionen

$$\pi_{ij} \geq 0 \quad \text{and} \quad \sum_{i=1}^{I} \sum_{j=1}^{J} \pi_{ij} = 1 \tag{10.129}$$

an die Parameter.

Unter der Nullhypothese $\mathrm{H}_0 : \pi_{ij} = \pi_{i+}\pi_{+j}$ hat $K$ das Maximum für $\hat{\pi}_{i+} = n_{i+}/n$, $\hat{\pi}_{+j} = n_{+j}/n$ und $\hat{\pi}_{ij} = n_{i+}n_{+j}/n^2$. Unter $\mathrm{H}_0 \vee \mathrm{H}_1$ hat $K$ das Maximum für $\hat{\pi}_{ij} = n_{ij}/n$. Daraus ergibt sich

$$\Lambda = \frac{\prod_{i=1}^{I} \prod_{j=1}^{J} (n_{i+}n_{+j})^{n_{ij}}}{n^n \prod_{i=1}^{I} \prod_{j=1}^{J} n_{ij}^{n_{ij}}}. \tag{10.130}$$

Folglich ist Wilks' $G^2$ gegeben durch

$$G^2 = -2 \ln \Lambda = 2 \sum_{i=1}^{I} \sum_{j=1}^{J} n_{ij} \ln \left( \frac{n_{ij}}{\hat{m}_{ij}} \right) \sim \chi^2_{(I-1)(J-1)}$$

mit der Schätzung $\hat{m}_{ij} = n_{i+}n_{+j}/n$ unter $\mathrm{H}_0$.

Gilt $\mathrm{H}_0$, so ist $\Lambda$ groß, d.h. nahe 1 und $G^2$ wird klein. Das bedeutet, dass $\mathrm{H}_0$ bei großem $G^2$ abgelehnt werden muss.

## 10.3 GLM für Binären Response

### 10.3.1 Logitmodelle und Logistische Regression

Sei $Y$ eine binäre Zufallsvariable, d.h. $Y$ hat nur zwei Kategorien, beispielsweise Erfolg/Mißerfolg oder Behandlungs–/Kontrollgruppe. Die Reponsevariable $Y$ kann somit stets durch $(Y = 0, Y = 1)$ kodiert werden. $Y_i$ folgt einer Binomialverteilung mit $P(Y_i = 1) = \pi_i = \pi_i(x_i)$ und $P(Y_i = 0) = 1 - \pi_i$.

$x_i = (x_{i1}, x_{i2}, \ldots, x_{ip})'$ ist ein Vektor von *Prognosefaktoren*, die einen vermuteten Einfluss auf die Erfolgswahrscheinlichkeit $\pi(x_i)$ ausüben. Dabei bezeichnet $i = 1, \ldots, N$ wie gewohnt die Individuen. Unter diesen Annahmen folgt unmittelbar

$$\begin{aligned}
\mathrm{E}(Y_i) &= 1 \cdot \pi_i + 0 \cdot (1 - \pi_i) = \pi_i \;, \\
\mathrm{E}(Y_i^2) &= 1^2 \cdot \pi_i + 0^2 \cdot (1 - \pi_i) = \pi_i \;, \\
\mathrm{var}(Y_i) &= \mathrm{E}(Y_i^2) - (\mathrm{E}(Y_i))^2 = \pi_i - \pi_i^2 = \pi_i(1 - \pi_i) \,.
\end{aligned}$$

Weiter ist der Beitrag eines Individuums $i$ zur Likelihood gegeben durch

$$\begin{aligned}
f(y_i; \pi_i) &= \pi_i^{y_i} (1 - \pi_i)^{1 - y_i} \\
&= (1 - \pi_i) \left( \frac{\pi_i}{1 - \pi_i} \right)^{y_i} \\
&= (1 - \pi_i) \exp\left( y_i \ln\left( \frac{\pi_i}{1 - \pi_i} \right) \right) .
\end{aligned}$$

Dabei entspricht der natürliche Parameter $Q(\pi_i) = \ln[\pi_i/(1 - \pi_i)]$ dem Log Odds bei Response ($Y = 1$) und wird als Logit von $\pi_i$ bezeichnet.

GLMs mit *Logit–Link* werden als Logitmodell oder *logistisches Regressionsmodell* bezeichnet. Das Modell ist für ein festes $i$ gegeben durch

$$\ln\left( \frac{\pi_i}{1 - \pi_i} \right) = x_i'\beta \,. \tag{10.131}$$

Diese Parametrisierung gewährleistet einen monotonen Verlauf (S–Kurve) der Wahrscheinlichkeit $\pi_i$ unter Einbezug des linearen Ansatzes $x_i'\beta$ über dem Definitionsbereich [0,1]

$$\pi_i = \frac{\exp(x_i'\beta)}{1 + \exp(x_i'\beta)} \,. \tag{10.132}$$

**Gruppierte Daten.** Wenn die Möglichkeit besteht (z.B. wenn die Prognosefaktoren ihrerseits kategorial sind), können beispielsweise Patienten in Schichten gruppiert werden, die durch die Anzahl der möglichen Faktorkombinationen definiert sind. Angenommen $n_j$, $j = 1, \ldots, G$, $G \le N$ sei die Anzahl der Patienten in Schicht $j$. Wir beobachten dann $y_j$ Patienten mit Response $Y = 1$ und $n_j - y_j$ Patienten mit Response $Y = 0$. Eine natürliche Schätzung für $\pi_j$ wäre damit $\hat{\pi}_j = y_j/n_j$. Das entspricht einem saturierten Modell, also einem Modell, in dem die Haupteffekte und alle Wechselwirkungen zwischen den Faktoren berücksichtigt werden. Jedoch muss beachtet werden, dass das nur dann sinnvoll ist, wenn die Anzahl der Schichten gering im Vergleich zu $N$ ist, so dass $n_j$ nicht zu klein ist. Für $n_j = 1$ entarten die Wahrscheinlichkeiten, erfordern eine Glättung und deshalb ein sparsameres Modell.

**Einfachster Fall und Beispiel.** Der Einfachheit wegen nehmen wir $p = 1$ an, d.h. wir betrachten lediglich eine erklärende Variable. In diesem einfachsten Fall lautet das Modell dann

$$\ln\left(\frac{\pi_i}{1-\pi_i}\right) = \alpha + \beta x_i \tag{10.133}$$

und wir erhalten den Odds

$$\frac{\pi_i}{1-\pi_i} = \exp(\alpha + \beta x_i) = e^{\alpha}\left(e^{\beta}\right)^{x_i} , \tag{10.134}$$

was bedeutet, dass der Odds um $e^{\beta}$ wächst, wenn $x_i$ um eine Einheit zunimmt.

Der Vorteil dieser Linkfunktion besteht in der Schätzbarkeit der Effekte von $X$ unabhängig davon, ob das Interesse einer retrospektiven oder einer prospektiven Studie gilt (vgl. Toutenburg, 1992b, Kapitel 5).

Die Effekte im logistischen Modell beziehen sich also auf den Odds. Für zwei verschiedene $x$–Werte ist $\exp(\alpha + \beta x_1)/\exp(\alpha + \beta x_2)$ ein Odds–Ratio.

Um eine geeignete Form für die systematische Komponente der logistischen Regression zu finden, werden die Stichprobenlogits gegen $x$ geplottet.

*Anmerkung.* Sei $x_j$ fest gewählt (mit $j$ als Gruppenindex). Für $n_j$ Beobachtungen der Responsevariablen $Y$ sei $y_j$–mal die '1' beobachtet worden. Folglich sind $\hat{\pi}(x_j) = y_j/n_j$ und $\ln[\hat{\pi}_j/(1-\hat{\pi}_j)] = \ln[y_j/(n_j - y_j)]$ die Stichprobenlogits.

Dieser Ausdruck ist für $y_j = 0$ oder $n_j = 0$ jedoch nicht definiert. Deshalb bedient man sich einer Korrektur; wir wählen hier den geglätteten Logit

$$\ln\left[(y_j + \frac{1}{2})/(n_j - y_j + \frac{1}{2})\right].$$

| $j$ | Altersgruppe | Verlust ja | Verlust nein | $n_j$ |
|---|---|---|---|---|
| 1 | $< 40$ | 4 | 70 | 74 |
| 2 | $40 - 50$ | 28 | 147 | 175 |
| 3 | $50 - 60$ | 38 | 207 | 245 |
| 4 | $60 - 70$ | 51 | 202 | 253 |
| 5 | $> 70$ | 32 | 92 | 124 |
| | | 153 | 718 | 871 |

**Tabelle 10.1.** $5 \times 2$ Tafel; Verlust von Pfeilerzähnen nach Altersgruppen (Beispiel 10.3.1).

*Beispiel 10.3.1.* Wir untersuchen das Risiko ($Y$) für den Verlust von Pfeilerzähnen durch Extraktion in Abhängigkeit vom Alter ($X$) (Walther und Toutenburg, 1991).

Aus Tabelle 10.1 errechnen wir $\chi^2_4 = 15.56$, also einen auf dem 5 %–Niveau signifikanten Wert ($\chi^2_{4;0.95} = 9.49$). Verwendet man die einfachen Stichprobenlogits, erhalten wir Tabelle 10.1.

| $i$ | Stichproben–logits | $\hat{\pi}_{1\|j} = \frac{y_j}{n_j}$ |
|---|---|---|
| 1 | −2.86 | 0.054 |
| 2 | −1.66 | 0.160 |
| 3 | −1.70 | 0.155 |
| 4 | −1.38 | 0.202 |
| 5 | −1.06 | 0.258 |

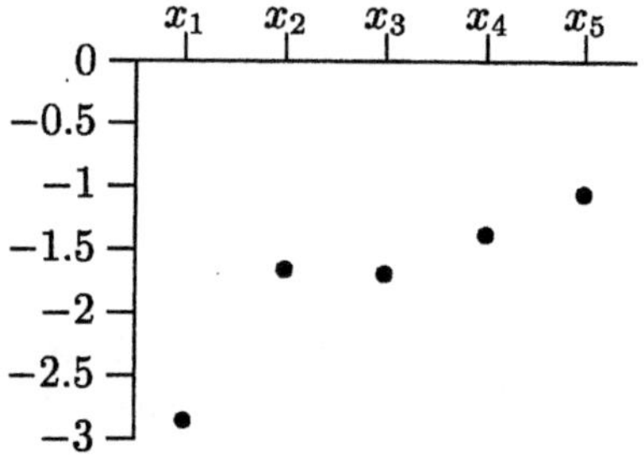


**Abb. 10.1.** Stichprobenlogits (Werte und Plot).

$\hat{\pi}_{1|j}$ ist das geschätzte Risiko für den Verlust von Pfeilerzähnen, das linear mit der Altersgruppe zunimmt. Beispielsweise weist die Altersgruppe 5 das fünffache Risiko der Altersgruppe 1 auf.

Eine Modellierung mittels *logistischer Regression*

$$\ln\left(\frac{\hat{\pi}_1(x_j)}{1-\hat{\pi}_1(x_j)}\right) = \alpha + \beta x_j$$

führt zu

| $x_j$ | Stichproben Logits | Gefittet Logits | $\hat{\pi}_1(x_j)$ | Erwartet $n_j\hat{\pi}_1(x_j)$ | Beobachtet $y_j$ |
|---|---|---|---|---|---|
| 35 | −2.86 | −2.22 | 0.098 | 7.25 | 4 |
| 45 | −1.66 | −1.93 | 0.127 | 22.17 | 28 |
| 55 | −1.70 | −1.64 | 0.162 | 39.75 | 38 |
| 65 | −1.38 | −1.35 | 0.206 | 51.99 | 51 |
| 75 | −1.06 | −1.06 | 0.257 | 31.84 | 32 |

mit den ML–Schätzungen

$$\hat{\alpha} = -3.233\,,$$
$$\hat{\beta} = 0.029\,.$$

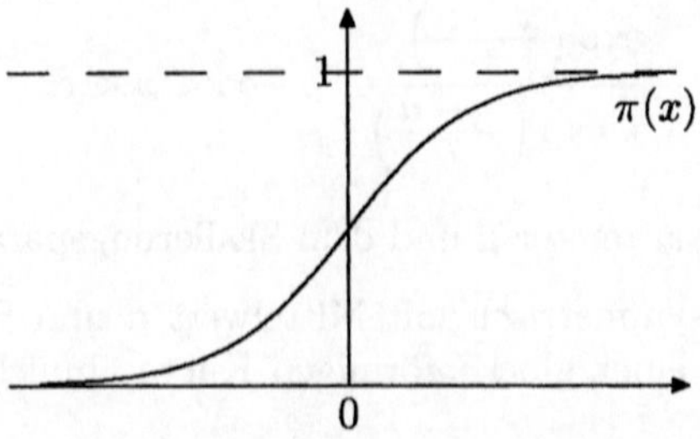


**Abb. 10.2.** Logistische Funktion $\pi(x) = \exp(x)/(1 + \exp(x))$.

### 10.3.2 Testen des Modells

Unter allgemeinen Voraussetzungen sind die Maximum–Likelihood Schätzer asymptotisch normal. Folglich basieren Signifikanztests und Konfidenzbereiche auf der Normalverteilung.

Die Signifikanz des Effekts von $X$ auf $\pi$ entspricht der Signifikanz des Parameters $\beta$. Die Hypothese $\beta$ *ist signifikant* oder $\beta \neq 0$ entspricht der statistischen Hypothese $H_0 : \beta = 0$ gegen $H_1 : \beta \neq 0$. Für diesen Test berechnen wir die Wald–Statistik $Z^2 = \hat{\beta}'(\text{cov}_{\hat{\beta}})^{-1}\hat{\beta} \sim \chi^2_{df}$, wobei *df* die Anzahl der Komponenten des Vektors $\beta$ ist.

In unserem Beispiel 10.3.1 ergibt sich $Z^2 = 13.06 > \chi^2_{1;0.95} = 3.84$, was zu einer Ablehnung von $H_0 : \beta = 0$ führt und somit als signifikanter Trend angesehen wird.

### 10.3.3 Verteilungsfunktion als Linkfunktion

Die logistische Funktion besitzt das Verhalten der kumulativen Verteilungsfunktion einer stetigen Zufallsvariablen.

Dies empfiehlt eine Klasse von Modellen für binären Response der Form

$$\pi(x) = F(\alpha + \beta x) , \tag{10.135}$$

wo $F$ eine stetige kumulative Verteilungsfunktion darstellt. Ist $F$ streng monoton wachsend über die reelle Zahlenachse, so ergibt sich

$$F^{-1}(\pi(x)) = \alpha + \beta x . \tag{10.136}$$

Dies entspricht einem GLM mit der Linkfunktion $F^{-1}$. $F^{-1}$ bildet den Wertebereich $[0, 1]$ der Wahrscheinlichkeiten ab auf $(-\infty, \infty)$.

Die kumulative Verteilungsfunktion der logistischen Verteilung lautet

$$F(x) = \frac{\exp\left(\frac{x-\mu}{\tau}\right)}{1+\exp\left(\frac{x-\mu}{\tau}\right)}, \quad -\infty < x < \infty, \tag{10.137}$$

mit dem Lokationsparameter $\mu$ und dem Skalierungsparameter $\tau > 0$.

Die Verteilung ist symmetrisch mit Mittelwert $\mu$ und Standardabweichung $\tau\pi/\sqrt{3}$ und gleicht einer glockenförmigen Kurve ähnlich der Normalverteilung.

Die logistische Regression $\pi(x) = F(\alpha + \beta x)$ gehört zu der standardisierten logistischen Verteilung $F$ mit $\mu = 0$ und $\tau = 1$. Folglich besitzt die logistische Regression den Mittelwert $-\alpha/\beta$ und die Standardabweichung $\pi/|\beta|\sqrt{3}$.

Ist $F$ die kumulative Verteilungsfunktion der Standardnormalverteilung, $\pi(x) = F(\alpha + \beta x) = \Phi(\alpha + \beta x)$, wird $\pi(x)$ als *Probit–Modell* bezeichnet.

## 10.4 Logitmodelle für kategoriale Daten

Die erklärende Variable $X$ kann stetig oder kategorial sein. Angenommen $X$ sei kategorial und der Logitlink sei gewählt worden; dann entsprechen die Logitmodelle den *loglinearen Modellen (kategoriale Regression)*, die in Abschnitt 10.6 genauer vorgestellt werden. Für den Beweis der Äquivalenz betrachten wir zunächst das Logitmodell.

**Logitmodelle für ($I \times 2$)–Tafeln.** Sei $X$ eine erklärende Variable mit $I$ Kategorien. Ist nun Response/Nonresponse die Zielgröße $Y$, ergibt sich eine ($I \times 2$)–Tafel. In Zeile $i$ ist $\pi_{1|i}$ die Wahrscheinlichkeit für Response und $\pi_{2|i}$ die Wahrscheinlichkeit für Nonresponse, unter der Bedingung $\pi_{1|i} + \pi_{2|i} = 1$.

Es ergibt sich das Logitmodell

$$\ln\left(\frac{\pi_{1|i}}{\pi_{2|i}}\right) = \alpha + \beta_i . \tag{10.138}$$

Die $x$–Werte werden hier nicht explizit sondern über die Kategorien $i$ miteinbezogen. $\beta_i$ beschreibt den Effekt der Kategorie $i$ auf den Response. Ist $\beta_i = 0$, so existiert kein Effekt. Dieses Modell entspricht dem Modell der einfaktoriellen Varianzanalyse und ebenso haben wir auch hier die Nebenbedingung $\sum \beta_i = 0$ oder $\beta_I = 0$. Also genügen $I - 1$ der Parameter $\{\beta_i\}$ zur Charakterisierung des Modells.

Die Nebenbedingung $\sum \beta_i = 0$ bedeutet, dass $\alpha$ dem globalen Mittel der Logits und $\beta_i$ der Abweichung dieses Mittelwerts von Zeile $i$ entspricht. Je größer $\beta_i$, desto größer ist der Logit in Zeile $i$ und desto größer ist der Wert von $\pi_{1|i}$, die Chance für Response in Kategorie $i$.

Das Modell reduziert sich zum statistischen Unabhängigkeitsmodell, wenn der Faktor $X$ (in $I$ Kategorien) keinen Effekt auf die Responsevariable hat, d.h. formal,

$$\ln\left(\frac{\pi_{1|i}}{\pi_{2|i}}\right) = \alpha \quad \forall i ,$$

Es gilt nun $\beta_1 = \beta_2 = \cdots = \beta_I = 0$, also $\pi_{1|1} = \pi_{1|2} = \cdots = \pi_{1|I}$.

**Logitmodelle höherer Ordnung.** Als Verallgemeinerung zweier oder mehrerer kategorialer Variablen, die einen Effekt auf den binären Response ausüben betrachten wir nun die beiden Faktoren $A$ und $B$ mit $I$ bzw. $J$ Kategorien. Seien $\pi_{1|ij}$ und $\pi_{2|ij}$ die Wahrscheinlichkeiten für Response bzw. Nonresponse der Faktorkombination $ij$, so dass $\pi_{1|ij} + \pi_{2|ij} = 1$. Das Logitmodell

$$\ln\left(\frac{\pi_{1|ij}}{\pi_{2|ij}}\right) = \alpha + \beta_i^A + \beta_j^B \tag{10.139}$$

für die $(I \times J \times 2)$–Tafel repräsentiert die Effekte von $A$ und $B$ ohne Wechselwirkung.

## 10.5 Güte der Anpassung—Likelihood–Quotienten Test

Bei gegebenem Modell $M$ können wir die Schätzungen der Parameter $(\widehat{\alpha + \beta_i})$ und $(\hat{\alpha}, \hat{\beta})$ zur Vorhersage der Logits ebenso benutzen wie zur Schätzung der Wahrscheinlichkeit für Response $\hat{\pi}_{1|i}$, also auch zur Berechnung der erwarteten Zellhäufigkeiten $\hat{m}_{ij} = n_{i+}\hat{\pi}_{j|i}$ .

Nun sind wir in der Lage, die Güte der Anpassung eines Modells $M$ mit Hilfe von Wilks' $G^2$–Statistik

$$G^2(M) = 2\sum_{i=1}^{I}\sum_{j=1}^{J} n_{ij} \ln\left(\frac{n_{ij}}{\hat{m}_{ij}}\right) \tag{10.140}$$

zu testen.

Dabei werden die $\hat{m}_{ij}$ durch Verwendung der geschätzten Modellparameter berechnet. Die Zahl der Freiheitsgrade entspricht dabei der Anzahl der Logits minus der Anzahl der unabhängigen Parameter im Modell $M$.

Im folgenden betrachten wir drei Modelle für binären Response (vgl. Agresti, 1990, p.95).

1. Unabhängigkeitsmodell:

$$M = I: \quad \ln\left(\frac{\pi_{1|i}}{\pi_{2|i}}\right) = \alpha\,. \tag{10.141}$$

Hier existieren $I$ Logits und ein Parameter, also $I-1$ Freiheitsgrade.

2. Logistisches Modell:

$$M = L: \quad \ln\left(\frac{\pi_{1|i}}{\pi_{2|i}}\right) = \alpha + \beta x_i\,. \tag{10.142}$$

Die Zahl der Freiheitsgrade ist hier $I-2$

3. Logitmodell:

$$M = S: \quad \ln\left(\frac{\pi_{1|i}}{\pi_{2|i}}\right) = \alpha + \beta_i\,. \tag{10.143}$$

Dieses Modell besitzt $I$ Logits und $I$ unabhängige Parameter. Somit ist die Zahl der Freiheitsgrade gleich Null, also liegt perfekte Anpassung vor. In diesem Fall—gleiche Anzahl von Parametern und Beobachtungen—spricht man vom ***saturierten Modell.***

Der Likelihood–Quotienten Test vergleicht ein Modell $M_1$ mit einem einfacheren Modell $M_2$ (in dem einige Parameter Null sind). Die Teststatistik entspricht

$$\Lambda = \frac{L(M_2)}{L(M_1)} \tag{10.144}$$

$$\text{oder} \quad G^2\left(M_2|M_1\right) = -2\left(\ln L(M_2) - \ln L(M_1)\right)\,. \tag{10.145}$$

Die Statistik $G^2(M)$ ist ein Spezialfall dieser Statistik, bei der $M_2 = M$ gilt und $M_1$ das saturierte Modell darstellt.

Bezeichne $l_S$ die maximierte Loglikelihoodfunktion für das saturierte Modell. Daraus ergibt sich

$$\begin{aligned} G^2(M_2|M_1) &= -2\left(\ln L(M_2) - \ln L(M_1)\right) \\ &= -2\left(\ln L(M_2) - l_S\right) - \left[-2(\ln L(M_1) - l_S)\right] \\ &= G^2(M_2) - G^2(M_1)\,. \end{aligned} \tag{10.146}$$

Das bedeutet, dass die Statistik $G^2(M_2|M_1)$ zum Vergleich zweier Modelle der Differenz der Goodness–of–Fit Statistiken dieser beiden Modelle entspricht.

*Beispiel 10.5.1.* Im Beispiel 10.3.1 "Verlust von Pfeilerzähnen/Alter" ergibt sich für das logistische Modell

| Alters– | Verlust | | Kein Verlust | |
|---|---|---|---|---|
| gruppe | beobachtet | erwartet | beobachtet | erwartet |
| 1 | 4 | 7.25 | 70 | 66.75 |
| 2 | 28 | 22.17 | 147 | 152.83 |
| 3 | 38 | 39.75 | 207 | 205.25 |
| 4 | 51 | 51.99 | 202 | 201.01 |
| 5 | 32 | 31.84 | 92 | 92.16 |

und wir erhalten $G^2(L) = 3.66$, $df = 5 - 2 = 3$.

Für das Unabhängigkeitsmodell erhalten wir $G^2(I) = 17.25$ mit $df = 4 = (I-1)(J-1) = (5-1)(2-1)$. Die Teststatistik für $\mathrm{H}_0 : \beta = 0$ im logistischen Modell lautet

$$G^2(I|L) = G^2(I) - G^2(L) = 17.25 - 3.66 = 13.59\,, \quad df = 4 - 3 = 1\,.$$

Dieser Wert ist signifikant ($\chi^2_{1;0.95} = 3.84$, vgl. Tabelle B.3), also gilt das logistische Modell bei Vergleich mit dem Unabhängigkeitsmodell.

## 10.6 Loglineare Modelle für Kategoriale Variablen

### 10.6.1 Zweidimensionale Kontingenztafeln

Die vorherigen Modelle zielten auf bivariaten Response ab, also auf $(I \times 2)$–Tafeln. Im folgenden verallgemeinern wir das Modell auf $(I \times J)$–und später auf $(I \times J \times K)$–Tafeln.

Angenommen, es liegt eine Realisation (Stichprobe) zweier kategorialer Variablen mit $I$ und $J$ Kategorien sowie dem Stichprobenumfang $n$ vor. Daraus resultieren Beobachtungen in $(N = I \times J)$–Zellen der Kontingenztafel. Dabei bezeichne $n_{ij}$ die Anzahl der Beobachtungen in der $(i, j)$–ten Zelle.

Die Wahrscheinlichkeiten $\pi_{ij}$ aus der Multinomialverteilung bilden dann die gemeinsame Verteilung. Unabhängigkeit der Variablen ist äquivalent zu

$$\pi_{ij} = \pi_{i+}\pi_{+j} \quad \text{(für alle } i, j)\,. \tag{10.147}$$

Übertragen auf die erwarteten Zellhäufigkeiten $m_{ij} = n\pi_{ij}$ ergibt sich die folgende Bedingung für Unabhängigkeit

$$m_{ij} = n\pi_{i+}\pi_{+j}\,. \tag{10.148}$$

Die Modellierung der $(I \times J)$–Tafel basiert auf

$$\ln(m_{ij}) = \ln n + \ln \pi_{i+} + \ln \pi_{+j} \tag{10.149}$$

als Unabhängigkeitsmodell auf der logarithmischen Skala.

Folglich wirken die Effekte der Zeilen und Spalten auf $\ln(m_{ij})$ additiv. Alternativ kann dieser Zusammenhang basierend auf den Modellen der Varianzanalyse der Form

$$y_{ij} = \mu + \alpha_i + \beta_j + \varepsilon_{ij}\,, \quad \left(\sum \alpha_i = \sum \beta_j = 0\right), \tag{10.150}$$

dargestellt werden durch

$$\ln m_{ij} = \mu + \lambda_i^X + \lambda_j^Y \tag{10.151}$$

mit

$$\lambda_i^X = \ln \pi_{i+} - \frac{1}{I}\left(\sum_{k=1}^{I} \ln \pi_{k+}\right), \tag{10.152}$$

$$\lambda_j^Y = \ln \pi_{+j} - \frac{1}{J}\left(\sum_{k=1}^{J} \ln \pi_{+k}\right), \tag{10.153}$$

$$\mu = \ln n + \frac{1}{I}\left(\sum_{k=1}^{I} \ln \pi_{k+}\right) + \frac{1}{J}\left(\sum_{k=1}^{J} \ln \pi_{+k}\right). \tag{10.154}$$

Dabei genügen die Parameter den Bedingungen

$$\sum_{i=1}^{I} \lambda_i^X = \sum_{j=1}^{J} \lambda_j^Y = 0\,, \tag{10.155}$$

was die Identifizierbarkeit der Parameter gewährleistet.

Das Modell (10.151) wird als *loglineares Unabhängigkeitsmodell* in einer zweidimensionalen Kontingenztafel bezeichnet.

Das zugehörige saturierte Modell enthält zusätzlich die Parameter der Wechselwirkung $\lambda_{ij}^{XY}$, also

$$\ln m_{ij} = \mu + \lambda_i^X + \lambda_j^Y + \lambda_{ij}^{XY}\,. \tag{10.156}$$

Dieses Modell beschreibt die perfekte Anpassung. Dabei erfüllen die Interaktionsparameter die Nebenbedingungen

$$\sum_{i=1}^{I} \lambda_{ij}^{XY} = \sum_{j=1}^{J} \lambda_{ij}^{XY} = 0\,. \tag{10.157}$$

Gegebene $\lambda_{ij}$ in den ersten $(I-1)(J-1)$ Zellen bestimmen dabei die $\lambda_{ij}$ der letzten Zeile oder Spalte. Deshalb enthält das saturierte Modell

$$\underbrace{1}_{\mu} + \underbrace{(I-1)}_{\lambda_i^X} + \underbrace{(J-1)}_{\lambda_j^Y} + \underbrace{(I-1)(J-1)}_{\lambda_{ij}^{XY}} = I\,J \tag{10.158}$$

unabhängige Parameter.

Im Unabhängigkeitsmodell ist die Zahl der unabhängigen Parameter

$$1 + (I-1) + (J-1) = I + J - 1\,. \tag{10.159}$$

**Interpretation der Parameter.** Loglineare Modelle schätzen die Effekte von Zeilen und Spalten auf $\ln m_{ij}$ . Dabei wird nicht zwischen erkärenden und zu erklärenden Variablen unterschieden. Vielmehr beeinflusst die Information der Zeilen und Spalten $m_{ij}$ in symmetrischer Art und Weise.

Betrachten wir dazu den einfachen Fall einer $(I \times 2)$–Tafel (Unabhängigkeitsmodell) mit

$$\begin{aligned} \ln\left(\frac{\pi_{1|i}}{\pi_{2|i}}\right) &= \ln\left(\frac{m_{i1}}{m_{i2}}\right) \\ &= \ln(m_{i1}) - \ln(m_{i2}) \\ &= (\mu + \lambda_i^X + \lambda_1^Y) - (\mu + \lambda_i^X + \lambda_2^Y) \\ &= \lambda_1^Y - \lambda_2^Y\,. \end{aligned} \tag{10.160}$$

Der Logit ist für alle Zeilen gleich und deshalb unabhängig von $X$ bzw. den Kategorien $i = 1, \ldots, I$.

Es gilt

$$\begin{aligned} \lambda_1^Y + \lambda_2^Y = 0 \quad &\Rightarrow \quad \lambda_1^Y = -\lambda_2^Y\,, \\ &\Rightarrow \quad \ln\left(\frac{\pi_{1|i}}{\pi_{2|i}}\right) = 2\lambda_1^Y \quad (i = 1, \ldots, I)\,. \end{aligned}$$

Daher erhalten wir

$$\frac{\pi_{1|i}}{\pi_{2|i}} = \exp(2\lambda_1^Y) \qquad (i = 1, \ldots, I)\,. \tag{10.161}$$

In jeder Kategorie von $X$ entspricht das Risiko, dass $Y$ in Kategorie 1 und nicht in Kategorie 2 vorliegt, bei Unabhängigkeit $\exp(2\lambda_1^Y)$ .

Zwischen dem Odds–Ratio einer (2×2)–Tafel und dem saturierten loglinearen Modell besteht der Zusammenhang

$$\begin{aligned}
\ln\theta &= \ln\left(\frac{m_{11}\, m_{22}}{m_{12}\, m_{21}}\right) \\
&= \ln(m_{11}) + \ln(m_{22}) - \ln(m_{12}) - \ln(m_{21}) \\
&= (\mu + \lambda_1^X + \lambda_1^Y + \lambda_{11}^{XY}) + (\mu + \lambda_2^X + \lambda_2^Y + \lambda_{22}^{XY}) \\
&\quad - (\mu + \lambda_1^X + \lambda_2^Y + \lambda_{12}^{XY}) - (\mu + \lambda_2^X + \lambda_1^Y + \lambda_{21}^{XY}) \\
&= \lambda_{11}^{XY} + \lambda_{22}^{XY} - \lambda_{12}^{XY} - \lambda_{21}^{XY} .
\end{aligned}$$

Wegen $\sum_{i=1}^2 \lambda_{ij}^{XY} = \sum_{j=1}^2 \lambda_{ij}^{XY} = 0$, gilt $\lambda_{11}^{XY} = \lambda_{22}^{XY} = -\lambda_{12}^{XY} = -\lambda_{21}^{XY}$ und deshalb $\ln\theta = 4\lambda_{11}^{XY}$. Daraus ergibt sich für den Odds–Ratio einer (2 × 2)–Tafel

$$\theta = \exp(4\lambda_{11}^{XY}) , \tag{10.162}$$

der vom Assoziationsparameter des saturierten Modells abhängt. Existiert keine Assoziation, gilt also $\lambda_{ij} = 0$, folgt $\theta = 1$.

### 10.6.2 Dreidimensionale Kontingenztafeln

Wir betrachten nun drei kategoriale Variablen $X$, $Y$ und $Z$. Die zugehörigen Häufigkeiten der Kategorien werden in der $(I \times J \times K)$–Kontingenztafel dargestellt. Wir sind insbesondere an $(I \times J \times 2)$–Tafeln interessiert, also an Modellen, wo die dritte Variable eine bivariate Risiko– oder Responsevariable darstellt. Tabelle 10.2 zeigt das Risiko einer endodontischen Behandlung in Abhängigkeit vom Alter der Patienten und der Art der Konstruktion der Brücke (Walther und Toutenburg, 1991).

| Altersgruppe | Form der Konstruktion | Endodontische Behandlung ja | nein |
|---|---|---|---|
| < 60 | H | 62 | 1041 |
| | B | 23 | 463 |
| ≥ 60 | H | 70 | 755 |
| | B | 30 | 215 |
| Σ | | 185 | 2474 |

**Tabelle 10.2.** (2 × 2 × 2)-Tafel für endodontisches Risiko.

Neben den bivariaten Assoziationen wollen wir eine globale Assoziation modellieren. Die drei Variablen sind gegenseitig unabhängig, wenn das Unabhängigkeitsmodell für die Zellhäufigkeiten $m_{ijk}$—basierend auf einer logarithmischen Skala—

$$\ln(m_{ijk}) = \mu + \lambda_i^X + \lambda_j^Y + \lambda_k^Z \tag{10.163}$$

gilt.

(Im obigen Beispiel ist $X$ die Altersgruppe, $Y$ der Typ der Konstruktion und $Z$ die endodontische Behandlung.) Die Variable $Z$ ist von der gemeinsamen Verteilung von $X$ und $Y$ unabhängig (gemeinsam unabhängig) genau dann wenn

$$\ln(m_{ijk}) = \mu + \lambda_i^X + \lambda_j^Y + \lambda_k^Z + \lambda_{ij}^{XY}\,. \tag{10.164}$$

Eine dritte Art der Unabhängigkeit, die bedingte Unabhängigkeit, zweier Variablen bei gegebener fester Kategorie der dritten Variablen wird durch das Modell

$$\ln(m_{ijk}) = \mu + \lambda_i^X + \lambda_j^Y + \lambda_k^Z + \lambda_{ij}^{XY} + \lambda_{jk}^{YZ} \tag{10.165}$$

beschrieben ($j$ fest!). (10.165) stellt das Modell für bedingte Unabhängigkeit von $X$ und $Z$ auf Stufe $j$ von $Y$ dar. Sind $X$ und $Z$ bedingt unabhängig für alle $j = 1, \ldots, J$, so werden sie als bedingt unabhängig, gegeben $Y$, bezeichnet. Analog sind $X$ und $Y$ bedingt unabhängig auf der Stufe $k$ von $Z$, wenn man in (10.165) die Parameter $\lambda_{ij}^{XY}$ und $\lambda_{jk}^{YZ}$ durch $\lambda_{ik}^{XZ}$ und $\lambda_{jk}^{YZ}$ ersetzt. Parameter mit zwei Indizes beschreiben zweifache Wechselwirkungen. Die zugehörigen Bedingungen für die Zellhäufigkeiten lauten

(a) gegenseitige Unabhängigkeit von $X, Y, Z$

$$\pi_{ijk} = \pi_{i++}\pi_{+j+}\pi_{++k} \quad \text{(für alle } i, j, k\text{)}. \tag{10.166}$$

(b) gemeinsame Unabhängigkeit
$Y$ ist gemeinsam unabhängig von $X$ und $Z$ wenn

$$\pi_{ijk} = \pi_{i+k}\pi_{+j+} \quad \text{(für alle } i, j, k\text{)}. \tag{10.167}$$

(c) bedingte Unabhängigkeit
$X$ und $Y$ sind bedingt unabhängig von $Z$ wenn

$$\pi_{ijk} = \frac{\pi_{i+k}\pi_{+jk}}{\pi_{++k}} \quad \text{(für alle } i, j, k\text{)}. \tag{10.168}$$

Das saturierte loglineare Modell für dreidimensionale Kontingenztafeln lautet

$$\ln(m_{ijk}) = \mu + \lambda_i^X + \lambda_j^Y + \lambda_k^Z + \lambda_{ij}^{XY} + \lambda_{ik}^{XZ} + \lambda_{jk}^{YZ} + \lambda_{ijk}^{XYZ}\,. \tag{10.169}$$

Dabei beschreibt der letzte Parameter die dreifache Wechselwirkung.

Alle Assoziationsparameter, die die Abweichung vom globalen Mittel $\mu$ beschreiben, genügen den Bedingungen

$$\sum_{i=1}^{I} \lambda_{ij}^{XY} = \sum_{j=1}^{J} \lambda_{ij}^{XY} = \ldots = \sum_{k=1}^{K} \lambda_{ijk}^{XYZ} = 0\,. \tag{10.170}$$

Analog erhalten wir für die Haupteffekte

$$\sum_{i=1}^{I} \lambda_i^X = \sum_{j=1}^{J} \lambda_j^Y = \sum_{k=1}^{K} \lambda_k^Z = 0\,. \tag{10.171}$$

Aus dem allgemeinen Modell (10.169) lassen sich weitere Submodelle ableiten. Dafür bedienen wir uns des hierarchischen Konstruktionsprinzips. Ein Modell wird als hierarchisch bezeichnet, wenn es neben den signifikanten Effekten höherer Ordnung auch alle Effekte niedriger Ordnung enthält, die die Effekte höherer Ordnung beschreiben. Dabei müssen die Parameterschätzungen für die Effekte niedriger Ordnung nicht notwendig statistisch signifikant sein. Enthält das Modell beispielsweise den Assoziationsparameter $\lambda_{ik}^{XZ}$, so müssen auch $\lambda_i^X$ und $\lambda_k^Z$ im Modell enthalten sein, formal

$$\ln(m_{ijk}) = \mu + \lambda_i^X + \lambda_k^Z + \lambda_{ik}^{XZ}\,. \tag{10.172}$$

Den verschiedenen hierarchischen Modellen (Tabelle 10.3) werden eigene Symbole zugeordnet.

| Loglineares Modell | | | Symbol |
|---|---|---|---|
| $\ln(m_{ij+})$ | $=$ | $\mu + \lambda_i^X + \lambda_j^Y$ | $(X,Y)$ |
| $\ln(m_{i+k})$ | $=$ | $\mu + \lambda_i^X + \lambda_k^Z$ | $(X,Z)$ |
| $\ln(m_{+jk})$ | $=$ | $\mu + \lambda_j^Y + \lambda_k^Z$ | $(Y,Z)$ |
| $\ln(m_{ijk})$ | $=$ | $\mu + \lambda_i^X + \lambda_j^Y + \lambda_k^Z$ | $(X,Y,Z)$ |
| $\ln(m_{ijk})$ | $=$ | $\mu + \lambda_i^X + \lambda_j^Y + \lambda_k^Z + \lambda_{ij}^{XY}$ | $(XY,Z)$ |
| | $\vdots$ | | $\vdots$ |
| $\ln(m_{ijk})$ | $=$ | $\mu + \lambda_i^X + \lambda_j^Y + \lambda_{ij}^{XY}$ | $(XY)$ |
| | $\vdots$ | | $\vdots$ |
| $\ln(m_{ijk})$ | $=$ | $\mu + \lambda_i^X + \lambda_j^Y + \lambda_k^Z + \lambda_{ij}^{XY} + \lambda_{ik}^{XZ}$ | $(XY,XZ)$ |
| | $\vdots$ | | $\vdots$ |
| $\ln(m_{ijk})$ | $=$ | $\mu + \lambda_i^X + \lambda_j^Y + \lambda_k^Z + \lambda_{ij}^{XY} + \lambda_{ik}^{XZ} + \lambda_{jk}^{YZ}$ | $(XY,XZ,YZ)$ |
| | $\vdots$ | | $\vdots$ |
| $\ln(m_{ijk})$ | $=$ | $\mu + \lambda_i^X + \lambda_j^Y + \lambda_k^Z + \lambda_{ij}^{XY} + \lambda_{ik}^{XZ} + \lambda_{jk}^{YZ} + \lambda_{ijk}^{XYZ}$ | $(XYZ)$ |

**Tabelle 10.3.** Symbole für hierarchische Modelle für dreidimensionale Kontingentafeln (Agresti, 1990, p. 144).

Ähnlich wie bei den (2 × 2)–Tafeln existiert auch hier ein Zusammenhang zwischen den Parametern des Modells und den Odds–Ratios. Bei gegebener (2 × 2 × 2)–Tafel erhalten wir unter den Bedingungen von (10.170) und (10.171) beispielsweise

$$\frac{\theta_{11(1)}}{\theta_{11(2)}} = \frac{\frac{\pi_{111}\pi_{221}}{\pi_{211}\pi_{121}}}{\frac{\pi_{112}\pi_{222}}{\pi_{212}\pi_{122}}} = \exp(8\lambda_{111}^{XYZ})\,. \tag{10.173}$$

(10.173) entspricht dem bedingten Odds–Ratio von $X$ und $Y$ bei gegebenen Stufen $k = 1$ (Zähler) und $k = 2$ (Nenner von $Z$). Das gleiche gilt auch für $X$ und $Z$ unter $Y$ und für $Y$ und $Z$ unter $X$. Für die dreifache Wechselwirkung $\lambda_{111}^{XYZ}$ gilt

$$\frac{\theta_{11(1)}}{\theta_{11(2)}} = \frac{\theta_{1(1)1}}{\theta_{1(2)1}} = \frac{\theta_{(1)11}}{\theta_{(2)11}} = \exp(8\lambda_{111}^{XYZ})\,. \tag{10.174}$$

Die Odds–Ratios sind 1 bei Unabhängigkeit in den äquivalenten Untergruppen. Der Odds–Ratio gibt einen ersten Hinweis auf die Abweichung von der Unabhängigkeit.

*Beispiel 10.6.1.* Betrachten wir nun den bedingten Odds–Ratio (10.174) für Tabelle 10.2 für die Variablen $X$ "Altersgruppe", $Y$ "Form der Konstruktion" und $Z$ "endodontische Behandlung".

Wir erhalten den Wert 1.80, was eine positive Tendenz bei wachsendem Risiko endodontischer Behandlung im Vergleich zu den folgenden Tabellen (endodontische Behandlung (links) gegenüber keiner endodontischen Behandlung (rechts)) bedeutet.

| | H | B |
|---|---|---|
| < 60 | 62 | 23 |
| ≥ 60 | 70 | 30 |

| | H | B |
|---|---|---|
| < 60 | 1041 | 463 |
| ≥ 60 | 755 | 215 |

Relation (10.102) behält auch Gültigkeit im Stichprobenfall, weswegen ein Vergleich der folgenden Subtabellen (< 60 (links) gegenüber ≥ 60 (rechts))

| | Behandlung ja | Behandlung nein |
|---|---|---|
| H | 62 | 1041 |
| B | 23 | 463 |

| | Behandlung ja | Behandlung nein |
|---|---|---|
| H | 70 | 755 |
| B | 30 | 215 |

oder für H (links) gegenüber B (rechts):

| | Behandlung | |
|---|---|---|
| | ja | nein |
| $< 60$ | 62 | 1041 |
| $\geq 60$ | 70 | 755 |
| | | |

| | Behandlung | |
|---|---|---|
| | ja | nein |
| $< 60$ | 23 | 463 |
| $\geq 60$ | 30 | 215 |
| | | |

zum gleichen Stichprobenwert 1.80 und damit zu $\hat{\lambda}_{111}^{XYZ} = 0.073$ führt.

Berechnungen zu Tabelle 10.2:

$$\frac{\hat{\theta}_{11(1)}}{\hat{\theta}_{11(2)}} = \frac{\frac{n_{111}n_{221}}{n_{211}n_{121}}}{\frac{n_{112}n_{222}}{n_{212}n_{122}}} = \frac{\frac{62\cdot 30}{70\cdot 23}}{\frac{1041\cdot 215}{755\cdot 463}} = \frac{1.1553}{0.6403} = 1.80\,,$$

$$\frac{\hat{\theta}_{(1)11}}{\hat{\theta}_{(2)11}} = \frac{\frac{n_{111}n_{122}}{n_{121}n_{112}}}{\frac{n_{211}n_{222}}{n_{221}n_{212}}} = \frac{\frac{62\cdot 463}{23\cdot 1041}}{\frac{70\cdot 215}{30\cdot 755}} = \frac{1.1989}{0.6645} = 1.80\,,$$

$$\frac{\hat{\theta}_{1(1)1}}{\hat{\theta}_{1(2)1}} = \frac{\frac{n_{111}n_{212}}{n_{211}n_{112}}}{\frac{n_{121}n_{222}}{n_{221}n_{122}}} = \frac{\frac{62\cdot 755}{70\cdot 1041}}{\frac{23\cdot 215}{30\cdot 463}} = \frac{0.6424}{0.3560} = 1.80\,.$$

## 10.7 Der Spezialfall binärer Responsevariablen

Ist eine der Variablen eine binäre Responsevariable (in unserem Beispiel $Z$: endodontische Behandlung) und die restlichen Variablen sind erklärende kategoriale Variablen (in unserem Beispiel $X$: Altersgruppe und $Y$: Typ der Konstruktion), so gelangen wir zu dem bereits bekannten Logitmodell.

Bei gegebenem Unabhängigkeitsmodell

$$\ln(m_{ijk}) = \mu + \lambda_i^X + \lambda_j^Y + \lambda_k^Z\,, \tag{10.175}$$

gilt für den Logit der Responsevariablen $Z$

$$\ln\left(\frac{m_{ij1}}{m_{ij2}}\right) = \lambda_1^Z - \lambda_2^Z\,. \tag{10.176}$$

Unter der Bedingung $\sum_{k=1}^{2} \lambda_k^Z = 0$ erhalten wir

$$\ln\left(\frac{m_{ij1}}{m_{ij2}}\right) = 2\lambda_1^Z \qquad (\text{für alle } i, j)\,. \tag{10.177}$$

Je höher $\lambda_1^Z$ , umso größer ist das Risiko für Kategorie $Z = 1$ (endodontische Behandlung), unabhängig von $X$ und $Y$

Sind auch die beiden anderen Variablen binär, was eine $(2 \times 2 \times 2)$–Tafel impliziert, und gilt

$$\lambda_2^X = -\lambda_1^X\,, \quad \lambda_2^Y = -\lambda_1^Y\,, \quad \lambda_2^Z = -\lambda_1^Z\,,$$

so kann das Modell (10.175) folgendermaßen formuliert werden:

$$\begin{pmatrix} \ln(m_{111}) \\ \ln(m_{112}) \\ \ln(m_{121}) \\ \ln(m_{122}) \\ \ln(m_{211}) \\ \ln(m_{212}) \\ \ln(m_{221}) \\ \ln(m_{222}) \end{pmatrix} = \begin{pmatrix} 1 & 1 & 1 & 1 \\ 1 & 1 & 1 & -1 \\ 1 & 1 & -1 & 1 \\ 1 & 1 & -1 & -1 \\ 1 & -1 & 1 & 1 \\ 1 & -1 & 1 & -1 \\ 1 & -1 & -1 & 1 \\ 1 & -1 & -1 & -1 \end{pmatrix} \begin{pmatrix} \mu \\ \lambda_1^X \\ \lambda_1^Y \\ \lambda_1^Z \end{pmatrix}, \qquad (10.178)$$

was äquivalent zu $\ln(m) = X\beta$ ist.

Das entspricht der Effektkodierung kategorialer Variablen (Abschnitt 10.8).

$$X'n = X'\hat{m}\,. \qquad (10.179)$$

Die geschätzte asymptotische Kovarianzmatrix einer Poissonstichprobe lautet

$$\widehat{\text{cov}}(\hat{\beta}) = \left[X'(\text{diag}(\hat{m}))X\right]^{-1}\,, \qquad (10.180)$$

wobei $\text{diag}(\hat{m})$ die Elemente $\hat{m}$ in ihrer Hauptdiagonalen besitzt. Die Lösung der ML–Gleichung (10.179) erhält man mittels Newton–Raphson oder anderer iterativer Verfahren—z.B. iterative proportional fitting (IPF). Die IPF–Methode (Deming und Stephan, 1940; vgl. Agresti, 1990, S. 185) korrigiert die Startwerte $\{\hat{m}_{ijk}^{(0)}\}$ sukzessive um die entsprechenden erwarteten marginalen Tabellen des Modells bis ein vorher festgelegtes Kriterium erfüllt ist. Für das Unabhängigkeitsmodell lauten die Iterationsschritte

$$\hat{m}_{ijk}^{(1)} = \hat{m}_{ijk}^{(0)} \left(\frac{n_{i++}}{\hat{m}_{i++}^{(0)}}\right),$$

$$\hat{m}_{ijk}^{(2)} = \hat{m}_{ijk}^{(1)} \left(\frac{n_{+j+}}{\hat{m}_{+j+}^{(1)}}\right),$$

$$\hat{m}_{ijk}^{(3)} = \hat{m}_{ijk}^{(2)} \left(\frac{n_{++k}}{\hat{m}_{++k}^{(2)}}\right).$$

*Beispiel 10.7.1 (Zahnstein–Rauchen Analyse).* Eine in Toutenburg (1992b, S.42) zitierte Studie untersucht, in welchem Ausmaß Rauchen die Bildung von

Zahnstein beeinflusst. Die 3 × 3–Kontingenztafel (Tabelle 10.4) wird durch folgendes loglineares Modell modelliert:

$$\ln(m_{ij}) = \mu + \lambda_i^{\text{Rauchen}} + \lambda_j^{\text{Zahnstein}} + \lambda_{ij}^{\text{Rauchen/Zahnstein}},$$

mit $i, j = 1, 2$. Hier gilt z.B. für die Variable Raucher:

$$\begin{aligned}\lambda_1^{\text{Rauchen}} &= \text{Effekt Nichtraucher}\\ \lambda_2^{\text{Rauchen}} &= \text{Effekt Gelegenheitsraucher}\\ \lambda_3^{\text{Rauchen}} = -(\lambda_1^{\text{Rauchen}} + \lambda_2^{\text{Rauchen}}) &= \text{EffektstarkerRaucher}.\end{aligned}$$

Analoge Ausdrücke gelten für die Variable Zahnstein.

(i) Unabhängigkeitsmodell. Für die Nullhypothese

$$\text{H}_0 : \ln(m_{ij}) = \mu + \lambda_i^{\text{Rauchen}} + \lambda_j^{\text{Zahnstein}},$$

erhalten wir $G^2 = 76.23 > 9.49 = \chi^2_{4;0.95}$, was zu einer deutlichen Ablehnung des Modells führt (vgl. Tabelle 10.4).

(ii) Saturiertes Modell. Hier ergibt sich $G^2 = 0$. Die Schätzungen der Parameter (die Werte in Klammern sind standardisierte Werte) lauten

$$\begin{aligned}\lambda_1^{\text{Rauchen}} &= -1.02 \quad (-25.93)\\ \lambda_2^{\text{Rauchen}} &= 0.20 \quad (7.10)\\ \lambda_3^{\text{Rauchen}} &= 0.82 \quad (\text{—})\end{aligned}$$

$$\begin{aligned}\lambda_1^{\text{Zahnstein}} &= 0.31 \quad (11.71)\\ \lambda_2^{\text{Zahnstein}} &= 0.61 \quad (23.07)\\ \lambda_3^{\text{Zahnstein}} &= -0.92 \quad (\text{—}).\end{aligned}$$

Alle Haupteffekte sind hochsignifikant. Die Wechselwirkungseffekte sind

| | | Zahnstein | | | |
|---|---|---|---|---|---|
| | | 1 | 2 | 3 | $\sum$ |
| | 1 | 0.34 | -0.14 | -0.20 | 0 |
| Rauchen | 2 | -0.12 | 0.06 | 0.06 | 0 |
| | 3 | -0.22 | 0.08 | 0.14 | 0 |
| $\sum$ | | 0 | 0 | 0 | |

Die Hauptdiagonale ist stark ausgeprägt, was einen Hinweis auf einen Trend gibt. Die standardisierten Interaktionseffekte sind ebenso signifikant:

| | 1 | 2 | 3 |
|---|---|---|---|
| 1 | 7.30 | -3.05 | — |
| 2 | -3.51 | 1.93 | — |
| 3 | — | — | — |

| | | Zahnstein | | |
|---|---|---|---|---|
| | | kein | mittel | stark |
| | nicht | 284 | 236 | 48 |
| Rauchen | mittel | 606 | 983 | 209 |
| | stark | 1028 | 1871 | 425 |

**Tabelle 10.4.** Rauchen und Zahnsteinbildung.

## 10.8 Kodierung kategorialer Kovariablen

### 10.8.1 Dummy– und Effektkodierung

Wenn eine bivariate Responsevariable $Y$ über $x'\beta$ mit kategorialem $x$ ein lineares Modell über einen geeigneten Link beschreibt, sind die Parameter $\beta$ stets gemäß ihrer Abhängigkeit von den $x$–Scores zu interpretieren. Um das zu umgehen, bedient man sich einer geeigneten Kodierung von $x$. Hier werden—teils analog zur Varianzanalyse—zwei Arten vorgestellt.

**Dummykodierung.** Sei $A$ eine Variable mit $I$ Kategorien. Dann sind die $I-1$ Dummyvariablen definiert gemäß

$$x_i^A = \begin{cases} 1 \text{ für Kategorie } i \text{ der Variablen A} \\ 0 \text{ sonst} \end{cases} \tag{10.181}$$

mit $i = 1, \dots, I-1$.

Dabei wird Kategorie $I$ implizit über $x_1^A = \dots = x_{I-1}^A = 0$ miteinbezogen. Folglich ist der Vektor der erklärenden Variablen für Variable $A$ von der Form

$$x^A = (x_1^A, x_2^A, \dots x_{I-1}^A)'. \tag{10.182}$$

Die Parameter $\beta_i$, die in das zu $x'^A\beta$ proportionale Regressionsmodell eingehen, werden als Haupteffekte von $A$ bezeichnet.

*Beispiel.* (i) Geschlecht männlich/ weiblich, mit Kategorie 1 für männlich und Kategorie 2 für weiblich

$$x_1^{\text{Geschlecht}} = (1) \Rightarrow \text{Person männlich}$$
$$x_2^{\text{Geschlecht}} = (0) \Rightarrow \text{Person weiblich}.$$

(ii) Altersgruppen $i = 1, \dots 5$

$$x^{\text{Alter}} = (1,0,0,0)' \Rightarrow \text{Altersgruppe } 1$$
$$x^{\text{Alter}} = (0,0,0,0)' \Rightarrow \text{Altersgruppe } 5.$$

Sei $y$ eine bivariate Responsevariable. Die Wahrscheinlichkeit für Response ($y = 1$) in Abhängigkeit von der kategorialen Variablen $A$ in $I$ Kategorien kann modelliert werden gemäß

$$P(y = 1 \mid x^A) = \beta_0 + \beta_1 x_1^A + \cdots + \beta_{I-1} x_{I-1}^A \,. \tag{10.183}$$

Bei gegebener Kategorie $i$ (Altersgruppe $i$) erhalten wir

$$P(y = 1 \mid x^A \textit{ entspricht der i–ten Altersgruppe}) = \beta_0 + \beta_i \,,$$

solange $i = 1, 2, \ldots, I-1$ und für die implizit kodierte Kategorie $I$ erhalten wir

$$P(y = 1 \mid x^A \textit{ entspricht der I–ten Altersgruppe}) = \beta_0 \,. \tag{10.184}$$

Folglich ist für jede Kategorie $i$ eine andere Responsewahrscheinlichkeit $P(y = 1 \mid x^A)$ möglich.

**Effektkodierung.** Für eine erklärende Variable $A$ mit $I$ Kategorien ist die Effektkodierung definiert gemäß

$$x_i^A = \begin{cases} 1 \text{ für Kategorie } i,\ i = 1, \ldots I-1, \\ -1 \text{ für Kategorie } I, \\ 0 \text{ sonst.} \end{cases} \tag{10.185}$$

Folglich ergibt sich

$$\beta_I = -\sum_{i=1}^{I-1} \beta_i \,, \tag{10.186}$$

was äquivalent ist zu

$$\sum_{i=1}^{I} \beta_i = 0 \,. \tag{10.187}$$

In Analogie zur Varianzanalyse hat das Modell für die Responsewahrscheinlichkeit die Form

$$P(y = 1 | x^A \textit{ entspricht der i-ten Altersgruppe}) = \beta_0 + \beta_i \tag{10.188}$$

mit $i = 1, \ldots, I$ und unter der Bedingung (10.187).

*Beispiel.* $I = 3$ Altersgruppen A1, A2, A3. Eine Person in Altersgruppe 1 ist kodiert als $(1, 0)$, eine Person in A2 als $(0, 1)$ sowohl für Dummy– als auch Effektkodierung. Eine Person in A3 ist kodiert gemäß $(0, 0)$ in Dummykodierung und gemäß $(-1, -1)$ bei Effektkodierung. Die beiden Möglichkeiten zur Kodierung kategorialer Variablen unterscheiden sich also lediglich in der Kodierung der Referenzkategorie $I$.

**Miteinbeziehung mehrerer Variablen.** Wird mehr als eine Variable in das Modell miteinbezogen, werden die Kategorien von $A, B, C$ (mit beispielsweise $I, J, K$ Kategorien) in einem gemeinsamen Vektor

$$x' = (x_1^A, \dots, x_{I-1}^A, x_1^B, \dots, x_{J-1}^B, x_1^C, \dots, x_{K-1}^C) \tag{10.189}$$

kombiniert dargestellt.

Zusätzlich zu diesen Haupteffekten können die Wechselwirkungseffekte $x_{ij}^{AB}, \dots, x_{ijk}^{ABC}$ eingebunden werden. Die Kodierung von $x_{ij}^{AB}, \dots, x_{ijk}^{ABC}$ erfolgt unter Berücksichtigung von (10.170).

*Beispiel.* Im Falle der Effektkodierung erhalten wir für das saturierte Modell (10.156) mit den binären Variablen $A$ und $B$

$$\begin{pmatrix} \ln(m_{11}) \\ \ln(m_{12}) \\ \ln(m_{21}) \\ \ln(m_{22}) \end{pmatrix} = \begin{pmatrix} 1 & 1 & 1 & 1 \\ 1 & 1 & -1 & -1 \\ 1 & -1 & 1 & -1 \\ 1 & -1 & -1 & 1 \end{pmatrix} \begin{pmatrix} \mu \\ \lambda_1^A \\ \lambda_1^B \\ \lambda_{11}^{AB} \end{pmatrix},$$

aus denen wir die in der folgenden Tabelle dargestellten Werte für $x_{ij}^{AB}$ erhalten, die in den Parameter $\lambda_{11}^{AB}$ umkodiert werden.

| $(i,j)$ | | Parameter | Bedingungen | Umkodierung für $\lambda_{11}^{AB}$ |
|---|---|---|---|---|
| (1,1) | $x_{11}^{AB}=1$ | $\lambda_{11}^{AB}$ | | |
| (1,2) | $x_{12}^{AB}=1$ | $\lambda_{12}^{AB}$ | $\lambda_{12}^{AB} = -\lambda_{11}^{AB}$ | $x_{12}^{AB} = -1$ |
| (2,1) | $x_{21}^{AB}=1$ | $\lambda_{21}^{AB}$ | $\lambda_{21}^{AB} = \lambda_{12}^{AB} = -\lambda_{11}^{AB}$ | $x_{21}^{AB} = -1$ |
| (2,2) | $x_{22}^{AB}=1$ | $\lambda_{22}^{AB}$ | $\lambda_{22}^{AB} = -\lambda_{21}^{AB} = \lambda_{11}^{AB}$ | |

Die Interaktionseffekte resultieren also aus einer Multiplikation der entsprechenden Haupteffekte.

Sei $L$ die Anzahl der möglichen (verschiedenen) Variablenkombinationen. Wenn beispielsweise drei Variablen A, B, C mit $I, J, K$ Kategorien vorliegen, hat $L$ den Wert $IJK$.

Betrachten wir nun einen vollständig faktorisierten Versuchsplan (wie in einer $(I \times J \times K)$–Kontingenztafel). $L$ ist nun bekannt und die Designmatrix $X$ (in Effekt- oder Dummykodierung) für die Haupteffekte (im Unabhängigkeitsmodell) kann spezifiziert werden.

*Beispiel (Fahrmeir und Hamerle, 1984, S.507).* Lesegewohnheiten von Frauen (Präferenz einer bestimmten Zeitschrift, ja/nein) sind in Abhängigkeit von der Beschäftigung ($A$, ja/nein), der Altersgruppe ($B$, 3 Kategorien) und der Schulbildung ($C$, 4 Kategorien) zu betrachten (vgl. Abbildung10.3).

$$
X = \begin{array}{c} \beta_0 \quad x_1^A \quad x_1^B \quad x_2^B \quad x_1^C \quad x_2^C \quad x_3^C \\ \left(\begin{array}{rrrrrrr}
1 & 1 & 1 & 0 & 1 & 0 & 0 \\
1 & 1 & 1 & 0 & 0 & 1 & 0 \\
1 & 1 & 1 & 0 & 0 & 0 & 1 \\
1 & 1 & 1 & 0 & -1 & -1 & -1 \\
1 & 1 & 0 & 1 & 1 & 0 & 0 \\
1 & 1 & 0 & 1 & 0 & 1 & 0 \\
1 & 1 & 0 & 1 & 0 & 0 & 1 \\
1 & 1 & 0 & 1 & -1 & -1 & -1 \\
1 & 1 & -1 & -1 & 1 & 0 & 0 \\
1 & 1 & -1 & -1 & 0 & 1 & 0 \\
1 & 1 & -1 & -1 & 0 & 0 & 1 \\
1 & 1 & -1 & -1 & -1 & -1 & -1 \\
1 & -1 & 1 & 0 & 1 & 0 & 0 \\
1 & -1 & 1 & 0 & 0 & 1 & 0 \\
1 & -1 & 1 & 0 & 0 & 0 & 1 \\
1 & -1 & 1 & 0 & -1 & -1 & -1 \\
1 & -1 & 0 & 1 & 1 & 0 & 0 \\
1 & -1 & 0 & 1 & 0 & 1 & 0 \\
1 & -1 & 0 & 1 & 0 & 0 & 1 \\
1 & -1 & 0 & 1 & -1 & -1 & -1 \\
1 & -1 & -1 & -1 & 1 & 0 & 0 \\
1 & -1 & -1 & -1 & 0 & 1 & 0 \\
1 & -1 & -1 & -1 & 0 & 0 & 1 \\
1 & -1 & -1 & -1 & -1 & -1 & -1
\end{array}\right) \end{array}
$$

**Abb. 10.3.** Designmatrix für die Haupteffekte einer $(2 \times 3 \times 4)$–Kontingenztafel.

## 10.8.2 Kodierung von Responsemodellen

Sei

$$\pi_i = P(y = 1 \mid x_i), \quad i = 1, \dots, L$$

die Responsewahrscheinlichkeit in Abhängigkeit von der Stufe $x_i$ des Kovariablenvektors $x$. In Matrixschreibweise erhalten wir

$$\underset{L,1}{\pi} = \underset{L,m}{X} \; \underset{m,1}{\beta} \, . \tag{10.190}$$

Für die Realisation der Kovariablen liegen $N_i$ Beobachtungen, kodiert durch $x_i$, vor. Der Vektor $\{y_i^{(j)}\}$, $j = 1, \dots N_i$ wurde also beobachtet und wir gelangen zu der ML–Schätzung

$$\hat{\pi}_i = \hat{P}(y = 1 \mid x_i) = \frac{1}{N_i} \sum_{j=1}^{N_i} y_i^{(j)} \tag{10.191}$$

für $\pi_i$ $(i = 1, \ldots, L)$. Bei Kontingenztafeln sind die Zellhäufigkeiten für binären Response $N_i^{(1)}$ und $N_i^{(0)}$ gegeben, aus denen dann $\hat{\pi}_i = N_i^{(1)}/(N_i^{(1)} + N_i^{(0)})$ berechnet wird.

Das Problem der Wahl einer geeigneten Linkfunktion $h(\hat{\pi})$ zur Schätzung von

$$h(\hat{\pi}) = X\beta + \varepsilon \tag{10.192}$$

wurde bereits in einigen vorhergehenden Abschnitten diskutiert. Entscheidet man sich für Modell (10.190), d.h. den identischen Link, so sind die Parameter $\beta_i$ als prozentuale Anteile zu interpretieren, mit denen die Kategorien zu den bedingten Wahrscheinlichkeiten beitragen.

Der Logit–Link

$$h(\hat{\pi}_i) = \ln\left(\frac{\hat{\pi}_i}{1 - \hat{\pi}_i}\right) = x_i'\beta \tag{10.193}$$

entspricht wieder dem logistischen Modell für $\hat{\pi}_i$

$$\hat{\pi}_i = \frac{\exp(x_i'\beta)}{1 + \exp(x_i'\beta)}\,. \tag{10.194}$$

Unter Miteinbeziehung verschiedener Interaktionen (bis hin zum saturierten Modell) erhält man die Designmatrix als Erweiterung der Designs bei effektkodierten Haupteffekten.

### 10.8.3 Kodierung in Modellen mit Hazardrate

Ein Spezialfall binärer Responsevariablen bei Langzeitstudien ist die Lebensdaueranalyse bei gebenen Variablen $Y = 1$ (Ereignis) und $Y = 0$ (zensiert).

Als semiparametrisches Modell zur Modellierung der Ausfallzeit wird häufig das Cox–Modell verwendet. Unter Einschluss des Kovariablenvektors $x$ lässt sich das Modell schreiben als

$$\lambda(t \mid x) = \lambda_0(t) \exp(x'\beta)\,. \tag{10.195}$$

Werden die Hazardraten zweier Kovariablenvektoren $x_1$ und $x_2$ miteinander verglichen, beispielsweise bei einer Schichtung gemäß Therapie $x_1$ und $x_2$, so gilt der Zusammenhang

$$\frac{\lambda(t \mid x_1)}{\lambda(t \mid x_2)} = \exp((x_1 - x_2)'\beta)\,. \tag{10.196}$$

Um Tests auf quantitative oder qualitative Wechselwirkungen zwischen Therapiearten und Patientengruppen durchführen zu können, werden $J$ Subgruppen von Patienten definiert. Sei nun Therapie $Z$ bivariat mit $Z = 1$ (Therapie $A$) und $Z = 0$ (Therapie $B$). Für eine feste Patientengruppe wird die Hazardrate $\lambda_j(t \mid Z)$ $j = 1, \ldots, J$ durch das Cox-Modell

$$\lambda_j(t \mid Z) = \lambda_{0j}(t) \exp(\beta_j Z) \tag{10.197}$$

bestimmt.

Gilt beispielsweise $\hat{\beta}_j > 0$, so ist das Risiko für $Z = 1$ höher als für $Z = 0$ ($j$–te Schicht).

**Test auf quantitative Wechselwirkung.** Wir testen $\mathrm{H}_0$: *Behandlungseffekt identisch in den $J$ Schichten*, d.h. $\mathrm{H}_0 : \beta_1 = \ldots = \beta_J = \beta$ gegen die Alternative $\mathrm{H}_1 : \beta_i \lessgtr \beta_j$ für mindestens ein Paar $(i, j)$. Unter $\mathrm{H}_0$ ist die Teststatistik

$$\chi^2_{J-1} = \sum_{j=1}^{J} \frac{\left(\hat{\beta}_j - \bar{\hat{\beta}}\right)^2}{\mathrm{var}(\hat{\beta}_j)} \tag{10.198}$$

mit

$$\bar{\hat{\beta}} = \frac{\sum_{j=1}^{J} \left[\frac{\hat{\beta}_j}{\mathrm{var}(\hat{\beta}_j)}\right]}{\sum_{j=1}^{J} \left[\frac{1}{\mathrm{var}(\hat{\beta}_j)}\right]} \tag{10.199}$$

$\chi^2_{J-1}$–verteilt.

**Test auf qualitative Differenzen.** Die Nullhypothese $\mathrm{H}_0$ : *Behandlung $B$ ($Z = 0$) ist besser als Behandlungsmethode $A$* ($Z = 1$) bedeutet $\mathrm{H}_0 : \beta_j \leq 0$ $\forall j$. Wir definieren die Quadratsumme der standardisierten Schätzer

$$Q^- = \sum_{j:\beta_j<0} \left[\frac{\hat{\beta}_j}{\mathrm{var}(\hat{\beta}_j)}\right]^2 \tag{10.200}$$

und

$$Q^+ = \sum_{j:\beta_j>0} \left[\frac{\hat{\beta}_j}{\mathrm{var}(\hat{\beta}_j)}\right]^2, \tag{10.201}$$

sowie die Teststatistik

$$Q = \min(Q^-, Q^+)\,. \tag{10.202}$$

| $J$ | 2 | 3 | 4 | 5 |
|---|---|---|---|---|
| $c$ | 2.71 | 4.23 | 5.43 | 6.50 |

**Tabelle 10.5.** Kritische Werte für den $Q$–test für $\alpha = 0.05$ (Gail und Simon, 1985).

$H_0$ wird abgelehnt, wenn $Q > c$ (Tabelle 10.5).

Beginnen wir mit dem logistischen Modell für die Responsewahrscheinlichkeit

$$P(Y = 1 \mid x) = \frac{\exp(\theta + x'\beta)}{1 + \exp(\theta + x'\beta)}, \tag{10.203}$$

und

$$P(Y = 0 \mid x) = 1 - P(Y = 1 \mid x) = \frac{1}{1 + \exp(\theta + x'\beta)} \tag{10.204}$$

mit der binären Variablen

$$\begin{array}{lll} Y = 1: & \{T = t \mid T \geq t, x\} & \Rightarrow \text{ Mißerfolg zum Zeitpunkt } t \\ Y = 0: & \{T > t \mid T \geq t, x\} & \Rightarrow \text{ kein Mißerfolg ,} \end{array}$$

so erhalten wir das Modell für die Hazardfunktion

$$\lambda(t \mid x) = \frac{\exp(\theta + x'\beta)}{1 + \exp(\theta + x'\beta)} \quad \text{for } t = t_1, \ldots, t_T \tag{10.205}$$

(Cox, 1972; vgl. Doksum und Gasko, 1990; Lawless, 1982; Hamerle und Tutz, 1989). Der Beitrag eines Patienten zur Likelihood ($x$ fest) zum Zeitpunkt $t$ bei Mißerfolg beträgt dann

$$P(T = t \mid x) = \frac{\exp(\theta_t + x'\beta)}{\prod_{i=1}^{t} (1 + \exp(\theta_i + x'\beta))}. \tag{10.206}$$

*Beispiel 10.8.1.* Angenommen für einen Patienten sei ein Ereignis in den vier Zeitpunkten (zum Beispiel Verlust eines Pfeilerzahnes durch Extraktion) eingetreten. Der Patient habe die Kategorien Geschlecht=1 und Altersgruppe=5 (60–70 Jahre) für die Kovariablen. Das Modell lautet dann $l = \theta + x'\beta$

$$\begin{pmatrix} 0 \\ 0 \\ 0 \\ 1 \end{pmatrix} = \begin{pmatrix} 1\,0\,0\,0 & 1\,5 \\ 0\,1\,0\,0 & 1\,5 \\ 0\,0\,1\,0 & 1\,5 \\ 0\,0\,0\,1 & \underbrace{1\,5}_{x} \end{pmatrix} \begin{pmatrix} \theta_1 \\ \theta_2 \\ \theta_3 \\ \theta_4 \\ \beta_{11} \\ \beta_{12} \end{pmatrix} \begin{matrix} \left.\vphantom{\begin{matrix}a\\a\\a\\a\end{matrix}}\right\} \theta_t \\ \left.\vphantom{\begin{matrix}a\\a\end{matrix}}\right\} \beta \end{matrix} \tag{10.207}$$

Bei $N$ Patienten erhalten wir das Modell

$$\begin{pmatrix} l_1 \\ l_2 \\ \vdots \\ l_N \end{pmatrix} = \begin{pmatrix} I_1 & x_1 \\ I_2 & x_2 \\ \vdots & \\ I_N & x_N \end{pmatrix} \begin{pmatrix} \theta \\ \beta \end{pmatrix}.$$

Dabei entspricht die Dimension der Einheitsmatrizen $I_j$ (Patient $j$) der Anzahl der überlebten Ereigniszeitpunkte plus Eins (Ereigniszeitpunkt des $j$–ten Patienten). Die Vektoren $l_j$ für den $j$–ten Patienten entahlten so viele Nullen wie die Anzahl der überlebten Fehlzeitpunkte der anderen Patienten and den Wert eins zum Fehlzeitpunkt des $j$–ten Patienten.

Die numerischen Lösungen (beispielsweise Newton–Raphson) für die ML–Schätzungen $\hat{\theta}$ und $\hat{\beta}$ erhält man aus dem Produkt der Likelihoodfunktionen (10.206) aller Patienten.

## 10.9 Erweiterungen für abhängige binäre Variablen

Obwohl loglineare Modelle zur Modellierung jeglicher Abhängigkeitsstruktur zwischen kategorialen Kovariablen verwendet werden können, existieren geeignete alternative Modelle mit einfacheren Parameterinterpretationsmöglichkeiten, die zur Beschreibung einer Regression mit multivariatem binären Response in Abhängigkeit verschiedener möglicherweise auch stetiger Kovariablen herangezogen werden können.

Wir möchten hier insbesondere die Idee der marginalen Modelle vorstellen, weil sie eine plausible Erweiterung des logistischen Regressionsmodells auf mehr als eine abhängige Variable sind. Der erste Ansatz, auf den wir in detaillierter Form in Abschnitt 10.9.3 eingehen, ist der der sogenannten Quasi-Likelihood (vgl. Abschnitt 10.1.7). Er steht an erster Stelle, weil die Verteilung der binären Responsevariablen nicht vollständig spezifiziert werden muss. Der Ansatz über die *generalized estimating equations (GEE)* (Liang und Zeger, 1986) wird im Anschluss vorgestellt und anhand zweier Beispiele illustriert. Schließlich beinhaltet der dritte Ansatz den des vollen Likelihood–Ansatzes (Abschnitt 10.9.12) und stellt primär einen Überblick über die jüngste Literatur dar.

### 10.9.1 Überblick

In der Folge wollen wir Modelle mit kategorialem Response auf die Situation bei korrelierten Responsewerten erweitern. Die Korrelationsstruktur entspricht der Klassifizierung der Individuen in "abhängige" Elemente. Wie bereits in 10.1.6 erwähnt, führt positive Korrelation unter den abhängigen Elementen eines Clusters zu Overdispersion, wenn fälschlicherweise Unabhängigkeit angenommen wird. Beispiele für positive Korrelation sind:

- zwei oder mehrere Implantate oder Pfeilerzähne bei zahnmedizinischen Konstruktionen (Walther und Toutenburg, 1991).
- Response eines Patienten in einer cross–over–Studie im Falle eines signifikanten cross–over–Effektes
- wiederholte kategoriale Responsewerte wie etwa Lungenfunktion, Blutdruck oder Trainingszustand
- Messwerte paarweiser Organe (Augen, Nieren, etc.)
- Response mehrerer Familienmitglieder.

Sei $y_{ij}$ der kategoriale Response des $j$–ten Individuums im $i$–ten Cluster

$$y_{ij}\,, \quad i = 1, \dots, N, \quad j = 1, \dots, n_i\,. \tag{10.208}$$

Weiter nehmen wir an, dass der Erwartungswert von $y_{ij}$ in Form einer Regression abhängig ist von den Prognosevariablen (Kovariablen $x_{ij}$), d.h.

$$\mathrm{E}(y_{ij}) = \beta_0 + \beta_1 x_{ij}\,. \tag{10.209}$$

Sei weiter $\mathrm{var}(y_{ij}) = \sigma^2$ und

$$\mathrm{cov}(y_{ij}, y_{ij'}) = \sigma^2 \rho \quad (j \neq j'). \tag{10.210}$$

Der Response von Individuen unterschiedlicher Cluster sei unkorreliert. Die Kovarianzmatrix des Response für jedes Cluster sei

$$\mathrm{V}\begin{pmatrix} y_{i1} \\ \vdots \\ y_{in_i} \end{pmatrix} = \mathrm{V}(y_i) = \sigma^2(1-\rho)I_{n_i} + \sigma^2 \rho J_{n_i} \tag{10.211}$$

und besitzt die Struktur der *compound symmetry* aus (7.76). Damit wird

$$W = \mathrm{V}\begin{pmatrix} y_1 \\ \vdots \\ y_N \end{pmatrix} = \mathrm{diag}(\mathrm{V}(y_1), \dots, \mathrm{V}(y_N))\,. \tag{10.212}$$

Man beachte, dass dabei die Matrix $W$ selbst nicht der compound symmetry genügt. Folglich liegt ein verallgemeinertes lineares Regressionsmodell vor. Die beste lineare erwartungstreue Schätzung von $\beta = (\beta_0, \beta_1)'$ ist damit gegeben durch den Gauss–Markov–Aitken–Schätzer (7.59)

$$b = (X'W^{-1}X)^{-1}X'W^{-1}y \tag{10.213}$$

und stimmt nicht mit dem KQ–Schätzer überein.

Die Wahl einer inkorrekten Kovarianzstruktur führt zu einer verzerrten Varianzschätzung. Andererseits bleibt die Konsistenzeigenschaft der Schätzung von $\beta$ davon unberührt, sogar bei einer inkorrekten Kovarianzmatrix. Liang und Zeger (1993) untersuchte die Verzerrung von $\text{var}(\hat{\beta}_1)$ bei falscher Wahl von $\rho = 0$. Im Falle positiver Korrelation innerhalb eines Clusters wird die Varianz unterschätzt. In der Praxis exisitieren die Probleme

(i) Identifikation der Kovarianzstruktur,

(ii) Schätzung der Korrelation,

(iii) Anwendung einer Schätzung vom Aitken–Typ.

Der übliche Ansatz über GLM ist hier nicht mehr möglich, weil dieser die Korrelationsstruktur außer Acht lässt. Um die Korrelationsstruktur im Response miteinbeziehen zu können, wurde eine Reihe verschiedener Ansätze entwickelt, wie

- marginale Modelle,
- Modelle mit zufälligen Effekten,
- beobachtungsgestützte Modelle oder
- bedingte Modelle.

Für binären Response ergeben sich Vereinfachungen (Abschnitt 10.9.8). Liang und Zeger (1989) hat gezeigt, dass die gemeinsame Verteilung der $y_{ij}$ durch $n_i$ logistische Modelle für $y_{ij}$ gegeben $y_{ik}$ $(k \neq j)$ beschrieben werden kann. Rosner (1984) nutzte diesen Ansatz und entwickelte beta–binomiale Modelle.

### 10.9.2 Modellansätze für korrelierten Response

Die Modellansätze lassen sich durch verschiedene Kriterien unterscheiden.

**Populationsmittelwertsmodelle oder subjektspezifische Modelle.** Der Hauptunterschied zwischen Populationsmittelwertsmodellen (PM) und subjektspezifischen Modellen (SS) resultiert aus der Frage, ob die Regressionskoeffizienten der Individuen voneinander abweichen. Bei PM–Modellen sind die $\beta$'s unabhängig von den spezifischen Individuen $i$, wie zum Beispiel bei marginalen oder bedingten Modellen. Demgegenüber hängen die $\beta$'s bei SS–Modellen ab von den einzelnen $i$ und werden deshalb auch mit $\beta_i$ bezeichnet. Ein Beispiel für ein SS–Modell ist das Modell mit zufälligen Effekten.

**Marginale, bedingte und random effects Modelle.** Beim marginalen Modell wird die Regression im Gegensatz zu den beiden anderen Ansätzen getrennt von der Abhängigkeit innerhalb der Messungen modelliert. Der marginale Erwartungswert $\mathrm{E}(y_{ij})$ wird als Funktion der erklärenden Variablen definiert und ist zu interpretieren als der durchschnittliche Response der Individuen mit gleichem $x$–Wert. Deshalb sind marginale Modelle besonders für die Analyse von Kovariableneffekten innerhalb einer Population geeignet.

Das *random effects* Modell, oftmals auch als gemischtes Modell bezeichnet, geht wie das marginale Modell von festen Effekten, aber zusätzlich auch von individuenspezifischen zufälligen Effekten aus. Die von jedem Individuum abhängigen Beobachtungen werden als bedingt unabhängig bezeichnet, gegeben die subjektspezifischen Effekte.

Gemischte Modelle sind also geeignet, wenn man an einem subjektspezifischen Verhalten interessiert ist. Jedoch gestattet lediglich das *lineare gemischte Modell* eine einfache Interpretation der Effekte. Die Parameter der festen Effekte werden als über die Population gemittelte Effekte, die anderen als subjektspezifische Effekte interpretiert. *Generalisierte lineare gemischte Modelle* sind weitaus komplexer. Selbst wenn ein Parameter als fester Effekt geschätzt wird, kann er nicht als über die Population gemittelter Effekt interpretiert werden.

Beim bedingten Modell wird ein zeitabhängiger Response $y_{it}$ als Funktion der Kovariablen und der vorhergehenden Responsewerte $y_{it-1}, \ldots, y_{i1}$ modelliert. Bedingte Modelle werden verwendet, wenn die bedingte Wahrscheinlichkeit eines Zustands oder Zustandsänderungen betrachtet werden.

### 10.9.3 Quasi–Likelihood–Ansatz bei korreliertem binären Response

Die folgenden Abschnitte behandeln binäre Responsevariablen und insbesondere dabei den bivariaten Fall, d.h. mit Clustergröße $n_i = 2$ (für alle $i = 1, \ldots, N$).

Im Falle von Verletzungen der Unabhängigkeitsannahme oder fehlender Verteilungsannahmen für die natürliche Exponentailfamilie wird der Kern der ML–Methodik, die Scorefunktion, zur Schätzung der Parameter verwendet. In der Folge wollen wir nun die sogenannte Quasi–Scorefunktion (10.77) für binären Response (vgl. Abschnitt 10.1.7) spezifizieren.

Sei $y_i' = (y_{i1}, \ldots, y_{in_i})$ der Responsevektor des $i$-ten Clusters ($i = 1, \ldots, N$), mit der wahren Kovarianzmatrix $\mathrm{cov}(y_i)$ und sei $x_{ij}$ der $p \times 1$–Vektor der Kovariablen $y_{ij}$. Die Variablen $y_{ij}$ seien binär mit den Werten '1' und '0' sowie $P(y_{ij} = 1) = \pi_{ij}$. Es gilt also $\mu_{ij} = \pi_{ij}$. Weiter sei $\pi_i' = (\pi_{i1}, \ldots, \pi_{in_i})$. Die Linkfunktion laute $g(\cdot)$, d.h.

$$g(\pi_{ij}) = \eta_{ij} = x'_{ij}\beta\,.$$

Sei nun $h(\cdot)$ die Umkehrfunktion, also

$$\mu_{ij} = \pi_{ij} = h(\eta_{ij}) = h(x'_{ij}\beta)\,.$$

Für den kanonischen Link

$$\operatorname{logit}(\pi_{ij}) = \ln\left(\frac{\pi_{ij}}{1-\pi_{ij}}\right) = g(\pi_{ij}) = x'_{ij}\beta$$

haben wir

$$\pi_{ij} = h(\eta_{ij}) = \frac{\exp(\eta_{ij})}{1+\exp(\eta_{ij})} = \frac{\exp(x'_{ij}\beta)}{1+\exp(x'_{ij}\beta)}\,.$$

Folglich ist

$$D = \left(\frac{\partial\mu_{ij}}{\partial\beta}\right) = \left(\frac{\partial\pi_{ij}}{\partial\beta}\right)\,.$$

Es gilt

$$\frac{\partial\pi_{ij}}{\partial\beta} = \frac{\partial\pi_{ij}}{\partial\eta_{ij}}\frac{\partial\eta_{ij}}{\partial\beta} = \frac{\partial h(\eta_{ij})}{\partial\eta_{ij}}x_{ij}\,,$$

und deshalb für $i = 1, \ldots, N$ und für die $(p\times n_i)$–Matrix $X'_i = (x_{i1}, \ldots, x_{in_i})$

$$D_i = \tilde{D}_i X_i \qquad \text{mit} \quad \tilde{D}_i = \left(\frac{\partial h(\eta_{ij})}{\partial\eta_{ij}}\right)\,.$$

Für die Quasi–Scorefunktion aller $N$ Cluster erhalten wir

$$U(\beta) = \sum_{i=1}^{N} X'_i\tilde{D}'_i\mathrm{V}_i^{-1}(y_i - \pi_i)\,, \tag{10.214}$$

wobei $\mathrm{V}_i$ die Matrix der Arbeitsvarianzen und Arbeitskovarianzen der $y_{ij}$ des $i$–ten Clusters darstellt. Die Lösung von $U(\hat{\beta}) = 0$ erfolgt iterativ unter weiteren Annahmen, die wir im nächsten Abschnitt erläutern.

### 10.9.4 Die GEE–Methode von Liang und Zeger

Die Varianzen werden als Funktion des Mittelwertes modelliert, d.h.

$$v_{ij} = \operatorname{var}(y_{ij}) = v(\pi_{ij})\phi\,. \tag{10.215}$$

Im binären Fall wird oftmals die Form der Varianz der Binomialverteilung gewählt, also $v(\pi_{ij}) = \pi_{ij}(1-\pi_{ij})$.) Aus diesen wird die Matrix

$$A_i = \operatorname{diag}(v_{i1}, \dots, v_{in_i}) \tag{10.216}$$

gebildet. Da die Abhängigkeitsstruktur nicht bekannt ist, wird eine $(n_i \times n_i)$-*Quasi–Korrelationsmatrix* $R_i(\alpha)$ für den Vektor des $i$-ten Clusters $y_i' = (y_{i1}, \dots, y_{in_i})$ gemäß

$$R_i(\alpha) = \begin{pmatrix} 1 & \rho_{i12}(\alpha) & \cdots & \rho_{i1n_i}(\alpha) \\ \rho_{i21}(\alpha) & 1 & \cdots & \rho_{i2n_i}(\alpha) \\ \vdots & & & \vdots \\ \rho_{in_i1}(\alpha) & \rho_{in_i2}(\alpha) & \cdots & 1 \end{pmatrix} \tag{10.217}$$

gewählt. $\rho_{ikl}(\alpha)$ sind die Korrelationen als Funktion von $\alpha$ ($\alpha$ ist skalar– oder vektorwertig). $R_i(\alpha)$ kann unter den Clustern variieren.

Wir erhalten die Arbeitskovarianzmatrix, wenn wir die Quasi–Korrelationsmatrix $R_i(\alpha)$ mit der Wurzel der Diagonalmatrix der Varianzen $A_i$ multiplizieren

$$\mathrm{V}_i(\beta, \alpha, \phi) = A_i^{\frac{1}{2}} R_i(\alpha) A_i^{\frac{1}{2}} . \tag{10.218}$$

Sie ist nicht mehr durch die Erwartungswerte spezifiziert, wie es bei unabhängigem Response der Fall war. Es gilt

$\mathrm{V}_i(\beta, \alpha, \phi) = \operatorname{cov}(y_i)$ genau dann, wenn $R_i(\alpha)$ die wahre Korrelationsmatrix von $y_i$ ist.

Werden die Matrizen $\mathrm{V}_i$ aus (10.214) durch die Matrizen $\mathrm{V}_i(\beta, \alpha, \phi)$ aus (10.218) ersetzt, so erhalten wir die *generalized estimating equations* (Liang und Zeger, (1986)), das heißt,

$$U(\beta, \alpha, \phi) = \sum_{i=1}^{N} \left( \frac{\partial \pi_i}{\partial \beta} \right)' \mathrm{V}_i^{-1}(\beta, \alpha, \phi)(y_i - \pi_i) = 0 . \tag{10.219}$$

Die Lösungen werden durch $\hat{\beta}_G$ bezeichnet. Für die Quasi–Fisher–Matrix gilt

$$F_G(\beta, \alpha) = \sum_{i=1}^{N} \left( \frac{\partial \pi_i}{\partial \beta} \right)' \mathrm{V}_i^{-1}(\beta, \alpha, \phi) \left( \frac{\partial \pi_i}{\partial \beta} \right) . \tag{10.220}$$

Um die Abhängigkeit von $\alpha$ bei der Bestimmung von $\hat{\beta}_G$ zu vermeiden, schlagen Liang und Zeger (1986) vor, $\alpha$ durch eine $N^{\frac{1}{2}}$–konsistente Schätzung $\hat{\alpha}(y_1, \dots, y_N, \beta, \phi)$ und $\phi$ durch $\hat{\phi}$ (10.79) zu ersetzen und $\hat{\beta}_G$ aus $U(\beta, \hat{\alpha}, \hat{\phi}) = 0$ zu bestimmen.

*Anmerkung.* Das iterative Schätzverfahren für die GEE ist in Liang und Zeger (1986) ausführlich beschrieben. Für die praktische Umsetzung existiert ein SAS–Makro von Karim und Zeger (1988) und ein Programm von Kastner, Fieger und Heumann (1997).

Wird $R_i(\alpha) = I_{n_i}$ für $i = 1, \ldots, N$, gewählt, reduzieren sich die GEE auf die *independence estimating equations (IEE)*. Die IEE lauten

$$U(\beta, \phi) = \sum_{i=1}^{N} \left( \frac{\partial \pi_i}{\partial \beta} \right)' A_i^{-1} (y_i - \pi_i) = 0 \qquad (10.221)$$

mit $A_i = \operatorname{diag}(v(\pi_{ij})\phi)$. Die Lösung wird mit $\hat{\beta}_I$ bezeichnet. Unter schwachen Bedingungen gilt (Theorem 1 in Liang und Zeger (1986)), dass $\hat{\beta}_I$ asymptotisch konsistent ist, wenn der Erwartungswert $\pi_{ij} = h(x'_{ij}\beta)$ richtig spezifiziert ist und der Dispersionsparameter $\phi$ konsistent geschätzt wird.

$\hat{\beta}_I$ ist asymptotisch normal,

$$\hat{\beta}_I \overset{\text{a.s.}}{\sim} N(\beta; F_Q^{-1}(\beta, \phi) F_2(\beta, \phi) F_Q^{-1}(\beta, \phi)), \qquad (10.222)$$

mit

$$F_Q^{-1}(\beta, \phi) = \left[ \sum_{i=1}^{N} \left( \frac{\partial \pi_i}{\partial \beta} \right)' A_i^{-1} \left( \frac{\partial \pi_i}{\partial \beta} \right) \right]^{-1} \quad \text{und}$$

$$F_2(\beta, \phi) = \sum_{i=1}^{N} \left( \frac{\partial \pi_i}{\partial \beta} \right)' A_i^{-1} \operatorname{cov}(y_i) A_i^{-1} \left( \frac{\partial \pi_i}{\partial \beta} \right)$$

wobei $\operatorname{cov}(y_i)$ die wahre Kovarianzmatrix von $y_i$ ist.

Eine konsistente Schätzung für die Varianz von $\hat{\beta}_I$ erhält man, wenn $\beta_I$ durch $\hat{\beta}_I$, $\operatorname{cov}(y_i)$ durch die Schätzung $(y_i - \hat{\pi}_i)(y_i - \hat{\pi}_i)'$ und $\phi$ durch $\hat{\phi}$ aus (10.79) ersetzt wird, wenn $\phi$ ein unbekannter nuisance Parameter ist. Die Konsistenzeigenschaft ist unabhängig von der korrekten Spezifikation der Kovarianz.

Die Vorteile von $\hat{\beta}_I$ sind deren einfache Berechnung mit Hilfe von Software für generalisierte lineare Modelle und konsistente Schätzungen $\hat{\beta}_I$ und $\operatorname{cov}(\hat{\beta}_I)$ im Falle der korrekten Spezifikation des Regressionsmodells. Jedoch verliert $\hat{\beta}_I$ an Effizienz bei starker Korrelation zwischen den Clustern.

### 10.9.5 Eigenschaften der GEE Schätzung $\hat{\beta}_G$

Liang und Zeger (1986, Theorem 2) erklären, dass unter bestimmten schwachen Annahmen und unter den Bedingungen

(i) $\hat{\alpha}$ ist $N^{\frac{1}{2}}$–konsistent für $\alpha$ gegeben $\beta$ und $\phi$,

(ii) $\hat{\phi}$ ist eine $N^{\frac{1}{2}}$-konsistente Schätzung für $\phi$ gegeben $\beta$,

(iii) die Ableitung $\partial\hat{\alpha}(\beta,\phi)/\partial\phi$ ist unabhängig von $\phi$ und $\alpha$ und von der stochastischen Ordnung $O_p(1)$,

die Schätzung $\hat{\beta}_G$ konsitent und asymptotisch normal ist,

$$\hat{\beta}_G \stackrel{\text{as.}}{\sim} N(\beta, \mathrm{V}_G) \tag{10.223}$$

mit der asymptotischen Kovarianzmatrix

$$\mathrm{V}_G = F_Q^{-1}(\beta,\alpha)F_2(\beta,\alpha)F_Q^{-1}(\beta,\alpha), \tag{10.224}$$

mit

$$F_Q^{-1}(\beta,\alpha) = \left(\sum_{i=1}^{N}\left(\frac{\partial\pi_i}{\partial\beta}\right)' \mathrm{V}_i^{-1}\left(\frac{\partial\pi_i}{\partial\beta}\right)\right)^{-1} \quad \text{und}$$

$$F_2(\beta,\alpha) = \sum_{i=1}^{N}\left(\frac{\partial\pi_i}{\partial\beta}\right)' \mathrm{V}_i^{-1}\,\mathrm{cov}(y_i)\,\mathrm{V}_i^{-1}\left(\frac{\partial\pi_i}{\partial\beta}\right)$$

mit $\mathrm{cov}(y_i) = \mathrm{E}[(y_i - \pi_i)(y_i - \pi_i)']$ als wahrer Kovarianzmatrix von $y_i$.

Diese asymptotischen Eigenschaften gelten lediglich für hinreichend großes $N$. Deshalb sollte das Schätzverfahren nur im Falle einer großen Clusteranzahl verwendet werden.

Eine Schätzung $\hat{\mathrm{V}}_G$ für die Kovarianzmatrix $\mathrm{V}_G$ erhält man durch Ersetzung von $\beta$, $\phi$ und $\alpha$ durch ihre konsistenten Schätzungen aus (10.224) oder durch Ersetzung von $\mathrm{cov}(y_i)$ durch $(y_i - \hat{\pi}_i)(y_i - \hat{\pi}_i)'$.

Wenn die Kovarianzstruktur richtig spezifiziert ist, so dass $\mathrm{V}_i = \mathrm{cov}(y_i)$ gilt, entspricht die Kovarianzmatrix von $\hat{\beta}_G$ der Inversen der erwarteten Fisher–Informationsmatrix,

$$\mathrm{V}_G = \left(\sum_{i=1}^{N}\left(\frac{\partial\pi_i}{\partial\beta}\right)' \mathrm{V}_i^{-1}\left(\frac{\partial\pi_i}{\partial\beta}\right)\right)^{-1} = F^{-1}(\beta,\alpha).$$

Die Schätzung dieser Matrix ist stabiler als die aus (10.224), weist jedoch einen Effizienzverlust auf, wenn die Korrelationsstruktur falsch spezifiziert ist, (vgl. Prentice, 1988, p.1040).

Das Verfahren von Liang und Zeger führt zu einer asymptotischen Varianz von $\hat{\beta}_G$, die unabhängig von der Wahl der Schätzungen $\hat{\alpha}$ und $\hat{\phi}$ innerhalb der Klasse der $N^{\frac{1}{2}}$-konsistenten Schätzungen ist. Dies gilt auch für die asymptotische Verteilung von $\hat{\beta}_G$.

Bei korrekter Spezifikation des Regressionsmodells sind die Schätzungen $\hat{\beta}_G$ und $\hat{\mathrm{V}}_G$ konsistent, unabhängig von der Wahl der Quasi–Korrelationsmatrix $R_i(\alpha)$. Das bedeutet, dass selbst bei falscher Spezifikation von $R_i(\alpha)$, $\hat{\beta}_G$ und $\hat{\mathrm{V}}_G$ konsistent bleiben, solange $\hat{\alpha}$ und $\hat{\phi}$ konsistent sind. Diese Robustheit ist von essenzieller Bedeutung, weil die Zulässigkeit der Arbeitskovarianz $\mathrm{V}_i$ für kleine $n_i$ schwierig zu überprüfen ist. Falsche Spezifikation von $R_i(\alpha)$ kann die Effizienz von $\hat{\beta}_G$ empfindlich reduzieren.

Wird für $R_i(\alpha)$ die Einheitsmatrix angenommen, gilt also $R_i(\alpha) = I$ für $i = 1, \dots, N$, dann reduzieren sich die Schätzgleichungen für $\beta$ auf die IEE. Werden die Varianzen der Binomialverteilung gewählt, wie es im binären Fall üblich ist, führen die Scorefunktionen von IEE und ML (bei binomialverteilten Variablen) zu den gleichen Schätzungen für $\beta$. Jedoch sollte der Ansatz über die IEE bevorzugt werden, weil eine Schätzung über Maximum-Likelihood zu falschen Varianzen von $\hat{\beta}_G$ und damit zu falschen Werten von Teststatistik und $p$–Werten führt. Das wiederum hat falsche Schlussfolgerungen im Zusammenhang mit signifikanten oder nichtsignifikanten Kovariablen zur Folge.

Diggle, Liang und Zeger (1994, Kapitel 7.5) schlagen zur Überprüfung der Konsistenz von $\hat{\beta}_G$ die Anpassung eines geeigneten Modells mit verschiedenen Kovarianzstrukturen vor, für die dann die Schätzungen $\hat{\beta}_G$ und ihre konsistenten Kovarianzen verglichen werden. Sind die Unterschiede zu groß, muss der Modellierung der Kovarianzstruktur mehr Bedeutung beigemessen werden.

### 10.9.6 Effizienz von GEE– und IEE–Verfahren

Liang und Zeger (1986) bemerken über den Vergleich von $\hat{\beta}_I$ und $\hat{\beta}_G$, dass $\hat{\beta}_I$ zumeist effizienter ist als $\hat{\beta}_G$, wenn die wahre Korrelation $\alpha$ klein ist. $\hat{\beta}_I$ stellt sich als sehr effizient heraus, wenn $\alpha$ klein ist und binäre Daten vorliegen.

Ist $\alpha$ hingegen groß, so ist $\hat{\beta}_G$ effizienter als $\hat{\beta}_I$ und die Effizienz kann durch eine korrekte Spezifizierung der Korrelationsmatrix noch erhöht werden.

Im Falle starker Korrelation innerhalb der Blöcke ist der Effizienzverlust von $\hat{\beta}_I$ im Vergleich zu $\hat{\beta}_G$ größer, wenn die Anzahl der Subunits $n_i$, $i = 1, \dots, N$, zwischen den Clustern schwankt, als wenn die Cluster gleich groß sind.

### 10.9.7 Die Wahl der Quasi–Korrelationsmatrix $R_i(\alpha)$

Die Arbeitskorrelationsmatrix wird hinsichtlich Einfachheit, Effizienz und Menge der vorhandenen Daten gewählt. Weiter sollten Annahmen über die Abhängigkeitsstruktur innerhalb der Daten mitberücksichtigt werden. Wie zuvor bereits erwähnt, ist die Relevanz der Korrelationsmatrix auf der Tatsache begründet, dass sie die Varianz der Parameterschätzungen beeinflusst.

Die einfachste Annahme ist die unkorrelierter wiederholter Beobachtungen eines Clusters, d.h.

$$R_i(\alpha) = I, \qquad i = 1, \ldots, N.$$

Diese Annahme führt zu den IEE–Gleichungen für unkorrelierte Responsevariablen.

Ein anderer Spezialfall, der nach Liang und Zeger (1986) der effizienteste ist, jedoch nur dann vorliegt, wenn die Anzahl der Beobachtungen je Cluster gering und für alle Cluster gleich ist, ist gegeben durch

$$R_i(\alpha) = R(\alpha),$$

wo $R(\alpha)$ gänzlich unspezifiziert ist und durch die empirische Korrelationsmatrix geschätzt werden kann. Folglich müssen hierfür $n(n-1)/2$ Parameter geschätzt werden. Werden die gleichen paarweisen Abhängigkeiten unter allen Responsevariablen eines Clusters angenommen, so kann die *austauschbare Korrelationsstruktur*

$$\mathrm{Corr}(y_{ik}, y_{il}) = \alpha, \qquad k \neq l, \quad i = 1, \ldots, N$$

gewählt werden. Dies entspricht der Annahme im random–effects–Modell.

Wenn $\mathrm{Corr}(y_{ik}, y_{il}) = \alpha(|k-l|)$ gewählt wird, sind die Korrelationen stationär. Die spezielle Form $\alpha(|k-l|) = \alpha^{|l-k|}$ entspricht der Autokorrelationsfunktion eines AR(1)–Prozesses.

Weitere Methoden zur Parameterschätzung bei Quasi–Likelihood–Ansätzen sind die GEE1-Methode von Prentice (1988), die $\alpha$ und $\beta$ simultan aus den GEE für $\alpha$ und $\beta$ schätzen; der modifizierte GEE1–Ansatz von Fitzmaurice und Laird (1993) basiert auf bedingten Odds–Ratios; die Ansätze von Lipsitz, Laird und Harrington (1991) und Liang, Zeger und Qaqish (1992) legen marginale Odds–Ratios zur Modellierung der Cluster–Korrelation zugrunde; die GEE2–Methode von Liang et al. (1992) schätzt die $\delta' = (\beta', \alpha)$ simultan als einen gemeinsamen Parameter.

### 10.9.8 Bivariate korrelierte binäre Responsevariablen

In den vorigen Abschnitten wurden verschiedene Methoden für die Regressionsanalyse bei korrelierten binären Daten vorgestellt. Dies erfolgte in allgemeiner Form für $N$ Blöcke (Cluster) der Größe $n_i$. Die Methoden können natürlich auch für bivariate Binärdaten angewendet werden.

In diesem Abschnitt werden GEE und IEE für den bivariaten binären Fall entwickelt. Im Anschluss demonstriert ein Beispiel für den Fall bivariater Binärdaten den Unterschied zwischen der einfachen ML–Schätzung und dem GEE–Ansatz von Liang und Zeger (1986).

Dabei gehen wir von $y_i = (y_{i1}, y_{i2})'$, $i = 1, \ldots, N$ aus. Jede Responsevariable $y_{ij}$, $j = 1,2$, besitzt einen Vektor von Kovariablen $x'_{ij} = (x_{ij1}, \ldots, x_{ijp})$. Die verwendete Linkfunktion zur Modellierung des Zusammenhangs zwischen $\pi_{ij} = P(y_{ij} = 1)$ und $x_{ij}$ ist der Logit–Link

$$\operatorname{logit}(\pi_{ij}) = \ln\left(\frac{\pi_{ij}}{1-\pi_{ij}}\right) = x'_{ij}\beta . \tag{10.225}$$

Es sei

$$\pi'_i = (\pi_{i1}, \pi_{i2}), \quad \eta_{ij} = x'_{ij}\beta, \quad \eta' = (\eta_{i1}, \eta_{i2}) . \tag{10.226}$$

Das Modell der logistischen Regression ist das Standardverfahren für die Regression bei binären Daten.

### 10.9.9 Die GEE–Methode

Aus Abschnitt 10.9.4 kann die Form der Schätzgleichungen für $\beta$

$$U(\beta, \alpha, \phi) = S(\beta, \alpha) = \sum_{i=1}^{N} \left(\frac{\partial \pi_i}{\partial \beta}\right)' \mathrm{V}_i^{-1}(y_i - \pi_i) = 0 \tag{10.227}$$

ersehen werden. $\mathrm{V}_i = A_i^{\frac{1}{2}} R_i(\alpha) A_i^{\frac{1}{2}}$, $A_i = \operatorname{diag}(v(\pi_{ij})\phi)$, $j = 1,2$, und $R_i(\alpha)$ ist die Arbeitskorrelationsmatrix. Da bei Binärdaten lediglich ein Korrelationskoeffizient bestimmt werden muss, der zudem als konstant angesehen wird, ergibt sich für die Korrelationsmatrix

$$R_i(\alpha) = \begin{pmatrix} 1 & \rho \\ \rho & 1 \end{pmatrix}, \qquad i = 1, \ldots, N . \tag{10.228}$$

Für die Matrix der Ableitungen gilt

$$\begin{aligned}\left(\frac{\partial \pi_i}{\partial \beta}\right)' &= \left(\frac{\partial h(\eta_i)}{\partial \beta}\right)' = \left(\frac{\partial \eta_i}{\partial \beta}\right)' \left(\frac{\partial h(\eta_i)}{\partial \eta_i}\right)' \\ &= \begin{pmatrix} x'_{i1} \\ x'_{i2} \end{pmatrix}' \begin{pmatrix} \frac{\partial h(\eta_{i1})}{\partial \eta_{i1}} & 0 \\ 0 & \frac{\partial h(\eta_{i2})}{\partial \eta_{i2}} \end{pmatrix} .\end{aligned}$$

Wegen $h(\eta_{i1}) = \pi_{i1} = \frac{\exp(x'_{i1}\beta)}{1+\exp(x'_{i1}\beta)}$ und $\exp(x'_{i1}\beta) = \frac{\pi_{i1}}{1-\pi_{i1}}$, gilt $1 + \exp(x'_{i1}\beta) = 1 + \frac{\pi_{i1}}{1-\pi_{i1}} = \frac{1}{1-\pi_{i1}}$, und

$$\frac{\partial h(\eta_{i1})}{\partial \eta_{i1}} = \frac{\pi_{i1}}{1+\exp(x'_{i1}\beta)} = \pi_{i1}(1-\pi_{i1}). \tag{10.229}$$

Analog gilt

$$\frac{\partial h(\eta_{i2})}{\partial \eta_{i2}} = \pi_{i2}(1-\pi_{i2})\,. \tag{10.230}$$

Ist die Varianz spezifiziert als $\operatorname{var}(y_{ij}) = \pi_{ij}(1-\pi_{ij})$, $\phi = 1$, so erhalten wir

$$\left(\frac{\partial \pi_i}{\partial \beta}\right)' = x'_i \begin{pmatrix} \operatorname{var}(y_{i1}) & 0 \\ 0 & \operatorname{var}(y_{i2}) \end{pmatrix} = x'_i \Delta_i$$

mit $x'_i = (x_{i1}, x_{i2})$ and $\Delta_i = \begin{pmatrix} \operatorname{var}(y_{i1}) & 0 \\ 0 & \operatorname{var}(y_{i2}) \end{pmatrix}$. Für die Kovarianzmatrix $\mathrm{V}_i$ haben wir

$$\begin{aligned} \mathrm{V}_i &= \begin{pmatrix} \operatorname{var}(y_{i1}) & 0 \\ 0 & \operatorname{var}(y_{i2}) \end{pmatrix}^{\frac{1}{2}} \begin{pmatrix} 1 & \rho \\ \rho & 1 \end{pmatrix} \begin{pmatrix} \operatorname{var}(y_{i1}) & 0 \\ 0 & \operatorname{var}(y_{i2}) \end{pmatrix}^{\frac{1}{2}} \\ &= \begin{pmatrix} \operatorname{var}(y_{i1}) & \rho(\operatorname{var}(y_{i1}) \operatorname{var}(y_{i2}))^{\frac{1}{2}} \\ \rho(\operatorname{var}(y_{i1}) \operatorname{var}(y_{i2}))^{\frac{1}{2}} & \operatorname{var}(y_{i2}) \end{pmatrix} \end{aligned} \tag{10.231}$$

und für die Inverse von $\mathrm{V}_i$

$$\begin{aligned} \mathrm{V}_i^{-1} &= \frac{1}{(1-\rho^2)\operatorname{var}(y_{i1})\operatorname{var}(y_{i2})} \\ &\quad \begin{pmatrix} \operatorname{var}(y_{i2}) & -\rho(\operatorname{var}(y_{i1}) \operatorname{var}(y_{i2}))^{\frac{1}{2}} \\ -\rho(\operatorname{var}(y_{i1}) \operatorname{var}(y_{i2}))^{\frac{1}{2}} & \operatorname{var}(y_{i1}) \end{pmatrix} \\ &= \frac{1}{1-\rho^2} \begin{pmatrix} [\operatorname{var}(y_{i1})]^{-1} & -\rho(\operatorname{var}(y_{i1}) \operatorname{var}(y_{i2}))^{-\frac{1}{2}} \\ -\rho(\operatorname{var}(y_{i1}) \operatorname{var}(y_{i2}))^{-\frac{1}{2}} & [\operatorname{var}(y_{i2})]^{-1} \end{pmatrix}. \end{aligned} \tag{10.232}$$

Wird $\Delta_i$ mit $\mathrm{V}_i{}^{-1}$ multipliziert, erhalten wir

$$W_i = \Delta_i \, \mathrm{V}_i{}^{-1} = \frac{1}{1-\rho^2} \begin{pmatrix} 1 & -\rho\left(\frac{\operatorname{var}(y_{i1})}{\operatorname{var}(y_{i2})}\right)^{\frac{1}{2}} \\ -\rho\left(\frac{\operatorname{var}(y_{i2})}{\operatorname{var}(y_{i1})}\right)^{\frac{1}{2}} & 1 \end{pmatrix} \tag{10.233}$$

und für die GEE–Methode für $\beta$ im bivariaten Binärfall gilt

$$S(\beta, \alpha) = \sum_{i=1}^{N} x'_i W_i (y_i - \pi_i) = 0. \tag{10.234}$$

Gemäß Theorem 2 Liang und Zeger (1986) ist die Lösung $\hat{\beta}_G$ unter schwachen Bedingungen und unter der Annahme einer konsistenten Schätzung des Korrelationsparameters konsistent und asymptotisch normal mit Erwartungswert $\beta$ und der Kovarianzmatrix aus (10.224).

### 10.9.10 Die IEE–Methode

Wird die Unabhängigkeit der Responsevariablen jedes Blocks angenommen, d.h. $R_i(\alpha) = I$, so reduziert sich der GEE–Ansatz auf den der IEE,

$$U(\beta, \phi) = S(\beta) = \sum_{i=1}^{N} \left(\frac{\partial \pi_i}{\partial \beta}\right)' A_i^{-1}(y_i - \pi_i) = 0. \tag{10.235}$$

Wie bereits gezeigt wurde, gilt für den bivariaten Binärfall

$$\left(\frac{\partial \pi_i}{\partial \beta}\right)' = x_i' \Delta_i = x_i' \begin{pmatrix} \mathrm{var}(y_{i1}) & 0 \\ 0 & \mathrm{var}(y_{i2}) \end{pmatrix} \tag{10.236}$$

mit $\mathrm{var}(y_{ij}) = \pi_{ij}(1 - \pi_{ij})$, $\phi = 1$, und

$$A_i^{-1} = \begin{pmatrix} [\mathrm{var}(y_{i1})]^{-1} & 0 \\ 0 & [\mathrm{var}(y_{i2})]^{-1} \end{pmatrix} .$$

Die IEE–Methode vereinfacht sich dann zu

$$S(\beta) = \sum_{i=1}^{N} x_i'(y_i - \pi_i) = 0. \tag{10.237}$$

Die Lösung $\hat{\beta}_I$ ist konsistent und asymptotisch normal, siehe Liang und Zeger (1986) (Theorem 1).

### 10.9.11 Ein Beispiel aus der Zahnmedizin

In diesem Abschnitt demonstrieren wir den GEE–Ansatz am Besipiel eines "Zwillings"–Datensatzes, dokumentiert von der Zahnklinik Karlsruhe, (Walther, 1992). Hauptziel ist die Illustration des Unterschiedes zwischen einer robusten Schätzung (GEE), die die Korrelationsstruktur der Responsevariablen mitberücksichtigt und der einfachen ML–Schätzung. Zur Schätzung der Parameter mittels GEE existiert ein SAS-Makro, ebenso wie eine Prozedur von Kastner et al. (1997).

**Beschreibung des "Zwillings"–Datensatzes.** Innerhalb des Untersuchungszeitraumes wurden 331 Patienten mit zwei Konuskronen versorgt. Da 50 Konuskronen fehlende Werte aufwiesen und o.g. SAS–Makro lediglich mit vollständigen Daten rechnet, wurden diese Patienten von der Analyse ausgeschlossen. Deshalb wurden zur Schätzung der Regressionsparameter die verbleibenden 612 vollständig beobachteten Zwillingsdaten verwendet. In diesem Beispiel sind die Zwillingspaare die Cluster und die Zwillinge selbst die Subunits der Cluster.

**Die Responsevariable.** Für alle Zwillingspaare in dieser Studie wurde die Lebensdauer der Konuskronen in Tagen gemessen. Diese Lebensdauer wurde als Response gewählt und in eine binäre Zielvariable $y_{ij}$ des $j$–ten Zwillings im $i$–ten Cluster transformiert gemäß

$$y_{ij} = \begin{cases} 1, & \text{wenn die Konuskrone länger als } x \text{ Tage hält} \\ 0, & \text{wenn die Konuskrone kürzer als } x \text{ Tage hält.} \end{cases}$$

Für $x$ können verschiedene Werte definiert werden, wie etwa ein Jahr (360 Tage), drei Jahre (1100 Tage) oder fünf Jahre (2000 Tage). Dadurch, dass die Responsevariable binär ist, wird die Responsewahrscheinlichkeit durch den Logitlink (logistische Regression) modelliert. Das Modell für den Log Odds, d.h. der Logarithmus des Odds $\pi_{ij}/(1-\pi_{ij})$ des Response $y_{ij}=1$ ist linear in den Kovariablen und im Modell für den Odds selbst wirken die Kovariablen multiplikativ auf den Odds. Ziel der Analyse ist es herauszufinden, ob die Prognosefaktoren einen signifikanten Einfluss auf die Responsewahrscheinlichkeit ausüben.

**Die Prognosefaktoren.** Die Kovariablen, die in die Anlyse mit der SAS–Makro miteinbezogen wurden, sind

- Alter (in Jahren)
- Geschlecht ('1' für männlich, '2' für weiblich)
- Kiefer ('1' für Oberkiefer, '2' für Unterkiefer)
- Typ ('1' für dentoalveoläres Design, '2' für transversales Design).

Mit Ausnahme der Kovariablen 'Alter' sind alle Kovariablen binär. Die beiden Typen der Konstruktion, dentoalveolär und transversal, lassen sich folgendermaßen unterscheiden:

- Das dentoalveoläre Design verbindet alle Pfeilerzähne durch eine starre Verbindung, die über den alveolären Rand läuft.
- Das transversale Design wird verwendet, wenn die Teile der Konstruktion durch einen transversalen Balken verbunden werden müssen. Das ist der Fall, wenn der Frontbereich der Zähne nicht mit in die Konstruktion eingeht.

Insgesamt wurden 292 Konuskronen in dentoalveolären Designs und 320 in transversalen Designs in die Studie miteinbezogen. Davon wurden 258 im Oberkiefer und 354 im Unterkiefer platziert.

**Die GEE–Methode.** Ein Problem, das bei diesem Zwillingsdatensatz auftritt, ist die Korrelation der Zwillinge eines Blocks. Wird diese Korrelation nicht berücksichtigt, so bleiben zwar die Schätzungen $\hat{\beta}$ unverändert, jedoch wird die Varianz von $\hat{\beta}$ unterschätzt. Bei positiver Korrelation in einem Cluster gilt

$$\text{var}(\hat{\beta})_{\text{einfach}} < \text{var}(\hat{\beta})_{\text{robust}}.$$

Deshalb gilt auch

$$\frac{\hat{\beta}}{\sqrt{\text{var}(\hat{\beta})_{\text{einfach}}}} > \frac{\hat{\beta}}{\sqrt{\text{var}(\hat{\beta})_{\text{robust}}}},$$

was zu falschen Teststatistiken und möglicherweise signifikanten Effekten, die innerhalb einer korrekten Analyse (z.B. GEE) nicht signifikant wären, führt. Aus diesem Grund sollten bei korrelierten Responsevariablen geeignete Methoden verwendet werden, die die Varianz korrekt schätzen.

Wir setzen das Regressionsmodell ohne Modellierung der Wechselwirkung an,

$$\begin{aligned} \ln \frac{P(\text{Lebensdauer} \geq \text{x})}{P(\text{Lebensdauer} < \text{x})} &= \beta_0 + \beta_1 \cdot \text{Alter} + \beta_2 \cdot \text{Geschlecht} \\ &+ \beta_3 \cdot \text{Kiefer} + \beta_4 \cdot \text{Typ}. \end{aligned} \tag{10.238}$$

Zusätzlich gehen wir von identischen Abhängigkeiten zwischen den Zwillingen aus und deshalb ist eine austauschbare Korrelationsstruktur zur Beschreibung der Abhängigkeiten empfehlenswert.

Um die Auswirkungen unterschiedlicher Annahmen über die Korrelation auf die Schätzungen der Parameter zu veranschaulichen, vergleichen wir nun die folgenden logistischen Regressionsmodelle, die sich lediglich im postulierten Assoziationsparameter unterscheiden:

*Modell 1.* einfache (unkorrekte) ML–Schätzung

*Modell 2.* robuste (korrekte) Schätzung unter der Annahme der Unabhängigkeit, d.h. $R_i(\alpha) = I$

*Modell 3.* robuste Schätzung mit austauschbarer Korrelationsstruktur ($\rho_{ikl} = \text{Corr}(y_{ik}, y_{il}) = \alpha,\ k \neq l$)

*Modell 4.* robuste Schätzung mit nicht spezifizierter Korrelationsstruktur ($R_i(\alpha) = R(\alpha)$).
Als Teststatistik ($z$–einfach und $z$–robust) berechnen wir den Quotienten aus Schätzung und Standardfehler.

**Ergebnisse.** Tabelle 10.6 stellt die geschätzten Regressionsparameter, die Standardfehler, die $z$–Statistiken und die $p$–Werte der Modelle 2, 3 und 4 der Responsevariablen

$$y_{ij} = \begin{cases} 1, & \text{wenn die Konuskrone länger hält als 360 Tage} \\ 0, & \text{wenn die Konuskrone kürzer hält als 360 Tage} \end{cases}$$

dar. Es stellt sich heraus, dass die Werte von $\hat{\beta}$ und $z$–Statistik identisch sind, unabhängig von der Wahl von $R_i$, selbst bei starker Korrelation zwischen den Zwillingen. Das Modell bei austauschbarer Korrelation führt zu $\hat{\alpha} = 0.9498$, dem Wert des geschätzten Korrelationsparameters. Im Modell ohne Spezifikation der Korrelationsstruktur wurden $\rho_{i12}$ und $\rho_{i21}$ ebenfalls mit 0.9498 geschätzt. Die Tatsache, dass die Modelle 2, 3 und 4 in ihren Werten übereinstimmen, wurde bei Analysen mit $x = 1100$ und $x = 2000$ bestätigt. Das bedeutet, dass die Wahl von $R_i$ keinen Einfluss auf die Schätzparameter im Falle bivariater binärer Responsevariablen hat. Der GEE–Ansatz ist robust gegenüber verschiedenen Korrelationsannahmen.

Tabelle 10.7 vergleicht die Modelle 1 und 2. Ein Hauptunterschied zwischen den beiden Methoden ist die Signifikanz der Variablen 'Alter' im Modell 1 auf dem 10%–Niveau, obwohl sich das im Falle der robusten Schätzung im Unabhängigkeitsmodell (Modell 2) nicht bestätigt hat. Bei gleichen geschätzten Regressionsparametern sind die robusten Varianzen von $\hat{\beta}$ größer und die robusten $z$–Statistiken kleiner als die einfachen $z$–Statistiken. Dieses Ergebnis zeigt deutlich, dass das ML–Verfahren, das ja hier unkorrekt ist, die Varianzen von $\hat{\beta}$ unterschätzt und damit zu einem falschen Alterseffekt führt.

| | Modell 2 (Unabhängigkeitsann.) | | Modell 3 (austauschbar) | | Modell 4 (unspezifiziert) | |
|---|---|---|---|---|---|---|
| Alter | 0.017[1] | (0.012)[2] | 0.017 | (0.012) | 0.017 | (0.012) |
| | 1.33[3] | (0.185)[4] | 1.33 | (0.185) | 1.33 | (0.185) |
| Geschlecht | −0.117 | (0.265) | −0.117 | (0.265) | −0.117 | (0.265) |
| | −0.44 | (0.659) | −0.44 | (0.659) | −0.44 | (0.659) |
| Kiefer | 0.029 | (0.269) | 0.029 | (0.269) | 0.029 | (0.269) |
| | 0.11 | (0.916) | 0.11 | (0.916) | 0.11 | (0.916) |
| Typ | −0.027 | (0.272) | −0.027 | (0.272) | −0.027 | (0.272) |
| | −0.10 | (0.920) | −0.10 | (0.920) | −0.10 | (0.920) |

[1] geschätzter Regressionsparameter $\hat{\beta}$ [2] Standardfehler von $\hat{\beta}$
[3] $z$-Statistik [4] $p$-Wert

**Tabelle 10.6.** Ergebnisse für die robusten Schätzungen der Modelle 2, 3, und 4 für $x = 360$.

| | Modell 1 (einfach) | | | Modell2 (robust) | | |
|---|---|---|---|---|---|---|
| | $\sigma$ | $z$ | $p$-Wert | $\sigma$ | $z$ | $p$-Wert |
| Alter | 0.008 | 1.95 | 0.051* | 0.012 | 1.33 | 0.185 |
| Geschlecht | 0.190 | −0.62 | 0.538 | 0.265 | −0.44 | 0.659 |
| Kiefer | 0.192 | 0.15 | 0.882 | 0.269 | 0.11 | 0.916 |
| Typ | 0.193 | −0.14 | 0.887 | 0.272 | −0.10 | 0.920 |

**Tabelle 10.7.** Vergleich der Standardfehler, der $z$-Statistiken und $p$-Werte der Modelle 1 und 2 für $x = 360$ (* impliziert Signifikanz auf dem 10%–Niveau).

| | | Modell 1 (einfach) | | | Modell 2 (robust) | | |
|---|---|---|---|---|---|---|---|
| | $\hat{\beta}$ | $\sigma$ | $z$ | $p$-Wert | $\sigma$ | $z$ | $p$-Wert |
| Alter | 0.0006 | 0.008 | 0.08 | 0.939 | 0.010 | 0.06 | 0.955 |
| Geschlecht | −0.0004 | 0.170 | −0.00 | 0.998 | 0.240 | −0.00 | 0.999 |
| Kiefer | 0.1591 | 0.171 | 0.93 | 0.352 | 0.240 | 0.66 | 0.507 |
| Typ | 0.0369 | 0.172 | 0.21 | 0.830 | 0.242 | 0.15 | 0.878 |

**Tabelle 10.8.** Vergleich der Standardfehler, der $z$–Statistiken, und $p$–Werte der Modelle 1 und 2 für $x = 1100$.

| | | Modell 1 (einfach) | | | Modell 2 (robust) | | |
|---|---|---|---|---|---|---|---|
| | $\hat{\beta}$ | $\sigma$ | $z$ | $p$-Wert | $\sigma$ | $z$ | $p$-Wert |
| Alter | −0.0051 | 0.013 | −0.40 | 0.691 | 0.015 | −0.34 | 0.735 |
| Geschlecht | −0.2177 | 0.289 | −0.75 | 0.452 | 0.399 | −0.55 | 0.586 |
| Kiefer | 0.0709 | 0.287 | 0.25 | 0.805 | 0.412 | 0.17 | 0.863 |
| Typ | 0.6531 | 0.298 | 2.19 | 0.028* | 0.402 | 1.62 | 0.104 |

**Tabelle 10.9.** Vergleich der Standardfehler, der $z$–Statistiken, und $p$–Werte der Modelle 1 und 2 für $x = 2000$. (* impliziert Signifikanz auf dem 10%–Niveau)

Tabellen 10.8 und 10.9 beinhalten die Ergebnisse mit den $x$–Werten 1100 und 2000. Tabelle 10.8 zeigt, dass bei Modellierung der Responsevariablen mit $x = 1100$ keine der beobachteten Kovariablen einen signifikanten Einfluss ausübt. Wie zuvor impliziert der geschätzte Korrelatiosnparameter $\hat{\alpha} = 0.9578$ eine starke Abhängigkeit zwischen den Zwillingen. Tabelle 10.9 zeigt den signifikanten Einfluss der Variablen 'Typ' bei der einfachen Schätzung. Beim GEE–Ansatz könnte er mit einem $p$–Wert von 0.104 signifikant auf dem 10%–Niveau sein. $\hat{\beta}_{\text{Typ}} = 0.6531$ bedeutet, dass ein dentoalveoläres Design den Log Odds der Responsevariablen

$$y_{ij} = \begin{cases} 1, & \text{wenn die Konuskrone länger hält als 2000 Tage} \\ 0, & \text{wenn die Konuskrone kürzer hält als 2000 Tage} \end{cases}$$

signifikant erhöht.

Unter der Annahme des Modells

$$\frac{P(\text{Lebensdauer} \geq 2000)}{P(\text{Lebensdauer} < 2000)} = \exp(\beta_0 + \beta_1 \cdot \text{Alter} + \beta_2 \cdot \text{Geschlecht} + \beta_3 \cdot \text{Kiefer} + \beta_4 \cdot \text{Typ})$$

ist der Odds $\frac{P(\text{Lebensdauer} \geq 2000)}{P(\text{Lebensdauer} < 2000)}$ bei dentoalveolärem Design um den Faktor $\exp(\beta_4) = \exp(0.6531) = 1.92$ größer als der Odds bei transversalem Design, bzw. ist der Odds Ratio gleich 1.92.

Zusammenfassend lässt sich feststellen, dass Alter und Konstruktionstyp signifikante aber zeitunabhängige Kovariablen sind. Die robuste Schätzung führt zu einer nicht signifikanten Wechselwirkung und es existiert eine starke Korrelation $\alpha$ zwischen den Zwillingen eines Paares.

**Probleme.** Die GEE–Schätzungen, die schrittweise durchgeführt wurden, müssen mit großer Vorsicht verglichen werden, weil sie vom Zeiteffekt in den Responsevariablen nicht unabhängig sind. GEE–Verfahren, die hier angewendet werden sollten, existieren (noch) nicht. Folglich sind weitere Anstrengungen im Bereich der Lebensdaueranalyse notwendig, um die Standardverfahren, wie etwa Kaplan–Meier–Schätzer oder Log–Rang–Test, die ja auf der Unabhängigkeit der Responsevariablen basieren, dementsprechend anzupassen.

### 10.9.12 Voller Likelihood–Ansatz für marginale Modelle

Ein voller Likelihood–Ansatz für marginale Modelle im Falle multivariater binärer Responsevariablen wurde von Fitzmaurice und Laird (1993) vorgeschlagen. Ihr Ansatzpunkt ist die gemeinsame Dichte

$$\begin{aligned} f(y;\Psi,\Omega) &= P(Y_1 = y_1, \ldots, Y_T = y_T; \Psi, \Omega) \\ &= \exp\{y'\Psi + w'\Omega - A(\Psi,\Omega)\} \end{aligned} \tag{10.239}$$

mit $y = (y_1, \ldots, y_T)'$, $w = (y_1y_2, y_1y_3, \ldots, y_{T-1}y_T, \ldots, y_1y_2\cdots y_T)'$, $\Psi = (\Psi_1, \ldots, \Psi_T)'$ und $\Omega = (\omega_{12}, \omega_{13}, \ldots, \omega_{T-1T}, \ldots, \omega_{12\cdots T})'$.

Weiter ist

$$\exp\{A(\Psi,\Omega)\} = \sum_{y=(0,0,\ldots,0)}^{y=(1,1,\ldots,1)} \exp\{y'\Psi + w'\Omega\}$$

eine Normierungskonstante. Man beachte, dass das der saturierten Parametrisierung im loglinearen Modell für $T$ binäre Responsevariablen entspricht, da Wechselwirkungen der Ordnung 2 bis $T$ miteinbezogen sind. Ein Modell, das lediglich alle paarweisen Wechselwirkungen betrachtet, also $w = (y_1y_2), \ldots, (y_{T-1}y_T)$ und $\Omega = (\omega_{12}, \omega_{13}, \ldots, \omega_{T-1,T})$, wurde bereits von Cox (1972) und Zhao und Prentice (1990) dokumentiert. Diese Modelle sind Spezialfälle der sogenannten partiellen Exponentialfamilien, die von Zhao, Prentice und Self (1992) vorgestellt wurden. Die Idee von Fitzmaurice und Laird (1993) besteht in einer eineindeutigen Transformation des kanonischen Parametervektors $\Psi$ in den Mittelwertsvektor $\mu$, der dann mit den Kovariablen über Linkfunktionen wie bei der logistischen Regression verbunden werden kann. Diese Idee der eineindeutigen Transformation der kanonischen Parameter in möglicherweise zentrierte Momente kann auf höhere Momente ebenso erweitert werden wie auf kategoriale Kovariablen mit mehr als zwei Kategorien. Aufgrund der Komplexität von Theorie und Praxis verweisen wir auf

Lang und Agresti (1994), Molenberghs und Lesaffre (1994), Glonek (1996), Heagerty und Zeger (1996) und Heumann (1998).

All diese Quellen bieten verschiedene Möglichkeiten zur Modellierung paarweiser und höherer Interaktionen.

# 11. Regression bei unvollständigen Daten

Ein grundsätzliches Problem der Statistik bei der Analyse von Datensätzen stellt der Verlust von einzelnen Beobachtungen, von Variablen oder von Einzelwerten dar. Rubin (1976) kann als der Begründer der modernen Theorie *Nonresponse in Sample Surveys* angesehen werden. In den Monographien Little und Rubin (1987) und Rubin (1987) werden entscheidungs– und modelltheoretische Grundlagen zur Behandlung von Datenverlust in Abhängigkeit vom Verlustmechanismus gegeben.

Die Standardsituation in der statistischen Datenanalyse besteht darin, auf der Basis einer Datenmatrix

$$D = \begin{pmatrix} d_{11} & \cdots\cdots & d_{1m} \\ \vdots & * & \vdots \\ \vdots & & * \\ \vdots & * & \vdots \\ d_{T1} & \cdots\cdots & d_{Tm} \end{pmatrix},$$

ein geeignetes Modell zur Beschreibung von Strukturen innerhalb der Datenvektoren zu finden. Die Spalten von $D$ sind standardmäßig die Variablen, die Zeilen von $D$ stellen die Beobachtungen (cases, units) der Variablen dar. Dabei sind alle Datentypen

- intervallskaliert
- rangskaliert
- nominalskaliert

anzutreffen. Bei der Realisierung der Variablen können einzelne Beobachtungen $d_{ij}$ fehlen. Dies ist durch die Symbole $*$ in $D$ angedeutet.

*Beispiele.*

- Fragebögen werden unvollständig ausgefüllt. Antworten können zufällig fehlen (Frage übersehen) oder nichtzufällig fehlen (z.B. Fragen nach Einkommen, Trinkverhalten, Sexualverhalten werden absichtlich nicht beantwortet).

- Physikalische Experimente in der Industrie (z.B. Qualitätskontrolle wie Bruchverhalten) enden häufig mit der Zerstörung des Objekts. Steht der Ausfall des Objekts eindeutig in Beziehung zum Ziel des Experiments, so liegt nichtzufälliges Fehlen vor.
- Bei klinischen Langzeitstudien fallen Patienten aus der Studie aus (Drop–out). Organisatorische Maßnahmen können diesen Datenverlust beeinflussen, aber nicht verhindern. Falls die Lebensdauer die Zielvariable ist, so spricht man von zensierten Daten. Zensierung ist ein Mechanismus, der zu nichtzufälligem Datenverlust führen kann. Zensierung kann durch Drop–out des Patienten oder durch das Studienende erfolgen. Die verschiedenen Situationen sind in Abbildung 11.1 dargestellt.

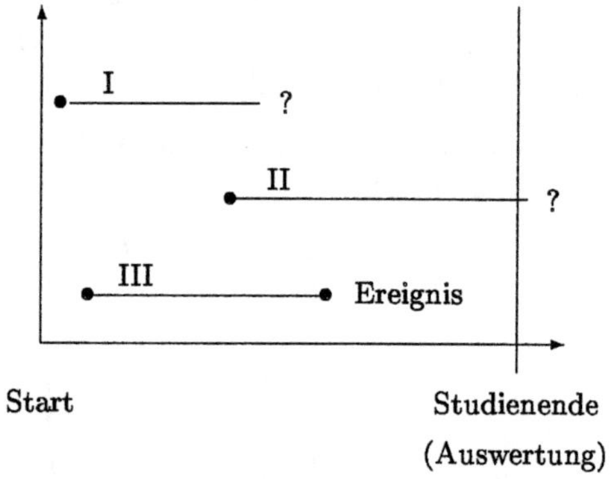


**Abb. 11.1.** Zensierte Patienten (I: Drop–out und II: zensiert durch Studienende) und Patient mit Ereignis (III).

## 11.1 Statistische Methoden bei fehlenden Daten

Es existieren mehrere generelle Konzepte zur Behandlung des Problems fehlender Daten. In den folgenden Abschnitten schildern wir kurz die Ideen, die hinter diesen Verfahren stecken.

### 11.1.1 Nutzung der kompletten Fälle (complete case analysis)

Hier streicht man alle unvollständig beobachteten Zeilen der Datenmatrix. Sei o.B.d.A.

$$D = \begin{pmatrix} D_c \\ D_* \end{pmatrix} \begin{matrix} n_1 \times m \\ n_2 \times m \end{matrix}$$

so umorganisiert, dass $D_c$ (c: für complete) keine fehlenden Daten enthält, so wird die Analyse nur mit der Teilmatrix $D_c$ durchgeführt. Dies setzt voraus, dass der Prozentsatz $(n_2/n) \cdot 100$ hinreichend klein ist und dass keine Blockbildung im Fehlend–Pattern vorliegt. Durch Homogenitätstests ist z.B. zu klären, ob signifikante Schichtungseffekte vorliegen, die zu Verzerrungen (Selectivity Bias) führen.

*Beispiel 11.1.1.* Sei $y$ die Zielvariable „Lebensdauer einer prothetischen Konstruktion“und $X$ die binäre Kovariable „Alter unter 60 Jahre“bzw. „Alter über 60 Jahre“. Wir nehmen folgende Situation an:

| | Start | Ende | Drop–out |
|---|---|---|---|
| $< 60$ | 100 | 60 | 40 |
| $> 60$ | 100 | 40 | 60 |

Von je 100 Patienten der beiden Altersgruppen zum Beginn der Studie fallen 40 bzw. 60 Patienten durch Drop–out aus der Studie. Der $\chi^2$–Test auf Homogenität liefert $\chi_1^2 = 2.68 < 3.84$, also keinen Hinweis auf einen Schichtungseffekt. Der höhere Ausfall der älteren Patienten (Ausfallrate 60 %) ist statistisch nicht signifikant, so dass—wenn keine anderen Indikatoren dagegen sprechen—zunächst von einem zufälligen Fehlen ausgegangen werden kann.

*Hinweis.* Bei Ablehnung der Homogenität sind Korrekturformeln einzusetzen (vgl. Walther und Toutenburg, 1991).

### 11.1.2 Verwendung aller verfügbaren Daten (available case analysis)

Die Available Case Analyse wird auch oft als „pairwise deletion“bezeichnet. Will man z.B. die Korrelation zweier Variablen $j$ und $j'$ schätzen, so schlägt diese Methode vor, für die Schätzung der Mittelwerte $\mu_j$ und $\mu_{j'}$ und der Varianzen $\sigma_{jj}$ und $\sigma_{j'j'}$ alle jeweils $n_j$ bzw. $n_{j'}$ beobachteten Werte der Spalten $j$ und $j'$ der Datenmatrix $D$ zu verwenden. Entsprechend sollen für die Schätzung der Kovarianz $\sigma_{jj'}$ alle $n_{jj'}$ Fälle verwendet werden, in denen die $j$–te und $j'$–te Variable gemeinsam beobachtet wurden. D.h. die Schätzungen beruhen eventuell auf unterschiedlichen Stichprobenumfängen, wobei auf jeden Fall gilt: $n_{jj'} < \min(n_j, n_{j'})$. Was zunächst plausibel klingt, nämlich alle zur Verfügung stehende Information maximal auszunutzen, kann in der Praxis zu Problemen führen: da jede einzelne Schätzung der Erwartungswerte bzw. der Kovarianzen auf unterschiedlichen Stichprobenumfängen beruht, ist eine für alle Spalten aus $D$ geschätzte Kovarianzmatrix eventuell nicht mehr positiv definit. Im Abschnitt 11.6.2 greifen wir diese Methode nochmals im Zusammenhang mit der linearen Regression bei fehlenden Daten in den Kovariablen auf.

### 11.1.3 Imputation für fehlende Daten

Die der complete case Analyse grundsätzlich als Alternative zugeordnete Methode besteht im Auffüllen der unvollständigen Datenmatrix $D$ (imputation for missing data, fill–in methods). Da der fehlende Wert unbekannt ist, muss stets mit einer Abweichung Imputation–Original (unbekannt) gerechnet werden, die gravierende Auswirkungen haben kann. Wir werden diese Frage für die Regression ausführlich behandeln. Häufig bleibt dem Statistiker jedoch keine andere Wahl, als irgendwelche *Schätzwerte* an die Stelle der fehlenden Werte zu setzen, da sonst die gesamte Analyse gefährdet wäre (z.B. wenn Datenverlust in mindestens einem Element in jeder Zeile von $D$ auftritt).

Wir unterscheiden folgende Verfahren:

*hot deck imputation.* Einsetzen von realisierten Werten der betreffenden Variablen.

*cold deck imputation.* Einsetzen eines konstanten Wertes aus einer externen Quelle, z.B. eine Konstante der Population (mittleres Alter der männlichen Bevölkerung etc.).

*mean imputation.* Einsetzen des Stichproben– (Spalten–) mittelwertes der betreffenden Variablen.

*regression (correlation) imputation.* Ausnutzen der Korrelationsstruktur innerhalb des vollständigen Teils der $D$–Matrix und Ersetzen des fehlenden Wertes durch die klassische Vorhersage. Dazu stellen wir uns vor, die Zeilen von $D$ so umzuordnen, daß $D$ aus zwei Teilmatrizen $D_c$ und $D_*$ zusammengesetzt ist, so dass in $D_c$ keine Werte fehlen und $D_*$ alle Zeilen enthält, wo Werte fehlen.

*multiple imputation.* $k \geq 2$ Werte werden für einen fehlenden Wert eingesetzt (vgl. Rubin, 1987). Die $k$ vervollständigten Datensätze werden mit der gewünschten Methode analysiert, so dass man $k$ Schätzungen eines interessierenden Parameters erhält. Diese $k$ Schätzungen werden anschließend zu einer endgültigen Schätzung kombiniert.

### 11.1.4 Verfahren auf der Basis von Modellen

Die Grundidee besteht in einer Faktorisierung der Likelihoodfunktion nach der Beobachtungs– und Fehlendstruktur, so dass iterative Verfahren, beginnend mit den vollständigen Daten, eine schrittweise Maximierung der gesamten Likelihoodfunktion ermöglichen. Diese Methoden sind in Little und Rubin (1987) ausführlich dargestellt. Bayesianische Verfahren (zum Beispiel Multiple Imputation) sind in Schafer (1997) dargestellt.

## 11.2 Missing–Data–Mechanismen

Wir wollen die Bedeutung des Missing–Data–Mechanismus zunächst an einigen Beispielen erläutern, bevor wir eine formale Definition der verschiedenen Missing–Data–Mechanismen angeben.

*Beispiel 11.2.1.* Sei $Y \sim N(\mu, \sigma^2)$ eine univariate normalverteilte Variable und $(y_1, \ldots, y_m, y_{m+1}, \ldots, y_n)$ eine Stichprobe, wobei $y_{obs} = (y_1, \ldots, y_m)$ beobachtet wurden und die anderen Werte $y_{mis} = (y_{m+1}, \ldots, y_n)$ nicht beobachtet wurden. Falls die Werte zufällig fehlen (missing at random, MAR), bildet $(y_1, \ldots, y_m)$ eine zufällige Substichprobe. Der negative Effekt würde dann lediglich in einem Effizienzverlust (durch den geringeren Stichprobenumfang) der Schätzungen wie $\bar{y}$ und $s_y^2$ bestehen. An der Erwartungstreue beider Statistiken würde sich nichts ändern. Diese Situation würde man als *Ignorierbaren Nichtresponse* bezeichnen.
Eine andere Situation ist folgende: *Nichtignorierbarer Nichtresponse* liegt dann vor, wenn die Wahrscheinlichkeit, $y_i$ zu beobachten, $P(Y_i \text{ beobachtet})$, vom Wert $y_i$ selbst abhängt. Die Schätzungen auf der Basis einer solchen Substichprobe sind im allgemeinen verzerrt.
Ein bekanntes Beispiel hierfür ist das Tobit–Selektionsmodell von Heckman (1976). In diesem Modell wird angenommen, dass das Fehlen davon abhängt, ob eine andere (latente, unbeobachtete) Variable $Z$ mit $Z \sim N(\mu_Z, \sigma_Z^2)$ den Schwellenwert Null überschreitet oder nicht, also

$$P(Y_i \text{ beobachtet}) = P(Z >= 0)\,,$$

wobei auch $Y \sim N(\mu_Y, \sigma_Y^2)$. Die Abhängigkeit der Fehlend–Wahrscheinlichkeit vom Response wird dadurch modelliert, dass eine Korrelation zwischen $Y$ und $Z$ eingeführt wird, d.h. man trifft die Annahme einer bivariaten Normalverteilung für $(Y, Z)$. Man kann zeigen, dass dieses Modell äquivalent zum folgenden Modell ist:

$$P(Y_i \text{ beobachtet} | Y_i = y_i) = \Phi(\gamma_0 + \gamma_1 y_i)\,,$$

wobei $\gamma_0$ und $\gamma_1$ geeignet zu wählen sind und $\Phi$ für die Verteilungsfunktion der Standardnormalverteilung steht. Eine ausführliche Behandlung dieses Modells (Schätzung, aber auch Schwächen des Modells) findet sich in Amemiya (1985) und Rubin (1987).

## MAR, OAR, MCAR und NI

Wir betrachten eine bivariate Stichprobe von $(X, Y)$ und nehmen an, dass $X$ vollständig beobachtet wurde, während $Y$ fehlende Werte aufweist. Dies ergibt ein sogenanntes monotones Pattern, siehe Abbildung 11.2.

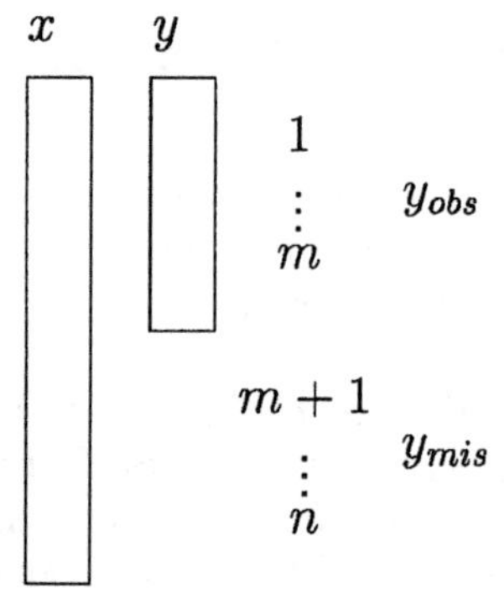


**Abb. 11.2.** Monotones Pattern bei zwei Variablen.

Diese Situation ist typisch für Langzeitstudien oder Fragebogeninterviews. Eine Variable ist stets bekannt, während die zweite nicht bei allen Elementen der Stichprobe bekannt ist.

*Beispiele:*

| $X$ | $Y$ |
|---|---|
| Alter | Einkommen |
| Behandlung (Placebo oder Medikament) | Blutdruck nach 28 Tagen |
| Gerüstdesign | Kaufähigkeit |

Die Wahrscheinlichkeit dafür, den Response von $Y$ zu beobachten, kann wie folgt entstehen:

i) sie ist unabhängig sowohl von $X$ als auch von $Y$,

ii) sie hängt von $X$, aber nicht von $Y$ ab,

iii) sie hängt von $X$ und $Y$ ab.

Im Fall (i) sagen wir, die fehlenden Daten sind MAR (missing at random) und die beobachteten Daten sind OAR (observed at random), so dass die

fehlenden Daten MCAR (missing completely at random) sind. Dann bilden die Daten $y_{obs}$ eine zufällige Substichprobe von $y = (y_{obs}, y_{mis})$.
Im Fall (ii) sind die fehlenden Daten MAR. Die beobachteten $y$–Werte $y_{obs}$ bilden dann nicht notwendig eine zufällige Substichprobe von $y$. Innerhalb der durch die $X$–Werte definierten Klassen bilden sie jedoch zufällige Substichproben.

*Beispiel 11.2.2.* Sei $X$ eine kategoriale Variable mit zwei Ausprägungen, z.B. $X = 1$ (Alter über 60 Jahre), $X = 0$ (Alter unter 60 Jahre). Sei $Y$ die Lebensdauer einer prothetischen Konstruktion (Zahnersatz). Dann kann die Dokumentation von $Y$ durchaus vom Lebensalter abhängen, da z.B. jüngere Patienten aus Zeitgründen die Termine für Nachuntersuchungen häufiger nicht wahrnehmen als ältere Patienten. Damit wäre $P(Y_i \text{ beobachtet}|X = 1) > P(Y_i \text{ beobachtet}|X = 0)$.

Im Fall (iii) sind die Daten weder MAR noch OAR, der Missing–Data–Mechanismus ist nichtignorierbar (NI, nonignorable nonresponse). In den Fällen (i) und (ii) ist der Missing–Data–Mechanismus bei Verfahren auf der Basis der Likelihoodfunktion ignorierbar, im Falle (i) auch bei Verfahren auf der Basis der Stichprobe.

### 11.2.1 Indikatormatrix der fehlenden Werte

Rubin (1976) führte die Matrix $R$, bestehend aus Indikatorvariablen $r_{ij}$ ein, welche die gleiche Dimension wie die Datenmatrix $D$ hat. Die Elemente $r_{ij}$ haben den Wert $r_{ij} = 1$, wenn $d_{ij}$ beobachtet (berichtet) wurde, und $r_{ij} = 0$, wenn $d_{ij}$ fehlt. Damit lassen sich die Begriffe MCAR, MAR und NI wie folgt beschreiben.

### 11.2.2 Missing Completely at Random

Man sagt, die fehlenden Werte sind missing completely at random (MCAR), wenn

$$f(R|D) = f(R) \quad \forall D\,. \tag{11.1}$$

Die Variablen in $D$ haben keinen Einfluss auf die Verteilung von $R$, also auf die Wahrscheinlichkeiten, einen bestimmten Wert zu beobachten bzw. nicht zu beobachten.

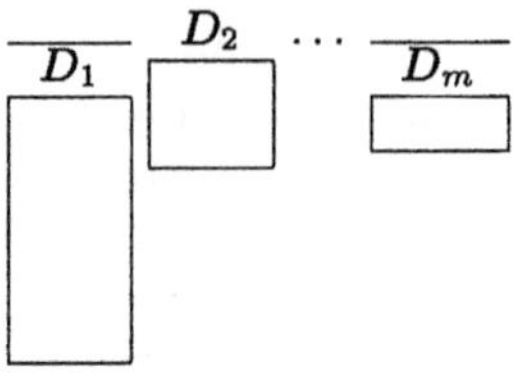


**Abb. 11.3.** Monotones Missing Pattern.

### 11.2.3 Missing at Random

Man sagt, die fehlenden Werte sind missing at random (MAR), wenn

$$f(R|D) = f(R|D_{\text{obs}}) \quad \forall D_{\text{mis}}\,. \tag{11.2}$$

Die Abhängigkeit der Verteilung von $R$ von den Variablen in $D$ hängt nur von den beobachteten Daten $D_{\text{obs}}$ ab.

### 11.2.4 Nichtignorierbarer Nonresponse

The bedingte Verteilung $f(R|D)$ kann nicht vereinfacht werden, d.h. selbst nach Bedingen auf die beobachteten Daten hängt die Verteilung von $R$ noch von den fehlenden Werten $D_{\text{mis}}$ ab. In diesem Fall kann der Mechanismus nicht ignoriert werden, er muss also in die Analyse miteinbezogen werden (siehe Abschnitt 11.10).

## 11.3 Fehlend–Muster

Ein Fehlend–Muster in der Datenmatrix $D$ heißt monoton, wenn die Zeilen und Spalten so reorganisiert werden können, dass die folgende Bedingung zutrifft. Für alle $j = 1, \ldots, m-1$: $D_{j+1}$ ist beobachtet für alle Fälle (Zeilen), wo auch $D_j$ beobachtet ist. (Abbildung 11.3). Univariates Fehlen, d.h. fehlende Werte in nur einer Variablen $D_j$, ist ein Spezialfall davon.

Abbildung 11.4 zeigt ein Muster, bei dem zwei Variablen, nämlich $D_1$ und $D_2$, niemals gemeinsam beobachtet wurden. Diese Situation kann zum Beispiel auftreten, wenn die Daten zweier Studien zusammengefügt werden. Abbildung 11.5 zeigt ein allgemeines Muster, das keine spezielle Struktur besitzt.

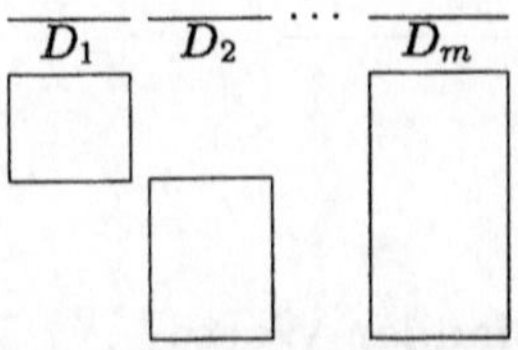


**Abb. 11.4.** Spezielles Missing Pattern.

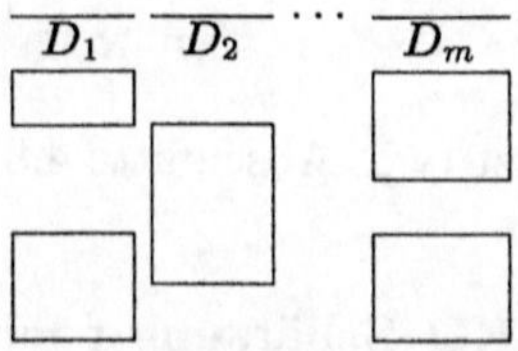


**Abb. 11.5.** Allgemeines Missing Pattern.

## 11.4 Fehlende Daten im Response

Bei kontrollierten Experimenten wie klinischen Studien in der Pharmakologie oder technischen Laboruntersuchungen wird die $X$–Matrix durch gezielte Versuchsplanung festgelegt und ein Response $Y$ beobachtet. Die Auswertung erfolgt mit Standardverfahren wie z.B. der Varianzanalyse oder dem üblichen linearen Modell und den zugehörigen Testverfahren (vgl. Kapitel 4 und 5). Bei dieser Versuchsanlage kann man davon ausgehen, dass fehlende Werte eher im Response als im Versuchsplan auftreten. Damit wird die Balanziertheit gestört. Selbst wenn für die Daten die MCAR–Annahme gilt, ist es vorteilhafter, mit einem aufgefüllten $Y$–Vektor die Standardanalyse balanzierter Modelle durchzuführen als mit dem kleineren complete case Datensatz zu arbeiten. Falls der Versuchsplan z.B. vollständig gekreuzt ist, würde die Beschränkung auf den complete case Datensatz zu Schwierigkeiten bei der Interpretation führen.

Im folgenden nehmen wir an, dass die Fehlend–Wahrscheinlichkeit für eine Beobachtung $y$ nicht von $y$ abhängt.

### 11.4.1 KQ–Schätzung bei vollständigem Datensatz

Sei $Y$ die Responsevariable und $X$ die $(T, K)$–Designmatrix, so gelte für die Realisierung $y$ von $Y$ das lineare Modell

$$y = X\beta + \epsilon, \quad \epsilon \sim N(0, \sigma^2 I). \tag{11.3}$$

Die KQ–Schätzung von $\beta$ ist $b = (X'X)^{-1}X'y$ und die beste erwartungstreue Schätzung von $\sigma^2$ ist

$$\begin{aligned} s^2 &= (y - Xb)'(y - Xb)(T - K)^{-1} \\ &= \frac{\sum_{t=1}^{T}(y_t - \hat{y}_t)^2}{T - K}. \end{aligned} \tag{11.4}$$

Zum Prüfen linearer Hypothesen $R\beta = 0$ ($R$ eine $J \times K$–Matrix vom Rang $J$) wird die Teststatistik

$$F_{J,T-K} = \frac{(Rb)'(R(X'X)^{-1}R')^{-1}(Rb)}{Js^2} \tag{11.5}$$

eingesetzt (vgl. Abschnitte 4.8 und 4.9).

### 11.4.2 KQ–Schätzung nach Auffüllen fehlender Werte

Yates (1933) schlug folgende Methode vor. Falls $T - m$ Responsewerte in $y$ nicht beobachtet wurden, organisiert man den Datensatz um (c: complete):

$$\begin{pmatrix} y_{obs} \\ y_{mis} \end{pmatrix} = \begin{pmatrix} X_c \\ X_* \end{pmatrix} \beta + \begin{pmatrix} \epsilon_c \\ \epsilon_* \end{pmatrix}, \tag{11.6}$$

schätzt $\beta$ zunächst aus dem vollständigen Submodell gemäß

$$b_c = (X_c'X_c)^{-1}X_c'y_{obs} \tag{11.7}$$

$(X_c : m \times K)$ und schätzt den $(T - m)$–Vektor $y_{mis}$ durch die klassische Vorhersage

$$\hat{y}_{mis} = X_* b_c. \tag{11.8}$$

Diese Schätzung wird in (11.6) eingesetzt und danach wird die KQ–Schätzung von $\beta$ im aufgefüllten Modell berechnet. Die KQ–Schätzung von $\beta$ im aufgefüllten Modell ist Lösung des Optimierungsproblems (vgl. (4.6))

$$\begin{aligned} S(\beta) &= \left\{ \begin{pmatrix} y_{obs} \\ \hat{y}_{mis} \end{pmatrix} - \begin{pmatrix} X_c \\ X_* \end{pmatrix} \beta \right\}' \left\{ \begin{pmatrix} y_{obs} \\ \hat{y}_{mis} \end{pmatrix} - \begin{pmatrix} X_c \\ X_* \end{pmatrix} \beta \right\} \\ &= \sum_{t=1}^{m} (y_t - x_t'\beta)^2 + \sum_{t=m+1}^{T} (\hat{y}_t - x_t'\beta)^2. \end{aligned} \tag{11.9}$$

Der erste Summand wird minimal für $b_c$ (11.7). Setzt man diesen Wert für $\beta$ in den zweiten Summanden ein, so wird dieser Ausdruck gemäß (11.8) gleich Null, nimmt also sein absolutes Minimum an. Damit liefert $b_c$ das Minimum der Fehlerquadratsumme $S(\beta)$ (11.9), d.h. $b_c$ ist KQ–Schätzer im aufgefüllten Modell.

**Schätzung von $\sigma^2$**

i) Falls keine Werte fehlen, ist $s^2 = \sum_{t=1}^{T}(y_t - \hat{y}_t)^2/(T-K)$ die korrekte Schätzung.

ii) Falls $T - m$ Daten ($y_{mis}$ in (11.6)) fehlen, wäre

$$\hat{\sigma}^2_{mis} = \sum_{t=1}^{m} (y_t - \hat{y}_t)^2/(m-K) \tag{11.10}$$

die korrekte Schätzung von $\sigma^2$.

iii) Die Auffüllmethode von Yates liefert automatisch folgende Schätzung

$$\begin{aligned}\hat{\sigma}^2_{\text{Yates}} &= \left\{\sum_{t=1}^{m}(y_t - \hat{y}_t)^2 + \sum_{t=m+1}^{T}(\hat{y}_t - \hat{y}_t)^2\right\} / (T-K) \\ &= \sum_{t=1}^{m}(y_t - \hat{y}_t)^2 \,/\, (T-K)\,. \end{aligned} \tag{11.11}$$

Damit gilt

$$\hat{\sigma}^2_{\text{Yates}} = \hat{\sigma}^2_{mis} \cdot \frac{m-K}{T-K} < \hat{\sigma}^2_{mis}\,, \tag{11.12}$$

so dass Yates' Methode zu einer Unterschätzung der Varianz führt. Damit werden Konfidenzintervalle (vgl. (4.255), (4.256) bzw. (4.275)) zu klein und die Teststatistiken (vgl. (11.5)) zu groß, so dass Nullhypothesen schneller abgelehnt werden können. Um eine korrekte Analyse zu gewährleisten, müssten also die Schätzung der Varianz und damit alle nachfolgenden Statistiken mit dem Faktor $\frac{T-K}{m-K}$ korrigiert werden.

### 11.4.3 Bartlett's Kovarianzanalyse

Bartlett (1937) schlug eine Verbesserung von Yates' ANOVA vor, die als Bartlett's ANCOVA (analysis of covariance) bekannt wurde. Die Methode läuft in folgenden Schritten ab:

i) jeder fehlende Wert wird durch eine beliebige Ersetzung (guess) aufgefüllt: $y_{mis} \Rightarrow \hat{y}_{mis}$,

ii) es wird eine Indikatormatrix $Z$ $(T \times (T-m))$ als Kovariable eingeführt und zwar durch die Festlegung

$$Z = \begin{pmatrix} 0\,0\,0 \cdots 0 \\ 0\,0\,0 \cdots 0 \\ \vdots\;\vdots\;\vdots \quad\; \vdots \\ 0\,0\,0 \cdots 0 \\ 1\,0\,0 \cdots 0 \\ 0\,1\,0 \cdots 0 \\ \vdots\;\vdots\;\vdots \quad\; \vdots \\ 0\,0\,0 \cdots 1 \end{pmatrix}. \tag{11.13}$$

Die $m$ Nullvektoren deuten auf no–missing und die $T-m$ Vektoren $e_i'$ auf missing hin. Über diese Kovariablen wird ein zusätzlicher Parameter $\gamma$ $((T-m) \times 1)$ in das Modell eingeführt und mitgeschätzt:

$$\begin{aligned}\begin{pmatrix} y_{obs} \\ \hat{y}_{mis} \end{pmatrix} &= X\beta + Z\gamma + \epsilon \\ &= (X, Z)\begin{pmatrix} \beta \\ \gamma \end{pmatrix} + \epsilon. \end{aligned} \tag{11.14}$$

Die KQ–Schätzung von $\begin{pmatrix} \beta \\ \gamma \end{pmatrix}$ erhält man durch Minimierung der Fehlerquadratsumme

$$S(\beta, \gamma) = \sum_{t=1}^{m} (y_t - x_t'\beta - 0'\gamma)^2 + \sum_{t=m+1}^{T} (\hat{y}_t - x_t'\beta - e_t'\gamma)^2 . \tag{11.15}$$

Der erste Summand wird minimal für $\hat{\beta} = b_c$ (11.7), der zweite Summand wird minimal (und zwar gleich Null) für $\hat{\gamma} = \hat{y}_{mis} - X_* b_c$ . Damit ist die Gesamtsumme minimal für $(b_c, \hat{\gamma})$, d.h.

$$\begin{pmatrix} b_c \\ \hat{y}_{mis} - X_* b_c \end{pmatrix} \tag{11.16}$$

ist KQ–Schätzung von $\begin{pmatrix} \beta \\ \gamma \end{pmatrix}$ im Modell (11.14). Wählt man als Ersetzung speziell $\hat{y}_{mis} = X_* b_c$ (wie bei Yates' Methode), so wird $\hat{\gamma} = 0$. Beide Methoden liefern also als Schätzung von $\beta$ die complete case KQ–Schätzung $b_c$ . Die Einführung des zusätzlichen Paramters $\gamma$, an dessen Wert man gar nicht interessiert ist, bietet jedoch einen entscheidenden Vorteil: die Freiheitsgradzahl bei der Schätzung von $\sigma^2$ im Modell (11.14) ist gleich $T$ minus Anzahl der geschätzten Parameter, also $T - K - (T - m) = m - K$ und damit korrekt, d.h. bei Bartlett's ANCOVA erhalten wir $\hat{\sigma}^2 = \hat{\sigma}^2_{mis}$ (vgl. (11.10)) und damit eine unverzerrte Schätzung von $\sigma^2$ .

## 11.5 Fehlende Werte in der *X*–Matrix

Wenn wir die Standardsituation in der mehr ökonometrisch orientierten Regressionsanalyse betrachten, so ist $X$ häufig kein fester Versuchsplan wie in der Biometrie, sondern das Ergebnis von Beobachtungen exogener Variablen. Damit ist $X$ häufig eine Matrix aus zufälligen Variablen, so dass auch in $X$ Beobachtungen fehlen können. Wir können deshalb folgende Struktur antreffen

$$\begin{pmatrix} y_{obs} \\ y_{mis} \\ y_{obs} \end{pmatrix} = \begin{pmatrix} X_{obs} \\ X_{obs} \\ X_{mis} \end{pmatrix} \beta + \epsilon. \tag{11.17}$$

Die Schätzung von $y_{mis}$ stellt das Vorhersageproblem dar, das wir bereits ausführlich beschrieben haben.

Dabei entspricht die klassische Vorhersage der Methode von Yates. Wir können uns deshalb auf die Substruktur

$$y_{obs} = \begin{pmatrix} X_{obs} \\ X_{mis} \end{pmatrix} \beta + \epsilon \tag{11.18}$$

von (11.17) beschränken und führen folgende Bezeichnungsweise ein:

$$\begin{pmatrix} y_c \\ y_* \end{pmatrix} = \begin{pmatrix} X_c \\ X_* \end{pmatrix} \beta + \begin{pmatrix} \epsilon_c \\ \epsilon_* \end{pmatrix}, \quad \begin{pmatrix} \epsilon_c \\ \epsilon_* \end{pmatrix} \sim (0, \sigma^2 I). \tag{11.19}$$

Das Submodell

$$y_c = X_c \beta + \epsilon_c \tag{11.20}$$

bezeichnet den vollständig beobachteten Datensatz (c: complete), wobei $y_c : m \times 1$, $X_c : m \times K$ und Rang $(X_c) = K$ gelten. Wir beschränken uns auf $X$ nichtstochastisch. Bei zufälligem $X$ würden wir mit bedingten Erwartungswerten arbeiten.

Das andere Submodell

$$y_* = X_* \beta + \epsilon_* \tag{11.21}$$

hat die Dimension $T - m = J$. Dabei ist $y_*$ vollständig beobachtet. In der Matrix $X_*$ fehlen Beobachtungen, wobei Einzelwerte oder ganze Spalten oder Zeilen fehlen können. Zur Unterscheidung von der Schreibweise $X_{mis}$, die auf vollständiges Fehlen hindeutet, wählen wir die Notation $X_*$ (partially missing). Die Kombination der beiden Submodelle im Modell (11.19) entspricht dem mixed Modell (6.140). Es ist deshalb naheliegend, dass wir die Methode der mixed Schätzung zur Behandlung fehlender Werte einsetzen werden.

Die optimale, wegen $X_*$ partiell unbekannt aber nicht operationale Schätzung von $\beta$ im Modell (11.19) ist nach Satz 6.14 durch den mixed Schätzer

$$\begin{aligned} \hat{\beta}(X_*) &= (X_c'X_c + X_*'X_*)^{-1}(X_c'y_c + X_*'y_*) \\ &= b_c + S_c^{-1}X_*'(I_J + X_*S_c^{-1}X_*')^{-1}(y_* - X_*b_c) \end{aligned} \tag{11.22}$$

gegeben, wobei

$$b_c = (X_c'X_c)^{-1}X_c'y_c \tag{11.23}$$

der KQ–Schätzer im complete case Submodell (11.20) und

$$S_c = X_c'X_c \tag{11.24}$$

ist.

Die Kovarianzmatrix von $\hat{\beta}(X_*)$ ist gemäß (6.148)

$$\mathrm{V}(\hat{\beta}(X_*)) = \sigma^2(S_c + S_*)^{-1} \tag{11.25}$$

mit

$$S_* = X_*'X_* \,. \tag{11.26}$$

### 11.5.1 Fehlende Werte und Effizienzverlust

Bevor wir die Ersetzung fehlender Werte und die statistischen Konsequenzen diskutieren, wollen wir untersuchen, welcher Verlust durch Beschränkung auf das vollständige Modell (11.20) eintritt. Als Maß wählen wir die skalare Risikofunktion (vgl. (4.69))

$$R(\hat{\beta}, \beta, S_c) = \mathrm{sp}\{S_c V(\hat{\beta})\}, \tag{11.27}$$

also das MSE–III–Risiko (vgl. (6.66)). Es gilt mit Satz A.18 (iii)

$$(S_c + X_*'X_*)^{-1} = S_c^{-1} - S_c^{-1}X_*'(I_J + X_*S^{-1}X_*')^{-1}X_*S_c^{-1}. \tag{11.28}$$

Damit wird das Risiko von $\hat{\beta}(X_*)$ zu

$$\begin{aligned}\sigma^{-2}R(\hat{\beta}(X_*), \beta, S_c) &= \mathrm{sp}\{S_c(S_c + S_*)^{-1}\} \\ &= K - \mathrm{sp}\{(I_J + B'B)^{-1}B'B\},\end{aligned} \tag{11.29}$$

wobei $B = S_c^{-1/2}X_*'$ gesetzt wurde.

Die $J \times J$–Matrix $B'B$ ist nichtnegativ definit mit Rang $(B'B) = J^*$. Falls Rang $(X_*) = J < K$ gilt, ist $J^* = J$ und damit $B'B > 0$.
Seien $\lambda_1 \geq \ldots \geq \lambda_J \geq 0$ die Eigenwerte von $B$, $\Lambda = diag(\lambda_1, \ldots, \lambda_J)$ und $P$ die Matrix der orthogonalen Eigenvektoren. Dann ist (Satz A.30) $B'B = P\Lambda P'$ und

$$\begin{aligned}\mathrm{sp}\{(I_J + B'B)^{-1}B'B\} &= \mathrm{sp}\{P(I_J + \Lambda)^{-1}P'P\Lambda P'\} \\ &= \mathrm{sp}\{(I_J + \Lambda)^{-1}\Lambda\} \\ &= \sum_{i=1}^{J} \frac{\lambda_i}{1 + \lambda_i}.\end{aligned} \tag{11.30}$$

Das MSE–III–Risiko von $b_c$ selbst ist

$$\sigma^{-2}R(b_c, \beta, S_c) = \mathrm{sp}\{S_c S_c^{-1}\} = K. \tag{11.31}$$

Die Anwendung des MSE–III–Kriteriums ergibt also

$$R(b_c, \beta, S_c) - R(\hat{\beta}(X_*), \beta, S_c) = \sum \frac{\lambda_i}{1+\lambda_i} \geq 0, \tag{11.32}$$

d.h. $\hat{\beta}(X_*)$ ist besser als $b_c$. Wir wollen den Vergleich nach einem anderen Kriterium fortsetzen, das nicht mit der Differenz, sondern mit dem relativen Verhältnis der Risiken arbeitet.

**Definition 11.1** *Die relative Effizienz eines Schätzers $\hat{\beta}_1$ im Verhältnis zu einem anderen Schätzer $\hat{\beta}_2$ sei definiert als*

$$\mathit{eff}(\hat{\beta}_1, \hat{\beta}_2, A) = \frac{R(\hat{\beta}_2, \beta, A)}{R(\hat{\beta}_1, \beta, A)}. \tag{11.33}$$

*$\hat{\beta}_1$ heißt weniger effizient als $\hat{\beta}_2$, falls*

$$\mathit{eff}(\hat{\beta}_1, \hat{\beta}_2, A) \leq 1.$$

Mit (11.29)–(11.31) erhalten wir

$$\text{eff}(b_c, \hat{\beta}(X_*), S_c) = 1 - \frac{1}{K} \sum \frac{\lambda_i}{1+\lambda_i} \leq 1. \tag{11.34}$$

Die relative Effizienz des complete case Schätzers $b_c$ im Verhältnis zum mixed Schätzer im vollen Modell (11.19) ist also kleiner (oder gleich) Eins. Sie liegt in folgenden Grenzen

$$\max\left[0, 1 - \frac{J}{K}\frac{\lambda_1}{1+\lambda_1}\right] \leq \text{eff}(b_c, \hat{\beta}(X_*), S_c) \leq 1 - \frac{J}{K}\frac{\lambda_J}{1+\lambda_J} \leq 1. \tag{11.35}$$

Beispiele: (i) Sei $X_* = X_c$, so dass im vollen Modell die Designmatrix $X_c$ zweimal realisiert wird. Dann wird $B'B = X_c S_c^{-1} X_c'$ idempotent vom Rang $J = K$, so dass alle $\lambda_i = 1$ sind (Satz A.61 (i)) und somit

$$\text{eff}(b_c, \hat{\beta}(X_c), S_c) = \frac{1}{2} \tag{11.36}$$

gilt.

(ii) $J = 1$ (eine Zeile von $X$ ist unvollständig). Dann ist $X_* = x_*'$ ein $1 \times K$–Vektor und $B'B = x_*' S_c^{-1} x_*$ ein Skalar. Seien $\mu \geq \ldots \geq \mu_K > 0$ die Eigenwerte von $S_c$ und $\Gamma = (\gamma_1, \ldots, \gamma_K)$ die Matrix der zugehörigen orthogonalen Eigenvektoren.

Dann wird der Schätzer $\hat{\beta}(X_*)$ zu

$$\hat{\beta}(x_*) = (S_c + x_* x_*')^{-1}(X_c' y_c + x_* y_*). \tag{11.37}$$

Damit erhalten wir folgende Abschätzung

$$\mu_1^{-1} x_*' x_* \leq x_*' S_c^{-1} x_* = \sum \mu_j^{-1} (x_*' \gamma_j)^2 \leq \mu_K^{-1} x_*' x_* \,. \tag{11.38}$$

Gemäß (11.34) folgt

$$\text{eff}(b_c, \hat{\beta}(x_*), S_c) = 1 - \frac{1}{K}\frac{x_*' S_c^{-1} x_*}{1 + x_*' S_c^{-1} x_*} = 1 - \frac{1}{K}\frac{\sum \mu_j^{-1}(x_*'\gamma_j)^2}{1 + \sum \mu_j^{-1}(x_*'\gamma_j)^2} \leq 1 \tag{11.39}$$

und daraus

$$1 - \frac{\mu_1 \mu_K^{-1} x_*' x_*}{K(\mu_1 + x_*' x_*)} \leq \text{eff}(b_c, \hat{\beta}(x_*), S_c) \leq 1 - \frac{x_*' x_*}{K(\mu_1 \mu_K^{-1})(\mu_K + x_*' x_*)}. \tag{11.40}$$

Die relative Effizienz von $b_c$ im Verhältnis zu $\hat{\beta}(x_*)$ hängt sowohl vom Vektor $x_*$ (bzw. seiner quadrierten Norm $x_*' x_*$) als auch von den Eigenwerten der Matrix $S_c$, insbesondere von der sogenannten Konditionszahl $\sqrt{\mu_1/\mu_K}$ (vgl. (4.140)) und der Spannweite $\mu_1 - \mu_k$ zwischen dem größten und dem kleinsten Eigenwert ab.

Sei $x_* = g\gamma_i$ $(i = 1, \ldots, K)$ gesetzt mit $g$ einem Skalar und $\mu = diag(\mu_1, \ldots, \mu_K)$. Dann erhalten wir für diese speziellen $x_*$–Vektoren, die jeweils in Richtung eines Eigenvektors von $S_c$ liegen, folgenden Ausdruck für das Risiko von $\hat{\beta}(g\gamma_i)$:

$$\sigma^{-2} R(\hat{\beta}(g\gamma_i), \beta, S_c) = \text{sp}\{\Gamma\mu\Gamma'(\Gamma\mu\Gamma' + g^2\gamma_i\gamma_i')^{-1}\} = K - 1 + \frac{\mu_i}{\mu_i + g^2}. \tag{11.41}$$

Damit erreicht die relative Effizienz von $b_c$ ihr Maximum, wenn $x_*$ in der Richtung von $\gamma_1$ (Eigenvektor zum maximalen Eigenwert $\mu_1$) liegt. Folglich ist der Verlust an Effizienz durch Entfernen von einer Zeile $x_*$ minimal für $x_* = g\gamma_1$ und maximal für $x_* = g\gamma_K$. Dieser Sachverhalt entspricht der Feststellung von Silvey (1969), dass die Güte einer KQ–Schätzung maximal verbessert werden kann, wenn zusätzliche Beobachtungen in der Richtung durchgeführt werden, die vorher am wenigsten präzise war. Dies ist aber die Richtung des Eigenvektors zum minimalen Eigenwert $\mu_K$ von $S_c$.

## 11.6 Standardverfahren bei unvollständiger $X$–Matrix

### 11.6.1 Complete case Analyse (CC)

Als erstes Verfahren bietet sich die Beschränkung auf das vollständig beobachtete Teilmodell (11.20) an. Der zugehörige Schätzer von $\beta$ ist $b_c = S_c^{-1} X_c' y_c$ (11.23), der erwartungstreu ist mit der Kovarianzmatrix $V(b_c) =$

$\sigma^2 S_c^{-1}$. Die Verwendung von $b_c$ setzt voraus, dass der Prozentsatz fehlender oder unvollständiger Zeilen in $X_*$, d.h. $\frac{T-m}{T} \cdot 100\%$ nicht zu groß ist. Die CC–Analyse liefert eine erwartungstreue Schätzung, solange die Wahrscheinlichkeit für das Fehlen der Kovariablenwerte nicht vom Response abhängt. Die Wahrscheinlichkeit darf aber durchaus von den Kovariablenwerten selbst, auch den fehlenden Werten, abhängen. D.h. solange die Wahrscheinlichkeit für das Fehlen nicht vom Response abhängt, sind sogar Fehlend–Mechanismen erlaubt, die weder MCAR, noch MAR sind. Formal kann man dies folgendermaßen ableiten. Sei $R$ jetzt die Indikatormatrix, die sich nur auf die Kovariablenmatrix $X$ bezieht. Dann lässt sich die Bedingung, dass die Wahrscheinlichkeit für das Fehlen nicht vom Response abhängt, mittels Dichten charakterisieren als

$$f(R|Y,X) = f(R|X) . \tag{11.42}$$

Damit gilt aber auch

$$f(Y|R,X) = \frac{f(Y,R|X)}{f(R|X)} = \frac{f(R|Y,X)f(Y|X)}{f(R|X)} = f(Y|X) . \tag{11.43}$$

Zum Vergleich: hängt die Fehlend–Wahrscheinlichkeit von $Y$ ab, so gilt (11.42) nicht mehr und wir erhalten

$$f(Y|R,X) = \frac{f(Y,R|X)}{f(R|X)} = \frac{f(R|Y,X)}{f(R|X)} f(Y|X) \neq f(Y|X) \tag{11.44}$$

### 11.6.2 Available case Analyse

Wir nehmen an, dass die Regressoren $X_1, \ldots, X_K$ (oder $X_2, \ldots, X_K$ wenn $X_1 = 1$) stochastisch sind. Dann besitzen $(X_1, \ldots, X_K, y)$ eine gemeinsame Verteilung mit Mittelwertsvektor $\mu = (\mu_1, \ldots, \mu_K, \mu_y)$ und Kovarianzmatrix

$$\Sigma = \begin{pmatrix} \Sigma_{xx} & \Sigma_{xy} \\ \Sigma_{yx} & \sigma_{yy} \end{pmatrix} .$$

Eine Schätzung für $\beta$ erhält man dann als Lösung der Normalgleichungen

$$\hat{\Sigma}_{xx}\hat{\beta} = \hat{\Sigma}_{xy} , \tag{11.45}$$

wobei $\hat{\Sigma}_{xx}$ die $K \times K$ Stichproben–Kovarianzmatrix ist. Die Lösungen lauten

$$\hat{\beta} = \hat{\Sigma}_{xx}^{-1} \hat{\Sigma}_{xy} ,$$

mit

$$\hat{\beta}_0 = \hat{\mu}_y - \sum_{j=1}^{K} \hat{\beta}_j \hat{\mu}_j ,$$

als Schätzung für den Intercept bzw. dem Parameter für die konstante Variable $X_1 = (1, \ldots, 1)'$.

Das $(i, j)$–te Element von $\hat{\Sigma}_{xx}$ wird aus allen paarweise beobachteten Elementen der Variablen $x_i$ und $x_j$ berechnet. In ähnlicher Weise macht $\hat{\Sigma}_{yx}$ Gebrauch von allen paarweise beobachteten Elementen $x_i$ und $y_i$. Haitovsky (1968) untersuchte die Eigenschaften dieser Methode in einer Simulationsstudie und kommt zu zwei Resultaten. Zum einen tritt das Problem nicht–positiv definiter geschätzter Kovarianzmatrizen besonders dann auf, wenn die Kovariablen stark korreliert sind, zum anderen ist der complete–case Schätzer $b_c$ dem Schätzer $\hat{\beta}$ dieser Methode in vielen Fällen überlegen.

### 11.6.3 Maximum–Likelihood Methoden

Liegt ein monotones Muster für das Fehlen vor (vgl. Abbildung 11.3), so kann die gemeinsame Verteilung der Daten $D$ (gegeben einen Parametervektor $\phi$) folgendermaßen faktorisiert werden:

$$\begin{aligned}
&\prod_{i=1}^{T} f(d_{i1}, d_{i2}, \ldots, d_{iK}|\phi) \\
&= \prod_{i=1}^{T} f(d_{i1}|\phi_1) \prod_{i=1}^{t_2} f(d_{i2}|d_{i1}, \phi_2) \cdots \prod_{i=1}^{t_K} f(d_{iK}|d_{i1}, \ldots, d_{i,K-1}, \phi_K),
\end{aligned}$$

wobei $t_2, \ldots, t_K$ die Anzahl der Beobachtungen für die Variablen $d_2, \ldots, d_K$ angibt und $d_1$ vollständig beobachtet sein soll ($T$ Beobachtungen).

Betrachten wir ein Modell $y = X\beta + \epsilon$, wo die gemeinsame Verteilung von $y$ und $X$ einer multivariaten Normalverteilung mit Mittelwert $\mu$ und Kovarianzmatrix $\Sigma$ folgt: ohne fehlende Werte können wir die ML–Schätzungen von $\mu$ und $\Sigma$ wie in Abschnitt 11.6.2 benutzen, um Schätzungen für die Regressionsparameter zu erhalten.

Für den Fall, dass in $X = (X_1, \ldots, X_K)$ nur Werte in $X_1$ fehlen, kann die gemeinsame Verteilung von $Y$ und $X_1$, bedingt auf die restlichen $X$–Variablen, faktorisiert werden als

$$f(y, X_1|X_2, \ldots, X_K, \phi) = f(y|X_2, \ldots, X_K, \phi_1) f(X_1|X_2, \ldots, X_K, y, \phi_2).$$

Die korrespondierenden Likelihoods von $\phi_1$ und $\phi_2$ können separat maximiert werden, wenn wir zusätzlich davon ausgehen, dass $\phi_1$ und $\phi_2$ unabhängige Parametermengen sind (d.h. gilt $\phi_1 \in \Phi_1$ und $\phi_2 \in \Phi_2$, dann ist $(\phi_1, \phi_2) \in \Phi_1 \times \Phi_2$).

Als Ergebnis erhält man zwei vollständige Datenprobleme, die mit Standardtechniken gelöst werden können. Die Ergebnisse können dann kombiniert werden, um Schätzungen für die interessierenden Regressionskoeffizienten zu erhalten (vgl. Little, 1992):

$$\hat{\beta}_{y1|1,\dots,K} = \frac{\tilde{\beta}_{1y|2,\dots,K,y}\hat{\sigma}_{yy|2,\dots,K}}{\tilde{\sigma}_{11|2,\dots,K,y} + \tilde{\beta}^2_{1y|2,\dots,K,y}\hat{\sigma}_{yy|2,\dots,K}}$$

$$\hat{\beta}_{yj|1,\dots,K} = -\frac{\hat{\beta}_{yj|2,\dots,K}\tilde{\sigma}_{11|2,\dots,K,y} - \tilde{\beta}_{1y|2,\dots,K,y}\tilde{\beta}_{1j|2,\dots,K,y}\hat{\sigma}_{yy|2,\dots,K}}{\tilde{\sigma}_{11|2,\dots,K,y} + \tilde{\beta}^2_{1y|2,\dots,K,y}\hat{\sigma}_{yy|2,\dots,K}}$$

wobei Parameter mit der Tilde (˜) zu $\phi_2$ gehören (Regression von $X_1$ auf $X_2, \dots, X_K, y$, aus den $t_c$ vollständigen Fällen) und Parameter mit einem Dach (ˆ) zu $\phi_1$ gehören (Regression von $y$ auf $X_2, \dots, X_K$, geschätzt aus allen $T$ Fällen).

In diesem Fall muss die Annahme einer gemeinsamen Verteilung nur für $(y, X_1)$ erfüllt sein; die Kovaraiablen $X_2, \dots, X_K$ können auch kategoriale Variablen sein. Allgemeine Fehlend–Muster in den Daten erfordern iterative Methoden, wie z.B. den EM Algorithmus von Dempster, Laird und Rubin (1977). Eine detaillierte Diskussion der likelihoodbasierten Methoden findet sich in Little und Rubin (1987).

## 11.7 Imputationsmethoden für unvollständige $X$–Matrizen

### 11.7.1 Zero–order Regression (ZOR)

Diese Methode von Wilks (1932) heißt auch Stichprobenmittel–Methode. Sie ersetzt einen fehlenden Wert $x_{ij}$ des $j$–ten Regressors $X_j$ durch das Spaltenmittel der beobachteten Werte von $X_j$. Seien jeweils

$$\Phi_j = \{i : x_{ij} \text{ fehlend}\}, \quad j = 1, \dots, K \tag{11.46}$$

die Indexmengen der fehlenden $X_j$–Werte und sei $M_j$ die Anzahl der Elemente in $\Phi_j$. Dann wird für jedes $j$ jeder fehlende Wert $x_{ij}$ in $X_*$ ersetzt durch

$$\hat{x}_{ij} = \bar{x}_j = \frac{1}{T - M_j} \sum_{i \notin \Phi_j} x_{ij} \,. \tag{11.47}$$

Sofern das Stichprobenmittel eine gute Schätzung für den Mittelwert der $j$–ten Spalte ist, wird diese Methode zufriedenstellend arbeiten. Falls jedoch die Werte der $j$–ten Spalte Trends oder Nichtlinearitäten wie Wachstumskurven unterliegen, dürfte $\bar{x}_j$ kein guter Repräsentant sein, so dass die Ersetzung fehlender Werte durch $\bar{x}_j$ zu Verzerrungen führt. Die Ersetzung aller fehlenden $x_{ij}$ durch die entsprechenden Spaltenmittel $\bar{x}_j$ $(j = 1, \dots, K)$ führt die Matrix $X_*$ in eine—nun vollständig bekannte Matrix—$X_{(1)}$ über. Damit kommen wir zur operationalisierten Form des mixed Modells (11.19), d.h. zu

$$\begin{pmatrix} y_c \\ y_* \end{pmatrix} = \begin{pmatrix} X_c \\ X_{(1)} \end{pmatrix} \beta + \begin{pmatrix} \epsilon \\ \epsilon_{(1)} \end{pmatrix} . \tag{11.48}$$

Für den Fehlervektor $\epsilon_{(1)}$ gilt

$$\epsilon_{(1)} = (X_* - X_{(1)})\beta + \epsilon_* \tag{11.49}$$

mit

$$\epsilon_{(1)} \sim \{(X_* - X_{(1)})\beta, \sigma^2 I_J\} \tag{11.50}$$

und $J = T - m$.

Die Ersetzung fehlender Werte führt also im allgemeinen zu einem verzerrten mixed Modell, da $X_* - X_{(1)} \neq 0$ gelten wird. Falls $X$ stochastisch ist, kann man günstigenfalls $E(X_* - X_{(1)}) = 0$ erwarten.

### 11.7.2 First–order Regression (FOR)

Unter diesem Begriff ist ein Methodenkomplex zusammengefasst, der die Struktur der $X$–Matrix durch Bildung von zusätzlichen Regressionsgleichungen ausnutzt. Ausgehend von den Indexmengen $\Phi_j$ in (11.46) modelliert man die Abhängigkeit jeder Spalte $X_j$ $(j = 1, \dots, K,\ j$ fest) von den anderen Spalten gemäß

$$x_{ij} = \theta_{0j} + \sum_{\substack{\mu=1 \\ \mu \neq j}}^{K} x_{i\mu}\theta_{\mu j} + u_{ij}, \qquad i \notin \Phi = \bigcup_{j=1}^{K} \Phi_j . \tag{11.51}$$

Die fehlenden Werte $x_{ij}$ in $X_*$ werden durch

$$\hat{x}_{ij} = \hat{\theta}_{0j} + \sum_{\substack{\mu=1 \\ \mu \neq j}}^{K} x_{i\mu}\hat{\theta}_{\mu j} \quad (i \in \Phi_j) \tag{11.52}$$

geschätzt und ersetzt.

*Beispiel 11.7.1.* **Disjunkte Indexmengen $\Phi_j$**

Sei $X_c$ eine $m \times K$–Matrix und $X_*$ folgende $2 \times K$–Matrix

$$X_* = \begin{pmatrix} * & x_{m+1,2} & x_{m+1,3} & \cdots & x_{m+1,K} \\ x_{m+2,1} & * & x_{m+2,3} & \cdots & x_{m+2,K} \end{pmatrix} \tag{11.53}$$

wobei $*$ für fehlende Werte steht. Damit sind die Indexmengen

$$\left.\begin{aligned} \Phi_1 = \{m+1\}, \Phi_2 = \{m+2\}, \Phi_3 = \cdots = \Phi_K = \emptyset, \\ \Phi = \bigcup_{j=1}^{K} \Phi_j = \{m+1, m+2\}. \end{aligned}\right\} \tag{11.54}$$

Wir bilden die beiden zusätzlichen Regressionsmodelle

$$x_{1i} = \theta_{01} + \sum_{\mu=2}^{K} x_{i\mu}\theta_{\mu 1} + u_{i1}, \quad i = 1, \ldots, m \tag{11.55}$$

und

$$x_{i2} = \theta_{02} + x_{i1}\theta_{12} + \sum_{\mu=3}^{K} x_{i\mu}\theta_{\mu 2} + u_{i2}, \quad i = 1, \ldots, m, \tag{11.56}$$

deren Parameter wir jeweils durch die KQ–Schätzungen $\hat{\theta}_1$ und $\hat{\theta}_2$ schätzen. Damit werden die beiden fehlenden Werte in $X_*$ aus (11.53) durch

$$\hat{x}_{m+1,1} = \hat{\theta}_{01} + \sum_{\mu=2}^{K} x_{m+1,\mu}\hat{\theta}_{\mu 1} \tag{11.57}$$

und

$$\hat{x}_{m+2,2} = \hat{\theta}_{02} + \sum_{\substack{\mu=1 \\ \mu\neq 2}}^{K} x_{m+2,\mu}\hat{\theta}_{\mu 2} \tag{11.58}$$

geschätzt. Dies ergibt die vervollständigte Matrix

$$\hat{X}_* = \begin{pmatrix} \hat{x}_{m+1,1} & x_{m+1,2} & x_{m+1,3} & \cdots & x_{m+1,K} \\ x_{m+2,1} & \hat{x}_{m+2,2} & x_{m+2,3} & \cdots & x_{m+2,K} \end{pmatrix} = X_{(2)} . \tag{11.59}$$

Das operationalisierte mixed Modell ist dann gleich

$$\begin{pmatrix} y_c \\ y_* \end{pmatrix} = \begin{pmatrix} X_c \\ X_{(2)} \end{pmatrix} \beta + \begin{pmatrix} \epsilon_c \\ \epsilon_{(2)} \end{pmatrix}, \tag{11.60}$$

wobei der Fehlervektor $\epsilon_{(2)}$ die Gestalt hat

$$\begin{aligned} \epsilon_{(2)} &= (X_* - X_{(2)})\beta + \epsilon_* \\ &= \begin{pmatrix} x_{m+1,1} - \hat{x}_{m+1,1} & 0 & 0 \cdots 0 \\ 0 & x_{m+2,2} - \hat{x}_{m+2,2} & 0 \cdots 0 \end{pmatrix} \beta + \epsilon_* \\ &= \begin{pmatrix} (x_{m+1,1} - \hat{x}_{m+1,1})\beta_1 \\ (x_{m+2,2} - \hat{x}_{m+2,2})\beta_2 \end{pmatrix} + \begin{pmatrix} \epsilon_{m+1} \\ \epsilon_{m+2} \end{pmatrix} . \end{aligned} \tag{11.61}$$

*Beispiel 11.7.2.* **Nichtdisjunkte Indexmengen $\Phi_j$**

Sei $J = 1$ und

$$x'_* = (*, *, x_{m+1,3}, \dots, x_{m+1,K}). \tag{11.62}$$

Dann ist $\Phi_1 = \Phi_2 = \{m+1\}, \Phi_3 = \cdots = \Phi_K = \emptyset$. Wir bestimmen die Schätzungen $\hat{\theta}_1$ und $\hat{\theta}_2$ in Analogie zu (11.55) und (11.56). Zur Bestimmung von $\hat{x}_{m+1,1}$ benötigen wir den Wert $\hat{x}_{m+1,2}$ und umgekehrt ist $\hat{x}_{m+1,1}$ zur Berechnung von $\hat{x}_{m+1,2}$ nötig. Es gibt eine Reihe von Vorschlägen, um dieser Schwierigkeit bei nichtdisjunkten Indexmengen zu begegnen. Afifi und Elashoff (1966) schlagen gewisse Mittelungen vor (vgl. auch (Buck, 1960). Dagenais (1973) gibt eine verallgemeinerte KQ–Prozedur zum Auffüllen von $X_*$ unter Einsatz von first–order Näherungen an. Eine andere Variante ist die Wahl der zusätzlichen Regression mit dem höchsten Bestimmtheitsmaß. Die anderen fehlenden Werte werden durch Spaltenmittel ersetzt, so dass sich eine Kombination von ZOR und FOR ergibt.

### 11.7.3 Korrelationsmethoden für stochastisches $X$

Falls die Regressoren $X_1, \dots, X_K$ (bzw. $X_2, \dots, X_K$, falls $X_1 = \mathbf{1}$ ist) stochastisch sind, schätzt man $\beta$ aus den Normalgleichungen

$$\operatorname{cov}(x_i, x_j)\hat{\beta} = \operatorname{cov}(x_i, y) \quad (i, j = 1, \dots, K). \tag{11.63}$$

Dabei ist $cov(x_i, x_j)$ die $K \times K$–Stichprobenkovarianzmatrix, deren $(i,j)$–tes Element aus den paarweisen Beobachtungen von $X_i$ und $X_j$ berechnet wird. Entsprechend wird $cov(x_i, y)$ aus allen paarweisen Beobachtungen von $x_i$ und $y$ berechnet. Im Prinzip also ist dies nichts anderes als eine Adaption der available case Analyse aus Abschnitt 11.6.2 für den Fall stochastischer Kovariablen. Die praktische Schätzung ist identisch dazu. Wir wollen auf diese Methode nicht weiter eingehen, da sie häufig zu unbefriedigenden Resultaten führt, siehe auch die Bemerkungen in Abschnitt 11.6.2.

### 11.7.4 Maximum–Likelihood–Schätzungen der fehlenden Werte

Wir setzen zusätzlich Normalverteilung voraus, d.h. $\epsilon \sim N(0, \sigma^2 I_T)$. Ferner liege ein sogenanntes monotones Pattern der fehlenden Werte vor, das eine Faktorisierung der Likelihoodfunktion erlaubt (vgl. Little und Rubin, 1987). Wir beschränken uns auf den einfachsten Fall und nehmen an, dass die Matrix $X_*$ vollständig unbekannt ist. Dies setzt voraus, dass im Modell keine Konstante enthalten ist. Dann ist $X_*$ im mixed Modell (11.19) wie ein unbekannter Parameter zu behandeln. Die logarithmierte Likelihoodfunktion zur Schätzung der unbekannten Parameter $\beta, \sigma^2$ und des „Parameters" $X_*$ ist dann

$$\ln L(\beta, \sigma^2, X_*) = -\frac{n}{2}\ln(2\pi) - \frac{n}{2}\ln(\sigma^2) - \frac{1}{2\sigma^2}(y_c - X_c\beta, y_* - X_*\beta)' \begin{pmatrix} y_c - X_c\beta \\ y_* - X_*\beta \end{pmatrix}. \quad (11.64)$$

Die Ableitung nach $\beta, \sigma^2$ und $X_*$ liefert die Normalgleichungen

$$\frac{\partial \ln L}{\partial \beta} = \frac{1}{2\sigma^2}\{X_c'(y_c - X_c\beta) + X_*'(y_* - X_*\beta)\} = 0, \quad (11.65)$$

$$\frac{\partial \ln L}{\partial \sigma^2} = \frac{1}{2\sigma^2}\{-n + \frac{1}{\sigma^2}(y_c - X_c\beta)'(y_c - X_c\beta) + \frac{1}{\sigma^2}(y_* - X_*\beta)'(y_* - X_*\beta)\} = 0 \quad (11.66)$$

und

$$\frac{\partial \ln L}{\partial X_*} = \frac{1}{2\sigma^2}(y_* - X_*\beta)\beta' = 0. \quad (11.67)$$

Daraus erhalten wir die ML–Schätzungen für $\beta$ und $\sigma^2$

$$\hat{\beta} = b_c = S_c^{-1}X_c'y_c \quad , \quad (11.68)$$

$$\hat{\sigma}^2 = \frac{1}{m}(y_c - X_c b_c)'(y_c - X_c b_c), \quad (11.69)$$

die also nur auf dem vollständigen Submodell (11.20) basieren. Die ML–Schätzung von $\hat{X}_*$ ist also die Lösung (vgl. (11.67) mit $\hat{\beta} = b_c$) von

$$y_* = \hat{X}_* b_c \,. \quad (11.70)$$

Nur im Fall $K = 1$ erhalten wir eine eindeutige Lösung

$$\hat{x}_* = \frac{y_*}{b_c} \quad (11.71)$$

mit $b_c = (x_c'x_c)^{-1}x_c'y_c$ (vgl. Kmenta, 1971). Im Fall $K > 1$ gibt es eine $J \times (K-1)$–fache Mannigfaltigkeit von Lösungen $\hat{X}_*$. Hat man eine beliebige Lösung $\hat{X}_*$ von (11.70) gefunden und setzt sie in das mixed Modell ein:

$$\begin{pmatrix} y_c \\ y_* \end{pmatrix} = \begin{pmatrix} X_c \\ \hat{X}_* \end{pmatrix}\beta + \begin{pmatrix} \epsilon_c \\ \epsilon_* \end{pmatrix}, \quad (11.72)$$

so folgt für den mixed Schätzer folgende interessante Identität

$$\begin{aligned}
\hat{\beta}(\hat{X}_*) &= (S_c + \hat{X}_*'\hat{X}_*)^{-1}(X_c'y_c + \hat{X}_*'y_*) \\
&= (S_c + \hat{X}_*'\hat{X}_*)^{-1}(S_c\beta + X_c'\epsilon_c + \hat{X}_*'\hat{X}_*\beta + \hat{X}_*'\hat{X}_*S_c^{-1}X_c'\epsilon_c) \\
&= \beta + (S_c + \hat{X}_*'\hat{X}_*)^{-1}(S_c + \hat{X}_*'\hat{X}_*)S_c^{-1}X_c'\epsilon_c \\
&= \beta + S_c^{-1}X_c'\epsilon_c \\
&= b_c\,. \qquad (11.73)
\end{aligned}$$

Dieses Ergebnis entspricht dem Resultat in Abschnitt 11.4.2 . Der KQ–Schätzer $\hat{\beta}(\hat{X}_*)$ im mit der ML–Schätzung $\hat{X}_*$ aufgefüllten Modell ist gleich dem KQ–Schätzer $b_c$ im Submodell mit den vollständigen Beobachtungen. Dieses Resultat gilt auch in anderen monotonen Fehlend–Strukturen.

Ist das Fehlend–Pattern nicht monoton, so sind iterative Verfahren zur Lösung der ML–Gleichungen einzusetzen, die aus der Minimierung der nicht faktorisierbaren Likelihoodfunktion entstehen. Der bekannteste Algorithmus ist das EM–Verfahren von Dempster et al. (1977) (vgl. auch die Algorithmen von Oberhofer und Kmenta, 1974).

Weitere Diskussionen zum Problem der ML–Schätzung fehlender Werte findet man in Little und Rubin (1987) und Weisberg (1980). Toutenburg, Heumann, Fieger und Park (1995) geben einen Ansatz zur eindeutigen Lösung der Normalgleichung (11.70) gemäß

$$\min_{\hat{X}_*,\lambda}\{|S_c + \hat{X}_*'\hat{X}_*|^{-1} - 2\lambda'(y_* - \hat{X}_*b_c)\}. \qquad (11.74)$$

Die Lösung lautet

$$\hat{X}_* = \frac{y_*y_c'X_c}{y_c'X_cS_c^{-1}X_c'y_c}\,. \qquad (11.75)$$

### 11.7.5 Gewichtete mixed Schätzung

Wie wir in den Abschnitten dieses Kapitels gesehen haben, führt die Ersetzung der fehlenden Werte in $X_*$ durch eine der beschriebenen Methoden zur vervollständigten Matrix $X_{(1)}$ (ZOR), $X_{(2)}$ (FOR) oder $\hat{X}_*$ (ML–Schätzung). In Anlehnung an die Bezeichnungsweise im mixed Modell (6.140) unter der verzerrten Restriktion $r = R\beta + \delta + \phi$ wollen wir die aufgefüllte Matrix—unabhängig von der Auffüllungsmethode—mit $X_R$ bezeichnen. Das operationalisierte mixed Modell hat also die Gestalt

$$\begin{pmatrix} y_c \\ y_* \end{pmatrix} = \begin{pmatrix} X_c \\ X_R \end{pmatrix}\beta + \begin{pmatrix} \epsilon_c \\ \epsilon_R \end{pmatrix} \qquad (11.76)$$

mit

$$\epsilon_R = (X_* - X_R)\beta + \epsilon_*\,. \qquad (11.77)$$

Sei

$$\delta = (X_* - X_R)\beta, \tag{11.78}$$

so gilt im allgemeinen $\delta \neq 0$.

Die KQ–Schätzung im Modell (11.76) wird durch den mixed Schätzer

$$\hat{\beta}(X_R) = (S_c + S_R)^{-1}(X_c' y_c + X_R' y_*) \tag{11.79}$$

als Lösung des Minimierungsproblems

$$\begin{aligned}\min_\beta S(\beta) = \min_\beta \{ &(y_c - X_c\beta)'(y_c - X_c\beta) \\ &+ (y_* - X_R\beta)'(y_* - X_R\beta)\}\end{aligned} \tag{11.80}$$

definiert, wobei

$$S_R = X_R' X_R \tag{11.81}$$

gesetzt wird. Der mixed Schätzer hat den Erwartungswert

$$\mathrm{E}(\hat{\beta}(X_R)) = \beta + (S_c + S_R)^{-1} X_R' \delta, \tag{11.82}$$

so dass $\hat{\beta}(X_R)$ für $\delta \neq 0$ nichterwartungstreu ist.

Der Vergleich zwischen

- complete case Analysis

und

- Auffüllen (Imputation) der fehlenden Daten in $X_*$

läuft also auf den Vergleich der erwartungstreuen Schätzung $b_c$ und der nichterwartungstreuen mixed Schätzung $\hat{\beta}(X_R)$ hinaus. Legt man den Mean–Square Error als Gütemaß zugrunde, so sind die Resultate des Abschnitts 6.8.3 anzuwenden.

Die Einführung der beiden abgeschwächten MSE–Kriterien erfolgte unter dem Aspekt, den Annahmebereich für den verzerrten mixed Schätzer zu erweitern. Wir werden hier einen alternativen Ansatz geben, der in die gleiche Richtung zielt. Die Idee basiert auf der Festlegung, dass das vollständig realisierte Submodell (11.20) ein höheres Gewicht als das aufgefüllte Submodell

$$y_* = X_R\beta + \epsilon_R \tag{11.83}$$

erhält. Diesen Sachverhalt setzt man in die Fehlerquadratsumme um gemäß der Forderung

$$\min_\beta \tilde{S}(\beta) = \min_\beta \{(y_c - X_c\beta)'(y_c - X_c\beta) + \lambda(y_* - X_R\beta)'(y_* - X_R\beta)\}, \tag{11.84}$$

wobei $0 \leq \lambda \leq 1$ ein skalares Gewicht darstellt. Differentiation von (11.84) nach $\beta$ liefert die Normalgleichung

$$(S_c + \lambda S_R)\beta - (X_c' y_c + \lambda X_R' y_*) = 0, \tag{11.85}$$

deren Lösung

$$b(\lambda) = (S_c + \lambda S_R)^{-1}(X_c' y_c + \lambda X_R' y_*) \tag{11.86}$$

ist. Diese Schätzung heißt gewichteter mixed Schätzer (weighted mixed regression estimator, WMRE, vgl. Schaffrin und Toutenburg, 1990). $b(\lambda)$ kann als mixed Schätzer im Modell

$$\begin{pmatrix} y_c \\ \sqrt{\lambda} y_* \end{pmatrix} = \begin{pmatrix} X_c \\ \sqrt{\lambda} X_R \end{pmatrix} \beta + \begin{pmatrix} \epsilon_c \\ \sqrt{\lambda} \epsilon_R \end{pmatrix} \tag{11.87}$$

interpretiert werden.

Sei zur Abkürzung

$$Z(\lambda) = Z = (S_c + \lambda S_R) \tag{11.88}$$

gesetzt. Dann folgt

$$\begin{aligned} b(\lambda) &= Z^{-1}(X_c' X_c \beta + X_c' \epsilon_c + \lambda X_R' X_* \beta + \lambda X_R' \epsilon_*) \\ &= \beta + \lambda Z^{-1} X_R' (X_* - X_R)\beta + Z^{-1}(X_c' \epsilon_c + \lambda X_R' \epsilon_R). \end{aligned} \tag{11.89}$$

Mit $\delta = (X_* - X_R)\beta$ (vgl. (11.78)) erhalten wir

$$\text{Bias}(b(\lambda), \beta) = \lambda Z^{-1} X_R' \delta \tag{11.90}$$

und

$$\text{V}(b(\lambda)) = \sigma^2 Z^{-1}(S_c + \lambda^2 S_R) Z^{-1}. \tag{11.91}$$

Dann gilt der folgende Satz

**Satz 11.1** *Der gewichtete mixed Schätzer $b(\lambda)$ (11.86) ist MSE-I-besser als der complete case Schätzer $b_c$ genau dann, wenn*

$$\sigma^{-2} \delta' [(2\lambda^{-1} - 1)I + X_R S_c^{-1} X_R']^{-1} \delta \leq 1 \tag{11.92}$$

*gilt.*

*Beweis.* Analog zum Beweis von Satz 6.16.

**Optimale Wahl von $\lambda$**

Der gewichtete mixed Schätzer $b(\lambda)$ hängt vom Gewicht $\lambda$ ab, das als Parameter sowohl den Bias von $b(\lambda)$ als auch die Kovarianzmatrix bestimmt und gemäß (11.92) Einfluss auf die Superioritätsbedingung hat. Damit stellt sich das Problem, $\lambda$ im Sinne eines zusätzlichen Kriteriums zu optimieren, das von der MSE–Matrix von $b(\lambda)$ abhängt. Als Kriterium wählen wir die quadratische Risikofunktion

$$R_2(b(\lambda), \beta, a) = \mathrm{E}[a'(b(\lambda) - \beta)]^2 = a'M(b(\lambda), \beta)a \tag{11.93}$$

(vgl. (7.4)). Mit (7.9) und (7.10) erhalten wir

$$\begin{aligned} R(b(\lambda), \beta, a) = g(\lambda) = {} & \lambda^2(a'Z^{-1}X_R'\delta\delta'X_RZ^{-1}a) \\ & +\sigma^2 a'Z^{-1}(S_c + \lambda^2 S_R)Z^{-1}a. \end{aligned} \tag{11.94}$$

Unter Verwendung der Regeln (vgl. Sätze A.94–A.97)

$$\frac{\partial \mathrm{sp}\{AZ^{-1}\}}{\partial\lambda} = \mathrm{sp}\left\{\frac{\partial \mathrm{sp}\{AZ^{-1}\}}{\partial Z^{-1}}\,\frac{\partial Z^{-1}}{\partial\lambda}\right\},$$

$$\frac{\partial \mathrm{sp}\{AZ^{-1}\}}{\partial Z^{-1}} = A'$$

und

$$\frac{\partial Z^{-1}}{\partial\lambda} = -Z^{-1}\frac{\partial Z}{\partial\lambda}Z^{-1}$$

erhalten wir

$$\frac{\partial}{\partial\lambda}\mathrm{sp}\{AZ^{-1}\} = -\mathrm{sp}\{Z^{-1}A'Z^{-1}\frac{\partial Z}{\partial\lambda}\}.$$

Nun gilt $\frac{\partial Z}{\partial\lambda} = S_R$, so dass insgesamt

$$\frac{\partial}{\partial\lambda}\mathrm{sp}\{AZ^{-1}\} = -\mathrm{sp}\{Z^{-1}A'Z^{-1}S_R\} \tag{11.95}$$

folgt. Damit erhalten wir schließlich

$$\begin{aligned} \frac{1}{2}\frac{\partial g(\lambda)}{\partial\lambda} &= \lambda(aZ^{-1}X_R'\delta)^2 - \lambda^2 a'Z^{-1}S_RZ^{-1}X_R'\delta\delta'X_RZ^{-1}a \\ &\quad +\sigma^2\lambda a'Z^{-1}S_RZ^{-1}a - \sigma^2 a'Z^{-1}S_RZ^{-1}(S_c + \lambda^2 S_R)Z^{-1}a \\ &= 0 \end{aligned} \tag{11.96}$$

und daraus die Gleichung

$$\lambda = \frac{1}{1 + \sigma^{-2}\rho_1(\lambda)\rho_2^{-1}(\lambda)}, \qquad 0 \le \lambda \le 1. \tag{11.97}$$

Dabei sind $\rho_1(\lambda)$ und $\rho_2(\lambda)$ wegen $Z = Z(\lambda)$ auch Funktionen von $\lambda$:

$$\rho_1(\lambda) = a'Z^{-1}S_cZ^{-1}X_R'\delta\delta'X_RZ^{-1}a, \tag{11.98}$$

$$\rho_2(\lambda) = a'Z^{-1}S_RZ^{-1}S_cZ^{-1}a, \tag{11.99}$$

so dass das optimale $\lambda$ aus der Relation (11.97) im allgemeinen nur iterativ bestimmt werden kann. Das Problem vereinfacht sich, wenn das zweite Submodell $y_* = X_R\beta + \epsilon_R$ nur eine Zeile enthält, also $J = T - m = 1$ ist. Dann wird $S_R = x_R x_R'$ und $\delta = (x_*' - x_R')\beta$ wird ein Skalar. Die Funktionen $\rho_1(\lambda)$ und $\rho_2(\lambda)$ vereinfachen sich zu

$$\rho_1(\lambda) = (a'Z^{-1}S_cZ^{-1}x_R)(x_R'Z^{-1}a)\delta^2, \tag{11.100}$$

$$\rho_2(\lambda) = (a'Z^{-1}x_R)(x_R'Z^{-1}S_cZ^{-1}a), \tag{11.101}$$

so dass $\lambda$ gemäß (11.97) explizit als

$$\lambda = \frac{1}{1+\sigma^{-2}\delta^2} \tag{11.102}$$

darstellbar ist.

*Interpretation.*

i) Das optimale $\lambda$ in (11.97) hängt vom Vektor $a$ der Risikofunktion ab. Im Fall $J = 1$ ist $\lambda$ (11.102) jedoch unabhängig von $a$, so dass hier nach Satz 4.6 Äquivalenz zwischen $R_2$– und MSE–I–Optimalität besteht.

ii) Sei $J = 1$. Dann gilt $\lambda = 1$ genau dann, wenn $\sigma^{-2}\delta^2 = 0$ ist. Sei $\sigma^2 < \infty$, so bedeutet $\sigma^{-2}\delta^2 = 0$ gerade $\delta = 0$, d.h. $x_* = x_R$. Dies bedeutet, dass nur im Fall der exakten Ersetzung der fehlenden Werte in $x_*$ die Stichproben– und die Zusatzinformation gleichgewichtet behandelt werden. Für die praktische Anwendung von Imputationsverfahren folgt daraus, das aufgefüllte Submodell mit einem Gewicht $\lambda < 1$ zu bewerten und mit dem gewichteten mixed Schätzer $b(\lambda)$ statt mit dem üblichen mixed Schätzer $\hat\beta(X_R)$ zu arbeiten.

iii) Falls $\delta \to \infty$ geht, folgt $\lambda \to 0$ und

$$\lim_{\lambda\to 0} b(\lambda) = b_c. \tag{11.103}$$

iv) Der optimale Wert von $\lambda$ (11.102) hängt von den unbekannten Parametern $\sigma^2$ und $\delta^2$ ab und ist damit nicht operational. Verwendet man die Schätzungen

$$\hat\sigma^2 = \frac{1}{m-K}(y_c - X_cb_c)'(y_c - X_cb_c) \tag{11.104}$$

und

$$\hat\delta = y_* - x_R'b_c \tag{11.105}$$

so erhält man eine Operationalisierung $\hat\lambda = \frac{1}{1+\hat\sigma^{-2}\hat\delta^2}$ und damit eine Operationalisierung von $b(\lambda)$ als $b(\hat\lambda)$. Die statistischen Eigenschaften von $b(\hat\lambda)$ lassen sich z.B. durch Resamplingmethoden wie Bootstrap (Efron, 1979) bestimmen.

## 11.8 Annahmen über den Fehlend–Mechanismus

Eine Complete Case Analyse erfordert, dass das Fehlen unabhängig vom Response $y$ ist. Die KQ–Schätzung mit imputierten Werten liefert korrekte Schätzungen, wenn das Fehlen von den vollständig beobachteten Kovariablen abhängt und die Annahme einer linearen Beziehung zwischen den beobachteten Kovariablen korrekt ist, d.h. dass die Hilfsregressionsmodelle korrekt spezifiziert sind. Die beschriebenen Maximum–Likelihood–Methoden erfordern die Gültigkeit der MAR Annahme, welche den Fall enthält, dass das Fehlen vom (vollständig beobachteten) Response $y$ abhängt.

## 11.9 Regressionsdiagnostik zur Identifizierung von Nicht–MCAR Prozessen

In den vorhergehenden Abschnitten haben wir verschiedene Methoden zur Behandlung unvollständiger $X$–Matrizen diskutiert. Im Allgemeinen basieren sie auf Annahmen über den Fehlend–Mechanismus. Die restriktivste Annahme war, dass das Fehlen unabhängig von den Daten ist (beobachtet und unbeobachtet). Weniger restriktiv ist die MAR Annahme, die erlaubt, dass die Wahrscheinlichkeit für das Fehlen von den beobachteten Daten abhängen kann.

Im Folgenden diskutieren wir die MCAR Annahme speziell unter dem Aspekt, diese Annahme zu testen. Die Idee hierzu wurde erstmals von Simonoff (1988) diskutiert, der diagnostische Maße aus der Sensitivitätsanlayse verwendete. Diese Maße werden in den Kontext der fehlenden Daten gestellt. Das erlaubt uns, einige wohl definierte Nicht–MCAR Prozesse zu identifizieren, die *nicht* durch Standard–Tests, wie zum Beispiel den Vergleich der Mittelwerte der vollständigen und unvollständigen Daten, erkannt werden können.

### 11.9.1 Vergleich der Mittelwerte

Cohen und Cohen (1983) schlug vor, den Stichproben–Mittelwert $\bar{y}_c$ der Beobachtungen $y_i$ des Complete Case Modells mit dem Mittel $\bar{y}_*$ des Modells der partiell unbeobachteten Daten zu vergleichen. Im Fall, dass die fehlenden Daten $x_*$ in der Matrix $X_*$ vom Typ MCAR sind, ist die Aufteilung von $y$ in $y_c$ und $y_*$ zufällig, was zur Folge haben sollte, dass kein signifikanter Unterschied zwischen den beiden Mittelwerten besteht.

Wenn ihre Differenz allerdings signifikant von Null verschieden ist, kann dies als Widerspruch zur MCAR Annahme interpretiert werden. Man würde also die Hypothese „$H_0$: MCAR liegt vor“verwerfen.

### 11.9.2 Vergleich der Varianz–Kovarianz–Matrizen

Die Idee eines Vergleichs der Varianz–Kovarianz–Matrizen der Parameterschätzungen $\hat{\beta}$ für die verschiedenen Methoden, die das Fehlen von $X$–Werten behandeln, basiert auf der Arbeit von Evans, Cooley und Piserchia (1979).

Sie schlagen vor, $V(b_c)$ und $V(\hat{\beta})$ zu vergleichen, wobei $\hat{\beta}$ der Schätzer von $\beta$ im reparierten Modell ist. Starke Differenzen können erneut als gegen die MCAR–Annahme sprechendes Signal inetrpretiert werden.

### 11.9.3 Diagnostische Maße aus der Sensitivitätsanalyse

Im Abschnitt über Sensitivitätsanalyse haben wir verschiedene Maße diskutiert, die den Einfluss der $i$–ten Beobachtung messen, indem sie eine skalare Statistik einmal basierend auf allen Daten und einmal basierend auf den Daten ohne die $i$–te Beobachtung (genannt „leave-one-out“Strategie) berechnen. Will man diese Idee auf den Zweck anpassen, „einflussreiches“Fehlen zu entdecken, so müssen diese Maße redefiniert werden, so dass das Complete Case Modell mit dem aufgefüllten Modell verglichen werden kann.

Sei $\hat{\beta}_R$ der Schätzer von $\beta$ im linearen Modell $y = \begin{pmatrix} X_c \\ X_R \end{pmatrix} + \epsilon$, wobei $X_R$ aus $X_*$ durch irgendeine Auffüllmethode hervorgeht.

*Cook's Distanzmaß.* Anpassung von Cook's Distanzmaß $C_i$ (vgl. (9.59)) liefert

$$D = \frac{(\hat{\beta}_R - \hat{\beta}_c)'(X'X)(\hat{\beta}_R - \hat{\beta}_c)}{Ks^2} \geq 0 \qquad (11.106)$$

wobei die Schätzung für $s^2$ auf den vollständigen Daten beruht.

*Änderung der Residuenquadratsumme.* Adaptiert man das Maß für die Änderung der Residuenquadratsumme (vgl. (9.80)) auf unser Problem, so erhält man

$$DRSS = \frac{(RSS_R - RSS_c)/n_R}{RSS_c/(T - n_r - K + 1)} \in [0, \infty] . \qquad (11.107)$$

Große Werte von $DRSS$ sprechen gegen die MCAR Annahme.

*Änderung der Determinante.* Passt man den Kern der Andrews–Pregibon Statistik $AP_i$ (vgl. (9.71)) auf unser Problem an, erhält man als Änderung für die Determinante $DXX$

$$DXX = \frac{|X_c'X_c|}{|X'X|} \in [0,1]. \tag{11.108}$$

wobei kleine Werte von $DXX$ für eine Abweichung von der MCAR Annahme sprechen.

### 11.9.4 Verteilung der Maße und Testprozedur

Zur Konstruktion eines Tests für $\mathrm{H}_0$: MCAR gegen $\mathrm{H}_1$: Non–MCAR benötigen wir die Verteilungen der Maße unter der Nullhypothese. Diese Verteilungen hängen von der Matrix $X$ der Regressoren, von der Varianz $\sigma^2$ und dem Parametervektor $\beta$ ab. Deshalb sind keine Lösungen in geschlossener Form möglich, und wir müssen diese Null–Verteilungen durch Monte Carlo Simulationen schätzen. Folgende Schritte sind dazu notwendig:

Zunächst werden die fehlenden Werte in $X_*$ durch geeignete Werte unetr der Annahme MCAR aufgefüllt. Anschließend werden mit den Schätzungen $\hat{\beta}_c$, $s^2$ und mir der Matrix $X_R$ neue „Daten“$y_*^s = X_R\hat{\beta}_c + \epsilon^s$ generiert (der Index $s$ steht für Simulation), wobei $\epsilon \sim N(0, s^2I)$ eine Pseudo–Zufallszahl ist. Schließlich selektiert ein MCAR Mechanismus gewisse Elemente aus $X$ als fehlend. Auf diese Weise erhält man einen Datensatz mit fehlenden Werten aufgrund eines MCAR Prozesses, unabhängig davon, ob die tatsächlich fehlenden Werte in $X_*$ MCAR sind. Basierend auf diesen Daten werden die diagnostischen Maße berechnet. Diese Prozedur wird $N$ mal wiederholt, wobei jedes Mal ein neues $\epsilon^s$ generiert wird. Auf diese Weise kann die Null–Verteilung $f_0$ des interessierenden Diagnosemaßes geschätzt werden.

*Test Prozedur.* Mit der geschätzten Null–Verteilung erhalten wir einen kritischen Wert, nämlich die $N(1-\alpha)$–te Order Statistik für $D$ und $DRSS$ oder die $N\alpha$–te Order Statistik für $DXX$, d.h. „$\mathrm{H}_0$: MCAR liegt vor“wird abgelehnt, wenn $D$ (oder $DRSS$) $\geq f_{0,N(1-\alpha)}$ oder wenn $DXX \leq f_{0,N\alpha}$, vergleiche auch die grafischen Darstellungen in Fieger (2001).

## 11.10 Behandlung von nichtignorierbarem Nichtresponse

Für die formale Behandlung von nichtignorierbarem Nonresponse benutzen wir die in Abschnitt 11.2.1 eingeführte Matrix von Indikatorvariablen. Je nachdem, ob Werte nur in $Y$, nur in $X$ oder in $X$ und $Y$ fehlen, wird diese Matrix entsprechend angepasst auf die Variablen, wo Werte fehlen. Im Falle von fehlenden Werten im (univariaten) $Y$, aber vollständig beobachtetem $X$ definieren wir also beispielsweise eine binäre Variable $R_i$ („responded"):

$$R_i = \begin{cases} 1, \text{ wenn } Y_i \text{ beobachtet wurde} \\ 0, \text{ wenn die Beobachtung } Y_i \text{ fehlt} \end{cases}$$

$R$ ist diesem Fall also ein Vektor, dessen Länge der Anzahl der Beobachtungen entspricht.

### 11.10.1 Gemeinsame Verteilung von $(Y, X)$ mit fehlenden Werten nur in $Y$

Wir betrachten den Fall eines univariaten $Y$ und zusätzlicher Variablen $X$. Dann ergeben sich prinzipiell zwei Möglichkeiten, die gemeinsame Verteilung von $X$, $Y$ und $R$ zu faktorisieren. Die Faktorisierung

$$f(X, Y, R) = f(R|Y, X) f(X, Y) \tag{11.109}$$

wird als *selection model* bezeichnet, die Faktorisierung

$$f(X, Y, R) = f(Y, X|R) f(R) \tag{11.110}$$

als *pattern–mixture model*. Die Verteilungen $f(R|Y, X)$ und $f(R)$ sind diskrete (im ersten Fall bedingte) Bernoulli–Verteilungen, d.h.

$$f(r) = P(R = r) \quad r = 0, 1 \qquad P(R = 0) = 1 - P(R = 1)$$

und

$$f(r|x, y) = P(R = r|X = x, Y = y) \quad r = 0, 1$$

$$P(R = 0|x, y) = 1 - P(R = 1|x, y)\,.$$

*Selektionsmodell.* Der Name kommt daher, dass die Wahrscheinlichkeit dafür, den Response $Y$ eines Individuums zu beobachten, von Individuum zu Individuum verschieden sein kann. Damit ist eine gewisse Ähnlichkeit zu Beobachtungstudien gegeben, wo die Individuen mit unterschiedlichen Wahrscheinlichkeiten in eine Stichprobe selektiert werden (und wo nur im Fall der Selektion die Merkmale dieses Individuums beobachtet werden können).

*Pattern–Mixture Modell.* Hier ist die Interpretation der eines Mischungs-Modells ähnlich. Es werden die auf die Patterns bedingten Verteilungen modelliert und es wird eine Mischung dieser Verteilungen gemäß der marginalen Wahrscheinlichkeiten für diese Pattern gebildet. In unserem Fall, wo nur eine univariate Variable fehlt, würde es sich um eine Mischung aus zwei Komponenten handeln: $f(Y, X|R = 1)$ mit Wahrscheinlichkeit $P(R = 1)$ und $f(Y, X|R = 0)$ mit Wahrscheinlichkeit $1 - P(R = 1)$.

Im folgenden wollen wir nun untersuchen, was die früher definierten Begriffe wie MCAR, MAR, NI für diese beiden Faktorisierungen bedeuten.

*MCAR.* In diesem Fall gilt

$$f(R|Y, X) = f(R)\,. \tag{11.111}$$

Das Selektionsmodell (11.109) vereinfacht sich also zu

$$f(X, Y, R) = f(R)f(X, Y)\,. \tag{11.112}$$

Für das Pattern–Mixture Modell folgt

$$f(Y, X|R) = f(X, Y)\,,$$

denn mit (11.112) gilt

$$f(Y, X|R) = \frac{f(X, Y, R)}{f(R)} = \frac{f(R)f(X, Y)}{f(R)} = f(X, Y)\,.$$

Man erhält als Ergebnis, dass im Falle von MCAR das Selektionsmodell und das Pattern–Mixture Modell zum gleichen Ergebnis führen, nämlich

$$f(X, Y, R) = f(R)f(X, Y) \tag{11.113}$$

Geht man zusätzlich davon aus, dass die beiden Faktoren in (11.113) von unabhängigen Parametern indiziert sind, also

$$\begin{aligned} f(R) &= f_\psi(R) \qquad \psi \in \Psi \\ f(X, Y) &= f_\theta(X, Y) \qquad \theta \in \Theta \\ f(X, Y, R) &= f_{\theta,\psi}(X, Y, R) = f_\theta(X, Y)f_\psi(R) \qquad (\theta, \eta) \in \Theta \times \Psi \end{aligned}$$

dann erhält man das Ergebnis, dass für die Bestimmung einer Parameterschätzung von $\theta$ lediglich der entsprechende Faktor der Likelihood maximiert werden muss, der auf den Beiträgen $f_\theta(X_i, Y_i)$ beruht.

*MAR.* Gemäß der Definition liegt MAR dann vor, wenn

$$f(R|Y, X) = f(R|X)\,. \tag{11.114}$$

Für das Selektionsmodell gilt dann

$$f(X,Y,R) = f(R|X)f(X,Y) \tag{11.115}$$

und für das Pattern–Mixture Modell folgt

$$f(Y,X|R) = f(X,Y)\frac{f(R|X)}{f(R)},$$

denn mit (11.115) gilt

$$f(Y,X|R) = \frac{f(X,Y,R)}{f(R)} = \frac{f(R|X)f(X,Y)}{f(R)}.$$

Obwohl eine mathematische Identität zwischen den beiden Modellen herstellbar ist, so sind sie vom statistischen Standpunkt aus verschieden:

Das Pattern–Mixture Modell spezifiziert ein Modell für $f(Y,X|R)$ und $f(R)$, das Selektionsmodell ein Modell für $f(X,Y)$ und $f(R|X,Y)$.

Als Resultat erhalten wir also, dass die beiden Modellarten bereits bei MAR zu unterschiedlichen ***statistischen Modellen*** führen.

### 11.10.2 Bedingte Verteilung von $Y$ gegeben $X$ mit fehlenden Werten nur in $Y$

Bisher wurden $X$ und $Y$ praktisch sysmmetrisch betrachtet. Nun wollen wir untersuchen, was passiert, wenn wir explizit $Y$ als Response, $X$ als Kovariablen(vektor) und fehlende Werte im Response betrachten. Wir betrachten also die Regressionsfragestellung. Es interessiert somit nicht $f(Y,X)$ sondern $f(Y|X)$. Über die Randverteilung von $X$ soll dabei keine Annahme getroffen werden ($f(X,Y) = f(Y|X)f(X)$).

Dann kann das Selektionsmodell als Modell bedingt auf $X$ dargestellt werden als

$$f(Y,R|X) = f(R|Y,X)f(Y|X) \tag{11.116}$$

und das Pattern–Mixture Modell als

$$f(Y,R|X) = f(Y|X,R)f(R|X). \tag{11.117}$$

Auch in diesem Fall gilt, dass das Selektionsmodell und das Pattern–Mixture Modell im Fall MCAR statistisch äquivalent sind, denn es gilt

$$f(R|Y,X) = f(R|X) = f(R) \tag{11.118}$$

und

$$f(Y|X,R) = \frac{f(X,Y,R)}{f(X,R)} = \frac{f(Y,R|X)}{f(R|X)} = \frac{f(R|Y,X)}{f(R|X)} f(Y|X) = f(Y|X). \tag{11.119}$$

Allerdings gilt die Äquivalenz in diesem Spezialfall auch für den Fall MAR, denn hier gelten folgende Gleichungen:

$$\begin{aligned} f(R|X,Y) &= f(R|X) & \\ f(Y,R|X) &= f(R|X)f(Y|X) & \text{Selektionsmodell} \\ f(Y,R|X) &= f(R|X)f(Y|X,R) & \text{Pattern-Mixture Modell} \end{aligned}$$

und damit (sofern $f(R|X)$ in beiden Modellarten gleich spezifiziert wird)

$$f(Y|X) = f(Y|X,R). \tag{11.120}$$

*Anmerkung.* Aus der letzten Beziehung folgt, dass im Fall MAR gilt:

$$\mathrm{E}(Y|X=x,R=1) = \mathrm{E}(Y|X=x,R=0), \tag{11.121}$$

das heißt, der bedingte Erwartungswert von $Y$ hängt nicht davon ab, ob $Y$ beobachtet wurde oder nicht. Diese letzte Bedingung wird gerade im Fall NI verletzt.

### 11.10.3 Bedingte Verteilung von $Y$ gegeben $X$ mit fehlenden Werten nur in $X$

Wir interessieren uns somit für Regressionsmodelle mit fehlenden Werten in $X$, sind also im Allgemeinen wieder interessiert an der bedingten Verteilung $f(Y|X)$. Speziell im Fall der linearen Regression hatten wir im Abschnitt 11.6.1, vergleiche auch Gleichung (11.42), gezeigt, daß die complete case Analyse konsistent ist, solange die Wahrscheinlichkeit für das Fehlen nicht vom Response $Y$ abhängt. Im Allgemeinen, sei es, weil diese Annahme vermutlich verletzt ist, oder weil man an an einer effizienteren Schätzung interessiert ist, oder weil CCA nicht eingesetzt werden kann (fehlende Werte in jeder Zeile der Datenmatrix $D$), wird man andere Wege einschlagen müssen. Bezeichne $R_X$ nun die Indikatormatrix, die von gleicher Dimension wie $X$ ist und angibt, ob ein Element in $X$ beobachtet wurde oder nicht. Eine Möglichkeit ist dann, die Randverteilung von $X$ parametrisch zu modellieren (obwohl diese eigentlich nicht im Speziellen interessiert) und in ein Gesamtmodell einzubeziehen. Eine sinnvolle Faktorisierung ist dann

$$f(Y,X,R_X) = f(R_X|Y,X)f(Y|X)f(X) \tag{11.122}$$

wobei $f(X) = f_\xi(X)$ und $\xi$ ein Parametervektor, der die gemeinsame Verteilung der Kovariablen modelliert. Je nach Skalenniveau lässt sich die gemeinsame Verteilung in vielfältigster Weise darstellen, was jedoch über den

Rahmen dieses Buches hinausgeht. Man beachte in obiger Darstellung, dass es sich bei $R_{iX}$ um einen multivariaten binären Indikatorvektor handelt. Andere Faktorisierungen sind natürlich denkbar.

## 11.11 Weitere Literatur

Die statistische Forschung kümmert sich aktuell sehr stark um die Problematik fehlender und auch fehlerbehafteter Daten, in neuerer Zeit meist um das Problem von Drop–Out bei longitudinalen Analysen oder informativer Zensierung bei Überlebenszeit–Analysen. Fehlende Kovariablen in generalisierten linearen Modellen betrachten zum Beispiel Ibrahim (1990), Ibrahim und Weisberg (1992) und Ibrahim, Lipsitz und Chen (1999). In letzterer Arbeit wird die Faktorisierung (11.122) verwendet. Weitere, auch speziellere, Probleme im Zusammenhang mit dem linearen Modell betrachten die Arbeiten von Schaffrin und Toutenburg (1990), Toutenburg et al. (1995), Toutenburg und Srivastava (1999), Toutenburg, Fieger und Heumann (2000), Toutenburg und Shalabh (2000), Toutenburg und Fieger (2001), Toutenburg und Shalabh (2001), Toutenburg und Srivastava (2001) und Toutenburg und Srivastava (2002).

# A. Matrixalgebra

Dieser Anhang ist eine überarbeitete und wesentlich erweiterte Version der Anhänge zur Matrixalgebra aus Toutenburg (1975b), Bibby und Toutenburg (1979) und Toutenburg (1982). Ziel ist die Auflistung (und ggf. der Beweis) wesentlicher Definitionen und Sätze zur Matrixalgebra, die im linearen Modell von Bedeutung sind.

Als weiterführende Literatur zur Matrixtheorie sind zu empfehlen: Graybill (1961), Rao (1973), Johnston und DiNardo (1997), Mardia, Kent und Bibby (1979), Searle (1982), Albert (1972), Pollock (1979), Rao und Mitra (1971), Dhrymes (1978), Campbell und Meyer (1979), Rao und Rao (1998), Schott (1997). Für Übungen gut geeignet ist Schmidt und Trenkler (1998).

## A.1 Einführung

**Definition A.1** *Eine $m \times n$–Matrix $A$ ist eine rechteckige Anordnung von Elementen (in diesem Buch und Anhang: reelle Zahlen) in $m$ Zeilen und $n$ Spalten.*

Wir sagen, $A$ sei vom Typ $m \times n$ oder $(m, n)$ und schreiben häufig zur Abkürzung $\underset{m,n}{A}$, $\underset{m\times n}{A}$, $A : (m, n)$ oder $(m, n)$–Matrix.

Sei $a_{ij}$ das Element in der i–ten Zeile und der j–ten Spalte von $A$. Dann ist

$$A = \begin{pmatrix} a_{11} & a_{12} & \cdots & a_{1n} \\ a_{21} & a_{22} & \cdots & a_{2n} \\ \vdots & \vdots & & \cdots \\ a_{m1} & a_{m2} & \cdots & a_{mn} \end{pmatrix} = (a_{ij}) .$$

Eine Matrix mit $n = m$ Zeilen und Spalten heißt *quadratisch.*

Eine quadratische Matrix mit Nullen unterhalb (oberhalb) der Diagonalen heißt obere (untere) *Dreiecksmatrix* .

Eine Matrix $A$ mit $a_{ij} = 0 \; \forall i,j$ heißt *Nullmatrix* .

**Matrizenoperationen:**

Summen und Differenzen gleichdimensionierter Matrizen und Skalarmultiplikation von Matrizen sind elementweise definiert.

Sei $\underset{n\times m}{A} = (a_{ij})$ und $\underset{n\times m}{B} = (b_{ij})$ und $c$ ein Skalar. Dann ist

$$A \pm B = (a_{ij} \pm b_{ij}) \;, cA = (ca_{ij}) \, .$$

Die Multiplikation zweier Matrizen $A$ und $B$ setzt voraus, dass die Spaltenzahl des ersten Faktors gleich der Zeilenzahl des zweiten Faktors ist.

Sei $\underset{n\times m}{A} = \begin{pmatrix} a_1' \\ \vdots \\ a_n' \end{pmatrix}$ mit $a_i'$ : $(1 \times m)$–Vektoren, $\underset{m\times k}{B} = (b_1 \dots b_k)$ mit $b_j$ : $(m \times 1)$–Vektoren und $AB = \underset{n\times k}{C} = (c_{ij})$. Dann gilt $c_{ij} = a_i' b_j = \sum_{k=1}^{m} a_{ik} b_{kj}$ .

**Definition A.2** *Die Transponierte $A'$ einer $(m,n)$-Matrix $A$ entsteht aus $A$ durch Vertauschen von Zeilen und Spalten. Damit ist*

$$\underset{n,m}{A'} = (a_{ji}) \, .$$

Es gilt

$$(A')' = A, \quad (A+B)' = A' + B', \quad (AB)' = B'A'.$$

**Definition A.3** *Eine quadratische Matrix $A$ heißt symmetrisch, falls $A' = A$.*

*Beispiel.* Sei $\hat{\theta}$ ein Schätzer eines Parametervektors $\theta$. Dann ist die Kovarianzmatrix definiert als

$$V(\hat{\theta}) = E(\hat{\theta} - E(\hat{\theta}))(\hat{\theta} - E(\hat{\theta}))' \, .$$

Eine Kovarianzmatrix ist stets symmetrisch.

**Definition A.4** *Eine $(m \times 1)$–Matrix $A$ heißt Spaltenvektor $a$, d.h.*

$$a = \begin{pmatrix} a_1 \\ \vdots \\ a_m \end{pmatrix} .$$

**Definition A.5** *Eine $(1 \times n)$–Matrix $A$ heißt Zeilenvektor $a'$, d.h.*

$$a' = (a_1, \cdots, a_n) \, .$$

Damit existieren für eine Matrix $A$ folgende alternative Darstellungen

$$\underset{m,n}{A} = (\underset{m,1}{a_{(1)}}, \cdots, \underset{m,1}{a_{(n)}}) = \begin{pmatrix} a'_1 \\ \vdots \\ a'_m \end{pmatrix} \begin{matrix} (1,n) \\ \vdots \\ (1,n) \end{matrix}$$

mit

$$a_{(j)} = \begin{pmatrix} a_{1j} \\ \vdots \\ a_{mj} \end{pmatrix}, \quad a_i = \begin{pmatrix} a_{i1} \\ \vdots \\ a_{in} \end{pmatrix}.$$

**Definition A.6** *Der $(1 \times n)$–Vektor $(1, \cdots, 1)$ wird mit $\mathbf{1}'_n$ oder kurz $\mathbf{1}'$ bezeichnet.*

**Definition A.7** *Die $(n,n)$–Matrix $A$ mit $a_{ij} = 1$ (alle i,j) wird mit*

$$J_n = \begin{pmatrix} 1 \cdots 1 \\ \vdots \quad \vdots \\ 1 \; \vdots \; 1 \end{pmatrix}$$

*bezeichnet.*

*Es gilt $J_n = \mathbf{1}_n \mathbf{1}'_n$ .*

**Definition A.8** *Der $(n \times 1)$–Spaltenvektor $e_i$ mit*

$$e'_i = (0, \cdots, 0, \underset{i}{1}, 0, 0, \cdots, 0)$$

*mit einer 1 an der i–ten Stelle heißt i–ter Einheitsvektor.*

**Definition A.9** *Die quadratische $(n,n)$–Matrix mit Einsen auf der Hauptdiagonalen und Nullen sonst heißt Einheitsmatrix $I_n$ .*

*Es gilt $I_n = \sum_{i=1}^n e_i e'_i$ .*

**Definition A.10** *Eine quadratische Matrix $A$ mit Elementen $a_{ii}$ auf der Hauptdiagonalen und Nullen sonst heißt Diagonalmatrix. Wir schreiben*

$$\underset{n,n}{A} = diag(a_{11}, \cdots, a_{nn}) = diag(a_{ii}) = \begin{pmatrix} a_{11} & & 0 \\ & \ddots & \\ 0 & & a_{nn} \end{pmatrix}.$$

**Definition A.11** *Eine Matrix $A$, die als Zusammenfassung von Submatrizen dargestellt wird, heißt unterteilt oder partitioniert.*

Beispiele sind

$$\underset{m,n}{A} = (\underset{m,r}{A_1}, \underset{m,s}{A_2}) \quad \text{mit}\, r + s = n$$

$$\underset{m,n}{A} = \begin{pmatrix} A_{11} & A_{12} \\ A_{21} & A_{22} \end{pmatrix}$$

mit den Dimensionen der Submatrizen $\begin{pmatrix} r, s & r, n-s \\ m-r, s & m-r, n-s \end{pmatrix}$.

Für partitionierte Matrizen gilt z.B.

$$A' = \begin{pmatrix} A'_{11} & A'_{21} \\ A'_{12} & A'_{22} \end{pmatrix}, \quad A' = \begin{pmatrix} A'_1 \\ A'_2 \end{pmatrix}.$$

## A.2 Spur einer Matrix

**Definition A.12** *Die Hauptdiagonalelemente einer $(n \times n)$–Matrix $A$ seien $a_{11}, \ldots, a_{nn}$. Die Spur der Matrix $A$ ist dann*

$$sp\ (A) = \sum_{i=1}^{n} a_{ii}\,.$$

**Satz A.13:** *Es seien $A$ und $B$ $(n \times n)$–Matrizen und $c$ ein Skalar. Dann gilt:*

*(i)* $sp(A \pm B) = sp(A) \pm sp(B)$,

*(ii)* $sp(A') = sp(A)$,

*(iii)* $sp(cA) = c\ sp(A)$,

*(iv)* $sp\ (AB) = sp(BA)$,

*(v)* $sp(AA') = sp(A'A) = \sum_{i,j} a_{ij}^2$ .

*(vi) Für das Skalarprodukt eines $(1 \times n)$–Vektors $a' = (a_1, \cdots, a_n)$ gilt*

$$a'a = \sum_{i=1}^{n} a_i^2 = sp(aa').$$

*(vii) Sei $c$ ein Skalar. Dann gilt $sp(c) = c$.*

*Hinweis.* (iv) gilt auch für den Fall, dass $A$ eine $(n \times m)$–Matrix und $B$ eine $(m \times n)$–Matrix ist.

## A.3 Determinanten

**Definition A.14** *Die Determinante einer quadratischen $(n,n)$–Matrix ist definiert als*

$$|A| = \sum_{i=1}^{n} (-1)^{i+j} a_{ij} |M_{ij}| \quad \textit{(für jedes j)},$$

*wobei $|M_{ij}|$ die Determinante nach Streichung der $i$–ten Zeile und der $j$–ten Spalte von $A$ ist. $|M_{ij}|$ heißt Minor zum Element $a_{ij}$.*

*$A_{ij} = (-1)^{i+j}|M_{ij}|$ heißt der Kofaktor von $a_{ij}$.*

*Beispiel.* $n = 2$:

$$|A| = a_{11}a_{22} - a_{12}a_{21}$$

$n = 3$: Entwicklung nach Zeilen und der ersten Spalte

$$A_{11} = (-1)^2 \begin{vmatrix} a_{22} & a_{23} \\ a_{32} & a_{33} \end{vmatrix}$$

$$A_{21} = (-1)^3 \begin{vmatrix} a_{12} & a_{13} \\ a_{32} & a_{33} \end{vmatrix}$$

$$A_{31} = (-1)^4 \begin{vmatrix} a_{12} & a_{13} \\ a_{22} & a_{23} \end{vmatrix}$$

$$\Rightarrow \ |A| = a_{11}A_{11} + a_{21}A_{21} + a_{31}A_{31}\,.$$

*Anmerkung.* Alternativ kann man die Determinante nach den Spalten entwickeln

$$|A| = \sum_{j=1}^{n} (-1)^{i+j} a_{ij} |M_{ij}| \quad \text{(für jedes i).}$$

**Definition A.15** *Eine quadratische Matrix $A$ heißt regulär, falls $|A| \neq 0$. Anderenfalls heißt $A$ singulär.*

**Satz A.16:** *Seien $A$ und $B$ $(n,n)$–Matrizen und sei $c$ ein Skalar.*

*Dann ist*

*(i)* $|A'| = |A|$

*(ii)* $|cA| = c^n|A|$

*(iii)* $|AB| = |A||B|$

*(iv)* $|A^2| = |A|^2$

*(v) Falls $A$ eine Diagonal– oder Dreiecksmatrix ist, gilt*

$$|A| = \prod_{i=1}^{n} a_{ii}\,.$$

*(vi) Sei* $D = \begin{pmatrix} \underset{n,n}{A} & \underset{n,n}{0} \\ \underset{n,n}{C} & \underset{n,n}{B} \end{pmatrix}$, *dann ist* $\begin{vmatrix} A & 0 \\ C & B \end{vmatrix} = |A||B|$.

*Beweis.* Searle (1982, p.97): Durch Zeilenoperationen der ersten $n$ Zeilen reduziert man $A$ zu einer unteren Dreiecksmatrix.

*(vii) Seien* $A_{11}$ *(p,p) und* $A_{22}$ *(q,q) quadratische und reguläre Submatrizen. Dann ist (vgl. A.17 für die Definition der Inversen)*

$$\begin{vmatrix} A_{11} & A_{12} \\ A_{21} & A_{22} \end{vmatrix} = |A_{11}||A_{22} - A_{21}A_{11}^{-1}A_{12}|$$
$$= |A_{22}||A_{11} - A_{12}A_{22}^{-1}A_{21}|\,.$$

*Beweis.* Wähle Hilfsmatrizen

$$Z_1 = \begin{pmatrix} I & -A_{12}A_{22}^{-1} \\ 0 & I \end{pmatrix} \quad \text{und} \quad Z_2 = \begin{pmatrix} I & 0 \\ -A_{22}^{-1}A_{21} & I \end{pmatrix}.$$

Dann ist $|Z_1| = |Z_2| = 1$ nach (vi) und weiter

$$Z_1 A Z_2 = \begin{pmatrix} A_{11} - A_{12}A_{22}^{-1}A_{21} & 0 \\ 0 & A_{22} \end{pmatrix}$$

sowie nach (iii) und (iv)

$$|Z_1 A Z_2| = |A| = |A_{22}||A_{11} - A_{12}A_{22}^{-1}A_{21}|\,.$$

*(viii)* $\begin{vmatrix} A & x \\ x' & c \end{vmatrix} = |A|(c - x'A^{-1}x)$ *mit* $x$ *ein* $(n,1)$*–Vektor.*

*Beweis.* nach (vii)

*(ix) Seien* $B$ *(p,n) und* $C$ *(n,p) beliebig, jedoch* $A$ *(p,p) regulär. Dann gilt*

$$|A + BC| = |A||I_p + A^{-1}BC|$$
$$= |A||I_n + CA^{-1}B|.$$

*Beweis.* Der erste Teil der Relation folgt direkt aus

$$(A + BC) = A(I_p + A^{-1}BC)$$

und (iii).

Die zweite Relation folgt durch Anwendung von (vii) auf die Determinante

$$\begin{vmatrix} I_p & -A^{-1}B \\ C & I_n \end{vmatrix} = |I_p||I_n + CA^{-1}B| = |I_n||I_p + A^{-1}BC|.$$

*(x)* $|A + aa'| = |A|(1 + a'A^{-1}a)$, *falls* $A$ *regulär.*

*(xi)* $|I_p + BC| = |I_n + CB|$, *falls* $B(p,n)$ *und* $C(n,p)$.

## A.4 Inverse

**Definition A.17** *Die Inverse von* $A$ *(n,n) ist die eindeutig bestimmte Matrix* $A^{-1}$, *für die gilt*

$$AA^{-1} = A^{-1}A = I.$$

Die Inverse $A^{-1}$ existiert genau dann, wenn $A$ regulär ist, d.h. genau dann, wenn $|A| \neq 0$.

**Satz A.18:** *Es gelten folgende Regeln*

*(i)* $(cA)^{-1} = c^{-1}A^{-1}$

*(ii)* $(AB)^{-1} = B^{-1}A^{-1}$

*(iii) Falls alle auftretenden Inversen existieren, so gilt für* $\underset{p,p}{A}$, $\underset{p,n}{B}$, $\underset{n,n}{C}$ *und* $\underset{n,p}{D}$

$$(A + CBD)^{-1} = A^{-1} - A^{-1}C(B^{-1} + DA^{-1}C)^{-1}DA^{-1}.$$

*Beweis.* Wir prüfen, dass $(A + CBD)(A + CBD)^{-1} = I_p$ mit $(A + CBD)^{-1}$ wie oben gegeben.

Setzen wir zur Abkürzung $Z = (B^{-1} + DA^{-1}C)^{-1}$ so gilt:

$$\begin{aligned}(A + CBD)&(A^{-1} - A^{-1}CZDA^{-1}) \\ &= I_p - CZDA^{-1} + CBDA^{-1} - CBDA^{-1}CZDA^{-1} \\ &= I_p - C[Z - B + BDA^{-1}CZ]DA^{-1} \\ &= I_p - C[Z - B + B(Z^{-1} - B^{-1})Z]DA^{-1} \\ &= I_p.\end{aligned}$$

*(iv) Seien* $A$, $B$ *und* $A + B$ *reguläre* $(p \times p)$*–Matrizen. Dann gilt*

$$\begin{aligned}(A + B)^{-1} &= A^{-1} - A^{-1}(B^{-1} + A^{-1})^{-1}A^{-1} \\ &= B^{-1} - B^{-1}(B^{-1} + A^{-1})^{-1}B^{-1}\end{aligned}$$

*Beweis.* Setze in (iii) $C = I$ und $D = I$.

(v) Falls $1 + b'A^{-1}a \neq 0$ ist, gilt nach (iii)

$$(A + ab')^{-1} = A^{-1} - \frac{1}{1 + b'A^{-1}a} \cdot A^{-1}ab'A^{-1}.$$

*(vi)* $|A^{-1}| = \frac{1}{|A|}$.

*Beweis.* Mit $AA^{-1} = I$ gilt nach A.16 (iii) $|A||A^{-1}| = 1$.

**Satz A.19: Partielle Inversion**

*Es sei* $A$ *eine reguläre* $(n, n)$*-Matrix, die wie folgt unterteilt wird:*

$$A = \begin{pmatrix} E & F \\ G & H \end{pmatrix},$$

*wobei* $E$ *vom Typ* $n_1 \times n_1$, $F : n_1 \times n_2$, $G : n_2 \times n_1$ *und* $H : n_2 \times n_2$ *sind* $(n_1 + n_2 = n)$. $E$ *und* $D = H - GE^{-1}F$ *werden als regulär vorausgesetzt.*

*Dann gilt:*

$$A^{-1} = \begin{pmatrix} E^{-1}(I + FD^{-1}GE^{-1}) & -E^{-1}FD^{-1} \\ -D^{-1}GE^{-1} & D^{-1} \end{pmatrix} = \begin{pmatrix} A^{11} & A^{12} \\ A^{21} & A^{22} \end{pmatrix}.$$

*Beweis.* Durch Ausmultiplizieren überzeugt man sich, dass

$$AA^{-1} = A^{-1}A = I$$

gilt.

## A.5 Orthogonale Matrizen

**Definition A.20** *Eine quadratische* $(n \times n)$*-Matrix* $A$ *heißt orthogonal, falls* $AA' = I_n$. *Für orthogonale Matrizen gilt:*

*(i)* $A' = A^{-1}$

*(ii)* $A'A = I_n$ *(wegen* $A^{-1}A = I$*)*

*(iii)* $|A| = \pm 1$

(iv) *Sei* $\delta_{ij} = \begin{cases} 1 \text{ für } i = j \\ 0 \text{ für } i \neq j \end{cases}$ *das Kroneckersymbol. Dann gilt für die Zeilenvektoren von A*

$$a_i' a_j = \delta_{ij}$$

*und für die Spaltenvektoren*

$$a_{(i)}' a_{(j)} = \delta_{ij}$$

(v) $C = AB$ *orthogonal, falls A und B orthogonal sind.*

(vi) *Sei A orthogonal und B quadratisch. Dann gilt* $|A'BA| = |B|$.

(vii) *Die Zeilenvektoren (Spaltenvektoren) einer orthogonalen Matrix sind orthonormal.*

*Beweis.* $AA' = A'A = I_n$.

**Satz A.21: Diagonalisierung von Matrizen**

*Seien* $\underset{n,n}{A}$ *und* $\underset{n,n}{B}$ *symmetrisch. Dann existiert eine orthogonale Matrix H so, dass* $H'AH$ *und* $H'BH$ *diagonal sind, genau dann, wenn*

$$AB = BA.$$

*Beweis.* Searle (1982, p.312)

## A.6 Rang einer Matrix

**Definition A.22** *Der Rang einer* $(m, n)$*–Matrix A ist die Maximalzahl linear unabhängiger Zeilen (oder Spalten). Wir schreiben Rang* $(A) = p$.

**Satz A.23:** *Es gilt*

(i) $0 \leq \text{Rang}(A) \leq \min(m, n)$

(ii) $\text{Rang}(A) = \text{Rang}(A')$

(iii) $\text{Rang}(A + B) \leq \text{Rang}(A) + \text{Rang}(B)$

(iv) $\text{Rang}(AB) \leq \min\{\text{Rang}(A), \text{Rang}(B)\}$

(v) $\text{Rang}(AA') = \text{Rang}(A'A) = \text{Rang}(A)$

(vi) *Falls* $\underset{m,m}{B}$ *und* $\underset{n,n}{C}$ *regulär sind, gilt*

$$\text{Rang}(BAC) = \text{Rang}(A).$$

*(vii)* *Falls $A$ quadratisch ist ($m = n$), so ist Rang ($A$) $= n$ genau dann, wenn $A$ regulär ist.*

*(viii)* *Falls $A = diag(a_i)$ ist, so ist Rang ($A$) gleich der Anzahl der $a_i \neq 0$.*

## A.7 Spalten– und Nullraum

**Definition A.24** *(i) Der Spaltenraum $\mathcal{R}(A)$ einer Matrix $\underset{m,n}{A}$ ist der Vektorraum, der von den Spalten von $A = (a_{(1)}, \cdots, a_{(n)})$ aufgespannt wird:*

$$\mathcal{R}(A) = \{z : z = Ax = \sum_{i=1}^{n} a_{(i)} x_i, \quad x \in E^n\}.$$

*(ii) Der Nullraum $\mathcal{N}(A)$ ist definiert als der Vektorraum*

$$\mathcal{N}(A) = \{x \in E^n : Ax = 0\}.$$

**Satz A.25:** *Sei $A$ eine $(m, n)$–Matrix.*

*(i)* *Rang ($A$) $= dim\mathcal{R}(A)$,*
*wobei $dim(V)$ die Anzahl der Basisvektoren eines Vektorraumes $V$ ist.*

*(ii)* $dim\mathcal{R}(A) + dim\mathcal{N}(A) = n$

*(iii)* $\mathcal{N}(A) = \{\mathcal{R}(A')\}^{\perp}$,
*wobei $V^{\perp}$ das orthogonale Komplement eines Vektorraumes $V$ ist, d.h. $V^{\perp} = \{x : x'y = 0 \quad$ für alle $\quad y \in V\}$.*

*(iv)* $\mathcal{R}(AA') = \mathcal{R}(A)$.

*(v)* *$\mathcal{R}(AB) \subseteq \mathcal{R}(A)$ für $A, B$ beliebig*

*(vi)* *Sei $A \geq 0$ und $B$ beliebig, so ist*

$$\mathcal{R}(BAB') = \mathcal{R}(BA).$$

## A.8 Eigenwerte und Eigenvektoren

**Definition A.26** *Sei $A$ eine quadratische $(p \times p)$–Matrix, dann ist*

$$q(\lambda) = |A - \lambda I|$$

*ein Polynom $p$–ter Ordnung in $\lambda$. Die $p$ Lösungen $\lambda_1, \dots, \lambda_p$ der charakteristischen Gleichung $|A - \lambda I| = 0$ heißen Eigenwerte von $A$.*

Für jede Lösung $\lambda_i$ ist $|A - \lambda_i I| = 0$, d.h. $(A - \lambda_i I)$ ist singulär. Damit existiert zu jedem $\lambda_i$ ein Vektor $\gamma_i \neq 0$ so, dass $(A - \lambda_i I)\gamma_i = 0$, d.h.

$$A\gamma_i = \lambda_i \gamma_i .$$

$\gamma_i$ heißt rechter Eigenvektor zum Eigenwert $\lambda_i$. Der von den zu $\lambda_i$ gehörenden Eigenvektoren $\gamma_i$ aufgespannte Vektorraum heißt Eigenraum von $\lambda_i$. Die Eigenwerte können für allgemeine Matrizen $A$ komplex sein. Die zugehörigen Eigenvektoren können dann auch komplexe Komponenten enthalten. Ein reeller Eigenvektor $\gamma$ heißt standardisiert, falls $\gamma'\gamma = 1$.

**Satz A.27:**

*(i) Falls $x, y$ Eigenvektoren zu einem festen Eigenwert $\lambda_i$ von $A$ sind, so ist $\alpha x + \beta y$ ebenfalls Eigenvektor zu $\lambda_i$ :*

$$A(\alpha x + \beta y) = \lambda_i(\alpha x + \beta y).$$

*(ii) Das Polynom $q(\lambda) = |A - \lambda I|$ lautet in Normalform*

$$q(\lambda) = \prod_{i=1}^{p} (\lambda_i - \lambda),$$

*also ist $q(0) = \prod_{i=1}^{p} \lambda_i$. Damit gilt*

$$|A| = \prod_{i=1}^{p} \lambda_i .$$

*(iii) Vergleicht man die Koeffizienten des Terms $\lambda^{n-1}$ in $q(\lambda) = \prod_{i=1}^{p}(\lambda_i - \lambda)$ und $|A - \lambda I|$, so folgt*

$$sp(A) = \sum_{i=1}^{p} \lambda_i .$$

*Beweis für $n = 3$.*

$$\begin{aligned} |A - \lambda I| &= \begin{vmatrix} a_{11} - \lambda & a_{12} & a_{13} \\ a_{21} & a_{22} - \lambda & a_{23} \\ a_{31} & a_{32} & a_{33} - \lambda \end{vmatrix} \\ &= (a_{11} - \lambda)(a_{22} - \lambda)(a_{33} - \lambda) + a_{12}a_{23}a_{31} + a_{13}a_{21}a_{32} \\ &\quad -(a_{22} - \lambda)a_{13}a_{31} - (a_{33} - \lambda)a_{12}a_{21} - (a_{11} - \lambda)a_{23}a_{32} \\ &= -\lambda^3 + \lambda^2(a_{11} + a_{22} + a_{33}) + \lambda(\dots) + \text{const}. \end{aligned}$$

Analog ist

$$(\lambda_1 - \lambda)(\lambda_2 - \lambda)(\lambda_3 - \lambda) = -\lambda^3 + \lambda^2(\lambda_1 + \lambda_2 + \lambda_3) + \lambda(\dots) + \text{const}.$$

Vergleicht man die Koeffizienten von $\lambda^2$, so folgt $\sum_{i=1}^{3} \lambda_i = \text{sp}A$.

(iv) *Sei $C$ eine reguläre Matrix. Dann haben $A$ und $CAC^{-1}$ dieselben Eigenwerte $\lambda_i$.*
*Sei $\gamma_i$ ein Eigenvektor zu $\lambda_i$. Dann ist $C\gamma_i$ ein Eigenvektor der Matrix $CAC^{-1}$ zum Eigenwert $\lambda_i$.*

*Beweis.* $C$ ist regulär, also existiert $C^{-1}$ mit $CC^{-1} = I$. Es ist $|C^{-1}| = \frac{1}{|C|}$. Damit wird

$$\begin{aligned} |A - \lambda I| &= |C||A - \lambda C^{-1}C||C^{-1}| \\ &= |CAC^{-1} - \lambda I|, \end{aligned}$$

so dass $A$ und $CAC^{-1}$ dieselben Eigenwerte besitzen.
Sei $A\gamma_i = \lambda_i\gamma_i$. Dann folgt durch Linksmultiplikation mit $C$

$$CAC^{-1}C\gamma_i = (CAC^{-1})(C\gamma_i) = \lambda_i(C\gamma_i).$$

(v) *Sei $\alpha$ eine reelle Zahl. Dann hat die Matrix $A + \alpha I$ die Eigenwerte $\tilde{\lambda}_i = \lambda_i + \alpha$ und dieselben Eigenvektoren wie $A$.*

*Beweis.* Es ist

$$|(A + \alpha I) - \tilde{\lambda} I| = |A - (\tilde{\lambda} - \alpha)I|,$$

so dass $\lambda_i = \tilde{\lambda} - \alpha$ ein Eigenwert von $A$ und $\tilde{\lambda} = \lambda_i + \alpha$ der zugehörige Eigenwert von $(A + \alpha I)$ ist.

Sei $\gamma$ ein Eigenvektor von $A$, so gilt $A\gamma = \lambda_i\gamma$ und damit auch $(A + \alpha I)\gamma = (\lambda_i + \alpha)\gamma$, so dass $A$ und $(A + \alpha I)$ dieselben Eigenvektoren $\gamma$ haben.

(vi) *Sei $\lambda_1$ ein beliebiger Eigenwert von $\underset{p,p}{A}$ mit der Vielfachheit $k$ und sei $H$ der zu $\lambda_1$ gehörende Eigenraum mit $dim(H) = r$. Dann gilt*

$$1 \le r \le k.$$

*Beweis.* Mardia et al. (1979) p.467 und Beweis zu A.30.

Bemerkungen:

a) Falls $A$ symmetrisch ist, gilt $r = k$.

b) Falls $A$ nichtsymmetrisch ist, kann $r < k$ gelten.

*Beispiel.* $A = \begin{pmatrix} 0 & 1 \\ 0 & 0 \end{pmatrix}$, $A \neq A'$

$$|A - \lambda I| = \begin{vmatrix} -\lambda & 1 \\ 0 & -\lambda \end{vmatrix} = \lambda^2 = 0.$$

Die Vielfachheit von $\lambda_{1,2} = 0$ ist $k = 2$.

Die Eigenvektoren zu $\lambda = 0$ sind $\gamma = \alpha \begin{pmatrix} 1 \\ 0 \end{pmatrix}$. Der Eigenraum zu $\lambda = 0$ hat also die Dimension $r = 1$.

c) Falls zu beliebigem Eigenwert $\lambda_1$ gilt $dim(H) = r = 1$, so ist der standardisierte Eigenvektor von $\lambda_1$ eindeutig bis auf das Vorzeichen.

**Satz A.28:** *Für $\underset{n,p}{A}$ und $\underset{p,n}{B}$ mit $n > p$ stimmen die nichttrivialen Eigenwerte $\lambda_i \neq 0$ der Matrixprodukte $AB$ und $BA$ überein. Sie haben dieselbe Vielfachheit. Falls $x$ ein nichttrivialer Eigenvektor (d.h. $x \neq 0$) von $AB$ zum Eigenwert $\lambda \neq 0$ ist, so ist $y = Bx$ ein nichttrivialer Eigenvektor von $BA$ zum selben Eigenwert $\lambda$.*

*Beweis.* Nach A.16 (vii) gilt

$$\begin{vmatrix} -\lambda I_n & -A \\ B & I_p \end{vmatrix} = (-\lambda)^{n-p} |BA - \lambda I_p| \\ = |AB - \lambda I_n| \,.$$

Damit sind die Eigenwerte der $(n, n)$–Matrix $AB$ gleich den Eigenwerten der $(p, p)$–Matrix $BA$ plus $(n - p)$–mal der Eigenwert Null.
Sei $x \neq 0$ Eigenvektor von $AB$ zum Eigenwert $\lambda \neq 0$. Dann ist

$$ABx = \lambda x \qquad \text{mit } x \neq 0,$$

also $BABx = \lambda Bx$ und somit ist $Bx = y$ Eigenvektor von $BA$ zum Eigenwert $\lambda$. Da $Ay = (AB)x = \lambda x$ mit $x \neq 0$ gilt, ist ebenfalls $y \neq 0$.

**Korollar 1 zu Satz A.28:** *Eine Matrix $A = aa'$ mit $a \neq 0$ vom Rang 1 hat als Eigenwert $\lambda = a'a$ und als zugehörigen standardisierten Eigenvektor $\frac{a}{\sqrt{\lambda}}$.*

*Beweis.* Nach A.31 (viii) gilt $A = \lambda \gamma \gamma' = aa'$, also $\gamma = \sqrt{\lambda} a$. Nach A.13 (vii) gilt $\text{sp}(A) = \text{sp}(aa') = \text{sp}(a'a) = a'a$ und nach A.27 (iii) gilt $a'a = \sum \lambda_i = \lambda$.

**Korollar 2 zu Satz A.28:** *Die Matrizen $AA'$ und $A'A$ haben dieselben Eigenwerte.*

**Satz A.29:** *Die Eigenwerte einer symmetrischen Matrix $A = A'$ sind reell.*

*Beweis.* Angenommen, ein Eigenwert $\lambda$ von $A$ sei komplex:

$$\lambda = a + ib.$$

Sei $\gamma = x + iy \neq 0$ der zugehörige Eigenvektor. Dann muss aus

$$A(x + iy) = (a + ib)(x + iy)$$

auch die Gleichheit der reellen und imaginären Anteile folgen:

$$\begin{aligned} Ax &= ax - by \qquad \text{bzw.} \\ Ay &= bx + ay. \end{aligned}$$

Linksmultiplikation mit $y'$ bzw. $x'$ und Subtraktion ergibt $b(x'x + y'y) = 0$, also $b = 0$. Damit ist $\lambda$ reell.

## A.9 Zerlegung von Matrizen (Produktdarstellungen)

**Satz A.30: Spektralzerlegung**
*Jede symmetrische Matrix $A$ $(p,p)$ lässt sich darstellen als*

$$A = \Gamma \Lambda \Gamma' = \sum \lambda_i \gamma_{(i)} \gamma'_{(i)}$$

*mit $\Lambda = diag(\lambda_1, \cdots, \lambda_p)$ der Matrix der Eigenwerte von $A$ und $\Gamma = (\gamma_{(1)}, \cdots, \gamma_{(p)})$ der Matrix mit den standardisierten Eigenvektoren $\gamma_{(i)}$ als Spalten. $\Gamma$ ist orthogonal:*

$$\Gamma \Gamma' = \Gamma' \Gamma = I. \qquad (*)$$

*Beweis.* Seien $\gamma_{(1)}, \ldots, \gamma_{(p)}$ orthonormale Vektoren , so dass $A\gamma_{(i)} = \lambda_i \gamma_{(i)}$ für gewisse $\lambda_i$ . Dann ist

$$\gamma'_{(i)} A \gamma_{(j)} = \lambda_j \gamma'_{(i)} \gamma_{(j)} = \begin{cases} \lambda_i, \, i = j, \\ 0, \, i \neq j, \end{cases}$$

oder in Matrixform

$$\Gamma' A \Gamma = \Lambda.$$

Links– bzw. Rechtsmultiplikation mit $\Gamma$ bzw. $\Gamma'$ ergibt Relation (*). Aus A.27(iv) folgt, dass $A$ und $\Lambda$ die gleichen Eigenwerte haben, so dass die Elemente von $\Lambda$ genau die Eigenwerte von $A$ mit den gleichen Vielfachheiten sind.

Somit muss man eine orthonormale Basis von Eigenvektoren finden. Zu beachten ist, dass, falls $\lambda_i \neq \lambda_j$ verschiedene Eigenwerte mit entsprechenden Eigenvektoren $x$ und $y$ sind, dann $\lambda_i x'y = x'Ay = y'Ax = \lambda_j y'x$ gilt, so dass $y'x = 0$. Folglich sind die Eigenvektoren einer symmetrischen Matrix zu verschiedenen Eigenwerten paarweise orthogonal.

Vorausgesetzt es gibt $k$ verschiedene Eigenwerte von $A$ mit entsprechenden Eigenräumen $H_1, \ldots, H_k$ der Dimensionen $r_1, \ldots, r_k$. Sei

$$r = \sum_{j=1}^{k} r_j.$$

Weil die verschiedenen Eigenräume orthogonal sind, existiert eine orthonormale Menge von Vektoren $e_1, \ldots, e_r$, so dass die Vektoren $e_1, \ldots, e_{r_1}$ eine Basis für $H_1$, die Vektoren $e_{r_1+1}, \ldots, e_{r_1+r_2}$ eine Basis für $H_2$ usw. bilden. Aus A.27 folgt, dass $r_j$ kleiner oder gleich der Vielfachheit des zugehörigen Eigenwertes ist. Deshalb nimmt man, falls notwendig, bei der Umordnung der Eigenwerte $\lambda_i$ an, dass

$$Ae_i = \lambda_i e_i, \quad i = 1, \ldots, r,$$

und $r \leq p$. (Falls alle Eigenwerte verschieden sind, ist aus A.27 bekannt, dass $r = p$).

Falls $r = p$, setze $\gamma_i = e_i$ und der Beweis folgt. Es ist zu zeigen, dass die Situation $r < p$ zu einem Widerspruch führt und folglich nicht auftreten kann.

Sei $r < p$. Ohne Beschränkung der Allgemeinheit kann man annehmen, dass alle Eigenwerte von $A$ grundsätzlich positiv sind. (Falls nicht, kann man $A$ mit einem passenden $\alpha$ durch $A + \alpha I$ ersetzen, da $A$ und $A + \alpha I$ die gleichen Eigenvektoren haben.) Setze

$$B = A - \sum_{i=1}^{r} \lambda_i e_i e_i' .$$

Dann ist

$$sp(B) = sp(A) - \sum_{i=1}^{r} \lambda_i (e_i' e_i) = \sum_{i=r+1}^{p} \lambda_i > 0,$$

weil $r < p$. Folglich hat $B$ mindestens einen von Null verschiedenen Eigenwert, $\theta$ genannt. Sei $x \neq 0$ ein zugehöriger Eigenvektor. Dann ist für $1 \leq j \leq r$,

$$\theta e_j' x = e_j' B x = \{\lambda_j e_j' - \sum_{i=1}^{r} \lambda_i (e_j' e_i) e_i'\} x = 0,$$

so dass $x$ orthogonal zu $e_j$, $j = 1, \ldots, r$. Folglich ist

$$\theta x = Bx = (A - \sum \lambda_i e_i e_i') x = Ax - \sum \lambda_i (e_i' x) e_i = Ax,$$

so dass $x$ ebenfalls ein Eigenvektor von $A$ ist. Also ist $\theta = \lambda_i$ für irgendein $i$ und $x$ ist eine Linearkombination einiger der $e_i$, was der Orthogonalität zwischen $x$ und $e_i$ widerspricht.

**Satz A.31: Eigenwerte symmetrischer Matrizen**

*(i) Sei $A$ $(p,p)$ symmetrisch und $A = \Gamma \Lambda \Gamma'$. Dann haben $A$ und $\Lambda$ dieselben Eigenwerte mit derselben Vielfachheit.*

*(ii) Aus $A = \Gamma \Lambda \Gamma'$ folgt $\Lambda = \Gamma' A \Gamma$.*

*(iii) Sei $A$ $(p,p)$ symmetrisch. Dann gilt für $n$ ganzzahlig $A^n = \Gamma \Lambda^n \Gamma'$ mit $\Lambda^n = diag(\lambda_i^n)$. Falls alle Eigenwerte von $A$ positiv sind, kann man die rationale Potenz von $A$ definieren (r,s ganzzahlig)*

$$A^{r/s} = \Gamma \Lambda^{r/s} \Gamma' \quad \mathit{mit}\, \Lambda^{r/s} = diag(\lambda_i^{r/s}).$$

*Wichtige Spezialfälle sind ($\lambda_i > 0$)*

$$A^{-1} = \Gamma \Lambda^{-1} \Gamma' \quad \mathit{mit}\ \Lambda^{-1} = diag(\lambda_i^{-1}),$$

*die symmetrische Wurzelzerlegung (für $\lambda_i \geq 0$)*

$$A^{1/2} = \Gamma \Lambda^{1/2} \Gamma' \quad \mathit{mit}\ \Lambda^{1/2} = diag(\lambda_i^{1/2})$$

*und (für $\lambda_i > 0$)*

$$A^{-1/2} = \Gamma \Lambda^{-1/2} \Gamma' \quad \mathit{mit}\ \Lambda^{-1/2} = diag(\lambda_i^{-1/2}).$$

*(iv) Der Rang einer symmetrischen Matrix $A$ ist gleich der Anzahl der Eigenwerte $\lambda_i \neq 0$.*

*Beweis.* Nach A.23 (vi) ist Rang $(A)$ = Rang $(\Gamma\Lambda\Gamma')$ = Rang $(\Lambda)$ und dies ist nach A.23 (viii) gleich der Anzahl der $\lambda_i \neq 0$.

*(v) Eine symmetrische Matrix $A$ ist eindeutig durch ihre verschiedenen Eigenwerte und die zugehörigen Eigenräume bestimmt.*
*Wenn die verschiedenen $\lambda_i$ der Größe nach geordnet sind $(\lambda_1 \geq \cdots \geq \lambda_p)$, so ist $\Gamma$ eindeutig bis auf die Vorzeichen.*

*(vi) $A^{1/2}$ und $A$ haben dieselben Eigenvektoren.*

*(vii) Seien $\lambda_1 \geq \lambda_2 \geq \cdots \geq \lambda_k > 0$ die nichttrivialen Eigenwerte und $\lambda_{k+1} = \cdots = \lambda_p = 0$. Dann gilt*

$$A = (\Gamma_1 \Gamma_2) \begin{pmatrix} \Lambda_1 & 0 \\ 0 & 0 \end{pmatrix} \begin{pmatrix} \Gamma_1' \\ \Gamma_2' \end{pmatrix} = \Gamma_1 \Lambda_1 \Gamma_1'$$

*mit $\Lambda_1 = diag(\lambda_1, \cdots, \lambda_k)$ und $\Gamma_1 = (\gamma_{(1)}, \cdots, \gamma_{(k)})$, wobei $\Gamma_1'\Gamma_1 = I_k$ ($\Gamma_1$ ist spaltenorthonormal).*

*(viii) Eine symmetrische Matrix $A$ hat den Rang 1 genau dann, wenn $A = aa'$ mit $a \neq 0$.*

*Beweis.* Sei Rang $(A)$ = Rang $(\Lambda)$ = 1, so folgt $\Lambda = \begin{pmatrix} \lambda & 0 \\ 0 & 0 \end{pmatrix}$, $A = \lambda\gamma\gamma' = aa'$ mit $a = \sqrt{\lambda}\gamma$.
Sei umgekehrt $A = aa'$, so ist wegen A.23 (iv) Rang $(A)$ = Rang $(a) = 1$.

**Satz A.32: Singulärwertdarstellung einer Rechtecksmatrix**

*Sei $\underset{n,p}{A}$ eine Matrix vom Rang $r$. Dann gilt*

$$A = \underset{n,r}{U} \; \underset{r,r}{L} \; \underset{r,p}{V'}$$

*mit $U'U = I_r$, $V'V = I_r$ und $L = diag(l_1, \cdots, l_r)$, $l_i > 0$.*

*Beweis.* Es ist $A'A$ symmetrisch und Rang $(A'A)$ = Rang $(A) = r$. Nach A.31 (vii) gilt

$$A'A = \underset{p,r}{V} \; \underset{r,r}{\Lambda} \; \underset{r,p}{V'}$$

mit $\Lambda = \text{diag}(\lambda_i)$, $\lambda_i > 0$ der Matrix der nichttrivialen Eigenwerte von $A'A$ und $V = (v_{(1)}, \cdots, v_{(r)})$ der Matrix der Eigenvektoren zu den nichttrivialen Eigenwerten $\lambda_i$ von $A'A$. $V$ ist spaltenorthonormal: $V'V = I_r$, d.h. $v_{(j)}'v_{(i)} = \delta_{ij}$.
Definiere $l_i = \lambda_i^{1/2}$ $(i = 1, \cdots, r)$ und setze $L = \text{diag}(l_1, \cdots, l_r)$.
Definiere $\underset{n,r}{U} = (u_{(1)}, \cdots, u_{(r)})$ durch

$$u_{(i)} = l_i^{-1} A v_{(i)} \quad (i = 1, \cdots, r).$$

Dann ist

$$\begin{aligned} u'_{(j)} u_{(i)} &= l_i^{-1} l_j^{-1} v'_{(j)} A' A v_{(i)} \\ &= l_i^{-1} l_j^{-1} e'_i \Lambda e_j = \delta_{ij}, \end{aligned}$$

also $U'U = I_r$.
Sei $\underset{p,1}{x}$ ein beliebiger Vektor, so gilt

$$x = \sum \alpha_i v_{(i)} + y \quad mit\, y \in \mathcal{N}(A'A).$$

$\mathcal{N}(A'A)$ ist der Eigenraum zu den trivialen Eigenwerten von $A'A$. Wegen $\mathcal{R}(A'A) = \mathcal{R}(V)$ ist (vgl. A.25 (iii)) $y \perp v_{(i)}$ $(i = 1, \cdots, r)$.
Damit wird

$$\begin{aligned} V'x &= \sum \alpha_i e_i + 0 \quad \text{mit } e_i \text{ aus A.8 und} \\ ULV'x &= \sum \alpha_i U L e_i + 0 \\ &= \sum \alpha_i l_i u_{(i)} + 0 \\ &= \sum \alpha_i A v_{(i)} + Ay = Ax. \end{aligned}$$

Da $x$ beliebig ist, folgt

$$ULV' = A.$$

**Satz A.33:** *Sei $A$ $(p,q)$ vom Rang $(A) = r$, so existiert mindestens eine quadratische reguläre $(r,r)$–Submatrix $X$, d.h. $A$ hat o.B.d.A. die Darstellung*

$$\underset{p,q}{A} = \begin{pmatrix} \underset{r,r}{X} & \underset{r,q-r}{Y} \\ \underset{p-r,r}{Z} & \underset{p-r,q-r}{W} \end{pmatrix},$$

*wobei $X$ der Durchschnitt von $r$ unabhängigen Zeilen und $r$ unabhängigen Spalten ist. Alle Submatrizen der Ordnung $(r+s, r+s)$ $(s \geq 1)$ sind singulär. Die Darstellung von $A$ mit $X$ in der angegebenen Position heißt Normalform von $A$.*

*Beweis.* Wegen Rang $(A) =$ Rang $(X)$ sind die ersten $r$ Zeilen $(X, Y)$ linear unabhängig und die $p - r$ Zeilen von $(Z, W)$ sind Linearkombinationen von $(X, Y)$. Es existiert also eine Matrix $F$ mit

$$(Z, W) = F(X, Y).$$

Entsprechend existiert eine Matrix $H$ mit

$$\begin{pmatrix} Y \\ W \end{pmatrix} = \begin{pmatrix} X \\ Z \end{pmatrix} H.$$

Daraus folgt $W = FY = FXH$ und

$$\begin{aligned} A = \begin{pmatrix} X & Y \\ Z & W \end{pmatrix} &= \begin{pmatrix} X & XH \\ FX & FXH \end{pmatrix} \\ &= \begin{pmatrix} I \\ F \end{pmatrix} X(I,H) \\ &= \begin{pmatrix} X \\ FX \end{pmatrix} (I,H) = \begin{pmatrix} I \\ F \end{pmatrix} (X, XH) \end{aligned}$$

Da $X$ regulär ist, existiert $X^{-1}$. Damit wird $F = ZX^{-1}$, $H = X^{-1}Y$ und $W = ZX^{-1}Y$. In die obige Darstellung eingesetzt, folgt

$$\begin{aligned} A = \begin{pmatrix} X & Y \\ Z & W \end{pmatrix} &= \begin{pmatrix} I \\ ZX^{-1} \end{pmatrix} X(I, X^{-1}Y) \\ &= \begin{pmatrix} X \\ Z \end{pmatrix} (I, X^{-1}Y) \qquad (*) \\ &= \begin{pmatrix} I \\ ZX^{-1} \end{pmatrix} (X\,Y). \end{aligned}$$

**Satz A.34: Vollrang–Zerlegung einer Matrix**

*(i) Sei* $\underset{p,q}{A}$ *vom Rang* $(A) = r$. *Dann gibt es stets Matrizen* $K$ *und* $L$ *so, dass*

$$A = \underset{p,r}{K}\ \underset{r,q}{L}$$

*mit* $K$ *von vollem Spaltenrang* $r$ *und* $L$ *von vollem Zeilenrang* $r$.

*Beweis.* Identität $(*)$ im Beweis von A.33.

(ii) Sei $\underset{p,q}{A}$ vom Rang $(A) = p$. *Dann lässt sich* $A$ *stets darstellen als*

$$A = \underset{p,p}{M}\,(I, H) \quad \textit{mit } M \textit{ regulär.}$$

*Beweis.* Identität $(*)$ $(X)(I, X^{-1}Y)$ im Beweis von A.33.

## A.10 Definite Matrizen und quadratische Formen

**Definition A.35** *Sei $A$ $(n,n)$ symmetrisch. Eine quadratische Form $x$ ist definiert als*

$$Q(x) = x'Ax = \sum_{i,j} a_{ij} x_i x_j \,.$$

*Es gilt $Q(0) = 0$.*

*Hinweis.* Seien $A$ und $\tilde{A}$ quadratische $(n \times n)$–Matrizen. Sei $Q(x) = x'Ax$ gegeben, so gilt $Q(x) = x'\tilde{A}x$ für alle Matrizen $\tilde{A}$ mit $\tilde{a}_{ii} = a_{ii}$ und $(\tilde{a}_{ij} + \tilde{a}_{ji}) = (a_{ij} + a_{ji})$. Damit ist $A = \tilde{A}$ eindeutig, falls $A$ symmetrisch ist. Dies ist ein Grund, sich bei Betrachtung quadratischer Formen auf symmetrische Matrizen $A$ zu beschränken.

Der andere Grund: $Q(x) = x'Ax$ ist ein Skalar mit $Q(x)' = Q(x)$. Es gilt aber $(x'Ax)' = x'A'x = x'Ax$ genau dann, wenn $A = A'$.

**Definition A.36** *$x'Ax$ heißt positiv definit, falls $x'Ax > 0$ für alle $x \neq 0$. Falls $x'Ax$ positiv definit ist, heißt die Matrix $A$ positiv definit. Wir schreiben $A > 0$.*

*Anmerkung.* Falls $A$ positiv definit ist, heißt $(-A)$ negativ definit.

**Definition A.37** *Eine quadratische Form $x'Ax$ (und damit die Matrix $A$) heißt positiv semidefinit, falls $x'Ax \geq 0$ für alle $x$ und $x'Ax = 0$ für mindestens ein $x \neq 0$.*

**Definition A.38** *Die quadratische Form $x'Ax$ (und damit $A$) heißt nichtnegativ definit, falls sie positiv definit oder positiv semidefinit ist, d.h. falls $x'Ax \geq 0$ für alle $x$. Wir schreiben $A \geq 0$.*

**Satz A.39:** *Sei $\underset{n,n}{A} > 0$. Dann gilt*

*(i) alle Eigenwerte $\lambda_i$ sind $> 0$.*

*Beweis.* $A$ ist symmetrisch, also gilt mit A.30 und mit $\Gamma' x = y$

$$\begin{aligned} x'Ax &= x'\Gamma\Lambda\Gamma' x = y'\Lambda y \\ &= \sum y_i^2 \lambda_i \,. \end{aligned}$$

Da $\Gamma$ regulär ist, gilt wegen $y = \Gamma' x$ die Äquivalenz $y \neq 0 \longleftrightarrow x \neq 0$. Damit wird
$A > 0 \longleftrightarrow \Lambda > 0 \longleftrightarrow \lambda_i > 0$.
Die letzte Beziehung folgt aus $y'\Lambda y > 0$ für alle $y \neq 0$. Wähle $y = e_1$, $y = e_2, \ldots$, $y = e_n \longrightarrow y'\Lambda y = e_i'\lambda_i e_i = \lambda_i$.

*(ii) $A$ ist regulär und $|A| > 0$.*

*Beweis.* $A = \Gamma \Lambda \Gamma'$ nach A.30. Nach A.16 (iii) gilt $|A| = |\Gamma||\Lambda||\Gamma'| = |\Lambda|$, da $|\Gamma||\Gamma'| = 1$. Also ist $|A| = |\Lambda| = \prod \lambda_i > 0$, da alle $\lambda_i > 0$. Damit ist $A$ regulär.

*(iii)* $A^{-1} > 0$.

*Beweis.* $A > 0 \longrightarrow A$ regulär $\longrightarrow A^{-1}$existiert.

Aus $A = \Gamma \Lambda \Gamma'$ folgt $A^{-1} = \Gamma' \Lambda^{-1} \Gamma$ mit $\Lambda^{-1} > 0$ und damit $A^{-1} > 0$.

*(iv)* $sp(A) > 0$.

*Beweis.* $A$ ist symmetrisch, also ist $\text{sp}(A) = \sum \lambda_i > 0$.

*(v) Sei* $\underset{n,m}{P}$ *vom Rang* $(P) = m \leq n$. *Dann ist* $P'AP > 0$. *Speziell ist* $P'P > 0$.

*Beweis.* Bilde $x'P'APx$ und setze $Px = y$. Wegen $A > 0$ ist $y'Ay > 0$ für alle $y \neq 0$.

Damit ist $P'AP > 0$ falls $x'P'APx > 0$ für alle $x \neq 0$ wobei $x$ der Gleichung $Px = y$ genügen muss. D.h. es muss gelten $y = 0 \longleftrightarrow x = 0$ mit $Px = y$.

Wegen Rang$(P) = m$ gilt (A.34(i)): $P = \begin{pmatrix} X \\ Z \end{pmatrix}$ mit $X(m,m)$ und Rang$(X) = m$.

a) Sei $x = 0 \longrightarrow Px = y = 0$.

b) Sei $y = 0 \longrightarrow Px = \begin{pmatrix} Xx \\ Zx \end{pmatrix} = \begin{pmatrix} 0 \\ 0 \end{pmatrix} \longrightarrow x = 0$.

*(vi) Sei* $\underset{n,m}{P}$ *mit Rang* $(P) = r < m \leq n$. *Dann ist* $P'AP \geq 0$.

*Beweis.* Nach A.34(i) ist $P = \begin{pmatrix} \underset{r,r}{X} & Y \\ Z & W \end{pmatrix}$ mit Rang$(X) = r$. Sei $x' = (x_1, x_2)$ mit $\dim(x_1) = r$, $\dim(x_2) = m - r$. Dann hat $Px = \begin{pmatrix} Xx_1 + Yx_2 \\ Zx_1 + Wx_2 \end{pmatrix} = \begin{pmatrix} 0 \\ 0 \end{pmatrix}$ nichttriviale Lösungen $x \neq 0$. D.h. $y'Ay = x'P'APx = 0$ gilt für mindestens ein $x \neq 0$. Damit ist $P'AP \geq 0$ (A.37).

*(vii)* $A = A^{1/2}A^{1/2}$ *mit* $A^{1/2} = \Gamma \Lambda^{1/2} \Gamma'$ *und* $\Lambda^{1/2} = \text{diag}[(\lambda_i)^{1/2}]$.

**Satz A.40:** *Sei* $\underset{n,n}{A} > 0$ *und* $\underset{n,n}{B} \geq 0$. *Dann gilt*

*(i)* $C = A + B > 0$

*Beweis.* nach Definition: $\underbrace{x'Ax}_{>0} + \underbrace{x'Bx}_{\geq 0} > 0$.

*(ii) Seien $A > 0$ und $B > 0$. Dann gilt:* $A - B \geq 0 \longleftrightarrow B^{-1} - A^{-1} \geq 0$

*Beweis.* nach Korollar zu A.52.

*(iii)* $|A| \leq |A + B|$

*Beweis.* A.53

**Satz A.41:** *Sei $A$ $(n, n)$ mit $A \geq 0$. Dann gilt*

*(i)* $\lambda_i \geq 0$

*(ii)* $sp(A) \geq 0$

*(iii)* $A = A^{1/2}A^{1/2}$ *mit* $A^{1/2} = \Gamma\Lambda^{1/2}\Gamma' \geq 0$

*(iv) Sei* $\underset{n,m}{C}$ *eine beliebige Matrix. Dann ist* $C'AC \geq 0$.

*(v) Für eine beliebige Matrix $C$ gilt $C'C \geq 0$ und $CC' \geq 0$.*

*Beweis.* wie in A.40.

**Satz A.42:** *Für eine symmetrische $(n, n)$–Matrix $A$, mit $A \geq 0$ gilt* $0 \leq \lambda_i \leq 1$ *genau dann, wenn* $(I - A) \geq 0$.

*Beweis.* Wähle für die symmetrische Matrix $A$ die Spektralzerlegung $A = \Gamma\Lambda\Gamma'$. Dann wird

$$(I - A) = \Gamma(I - \Lambda)\Gamma' \geq 0$$

genau dann, wenn

$$\Gamma'\Gamma(I - \Lambda)\Gamma'\Gamma = I - \Lambda \geq 0.$$

(a) Sei $I - \Lambda \geq 0$, so sind die Eigenwerte $1 - \lambda_i \geq 0$, also $0 \leq \lambda_i \leq 1$.

(b) Sei $0 \leq \lambda_i \leq 1$, so ist für beliebiges $x \neq 0$

$$x'(I - \Lambda)x = \sum x_i^2(1 - \lambda_i) \geq 0,$$

also $I - \Lambda \geq 0$.

**Satz A.43: (Theobald, 1974)**

*Sei $D$ $(n, n)$ symmetrisch. Dann gilt $D \geq 0$ genau dann, wenn $sp\{CD\} \geq 0$ für alle $C \geq 0$.*

*Beweis.* $D$ ist symmetrisch, also gilt

$$D = \Gamma \Lambda \Gamma' = \sum \lambda_i \gamma_{(i)} \gamma'_{(i)} .$$

Dann ist

$$\begin{aligned} sp\{CD\} &= sp\{\sum \lambda_i C \gamma_{(i)} \gamma'_{(i)}\} \\ &= \sum \lambda_i \gamma'_{(i)} C \gamma_{(i)} . \end{aligned}$$

(a) Sei $D \geq 0$, so sind alle $\lambda_i \geq 0$. $\gamma'_{(i)} C \gamma_{(i)} \geq 0$ gilt, falls $C \geq 0$. Also ist $\text{sp}\{CD\} \geq 0$ für alle $C \geq 0$.

(b) Sei $\text{sp}\{CD\} \geq 0$ für alle $C \geq 0$. Dann gilt dies speziell für $C = \gamma_{(i)} \gamma'_{(i)} \geq 0$. Mit diesem $C$ folgt

$$\begin{aligned} 0 \leq \text{sp}\{CD\} &= \text{sp}\{\gamma_{(i)} \gamma'_{(i)} (\sum_j \lambda_j \gamma_{(j)} \gamma'_{(j)})\} \\ &= \lambda_i \qquad (i = 1, \cdots, n). \end{aligned}$$

Damit ist $D = \Gamma \Lambda \Gamma' \geq 0$.

**Satz A.44:** *Sei* $\underset{n,n}{A}$ *symmetrisch mit den Eigenwerten* $\lambda_1 \geq \cdots \geq \lambda_n$. *Dann gilt:*

$$\max_x \frac{x'Ax}{x'x} = \lambda_1, \qquad \min_x \frac{x'Ax}{x'x} = \lambda_n .$$

*Beweis.* $x'Ax = x'\Gamma \Lambda \Gamma' x = y' \Lambda y = \sum \lambda_i y_i^2$ ,
$\lambda_n \sum y_i^2 \leq \sum \lambda_i y_i^2 \leq \lambda_1 \sum y_i^2$ ,
d.h. $\lambda_n x'x \leq x'Ax \leq \lambda_1 x'x$ .

**Satz A.45:** *Sei* $\underset{n,r}{A} = (\underset{n,r_1}{A_1}, \underset{n,r_2}{A_2})$ *vom Rang* $r = r_1 + r_2 = Rang(A_1) + Rang(A_2)$ .
*Sei* $M_1 = A_1(A_1'A_1)^{-1}A_1'$ *und* $M = A(A'A)^{-1}A'$. *Dann gilt*

$$M = M_1 + (I - M_1)A_2(A_2'(I - M_1)A_2)^{-1}A_2'(I - M_1).$$

*Beweis.* $M_1$ und $M$ sind idempotent. Es ist $M_1 A_1 = 0$ und $MA = 0$. Bei Verwendung der partiellen Inversionsformel (A.19) für die Berechnung von

$$(A'A)^{-1} = \begin{pmatrix} A_1'A_1 & A_1'A_2 \\ A_2'A_1 & A_2'A_2 \end{pmatrix}^{-1}$$

erhalten wir in der Schreibweise von A.19:

$$D = A_2'(I - M_1)A_2 .$$

Direkte Berechnung führt dann zum Beweis.

**Satz A.46:** *Sei $A$ eine $(n,m)$–Matrix mit Rang $(A) = m \leq n$ und $B$ eine symmetrische $(m,m)$–Matrix. Dann gilt*

$$ABA' \geq 0 \quad \textit{genau dann, wenn } B \geq 0.$$

*Beweis.* (i) $B \geq 0 \to ABA' \geq 0$ für alle $A$ nach A.38 und A.41(iv).
(ii) Sei Rang $(A) = m \leq n$ und $ABA' \geq 0$, d.h. $x'ABA'x \geq 0$ für alle $x \in E^n$. Zu zeigen ist $y'By \geq 0$ für alle $y \in E^m$. Wegen Rang $(A) = m$ existiert $(A'A)^{-1}$. Sei $z = A(A'A)^{-1}y$, so wird $A'z = y$. Damit erhalten wir $y'By = z'ABA'z \geq 0$.

**Definition A.47** *Seien $A$ und $B$ $(n,n)$–Matrizen und $B$ regulär. Dann heißen die Lösungen $\lambda_i = \lambda_i^B(A)$ der Gleichung*

$$|A - \lambda B| = 0$$

*die Eigenwerte von $A$ in der Metrik von $B$. Für $B = I$ erhalten wir die üblichen Eigenwerte.*

**Satz A.48:** *Sei $B > 0$ und $A \geq 0$. Dann gilt $\lambda_i^B(A) \geq 0$.*

*Beweis.* $B > 0$ ist äquivalent zu $B = B^{1/2}B^{1/2}$ mit $B^{1/2} > 0$ (A.31 (iii)). Dann wird

$$0 = |A - \lambda B| = |B^{1/2}|^2 |B^{-1/2}AB^{-1/2} - \lambda I|$$

und $\lambda_i^B(A) = \lambda_i^I(B^{-1/2}AB^{-1/2}) \geq 0$, da $B^{-1/2}AB^{-1/2} \geq 0$.

**Satz A.49: (Simultane Zerlegung)**

*Seien $A$ und $B$ $(n,n)$–Matrizen mit $B > 0$ und $A \geq 0$. Sei $\Lambda = diag(\lambda_i^B(A))$ die Diagonalmatrix der Eigenwerte von $A$ in der Metrik von $B$. Dann existiert eine reguläre Matrix $W$ derart, dass*

$$B = W'W \quad \textit{und} \quad A = W'\Lambda W$$

*gilt.*

*Beweis.* Nach A.48 sind die $\lambda_i$ die gewöhnlichen Eigenwerte von $B^{-1/2}AB^{-1/2}$. Sei $X$ die orthogonale Matrix der zugehörigen Eigenvektoren:

$$B^{-1/2}AB^{-1/2}X = X\Lambda,$$

also

$$A = B^{1/2}X\Lambda X'B^{1/2} = W'\Lambda W$$

mit $W' = B^{1/2}X$ regulär und

$$B = W'W = B^{1/2}XX'B^{1/2} = B^{1/2}B^{1/2}.$$

**Satz A.50:** *Seien $A$ und $B$ $(n,n)$-Matrizen mit $A > 0$ und $B \geq 0$. Dann gilt*

$$B - A > 0 \quad \textit{genau dann, wenn} \quad \lambda_i^B(A) < 1.$$

*Beweis.* Nach A.49 ist

$$B - A = W'(I - \Lambda)W,$$

also

$$\begin{aligned} x'(B-A)x &= x'W'(I-\Lambda)Wx \\ &= y'(I-\Lambda)y \\ &= \sum(1-\lambda_i^B(A))y_i^2 \end{aligned}$$

mit $y = Wx$. Damit ist für $x \neq 0$ wegen $W$ regulär $y \neq 0$ und $x'(B-A)x > 0$ genau dann, wenn

$$\lambda_i^B(A) < 1.$$

**Satz A.51:** *Seien $A$ und $B$ $(n,n)$-Matrizen mit $A > 0$ und $B \geq 0$. Dann gilt*

$$A - B \geq 0$$

*genau dann, wenn*

$$\lambda_i^B(A) \leq 1\,.$$

*Beweis.* Analog zu A.50.

**Satz A.52:** *Seien $A$ und $B$ $(n,n)$-Matrizen mit $A > 0$ und $B > 0$. Falls $B - A > 0$, so folgt*

$$A^{-1} - B^{-1} > 0\,.$$

*Beweis.* Nach A.49 ist

$$B = W'W, \quad A = W'\Lambda W$$

und wegen $W$ regulär ist

$$B^{-1} = W^{-1}W'^{-1}, \quad A^{-1} = W^{-1}\Lambda^{-1}W'^{-1},$$

also

$$A^{-1} - B^{-1} = W^{-1}(\Lambda^{-1} - I)W'^{-1} > 0,$$

da $\frac{1}{\lambda_i} - 1 > 0$ und damit $\Lambda^{-1} - I > 0$.

**Korollar zu Satz A.52:** *Seien $A$ und $B$ $(n,n)$–Matrizen mit $A > 0$ und $B > 0$. Dann gilt*

$$B - A > 0$$

*genau dann, wenn*

$$A^{-1} - B^{-1} > 0.$$

*Beweis.* Mit $A > 0$ und $B > 0$ sind $A^{-1} > 0$ und $B^{-1} > 0$ (A.39 (iv)). Setze in A.52 $A^{-1} - B^{-1} > 0$ voraus, so folgt $B - A > 0$.

**Satz A.53:** *Seien $A$ und $B$ $(n,n)$–Matrizen mit $B - A > 0$. Dann ist $|B| > |A|$ und $sp(B) > sp(A)$.*
*Sei $B - A \geq 0$. Dann ist $|B| \geq |A|$ und $sp(B) \geq sp(A)$.*

*Beweis.* Nach A.49 und A.16 (iii),(v) ist

$$|B| = |W'W| = |W|^2,$$
$$|A| = |W'\Lambda W| = |W|^2|\Lambda| = |W|^2 \prod \lambda_i^B(A),$$

also

$$|A| = |B| \prod \lambda_i^B(A).$$

Im Fall $B - A > 0$ sind die $\lambda_i^B(A) < 1$, also $|A| < |B|$.
Im Fall $B - A \geq 0$ sind die $\lambda_i^B(A) \leq 1$, also $|A| \leq |B|$.
Für $B - A > 0$ ist $\mathrm{sp}(B - A) > 0$, also $\mathrm{sp}(B) > \mathrm{sp}(A)$. Analog ist für $B - A \geq 0$ auch $\mathrm{sp}(B) \geq \mathrm{sp}(A)$.

**Satz A.54: Cauchy–Schwarzsche–Ungleichung**

*Seien $x, y$ reellwertige Vektoren gleicher Dimension. Dann gilt*

$$(x'y)^2 \leq (x'x)(y'y)$$

*und*

$$(x'y) = (x'x)(y'y)$$

*genau dann, wenn $x, y$ linear abhängig sind.*

*Beweis.* Seien $\lambda$ und $\mu$ reelle Skalare. Dann ist

$$\begin{aligned} 0 \le ||\lambda x + \mu y||^2 &= (\lambda x + \mu y)'(\lambda x + \mu y) \\ &= \lambda^2 x'x + 2\lambda\mu x'y + \mu^2 y'y \\ &= (\lambda, \mu) \begin{pmatrix} x'x & x'y \\ y'x & y'y \end{pmatrix} \begin{pmatrix} \lambda \\ \mu \end{pmatrix}. \end{aligned}$$

Damit ist die Matrix

$$\begin{pmatrix} x'x & x'y \\ y'x & y'y \end{pmatrix} \ge 0$$

und ihre Determinante ist nichtnegativ:

$$\begin{vmatrix} x'x & x'y \\ y'x & y'y \end{vmatrix} = (x'x)(y'y) - (x'y)^2 \ge 0.$$

Damit gilt $(x'x)(y'y) = (x'y)^2$ genau dann, wenn $(\lambda x + \mu y) = (x, y)' \begin{pmatrix} \lambda \\ \mu \end{pmatrix} = 0$ für $(\lambda, \mu)' \ne (0, 0)'$, d.h. wenn $x, y$ linear abhängig sind.

**Satz A.55:** *Seien $x, y$ $(n, 1)$–Vektoren und $A \ge 0$. Dann gilt*

*(i)* $(x'Ay)^2 \le (x'Ax)(y'Ay)$.

*(ii) Falls $A > 0$ ist, gilt zusätzlich*

$$(x'y)^2 \le (x'Ax)(y'A^{-1}y)$$

*Beweis.* (i) $A \ge 0$ bedeutet o.B.d.A. $A = B'B$ (vgl. A.41 (iii)). Setze $Bx = \tilde{x}$ und $By = \tilde{y}$. Dann folgt (i) aus A.54.

(ii) $A > 0$ bedeutet $A = A^{1/2}A^{1/2}$ und $A^{-1} = A^{-1/2}A^{-1/2}$. Setze $A^{1/2}x = \tilde{x}$ und $A^{-1/2}y = \tilde{y}$. Dann folgt (ii) ebenfalls aus A.54.

**Satz A.56:** *Seien $A$ und $T$ $(n, n)$–Matrizen und sei $A > 0$. Dann gilt*

*(i)* $\max_x \frac{(x'y)^2}{x'Ax} = y'A^{-1}y$

*(ii)* $\max_x \frac{(y'Tx)^2}{x'Ax} = y'TA^{-1}T'y$.

*Beweis.* A.55 (ii).

**Satz A.57:** *Sei $I$ die $(n, n)$–Einheitsmatrix und $a$ ein $(n, 1)$–Vektor. Dann gilt*

$$I - aa' \ge 0 \quad \textit{genau dann, wenn} \quad a'a \le 1.$$

*Beweis.* (i) Die Äquivalenz ist evident, wenn $a = 0$.

(ii) Sei $a \neq 0$. Die Matrix $aa'$ ist vom Rang 1 und $aa' \geq 0$. Die Spektralzerlegung ist $aa' = C\Lambda C'$ mit $\Lambda = \text{diag}(\lambda, 0, \cdots, 0)$ und $\lambda = a'a$. Damit wird $I - aa' = C(I - \Lambda)C' \geq 0$ genau dann (A.42), wenn $\lambda = a'a \leq 1$.

**Satz A.58:** *Sei $MM' - NN' \geq 0$. Dann existiert eine Matrix $H$ so, dass $N = MH$.*

*Beweis.* (Milliken und Akdeniz, 1977) Sei $M$ $(n, r)$ vom Rang$(M) = s$ und sei $x$ ein beliebiger Vektor $\in \mathcal{R}(I - MM^-)$, so dass $x'M = 0$ und $x'MM'x = 0$. Da $NN'$ und $MM' - NN'$ (nach Voraussetzung) nichtnegativ definite Matrizen sind, wird $x'NN'x \geq 0$ und

$$x'(MM' - NN')x = -x'NN'x \geq 0.$$

Also folgt $x'NN'x = 0$ und damit $x'N = 0$, so dass die Spalten von $N \subset \mathcal{R}(M)$ sind. Folglich existiert eine $(r, k)$–Matrix $H$ so, dass $N = MH$ mit $N$ vom Typ $(n, k)$ ist.

**Satz A.59:** *Sei $A$ eine $(n, n)$–Matrix und $(-A) > 0$. Sei $a \neq 0$ ein $(n, 1)$–Vektor. Falls $n \geq 2$ ist, kann $A + aa'$ niemals nichtnegativ definit sein.*

*Beweis.* (Guilkey und Price, 1981) Die Matrix $aa'$ hat den Rang 1. Für $n \geq 2$ existiert ein nichttrivialer Vektor $w \neq 0$ so, dass $w'aa'w = 0$. Daraus folgt $w'(A + aa')w = w'Aw < 0$, da $-(A)$ positiv definit und damit $A$ negativ definit ist. Also kann $A + aa'$ niemals nichtnegativ definit sein.

## A.11 Idempotente Matrizen

**Definition A.60** *Eine quadratische Matrix $A$ heißt idempotent, wenn $A = A'$ (Symmetrie) und*

$$A^2 = AA = A$$

*gilt.*

**Satz A.61:** *Sei $A$ eine idempotente $(n, n)$–Matrix mit Rang $(A) = p \leq n$. Dann gilt:*

*(i) Die Eigenwerte von $A$ sind 1 oder 0.*

*(ii) $sp(A) =$ Rang $(A) = p$.*

*(iii) Falls $A$ von vollem Rang $n$ ist, so ist $A = I_n$.*

*(iv) Sind $A$ und $B$ idempotent und gilt $AB = BA$, so ist $AB$ auch idempotent.*

*(v) Ist $A$ idempotent und $P$ orthogonal, so ist $PAP'$ idempotent.*

*(vi) Ist $A$ idempotent, so ist $I - A$ idempotent und*

$$A(I - A) = (I - A)A = 0.$$

*Beweis.* (i) Die Eigenwertgleichung

$$Ax = \lambda x$$

wird von links mit $A$ multipliziert:

$$AAx = Ax = \lambda Ax = \lambda^2 x.$$

Linksmultiplikation beider Gleichungen mit $x'$ liefert

$$x'Ax = \lambda x'x = \lambda^2 x'x,$$

also

$$\lambda(\lambda - 1) = 0 \longleftrightarrow \lambda = 0 \text{ oder } \lambda = 1.$$

(ii) Aus der Spektralzerlegung

$$A = \Gamma \Lambda \Gamma'$$

folgt

$$\text{Rang}\,(A) = \text{Rang}\,(\Lambda) = \text{sp}(\Lambda) = r,$$

wobei $r$ die Anzahl der Eigenwerte gleich 1 ist.

(iii) Sei Rang $(A)$ = Rang $(\Lambda) = n$, so ist $\Lambda = I_n$ und

$$A = \Gamma \Lambda \Gamma' = I_n\,.$$

(iv)–(vi) folgen direkt aus Definition A.60 der Idempotenz.

## A.12 Verallgemeinerte Inverse

**Definition A.62** *Sei $A$ eine $(m, n)$–Matrix mit $m \leq n$ und beliebigem Rang. Dann heißt die $(n, m)$–Matrix $A^-$ g–Inverse (generalized Inverse) von $A$ falls*

$$AA^-A = A$$

*erfüllt ist.*

**Satz A.63:** *Zu jeder Matrix $A$ existiert eine g–Inverse $A^-$, die im allgemeinen nicht eindeutig bestimmt ist.*

*Beweis.* Sei Rang $(A) = r \leq m \leq n$. Nach A.32 besitzt $A$ die Singulärwertdarstellung $A = ULV'$, wobei $\underset{m,m}{U}$ und $\underset{n,n}{V}$ orthogonale Matrizen sind und

$$L = \text{diag}(l_1, \cdots, l_r), \quad l_i > 0.$$

Dann sind sämtliche g–Inversen $A^-$ von $A$ durch

$$A^- = V \begin{pmatrix} L^{-1} & X \\ Y & Z \end{pmatrix} U'$$

gegeben, wobei $X, Y, Z$ beliebige Matrizen (passender Dimension) sind. Eine spezielle g–Inverse erhalten wir nach A.33 aus $A = \begin{pmatrix} X & Y \\ Z & W \end{pmatrix}$ mit $A^- = \begin{pmatrix} X^{-1} & 0 \\ 0 & 0 \end{pmatrix}$.

**Definition A.64 Moore–Penrose–Inverse**

*Eine $(n,m)$-Matrix $A^+$, die folgende Bedingungen erfüllt, ist g–Inverse von $A$ und heißt Moore–Penrose–Inverse von $A(m,n)$.*

$$\begin{array}{ll} (i)\ AA^+A = A & (ii)\ A^+AA^+ = A^+ \\ (iii)\ (A^+A)' = A^+A & (iv)\ (AA^+)' = AA^+. \end{array}$$

*$A^+$ ist durch (i)–(iv) eindeutig bestimmt.*

*Beweis.* Penrose (1955)

**Satz A.65:** *Sei $A$ eine $(m,n)$–Matrix und $A^-$ eine g–Inverse von $A$. Dann gilt*

*(i) $A^-A$ und $AA^-$ sind idempotent*

*(ii) Rang $(A)$ = Rang $(AA^-)$ = Rang $(A^-A)$*

*(iii) Rang $(A) \leq$ Rang $(A^-)$.*

*Beweis.* (i) nach Definition, z.B.

$$(A^-A)(A^-A) = A^-(AA^-A) = A^-A.$$

(ii) Nach A.23 (iv) ist

$$\text{Rang }(A) = \text{Rang }(AA^-A) \leq \text{Rang }(A^-A) \leq \text{Rang }(A),$$

also Rang $(A^-A)$ = Rang $(A)$. Analog gilt Rang $(A)$ = Rang $(AA^-)$.

(iii) Rang $(A)$ = Rang $(AA^-A) \leq$ Rang $(AA^-) \leq$ Rang $(A^-)$.

**Satz A.66:** *Sei $A$ eine $(m,n)$–Matrix. Dann gilt*

*(i)* $A$ *regulär* $\rightarrow A^+ = A^{-1}$

*(ii)* $(A^+)^+ = A$

*(iii)* $(A^+)' = (A')^+$

*(iv)* $\text{Rang}\,(A) = \text{Rang}\,(A^+) = \text{Rang}\,(A^+A) = \text{Rang}\,(AA^+)$

*(v)* *A symmetrisch und idempotent* $\rightarrow A^+ = A$

*(vi)* $\text{Rang}\,(\underset{m,n}{A}) = m \rightarrow A^+ = A'(AA')^{-1}$
*und* $AA^+ = I_m$

*(vii)* $\text{Rang}\,(\underset{m,n}{A}) = n \rightarrow A^+ = (A'A)^{-1}A'$
*und* $A^+A = I_n$

*(viii)* *Seien* $\underset{m,m}{P}$ *und* $\underset{n,n}{Q}$ *orthogonal* $\rightarrow \quad (PAQ)^+ = Q^{-1}A^+P^{-1} = Q'A^+P'$

*(ix)* $(A'A)^+ = A^+(A')^+$ *und* $(AA')^+ = (A')^+A^+$

*(x)* $A^+ = (A'A)^+A' = A'(AA')^+$

**Satz A.67: (Baksalary und Kala, 1983)**
*Sei* $\underset{n,n}{M} \geq 0$ *und* $\underset{m,n}{N} \geq 0$ *beliebig. Dann gilt*

$$M - N'(NM^+N')^+N \geq 0$$

*genau dann, wenn*

$$\mathcal{R}(N'NM) \subset \mathcal{R}(M).$$

**Satz A.68:** *Sei A eine* $(n,n)$*–Matrix und a ein* $(n,1)$*–Vektor mit* $a \notin \mathcal{R}(A)$. *Dann ist eine g–Inverse von* $(A + aa')$ *gegeben durch*

$$\begin{aligned}(A+aa')^- = A^- &- \frac{A^-aa'U'U}{a'U'Ua} \\ &- \frac{VV'aa'A^-}{a'VV'a} + \phi\frac{VV'aa'U'U}{(a'U'Ua)(a'VV'a)},\end{aligned}$$

*wobei* $A^-$ *eine beliebige g–Inverse von A und*

$$\begin{aligned}&\phi = 1 + a'A^-a, \quad U = I - AA^-,\\ &V = I - A^-A.\end{aligned}$$

*Beweis.* Direkt durch Überprüfen der Definitionsgleichung $(A+aa')(A+aa')^-(A+aa') = (A+aa')$.

**Satz A.69:** *Sei $A$ eine $(n,n)$-Matrix. Dann gilt*

*(i) Sind $a, b$ Vektoren mit $a, b \in \mathcal{R}(A)$. Dann ist die Bilinearform $a'A^-b$ invariant gegenüber der Wahl von $A^-$, sofern $A$ symmetrisch ist.*

*(ii) $A(A'A)^-A'$ ist invariant gegenüber der Wahl von $(A'A)^-$.*

*Beweis.* (i) Aus $a, b \in \mathcal{R}(A)$ folgt die Darstellung $a = Ac$ und $b = Ad$. Dann ist wegen der Symmetrie von $A$

$$\begin{aligned} a'A^-b &= c'A'A^-Ad \\ &= c'Ad. \end{aligned}$$

(ii) Sei $A = \begin{pmatrix} a_1' \\ \vdots \\ a_n' \end{pmatrix}$ in Zeilendarstellung gegeben. Dann ist

$$A(A'A)^-A' = (a_i'(A'A)^-a_j).$$

Da $A'A$ symmetrisch ist, folgt nach (i) die Invarianz aller Bilinearformen $a_i'(A'A)a_j$ gegenüber der Wahl von $(A'A)^-$und damit gilt (ii).

**Satz A.70:** *Sei $\underset{n,n}{A}$ symmetrisch, $a$ und $b$ $(n,1)$-Vektoren mit $a \in \mathcal{R}(A)$ und $b \in \mathcal{R}(A)$. Sei ferner $1 + b'A^+a \neq 0$. Dann gilt*

$$(A+ab')^+ = A^+ - \frac{A^+ab'A^+}{1+b'A^+a}.$$

*Beweis.* Direkt unter Anwendung von A.68 und A.69.

**Satz A.71:** *Sei $\underset{n,n}{A}$ symmetrisch, $a$ ein $(n,1)$-Vektor und $\alpha > 0$ ein Skalar. Dann sind folgende Aussagen äquivalent:*

*(i) $\alpha A - aa' \geq 0$*

*(ii) $A \geq 0$, $a \in \mathcal{R}(A)$ und $a'A^-a \leq \alpha$, wobei $A^-$ eine beliebige g–Inverse von $A$ ist.*

*Beweis.* (i) $\to$ (ii): Aus $\alpha A - aa' \geq 0$ folgt $\alpha A = (\alpha A - aa') + aa' \geq 0$ und damit $A \geq 0$. Nach Satz A.31 existiert für die nichtnegativ definite Matrix $\alpha A - aa'$ die Darstellung $\alpha A - aa' = BB'$, so dass $\alpha A = BB' + aa' =$

$$a = Ac \quad \text{mit} \quad c \in E^n.$$

Damit ist $a'A^-a = c'Ac$. Da $\alpha A - aa' \geq 0$ ist, gilt für einen beliebigen Vektor $x$

$$x'(\alpha A - aa')x \geq 0.$$

Wählt man speziell $x = c$, so folgt

$$\alpha c'Ac - c'aa'c = \alpha c'Ac - (c'Ac)^2 \geq 0,$$

also $c'Ac \leq \alpha$.

(ii) $\rightarrow$ (i): Sei $x \in E^n$ beliebig. Dann ist

$$\begin{aligned} x'(\alpha A - aa')x &= \alpha x'Ax - (x'a)^2 \\ &= \alpha x'Ax - (x'Ac)^2 \\ &\geq \alpha x'Ax - (x'Ax)(c'Ac) \end{aligned}$$

nach der Cauchy–Schwarzschen–Ungleichung (A.54). Also ist

$$x'(\alpha A - aa')x \geq (x'Ax)(\alpha - c'Ac).$$

Da nach (ii) $A \geq 0$ und $c'Ac = a'A^-a \leq \alpha$ ist, gilt also für beliebige $x$ $x'(\alpha A - aa')x \geq 0$ und damit $\alpha A - aa' \geq 0$.

*Anmerkung.* Dieser Satz geht auf Baksalary et al. (1983) zurück.

**Satz A.72:** *Sei $A$ eine $(n, n)$–Matrix. Dann gilt*

$$A'A = 0 \quad \textit{genau dann, wenn } A = 0.$$

*Beweis.* (i) A=0 $\rightarrow$ $A'A = 0$.

(ii) Sei $A'A = 0$ und sei $A = (a_{(1)}, \cdots, a_{(n)})$ die Darstellung in Spaltenvektoren. Dann ist

$$A'A = (a'_{(i)}a_{(j)}) = 0,$$

also insbesondere sind die Diagonalelemente $a'_{(i)}a_{(i)} = 0$, also alle $a_{(i)} = 0$ und damit $A = 0$.

**Satz A.73: (Kürzungsregel)**

*Sei $X \neq 0$ eine $(m, n)$–Matrix und $A$ eine $(n, n)$–Matrix. Dann gilt:*

$$\textit{Aus} \qquad X'XAX'X = X'X \qquad \textit{folgt}$$
$$XAX'X = X \ \textit{und} \ X'XAA' = X'.$$

*Beweis.* Aus

$$X'XAX'X - X'X = (X'XA - I)X'X = 0$$

folgt wegen $X \neq 0$ und damit $X'X \neq 0$

$$(X'XA - I) = 0.$$

Damit wird

$$\begin{aligned} 0 &= (X'XA - I)(X'XAX'X - X'X) \\ &= (X'XAX' - X')(XAX'X - X) \\ &= Y'Y, \end{aligned}$$

also nach A.72 $Y = 0$ und damit $XAX'X = X$.

**Satz A.74: (Albert's Theorem)**

*Sei* $A = \begin{pmatrix} A_{11} & A_{12} \\ A_{21} & A_{22} \end{pmatrix}$ *symmetrisch. Dann gilt:*

*(a)* $A \geq 0$ *genau dann, wenn*

*(i)* $A_{22} \geq 0$

*(ii)* $A_{21} = A_{22}A_{22}^{-}A_{21}$

*(iii)* $A_{11} \geq A_{12}A_{22}^{-}A_{21}$

*((ii) und (iii) sind invariant gegenüber der Wahl von* $A_{22}^{-}$*).*

*(b)* $A > 0$ *genau dann, wenn*

*(i)* $A_{22} > 0$

*(ii)* $A_{11} > A_{12}A_{22}^{-1}A_{21}$ .

*Beweis.* (Bekker und Neudecker, 1989)

(a) Sei $A \geq 0$.

(i) Mit $A \geq 0$ ist $x'Ax \geq 0$ für alle $x$, also speziell für $x = (0, x_2)$, d.h. $x_2'Ax_2 = x_2'A_{22}x_2 \geq 0$ für alle $x_2$.

(ii) Setze $B' = (0, I - A_{22}A_{22}^{-})$, so ist

$$\begin{aligned} B'A &= \left((I - A_{22}A_{22}^{-})A_{21}, A_{22} - A_{22}A_{22}^{-}A_{22}\right) \\ &= \left((I - A_{22}A_{22}^{-})A_{21}, 0\right) \end{aligned}$$

und $B'AB = B'A^{1/2}A^{1/2}B = 0$, also (A.72) $B'A^{1/2} = 0$ und damit $B'A^{1/2}A^{1/2} = B'A = 0$. Damit wird also $(I - A_{22}A_{22}^{-})A_{21} = 0$ und Behauptung (ii) ist bewiesen.

(iii) Sei $C' = (I, -(A_{22}^{-}A_{21})')$. Da $A \geq 0$, folgt

$$\begin{aligned} 0 \leq C'AC &= A_{11} - A_{12}(A_{22}^{-})'A_{21} - A_{12}A_{22}^{-}A_{21} \\ &\quad + A_{12}(A_{22}^{-})'A_{22}A_{22}^{-}A_{21} \\ &= A_{11} - A_{12}A_{22}^{-}A_{21} \end{aligned}$$

(da $A_{22}$ symmetrisch, ist $(A_{22}^{-})' = A_{22}$).

Seien umgekehrt (i), (ii) und (iii) vorausgesetzt. Dann ist

$$D = \begin{pmatrix} A_{11} - A_{12}A_{22}^{-}A_{21} & 0 \\ 0 & A_{22} \end{pmatrix} \geq 0,$$

da die Submatrizen nach (i) und (ii) $\geq 0$ sind. Also ist

$$A = \begin{pmatrix} I & A_{12}(A_{22}^{-}) \\ 0 & I \end{pmatrix} D \begin{pmatrix} I & 0 \\ A_{22}^{-}A_{21} & I \end{pmatrix} \geq 0.$$

(b) Ersetze $A_{22}^{-}$ durch $A_{22}^{-1}$.

**Satz A.75:** *Seien* $\underset{n,n}{A}$ *und* $\underset{n,n}{B}$ *symmetrisch. Dann gilt*

*(a)* $0 \leq B \leq A$ *genau dann, wenn*

*(i)* $A \geq 0$

*(ii)* $B = AA^{-}B$

*(iii)* $B \geq BA^{-}B$

*(b)* $0 < B < A$ *genau dann, wenn* $0 < A^{-1} < B^{-1}$.

*Beweis.* Wende A.74 auf $\begin{pmatrix} B & B \\ B & A \end{pmatrix}$ an.

**Satz A.76:** *Sei* $A$ *symmetrisch und* $c \in \mathcal{R}(A)$. *Dann sind die folgenden Bedingungen äquivalent*

*(i)* *Rang* $(A + cc') =$ *Rang* $(A)$

*(ii)* $\mathcal{R}(A + cc') = \mathcal{R}(A)$

*(iii)* $1 + c'A^{-}c \neq 0$.

**Korollar 1 zu Satz A.76:** *Wenn (i) oder (ii) oder (iii) gilt, dann ist*

$$(A + cc')^{-} = A^{-} - \frac{A^{-}cc'A^{-}}{1 + c'A^{-}c}$$

*für eine beliebige Wahl von* $A^{-}$.

*Beweis.* Direkt durch Überprüfen der Definitionsgleichung $(A + cc')(A + cc')^-(A + cc') = (A + cc')$ .

**Korollar 2 zu Satz A.76:** *Wenn (i) oder (ii) oder (iii) gilt, wird*

$$\begin{aligned} c'(A+cc')^-c &= c'A^-c - \frac{(c'A^-c)^2}{1+c'A^-c} \\ &= 1 - \frac{1}{1+c'A^-c}, \end{aligned}$$

*wobei wegen $c \in \mathcal{R}(A + cc')$ Invarianz gegenüber der Wahl der g–Inversen vorliegt.*

*Beweis.* $c \in \mathcal{R}(A)$ ist äquivalent zu $AA^-c = c$. Damit folgt

$$\mathcal{R}(A+cc') = \mathcal{R}(AA^-(A+cc')) \subset \mathcal{R}(A).$$

Damit sind (i) und (ii) äquivalent.

zu (iii): Bilde

$$\begin{pmatrix} 1 & 0 \\ c & A+cc' \end{pmatrix} \begin{pmatrix} 1 & -c \\ 0 & I \end{pmatrix} \begin{pmatrix} 1 & 0 \\ -A^-c & I \end{pmatrix} = \begin{pmatrix} 1+c'A^-c & -c \\ 0 & A \end{pmatrix}.$$

Die linke Seite hat den Rang

$$1 + \text{Rang}\ (A+cc') = 1 + \text{Rang}\ (A)$$

nach (i) oder (ii). Die rechte Seite hat den Rang $1 + \text{Rang}\ (A)$ genau dann, wenn $1 + c'A^-c \neq 0$.

**Satz A.77:** *Sei $A$ $(n,n)$ eine symmetrische singuläre Matrix und sei $c \notin \mathcal{R}(A)$. Dann gelten*

*(i)* $c \in \mathcal{R}(A+cc')$

*(ii)* $\mathcal{R}(A) \subset \mathcal{R}(A+cc')$

*(iii)* $c'(A+cc')^-c = 1$

*(iv)* $A(A+cc')^-A = A$

*(v)* $A(A+cc')^-c = 0$ .

*Beweis.* Da $A$ singulär ist, hat $Al = 0$ eine nichttriviale Lösung $l \neq 0$, die so normiert werden kann $\left(\frac{l}{c'l}\right)$, dass $c'l = 1$ gilt. Dann ist $c = (A + cc')l \in \mathcal{R}(A + cc')$, also gilt (i). (ii) gilt wegen $c \notin \mathcal{R}(A)$.
(i) ist äquivalent zu

$$(A+cc')(A+cc')^-c = c.$$

Damit gilt (iii)

$$\begin{aligned} c'(A+cc')^-c &= l'(A+cc')(A+cc')^-c \\ &= l'c = 1. \end{aligned}$$

Aus

$$\begin{aligned} c &= (A+cc')(A+cc')^-c \\ &= A(A+cc')^-c + cc'(A+cc')^-c \\ &= A(A+cc')^-c + c \end{aligned}$$

folgt (v).

(iv) folgt aus der Definitionsgleichung der g–Inversen unter Beachtung von (iii) und (v):

$$\begin{aligned} A+cc' &= (A+cc')(A+cc')^-(A+cc') \\ &= A(A+cc')^-A \\ &\quad +cc'(A+cc')^-cc' \qquad [= cc' \text{ nach (iii)}] \\ &\quad +A(A+cc')^-cc' \qquad [= 0 \text{ nach (v)}] \\ &\quad +cc'(A+cc')^-A \qquad [= 0 \text{ nach (v)}]. \end{aligned}$$

**Satz A.78:** *Es gilt $A \geq 0$ genau dann, wenn*

*(i)* $A + cc' \geq 0$

*(ii)* $(A+cc')(A+cc')^-c = c$

*(iii)* $c'(A+cc')^-c \leq 1$ .

*Falls $A \geq 0$ ist, dann gilt*

*(a)* $c = 0 \longleftrightarrow c'(A+cc')^-c = 0$

*(b)* $c \in \mathcal{R}(A) \longleftrightarrow c'(A+cc')^-c < 1$

*(c)* $c \notin \mathcal{R}(A) \longleftrightarrow c'(A+cc')^-c = 1.$

*Beweis.* $A \geq 0$ ist äquivalent zu

$$0 \leq cc' \leq A + cc'.$$

Die Anwendung von A.75 liefert sofort die Ergebnissse (i)–(iii).

*Beweis von (a).* Es ist $A \geq 0$ und damit $A + cc' \geq 0$. Sei

$$c'(A+cc')^-c = 0.$$

Ersetzt man hierin $c$ durch (ii), so folgt aus

$$c'(A+cc')^-(A+cc')(A+cc')^-c = 0$$

wegen $(A+cc') \geq 0$ sofort

$$(A+cc')(A+cc')^-c = c = 0$$

Die Umkehrung gilt analog.

*Beweis von (b).* Sei $A \geq 0$ und $c \in \mathcal{R}(A)$, so folgt nach A.76 (Korollar 2)

$$c'(A + cc')^{-}c = 1 - \frac{1}{1 + c'A^{-}c} < 1.$$

Die Umkehrung folgt gemäß (c).

*Beweis von (c).* : Sei $A \geq 0$ und $c \notin \mathcal{R}(A)$, so folgt nach Satz A.77 (iii)

$$c'(A + cc')^{-}c = 1.$$

Die Umkehrung folgt gemäß (b).

*Anmerkung.* Die Beweise zu den Sätzen A.74–A.78 basieren auf Bekker und Neudecker (1989).

## A.13 Projektoren

**Definition A.79** *Sei $A$ $(m,n)$ vom Rang $r$, so dass $\mathcal{R}(A)$ ein $r$–dimensionaler Vektorraum ist. Sei $z = Ax$, so heißt $z$ die Projektion von $x \in E^n$ auf $\mathcal{R}(A)$.*

**Definition A.80** *$A$ projiziert $E^n$ orthogonal auf $\mathcal{R}(A)$, wenn (für alle $x \in E^n$) der Vektor $x - Ax$ orthogonal zu jedem Vektor $z \in \mathcal{R}(A)$ ist, d.h. $z'(x - Ax) = 0$.*

**Satz A.81:** *Gegeben sei die $(n,n)$–Matrix $A$. Dann sind folgende Aussagen äquivalent:*

*(i) $A$ ist orthogonaler Projektor des $E^n$ auf $\mathcal{R}(A)$.*

*(ii) $A$ ist symmetrisch und idempotent.*

*Beweis.* (i) $\rightarrow$ (ii)
Sei $z = Ax$ und $x'A'(x - Ax) = 0$, d.h. $x'A'x = x'A'Ax$ für alle $x$ und (transponiert)

$$x'Ax = x'A'Ax.$$

Daraus folgt $A' = A$ (Symmetrie) und $A = A^2$ (Idempotenz).

(ii) $\rightarrow$ (i)
$A$ symmetrisch und idempotent

$$\Longrightarrow A(I - A) = 0$$
$$\Longrightarrow z'A(x - Ax) = 0.$$

## A.14 Funktionen normalverteilter Variablen

**Definition A.81** *Sei $x' = (x_1, \cdots, x_p)$ ein p–dimensionaler zufälliger Vektor. Dann heißt x p–dimensional normalverteilt mit Erwartungswert $\mu$ und Kovarianzmatrix $\Sigma > 0$, d.h. $x \sim N_p(\mu, \Sigma)$, falls die gemeinsame Dichtefunktion die Gestalt hat*

$$f(x; \mu, \Sigma) = \{(2\pi)^p |\Sigma|\}^{-1/2} \exp\{-\frac{1}{2}(x-\mu)'\Sigma^{-1}(x-\mu)\}.$$

**Satz A.82:** *Sei $x \sim N_p(\mu, \Sigma)$ und seien $\underset{p,p}{A}$ und $\underset{p,1}{b}$ nichtstochastisch. Dann gilt*

$$y = Ax + b \sim N_q(A\mu + b, A\Sigma A') \quad \text{mit } q = \text{Rang}\ (A).$$

**Satz A.83:** *Falls $x \sim N_p(0, I)$, so ist*

$$x'x \sim \chi^2_p$$

*(zentrale $\chi^2$–Verteilung mit p Freiheitsgraden).*

**Satz A.84:** *Sei $x \sim N_p(\mu, I)$. Dann ist*

$$x'x \sim \chi^2_p(\lambda)$$

*nichtzentral $\chi^2$–verteilt mit dem Nichtzentralitätsparameter*

$$\lambda = \mu'\mu = \sum_{i=1}^{p} \mu_i^2 .$$

**Satz A.85:** *Sei $x \sim N_p(\mu, \Sigma)$. Dann ist*

*(i)* $x'\Sigma^{-1}x \sim \chi^2_p(\mu'\Sigma^{-1}\mu)$

*(ii)* $(x-\mu)'\Sigma^{-1}(x-\mu) \sim \chi^2_p$ .

*Beweis.* $\Sigma > 0 \ \rightarrow \ \Sigma = \Sigma^{1/2}\Sigma^{1/2}$ mit $\Sigma^{1/2}$ regulär und symmetrisch.
Dann wird mit $\Sigma^{-1/2}x = y \sim N_p(\Sigma^{-1/2}\mu, I)$

$$x'\Sigma^{-1}x = y'y \sim \chi^2_p(\mu'\Sigma^{-1}\mu)$$

und

$$(x-\mu)'\Sigma^{-1}(x-\mu) = (y - \Sigma^{-1/2}\mu)'(y - \Sigma^{-1/2}\mu) \sim \chi^2_p .$$

**Satz 86:** *Seien $Q_1 \sim \chi^2_m(\lambda)$ und $Q_2 \sim \chi^2_n$ zwei unabhängige $\chi^2$–verteilte Variablen. Dann gilt:*

*(i) Der Quotient*

$$F = \frac{Q_1/m}{Q_2/n}$$

*ist nichtzentral $F_{m,n}(\lambda)$–verteilt.*

*(ii) Falls $\lambda = 0$ ist, ist $F$ zentral $F_{m,n}$–verteilt.*

*(iii) Falls $m = 1$, so hat $\sqrt{F}$ eine nichtzentrale $t_n(\sqrt{\lambda})$ bzw. (für $\lambda = 0$) eine zentrale $t_n$–Verteilung.*

**Satz A.87:** *Sei $x \sim N_p(\mu, I)$ und $A$ $(p,p)$ eine symmetrische idempotente Matrix mit Rang $(A) = r$. Dann gilt*

$$x'Ax \sim \chi^2_r(\mu' A \mu).$$

*Beweis.* Es ist $A = P\Lambda P'$ (A.30) und o.B.d.A. (A.61 (i)) $\Lambda = \begin{pmatrix} I_r & 0 \\ 0 & 0 \end{pmatrix}$, also $P'AP = \Lambda$ mit $P$ orthogonal. Sei $P = (\underset{p,r}{P_1} \quad \underset{p,(p-r)}{P_2})$ und

$$P'x = y = \begin{pmatrix} y_1 \\ y_2 \end{pmatrix} = \begin{pmatrix} P_1'x \\ P_2'x \end{pmatrix}.$$

Dann ist

$$\begin{aligned} y &\sim N_p(P'\mu, I_p) \quad \text{(A.82)} \\ y_1 &\sim N_r(P_1'\mu, I_r) \\ \text{und } y_1'y_1 &\sim \chi^2_r(\mu' P_1 P_1' \mu) \text{ (A.84).} \end{aligned}$$

Da $P$ orthogonal ist, folgt

$$\begin{aligned} A &= (PP')A(PP') = P(P'AP)P \\ &= (P_1\ P_2) \begin{pmatrix} I_r & 0 \\ 0 & 0 \end{pmatrix} \begin{pmatrix} P_1' \\ P_2' \end{pmatrix} = P_1 P_1' \end{aligned}$$

und damit

$$x'Ax = x'P_1P_1'x = y_1'y_1 \sim \chi^2_r(\mu' A \mu).$$

**Satz A.88:** *Sei $x \sim N_p(\mu, I)$, $A$ $(p,p)$ idempotent vom Rang $r$, $B$ $(n,p)$ eine beliebige Matrix mit $BA = 0$.*

*Dann ist die Linearform $Bx$ stochastisch unabhängig von der quadratischen Form $x'Ax$.*

*Beweis.* Sei $P$ die Matrix aus A.87. Dann ist $BPP'AP = BAP = 0$ wegen $BA = 0$. Sei $BP = D = (D_1, D_2) = (BP_1, BP_2)$, so ist

$$BPP'AP = (D_1, D_2) \begin{pmatrix} I_r & 0 \\ 0 & 0 \end{pmatrix} = (D_1, 0) = (0, 0),$$

also $D_1 = 0$. Damit erhalten wir

$$Bx = BPP'x = Dy = (0, D_2) \begin{pmatrix} y_1 \\ y_2 \end{pmatrix} = D_2 y_2$$

mit $y_2 = P_2' x$ . Da $P$ orthogonal und damit regulär ist, sind alle Komponenten von $y = P'x$ unabhängig. Also sind $Bx = D_2 y_2$ und $x'Ax = y_1' y_1$ unabhängig.

**Satz A.89:** *Sei $x \sim N_p(0, I)$ und seien $A$ und $B$ idempotente $(p,p)$–Matrizen mit Rang $(A) = r$ und Rang $(B) = s$. Sei $BA = 0$. Dann sind die quadratischen Formen $x'Ax$ und $x'Bx$ unabhängig.*

*Beweis.* Setze $C = P'BP$, so dass $C$ symmetrisch ist. Mit $BA = 0$ folgt

$$\begin{aligned} CP'AP &= P'BPP'AP \\ &= P'BAP = 0. \end{aligned}$$

Mit

$$\begin{aligned} C &= \begin{pmatrix} P_1 \\ P_2 \end{pmatrix} B(P_1' \; P_2') \\ &= \begin{pmatrix} C_1 & C_2 \\ C_2' & C_3 \end{pmatrix} = \begin{pmatrix} P_1BP_1' & P_1BP_2' \\ P_2BP_1' & P_2BP_2' \end{pmatrix} \end{aligned}$$

lässt sich diese Relation schreiben als

$$CP'AP = \begin{pmatrix} C_1 & C_2 \\ C_2' & C_3 \end{pmatrix} \begin{pmatrix} I_r & 0 \\ 0 & 0 \end{pmatrix} = \begin{pmatrix} C_1 & 0 \\ C_2' & 0 \end{pmatrix} = 0$$

so dass $C_1 = 0$ und $C_2 = 0$ und damit

$$\begin{aligned} x'Bx &= x'(PP')B(PP')x \\ &= x'P(P'BP)P'x \\ &= x'PCP'x \\ &= (y_1', y_2') \begin{pmatrix} 0 & 0 \\ 0 & C_3 \end{pmatrix} \begin{pmatrix} y_1 \\ y_2 \end{pmatrix} = y_2' C_3 y_2 \end{aligned}$$

wird. Da $x'Ax = y_1' y_1$ ist (nach A.87), folgt die Behauptung.

## A.15 Differentiation von skalaren Funktionen von Matrizen

**Definition A.90** *Es sei $f(x)$ eine reelle Funktion einer $m \times n$–Matrix $X = (x_{ij})$. Dann wird die partielle Ableitung von $f$ nach $X$ definiert als $m \times n$–Matrix der partiellen Ableitungen $\frac{\partial f}{\partial x_{ij}}$ :*

$$\frac{\partial f(X)}{\partial X} = \begin{pmatrix} \frac{\partial f}{\partial x_{11}} & \cdots & \frac{\partial f}{\partial x_{1n}} \\ \vdots & & \vdots \\ \frac{\partial f}{\partial x_{m1}} & \cdots & \frac{\partial f}{\partial x_{mn}} \end{pmatrix}.$$

**Satz A.91:** *Es sei $x$ ein $(n \times 1)$–Vektor und $A$ eine symmetrische $(n, n)$–Matrix. Dann gilt*

$$\frac{\partial}{\partial x} x'Ax = 2Ax.$$

*Beweis.*

$$x'Ax = \sum_{r,s=1}^{n} a_{rs} x_r x_s$$

$$\begin{aligned} \frac{\partial f}{\partial x_i} x'Ax &= \sum_{\substack{s=1 \\ (s \neq i)}}^{n} a_{is} x_s + \sum_{\substack{r=1 \\ (r \neq i)}}^{n} a_{ri} x_r + 2a_{ii} x_i \\ &= 2 \sum_{s=1}^{n} a_{is} x_s \qquad (\text{da } a_{ij} = a_{ji}) \\ &= 2a_i' x \qquad (a_i'\text{: } i\text{–ter Zeilenvektor von } A). \end{aligned}$$

Nach A.90 ist dann

$$\frac{\partial x'Ax}{\partial x} = \begin{pmatrix} \frac{\partial}{\partial x_1} \\ \vdots \\ \frac{\partial}{\partial x_n} \end{pmatrix} (x'Ax) = 2 \begin{pmatrix} a_1' \\ \vdots \\ a_n' \end{pmatrix} x = 2Ax.$$

**Satz A.92:** *Es sei $x$ ein $(n \times 1)$–, $y$ ein $(m \times 1)$–Vektor und $C$ eine $(n \times m)$–Matrix. Dann gilt*

$$\frac{\partial}{\partial C} x'Cy = xy'.$$

*Beweis.*

$$x'Cy = \sum_{r=1}^{m} \sum_{s=1}^{n} x_s c_{sr} y_r ,$$

$$\frac{\partial}{\partial c_{k\lambda}} x'Cy = x_k y_\lambda \qquad \text{(das}(k,\lambda)\text{-te Element von } xy'),$$

$$\frac{\partial}{\partial C} x'Cy = (x_k y_\lambda) = xy'.$$

**Satz A.93:** *Es sei $x$ ein $(K \times 1)$–Vektor, $A$ eine symmetrische $(T \times T)$–Matrix, $C$ eine $(T \times K)$–Matrix. Dann gilt*

$$\frac{\partial}{\partial C} x'C'ACx = 2ACxx'.$$

*Beweis.* Es ist

$$x'C' = \left( \sum_{i=1}^{K} x_i c_{1i}, \cdots, \sum_{i=1}^{K} x_i c_{Ti} \right),$$

$$\frac{\partial}{\partial c_{k\lambda}} = (0, \cdots, 0, x_\lambda, 0, \cdots, 0) \qquad (x_\lambda \text{ steht in der Spalte } k).$$

Nach der Produktregel gilt

$$\frac{\partial}{\partial c_{k\lambda}} x'C'ACx = \left( \frac{\partial}{\partial c_{k\lambda}} x'C' \right) ACx + x'C'A \left( \frac{\partial}{\partial c_{k\lambda}} Cx \right).$$

Es ist

$$x'C'A = \left( \sum_{t=1}^{T} \sum_{i=1}^{K} x_i c_{ti} a_{t1}, \cdots, \sum_{t=1}^{T} \sum_{i=1}^{K} x_i c_{ti} a_{Tt} \right)$$

und damit

$$\begin{aligned} x'C'A \left( \frac{\partial}{\partial c_{k\lambda}} Cx \right) &= \sum_{t,i} x_i x_\lambda c_{ti} a_{kt} \\ &= \sum_{t,i} x_i x_\lambda c_{ti} a_{tk} \qquad \text{(da } A \text{ symmetrisch)} \\ &= \left( \frac{\partial}{\partial c_{k\lambda}} x'C' \right) ACx. \end{aligned}$$

$\sum_{t,i} x_i x_\lambda c_{ti} a_{tk}$ ist aber gerade das $(k,\lambda)$-te Element der Matrix $ACxx'$.

**Satz A.94:** *Es sei $A = A(x)$ eine $(n \times n)$–Matrix, deren Elemente $a_{ij}(x)$ reelle Funktionen des Skalars $x$ sind. $B$ sei eine $(n \times n)$–Matrix, deren Elemente nicht von $x$ abhängen. Dann gilt*

$$\frac{\partial}{\partial x} sp(AB) = sp \left( \frac{\partial A}{\partial x} B \right).$$

*Beweis.*

$$\begin{aligned}\mathrm{sp}(AB) &= \sum_{i=1}^{n}\sum_{j=1}^{n} a_{ij}b_{ji}\,,\\ \frac{\partial}{\partial x}\mathrm{sp}(AB) &= \sum_{i}\sum_{j}\frac{\partial a_{ij}}{\partial x}b_{ji}\\ &= \mathrm{sp}\left(\frac{\partial A}{\partial x}B\right),\end{aligned}$$

wobei $\frac{\partial A}{\partial x} = \left(\frac{\partial a_{ij}}{\partial x}\right)$ ist.

**Satz A.95:** *Für die Ableitung einer Spur gelten folgende Regeln*

| | $y$ | $\partial y/\partial X$ |
|---|---|---|
| *(i)* | $sp(AX)$ | $A'$ |
| *(ii)* | $sp(X'AX)$ | $(A+A')X$ |
| *(iii)* | $sp(XAX)$ | $X'A+A'X'$ |
| *(iv)* | $sp(XAX')$ | $X(A+A')$ |
| *(v)* | $sp(X'AX')$ | $AX'+X'A$ |
| *(vi)* | $sp(X'AXB)$ | $AXB+A'XB'$ |

**Differentiation inverser Matrizen**

**Satz A.96:** *Sei $T = T(x)$ eine reguläre $(n,n)$–Matrix, deren Elemente von einem Skalar $x$ abhängen. Dann gilt*

$$\frac{\partial T^{-1}}{\partial x} = -T^{-1}\frac{\partial T}{\partial x}T^{-1}.$$

*Beweis.* Es gilt $T^{-1}T = I$, $\frac{\partial I}{\partial x} = 0$,

$$\frac{\partial(T^{-1}T)}{\partial x} = \frac{\partial T^{-1}}{\partial x}T + T^{-1}\frac{\partial T}{\partial x} = 0,$$

woraus die Behauptung folgt.

**Satz A.97:** *Falls $X$ $(n,n)$ regulär ist, gilt*

$$\begin{aligned}\frac{\partial sp(AX^{-1})}{\partial X} &= -(X^{-1}AX^{-1})'\\ \frac{\partial sp(X^{-1}AX^{-1}B)}{\partial X} &= -(X^{-1}AX^{-1}BX^{-1} + X^{-1}BX^{-1}AX^{-1})'\end{aligned}$$

*Beweis.* Wende A.95, A.96 und die Produktregel an.

**Differentiation der Determinante**

**Satz A.98:** *Sei $Z$ regulär. Dann gilt*

*(i)* $\frac{\partial}{\partial Z}|Z| = |Z|(Z')^{-1}$

*(ii)* $\frac{\partial}{\partial Z} log|Z| = (Z')^{-1}$ .

*Beweis.* Fisk, 1967, pp.147–154.

## A.16 Stochastische Konvergenz

**Satz A.99:** *Es sei $\{x(t)\}$, $t = 1, 2, \cdots$ eine vektorwertige Folge von Zufallsvariablen mit $\lim_{t\to\infty} P\{|x(t) - \tilde{x}| \geq \delta\} = 0$, wobei $\delta > 0$ ein beliebiger Vektor aus Konstanten und $\tilde{x}$ ein Vektor aus endlichen Konstanten ist. Dann heißt $\tilde{x} = p\lim x$ der Limes in Wahrscheinlichkeit, und es gelten folgende Relationen (vgl. Goldberger (1964)) für die Konvergenz in Wahrscheinlichkeit:*

*(i)* *Falls $p\lim x = \tilde{x}$ ist, so wird der asymptotische Erwartungswert*

$$\bar{E}x = \lim_{t\to\infty} Ex(t) = \tilde{x}.$$

*(ii)* *Ist $c$ ein Vektor aus Konstanten, so gilt $p\lim c = c$.*

*(iii)* *Falls $p\lim \tilde{x} = x$ gilt und falls $y = f(x)$ eine stetige Vektorfunktion ist, so gilt*

$$p\lim y = \tilde{y} = f(\tilde{x})$$

*(Theorem von Slutsky).*

*(iv)* *Es seien $A(t)$, $B(t)$ Matrizen von Zufallsvariablen. Die Existenz der Grenzwerte vorausgesetzt, gilt*

$$p\lim(AB) = (p\lim A)(p\lim B)$$

*und*

$$p\lim(A^{-1}) = (p\lim A)^{-1}.$$

*(v)* *Aus $p\lim[\sqrt{T}(x(t) - Ex(t))][\sqrt{T}(x(t) - Ex(t))]' = V$ folgt*

$$\bar{E}(x - \bar{E}x)(x - \bar{E}x)' = T^{-1}V.$$

*(vi)* *Sei $\{\tilde{x}(t)\}$ ein Schätzer eines Parametervektors $\theta$. $\{\tilde{x}(t)\}$ heißt konsistenter Schätzer für $\theta$, falls*

$$p\lim\{\tilde{x}(t)\} = \theta\,.$$

**Satz A.100: Kronecker–Produkt** *Es sei*

$$\underset{m\times n}{A} = (a_{ij}) \quad \textit{und} \quad \underset{p\times q}{B} = (b_{rs}) .$$

*Dann ist das Kronecker–Produkt von A und B definiert als*

$$\underset{mp\times nq}{C} = A \otimes B = \begin{pmatrix} a_{11}B & a_{12}B & \cdots & a_{1n}B \\ \vdots & \vdots & & \cdots \\ a_{m1}B & a_{m2}B & \cdots & a_{mn}B \end{pmatrix}$$

*und es gelten folgende Regeln:*

*(i)* $c(A \otimes B) = (cA) \otimes B = A \otimes (cB)$ *(c ein Skalar),*

*(ii)* $A \otimes (B \otimes C) = (A \otimes B) \otimes C$,

*(iii)* $A \otimes (B + C) = (A \otimes B) + (A \otimes C)$,

*(iv)* $(A \otimes B)' = A' \otimes B'$.

*(v) Für Vektoren* $x$ *und* $y$ *gilt* $x' \otimes y = yx' = y \otimes x'$.

*(vi) Für A und B quadratisch und regulär gilt* $(A \otimes B)^{-1} = A^{-1} \otimes B^{-1}$.

*(vii) Eigenwerte von* $(A \otimes B)$ *sind die Produkte der Eigenwerte von A und B.*

# B. Tabellenanhang

## B.1 Verteilungsfunktion $\Phi(z)$ der Standardnormalverteilung $N(0, 1)$

**Tabelle B.1.** Verteilungsfunktion $\Phi(z)$ der Standardnormalverteilung $N(0, 1)$.

| $z$ | .00 | .01 | .02 | .03 | .04 |
|---|---|---|---|---|---|
| 0.0 | 0.500000 | 0.503989 | 0.507978 | 0.511966 | 0.515953 |
| 0.1 | 0.539828 | 0.543795 | 0.547758 | 0.551717 | 0.555670 |
| 0.2 | 0.579260 | 0.583166 | 0.587064 | 0.590954 | 0.594835 |
| 0.3 | 0.617911 | 0.621720 | 0.625516 | 0.629300 | 0.633072 |
| 0.4 | 0.655422 | 0.659097 | 0.662757 | 0.666402 | 0.670031 |
| 0.5 | 0.691462 | 0.694974 | 0.698468 | 0.701944 | 0.705401 |
| 0.6 | 0.725747 | 0.729069 | 0.732371 | 0.735653 | 0.738914 |
| 0.7 | 0.758036 | 0.761148 | 0.764238 | 0.767305 | 0.770350 |
| 0.8 | 0.788145 | 0.791030 | 0.793892 | 0.796731 | 0.799546 |
| 0.9 | 0.815940 | 0.818589 | 0.821214 | 0.823814 | 0.826391 |
| 1.0 | 0.841345 | 0.843752 | 0.846136 | 0.848495 | 0.850830 |
| 1.1 | 0.864334 | 0.866500 | 0.868643 | 0.870762 | 0.872857 |
| 1.2 | 0.884930 | 0.886861 | 0.888768 | 0.890651 | 0.892512 |
| 1.3 | 0.903200 | 0.904902 | 0.906582 | 0.908241 | 0.909877 |
| 1.4 | 0.919243 | 0.920730 | 0.922196 | 0.923641 | 0.925066 |
| 1.5 | 0.933193 | 0.934478 | 0.935745 | 0.936992 | 0.938220 |
| 1.6 | 0.945201 | 0.946301 | 0.947384 | 0.948449 | 0.949497 |
| 1.7 | 0.955435 | 0.956367 | 0.957284 | 0.958185 | 0.959070 |
| 1.8 | 0.964070 | 0.964852 | 0.965620 | 0.966375 | 0.967116 |
| 1.9 | 0.971283 | 0.971933 | 0.972571 | 0.973197 | 0.973810 |
| 2.0 | 0.977250 | 0.977784 | 0.978308 | 0.978822 | 0.979325 |
| 2.1 | 0.982136 | 0.982571 | 0.982997 | 0.983414 | 0.983823 |
| 2.2 | 0.986097 | 0.986447 | 0.986791 | 0.987126 | 0.987455 |
| 2.3 | 0.989276 | 0.989556 | 0.989830 | 0.990097 | 0.990358 |
| 2.4 | 0.991802 | 0.992024 | 0.992240 | 0.992451 | 0.992656 |
| 2.5 | 0.993790 | 0.993963 | 0.994132 | 0.994297 | 0.994457 |
| 2.6 | 0.995339 | 0.995473 | 0.995604 | 0.995731 | 0.995855 |
| 2.7 | 0.996533 | 0.996636 | 0.996736 | 0.996833 | 0.996928 |
| 2.8 | 0.997445 | 0.997523 | 0.997599 | 0.997673 | 0.997744 |
| 2.9 | 0.998134 | 0.998193 | 0.998250 | 0.998305 | 0.998359 |
| 3.0 | 0.998650 | 0.998694 | 0.998736 | 0.998777 | 0.998817 |

**Tabelle B.1.** Verteilungsfunktion $\Phi(z)$ der Standardnormalverteilung $N(0,1)$.

| $z$ | .05 | .06 | .07 | .08 | .09 |
|---|---|---|---|---|---|
| 0.0 | 0.519939 | 0.523922 | 0.527903 | 0.531881 | 0.535856 |
| 0.1 | 0.559618 | 0.563559 | 0.567495 | 0.571424 | 0.575345 |
| 0.2 | 0.598706 | 0.602568 | 0.606420 | 0.610261 | 0.614092 |
| 0.3 | 0.636831 | 0.640576 | 0.644309 | 0.648027 | 0.651732 |
| 0.4 | 0.673645 | 0.677242 | 0.680822 | 0.684386 | 0.687933 |
| 0.5 | 0.708840 | 0.712260 | 0.715661 | 0.719043 | 0.722405 |
| 0.6 | 0.742154 | 0.745373 | 0.748571 | 0.751748 | 0.754903 |
| 0.7 | 0.773373 | 0.776373 | 0.779350 | 0.782305 | 0.785236 |
| 0.8 | 0.802337 | 0.805105 | 0.807850 | 0.810570 | 0.813267 |
| 0.9 | 0.828944 | 0.831472 | 0.833977 | 0.836457 | 0.838913 |
| 1.0 | 0.853141 | 0.855428 | 0.857690 | 0.859929 | 0.862143 |
| 1.1 | 0.874928 | 0.876976 | 0.879000 | 0.881000 | 0.882977 |
| 1.2 | 0.894350 | 0.896165 | 0.897958 | 0.899727 | 0.901475 |
| 1.3 | 0.911492 | 0.913085 | 0.914657 | 0.916207 | 0.917736 |
| 1.4 | 0.926471 | 0.927855 | 0.929219 | 0.930563 | 0.931888 |
| 1.5 | 0.939429 | 0.940620 | 0.941792 | 0.942947 | 0.944083 |
| 1.6 | 0.950529 | 0.951543 | 0.952540 | 0.953521 | 0.954486 |
| 1.7 | 0.959941 | 0.960796 | 0.961636 | 0.962462 | 0.963273 |
| 1.8 | 0.967843 | 0.968557 | 0.969258 | 0.969946 | 0.970621 |
| 1.9 | 0.974412 | 0.975002 | 0.975581 | 0.976148 | 0.976705 |
| 2.0 | 0.979818 | 0.980301 | 0.980774 | 0.981237 | 0.981691 |
| 2.1 | 0.984222 | 0.984614 | 0.984997 | 0.985371 | 0.985738 |
| 2.2 | 0.987776 | 0.988089 | 0.988396 | 0.988696 | 0.988989 |
| 2.3 | 0.990613 | 0.990863 | 0.991106 | 0.991344 | 0.991576 |
| 2.4 | 0.992857 | 0.993053 | 0.993244 | 0.993431 | 0.993613 |
| 2.5 | 0.994614 | 0.994766 | 0.994915 | 0.995060 | 0.995201 |
| 2.6 | 0.995975 | 0.996093 | 0.996207 | 0.996319 | 0.996427 |
| 2.7 | 0.997020 | 0.997110 | 0.997197 | 0.997282 | 0.997365 |
| 2.8 | 0.997814 | 0.997882 | 0.997948 | 0.998012 | 0.998074 |
| 2.9 | 0.998411 | 0.998462 | 0.998511 | 0.998559 | 0.998605 |
| 3.0 | 0.998856 | 0.998893 | 0.998930 | 0.998965 | 0.998999 |

## B.2 Dichtefunktion $\phi(z)$ der $N(0,1)$–Verteilung

**Tabelle B.2.** Dichtefunktion $\phi(z)$ der $N(0,1)$–Verteilung.

| $z$ | .00 | .02 | .04 | .06 | .08 |
|---|---|---|---|---|---|
| 0.0 | 0.3989 | 0.3989 | 0.3986 | 0.3982 | 0.3977 |
| 0.2 | 0.3910 | 0.3894 | 0.3876 | 0.3857 | 0.3836 |
| 0.4 | 0.3814 | 0.3653 | 0.3621 | 0.3589 | 0.3555 |
| 0.6 | 0.3332 | 0.3292 | 0.3251 | 0.3209 | 0.3166 |
| 0.8 | 0.2897 | 0.2850 | 0.2803 | 0.2756 | 0.2709 |
| 1.0 | 0.2419 | 0.2371 | 0.2323 | 0.2275 | 0.2226 |
| 1.2 | 0.1942 | 0.1895 | 0.1849 | 0.1804 | 0.1758 |
| 1.4 | 0.1497 | 0.1456 | 0.1415 | 0.1374 | 0.1334 |
| 1.6 | 0.1109 | 0.1074 | 0.1039 | 0.1006 | 0.0973 |
| 1.8 | 0.0789 | 0.0761 | 0.0734 | 0.0707 | 0.0681 |
| 2.0 | 0.0539 | 0.0519 | 0.0498 | 0.0478 | 0.0459 |
| 2.2 | 0.0355 | 0.0339 | 0.0325 | 0.0310 | 0.0296 |
| 2.4 | 0.0224 | 0.0213 | 0.0203 | 0.0194 | 0.0184 |
| 2.6 | 0.0136 | 0.0167 | 0.0122 | 0.0116 | 0.0110 |
| 2.8 | 0.0059 | 0.0075 | 0.0071 | 0.0067 | 0.0063 |
| 3.0 | 0.0044 | 0.0024 | 0.0012 | 0.0006 | 0.0003 |

## B.3 $(1-\alpha)$–Quantile $c_{df;1-\alpha}$ der $\chi^2$–Verteilung

**Tabelle B.3.** $(1-\alpha)$–Quantile $c_{df;1-\alpha}$ der $\chi^2$–Verteilung.

| | $1-\alpha$ | | | | | |
|---|---|---|---|---|---|---|
| *df* | 0.01 | 0.025 | 0.05 | 0.95 | 0.975 | 0.99 |
| 1 | 0.0001 | 0.001 | 0.004 | 3.84 | 5.02 | 6.62 |
| 2 | 0.020 | 0.051 | 0.103 | 5.99 | 7.38 | 9.21 |
| 3 | 0.115 | 0.216 | 0.352 | 7.81 | 9.35 | 11.3 |
| 4 | 0.297 | 0.484 | 0.711 | 9.49 | 11.1 | 13.3 |
| 5 | 0.554 | 0.831 | 1.15 | 11.1 | 12.8 | 15.1 |
| 6 | 0.872 | 1.24 | 1.64 | 12.6 | 14.4 | 16.8 |
| 7 | 1.24 | 1.69 | 2.17 | 14.1 | 16.0 | 18.5 |
| 8 | 1.65 | 2.18 | 2.73 | 15.5 | 17.5 | 20.1 |
| 9 | 2.09 | 2.70 | 3.33 | 16.9 | 19.0 | 21.7 |
| 10 | 2.56 | 3.25 | 3.94 | 18.3 | 20.5 | 23.2 |
| 11 | 3.05 | 3.82 | 4.57 | 19.7 | 21.9 | 24.7 |
| 12 | 3.57 | 4.40 | 5.23 | 21.0 | 23.3 | 26.2 |
| 13 | 4.11 | 5.01 | 5.89 | 22.4 | 24.7 | 27.7 |
| 14 | 4.66 | 5.63 | 6.57 | 23.7 | 26.1 | 29.1 |
| 15 | 5.23 | 6.26 | 7.26 | 25.0 | 27.5 | 30.6 |
| 16 | 5.81 | 6.91 | 7.96 | 26.3 | 28.8 | 32.0 |
| 17 | 6.41 | 7.56 | 8.67 | 27.6 | 30.2 | 33.4 |
| 18 | 7.01 | 8.23 | 9.39 | 28.9 | 31.5 | 34.8 |
| 19 | 7.63 | 8.91 | 10.1 | 30.1 | 32.9 | 36.2 |
| 20 | 8.26 | 9.59 | 10.9 | 31.4 | 34.2 | 37.6 |
| 25 | 11.5 | 13.1 | 14.6 | 37.7 | 40.6 | 44.3 |
| 30 | 15.0 | 16.8 | 18.5 | 43.8 | 47.0 | 50.9 |
| 40 | 22.2 | 24.4 | 26.5 | 55.8 | 59.3 | 63.7 |
| 50 | 29.7 | 32.4 | 34.8 | 67.5 | 71.4 | 76.2 |
| 60 | 37.5 | 40.5 | 43.2 | 79.1 | 83.3 | 88.4 |
| 70 | 45.4 | 48.8 | 51.7 | 90.5 | 95.0 | 100.4 |
| 80 | 53.5 | 57.2 | 60.4 | 101.9 | 106.6 | 112.3 |
| 90 | 61.8 | 65.6 | 69.1 | 113.1 | 118.1 | 124.1 |
| 100 | 70.1 | 74.2 | 77.9 | 124.3 | 129.6 | 135.8 |

## B.4 $(1-\alpha)$–Quantile $t_{df;1-\alpha}$ der $t$–Verteilung

**Tabelle B.4.** $(1-\alpha)$–Quantile $t_{df;1-\alpha}$ der $t$–Verteilung.

| | $1-\alpha$ | | | |
|---|---|---|---|---|
| *df* | 0.95 | 0.975 | 0.99 | 0.995 |
| 1 | 6.3138 | 12.706 | 31.821 | 63.657 |
| 2 | 2.9200 | 4.3027 | 6.9646 | 9.9248 |
| 3 | 2.3534 | 3.1824 | 4.5407 | 5.8409 |
| 4 | 2.1318 | 2.7764 | 3.7469 | 4.6041 |
| 5 | 2.0150 | 2.5706 | 3.3649 | 4.0321 |
| 6 | 1.9432 | 2.4469 | 3.1427 | 3.7074 |
| 7 | 1.8946 | 2.3646 | 2.9980 | 3.4995 |
| 8 | 1.8595 | 2.3060 | 2.8965 | 3.3554 |
| 9 | 1.8331 | 2.2622 | 2.8214 | 3.2498 |
| 10 | 1.8125 | 2.2281 | 2.7638 | 3.1693 |
| 11 | 1.7959 | 2.2010 | 2.7181 | 3.1058 |
| 12 | 1.7823 | 2.1788 | 2.6810 | 3.0545 |
| 13 | 1.7709 | 2.1604 | 2.6503 | 3.0123 |
| 14 | 1.7613 | 2.1448 | 2.6245 | 2.9768 |
| 15 | 1.7531 | 2.1314 | 2.6025 | 2.9467 |
| 16 | 1.7459 | 2.1199 | 2.5835 | 2.9208 |
| 17 | 1.7396 | 2.1098 | 2.5669 | 2.8982 |
| 18 | 1.7341 | 2.1009 | 2.5524 | 2.8784 |
| 19 | 1.7291 | 2.0930 | 2.5395 | 2.8609 |
| 20 | 1.7247 | 2.0860 | 2.5280 | 2.8453 |
| 30 | 1.6973 | 2.0423 | 2.4573 | 2.7500 |
| 40 | 1.6839 | 2.0211 | 2.4233 | 2.7045 |
| 50 | 1.6759 | 2.0086 | 2.4033 | 2.6778 |
| 60 | 1.6706 | 2.0003 | 2.3901 | 2.6603 |
| 70 | 1.6669 | 1.9944 | 2.3808 | 2.6479 |
| 80 | 1.6641 | 1.9901 | 2.3739 | 2.6387 |
| 90 | 1.6620 | 1.9867 | 2.3685 | 2.6316 |
| 100 | 1.6602 | 1.9840 | 2.3642 | 2.6259 |
| 200 | 1.6525 | 1.9719 | 2.3451 | 2.6006 |
| 300 | 1.6499 | 1.9679 | 2.3388 | 2.5923 |
| 400 | 1.6487 | 1.9659 | 2.3357 | 2.5882 |
| 500 | 1.6479 | 1.9647 | 2.3338 | 2.5857 |

## B.5 $(1-\alpha)$–Quantile $f_{df_1,df_2;1-\alpha}$ der $F$–Verteilung für $\alpha = 0.05$

**Tabelle B.5.** $(1-\alpha)$–Quantile $f_{df_1,df_2;1-\alpha}$ der $F$–Verteilung für $\alpha = 0.05$. $df_1$ in den Zeilen, $df_2$ in den Spalten.

| | $df_2$ | | | | | | | | | | | | | |
|---|---|---|---|---|---|---|---|---|---|---|---|---|---|---|
| $df_1$ | 1 | 2 | 3 | 4 | 5 | 6 | 7 | 8 | 9 | 10 | 11 | 12 | 13 | 14 |
| 1 | 161.44 | 18.512 | 10.127 | 7.7086 | 6.6078 | 5.9873 | 5.5914 | 5.3176 | 5.1173 | 4.9646 | 4.8443 | 4.7472 | 4.6671 | 4.6001 |
| 2 | 199.50 | 19.000 | 9.5520 | 6.9442 | 5.7861 | 5.1432 | 4.7374 | 4.4589 | 4.2564 | 4.1028 | 3.9822 | 3.8852 | 3.8055 | 3.7388 |
| 3 | 215.70 | 19.164 | 9.2766 | 6.5913 | 5.4094 | 4.7570 | 4.3468 | 4.0661 | 3.8625 | 3.7082 | 3.5874 | 3.4902 | 3.4105 | 3.3438 |
| 4 | 224.58 | 19.246 | 9.1171 | 6.3882 | 5.1921 | 4.5336 | 4.1203 | 3.8378 | 3.6330 | 3.4780 | 3.3566 | 3.2591 | 3.1791 | 3.1122 |
| 5 | 230.16 | 19.296 | 9.0134 | 6.2560 | 5.0503 | 4.3873 | 3.9715 | 3.6874 | 3.4816 | 3.3258 | 3.2038 | 3.1058 | 3.0254 | 2.9582 |
| 6 | 233.98 | 19.329 | 8.9406 | 6.1631 | 4.9502 | 4.2838 | 3.8659 | 3.5805 | 3.3737 | 3.2171 | 3.0946 | 2.9961 | 2.9152 | 2.8477 |
| 7 | 236.76 | 19.353 | 8.8867 | 6.0942 | 4.8758 | 4.2066 | 3.7870 | 3.5004 | 3.2927 | 3.1354 | 3.0123 | 2.9133 | 2.8320 | 2.7641 |
| 8 | 238.88 | 19.370 | 8.8452 | 6.0410 | 4.8183 | 4.1468 | 3.7257 | 3.4381 | 3.2295 | 3.0716 | 2.9479 | 2.8485 | 2.7669 | 2.6986 |
| 9 | 240.54 | 19.384 | 8.8122 | 5.9987 | 4.7724 | 4.0990 | 3.6766 | 3.3881 | 3.1788 | 3.0203 | 2.8962 | 2.7963 | 2.7143 | 2.6457 |
| 10 | 241.88 | 19.395 | 8.7855 | 5.9643 | 4.7350 | 4.0599 | 3.6365 | 3.3471 | 3.1372 | 2.9782 | 2.8536 | 2.7533 | 2.6710 | 2.6021 |
| 11 | 242.98 | 19.404 | 8.7633 | 5.9358 | 4.7039 | 4.0274 | 3.6030 | 3.3129 | 3.1024 | 2.9429 | 2.8179 | 2.7173 | 2.6346 | 2.5654 |
| 12 | 243.90 | 19.412 | 8.7446 | 5.9117 | 4.6777 | 3.9999 | 3.5746 | 3.2839 | 3.0729 | 2.9129 | 2.7875 | 2.6866 | 2.6036 | 2.5342 |
| 13 | 244.68 | 19.418 | 8.7286 | 5.8911 | 4.6552 | 3.9763 | 3.5503 | 3.2590 | 3.0475 | 2.8871 | 2.7614 | 2.6601 | 2.5769 | 2.5072 |
| 14 | 245.36 | 19.424 | 8.7148 | 5.8733 | 4.6357 | 3.9559 | 3.5292 | 3.2373 | 3.0254 | 2.8647 | 2.7386 | 2.6371 | 2.5536 | 2.4837 |
| 15 | 245.94 | 19.429 | 8.7028 | 5.8578 | 4.6187 | 3.9380 | 3.5107 | 3.2184 | 3.0061 | 2.8450 | 2.7186 | 2.6168 | 2.5331 | 2.4630 |
| 16 | 246.46 | 19.433 | 8.6922 | 5.8441 | 4.6037 | 3.9222 | 3.4944 | 3.2016 | 2.9889 | 2.8275 | 2.7009 | 2.5988 | 2.5149 | 2.4446 |
| 17 | 246.91 | 19.436 | 8.6829 | 5.8319 | 4.5904 | 3.9082 | 3.4798 | 3.1867 | 2.9736 | 2.8120 | 2.6850 | 2.5828 | 2.4986 | 2.4281 |
| 18 | 247.32 | 19.440 | 8.6745 | 5.8211 | 4.5785 | 3.8957 | 3.4668 | 3.1733 | 2.9600 | 2.7980 | 2.6709 | 2.5684 | 2.4840 | 2.4134 |
| 19 | 247.68 | 19.443 | 8.6669 | 5.8113 | 4.5678 | 3.8844 | 3.4551 | 3.1612 | 2.9476 | 2.7854 | 2.6580 | 2.5554 | 2.4708 | 2.4000 |
| 20 | 248.01 | 19.445 | 8.6601 | 5.8025 | 4.5581 | 3.8741 | 3.4445 | 3.1503 | 2.9364 | 2.7740 | 2.6464 | 2.5435 | 2.4588 | 2.3878 |
| 30 | 250.09 | 19.462 | 8.6165 | 5.7458 | 4.4957 | 3.8081 | 3.3758 | 3.0794 | 2.8636 | 2.6995 | 2.5704 | 2.4662 | 2.3803 | 2.3082 |
| 40 | 251.14 | 19.470 | 8.5944 | 5.7169 | 4.4637 | 3.7742 | 3.3404 | 3.0427 | 2.8259 | 2.6608 | 2.5309 | 2.4258 | 2.3391 | 2.2663 |
| 50 | 251.77 | 19.475 | 8.5809 | 5.6994 | 4.4444 | 3.7536 | 3.3188 | 3.0203 | 2.8028 | 2.6371 | 2.5065 | 2.4010 | 2.3138 | 2.2405 |
| 60 | 252.19 | 19.479 | 8.5720 | 5.6877 | 4.4313 | 3.7397 | 3.3043 | 3.0053 | 2.7872 | 2.6210 | 2.4901 | 2.3841 | 2.2965 | 2.2229 |
| 70 | 252.49 | 19.481 | 8.5655 | 5.6793 | 4.4220 | 3.7298 | 3.2938 | 2.9944 | 2.7760 | 2.6095 | 2.4782 | 2.3719 | 2.2841 | 2.2102 |
| 80 | 252.72 | 19.483 | 8.5607 | 5.6729 | 4.4149 | 3.7223 | 3.2859 | 2.9862 | 2.7675 | 2.6007 | 2.4692 | 2.3627 | 2.2747 | 2.2006 |
| 90 | 252.89 | 19.484 | 8.5569 | 5.6680 | 4.4094 | 3.7164 | 3.2798 | 2.9798 | 2.7608 | 2.5939 | 2.4622 | 2.3555 | 2.2673 | 2.1930 |
| 100 | 253.04 | 19.485 | 8.5539 | 5.6640 | 4.4050 | 3.7117 | 3.2748 | 2.9746 | 2.7555 | 2.5884 | 2.4565 | 2.3497 | 2.2613 | 2.1869 |

**Tabelle B.5.** $(1-\alpha)$–Quantile $f_{df_1,df_2;1-\alpha}$ der $F$–Verteilung für $\alpha = 0.05$. $df_1$ in den Zeilen, $df_2$ in den Spalten.

| | $df_2$ | | | | | | | | | | | | | |
|---|---|---|---|---|---|---|---|---|---|---|---|---|---|---|
| $df_1$ | 15 | 16 | 17 | 18 | 19 | 20 | 30 | 40 | 50 | 60 | 70 | 80 | 90 | 100 |
| 1 | 4.5430 | 4.4939 | 4.4513 | 4.4138 | 4.3807 | 4.3512 | 4.1708 | 4.0847 | 4.0343 | 4.0011 | 3.9777 | 3.9603 | 3.9468 | 3.9361 |
| 2 | 3.6823 | 3.6337 | 3.5915 | 3.5545 | 3.5218 | 3.4928 | 3.3158 | 3.2317 | 3.1826 | 3.1504 | 3.1276 | 3.1107 | 3.0976 | 3.0872 |
| 3 | 3.2873 | 3.2388 | 3.1967 | 3.1599 | 3.1273 | 3.0983 | 2.9222 | 2.8387 | 2.7900 | 2.7580 | 2.7355 | 2.7187 | 2.7058 | 2.6955 |
| 4 | 3.0555 | 3.0069 | 2.9647 | 2.9277 | 2.8951 | 2.8660 | 2.6896 | 2.6059 | 2.5571 | 2.5252 | 2.5026 | 2.4858 | 2.4729 | 2.4626 |
| 5 | 2.9012 | 2.8524 | 2.8099 | 2.7728 | 2.7400 | 2.7108 | 2.5335 | 2.4494 | 2.4004 | 2.3682 | 2.3455 | 2.3287 | 2.3156 | 2.3053 |
| 6 | 2.7904 | 2.7413 | 2.6986 | 2.6613 | 2.6283 | 2.5989 | 2.4205 | 2.3358 | 2.2864 | 2.2540 | 2.2311 | 2.2141 | 2.2010 | 2.1906 |
| 7 | 2.7066 | 2.6571 | 2.6142 | 2.5767 | 2.5435 | 2.5140 | 2.3343 | 2.2490 | 2.1992 | 2.1665 | 2.1434 | 2.1263 | 2.1130 | 2.1025 |
| 8 | 2.6407 | 2.5910 | 2.5479 | 2.5101 | 2.4767 | 2.4470 | 2.2661 | 2.1801 | 2.1299 | 2.0969 | 2.0736 | 2.0563 | 2.0429 | 2.0323 |
| 9 | 2.5876 | 2.5376 | 2.4942 | 2.4562 | 2.4226 | 2.3928 | 2.2106 | 2.1240 | 2.0733 | 2.0400 | 2.0166 | 1.9991 | 1.9855 | 1.9748 |
| 10 | 2.5437 | 2.4935 | 2.4499 | 2.4117 | 2.3779 | 2.3478 | 2.1645 | 2.0772 | 2.0261 | 1.9925 | 1.9688 | 1.9512 | 1.9375 | 1.9266 |
| 11 | 2.5068 | 2.4563 | 2.4125 | 2.3741 | 2.3402 | 2.3099 | 2.1255 | 2.0375 | 1.9860 | 1.9522 | 1.9282 | 1.9104 | 1.8966 | 1.8856 |
| 12 | 2.4753 | 2.4246 | 2.3806 | 2.3420 | 2.3079 | 2.2775 | 2.0920 | 2.0034 | 1.9515 | 1.9173 | 1.8932 | 1.8752 | 1.8613 | 1.8502 |
| 13 | 2.4481 | 2.3972 | 2.3530 | 2.3143 | 2.2800 | 2.2495 | 2.0629 | 1.9737 | 1.9214 | 1.8870 | 1.8626 | 1.8445 | 1.8304 | 1.8192 |
| 14 | 2.4243 | 2.3733 | 2.3289 | 2.2900 | 2.2556 | 2.2249 | 2.0374 | 1.9476 | 1.8949 | 1.8602 | 1.8356 | 1.8173 | 1.8032 | 1.7919 |
| 15 | 2.4034 | 2.3522 | 2.3076 | 2.2686 | 2.2340 | 2.2032 | 2.0148 | 1.9244 | 1.8713 | 1.8364 | 1.8116 | 1.7932 | 1.7789 | 1.7675 |
| 16 | 2.3848 | 2.3334 | 2.2887 | 2.2495 | 2.2148 | 2.1839 | 1.9946 | 1.9037 | 1.8503 | 1.8151 | 1.7901 | 1.7715 | 1.7571 | 1.7456 |
| 17 | 2.3682 | 2.3167 | 2.2718 | 2.2325 | 2.1977 | 2.1667 | 1.9764 | 1.8851 | 1.8313 | 1.7958 | 1.7707 | 1.7519 | 1.7374 | 1.7258 |
| 18 | 2.3533 | 2.3016 | 2.2566 | 2.2171 | 2.1822 | 2.1511 | 1.9601 | 1.8682 | 1.8141 | 1.7784 | 1.7531 | 1.7342 | 1.7195 | 1.7079 |
| 19 | 2.3398 | 2.2879 | 2.2428 | 2.2032 | 2.1682 | 2.1370 | 1.9452 | 1.8528 | 1.7984 | 1.7625 | 1.7370 | 1.7180 | 1.7032 | 1.6914 |
| 20 | 2.3275 | 2.2755 | 2.2303 | 2.1906 | 2.1554 | 2.1241 | 1.9316 | 1.8388 | 1.7841 | 1.7479 | 1.7223 | 1.7031 | 1.6882 | 1.6764 |
| 30 | 2.2467 | 2.1938 | 2.1477 | 2.1071 | 2.0711 | 2.0390 | 1.8408 | 1.7444 | 1.6871 | 1.6491 | 1.6220 | 1.6017 | 1.5859 | 1.5733 |
| 40 | 2.2042 | 2.1507 | 2.1039 | 2.0628 | 2.0264 | 1.9938 | 1.7917 | 1.6927 | 1.6336 | 1.5942 | 1.5660 | 1.5448 | 1.5283 | 1.5151 |
| 50 | 2.1779 | 2.1239 | 2.0768 | 2.0353 | 1.9985 | 1.9656 | 1.7608 | 1.6600 | 1.5994 | 1.5590 | 1.5299 | 1.5080 | 1.4909 | 1.4772 |
| 60 | 2.1601 | 2.1058 | 2.0584 | 2.0166 | 1.9795 | 1.9463 | 1.7395 | 1.6372 | 1.5756 | 1.5343 | 1.5045 | 1.4821 | 1.4645 | 1.4503 |
| 70 | 2.1471 | 2.0926 | 2.0450 | 2.0030 | 1.9657 | 1.9323 | 1.7239 | 1.6205 | 1.5580 | 1.5160 | 1.4856 | 1.4627 | 1.4447 | 1.4302 |
| 80 | 2.1373 | 2.0826 | 2.0348 | 1.9926 | 1.9552 | 1.9216 | 1.7120 | 1.6076 | 1.5444 | 1.5018 | 1.4710 | 1.4477 | 1.4294 | 1.4146 |
| 90 | 2.1296 | 2.0747 | 2.0268 | 1.9845 | 1.9469 | 1.9133 | 1.7026 | 1.5974 | 1.5336 | 1.4905 | 1.4593 | 1.4357 | 1.4170 | 1.4020 |
| 100 | 2.1234 | 2.0684 | 2.0204 | 1.9780 | 1.9403 | 1.9065 | 1.6950 | 1.5892 | 1.5249 | 1.4813 | 1.4498 | 1.4258 | 1.4069 | 1.3917 |

## B.6 $(1-\alpha/2)$–Quantile $f_{df_1,df_2;1-\alpha/2}$ der $F$–Verteilung für $\alpha = 0.05$

**Tabelle B.6.** $(1-\alpha/2)$–Quantile $f_{df_1,df_2;1-\alpha/2}$ der $F$–Verteilung für $\alpha = 0.05/2$. $df_1$ in den Zeilen, $df_2$ in den Spalten.

| | $df_2$ | | | | | | | | | | | | | |
|---|---|---|---|---|---|---|---|---|---|---|---|---|---|---|
| $df_1$ | 1 | 2 | 3 | 4 | 5 | 6 | 7 | 8 | 9 | 10 | 11 | 12 | 13 | 14 |
| 1 | 647.78 | 38.506 | 17.443 | 12.217 | 10.006 | 8.8131 | 8.0726 | 7.5708 | 7.2092 | 6.9367 | 6.7241 | 6.5537 | 6.4142 | 6.2979 |
| 2 | 799.50 | 39.000 | 16.044 | 10.649 | 8.4336 | 7.2598 | 6.5415 | 6.0594 | 5.7147 | 5.4563 | 5.2558 | 5.0958 | 4.9652 | 4.8566 |
| 3 | 864.16 | 39.165 | 15.439 | 9.9791 | 7.7635 | 6.5987 | 5.8898 | 5.4159 | 5.0781 | 4.8256 | 4.6300 | 4.4741 | 4.3471 | 4.2417 |
| 4 | 899.58 | 39.248 | 15.100 | 9.6045 | 7.3878 | 6.2271 | 5.5225 | 5.0526 | 4.7180 | 4.4683 | 4.2750 | 4.1212 | 3.9958 | 3.8919 |
| 5 | 921.84 | 39.298 | 14.884 | 9.3644 | 7.1463 | 5.9875 | 5.2852 | 4.8172 | 4.4844 | 4.2360 | 4.0439 | 3.8911 | 3.7666 | 3.6634 |
| 6 | 937.11 | 39.331 | 14.734 | 9.1973 | 6.9777 | 5.8197 | 5.1185 | 4.6516 | 4.3197 | 4.0721 | 3.8806 | 3.7282 | 3.6042 | 3.5013 |
| 7 | 948.21 | 39.355 | 14.624 | 9.0741 | 6.8530 | 5.6954 | 4.9949 | 4.5285 | 4.1970 | 3.9498 | 3.7586 | 3.6065 | 3.4826 | 3.3799 |
| 8 | 956.65 | 39.373 | 14.539 | 8.9795 | 6.7571 | 5.5996 | 4.8993 | 4.4332 | 4.1019 | 3.8548 | 3.6638 | 3.5117 | 3.3879 | 3.2852 |
| 9 | 963.28 | 39.386 | 14.473 | 8.9046 | 6.6810 | 5.5234 | 4.8232 | 4.3572 | 4.0259 | 3.7789 | 3.5878 | 3.4358 | 3.3120 | 3.2093 |
| 10 | 968.62 | 39.397 | 14.418 | 8.8438 | 6.6191 | 5.4613 | 4.7611 | 4.2951 | 3.9638 | 3.7167 | 3.5256 | 3.3735 | 3.2496 | 3.1468 |
| 11 | 973.02 | 39.407 | 14.374 | 8.7935 | 6.5678 | 5.4097 | 4.7094 | 4.2434 | 3.9120 | 3.6649 | 3.4736 | 3.3214 | 3.1974 | 3.0945 |
| 12 | 976.70 | 39.414 | 14.336 | 8.7511 | 6.5245 | 5.3662 | 4.6658 | 4.1996 | 3.8682 | 3.6209 | 3.4296 | 3.2772 | 3.1531 | 3.0501 |
| 13 | 979.83 | 39.421 | 14.304 | 8.7149 | 6.4875 | 5.3290 | 4.6284 | 4.1621 | 3.8305 | 3.5831 | 3.3917 | 3.2392 | 3.1150 | 3.0118 |
| 14 | 982.52 | 39.426 | 14.276 | 8.6837 | 6.4556 | 5.2968 | 4.5960 | 4.1296 | 3.7979 | 3.5504 | 3.3588 | 3.2062 | 3.0818 | 2.9785 |
| 15 | 984.86 | 39.431 | 14.252 | 8.6565 | 6.4277 | 5.2686 | 4.5677 | 4.1012 | 3.7693 | 3.5216 | 3.3299 | 3.1772 | 3.0527 | 2.9493 |
| 16 | 986.91 | 39.435 | 14.231 | 8.6325 | 6.4031 | 5.2438 | 4.5428 | 4.0760 | 3.7440 | 3.4962 | 3.3043 | 3.1515 | 3.0269 | 2.9233 |
| 17 | 988.73 | 39.439 | 14.212 | 8.6113 | 6.3813 | 5.2218 | 4.5206 | 4.0537 | 3.7216 | 3.4736 | 3.2816 | 3.1286 | 3.0038 | 2.9002 |
| 18 | 990.34 | 39.442 | 14.195 | 8.5923 | 6.3618 | 5.2021 | 4.5007 | 4.0337 | 3.7014 | 3.4533 | 3.2612 | 3.1081 | 2.9832 | 2.8794 |
| 19 | 991.79 | 39.445 | 14.180 | 8.5753 | 6.3443 | 5.1844 | 4.4829 | 4.0157 | 3.6833 | 3.4351 | 3.2428 | 3.0895 | 2.9645 | 2.8607 |
| 20 | 993.10 | 39.447 | 14.167 | 8.5599 | 6.3285 | 5.1684 | 4.4667 | 3.9994 | 3.6669 | 3.4185 | 3.2261 | 3.0727 | 2.9476 | 2.8436 |
| 30 | 1001.4 | 39.464 | 14.080 | 8.4612 | 6.2268 | 5.0652 | 4.3623 | 3.8940 | 3.5604 | 3.3110 | 3.1176 | 2.9632 | 2.8372 | 2.7323 |
| 40 | 1005.5 | 39.472 | 14.036 | 8.4111 | 6.1750 | 5.0124 | 4.3088 | 3.8397 | 3.5054 | 3.2553 | 3.0613 | 2.9063 | 2.7796 | 2.6742 |
| 50 | 1008.1 | 39.477 | 14.009 | 8.3807 | 6.1436 | 4.9804 | 4.2763 | 3.8067 | 3.4719 | 3.2213 | 3.0268 | 2.8714 | 2.7443 | 2.6384 |
| 60 | 1009.8 | 39.481 | 13.992 | 8.3604 | 6.1225 | 4.9588 | 4.2543 | 3.7844 | 3.4493 | 3.1984 | 3.0035 | 2.8477 | 2.7203 | 2.6141 |
| 70 | 1011.0 | 39.483 | 13.979 | 8.3458 | 6.1073 | 4.9434 | 4.2386 | 3.7684 | 3.4330 | 3.1818 | 2.9867 | 2.8307 | 2.7030 | 2.5966 |
| 80 | 1011.9 | 39.485 | 13.969 | 8.3348 | 6.0960 | 4.9317 | 4.2267 | 3.7563 | 3.4207 | 3.1693 | 2.9740 | 2.8178 | 2.6899 | 2.5833 |
| 90 | 1012.6 | 39.486 | 13.962 | 8.3263 | 6.0871 | 4.9226 | 4.2175 | 3.7469 | 3.4111 | 3.1595 | 2.9640 | 2.8077 | 2.6797 | 2.5729 |
| 100 | 1013.1 | 39.487 | 13.956 | 8.3194 | 6.0799 | 4.9154 | 4.2100 | 3.7393 | 3.4034 | 3.1517 | 2.9561 | 2.7996 | 2.6714 | 2.5645 |

**Tabelle B.6.** $(1-\alpha/2)$–Quantile $f_{df_1,df_2;1-\alpha/2}$ der $F$–Verteilung für $\alpha = 0.05/2$. $df_1$ in den Zeilen, $df_2$ in den Spalten.

| $df_1$ | $df_2$ 15 | 16 | 17 | 18 | 19 | 20 | 30 | 40 | 50 | 60 | 70 | 80 | 90 | 100 |
|---|---|---|---|---|---|---|---|---|---|---|---|---|---|---|
| 1 | 6.1995 | 6.1151 | 6.0420 | 5.9780 | 5.9216 | 5.8714 | 5.5675 | 5.4239 | 5.3403 | 5.2856 | 5.2470 | 5.2183 | 5.1962 | 5.1785 |
| 2 | 4.7650 | 4.6866 | 4.6188 | 4.5596 | 4.5075 | 4.4612 | 4.1820 | 4.0509 | 3.9749 | 3.9252 | 3.8902 | 3.8643 | 3.8442 | 3.8283 |
| 3 | 4.1528 | 4.0768 | 4.0111 | 3.9538 | 3.9034 | 3.8586 | 3.5893 | 3.4632 | 3.3901 | 3.3425 | 3.3089 | 3.2840 | 3.2648 | 3.2496 |
| 4 | 3.8042 | 3.7294 | 3.6647 | 3.6083 | 3.5587 | 3.5146 | 3.2499 | 3.1261 | 3.0544 | 3.0076 | 2.9747 | 2.9503 | 2.9315 | 2.9165 |
| 5 | 3.5764 | 3.5021 | 3.4379 | 3.3819 | 3.3327 | 3.2890 | 3.0264 | 2.9037 | 2.8326 | 2.7863 | 2.7537 | 2.7295 | 2.7108 | 2.6960 |
| 6 | 3.4146 | 3.3406 | 3.2766 | 3.2209 | 3.1718 | 3.1283 | 2.8666 | 2.7443 | 2.6735 | 2.6273 | 2.5948 | 2.5707 | 2.5521 | 2.5374 |
| 7 | 3.2933 | 3.2194 | 3.1555 | 3.0998 | 3.0508 | 3.0074 | 2.7460 | 2.6237 | 2.5529 | 2.5067 | 2.4742 | 2.4501 | 2.4315 | 2.4168 |
| 8 | 3.1987 | 3.1248 | 3.0609 | 3.0052 | 2.9562 | 2.9127 | 2.6512 | 2.5288 | 2.4579 | 2.4116 | 2.3791 | 2.3549 | 2.3362 | 2.3214 |
| 9 | 3.1227 | 3.0487 | 2.9848 | 2.9291 | 2.8800 | 2.8365 | 2.5746 | 2.4519 | 2.3808 | 2.3344 | 2.3017 | 2.2774 | 2.2587 | 2.2438 |
| 10 | 3.0601 | 2.9861 | 2.9221 | 2.8663 | 2.8172 | 2.7736 | 2.5111 | 2.3881 | 2.3167 | 2.2701 | 2.2373 | 2.2130 | 2.1942 | 2.1792 |
| 11 | 3.0078 | 2.9336 | 2.8696 | 2.8137 | 2.7645 | 2.7208 | 2.4577 | 2.3343 | 2.2626 | 2.2158 | 2.1828 | 2.1584 | 2.1395 | 2.1244 |
| 12 | 2.9632 | 2.8890 | 2.8248 | 2.7688 | 2.7195 | 2.6758 | 2.4120 | 2.2881 | 2.2162 | 2.1691 | 2.1360 | 2.1114 | 2.0924 | 2.0773 |
| 13 | 2.9249 | 2.8505 | 2.7862 | 2.7301 | 2.6807 | 2.6369 | 2.3724 | 2.2481 | 2.1758 | 2.1286 | 2.0953 | 2.0705 | 2.0514 | 2.0362 |
| 14 | 2.8914 | 2.8170 | 2.7526 | 2.6964 | 2.6469 | 2.6029 | 2.3377 | 2.2129 | 2.1404 | 2.0929 | 2.0594 | 2.0345 | 2.0153 | 2.0000 |
| 15 | 2.8620 | 2.7875 | 2.7230 | 2.6667 | 2.6171 | 2.5730 | 2.3071 | 2.1819 | 2.1090 | 2.0613 | 2.0276 | 2.0026 | 1.9833 | 1.9679 |
| 16 | 2.8360 | 2.7613 | 2.6967 | 2.6403 | 2.5906 | 2.5465 | 2.2798 | 2.1541 | 2.0809 | 2.0330 | 1.9992 | 1.9740 | 1.9546 | 1.9391 |
| 17 | 2.8127 | 2.7379 | 2.6733 | 2.6167 | 2.5669 | 2.5227 | 2.2554 | 2.1292 | 2.0557 | 2.0076 | 1.9736 | 1.9483 | 1.9287 | 1.9132 |
| 18 | 2.7919 | 2.7170 | 2.6522 | 2.5955 | 2.5457 | 2.5014 | 2.2333 | 2.1067 | 2.0329 | 1.9845 | 1.9504 | 1.9249 | 1.9053 | 1.8896 |
| 19 | 2.7730 | 2.6980 | 2.6331 | 2.5764 | 2.5264 | 2.4820 | 2.2133 | 2.0863 | 2.0122 | 1.9636 | 1.9292 | 1.9037 | 1.8839 | 1.8682 |
| 20 | 2.7559 | 2.6807 | 2.6157 | 2.5590 | 2.5089 | 2.4644 | 2.1951 | 2.0677 | 1.9932 | 1.9444 | 1.9099 | 1.8842 | 1.8643 | 1.8485 |
| 30 | 2.6437 | 2.5678 | 2.5020 | 2.4445 | 2.3937 | 2.3486 | 2.0739 | 1.9429 | 1.8659 | 1.8152 | 1.7792 | 1.7523 | 1.7314 | 1.7148 |
| 40 | 2.5850 | 2.5085 | 2.4422 | 2.3841 | 2.3329 | 2.2873 | 2.0088 | 1.8751 | 1.7962 | 1.7440 | 1.7068 | 1.6790 | 1.6574 | 1.6401 |
| 50 | 2.5487 | 2.4719 | 2.4052 | 2.3468 | 2.2952 | 2.2492 | 1.9680 | 1.8323 | 1.7519 | 1.6985 | 1.6604 | 1.6318 | 1.6095 | 1.5916 |
| 60 | 2.5242 | 2.4470 | 2.3801 | 2.3214 | 2.2695 | 2.2233 | 1.9400 | 1.8027 | 1.7211 | 1.6667 | 1.6279 | 1.5986 | 1.5758 | 1.5575 |
| 70 | 2.5064 | 2.4290 | 2.3618 | 2.3029 | 2.2509 | 2.2045 | 1.9195 | 1.7810 | 1.6984 | 1.6432 | 1.6037 | 1.5739 | 1.5507 | 1.5320 |
| 80 | 2.4929 | 2.4154 | 2.3480 | 2.2890 | 2.2367 | 2.1902 | 1.9038 | 1.7643 | 1.6809 | 1.6251 | 1.5851 | 1.5548 | 1.5312 | 1.5121 |
| 90 | 2.4824 | 2.4047 | 2.3372 | 2.2780 | 2.2256 | 2.1789 | 1.8915 | 1.7511 | 1.6671 | 1.6107 | 1.5702 | 1.5396 | 1.5156 | 1.4962 |
| 100 | 2.4739 | 2.3961 | 2.3285 | 2.2692 | 2.2167 | 2.1699 | 1.8815 | 1.7405 | 1.6558 | 1.5990 | 1.5581 | 1.5271 | 1.5028 | 1.4832 |

## B.7 $(1-\alpha)$–Quantile $f_{df_1,df_2;1-\alpha}$ der $F$–Verteilung für $\alpha = 0.01$

**Tabelle B.7.** $(1-\alpha)$–Quantile $f_{df_1,df_2;1-\alpha}$ der $F$–Verteilung für $\alpha = 0.01$. $df_1$ in den Zeilen, $df_2$ in den Spalten.

| | $df_2$ | | | | | | | | | | | | | |
|---|---|---|---|---|---|---|---|---|---|---|---|---|---|---|
| $df_1$ | 1 | 2 | 3 | 4 | 5 | 6 | 7 | 8 | 9 | 10 | 11 | 12 | 13 | 14 |
| 1 | 4052.1 | 98.502 | 34.116 | 21.197 | 16.258 | 13.745 | 12.246 | 11.258 | 10.561 | 10.044 | 9.6460 | 9.3302 | 9.0738 | 8.8615 |
| 2 | 4999.5 | 99.000 | 30.816 | 18.000 | 13.273 | 10.924 | 9.5465 | 8.6491 | 8.0215 | 7.5594 | 7.2057 | 6.9266 | 6.7009 | 6.5148 |
| 3 | 5403.3 | 99.166 | 29.456 | 16.694 | 12.059 | 9.7795 | 8.4512 | 7.5909 | 6.9919 | 6.5523 | 6.2167 | 5.9525 | 5.7393 | 5.5638 |
| 4 | 5624.5 | 99.249 | 28.709 | 15.977 | 11.391 | 9.1483 | 7.8466 | 7.0060 | 6.4220 | 5.9943 | 5.6683 | 5.4119 | 5.2053 | 5.0353 |
| 5 | 5763.6 | 99.299 | 28.237 | 15.521 | 10.967 | 8.7458 | 7.4604 | 6.6318 | 6.0569 | 5.6363 | 5.3160 | 5.0643 | 4.8616 | 4.6949 |
| 6 | 5858.9 | 99.332 | 27.910 | 15.206 | 10.672 | 8.4661 | 7.1914 | 6.3706 | 5.8017 | 5.3858 | 5.0692 | 4.8205 | 4.6203 | 4.4558 |
| 7 | 5928.3 | 99.356 | 27.671 | 14.975 | 10.455 | 8.2599 | 6.9928 | 6.1776 | 5.6128 | 5.2001 | 4.8860 | 4.6395 | 4.4409 | 4.2778 |
| 8 | 5981.0 | 99.374 | 27.489 | 14.798 | 10.289 | 8.1016 | 6.8400 | 6.0288 | 5.4671 | 5.0566 | 4.7444 | 4.4993 | 4.3020 | 4.1399 |
| 9 | 6022.4 | 99.388 | 27.345 | 14.659 | 10.157 | 7.9761 | 6.7187 | 5.9106 | 5.3511 | 4.9424 | 4.6315 | 4.3875 | 4.1910 | 4.0296 |
| 10 | 6055.8 | 99.399 | 27.228 | 14.545 | 10.051 | 7.8741 | 6.6200 | 5.8142 | 5.2565 | 4.8491 | 4.5392 | 4.2960 | 4.1002 | 3.9393 |
| 11 | 6083.3 | 99.408 | 27.132 | 14.452 | 9.9626 | 7.7895 | 6.5381 | 5.7342 | 5.1778 | 4.7715 | 4.4624 | 4.2198 | 4.0245 | 3.8640 |
| 12 | 6106.3 | 99.415 | 27.051 | 14.373 | 9.8882 | 7.7183 | 6.4690 | 5.6667 | 5.1114 | 4.7058 | 4.3974 | 4.1552 | 3.9603 | 3.8001 |
| 13 | 6125.8 | 99.422 | 26.983 | 14.306 | 9.8248 | 7.6574 | 6.4100 | 5.6089 | 5.0545 | 4.6496 | 4.3416 | 4.0998 | 3.9052 | 3.7452 |
| 14 | 6142.6 | 99.427 | 26.923 | 14.248 | 9.7700 | 7.6048 | 6.3589 | 5.5588 | 5.0052 | 4.6008 | 4.2932 | 4.0517 | 3.8573 | 3.6975 |
| 15 | 6157.3 | 99.432 | 26.872 | 14.198 | 9.7222 | 7.5589 | 6.3143 | 5.5151 | 4.9620 | 4.5581 | 4.2508 | 4.0096 | 3.8153 | 3.6556 |
| 16 | 6170.1 | 99.436 | 26.826 | 14.153 | 9.6801 | 7.5185 | 6.2750 | 5.4765 | 4.9240 | 4.5204 | 4.2134 | 3.9723 | 3.7782 | 3.6186 |
| 17 | 6181.4 | 99.440 | 26.786 | 14.114 | 9.6428 | 7.4827 | 6.2400 | 5.4422 | 4.8901 | 4.4869 | 4.1801 | 3.9392 | 3.7451 | 3.5856 |
| 18 | 6191.5 | 99.443 | 26.750 | 14.079 | 9.6095 | 7.4506 | 6.2088 | 5.4116 | 4.8599 | 4.4569 | 4.1502 | 3.9094 | 3.7155 | 3.5561 |
| 19 | 6200.5 | 99.446 | 26.718 | 14.048 | 9.5796 | 7.4218 | 6.1808 | 5.3840 | 4.8326 | 4.4298 | 4.1233 | 3.8827 | 3.6888 | 3.5294 |
| 20 | 6208.7 | 99.449 | 26.689 | 14.019 | 9.5526 | 7.3958 | 6.1554 | 5.3590 | 4.8079 | 4.4053 | 4.0990 | 3.8584 | 3.6646 | 3.5052 |
| 30 | 6260.6 | 99.465 | 26.504 | 13.837 | 9.3793 | 7.2285 | 5.9920 | 5.1981 | 4.6485 | 4.2469 | 3.9411 | 3.7007 | 3.5070 | 3.3475 |
| 40 | 6286.7 | 99.474 | 26.410 | 13.745 | 9.2911 | 7.1432 | 5.9084 | 5.1156 | 4.5666 | 4.1652 | 3.8595 | 3.6191 | 3.4252 | 3.2656 |
| 50 | 6302.5 | 99.479 | 26.354 | 13.689 | 9.2378 | 7.0914 | 5.8576 | 5.0653 | 4.5167 | 4.1154 | 3.8097 | 3.5692 | 3.3751 | 3.2153 |
| 60 | 6313.0 | 99.482 | 26.316 | 13.652 | 9.2020 | 7.0567 | 5.8235 | 5.0316 | 4.4830 | 4.0818 | 3.7760 | 3.5354 | 3.3412 | 3.1812 |
| 70 | 6320.5 | 99.484 | 26.289 | 13.625 | 9.1763 | 7.0318 | 5.7990 | 5.0073 | 4.4588 | 4.0576 | 3.7518 | 3.5111 | 3.3168 | 3.1566 |
| 80 | 6326.1 | 99.486 | 26.268 | 13.605 | 9.1570 | 7.0130 | 5.7806 | 4.9890 | 4.4406 | 4.0394 | 3.7335 | 3.4927 | 3.2983 | 3.1380 |
| 90 | 6330.5 | 99.488 | 26.252 | 13.589 | 9.1419 | 6.9984 | 5.7662 | 4.9747 | 4.4264 | 4.0251 | 3.7192 | 3.4783 | 3.2839 | 3.1235 |
| 100 | 6334.1 | 99.489 | 26.240 | 13.576 | 9.1299 | 6.9866 | 5.7546 | 4.9632 | 4.4149 | 4.0137 | 3.7077 | 3.4668 | 3.2722 | 3.1118 |

**Tabelle B.7.** (1 − $\alpha$)–Quantile $f_{df_1,df_2;1-\alpha}$ der $F$–Verteilung für $\alpha = 0.01$. $df_1$ in den Zeilen, $df_2$ in den Spalten.

| | $df_2$ | | | | | | | | | | | | | |
|---|---|---|---|---|---|---|---|---|---|---|---|---|---|---|
| $df_1$ | 15 | 16 | 17 | 18 | 19 | 20 | 30 | 40 | 50 | 60 | 70 | 80 | 90 | 100 |
| 1 | 8.6831 | 8.5309 | 8.3997 | 8.2854 | 8.1849 | 8.0959 | 7.5624 | 7.3140 | 7.1705 | 7.0771 | 7.0113 | 6.9626 | 6.9251 | 6.8953 |
| 2 | 6.3588 | 6.2262 | 6.1121 | 6.0129 | 5.9258 | 5.8489 | 5.3903 | 5.1785 | 5.0566 | 4.9774 | 4.9218 | 4.8807 | 4.8490 | 4.8239 |
| 3 | 5.4169 | 5.2922 | 5.1849 | 5.0918 | 5.0102 | 4.9381 | 4.5097 | 4.3125 | 4.1993 | 4.1258 | 4.0743 | 4.0362 | 4.0069 | 3.9836 |
| 4 | 4.8932 | 4.7725 | 4.6689 | 4.5790 | 4.5002 | 4.4306 | 4.0178 | 3.8282 | 3.7195 | 3.6490 | 3.5996 | 3.5631 | 3.5349 | 3.5126 |
| 5 | 4.5556 | 4.4374 | 4.3359 | 4.2478 | 4.1707 | 4.1026 | 3.6990 | 3.5138 | 3.4076 | 3.3388 | 3.2906 | 3.2550 | 3.2276 | 3.2058 |
| 6 | 4.3182 | 4.2016 | 4.1015 | 4.0146 | 3.9385 | 3.8714 | 3.4734 | 3.2910 | 3.1864 | 3.1186 | 3.0712 | 3.0361 | 3.0091 | 2.9876 |
| 7 | 4.1415 | 4.0259 | 3.9267 | 3.8406 | 3.7652 | 3.6987 | 3.3044 | 3.1237 | 3.0201 | 2.9530 | 2.9060 | 2.8712 | 2.8445 | 2.8232 |
| 8 | 4.0044 | 3.8895 | 3.7909 | 3.7054 | 3.6305 | 3.5644 | 3.1726 | 2.9929 | 2.8900 | 2.8232 | 2.7765 | 2.7419 | 2.7153 | 2.6942 |
| 9 | 3.8947 | 3.7804 | 3.6822 | 3.5970 | 3.5225 | 3.4566 | 3.0665 | 2.8875 | 2.7849 | 2.7184 | 2.6718 | 2.6373 | 2.6108 | 2.5898 |
| 10 | 3.8049 | 3.6909 | 3.5930 | 3.5081 | 3.4338 | 3.3681 | 2.9790 | 2.8005 | 2.6981 | 2.6317 | 2.5852 | 2.5508 | 2.5243 | 2.5033 |
| 11 | 3.7299 | 3.6161 | 3.5185 | 3.4337 | 3.3596 | 3.2941 | 2.9056 | 2.7273 | 2.6250 | 2.5586 | 2.5121 | 2.4777 | 2.4512 | 2.4302 |
| 12 | 3.6662 | 3.5526 | 3.4551 | 3.3706 | 3.2965 | 3.2311 | 2.8430 | 2.6648 | 2.5624 | 2.4961 | 2.4495 | 2.4151 | 2.3886 | 2.3675 |
| 13 | 3.6115 | 3.4980 | 3.4007 | 3.3162 | 3.2422 | 3.1768 | 2.7890 | 2.6107 | 2.5083 | 2.4418 | 2.3952 | 2.3607 | 2.3342 | 2.3131 |
| 14 | 3.5639 | 3.4506 | 3.3533 | 3.2688 | 3.1949 | 3.1295 | 2.7418 | 2.5634 | 2.4608 | 2.3943 | 2.3476 | 2.3131 | 2.2864 | 2.2653 |
| 15 | 3.5221 | 3.4089 | 3.3116 | 3.2272 | 3.1533 | 3.0880 | 2.7001 | 2.5216 | 2.4189 | 2.3522 | 2.3055 | 2.2708 | 2.2441 | 2.2230 |
| 16 | 3.4852 | 3.3720 | 3.2748 | 3.1904 | 3.1164 | 3.0511 | 2.6631 | 2.4844 | 2.3816 | 2.3147 | 2.2679 | 2.2331 | 2.2064 | 2.1851 |
| 17 | 3.4523 | 3.3391 | 3.2419 | 3.1575 | 3.0836 | 3.0182 | 2.6300 | 2.4510 | 2.3480 | 2.2811 | 2.2341 | 2.1992 | 2.1724 | 2.1511 |
| 18 | 3.4227 | 3.3095 | 3.2123 | 3.1280 | 3.0540 | 2.9887 | 2.6002 | 2.4210 | 2.3178 | 2.2506 | 2.2035 | 2.1686 | 2.1417 | 2.1203 |
| 19 | 3.3960 | 3.2829 | 3.1857 | 3.1013 | 3.0273 | 2.9620 | 2.5732 | 2.3937 | 2.2903 | 2.2230 | 2.1757 | 2.1407 | 2.1137 | 2.0922 |
| 20 | 3.3718 | 3.2587 | 3.1615 | 3.0770 | 3.0031 | 2.9377 | 2.5486 | 2.3688 | 2.2652 | 2.1978 | 2.1504 | 2.1152 | 2.0881 | 2.0666 |
| 30 | 3.2141 | 3.1007 | 3.0032 | 2.9185 | 2.8442 | 2.7784 | 2.3859 | 2.2033 | 2.0975 | 2.0284 | 1.9797 | 1.9435 | 1.9155 | 1.8932 |
| 40 | 3.1319 | 3.0182 | 2.9204 | 2.8354 | 2.7607 | 2.6947 | 2.2992 | 2.1142 | 2.0065 | 1.9360 | 1.8861 | 1.8489 | 1.8201 | 1.7971 |
| 50 | 3.0813 | 2.9674 | 2.8694 | 2.7841 | 2.7092 | 2.6429 | 2.2450 | 2.0581 | 1.9489 | 1.8771 | 1.8263 | 1.7883 | 1.7588 | 1.7352 |
| 60 | 3.0471 | 2.9330 | 2.8348 | 2.7493 | 2.6742 | 2.6077 | 2.2078 | 2.0194 | 1.9090 | 1.8362 | 1.7845 | 1.7458 | 1.7158 | 1.6917 |
| 70 | 3.0223 | 2.9081 | 2.8097 | 2.7240 | 2.6488 | 2.5821 | 2.1807 | 1.9910 | 1.8796 | 1.8060 | 1.7536 | 1.7144 | 1.6838 | 1.6593 |
| 80 | 3.0036 | 2.8893 | 2.7907 | 2.7049 | 2.6295 | 2.5627 | 2.1601 | 1.9693 | 1.8571 | 1.7828 | 1.7298 | 1.6900 | 1.6590 | 1.6342 |
| 90 | 2.9890 | 2.8745 | 2.7759 | 2.6899 | 2.6144 | 2.5475 | 2.1438 | 1.9522 | 1.8392 | 1.7643 | 1.7108 | 1.6706 | 1.6393 | 1.6141 |
| 100 | 2.9772 | 2.8626 | 2.7639 | 2.6779 | 2.6023 | 2.5353 | 2.1307 | 1.9383 | 1.8247 | 1.7493 | 1.6953 | 1.6548 | 1.6231 | 1.5976 |

## B.8 $(1-\alpha/2)$–Quantile $f_{df_1,df_2;1-\alpha/2}$ der $F$–Verteilung für $\alpha = 0.01$

**Tabelle B.8.** $(1-\alpha/2)$–Quantile $f_{df_1,df_2;1-\alpha}$ der $F$–Verteilung für $\alpha = 0.01/2$. $df_1$ in den Zeilen, $df_2$ in den Spalten.

| $df_1$ \ $df_2$ | 1 | 2 | 3 | 4 | 5 | 6 | 7 | 8 | 9 | 10 | 11 | 12 | 13 | 14 |
|---|---|---|---|---|---|---|---|---|---|---|---|---|---|---|
| 1 | 16210 | 198.50 | 55.551 | 31.332 | 22.784 | 18.634 | 16.235 | 14.688 | 13.613 | 12.826 | 12.226 | 11.754 | 11.373 | 11.060 |
| 2 | 19999 | 199.00 | 49.799 | 26.284 | 18.313 | 14.544 | 12.403 | 11.042 | 10.106 | 9.4269 | 8.9122 | 8.5096 | 8.1864 | 7.9216 |
| 3 | 21614 | 199.16 | 47.467 | 24.259 | 16.529 | 12.916 | 10.882 | 9.5964 | 8.7170 | 8.0807 | 7.6004 | 7.2257 | 6.9257 | 6.6803 |
| 4 | 22499 | 199.24 | 46.194 | 23.154 | 15.556 | 12.027 | 10.050 | 8.8051 | 7.9558 | 7.3428 | 6.8808 | 6.5211 | 6.2334 | 5.9984 |
| 5 | 23055 | 199.29 | 45.391 | 22.456 | 14.939 | 11.463 | 9.5220 | 8.3017 | 7.4711 | 6.8723 | 6.4217 | 6.0711 | 5.7909 | 5.5622 |
| 6 | 23437 | 199.33 | 44.838 | 21.974 | 14.513 | 11.073 | 9.1553 | 7.9519 | 7.1338 | 6.5446 | 6.1015 | 5.7570 | 5.4819 | 5.2573 |
| 7 | 23714 | 199.35 | 44.434 | 21.621 | 14.200 | 10.785 | 8.8853 | 7.6941 | 6.8849 | 6.3024 | 5.8647 | 5.5245 | 5.2529 | 5.0313 |
| 8 | 23925 | 199.37 | 44.125 | 21.351 | 13.960 | 10.565 | 8.6781 | 7.4959 | 6.6933 | 6.1159 | 5.6821 | 5.3450 | 5.0760 | 4.8566 |
| 9 | 24091 | 199.38 | 43.882 | 21.139 | 13.771 | 10.391 | 8.5138 | 7.3385 | 6.5410 | 5.9675 | 5.5367 | 5.2021 | 4.9350 | 4.7172 |
| 10 | 24224 | 199.39 | 43.685 | 20.966 | 13.618 | 10.250 | 8.3803 | 7.2106 | 6.4171 | 5.8466 | 5.4182 | 5.0854 | 4.8199 | 4.6033 |
| 11 | 24334 | 199.40 | 43.523 | 20.824 | 13.491 | 10.132 | 8.2696 | 7.1044 | 6.3142 | 5.7462 | 5.3196 | 4.9883 | 4.7240 | 4.5084 |
| 12 | 24426 | 199.41 | 43.387 | 20.704 | 13.384 | 10.034 | 8.1764 | 7.0149 | 6.2273 | 5.6613 | 5.2363 | 4.9062 | 4.6428 | 4.4281 |
| 13 | 24504 | 199.42 | 43.271 | 20.602 | 13.293 | 9.9501 | 8.0967 | 6.9383 | 6.1530 | 5.5886 | 5.1649 | 4.8358 | 4.5732 | 4.3591 |
| 14 | 24571 | 199.42 | 43.171 | 20.514 | 13.214 | 9.8774 | 8.0278 | 6.8721 | 6.0887 | 5.5257 | 5.1030 | 4.7747 | 4.5128 | 4.2992 |
| 15 | 24630 | 199.43 | 43.084 | 20.438 | 13.146 | 9.8139 | 7.9677 | 6.8142 | 6.0324 | 5.4706 | 5.0488 | 4.7213 | 4.4599 | 4.2468 |
| 16 | 24681 | 199.43 | 43.008 | 20.370 | 13.086 | 9.7581 | 7.9148 | 6.7632 | 5.9828 | 5.4220 | 5.0010 | 4.6741 | 4.4132 | 4.2004 |
| 17 | 24726 | 199.44 | 42.940 | 20.311 | 13.032 | 9.7086 | 7.8678 | 6.7180 | 5.9388 | 5.3789 | 4.9585 | 4.6321 | 4.3716 | 4.1591 |
| 18 | 24767 | 199.44 | 42.880 | 20.258 | 12.984 | 9.6644 | 7.8258 | 6.6775 | 5.8993 | 5.3402 | 4.9205 | 4.5945 | 4.3343 | 4.1221 |
| 19 | 24803 | 199.44 | 42.826 | 20.210 | 12.942 | 9.6246 | 7.7880 | 6.6411 | 5.8639 | 5.3054 | 4.8862 | 4.5606 | 4.3007 | 4.0887 |
| 20 | 24835 | 199.44 | 42.777 | 20.167 | 12.903 | 9.5887 | 7.7539 | 6.6082 | 5.8318 | 5.2740 | 4.8552 | 4.5299 | 4.2703 | 4.0585 |
| 30 | 25043 | 199.46 | 42.465 | 19.891 | 12.655 | 9.3582 | 7.5344 | 6.3960 | 5.6247 | 5.0705 | 4.6543 | 4.3309 | 4.0727 | 3.8619 |
| 40 | 25148 | 199.47 | 42.308 | 19.751 | 12.529 | 9.2408 | 7.4224 | 6.2875 | 5.5185 | 4.9659 | 4.5508 | 4.2281 | 3.9704 | 3.7599 |
| 50 | 25211 | 199.47 | 42.213 | 19.667 | 12.453 | 9.1696 | 7.3544 | 6.2215 | 5.4539 | 4.9021 | 4.4876 | 4.1653 | 3.9078 | 3.6975 |
| 60 | 25255 | 199.48 | 42.149 | 19.610 | 12.402 | 9.1219 | 7.3087 | 6.1771 | 5.4104 | 4.8591 | 4.4450 | 4.1229 | 3.8655 | 3.6552 |
| 70 | 25285 | 199.48 | 42.103 | 19.570 | 12.365 | 9.0876 | 7.2759 | 6.1453 | 5.3791 | 4.8282 | 4.4143 | 4.0923 | 3.8350 | 3.6247 |
| 80 | 25307 | 199.48 | 42.069 | 19.539 | 12.338 | 9.0619 | 7.2512 | 6.1212 | 5.3555 | 4.8049 | 4.3911 | 4.0692 | 3.8120 | 3.6017 |
| 90 | 25324 | 199.48 | 42.042 | 19.515 | 12.316 | 9.0418 | 7.2319 | 6.1025 | 5.3371 | 4.7867 | 4.3730 | 4.0512 | 3.7939 | 3.5836 |
| 100 | 25338 | 199.48 | 42.021 | 19.496 | 12.299 | 9.0256 | 7.2165 | 6.0875 | 5.3223 | 4.7721 | 4.3585 | 4.0367 | 3.7795 | 3.5692 |

**Tabelle B.8.** $(1-\alpha/2)$–Quantile $f_{df_1,df_2;1-\alpha}$ der $F$–Verteilung für $\alpha = 0.01/2$. $df_1$ in den Zeilen, $df_2$ in den Spalten.

| | $df_2$ | | | | | | | | | | | | | |
|---|---|---|---|---|---|---|---|---|---|---|---|---|---|---|
| $df_1$ | 15 | 16 | 17 | 18 | 19 | 20 | 30 | 40 | 50 | 60 | 70 | 80 | 90 | 100 |
| 1 | 10.798 | 10.575 | 10.384 | 10.218 | 10.072 | 9.9439 | 9.1796 | 8.8278 | 8.6257 | 8.4946 | 8.4026 | 8.3346 | 8.2822 | 8.2406 |
| 2 | 7.7007 | 7.5138 | 7.3536 | 7.2148 | 7.0934 | 6.9864 | 6.3546 | 6.0664 | 5.9016 | 5.7949 | 5.7203 | 5.6652 | 5.6228 | 5.5892 |
| 3 | 6.4760 | 6.3033 | 6.1556 | 6.0277 | 5.9160 | 5.8177 | 5.2387 | 4.9758 | 4.8258 | 4.7289 | 4.6612 | 4.6112 | 4.5728 | 4.5423 |
| 4 | 5.8029 | 5.6378 | 5.4966 | 5.3746 | 5.2680 | 5.1742 | 4.6233 | 4.3737 | 4.2316 | 4.1398 | 4.0758 | 4.0285 | 3.9921 | 3.9633 |
| 5 | 5.3721 | 5.2117 | 5.0745 | 4.9560 | 4.8526 | 4.7615 | 4.2275 | 3.9860 | 3.8486 | 3.7599 | 3.6980 | 3.6523 | 3.6172 | 3.5894 |
| 6 | 5.0708 | 4.9134 | 4.7789 | 4.6627 | 4.5613 | 4.4721 | 3.9492 | 3.7129 | 3.5785 | 3.4918 | 3.4313 | 3.3866 | 3.3523 | 3.3252 |
| 7 | 4.8472 | 4.6920 | 4.5593 | 4.4447 | 4.3448 | 4.2568 | 3.7415 | 3.5088 | 3.3764 | 3.2911 | 3.2315 | 3.1875 | 3.1538 | 3.1271 |
| 8 | 4.6743 | 4.5206 | 4.3893 | 4.2759 | 4.1770 | 4.0899 | 3.5800 | 3.3497 | 3.2188 | 3.1344 | 3.0755 | 3.0320 | 2.9986 | 2.9721 |
| 9 | 4.5363 | 4.3838 | 4.2535 | 4.1409 | 4.0428 | 3.9564 | 3.4504 | 3.2219 | 3.0920 | 3.0082 | 2.9497 | 2.9066 | 2.8734 | 2.8472 |
| 10 | 4.4235 | 4.2718 | 4.1423 | 4.0304 | 3.9328 | 3.8470 | 3.3439 | 3.1167 | 2.9875 | 2.9041 | 2.8459 | 2.8030 | 2.7700 | 2.7439 |
| 11 | 4.3294 | 4.1785 | 4.0495 | 3.9381 | 3.8410 | 3.7555 | 3.2547 | 3.0284 | 2.8996 | 2.8166 | 2.7586 | 2.7158 | 2.6829 | 2.6569 |
| 12 | 4.2497 | 4.0993 | 3.9708 | 3.8598 | 3.7630 | 3.6779 | 3.1787 | 2.9531 | 2.8247 | 2.7418 | 2.6839 | 2.6412 | 2.6084 | 2.5825 |
| 13 | 4.1813 | 4.0313 | 3.9032 | 3.7925 | 3.6960 | 3.6111 | 3.1132 | 2.8880 | 2.7598 | 2.6771 | 2.6193 | 2.5766 | 2.5439 | 2.5179 |
| 14 | 4.1218 | 3.9722 | 3.8444 | 3.7340 | 3.6377 | 3.5530 | 3.0560 | 2.8312 | 2.7031 | 2.6204 | 2.5627 | 2.5200 | 2.4873 | 2.4613 |
| 15 | 4.0697 | 3.9204 | 3.7929 | 3.6827 | 3.5865 | 3.5019 | 3.0057 | 2.7810 | 2.6531 | 2.5704 | 2.5126 | 2.4700 | 2.4372 | 2.4112 |
| 16 | 4.0237 | 3.8746 | 3.7472 | 3.6372 | 3.5412 | 3.4567 | 2.9610 | 2.7365 | 2.6085 | 2.5258 | 2.4681 | 2.4254 | 2.3926 | 2.3666 |
| 17 | 3.9826 | 3.8338 | 3.7066 | 3.5967 | 3.5008 | 3.4164 | 2.9211 | 2.6966 | 2.5686 | 2.4859 | 2.4280 | 2.3853 | 2.3525 | 2.3264 |
| 18 | 3.9458 | 3.7971 | 3.6701 | 3.5603 | 3.4645 | 3.3801 | 2.8851 | 2.6606 | 2.5326 | 2.4498 | 2.3919 | 2.3491 | 2.3162 | 2.2901 |
| 19 | 3.9126 | 3.7641 | 3.6371 | 3.5274 | 3.4317 | 3.3474 | 2.8526 | 2.6280 | 2.4999 | 2.4170 | 2.3591 | 2.3162 | 2.2833 | 2.2571 |
| 20 | 3.8825 | 3.7341 | 3.6073 | 3.4976 | 3.4020 | 3.3177 | 2.8230 | 2.5984 | 2.4701 | 2.3872 | 2.3291 | 2.2862 | 2.2532 | 2.2270 |
| 30 | 3.6867 | 3.5388 | 3.4124 | 3.3030 | 3.2075 | 3.1234 | 2.6277 | 2.4014 | 2.2716 | 2.1874 | 2.1282 | 2.0844 | 2.0507 | 2.0238 |
| 40 | 3.5849 | 3.4372 | 3.3107 | 3.2013 | 3.1057 | 3.0215 | 2.5240 | 2.2958 | 2.1644 | 2.0788 | 2.0186 | 1.9739 | 1.9394 | 1.9119 |
| 50 | 3.5225 | 3.3747 | 3.2482 | 3.1387 | 3.0430 | 2.9586 | 2.4594 | 2.2295 | 2.0967 | 2.0099 | 1.9488 | 1.9033 | 1.8680 | 1.8400 |
| 60 | 3.4802 | 3.3324 | 3.2058 | 3.0962 | 3.0003 | 2.9158 | 2.4151 | 2.1838 | 2.0498 | 1.9621 | 1.9001 | 1.8539 | 1.8181 | 1.7896 |
| 70 | 3.4497 | 3.3018 | 3.1751 | 3.0654 | 2.9695 | 2.8849 | 2.3829 | 2.1504 | 2.0154 | 1.9269 | 1.8642 | 1.8174 | 1.7811 | 1.7521 |
| 80 | 3.4266 | 3.2787 | 3.1519 | 3.0421 | 2.9461 | 2.8614 | 2.3583 | 2.1248 | 1.9890 | 1.8998 | 1.8365 | 1.7892 | 1.7524 | 1.7230 |
| 90 | 3.4086 | 3.2605 | 3.1337 | 3.0239 | 2.9278 | 2.8430 | 2.3390 | 2.1047 | 1.9681 | 1.8783 | 1.8145 | 1.7667 | 1.7296 | 1.6998 |
| 100 | 3.3940 | 3.2460 | 3.1191 | 3.0092 | 2.9130 | 2.8282 | 2.3234 | 2.0884 | 1.9512 | 1.8608 | 1.7965 | 1.7484 | 1.7109 | 1.6808 |

# Literaturverzeichnis

Afifi, A. A., und Elashoff, R. M. (1966). Missing observations in multivariate statistics: Part I: review of the literature, *Journal of the American Statistical Association* **61**: 595–604.

Agresti, A. (1990). *Categorical Data Analysis*, Wiley, New York.

Aitchison, J. (1966). Expected-cover and linear-utility tolerance intervals, *Journal of the Royal Statistical Society, Series B* **28**: 57–62.

Aitchison, J., und Dunsmore, I. R. (1968). Linear-loss interval estimation for location and scale parameters, *Biometrika* **55**: 141–148.

Albert, A. (1972). *Regression and the Moore–Penrose Pseudoinverse*, Vol. 94 of *Mathematics In Science And Engineering*, Academic Press, New York.

Amemiya, T. (1985). *Advanced Econometrics*, Blackwell, Oxford.

Andrews, D. F., und Pregibon, D. (1978). Finding outliers that matter, *Journal of the Royal Statistical Society, Series B* **40**: 85–93.

Baksalary, J. K. (1988). Criteria for the equality between ordinary least squares and best linear unbiased estimators under certain linear models, *Canadian Journal of Statistics* **16**: 97–102.

Baksalary, J. K., und Kala, R. (1983). Partial orderings between matrices one of which is of rank one, *Bulletin of the Polish Academy of Science, Mathematics* **31**: 5–7.

Baksalary, J. K., Kala, R., und Klaczynski, K. (1983). The matrix inequality $M \geq B^*MB$, *Linear Algebra and Its Applications* **54**: 77–86.

Baksalary, J. K., Liski, E. P., und Trenkler, G. (1989). Mean square error matrix improvements and admissibility of linear estimators, *Journal of Statistical Planning and Inference* **23**: 312–325.

Bartels, R., und Fiebig, D. G. (1991). A simple characterization of seemingly unrelated regression models in which OLSE is BLUE, *The American Statistician* **45**: 137–140.

Bartlett, M. S. (1937). Some examples of statistical methods of research in agriculture and applied botany, *Journal of the Royal Statistical Society, Series B* **4**: 137–170.

Beckman, R. J., und Trussel, H. J. (1974). The distribution of an arbitrary Studentized residual and the effects of updating in multiple regression, *Journal of the American Statistical Association* **69**: 199–201.

Bekker, P. A., und Neudecker, H. (1989). Albert's theorem applied to problems of efficiency and MSE superiority, *Statistica Neerlandica* **43**: 157–167.

Belsley, D. A., Kuh, E., und Welsch, R. E. (1980). *Regression Diagnostics*, Wiley, New York.

Ben-Israel, A., und Greville, T. N. E. (1974). *Generalized Inverses: Theory and Applications*, Wiley, New York.

Bibby, J. M., und Toutenburg, H. (1977). *Prediction and Improved Estimation in Linear Models*, Wiley, New York.

Bibby, J. M., und Toutenburg, H. (1979). *Prediction and Improved Estimation in Linear Models*, 2 edn, Wiley, New York.

Brown, R., Durbin, J., und Evans, J. (1975). Techniques for testing the constancy of regression relationships over time, *Journal of the Royal Statistical Society, Series B* **35**: 149–192.

Buck, S. F. (1960). A method of estimation of missing values in multivariate data suitable for use with an electronic computer, *Journal of the Royal Statistical Society, Series B* **22**: 302–307.

Campbell, S. L., und Meyer, C. D. (1979). *Generalized Inverses of Linear Transformations*, Pitman, London.

Chatterjee, S., und Hadi, A. S. (1986). Influential observations, high leverage points and outliers in linear regression, *Statistical Science* **1**: 379–416.

Chatterjee, S., und Hadi, A. S. (1988). *Sensitivity Analysis in Linear Regression*, Wiley, New York.

Chipman, J. S., und Rao, M. M. (1964). The treatment of linear restrictions in regression analysis, *Econometrica* **32**: 198–209.

Chow, G. C. (1960). Tests of equality between sets of coefficients in two linear regressions, *Econometrica* (52): 211–222.

Cohen, J., und Cohen, P. (1983). *Applied Multiple Regression/Correlation Analysis for the Behavioral Sciences*, Lawrence Erlbaum, Hillsdale, NJ.

Cook, R. D. (1977). Detection of influential observations in linear regression, *Technometrics* **19**: 15–18.

Cook, R. D., und Weisberg, S. (1982). *Residuals and Influence in Regression*, Chapman and Hall, New York.

Cook, R. D., und Weisberg, S. (1999). *Applied regression including computing and graphics*, Wiley, New York.

Cox, D. R. (1972). Regression models and life-tables (with discussion), *Journal of the Royal Statistical Society, Series B* **34**: 187–202.

Dagenais, M. G. (1973). The use of incomplete observations in multiple regression analysis: A generalized least squares approach, *Journal of Econometrics* **1**: 317–328.

Deming, W. E., und Stephan, F. F. (1940). On a least squares adjustment of sampled frequency table when the expected marginal totals are known, *Annals of Mathematical Statistics* **11**: 427–444.

Dempster, A. P., Laird, N. M., und Rubin, D. B. (1977). Maximum likelihood from incomplete data via the EM algorithm, *Journal of the Royal Statistical Society, Series B* **43**: 1–22.

Dhrymes, P. J. (1974). *Econometrics*, Springer–Verlag, New York.

Dhrymes, P. J. (1978). *Indroductory Econometrics*, Springer–Verlag, New York.

Diggle, P. J., Liang, K.-Y., und Zeger, S. L. (1994). *Analysis of Longitudinal Data*, Chapman and Hall, London.

Doksum, K. A., und Gasko, M. (1990). On a correspondence between models in binary regression analysis and in survival analysis, *International Statistical Review* **58**: 243–252.

Draper, N. R., und Smith, H. (1966). *Applied Regression Analysis*, Wiley, New York.

Draper, N. R., und Smith, H. (1998). *Applied Regression Analysis*, 3 edn, Wiley, New York.

Dube, M., Srivastava, V. K., Toutenburg, H., und Wijekoon, P. (1991). Stein-rule estimators under inclusion of superfluous variables in linear regression models, *Communications in Statistics, Part A—Theory and Methods* **20**: 2009–2022.

Dufour, J. M. (1989). Nonlinear hypotheses, inequality restrictions and non-nested hypotheses: Exact simultaneous tests in linear regression, *Econometrica* **57**: 335–355.

Dunn, O. J. (1964). Multiple comparisons using rank sums, *Technometrics* **6**: 241–252.

Dunnett, C. W. (1955). A multiple comparison procedure for comparing treatments with a control, *Journal of the American Statistical Association* **50**: 1096–1121.

Durbin, J. (1953). A note on regression when there is extraneous information about one of the coefficients, *Journal of the American Statistical Association* **48**: 799–808.

Durbin, J., und Watson, G. S. (1950). Testing for serial correlation in least squares regression (I), *Biometrika* **37**: 409–428.

Durbin, J., und Watson, G. S. (1951). Testing for serial correlation in least squares regression (II), *Biometrika* **38**: 159–178.

Dwivedi, T. D., und Srivastava, V. K. (1978). Optimality of least squares in the seemingly unrelated regression equation model, *Journal of Econometrics* **7**: 391–395.

Efron, B. (1979). Bootstrap methods: Another look at the jackknife, *Annals of Statistics* **7**: 1–26.

Evans, R. W., Cooley, P. C., und Piserchia, P. V. (1979). A test for evaluating missing data imputation procedures, *Proceedings of the Social Statistics Section*, pp. 469–474.

Fahrmeir, L., und Hamerle, A. (eds.) (1984). *Multivariate statistische Verfahren*, de Gruyter, Berlin.

Fahrmeir, L., und Kaufmann, H. (1985). Consistency and asymptotic normality of the maximum likelihood estimator in generalized linear models, *Annals of Statistics* **13**: 342–368.

Fahrmeir, L., und Tutz, G. (1994). *Multivariate Statistical Modelling Based on Generalized Linear Models*, Springer–Verlag, New York.

Fahrmeir, L., und Tutz, G. (2001). *Multivariate Statistical Modelling Based on Generalized Linear Models*, 2 edn, Springer–Verlag, New York.

Farebrother, R. W. (1976). Further results on the mean square error of ridge regression, *Journal of the Royal Statistical Society, Series B* **38**: 248–250.

Farebrother, R. W. (1978). A class of shrinkage estimators, *Journal of the Royal Statistical Society, Series B* **40**: 47–49.

Fieger, A. (2001). *Fehlende Kovariablenwerte in linearen Regressionsmodellen*, Vol. 6 of *Anwendungsorientierte Statistik*, Peter Lang Europäischer Verlag der Wissenschaften, Frankfurt am Main.

Fisk, P. R. (1967). *Stochastically dependent equations*, Griffin, London.

Fitzmaurice, G. M., und Laird, N. M. (1993). A likelihood-based method for analysing longitudinal binary responses, *Biometrika* **80**(1): 141–151.

Fomby, T. B., Hill, R. C., und Johnson, S. R. (1984). *Advanced Econometric Methods*, Springer–Verlag, New York.

Freund, E., und Trenkler, G. (1986). Mean square error matrix comparisons between mixed estimators, *Statistica* **46**: 493–501.

Gail, M. H., und Simon, R. (1985). Testing for qualitative interactions between treatment effects and patient subsets, *Biometrics* **41**: 361–372.

Geweke, J. (1986). Exact inference in the inequality constrained normal linear regression model, *Journal of Applied Econometrics* **1**: 127–141.

Glonek, G. V. F. (1996). A class of regression models for multivariate categorical responses, *Biometrika* **83**(1): 15–28.

Goldberger, A. S. (1962). Best linear unbiased prediction in the generalized regression model, *Journal of the American Statistical Association* **57**: 369–375.

Goldberger, A. S. (1964). *Econometric Theory*, Wiley, New York.

Goldberger, A. S., Nagar, A. L., und Odeh, H. S. (1961). The covariance matrices of reduced-form coefficients and of forecasts for a structural econometric model, *Econometrica* **29**: 556–573.

Goldstein, M., und Smith, A. F. M. (1974). Ridge-type estimators for regression analysis, *Journal of the Royal Statistical Society, Series B* **36**: 284–291.

Graybill, F. A. (1961). *An Introduction to Linear Statistical Models*, Vol. 1, McGraw-Hill, New York.

Guilkey, D. K., und Price, J. M. (1981). On comparing restricted least squares estimators, *Journal of Econometrics* **15**: 397–404.

Guttman, L. (1988). Eta, disco, odisco, and *f*, *Psychometrika* **53**: 393–405.

Guttmann, I. (1970). *Statistical Tolerance Regions*, Griffin, London.

Haitovsky, Y. (1968). Missing data in regression analysis, *Journal of the Royal Statistical Society, Series B* **34**: 67–82.

Hamerle, A., und Tutz, G. (1989). *Diskrete Modelle zur Analyse von Verweildauern und Lebenszeiten*, Campus, Frankfurt/M.

Hansen, B. E. (1992). Testing for parameter instability in linear models, *Journal of Policy Modeling* **14**: 517–533.

Hartung, J. (1978). Zur Verwendung von Vorinformation in der Regressionsanalyse, *Technical report.*

Hartung, J., Elpelt, B., und Klösener, K.-H. (1982). *Statistik: Lehr- und Handbuch der angewandten Statistik*, Oldenbourg, München.

Heagerty, P. J., und Zeger, S. L. (1996). Marginal regression models for clustered ordinal measurements, *Journal of the American Statistical Association* **91**(435): 1024–1036.

Heckman, J. J. (1976). The common structure of statistical models of truncation, sample selection and limited dependent variables and a simple estimator for such models, *Annals of Economic and Social Measurement* **5**: 475–492.

Heumann, C. (1998). *Likelihoodbasierte marginale Regressionsmodelle für korrelierte kategoriale Daten*, Vol. 2 of *Anwendungsorientierte Statistik*, Peter Lang Europäischer Verlag der Wissenschaften, Frankfurt am Main.

Hill, R. C., und Ziemer, R. F. (1983). Missing regressor values under conditions of multicollinearity, *Communications in Statistics, Part A—Theory and Methods* **12**: 2557–2573.

Hoerl, A. E., und Kennard, R. W. (1970). Ridge regression: Biased estimation for nonorthogonal problems, *Technometrics* **12**: 55–67.

Ibrahim, J. G. (1990). Incomplete data in generalized linear models, *Journal of the American Statistical Association* **85**(411): 765–769.

Ibrahim, J. G., Lipsitz, S. R., und Chen, M.-H. (1999). Missing covariates in generalized linear models when the missing data mechanism is non-ignorable, *Journal of the Royal Statistical Society, Series B* **61**(1): 173–190.

Ibrahim, J. G., und Weisberg, S. (1992). Incomplete data in generalized linear models with continuous covariates, *Australian Journal of Statistics* **34**(3): 461–470.

Johnston, J., und DiNardo, J. (1997). *Econometric Methods*, 4 edn, McGraw-Hill, New York.

Judge, G. G., und Bock, M. E. (1978). *The Statistical Implications of Pre-test and Stein-Rule Estimators in Econometrics*, North Holland, Amsterdam.

Judge, G. G., Griffiths, W. E., Hill, R. C., und Lee, T.-C. (1980). *The Theory and Practice of Econometrics*, 2 edn, Wiley, New York.

Judge, G. G., und Takayama, T. (1966). Inequality restrictions in regression analysis, *Journal of the American Statistical Association* **66**: 166–181.

Kakwani, N. C. (1967). The unbiasedness of Zellner's seemingly unrelated regression equations estimators, *Journal of the American Statistical Association* **62**: 141–142.

Kastner, C., Fieger, A., und Heumann, C. (1997). MAREG and WinMAREG—a tool for marginal regression models, *Computational Statistics and Data Analysis* **24**(2): 235–241.

Kendall, M. G. (1957). *A Course in Multivariate Analysis*, Griffin, London.

Kmenta, J. (1971). *Elements of Econometrics*, Macmillan, New York.

Krämer, W. (1980). A note on the equality of ordinary least squares and Gauss-Markov estimates in the general linear model, *Sankhya, Series A* **42**: 130–131.

Krämer, W., und Donninger, C. (1987). Spatial autocorrelation among errors and the relative efficiency of OLS in the linear regression model, *Journal of the American Statistical Association* **82**: 577–579.

Kuks, J. (1972). A minimax estimator of regression coefficients (in Russian), *Iswestija Akademija Nauk Estonskoj SSR* **21**: 73–78.

Kuks, J., und Olman, W. (1971). Minimax linear estimation of regression coefficients (I) (in Russian), *Iswestija Akademija Nauk Estonskoj SSR* **20**: 480–482.

Kuks, J., und Olman, W. (1972). Minimax linear estimation of regression coefficients (II) (in Russian), *Iswestija Akademija Nauk Estonskoj SSR* **21**: 66–72.

Lang, J. B., und Agresti, A. (1994). Simultaneously modeling joint and marginal distributions of multivariate categorical responses, *Journal of the American Statistical Association* **89**(426): 625–632.

Lawless, J. F. (1982). *Statistical Models and Methods for Lifetime Data*, Wiley, New York.

Lehmann, E. L. (1986). *Testing Statistical Hypotheses*, 2 edn, Wiley, New York.

Liang, K.-Y., und Zeger, S. L. (1986). Longitudinal data analysis using generalized linear models, *Biometrika* **73**: 13–22.

Liang, K.-Y., und Zeger, S. L. (1989). A class of logistic regression models for multivariate binary time series, *Journal of the American Statistical Association* **84**(406): 447–451.

Liang, K.-Y., und Zeger, S. L. (1993). Regression analysis for correlated data, *Annual Review of Public Health* **14**: 43–68.

Liang, K.-Y., Zeger, S. L., und Qaqish, B. (1992). Multivariate regression analysis for categorical data, *Journal of the Royal Statistical Society, Series B* **54**: 3–40.

Lipsitz, S. R., Laird, N. M., und Harrington, D. P. (1991). Generalized estimating equations for correlated binary data: Using the odds ratio as a measure of association, *Biometrika* **78**: 153–160.

Liski, E. P., Toutenburg, H., und Trenkler, G. (1993). Minimum mean square error estimation in regression, *Journal of Statistical Planning and Inference* **37**: 203–214.

Little, R. J. A. (1992). Regression with missing $X$'s: A review, *Journal of the American Statistical Association* **87**(420): 1227–1237.

Little, R. J. A., und Rubin, D. B. (1987). *Statistical Analysis with Missing Data*, Wiley, New York.

Mardia, K. V., Kent, J. T., und Bibby, J. M. (1979). *Multivariate Analysis*, Academic Press, London.

Mayer, L. S., und Wilke, T. A. (1973). On biased estimation in linear models, *Technometrics* **15**: 497–508.

McCullagh, P., und Nelder, J. A. (1989). *Generalized Linear Models*, Chapman and Hall, London.

McElroy, F. W. (1967). A necessary and sufficient condition that ordinary least-squares estimators be best linear unbiased, *Journal of the American Statistical Association* **62**: 1302–1304.

Miller Jr., R. G. (1981). *Simultaneous Statistical Inference*, 2 edn, Springer–Verlag, New York.

Milliken, G. A., und Akdeniz, F. (1977). A theorem on the difference of the generalized inverse of two nonnegative matrices, *Communications in Statistics, Part A—Theory and Methods* **6**: 73–79.

Molenberghs, G., und Lesaffre, E. (1994). Marginal modeling of correlated ordinal data using a multivariate Plackett distribution, *Journal of the American Statistical Association* **89**(426): 633–644.

Möller, H.-D. (1976). *Probleme der statistischen Spezifikation der Struktur von Eingleichungsmodellen*, Vandenhoeck & Rupprecht, Göttingen.

Montgomery, D. C. (1976). *Design and Analysis of Experiments*, Wiley, New York.

Moors, J. J. A., und van Houwelingen, J. C. (1987). Estimation of linear models with inequality restrictions, *Technical Report 291*.

Nagar, A. L., und Kakwani, N. C. (1964). The bias and moment matrix of a mixed regression estimator, *Econometrica* **32**: 174–182.

Nagar, A. L., und Kakwani, N. C. (1969). Note on the use of prior information in statistical estimation of econometric relations, *Sankhya, Series A* **27**: 105–112.

Nelder, J. A., und Wedderburn, R. W. M. (1972). Generalized linear models, *Journal of the Royal Statistical Society, Series A* **135**: 370–384.

Oberhofer, W., und Kmenta, J. (1974). A general procedure for obtaining maximum likelihood estimates in generalized regression models, *Econometrica* **42**: 579–590.

Park, S. H., Kim, Y. H., und Toutenburg, H. (1992). Regression diagnostics for removing an observation with animating graphics, *Statistical Papers* **33**: 227–240.

Penrose, R. (1955). A generalized inverse for matrices, *Proc Camb Phil Soc* **51**: 406–413.

Perlman, M. D. (1972). Reduced mean square error estimation for several parameters, *Sankhya, Series B* **34**: 89–92.

Petersen, R. G. (1985). *Design and Analysis of Experiments*, Dekker, New York.

Pollock, D. S. G. (1979). *The Algebra of Econometrics*, Wiley, Chichester.

Prentice, R. L. (1988). Correlated binary regression with covariates specific to each binary observation, *Biometrics* **44**: 1033–1048.

Puntanen, S. (1986). Comments on "on neccesary and sufficient condition for ordinary least estimators to be best linear unbiased estimators", *Journal of the American Statistical Association* **40**: 178–178.

Rao, C. R. (1973). *Linear Statistical Inference and Its Applications*, 2 edn, Wiley, New York.

Rao, C. R., und Mitra, S. K. (1971). *Generalized Inverse of Matrices and Its Applications*, Wiley, New York.

Rao, C. R., und Rao, M. B. (1998). *Matrix Algebra and Its Applications to Statistics and Econometrics*, World Scientific, Singapore.

Rao, C. R., Srivastava, V. K., und Toutenburg, H. (1998). Pitman nearness comparisons of stein-type estimators for regression coefficients in replicated experiments, *Statistical Papers* **39**: 61–74.

Rao, C. R., und Toutenburg, H. (1999). *Linear Models: Least Squares and Alternatives*, 2 edn, Springer–Verlag, New York.

Rawlings, J., Pantula, S., und Dickey, D. (1998). *Applied Regression Analysis*, 2 edn, Springer–Verlag, New York.

Rosner, B. (1984). Multivariate methods in ophtalmology with application to paired-data situations, *Biometrics* **40**: 1025–1035.

Rubin, D. B. (1976). Inference and missing data, *Biometrika* **63**: 581–592.

Rubin, D. B. (1987). *Multiple Imputation for Nonresponse in Sample Surveys*, Wiley, New York.

Ryan, T. (1997). *Modern regression methods*, Wiley, New York.

Schafer, J. L. (1997). *Analysis of Incomplete Multivariate Data*, Chapman and Hall, London.

Schaffrin, B. (1985). A note on linear prediction within a Gauss–Markov model linearized with respect to a random approximation, *in* T. Pukkila, und S. Puntanen (eds), *Proceedings of the First International Tampere Seminar on Linear Statistical Models and Their Applications*, pp. 285–300.

Schaffrin, B. (1986). New estimation/prediction techniques for the determination of crustal deformations in the presence of geophysical prior information, *Technometrics* **130**: 361–367.

Schaffrin, B. (1987). Less sensitive tests by introducing stochastic linear hypotheses, *in* T. Pukkila, und S. Puntanen (eds), *Proceedings of the Second International Tampere Conference in Statistics*, pp. 647–664.

Schaffrin, B., und Toutenburg, H. (1990). Weighted mixed regression, *Zeitschrift für Angewandte Mathematik und Mechanik* **70**: 735–738.

Scheffé, H. (1953). A method for judging all contrasts in the analysis of variance, *Biometrika* **40**: 87–104.

Schipp, B. (1990). *Minimax Schätzer im simultanen Gleichungsmodell bei vollständiger und partieller Vorinformation*, Hain, Frankfurt/M.

Schipp, B., und Toutenburg, H. (1996). Feasible minimax estimators in the simultaneous equations model under partial restrictions, *Journal of Statistical Planning and Inference* **50**: 241–250.

Schmidt, K., und Trenkler, G. (1998). *Moderne Matrix Algebra*, Springer–Verlag, Heidelberg.

Schneeweiß, H. (1990). *Ökonometrie*, 4 edn, Physica, Heidelberg.

Schönfeld, P. (1969). *Methoden der Ökonometrie Bd. I*, Vahlen, Berlin.

Schott, J. R. (1997). *Matrix Analysis for Statistics*, Wiley, New York.

Searle, S. R. (1982). *Matrix Algebra Useful for Statistics*, Wiley, New York.

Seber, G. A. F. (1966). *The linear hypothesis: a general theory*, Griffin, London.

Silvey, S. D. (1969). Multicollinearity and imprecise estimation, *Journal of the Royal Statistical Society, Series B* **35**: 67–75.

Simonoff, J. S. (1988). Regression diagnostics to detect nonrandom missingness in linear regression, *Technometrics* **30**: 205–214.

Siotani, M., Hayakawa, T., und Fujikoshi, Y. (1985). *Modern Multivariate Statistical Analysis: A Graduate Course and Handbook*, American Sciences Press, Columbus, OH.

Srivastava, V. K., und Giles, D. E. A. (1987). *Seemingly Unrelated Regression Equations Models, Estimation and Inference*, Marcel Dekker, New York.

Srivastava, V. K., und Raj, B. (1979). The existence of the mean of the estimator in seemingly unrelated regressions, *Communications in Statistics, Part A—Theory and Methods* **48**: 713–717.

Stahlecker, P. (1987). *A priori Information und Minimax-Schätzung im linearen Regressionsmodell*, Athenäum, Frankfurt/M.

Swamy, P. A. V. B., und Mehta, J. S. (1977). A note on minimum average risk estimators for coefficients in linear models, *Communications in Statistics, Part A—Theory and Methods* **6**: 1181–1186.

Swamy, P. A. V. B., Mehta, J. S., und Rappoport, P. N. (1978). Two methods of evaluating Hoerl and Kennard's ridge regression, *Communications in Statistics, Part A—Theory and Methods* **12**: 1133–1155.

Tan, W. Y. (1971). Note on an extension of the GM-theorem to multivariate linear regression models, *SIAM Journal on Applied Mathematics* **1**: 24–28.

Teräsvirta, T. (1979a). The polynomial distributed lag revisited, *Discussion Paper 7919*.

Teräsvirta, T. (1979b). Some results on improving the least squares estimation of linear models by a mixed estimation, *Discussion Paper 7914*.

Teräsvirta, T. (1981). Some results on improving the least squares estimation of linear models by mixed estimation, *Scandinavian Journal of Statistics* **8**: 33–38.

Teräsvirta, T. (1982). Superiority comparisons of homogeneous linear estimators, *Communications in Statistics, Part A—Theory and Methods* **11**: 1595–1601.

Teräsvirta, T. (1986). Superiority comparisons of heterogeneous linear estimators, *Communications in Statistics, Part A—Theory and Methods* **15**: 1319–1336.

Teräsvirta, T., und Toutenburg, H. (1980). A note on the limits of a modified Theil estimator, *Biometrical Journal* **22**: 561–562.

Theil, H. (1963). On the use of incomplete prior information in regression analysis, *Journal of the American Statistical Association* **58**: 401–414.

Theil, H. (1971). *Principles of Econometrics*, Wiley, New York.

Theil, H., und Goldberger, A. S. (1961). On pure and mixed estimation in econometrics, *International Economic Review* **2**: 65–78.

Theobald, C. M. (1974). Generalizations of mean square error applied to ridge regression, *Journal of the Royal Statistical Society, Series B* **36**: 103–106.

Toro-Vizcarrondo, C., und Wallace, T. D. (1968). A test of the mean square error criterion for restrictions in linear regression, *Journal of the American Statistical Association* **63**: 558–572.

Toro-Vizcarrondo, C., und Wallace, T. D. (1969). Tables for the mean square error test for exact linear restrictions in regression, *Discussion paper*.

Toutenburg, H. (1968). Vorhersage im allgemeinen linearen Regressionsmodell mit Zusatzinformation über die Koeffizienten, *Operationsforschung Mathematische Statistik*, Vol. 1, Akademie-Verlag, Berlin, pp. 107–120.

Toutenburg, H. (1970a). Optimale Vorhersage von endogenen Variablen in einem linearen System von strukturellen Gleichungen, *Mathematische Operationsforschung und Statistik* **1**: 69–75.

Toutenburg, H. (1970b). Probleme linearer Vorhersagen im allgemeinen linearen Regressionsmodell, *Biometrische Zeitschrift* **12**: 242–252.

Toutenburg, H. (1970c). Über die Wahl zwischen erwartungstreuen und nichterwartungstreuen Vorhersagen, *Operationsforschung Mathematische Statistik*, Vol. 2, Akademie-Verlag, Berlin, pp. 107–118.

Toutenburg, H. (1970d). Vorhersage im allgemeinen Regressionsmodell mit stochastischen Regressoren, *Mathematische Operationsforschung und Statistik* **1**: 105–116.

Toutenburg, H. (1970e). Vorhersagebereiche im allgemeinen linearen Regressionsmodell, *Biometrische Zeitschrift* **12**: 1–13.

Toutenburg, H. (1971). Probleme der Intervallvorhersage von normalverteilten Variablen, *Biometrische Zeitschrift* **13**: 261–273.

Toutenburg, H. (1973). Lineare Restriktionen und Modellwahl im allgemeinen linearen Regressionsmodell, *Biometrische Zeitschrift* **15**: 325–342.

Toutenburg, H. (1975a). Minimax-linear estimation (MMLE) and 2-phase MMLE in a restricted linear regression model, *Operationsforschung Mathematische Statistik*, Vol. 6, Akademie-Verlag, Berlin, pp. 703–706.

Toutenburg, H. (1975b). *Vorhersage in linearen Modellen*, Akademie-Verlag, Berlin.

Toutenburg, H. (1976). Minimax-linear and MSE-estimators in generalized regression, *Biometrische Zeitschrift* **18**: 91–100.

Toutenburg, H. (1982). *Prior Information in Linear Models*, Wiley, New York.

Toutenburg, H. (1984). Minimax-linear estimation under incorrect prior information, *in* B. Tiku, und D. Rasch (eds), *Robustness of statistical Methods and Nonparametric Statistics*, Deutscher Verlag der Wissenschaften, Berlin, pp. 156–158.

Toutenburg, H. (1989a). Investigations on the MSE-superiority of several estimators of filter type in the dynamic linear model (i.e. Kalman model), *Technical Report 89-26*.

Toutenburg, H. (1989b). On the use of inequality restrictions for structural parameters in econometric models, *Research Report*.

Toutenburg, H. (1990a). Linear regression with stochastic regressors—interpretations and methods, *Forschungsbericht 90/3*.

Toutenburg, H. (1990b). MSE- and minimax-risk-comparisons of minimax and least squares estimators in case of misspecified prior regions, *Technical report*.

Toutenburg, H. (1992a). *Lineare Modelle*, Physica, Heidelberg.

Toutenburg, H. (1992b). *Moderne nichtparametrische Verfahren der Risikoanalyse*, Physica, Heidelberg.

Toutenburg, H. (1994). *Versuchsplanung und Modellwahl*, Physica, Heidelberg.

Toutenburg, H. (2000a). *Deskriptive Statistik*, 3 edn, Springer–Verlag, Heidelberg.

Toutenburg, H. (2000b). *Induktive Statistik*, 2 edn, Springer–Verlag, Heidelberg.

Toutenburg, H. (2002). *Statistical Analysis of Designed Experiments*, Springer-Verlag, New York.

Toutenburg, H., und Fieger, A. (2001). Using diagnostic measures to detect non-mcar processes in linear regression models with missing covariates., *Statistical Papers* pp. 1–7.

Toutenburg, H., Fieger, A., und Heumann, C. (2000). Regression modelling with fixed effects—missing values and other problems, *in* C. R. Rao, und G. Szekely (eds), *Statistics of the 21st Century*, Dekker, New York, pp. 423–446.

Toutenburg, H., Fieger, A., und Schaffrin, B. (2002). Approximate confidence regions for minimax-linear estimators, *in* A. Ullah, A. T. K. Wan, und A. Chaturvedi (eds), *Handbook of Applied Econometrics and Statistical Inference*, Marcel Dekker, New York, pp. 27–44.

Toutenburg, H., Gössl, R., und Kunert, J. (1997). *Quality Engineering - Eine Einführung in Taguchi-Methoden*, Prentice Hall, München.

Toutenburg, H., Heumann, C., Fieger, A., und Park, S. H. (1995). Missing values in regression: Mixed and weighted mixed estimation, *in* V. Mammitzsch, und H. Schneeweiß (eds), *Statistical Sciences, Proceedings of the 2nd Gauss Symposium*, de Gruyter, Munich 1983, pp. 289–301.

Toutenburg, H., und Shalabh (1996). Predictive performance of the methods of restricted and mixed regression estimators, *Biometrical Journal* **38**: 951–959.

Toutenburg, H., und Shalabh (2000). Improved predictions in linear regression models with stochastic linear constraints, *Biometrical Journal* **42**: 71–86.

Toutenburg, H., und Shalabh (2001). Use of minimum risk approach in the estimation of regression models with missing observations, *Metrika* **54**: 247–259.

Toutenburg, H., und Srivastava, V. K. (1996). Estimation of regression coefficients subject to interval constraints, *Sankhya, Series A* **58**: 273–282.

Toutenburg, H., und Srivastava, V. K. (1999). Improving the estimation of coefficients in linear regression models with some missing observations on some explanatory variables, *Journal of the Italian Statistical Society* **8**(2): 191–204.

Toutenburg, H., und Srivastava, V. K. (2001). Estimation of coefficients in linear regression models with some missing observations on an explanatory variable: Effect of departure from normality, *Far East Journal of Theoretical Statistics* **5**: 17–36.

Toutenburg, H., und Srivastava, V. K. (2002). Improving the estimation of coefficients in linear regression models with some missing observations on some explanatory variables, *Journal of the Italian Statistical Society* **8**(2): 191–204.

Toutenburg, H., und Stahlecker, P. (1989). Report on MSE-comparisons between biased restricted least squares estimators, *Forschungsbericht 89/15.*

Toutenburg, H., und Trenkler, G. (1990). Mean square error matrix comparisons of optimal and classical predictors and estimators in linear regression, *Computational Statistics and Data Analysis* **10**: 297–305.

Toutenburg, H., und Trenkler, G. (1998). Using first differences as a device against multicollinearity, *in* R. Galata, und H. Küchenhoff (eds), *Econometrics in Theory and Practice, Festschrift für Hans Schneeweiß*, Physica, Heidelberg, pp. 131–136.

Toutenburg, H., Trenkler, G., und Liski, E. P. (1992). Optimal estimation methods under weakened linear restrictions, *Computational Statistics and Data Analysis* **14**: 527–536.

Toutenburg, H., und Walther, W. (1992). Statistische Behandlung unvollständiger Datensätze, *Deutsche Zahnärztliche Zeitschrift* **47**: 104–106.

Toutenburg, H., und Wargowske, B. (1978). On restricted 2-stage-least-squares (2-SLSE) in a system of structural equations, *Statistics* **9**: 167–177.

Toutenburg, S. (1977). *Eine Methode zur Berechnung des Betreungsgrades in der prothetischen und konservierenden Zahnmedizin auf der Basis von Arbeitsablaufstudien, Arbeitszeitmessungen und einer Morbiditätsstudie*, PhD thesis.

Trenkler, G. (1985). Mean square error matrix comparisons of estimators in linear regression, *Communications in Statistics, Part A—Theory and Methods* **14**: 2495–2509.

Trenkler, G. (1987). Mean square error matrix comparisons among restricted least squares estimators, *Sankhya, Series A* **49**: 96–104.

Trenkler, G., und Pordzik, P. (1988). Pre-test estimation in the linear regression model based on competing restrictions, *Technical report*.

Trenkler, G., und Toutenburg, H. (1990). Mean-square error matrix comparisons between biased estimators—an overview of recent results, *Statistical Papers* **31**: 165–179.

Trenkler, G., und Toutenburg, H. (1992a). Pre-test procedures and forecasting in the regression model under restrictions, *Journal of Statistical Planning and Inference* **30**: 249–256.

Trenkler, G., und Toutenburg, H. (1992b). Proxy variables and mean square error dominance in linear regression, *Journal of Quantitative Economics* **8**: 433–442.

Trenkler, G., und Trenkler, D. (1983). A note on superiority comparisons of linear estimators, *Communications in Statistics, Part A—Theory and Methods* **17**: 799–808.

Tukey, J. W. (1953). The problem of multiple comparisons, *Technical report*.

Tutz, G. (2000). *Die Analyse kategorialer Daten*, Lehr- und Handbücher der Statistik, Oldenbourg, München.

Vinod, H. D., und Ullah, A. (1981). *Recent Advances in Regression Methods*, Dekker, New York.

Wallace, T. D. (1972). Weaker criteria and tests for linear restrictions in regression, *Econometrica* **40**: 689–698.

Walther, W. (1992). Ein Modell zur Erfassung und statistischen Bewertung klinischer Therapieverfahren—entwickelt durch Evaluation des Pfeilerverlustes bei Konuskronenersatz, *Habilitationsschrift*.

Walther, W., und Toutenburg, H. (1991). Datenverlust bei klinischen Studien, *Deutsche Zahnärztliche Zeitschrift* **46**: 219–222.

Wedderburn, R. W. M. (1974). Quasi-likelihood functions, generalized linear models, and the Gauss–Newton method, *Biometrika* **61**: 439–447.

Wedderburn, R. W. M. (1976). On the existence and uniqueness of the maximum likelihood estimates for certain generalized linear models, *Biometrika* **63**: 27–32.

Weisberg, S. (1980). *Applied Linear Regression*, Wiley, New York.

Welsch, R. E., und Kuh, E. (1977). Linear regression diagnostics, *Technical Report 923*.

Wilks, S. S. (1932). Moments and distributions of estimates of population parameters from fragmentary samples, *Annals of Mathematical Statistics* **3**: 163–195.

Wilks, S. S. (1938). The large-sample distribution of the likelihood ratio for testing composite hypotheses, *Annals of Mathematical Statistics* **9**: 60–62.

Yancey, T. A., Judge, G. G., und Bock, M. E. (1973). Wallace's weak mean square error criterion for testing linear restrictions in regression: A tighter bound, *Econometrica* **41**: 1203–1206.

Yates, F. (1933). The analysis of replicated experiments when the field results are incomplete, *Empire Journal of Experimental Agriculture* **1**: 129–142.

Zellner, A. (1962). An efficient method of estimating seemingly unrelated regressions and tests for aggregation bias, *Journal of the American Statistical Association* **57**: 348–368.

Zellner, A. (1963). Estimates for seemingly unrelated regression equations: Some exact finite sample results, *Journal of the American Statistical Association* **58**: 977–992.

Zhao, L. P., und Prentice, R. L. (1990). Correlated binary regression using a generalized quadratic model, *Biometrika* **77**: 642–648.

Zhao, L. P., Prentice, R. L., und Self, S. G. (1992). Multivariate mean parameter estimation by using a partly exponential model, *Journal of the Royal Statistical Society, Series B* **54**(3): 805–811.

# Sachverzeichnis

GPSR Compliance

*The European Union's (EU) General Product Safety Regulation (GPSR) is a set of rules that requires consumer products to be safe and our obligations to ensure this.*

*If you have any concerns about our products, you can contact us on ProductSafety@springernature.com*

In case Publisher is established outside the EU, the EU authorized representative is:

Springer Nature Customer Service Center GmbH
Europaplatz 3
69115 Heidelberg, Germany

**Batch number: 10815974**

Printed by Printforce, the Netherlands